数据分析与建模方法

金光　范俊　程志君　包阳　编著

国防工业出版社

·北京·

内容简介

本书针对复杂数据分析与建模问题的非结构化和综合性特点，给出了数据分析与建模的基本过程，介绍了数据探索性分析、数据特征分析、模型参数估计的主要内容和方法，以及试验数据、观察数据、仿真数据等不同类型数据建模与分析的典型内容与方法。

本书适合作为高等学校管理科学与工程等专业的研究生或高年级本科生教材，也可供从事数据分析与建模、系统试验与评估等领域研究的科技工作者参考。

图书在版编目（CIP）数据

数据分析与建模方法 / 金光等编著. —北京：国防工业出版社，2024.6

ISBN 978-7-118-13198-7

Ⅰ. ①数… Ⅱ. ①金… Ⅲ. ①数据处理②数据模型 Ⅳ. ①TP274②TP311.13

中国国家版本馆 CIP 数据核字（2024）第 064690 号

※

国防工业出版社 出版发行

（北京市海淀区紫竹院南路 23 号 邮政编码 100048）

天津嘉恒印务有限公司印刷

新华书店经售

*

开本 710×1000 1/16 **印张** 26½ **字数** 476 千字

2024 年 6 月第 1 版第 1 次印刷 **印数** 1—1600 册 **定价** 168.00 元

（本书如有印装错误，我社负责调换）

国防书店：（010）88540777 书店传真：（010）88540776

发行业务：（010）88540717 发行传真：（010）88540762

前言

大数据催生了数据科学，对各学科和应用领域都产生了深远影响。与此同时，各领域各种类型数据的分析与建模的概念、原理和方法，在深度和广度上都有了极大发展。从曾经几乎“无出其右”的统计学，到近年来机器学习和深度学习的“抢尽风头”，再到这几年因果推断的“异军突起”；从强调多种手段和工具的综合运用以解决复杂非结构化问题，到突破相关揭示因果：数据分析与建模各相关学科研究，吸引了广大的研究人员，并且在科学研究和应用中发挥着越来越重要的作用。

本书对数据分析与建模的概念、原理和方法进行了比较全面系统的梳理。与现有专著或教材不同，本书注重数据分析概念、原理和应用的系统梳理，而省去详细的推导过程，同时对比较新颖的或者其他教材中较少涉及的内容进行了讨论。

本书共分为8章，涵盖了实际工作中开展数据分析与建模的基本内容。第1章绪论，介绍了相关概念、数据分析与建模的任务和过程、建模策略与模型评价，以及数据分析与建模的相关学科和领域。第2章数据探索与可视化，介绍了数据探索与可视化的作用和内容，以及数据变换、数据约减、数据降维、数据巡查、数据平滑、数据聚类的基本方法，并简单介绍了一些基本的数据可视化图形。第3章数据特征分析，介绍了数据特征和特征工程的基本概念，以及基本变换特征、一元分布特征、多元关联特征、动态数据特征、非结构化数据特征等典型特征，并简单介绍了特征选择方法。第4章模型参数估计，介绍了模型参数估计策略，以及最优化方法、极大似然估计、自助法和贝叶斯统计方法，并对这些不同方法的联系进行了必要的说明。第5章至第8章分别以典型数据类型，介绍了相应的数据分析与建模的内容和方法。第5章试验数据建模与分析，介绍了试验数据的概念，以及方差分析、线性回归分析、带惩罚项的线性回归分析和逻辑斯蒂回归等典型方法。第 6 章观察数据建模与分析，介绍了观察数据的概念，以及基于潜在结果模型的因果推断和基于结构因果模型的因果推断。第 7 章仿真数据建模与分析，介绍了仿真数据的概念和仿真试验数据分析的内容，以及筛选方法、分类回归树模型、克里金模型和索伯尔指数法。第 8 章机器学习与预测分析，介绍了机器学习的基本概念，以及支持向量机、神经网络、深度神经网络，并针对典型模型给出了比较详细的建模原理。

由于编者水平有限，书中难免有疏漏和不足之处，敬请读者批评指正。

目录

第1章

绪 论

本章介绍数据分析与建模的基本概念、任务和过程，并比较了相关学科专业领域。通过这一章的介绍，希望读者对数据分析与建模这一蓬勃发展的领域能有一个总体认识。

1.1 相关概念

下面介绍数据分析与建模中一些重要的基本概念，理解这些概念，有助于明确数据分析与建模的对象和内容，合理运用有关方法分析数据和建立模型，有效完成数据分析与建模的基本任务。

1.1.1 变量和尺度

数据的分析和建模离不开变量。变量是构成模型的最基本元素，也是试验或观察的基本元素。理解变量和数据的类型和特点，是开展数据分析和建模工作的前提。

一、变量

变量（variable）是对象的某些属性（attribute）或特征（feature）①，可以取一个或若干个不同值。比如，学生的考试分数是一个变量——一些学生考试分数较高，而另一些学生则分数较低。学生为自己设定的学习目标也是一个变量——一些学生为自己设定的目标较高，而另一些学生设定的目标则不是太高。此外，学生的年龄和性别（男性或女性）也是变量。

① 数学上，变量是一个符号或占位符。历史上，变量表示一个可能变化的量，现在变量可以表示任何数学对象，比如数字、向量、矩阵、函数、函数的自变数、集合、集合的元素等。本书中“变量”采用的是历史上的含义。

变量根据其取值类型可以分为定量变量和定性变量。值（value）是对象在一个定量变量处的位置或在一个定性变量中的类型。例如，考试分数是一个定量变量（quantitative variable），可以取多个值。有的学生可以考出99分接近满分的分数，有的学生则可能是刚刚及格的60分，还有的学生可能是不及格的分数。年龄也是具有不同值的定量变量。定性变量（qualitative variable）是另一种类型的变量，也称分类变量（classification variable）或类型变量（categorical variable），变量的不同值代表对象属于不同的组别或者类别。性别是一个典型的分类变量，它的取值是“男”或“女”，表示一个对象被分类为男性或女性。在社会学研究中，经常会使用种族这个分类变量，与性别相比，种族可以取更多的值。作为定性变量的性别和种族，其值只代表对象所属群体的类别，并不代表某些对象相比于其他对象在相应属性上拥有的数量更多或者更少，这是定性变量与定量变量的不同之处。

作为数据来源的观测对象常常需要用多个变量进行描述。比如，表1-1所示为6个保险代理人的观测数据，其中：每行从左到右是给定观测对象［也称观测单元，或简称观测（observation）］的数据，数据表的第一列为序号，第二列的姓名用于识别观测对象，其余5列给出的是各观测对象的5个变量的取值，数据表每个网格中的数字或字母表示每个观测对象的对应变量的观测值。因此，这是一个包含6个观测和5个变量（性别、年龄、目标难度、排名和销售额）的数据表。其中，性别是定性变量，其他几个变量都是定量变量。表中各变量的含义如下：

表1-1　观测数据表

序号	姓名	性别（G）	年龄(A)/岁	目标难度(D)/分	排名（R）	销售额(S)/美元
1	Bob	M	34	97	2	539243
2	Walt	M	56	80	1	367342
3	Jane	F	36	67	4	254998
4	Susan	F	24	40	3	80344
5	Jim	M	22	37	5	40172
6	Mack	M	44	24	6	0

（1）性别（G）列给出代理人性别，“M”表示男性，“F”表示女性；

（2）年龄（A）列是以岁为单位的代理人年龄；

（3）目标难度（D）列表示对象所设定目标的难度，用得分表示。假设每个代理人都完成了一项问卷调查以评估其设置目标的难度。根据他们对问卷的反应，代理人得分从0分（意味着目标很容易实现）到100分（意味着目标很难实现）不等。

(4) 排名（R）列显示了代理人整体效能的排名（比如由业务主管给出的排名）。1表示最有效，6表示最无效。

(5) 销售额（S）列列出了每个代理人最近一年的保险销售额。

二、测量尺度

测量尺度是变量分类的一种重要依据，也是影响数据分析与建模方法运用的重要因素。有4种常用的测量尺度，包括名义尺度、序数尺度、间隔尺度和比例尺度，对应的变量可以称为名义型变量、序数型变量、间隔型变量、比例型变量。除名义尺度外，其余3种测量尺度都能提供定量信息。有些软件工具根据测量尺度进行模型分类，比如著名的JMP软件就根据变量的测量尺度将模型分为名义模型、序数模型和连续模型。在进行数据分析之前，必须明确变量的测量尺度。比如，在利用试验数据进行单向方差分析时，一般要求自变量是名义型变量、因变量是间隔型或比例型变量。

名义尺度（nominal scales）相当于一个分类系统，对人、物或其他实体赋予互斥的类别。一个用名义量表测量的变量是一个分类变量，表明每个观测对象属于哪个类别。前面提到的性别和种族就是名义型变量的典型例子。名义型变量能表明一个对象属于哪一类，但没有提供任何关于对象的数量信息。也就是说，性别这个变量告诉人们，有些对象是男性，有些对象是女性，但不能说一些人相对于其他人在该属性上拥有更多的数量。

序数尺度（ordinal scales）采用序数量表上的值表示变量的排序。例如，表1-1中的变量排名，它表示的是代理人整体效能的排序，相应序数量表上的值代表了效能的分层结构。也就是说，根据这个序数量表，人们能够知道排名“1”的代理人比排名“2”的代理人更有效，排名“2”的代理人比排名“3”的代理人更有效，以此类推。

序数型变量的差值不能揭示实际的数量差异。比如，Walt的排名是“1”，而Bob的排名是“2”，这两个等级之间的差值是1（2-1=1），即Walt和Bob之间的差值是一个单位。注意到Jim排名第五，而Mack排名第六。他们之间的等级差值也是1（6-5=1），所以Jim和Mack之间也有1个单位的差值。把两者放在一起，单纯从数值上看，Walt和Bob之间的等级差等于Jim和Mack之间的等级差。然而，这并不一定意味着Walt和Bob之间效能的差异等于Jim和Mack之间效能的差异。有可能Walt的效能仅仅比Bob高一点，而Jim的效能比Mack高很多。因此，这些排名几乎没有揭示个体在这个属性处的数量差异。序数量表只是提供了对象的等级顺序。

在**间隔尺度**（interval scales）中，相等的尺度数值差值具有相同的数量意义。因此，间隔量表相比于序数量表提供了更多的定量信息。间隔尺度的一个很好的例子是测量温度的温度刻度。在华氏温标中，70℉和75℉之间的差等于80℉和85℉之间的差；在整个温标范围内，测量单位是相等的。然而，间隔尺度也有一个重要的限制——它没有一个真正的零点。一个真正的零点意味着刻度上的零值代表被观测对象的零量。华氏温标没有真正的零点。当华氏温度计读数为0℉时，并不意味着环境中没有热量。

社会学研究人员通常认为，许多人为变量都是按间隔尺度测量的。例如，表1-1中，目标难度问卷的得分构成了一个间隔量表，即认为50分和60分之间的差与70分和80分之间的差具有相等的意义。许多研究人员认为，智力测试等工具的测量分数是间隔尺度。另外，一些研究人员怀疑这样的测量方式是否具有真正的等音程性质，因此更倾向于称其为准音程尺度。在社会科学中，关于这些仪器的测量水平的分歧仍然是一个有争议的话题。然而，很明显前两种工具都没有真正的零。在目标难度量表上得分为0并不表示没有目标难度，在智力测试中得分为0也不表示没有智力。真正的零点只有在按比例尺度测量的变量中才能找到。

比例尺度（ratio scales）与间隔尺度相似，相等的尺度差值具有相等的数量意义。比例尺度还有一个真正的零点，这赋予其额外属性。有了比例量表，就有可能对量表值之间的比值作出有意义的陈述。例如，使用厘米的尺子就是比例尺度的例子。这里有真正的零点，因为零厘米实际上表明没有长度。有了这个尺度，就可以对比值做出有意义的陈述。比如，称一个40cm长的物体是一个20cm长的物体的2倍是恰当的。年龄也是按年数来衡量的——52岁父亲的年龄是26岁儿子年龄的2倍。显然，用间隔型变量定义这些比值是不合适的，比如，不能说智商160的人比智商80的人聪明2倍，因为在智商量表上没有真正的零分。在观测对象的物理属性（如身高和体重）中最容易找到比例量表，在很多研究中比例尺度也很常见。例如，表1-1中，年龄和保险销售额都有真正的零点，用比例尺度来度量。

1.1.2 试验和观察

试验和观察是获得数据的两种主要手段，其判别主要依据研究人员获取数据的过程中是否操纵或控制变量，所获得的数据分别称为试验数据和观察数据（observational data）。除试验和观察外，目前机器学习中有很多数据是通过网络爬虫、开源数据集等途径获得的，比如用于深度学习的ImageNet数据集、用于舆情和传播学研究的GDELT项目等，这些数据严格讲属于次级数据，需要研究人员进一步清洗和处理才能用于分析和建模。与试验和观察数据相比，这些数据集的数据量极大、数据的类型也更加复杂。由于这些用于机器学习和大数据分析的数据在其获取过程中没有人为控制观测对象，因此本书将其与观察数据统称非试验数据。

试验和观察都是为了比较，以便在因素或处理（特定试验条件，是试验设计的术语）与感兴趣量之间建立相关或因果联系。例如，确定开车时打电话的人的车祸率是没有什么意义的，除非把它与开车时不打电话的人的车祸率进行比较，并发现两者有显著不同。与观察接近的一个概念是调查或统计调查（statisitcal survey），所获得的数据称为调查数据。抽样调查（sampling survey）是一种统计调查方法，是从总体中抽取一部分个体组成样本，并根据这些个体的调查数据统计或推断总体。与观察相比，调查只测量变量，不比较群体，也不涉及因果关系。在试验中也有类似的试验，比如生产线产品质量控制、装备批生产合格率估计等，就涉及抽样试验或批抽检试验，这些试验的目的不是比较，而是对总体进行统计或验证。可以认为，**调查只是汇总变量数据，通过观察希望找到变量之间的关系，试验则试图进一步建立变量之间的因果关系**。因此，从描述变量关系的目的出发，本书不考虑调查和抽样试验问题，感兴趣的读者可以参考有关的教材或专著。

一、观察

观察是有目的、有计划、有组织、有步骤地通过感官或仪器来观察对象的方法。在观察研究中，仅观察对象而不操纵或控制任何变量，即按照正常情况测量自然发生的变量。通过调查或观测收集到的数据统称观察数据，有关社会经济现象的数据几乎都是观察数据。通过观察数据，可以研究两个或多个自然发生的变量之间的自然发生的相关关系，因此观察性研究也称非操纵性、相关性研究。

表1-1就是一个观察性研究的例子，研究人员可以通过观测多个对象的两个自然发生的变量（目标难度和保险销售额）的数值，来研究它们是否相关。另一个观察性研究的例子是对智商和平均成绩之间关系的研究。即使是在数据的统计分析与建模问题中，很多数据也并非来自随机化试验，而是通过观察获得的。

在观察性研究中，所观测的变量分为响应变量和预测变量。响应变量（response variable）简称响应，是一个结果变量或准则变量，研究人员想要通过一个或多个预测变量来预测其值。响应变量通常是研究的主要关注点，因为它出现在所要研究问题的陈述中。在表1-1中，保险销售额是响应变量。预测变量（predictor variable）是用来预测响应值的变量。在表1-1中，研究人员相信目标难度会对保险销售产生积极影响，因此目标难度为预测变量，销售额为响应变量。由于研究人员只对是否有可能从一个变量预测另一个变量感兴趣，因此并不要求两个变量之间存在因果关系。不过在有些研究中，研究人员可能认为预测变量与响应之间有因果关系。

观察性研究可以表明两个变量之间的相关关系，但一般不能提供关于关因果关系的证据。比如，开车时使用手机打电话和车祸存在关系，但不能建立因果关系，因为可能有混杂变量（也称潜在变量）影响结果。例如，也许开车时打电话的人更有可能很激进，所以是激进的驾驶（而不是使用手机）导致了更高的车祸率。再如表 1-1 所示保险销售案例，如果一个心理学家进行了这项研究，并发现具有更困难目标的代理人也倾向于销售更多的保险。但是，有困难目标不一定会使他们销售更多的保险，因为有可能是代理人因大量销售保险而更加自信，从而使他们设定更高的目标。在第二种情况下，保险销售额对目标难度有因果关系。正如这个例子所显示的，**在观察性研究中，往往可以得到一个与许多相互矛盾的因果解释相一致的结果**。因此，只用两个变量进行简单的相关性研究时，变量 A 对变量 B 有因果关系的强有力的推论是很少有效的。为了获得更有力的因果证据，要么使用复杂的统计程序分析大量变量之间的关系，要么完全放弃观察性方法，使用试验性研究方法。另外，即使在观察性研究中也尽可能在研究对象群体中随机选择样本，也是应该坚持的一个原则。

二、试验

通过试验获得的数据称为试验数据。大多数试验性研究有三个重要特点：①试验对象被随机分配试验条件（也称处理）；②研究人员操纵或控制预测变量；③不同试验条件下除自变量外，试验对象的其他变量的处理相似。将试验对象随机分配到处理是试验性研究的特点，如果没有这种随机分配，则该研究为观察性研究。精心设计的试验可以确定因果关系。随机试验是建立两个变量之间因果关系的最好方法，通过将个体随机分配做不同的处理，可以消除混杂变量的影响。

为了说明这些概念，假设进行试验来研究“目标难度对保险销售有积极影响”。假设确定了 100 名代理人作为试验对象。将 50 名代理人随机分配到一个“困难目标”条件下，这组受试者被告知每周至少要给潜在的投保人打 25 个陌生电话。另外 50 名代理人被随机分配到“简单目标”条件下，他们被告知每周只给潜在的投保人打 5 个陌生电话。一年后确定每个代理人当年卖出了多少新保险。本试验的设计方案和结果如表 1-2 所列。假设在困难目标条件下的代理人平均卖出了价值 15.6 万元的新保单，而在容易目标条件下的代理人平均只卖出了价值 12.1 万元的保单。

表 1-2　用于评估目标难度影响的试验设计　　单位：美元

分　组	自变量的处理条件 (目标难度)	因变量的结果 (销售额)
组 1（$N=50$）	困难	156000
组 2（$N=50$）	容易	121000

在讨论这个试验时，可以使用前述非试验性研究使用的术语。例如，使用“保险销售额”作为响应变量，因为它是效能的结果变量。将目标难度作为预测变量，因为这个变量在某种程度上预测了保险销售额。注意，这时的目标难度是一种不同类型的变量。在非试验性研究中，目标难度是一个自然发生的变量，可以取各种各样的值（不管研究对象在目标难度问卷中获得什么分数）。在本试验中，目标难度是一个被操纵的变量，这意味着研究人员需要给每个代理人分配变量值。在这个试验中，假设目标难度取两个值中的一个——代理人不是在困难目标组，就是在容易目标组。因此，目标难度是一个分类变量。

虽然在试验性研究的背景下仍旧可以采用预测变量和响应变量的说法，但更常见的说法是自变量和因变量。自变量（independent variable）是指试验者选择其值（或水平）来确定自变量对因变量有什么影响的变量，是与预测变量相对应的试验变量。因变量（dependent variable）是被评估对象的某些方面的行为，用来反映自变量的影响，是与响应变量相对应的试验变量。**预测变量和响应变量这两个术语几乎可以用于任何类型的研究，但自变量和因变量只能用于试验性研究**。研究人员经常使用不同的自变量水平，这些水平也称试验条件或处理条件，并对应于一个对象可以被分配到的不同组。在表1-2中，目标难度是自变量，销售额是因变量。其包括两个试验条件，一个是“困难目标”条件，另一个是“容易目标”条件。在试验性研究中可以分别称之为试验组和对照组。可以创建多个试验组来扩展研究。对于这个例子，可以给第一个试验组分配25个陌生电话的困难目标，给第二个试验组分配5个陌生电话的简单目标，然后再创建一个没有目标的对照组。

与真正试验（true experiment）有关的一种研究方法称为准试验（quasi-experiment）。相对于真正试验，准试验采用一定的操控程序，在现实的和自然的环境下控制试验对象，包括对照组无前测设计和非对等控制组设计。与真正试验不同之处在于，准试验没有将试验对象随机分配到实验组和控制组，严谨性略低，因而所产生的因果结论的有效性比真正试验低；但优点在于与现实的联系更加密切，所要求的条件灵活，在无法控制所有可能影响试验结果的无关变量时，具有广泛的适用性。

三、总体和样本

通过观察和试验获得的数据都属于统计数据。在统计数据分析中，总体和样本是最基本的概念。一般称所研究的全部个体的集合为总体（population），其中的每个个体（individual）称为元素或成员。比如，一个班级的学生可以称作一个总体，其中每个学生就是一个成员。总体按其所包括的范围，可以分为有限总体（finite population）和无限总体（infinite population）。有限总体的范围能够明确确定，且元素的数目是有限的；无限总体所包括的元素是无限的。总体具有大量性、同质性和变异性，反映总体数量特点的量称为总体特征（characteristics）或总体参数（parameter），也可简称总体特征。利用个体的观测数据对总体特征进行综合分析的过程就是统计，由此得到的是总体的统计特征（statistical characteristics），比如统计全班学生的健康状况。如果只研究总体中的个体成员，就不能称为统计。在统计学中，为了描述总体参数和进行统计，需要规定总体中各个成员的观测值所形成的相对频数的分布，称为总体分布。

总体特征一般是未知的，想要枚举总体的所有成员从而获得总体特征非常困难，此时一般通过研究总体的一小部分来获得总体特征，这一小部分就是一个样本（sample）。为了通过样本推断总体特征，样本需有较好的代表性，否则统计结果会出现不合理的偏差。简单随机抽样是最简单的一种获取总体的一个部分的方法，其中的个体组成是随机的，每个大小为 n 的样本具有相同的发生概率，n 称为样本量。假设总体是有限的，大小为 N，则在大小为 n 的随机抽样中，C_N^n 个以无替换方式获得的容量为 n 的样本具有相同的概率。

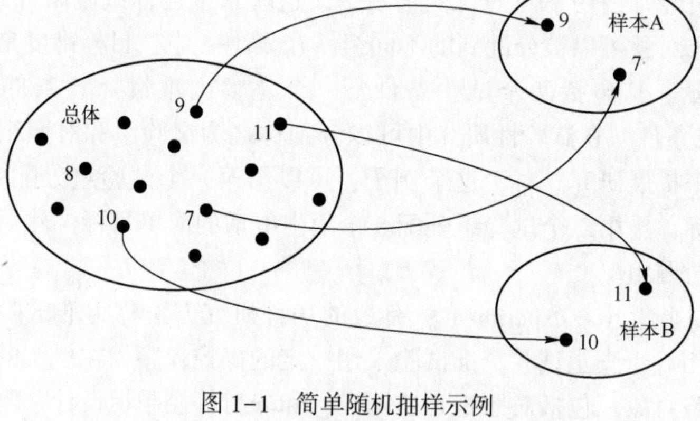

图 1-1　简单随机抽样示例

在统计学中，样本量是一个重要概念。一方面，经典统计理论主要讨论大样本情况下的统计量行为，比如大数定理、中心极限定理等；另一方面，经典统计中的参数估计和假设检验都与样本量有关，需要提供一定的样本量以保证统计结果的有效性，对于样本量不充分的情况，还要研究一些特殊的统计方法。比如，在装备试验鉴定领域，样本量有限甚至极小是客观实际，经常需要考虑试验前信息的利用问题。不过，即使在装备试验鉴定领域，由于数字技术革命，军用靶场也正在从试验中收集越来越多的数据①。

① 美国陆军试验鉴定司令部作战试验主任詹姆斯·阿马托（James Amato）在 2021 年 1 月一次研讨会上发言。

在进行统计建模时，要注意样本与样本观测值（又称样本实现）的区别。样本是由总体中抽取的个体组成的，其中的每个个体都是随机变量，因此样本是随机变量的集合。样本观测值是对样本进行观察或试验的结果，其中每个个体都被赋予了确定性的数值，因此是确定性数值的集合。

四、小数据和大数据

与统计学的大样本和小样本的概念类似，随着大数据时代的到来，关于“大数据”和“小数据”的争论，影响了不同领域的数据分析与建模研究。

在装备试验鉴定等传统领域，数据贫乏（data poor）是其客观实际。在这些领域，数据的共同特点是数据量足够“小”，因此人们能够直观地理解和处理数据集。由于数据量足够小，因此可以对数据进行仔细的处理，在建模过程中经常可以显式地描述和处理数据的误差，包括抽样误差和非抽样误差，从而得到具有严格理论基础的算法和模型。除了上述统计数据外，企业财务数据、客户数据、交易数据等也是小数据。这些数据的数据量一般比试验数据大，但是大多数情况下仍然在数十吉字节至数百吉字节范围内，某些情况下可能达到数太字节。这些数据可表达为各种具有固定模式的表格格式的结构化数据，或者 JSON 或 XML 格式的半结构化数据，其共同特点是数据的数量和格式使其易于访问、信息丰富、可操作好。另外，小数据一般具有受控且稳定的数据流，数据积累缓慢，能以受控方式收集数据，因此包含的噪声较少。

与小数据相比，大数据是指无法使用传统流程或工具处理或分析的庞大和复杂的数据集，比如社交媒体、网站点击、GPS 流等数据，都是典型的大数据。大数据一般用多种数据集表示，包括表格数据、文本文件、图像、视频、音频、XML、JSON、日志、传感器数据等。大数据可以非常快的速度产生，在很短的时间内大量积累，数据容量一般远超几个太字节的量级；由于生成机制复杂，采集手段有限，大数据的质量很难保证，因此在进行处理之前需要严格地进行数据清洗和验证。

以上是从直观上对大数据和小数据对比。有些学者从数据的本质上，特别指出大数据与小数据的区别不是“数量”，而是“涌现”。哈佛大学教授 Gary King 说：“大数据重要的不是数据。”大数据并不是大量数据的简单集合，而是隐含了数据跨越层次时会出现的新质，比如价值、隐私、质量、安全等。在大数据情形出现了一些在小数据情形以及在数据成员中不存在的规律与特性。当数据量增长超过一定限度时，传统的数据分析系统和方法不足以处理这些数据或将数据转换为有用的格式。这也是把数据分为小数据与大数据的意义。

1.1.3 相关和因果

模型是对变量之间关联（association）关系的形式化描述。变量之间的关联关系可以分为两类，即相关关系和因果关系。对于相关性（correlation）和因果性之间的联系，从统计学教材到大数据著作，都有着广泛的探讨，甚至争议不断。虽然从模型形式上无法区分这两种关联关系，但是二者具有不同的内涵，在利用有关模型进行推断和预测时也有不同的效果。

一、相关关系

一般认为，相关性的概念是弗朗西斯·高尔顿（Francis Galton）在 1888 年秋末提出的[32]，他在定量研究涉及遗传学、人类学和法医学的三个科学问题时发现："这三个问题只不过是一个更普遍的问题的特殊情况，即相关性问题。"在统计学中，相关性是指两个随机变量或二元数据之间的任何统计关系，常见例子包括父母与子女身高之间的相关性、商品价格与消费者购买数量之间的相关性等。非正式的说法中，相关性与依赖性是同义词。

在形式上，如果随机变量不满足概率独立的数学性质，则它们之间存在依赖性或相关性。但是，在技术意义上，相关性是指被测变量与其各自期望值之间的几种特定类型的数学运算中的任意一种。从本质上讲，相关性是衡量两个或多个变量如何相互关联的指标。其中最常见的是 Pearson 相关系数，又称积距相关，它对两个变量之间的线性关系敏感（即使一个变量是另一个变量的非线性函数，它也可能存在）。Spearman 的秩相关系数是比 Pearson 相关系数更稳健的另一个相关系数，它能够衡量任何单调关系，对非线性关系更敏感。此外，互信息也可用于衡量两个变量之间的相关性。

相关性最有用的地方在于，它表明了在实践中可资利用的预测关系。例如，根据电力需求和天气之间的相关性，电力公司可以在天气温和时生产较少的电力。当然，这个例子中也存在因果关系，因为极端天气是导致人们使用更多电力来取暖或制冷的一个原因。然而，一般来说，相关性的存在不足以推断因果关系的存在，即相关性并不意味着因果关系。

虽然现代统计学的创立源自因果问题——弗朗西斯·高尔顿和卡尔·皮尔逊（Kerl Pearson）提出了一个关于遗传的因果问题，但是经典统计学却不涉及因果关系，而只关注总结数据。在统计学基础课程中，人们都知道"相关关系不等于因果关系"，但是统计学并没有告诉人们因果关系是什么。统计学里很少关于"X 是 Y 的原因"的理论（例外是人们进行了随机对照试验，并根据随机对照试验的结果进行了因果推断），只能说"X 与 Y 相关或存在关联"。因此，统计大多是关于"相关关系"的理论，关于"因果关系"的统计理论非常稀少。据朱迪亚·珀尔（Judea Pearl）说，Kerl Pearson 明确反对用统计学研究因果关系，据说部分原因是由于辛普森悖论——由于该悖论的存在，观察性研究很难得到有关因果的结论。

机器学习中的各种监督学习也可以看作某种相关关系的利用，因为用于预测的机器学习模型训练本质上是一个相关性的任务：机器学习模型在做出预测时只是“观察”数据和结果之间的关系，而非“改变”数值来确定它们对结果的影响。

类似的情况随着大数据技术的成功越发严重。虽然有学者强调了模型的因果和相关的概念，但是并没有得到足够的重视。迈尔·舍恩伯格在《大数据时代》里就说：“要相关，不要因果。”由于人们很难观察到“完整”的世界，总有一些原因未观察到或未能确定是原因，因此很多情况下，人们根据数据得到的大多数是相关关系，得到“确定的”因果关系是困难的。由于相关性不足以构成因果关系，因此在数据科学中，将常见的相关结果误解为因果关系是危险的。通过观察数据或者巨量的历史数据进行挖掘，评估因果效应，已经成为数据分析与建模的一个重要挑战。

二、因果关系

因果关系（causality 或 causation）是指一个事件（“因”）和另一个事件（“果”）之间的作用关系，其中后一个事件被认为是前一个事件的结果。这里，“因”就是引起某种现象发生的原因，而“果”就是某种现象发生后产生的结果。在医学领域，两个事件之间有无联系是不难发现的，但联系的性质必须加以分析[8]。首先要分辨联系的真伪，不可以伪乱真；其次要分辨表面联系和因果联系，对因果联系须进一步查明真正起作用的原因。这里的表面联系就是指相关关系，真正原因则对应于因果关系。

因果问题在日常生活中十分常见。比如在2019年的新冠肺炎疫情中，各个国家都在争先恐后地研发疫苗，但在疫苗上市之前还需要做很多次单盲实验、双盲实验，其背后就是基于随机对照试验的因果推理和因果效应评估，以确定药物对患者康复存在因果效应（而不是相关关系）。再如：国家出台新政策前，通过因果推理来评估政策给百姓生活以及经济社会效益带来的影响；商业公司推出广告之前，使用随机对照试验或者A/B测试，确定广告推送策略以实现效益最大化；等等这些都涉及因果关系的研究。在传统的统计学中，随机化试验（randomized experiment）对于平均因果作用（average causal effect，ACE）的识别至关重要，但这种方法的花销巨大，且可能涉及伦理道德问题。

虽然在社会学、临床医学等领域，关于因果关系的研究已经持续开展了很多年，并取得了很多成果，但是目前在数据科学相关领域对因果关系的关注，实际上是在机器学习的大背景下，为提高传统的基于相关的机器学习模型的可解释性和稳定性等而产生的。图灵奖得主、贝叶斯网络发明者Judea Pearl提出的因果模型，是目前机器学习领域的热门话题。与相关关系相比，因果关系的可解释性

(explainability)、稳定性(stability)、可行动性(actionability)和公平性(fairness)更好，因此基于因果关系的机器学习可以带来更恒定或稳健的模型[15]。另外，基于观察数据的因果推断目前也是数据分析与建模领域关注的一个热点[21]。在计量经济学、生物医学等领域，基于观测数据的因果推断取得了重大进展。2021 年诺贝尔经济学奖就颁给了经济学在因果推断方面的成果。根据文献［52］数据科学的科学目标是“实现对现实世界的认知与操控”，数据科学不能局限于发现和利用相关关系，必须突破因果发现和因果推断问题。古希腊哲学家德谟克利特说：“只找到一个原因的解释，也胜过当上波斯人的国王。”解答因果一直是人类认识史上最具魅力的研究课题之一。

三、相关≠因果

如前所述，相关性并不意味着因果关系。实际上，相关性的因素有更多来源，包括因果、混杂和样本选择，如图 1-2 所示。因果关系导致相关是容易理解的，比如降雨量 T 与地面水流量 Y 的关系。混杂关联是由混杂偏差（confounding bias）造成的。比如，太阳镜销量 T 与冰激凌销量 Y 之间有明显的正相关关系，但是关闭太阳镜商店（即进行干预，这是潜在因果模型中的一个术语）并不会影响冰激凌销量。因为两者之间的相关性是由天气温度 X 引发的，在天气炎热时两者的消费量都会提升。但 T 和 Y 之间是没有直接因果关系的，强制干预其中一个的销量并不会直接影响另一个的销量。如果不对天气 X 进行观察，就会发现 T 和 Y 是具有相关性的，但是这种相关性是虚假（spurious）相关。样本选择偏差（selection bias）也会产生相关性，比如机器学习的训练集中，有狗的图像，狗都出现在沙滩上，没有狗的图像都是草地，那么训练模型就会发现草地与狗之间是负相关的，这其实也产生了虚假相关。

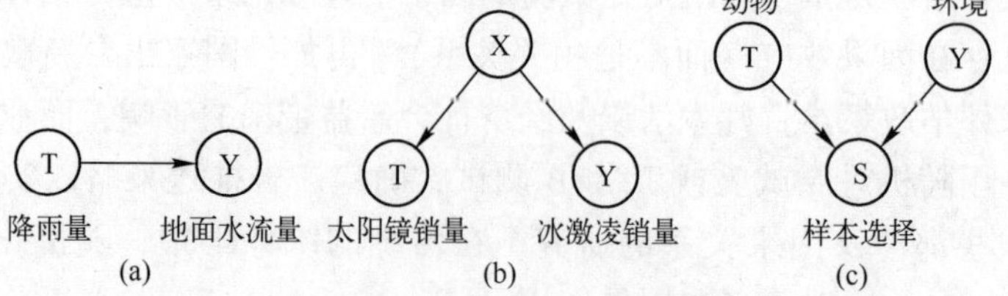

图 1-2　相关性的来源

（a）因果；（b）混杂；（c）样本选择。

著名的辛普森悖论，就是源于未能认识到数据分析的选择取决于问题的因果结构。表 1-3 与表 1-4 为关于服药对治疗心脏病效果的两个试验的列联表。在两个试验中，都表现出服药对给定类型群体有效，但是对总体无效的结果。如何利用这两个试验的结果呢？这取决于问题的因果结构。

表 1-3 服药对治疗心脏病效果（试验一）

对照组	发作	未发作	比例/%	处理组	发作	未发作	比例/%
女性	1	19	5.0	女性	3	37	7.5
男性	12	28	30.0	男性	8	12	40.0
总数	13	47	21.6	总数	11	49	18.3

表 1-4 服药对治疗心脏病效果（试验二）

对照组	发作	未发作	比例/%	处理组	发作	未发作	比例/%
血压低	1	19	5.0	血压低	3	37	7.5
血压高	12	28	30.0	血压高	8	12	40.0
总数	13	47	21.6	总数	11	49	18.3

假设对于试验一（表 1-3）和试验二（表 1-4）的试验结果，分别有如图 1-3 所示的因果结构。其中，图 1-3（a）表明，性别是服药和发病的原因，不同性别有不同服药用量；图 1-3（b）表明，发病是血压和服药的结果，服药导致血压变化。于是，如果图 1-3（a）的因果结构是成立的，则应利用分层统计的结果指导药物的使用；若图 1-3（b）的因果结构是成立的，则应基于总体结论指导药物的使用。

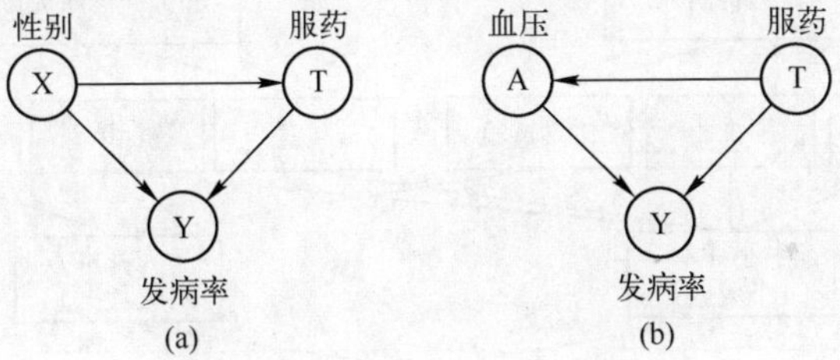

图 1-3 两个试验的因果结构

（a）试验一的因果图；（b）试验二的因果图。

1.2 数据分析与建模的任务和过程

用数据科学的话语，数据分析与建模的最终目标是“数据驱动决策”，即从数据“获得洞见”或“提取意义”，为决策提供依据。决策对依据的具体要求，决定了数据分析与建模需要完成的任务，以及完成这些任务所需的方法和工具。

数据分析与建模不仅是一个过程，也是综合运用多种方法和工具的方法论，即①最好地利用统计学、数据挖掘、机器学习等学科的概念、方法和工具，并与

① 这里参考统计工程（statistical engineering）的概念。

信息技术以及领域知识进行集成，以便通过数据“获得更好的结果”。其中，“获取更好的结果”，即获得比单纯依靠经验或基于假设的逻辑推理更准确、可靠、有价值的结果。按照这个概念，数据分析与建模的物质基础是数据和领域知识，方法基础是统计学、数据挖掘和机器学习，技术基础是信息技术，成果是洞见和模型。简单地讲，数据分析与建模就是利用各相关学科的“零件”构造某种产品，解决复杂决策问题。

1.2.1 数据分析与建模的任务

一、数据分类

数据有多种分类方式，比如根据数据的组织结构分为结构化数据、非结构化数据和半结构化数据，根据数据的时间结构分为静态数据、动态数据等。本节根据数据获取途径和数据量进行简单分类，如图 1-4 所示。不同类型数据的容量、维数、质量不同，可用于解释的规律性也有所不同，如表 1-5 所示。

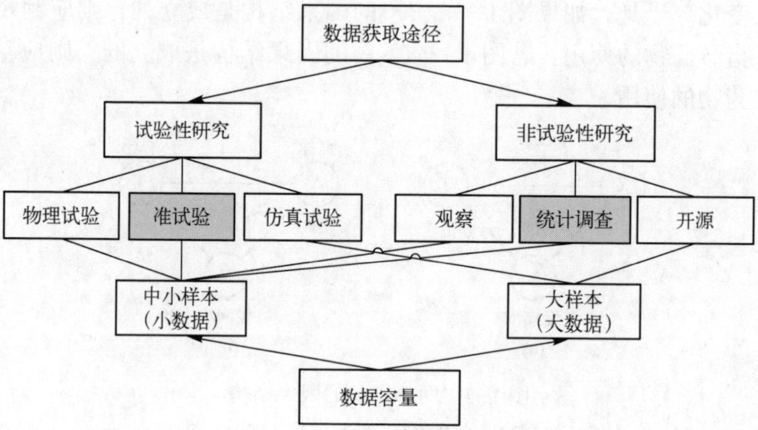

图 1-4　数据分类

表 1-5　几类典型数据的对比

项　目	试验数据	观察数据	仿真数据	各种类型的大数据
维数	一维至几维	几维	十几维至几十维	几十维及以上
数据量	很小	较小	中等至较大	很大
数据质量	随机误差	误差+偏差	无误差有偏差	不考虑误差和偏差
与总体关系	小样本	中样本	大样本	全样本
能考察的规律	线性/响应面	线性/非线性	非线性	高度非线性

不同领域因数据获取途径差异，数据分析与建模的方法各有特点。后续各章按此分类介绍典型数据的分析与建模方法。比如，在装备试验鉴定领域，主要是

各种中小样本的实物试验数据或较大样本的仿真试验数据（有时简称仿真数据），这时主要采用各种统计方法。在计量经济学领域，主要是各种观察数据或准试验数据，样本量也是中等规模，目前主要运用统计方法进行因果推断。在某些问题中，随着观察数据的积累，也积极研究和运用机器学习等方法，典型的如设备状态监测问题。商业数据来源极为广泛，既有企业管理系统的“小数据”，也有各种业务相关的“大数据”，并且大量数据主要通过非试验手段获得，目前各种大数据分析方法得到广泛应用。

二、推断和预测

不同应用领域数据分析与建模的任务存在一定的差异，但是其主要任务是类似的，都是通过对数据的分析并建立相应的模型，获得研究对象的特性和规律，预测研究对象的行为和趋势。其中，推断和预测是数据分析与建模的主要任务。

试验鉴定是通过规范化的组织形式和试验活动，对装备战术技术性能、作战效能和保障效能等进行全面考核并独立作出评价结论的综合性活动。在试验鉴定领域，数据的分析与建模主要采用统计学方法，主要任务是推断和预测[34]，即验证有关因变量与自变量的关联关系，并对未试验的输入估计对应的响应。统计学方法分为描述性统计（descriptive statistics）和推断性统计（inferential statistics）两类。描述性统计，即对数据做统计性描述，主要包括数据的频数分析、集中趋势分析、离散程度分析、数据分布的判别，以及一些基本的统计图形。推断性统计则是利用样本推断总体特征，是统计学的核心，包括参数估计、假设检验等统计推断方法。这两类统计方法在试验鉴定领域都有重要应用。

随着数据获取手段的丰富和数据来源的扩大，目前试验鉴定领域数据也逐渐表现出大数据特点[35]。数据量和数据项的增加，给纯统计学方法带来了挑战。对此，美国针对试验鉴定大数据问题，相继开展了结构化与非结构化数据决策引擎（DESU），从数据到决策的实时自动化洞察引擎（RAID），快速数据分析师（RDAN），基于推理、抽取和综合的数据理解助理（AUDREY）等项目研究。在这些研究中，特别强调数据处理与分析过程的自动化，以便降低人的负担，尽快获得试验鉴定结论。不过，除了在仿真试验数据的分析中运用了包括分类回归树、高斯过程模型等机器学习模型外，在实物试验数据的分析与建模中，目前复杂的机器学习模型的应用还比较缺乏。

商业领域是开展数据分析与建模的另一个重要领域。商业领域的数据来源更广泛，数据分析与建模的任务也更多样。商业数据分析一般包括编制数据报表的内容，比如电商统计注册转化率、用户复购率、商品客单价、用户地理分布等，这是数据分析的“展示”功能，即把各种数据做成报表和可视化。“展示”是比较浅层的工作，与描述性统计类似。更进一步的工作包括“判断”和“预测”。

判断大体分为三种，包括评估、归因和比较。评估是一种基于模型的量化过程，比如进行综合打分、根据抽样数据估算次品率等。归因也称归功归咎，是对影响因素进行分析评价，以确定哪些因素影响大、哪些因素影响小，比如分析广告投入对销售额的拉动效果、注册转化率下降的原因等，有些归功归咎可以直接通过数据统计（比如漏斗分析）完成，也有一些需要建立复杂的模型。比较是对不同方案的对比和选优。展示和判断关注的是研究对象的过去和当前，如果要基于数据进行决策，就需要进行“预测”，比如预测用户复购的增长率，预测用户行为偏好等。“除描述性和解释性功能外，大数据的核心功能是预测。”[36]这是目前商业领域大数据分析与试验鉴定领域试验数据分析比较明显的差异。

传统上，数据建模利用的是数据之间的相关关系，不涉及或未要求因果关系。大数据分析进一步强化了这这一趋势，学术性统计也往往不赞成以因果为目标的数据分析[20]。这是因为基于相关关系的建模理论确实可以解决大部分问题。比如，因素影响程度的分析，可以通过回归分析实现。然而，因果关系追求的不仅仅是人类天性，而且对模型的稳健型、决策的质量等都有重要影响。因此，有人认为，现代数据分析与建模应该增加一个新任务——因果推断（causal inference）[37]，并建议将数据科学的任务分为三类，即描述（description）、预测（prediction）和因果推断。描述包括基本的定量汇总计算（如平均值或比例）、复杂的无监督学习（如聚类分析）、各种数据可视化等数据分析任务。预测则包括基本计算（如相关系数或风险差异）、复杂的模式识别方法、可用作分类器（如随机森林、神经网络）或预测多个变量联合分布的监督学习算法等各种数据分析与建模任务。因果推断特指反事实预测，即在假设的不同情况下，利用数据来预测对象的某些特性，包括因果查询（预测干预结果）和因果效应评估（对比真实世界和虚构世界）[16]。比如研究高中学位证书对后期学术成就的影响、最低工资对就业的影响等。

1.2.2 数据分析与建模的过程

一个完整的数据分析与建模过程从提出问题（一些想法或假设）开始，到获得和解释结论为止，包括如图 1-5 所示的 8 个步骤。其中，通常所理解的数据分析与建模工作集中在步骤（5）~步骤（8）。图 1-5 采用“V”字形描述这一过程，因为从实际上看，提出有效问题和获得有效答案既是这个“V”过程的起点和终点，也是两个最重要（最“高级”）的阶段（有时提出有效问题甚至更重要）。应该注意到，各阶段是相互影响的，存在依赖关系，并且通常要综合运用多种方法和工具，达成最终的结果。下面对各阶段工作进行介绍。

一、提出问题

数据分析与建模是以问题为牵引、以数据驱动决策为目的的工作。问题不仅

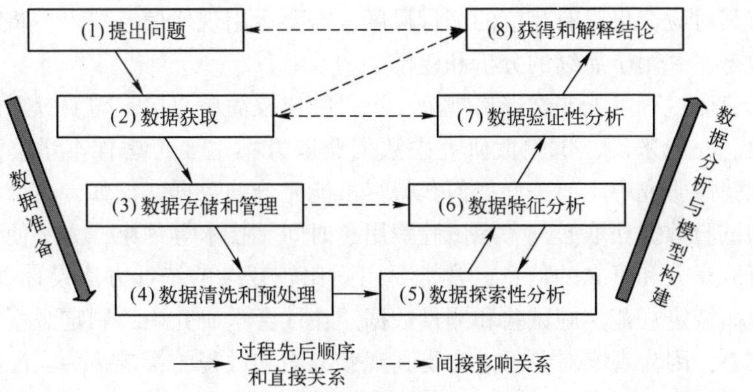

图 1-5 数据分析与建模 V 过程

关系获取哪些数据、数据量大小以及数据获取途径，也进一步影响数据分析与建模的任务和方法。领域问题一般是描述性的，需要进一步转化为具体的数据分析与建模问题。比如，在装备试验鉴定领域，一般来说人们希望通过客观、真实的数据对装备性能和效能进行准确可靠的评估，摸清装备性能和效能底数，这就决定了主要解决推断问题，比如将装备性能指标考核转化为统计假设检验问题，将性能影响因素分析转化为回归分析和参数估计问题。在商业领域，更重要的是通过数据分析了解经营现状、制定经营策略，因此除了对现状进行汇总统计外，还需要通过建立模型对未来进行预测，以便更好地进行决策。

通过数据分析与建模不能解决所有问题，这是在提出问题时需要注意的。按照朱迪亚·珀尔的观点，数据不能提供全部的信息。比如，要回答目前各种情况发生的频率以及事件之间的相关性，在获得充分数据支持时是能够做到的。但是，试图回答尚未发生但实际可能发生各种情况的频率以及事件之间的相关性，则仅靠现有数据是回答不了的——因为没有“未发生条件下”的数据，需要如随机试验等补充数据，或者通过事件背后的机理来完善推理过程。进一步地，对现实中无法发生的条件，则无论如何不能回答其可能导致的各种情况的频率以及事件之间的相关性，比如，在假设的基础上对历史进行的研究，其实是没有什么意义的，因为“历史不能假设”。

二、数据获取

数据获取顾名思义就是获取研究对象的原始数据，并用数字、字母、字符等符号表示数据。要注意，这里的数据不限于变量观测值，数据格式也不限于结构化的统计数据。目前，在数据获取过程中，对数据格式已经很少限制，只要求数据必须承载一定的信息（没有承载信息的符号不是数据）。互联网文档、图像、视频和语音等半结构化和非结构化数据，也是数据获取的内容。但是这些数据没有变量与其对应，也没有相应的测量尺度，需要运用现代信息技术，将其转化为结构化数据，并用于后续的分析和建模。

数据获取过程可能非常严格规范，也可能比较简单直接，需要针对问题需求制定方案。一般来说，试验性研究中数据获取方案主要考虑样本量、测量方式等，非试验性研究中主要关心如何获得尽可能充分的数据。比如，在试验鉴定领域，实物试验数据获取必须考虑试验费用、时间、技术等约束，为了使试验数据提供尽可能充分和可靠的信息，常常要用到比较复杂的统计方法设计试验方案，并严格遵循特定规范实施试验和测量数据。在社会学研究中，制定观察性研究方案也要小心，因为观察对象可能会受到观察方案和过程的影响——当注意到被观察时，人类行为很容易改变，由此可能会对研究人员希望获得的最终结果产生影响。这时为了收集准确的数据，研究人员需注意不能侵入或引起观察对象的注意，以免降低数据的有效性。而互联网数据、移动通信数据等大数据被认为是“全数据”（或全样本），一般希望越多越全越好，因此数据获取主要关心技术手段。

需要注意，不能无故坚持数据越多越好，数据太多可能会导致信息量变得巨大，反而增加寻找到规律的难度。比如，丹麦天文学家第谷每天观察每颗行星的运动轨迹，在 20 年内记录了大量的数据。由于数据太多，第谷花了大量时间、精力来分析这些数据，但没有发现任何规律。开普勒对 20 年的观测数据进行筛选，对每颗行星每年仅利用一个数据，通过固定地球的位置对其他行星位置的数据进行分析，发现了行星运动的规律。这个天文学上的著名案例说明，通过科学的方法简化数据，有时是获得有效结论的前提。

实际上，即使是在大数据情形，也不是数据越多越好，而是应该越全越好。比如，1936 年罗斯福竞选第二任总统，《文学文摘》杂志开展了一个大的调查统计，最后收回来的有效问卷是 240 万份。根据调查结果，该杂志社预测兰登将战胜罗斯福赢得大选。盖洛普的预测结果跟《文学文摘》的正好相反，随机调查的结果是罗斯福成功连任，最终盖洛普预测对了。为什么调查了 5000 人的预测，要比调查 240 万人的结果更准确呢？根本原因是《文学文摘》通过杂志夹带问卷进行调查，这种方式的调查结果实际上针对的是订阅了这份期刊的用户，是有样本选择偏差的。因此，在大数据时代，不能说因为有了计算机、有了爬虫技术，就一定能收集到适合研究的数据。而且，数据量多不一定代表数据准确、全面，数据质量好、有代表性，才可能得到有效的结果。

三、数据存储和管理

随着人们研究的数据集从小数据到大数据，从结构化数据到非结构化数据，从低维数据到高维数据的演变，以及数据共享策略和资产化的要求，数据的存储和管理已经成为一项相对独立的重要工作。传统的数据存储和管理针对的是同类数据源和静态数据，没有明确的数据共享策略，数据来源和处理规范明确，数据格式简单、容量适当，可以根据情况利用格式化文件、关系数据库或数据仓库等管理，数据能够高效搜索，数据量适于在中心化 RAM 上进行串行处理，数据存储和管理策略成熟。大数据的存储和管理要考虑异构、复杂的多个数据源，数据可能是动态的、演化的，数据来源和预先处理可能不清晰或不规范，数据格式多样，数据高度关联，可能不适用于关系数据库，需要特殊的数据系统（NoSQL、Hadoop、Spark 等）管理多样的数据格式，数据存取时间严重影响伸缩性和速度，需要在并行分布式体系结构下多节点集群上进行管理。因此，大数据存储和管理需要制定有针对性的优化方案。

四、数据清洗和预处理

一般来说，需要对原始数据进行清洗和预处理。

数据清洗是大数据分析的一个概念，源于大数据的 4V 特性。由于通过爬虫等途径获得的开源数据一般存在大量的错误、重复、缺失等，因此需要进行清洗获得“干净”数据。数据清洗主要包括纠正错误、删除重复项、统一规格、修正逻辑、转换构造、数据压缩、补足残缺/空值、丢弃数据/变量等。对于试验鉴定领域的试验数据，一般不需要进行上述清洗过程，而是通过汇集、变换、误差修正、时空校准等预处理，得到规范、完整的数据集。试验数据在预处理中也涉及剔除异常、填充缺失、数据采样、数据归一化/标准化/白化等操作，但是与大数据清洗中的做法存在一定差别，前者需要通过设计特定的数据处理算法。

数据清洗和预处理是正式数据分析和建模之前非常重要的工作。实际上，数据缺失机制会影响建模方法的运用，特别是在统计建模中，是否需要填充缺失数据、如何填充，都是需要研究的问题。

五、数据探索性分析

探索性分析是指在无预想情况下探索数据集的结构和模式的过程，典型的探索性分析包括降维、巡查、聚类等。J. W. Tukey 是第一位详细描述探索性数据分析（exploratory data analysis，EDA）的统计学家。在 1977 年的文章中，他将 EDA 定义为“detective work - numerical detective work-or counting detective work - or graphical detective work”。探索性分析包括抗性数据分析（resistant data analysis）、残差分析、重新表达（re-expression）以及展示或可视化（display or visualization）。

可视化技术是指利用人眼的感知能力对数据的可视表达进行交互以增强认知的技术。数据可视化是一个独立的专业领域，在科学计算、信息表达、可视分析等方面，都有重要应用。在数据分析与建模领域，通常采用数据图形化（graphical）的方式，绘制各种数据图形，辅助人们直观探查数据集的模式和结构。通过降维或投影将高维数据向低维空间映射，并绘制低维数据的图形，是一类最重要的探索性分析方法。可以说，无论是何种探索性分析，最终都离不开可视化技术的辅助。

通过探索性分析，能够在建立模型之前，对数据的模式和结构进行初步和直观的理解，为确定合适的模型结构提供一个良好的基础。对于调查或观察得来的数据，以及各种开源大数据，由于数据集的结构和模式复杂，因此数据探索性分析尤其重要。

六、数据特征分析

数据特征是对原始数据或数据集合的抽象或者“更本质”的表达。可以对各种结构和非结构化数据进行数据特征分析，其结果是构造从原始空间向特征空间的映射并生成新的特征（变量）。由于原始数据具有多模态性，因此原始空间也有多种类型，不一定都是通常的数值空间。比如，所有文档的集合也可以视作一个原始空间。从建模角度，利用原始数据的特征，是为了更好地揭示潜在问题，建立更准确的模型，提高模型的预测精度。与数据特征分析有关的广为人知的研究领域是特征工程，它是机器学习、数据挖掘、人工智能等领域的关键部分，研究内容包括特征提取（feature extraction）、特征构造（feature construction）、特征学习（feature learning）、特征选择（feature selection）等。一般认为，特征工程是一个表示问题（representative problem），同时是具有某种艺术性的工作。甚至有人说，特征工程是能够将数据像艺术一样展现的技术。好的特征工程是对领域知识、直觉和数学能力的良好综合。好的特征加上好的学习器，能够使机器学习效率事半功倍。

进行数据特征分析，不可避免地要利用相关学科的知识，比如傅里叶变换、小波变换、滤波和卷积等，也要依靠经验和尝试。有效的特征分析方法，在获得感兴趣问题特征的同时，又不引入虚假或混杂特征，因此理解各种数据加工和变换方法的原理是基本要求。虽然包括深度学习在内的一些机器学习最新进展具备所谓自动学习特征的能力，但是实际上数据特征分析在很大程度上仍然依赖人工特征。此外，数据特征分析更多地针对大数据分析，对于试验鉴定领域，由于原始数据经常具有明确的意义，因此基于装备设计制造和运用的相关工程知识，就可以满足大多数数据特征分析的要求。

本书将数据特征分为个体特征和集体特征两类，传统特征工程中的特征指的是个体特征。集体特征描述整个数据集的结构和规律性，比如数据集的位置和散布、动态数据的频率等，其中的一些统计特征也常用于数据探索性分析。在一些例外性检测问题中，常通过个体是否符合集体特征来检验例外情况。

七、数据验证性分析

J. W. Tukey 认为，验证性分析（confirmatory data analysis，CDA）是统计学中对总体特征的决断或准决断（quasi-judicial），对应于推断统计学（inferential statistics）的内容。EDA 回答的问题是："关于 X、Y、Z 的关系，数据能够告诉我什么?"而 CDA 回答的是，"数据能够验证 X、Y、Z 的（这种）关系吗?"这里对 CDA 的内涵进行适当拓展，将数据验证性分析视为从数据集获得研究对象的特性和规律的活动，包括析因效应分析、灵敏性/重要度分析、因果效应分析，以及建模、验模和预测等。数据验证性分析是数据分析与建模的核心，是获得科学结论和对问题进行合理解释的关键。

析因效应分析、灵敏性/重要度分析、因果效应分析都被认为是基于假设的推断活动，因为它们都可以转化为验证变量之间的关系是否满足某个假设的问题。析因效应分析是指在一个或多个自变量的多水平试验中，分析单个自变量取不同值对因变量的影响，或者多个自变量在各个取值水平上对因变量的影响是否受到其他自变量取值的影响，典型的析因效应包括主效应和交互效应。灵敏性/重要度分析是指利用试验或观察数据，量化预测变量变化引起的响应变量变化的范围或极限值，从众多预测变量中找出对响应变量有显著影响的变量，包括局部灵敏性分析和全局灵敏性分析。因果效应分析的目的是确定在干预和不干预的情况下，结果是否存在显著差异。

一般来说，模型包括模型结构和模型参数两部分，因此建模也包括确定模型结构和估计模型参数两部分。传统建模主要确定已知结构模型的参数，其中设计参数估计算法，从参数取值空间自动找到适当值代替模型参数的未知真值；模型结构的确定主要依赖人工，比如基于第一原理、基于 F 检验的逐步回归、直接采纳具有较强适用性的半参数模型等。随着计算能力的提高，模型结构的确定也可以自动实现，即设计模型结构搜索算法，从模型空间搜索满意的模型结构描述研究对象的规律，传统方法比如基于 AIC、BIC 准则在模型空间搜索模型，目前更复杂的方法包括自动化机器学习（AutoML）和自动化深度学习（AutoDL）等，其目标是优化机器学习模型或深度学习模型的超参数。

在大数据分析中，由于获得的是"全数据"，因此有时直接利用合理存储和组织起来的数据集合作为模型，数据检索就相当于模型计算，比如**多维事件模型**。这时模型的形式不是通常意义上的数学公式或图形，而是一种数据的组织方式。

八、获得和解释结论

基于所进行的大量的数据探索性分析和数据验证性分析，就可以对研究对象进行解释，获得感兴趣问题的有关结论。

(一) 结论的类型

结论大体上可以分为四类[39]，包括描述性结论、诊断性结论、预测性结论和指导性结论，前三类结论直接由数据分析与建模过程获得，指导性结论需要人的参与，通过人的判断获得。

描述性（describe）结论即指出已经发生或正在发生什么，是对数据内容的直观理解。通过数据的汇总统计甚至简单的数据检索查询，就可以获得描述性结论。比如，如下问题的答案属于描述性结论：问题1：响应的变化范围是什么？问题2：在随机重复试验中观察到怎样的随机变化？问题3：是否存在异常值？问题4：响应是相关的吗？

诊断性结论也称发现性（discover）结论，它指出为什么情况已经发生或正在发生，并洞见数据中的关键关系。通过数据探索挖掘、数据验证性分析，可以获得诊断性结论。比如，这些问题的答案属于诊断性结论：问题5：影响最大的因子是什么？问题6：是否存在显著的交互？问题7：感兴趣区域和阈值是什么？问题8：存在违反直觉的结果吗？问题9：哪种方案是最稳健的？问题10：存在同时满足多个目标的方案吗？

预测性（predict）结论即对未来或未观测的输入，获得可能的输出，比如未来可能发生的事情、发生的可能性、发生的时间等。预测结果可以是一个数据点或数据集（如预测区间），也可以是反事实预测。不同类型模型预测的结果类型也会有差异。比如，机器学习模型一般提供单个数据点的预测值，预测精度通过建模精度进行评价。统计学模型将预测视作参数估计问题，不仅给出单个预测值（点估计），还给出置信区间（区间估计）以表明预测结果的不确定性，其预测结果具有概率解释。

指导性结论也称推荐性（advise）结论，利用已经发生的事情（描述）、事情发生的原因（诊断）和可能发生的情况（预测），提出建议的行动方案或最佳方案。行动方案的推荐和优化可基丁相关或因果。大多数情况下基于相关的结论可以确定行动对应的结果，基于因果的行动方案更稳健。在获得指导性结论时，需要注意对有关的风险进行评价。风险与诊断和预测的偏差和不确定性等有关，量化偏差和不确定性是对风险进行量化的前提。

(二) 结论的风险和误用

获得和解释结论要求分析人员具备一定的科学素养和统计思维（statistical thinking)。这是因为数据存在“缺陷”，比如统计数据的有限性、开源数据的低质量（数据偏差和错误）、试验数据和观察数据的不确定性（包括随机不确定性和认知不确定性）、模型存在近似和不精确性、分析人员存在主观性和认知局限等。因此，由数据分析和建模过程获得的结论，不能保证完全准确和可信，依据数据获得洞见、辅助决策不可避免地存在风险。

依据数据分析做出和解释结论，除了要有严格的科学精神，还应该有正确的人文素养。这是因为在做出数据分析和建模的结论时，有意无意的“数据误用”，或者“数据说谎”问题，并不是个例。政治家查尔斯·格罗夫纳（Charles Grosvenor）曾经这样描述：“数字不会说谎，但说谎的人会想出办法。”方法正确，结论未必合理，通过数据获得的结论，有可能传达的是“错误”信息。

1.3 建模策略与模型评价

传统上，统计学一直主导着人们分析和利用数据。然而，随着大型复杂数据集的出现，依赖统计学方法从数据获得结论，有时候越来越困难。因此，如何快速地分析大量数据，处理大量复杂的因素，获得可靠可解释的有效模型，逐渐成为人们关注的重点。

1.3.1 两种建模策略

L. Breiman 教授结合自身经验，对统计学和机器学习等不同建模方法进行总结，提出两种建模文化，即基于数据的建模和基于算法的建模[18]，并指出应采用更多样化的工具来分析数据和解决问题。

一、基于数据的建模

传统建模理论面临数据贫乏或小数据问题，这时的方法论重视数据生成过程，在建模过程中对有关因素进行显式描述和处理。Breiman 教授称之为基于数据的建模策略，即假设数据是由一个随机数据模型生成的，建模就是对数据模型进行辨识[28]。例如，一种常见的随机数据模型有下面的形式：

$$y=f(x,\varepsilon,\beta)$$

式中：x 为模型的输入变量或预测变量；y 为输出变量或响应变量；ε 为随机噪声；β 为参数。建模主要是指根据数据估计参数 β 的值，从而将输入变量与输出变量关联起来，如图 1-6 所示。

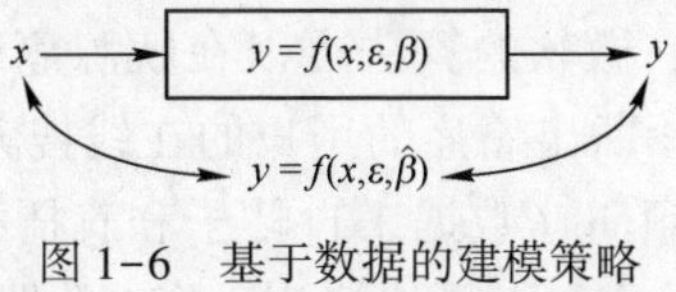

图 1-6 基于数据的建模策略

基于数据的建模策略侧重于从数据中归纳出结论。在这种建模策略下，模型确认（validation）通过拟合优度检验、残差检查等途径实现。根据小概率事件原理，只要模型与（假设的）数据生成机制的“偏差”没有出乎意料地大，就是有效的，就可以用来推断和预测。比如，对回归方程进行变量显著性检验，以验证输入变量确实能够解释输出变量的变化；通过残差检查噪声是否独立、方差是否恒定。可以认为，在基于数据的建模策略下，模型预测能力并不是其主要关注点。这也解释了基于数据的模型一般比较简单，比如对于线性或广义线性模型，可解释性是这类模型的优势。

二、基于算法的建模

在试验或抽样调查的情况下，为数据生成机制指定一种模型也许是可行的，但是在自然、异构以及动态不确定条件下，基于简化的随机数据模型进行的推断和预测，可能难以满足精度要求。此时，机器学习方法被认为是解决建模问题的另一种可行途径。这一理论对数据生成机制不做假设，即认为生成数据的过程是复杂的和未知的，建模不是提供数据生成机制，而是找到一个函数 $f(x)$，或者一种对 x 进行运算以预测 y 的算法，能够根据输入的 x 尽可能精确地预测输出 y，如图 1–7 所示。

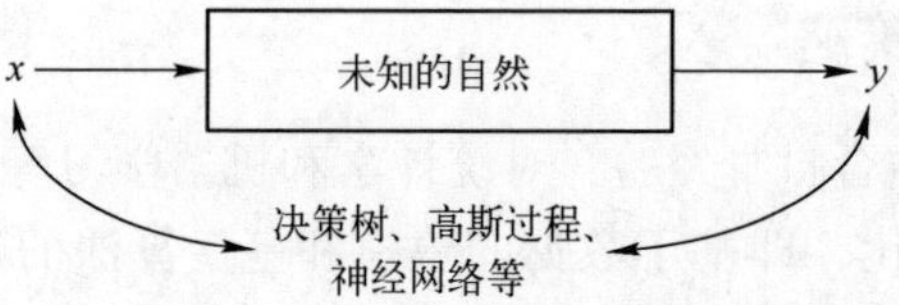

图 1–7　基于算法的建模策略

基于算法的建模即机器学习重点关注模型的预测性能而非数据生成机制。在这种策略下，模型空间可能非常复杂，甚至没有解析形式、没有好的可解释性，只要模型的预测精度（更一般的，泛化性能）满足需求，就可以用来对未出现在训练集中的数据进行预测。也就是说，在基于算法的建模策略下，通过模型预测误差确认模型，而极少采用假设检验方法，这是因为模型过于复杂。另外，由于样本量很大，采用经典统计假设检验很少不拒绝原假设[29]。

众所周知，机器学习方法已经在包括商业、生物医学、遗传学等领域得到成功应用。比如，谷歌的算法可以诊断糖尿病视网膜病变（数据来自 54 名眼科医生分类的 12 万多张图像），微软的算法可以在胰腺癌确诊前几个月预测胰腺癌（数据来自 3000 名后来被诊断出癌症的用户的在线搜索历史），Facebook 的算法可以检测哪些用户有自杀倾向（数据来自帖子和直播视频）等。这些建模应用都是预测性的，它们的成功需要大量的输入和输出数据，在输入和输出之间建立映射的有效算法，以及评估映射性能的黄金准则[24]。一旦具备这 3 个要素，基于机器学习的预测任务就可以通过数据驱动，自动地评估模型和迭代地改善输入和输出之间的映射，无须人工干预。关键在于，在明确了预测任务并获取了相关数据后，算法所需的所有信息都包含在数据中，不再需要领域专家的知识。

由此可见，基于算法的策略侧重于描述数据之间的关联关系，主要目的是拟合和预测，不关心数据生成机制，基本忽略数据的噪声或误差，很少对模型参数和拟合误差进行假设检验。当然，基于算法的策略也做检验，比如针对特定数据集上的特定模型（如逻辑回归），分析不同变量的重要性，进行“特征选择”或“特征重要性排序”；在多个数据集上对比多个分类器的性能，分析不同模型表现的差异。不过，这些检验与统计假设检验的前提条件和实现途径都是有区别的。这里检验的目的是得到完美定义的输入和输出之间的函数，体现的是统计相关性，也不需要对因果关系进行描述。值得注意的是，受益于各种复杂模型的有效性，使用这类方法所得到的预测结果往往更准确。

三、两种策略的比较和融合

通过两类不同策略建立的模型，不仅在模型的确认和解释上存在差异，在应用模型进行预测时也是不同的。在基于数据的建模策略下，由于获得的是生成数据的随机模型的近似，因此以随机模型的期望值作为预测值，以预测方差作为预测精度。在基于算法的建模策略下，模型未考虑数据生成过程的随机性，因此可以直接根据输入和模型计算确定性的输出，且预测精度不是通过预测方差衡量，而是基于对训练数据的预测性能来定性评价。

学术研究中，人们往往难以信任单纯的对比和变量重要性排序，以及以此为基础选择的模型。因此，很多科学研究还是大量使用基于数据的建模策略，建立相对简单的各种线性回归模型，并且注重参数估计的优良性。这种策略有其传统和优势，但也制约了某些复杂问题的解决。比如，在自校正调节器（STR）稳定性和收敛性研究中，传统做法是从参数估计的性能入手，但是从估计器的性质出发就能有效解决这个问题[27]。

1.3.2 模型评价

模型泛化能力是指模型在新的、独立的测试数据上的预测能力。模型描述的是数据背后的规律，因此对具有相同规律的训练集以外的数据，良好的模型能够给出合理的输出。而模型泛化能力评价的前提是预测集与训练集有较好的相似性，或者更严格来说，来源于同一分布并且具有独立性。

各种建模方法的目的都是适当拟合现有数据，但也要尽可能简单地拟合数据。通过数据建立模型有四种可能的结果，即欠拟合、拟合、过拟合和不收敛，如图 1-8 所示。过拟合是建模问题中关注的主要问题。过拟合模型在训练过程中对已知数据的拟合很好，但在预测新数据方面的表现却非常糟糕。过拟合一般是由模型的复杂程度超出所需程度造成的。

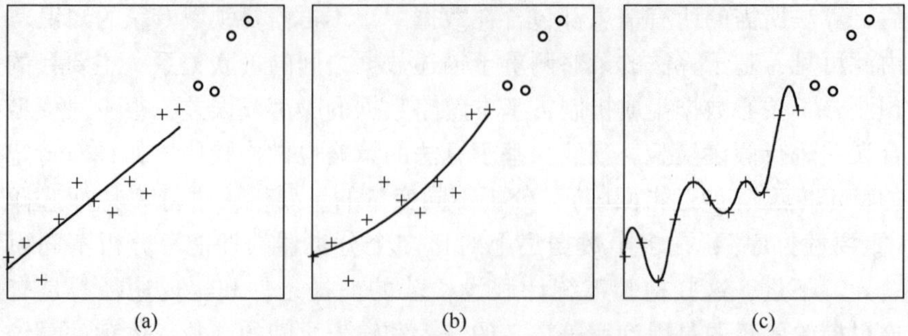

图 1-8　模型拟合的不同情形
(a) 欠拟合；(b) 拟合；(c) 过拟合。

由于不可能查看所有的数据，如果模型在拟合当前数据方面表现良好，那么如何相信该模型对新的数据也能做出良好预测呢？为了评价模型的泛化能力，提出了多种评价指标。利用这些指标，一方面可以了解不同模型的泛化能力，即通过同一个指标来对比不同模型，从而知道哪个模型相对好，哪个模型相对差；另一方面，可以通过这些指标来逐步优化模型。这些指标可以分为两大类，即模型选择指标和模型评价指标。模型选择是根据一组不同复杂度的模型表现，从模型空间中挑选满意的模型；模型评价是选定一个模型后，在新的数据上评价其预测误差等评价指标。

一、模型选择指标

模型选择的核心是从模型类中选择最佳模型。一般而言，有两种不同的模型选择思路：一种是从重复抽样与预测稳定性角度，采用交叉验证、广义交叉验证、自助法等，通过重复抽样来估计“样本外（extra-sample）误差”，并选择最小预测误差所对应的模型作为最佳模型；另一种是对模型复杂度和模型拟合数据的能力进行综合考虑，构造可利用数据解析计算的评价指标，典型的指标包括：基于似然与模型复杂度的指标，如 AIC 准则、AICC 准则、BIC 准则、EBIC 准则等；基于 VC 维与风险上界控制的角度，如结构风险最小化准则（SRM）。

二、模型评价指标

根据分类、排序、回归等不同角度，有不同的模型评价指标。分类模型评价指标主要包括精确率、准确率、召回率、F1 值，以及 ROC-AUC 曲线、PR 曲线等，排序模型评价指标主要包括贴现累积增益（DCG）、归一化贴现累积增益（NDCG）等，回归模型评价指标主要包括均方误差（MSE）、平均绝对误差（MAE）、判定系数（R^2）等。

三、关于深度学习的泛化能力

深度学习成功地应用在很多领域，但对它的理论解释却非常缺乏。近年来，很多学者把关注点放在传统学习理论与深度学习的悖论上：在传统学习理论中，模型参数越多，模型一般会更好地拟合训练数据，但模型的泛化能力会变差。在深度学习中，参数的数目往往比训练数据集大得多，但深度神经网络（DNN）通常既能拟合好训练数据，又能保持良好的泛化能力。这个违反直觉的现象称为“明显悖论”（apparent paradox）。

根据统计学习理论，模型集或学习机器的复杂性可以用VC维（Vaprik Chervoneriks Dimension）度量，VC维越大则模型越复杂。按照这一理论，p维欧氏空间中的线性指示函数集的VC维是$p+1$，平面上直线的VC维等于3。近似地，函数集H的VC维约等于其中自由参数的个数；神经网络的VC维约为$O(V\cdot D)$①，其中，V表示神经网络中神经元的个数，D表示神经元之间连接的数目。按照这个估计，一个普通的3层全连接神经网络，输入层和隐藏层各有1000个节点，输出层有1个节点，则它的VC维大约为$O(10^9)$。更深更宽的神经网络，VC维更大，因此根据统计学习理论，DNN的泛化能力应该是比较差的。

有学者从傅里叶分析的角度揭示了该悖论背后的一种机制，即由于频率原则，DNN是从低频函数开始学习的，更深的DNN具有更高的训练速度和泛化能力，对于那些比训练数据的最高频率还高的频率成分，DNN能保持幅度很小。并且相对于单层、更宽的神经网络，更深的DNN具有更高训练速度和提升泛化能力。文献［30］通过训练过程中不同样例的梯度之间的交互作用机制，解释了为什么DNN这种过度参数化的模型会具有很好的泛化性。笔者认为，当不同样例的梯度相似即存在相干性时，梯度下降具有很好的泛化性能，并且采用梯度下降学习得到的模型是稳定的，而稳定的模型具有良好的泛化性能。

1.3.3 模型可解释性

在深度神经网络成功之前，人们所使用的模型主要是线性回归模型、决策树模型、朴素贝叶斯分类模型、K-最近邻聚类模型等。由于这些模型结构相对简单、规模也比较小，因此理解起来不存在什么困难。随着DNN这种高度复杂、极高维数的模型的出现，很多模型没有办法以人类完全理解的方式产生输出。虽然能够战胜围棋世界冠军，Libratus击败人类顶级玩家，但是人们对这些结果始终不太放心，因为不能完全了解其预测依据是什么，不知道什么时候会预测错误。“当人们对于问题的正式定义不完整时，会需要通过模型解释，引入人类判断来减小这个不完整性的差距。”以信用评估为例，准确率并不是这个问题的完整需求，人们还希望算法给出的评估没有偏见或歧视，符合用户隐私保护的设

① 注意：此式是一个较粗略的估计，深度神经网络目前没有明确的VC维的界。

定，或者能对不符合条件的用户给出帮助他们提升信用分的建议，等等。从这个意义上看，模型解释是连接算法与人类认知的一座重要桥梁。因此，模型可解释性成为机器学习特别关注的重要内容。在很多应用领域，比如人工智能的军事应用，经验模型的可解释性是必须解决的重要问题。

一、可解释性

可解释性（explainability）被定义为向人类解释或呈现可理解的术语的能力。亚马逊公司认为，可解释性是以人类方式解释机器学习或深度学习系统内部机理的程度。不同类型的机器学习应用，对于模型可解释性的要求是不同的。例如：已经较好解决的问题（如 OCR），不需要模型对预测给出解释；模型预测错误导致的损失较低的情况，比如推荐系统、聊天机器人、照片滤镜等，即使结果不满足用户预期，影响也不大，因此也不太重视可解释性；如果模型预测错误可能导致较大影响、造成较严重后果，比如信用评估、医学诊断、销量预测、作战决策等，模型可解释性就非常关键。

模型解释能满足一些需求，比如模型作为知识的来源、确保安全性、检测模型偏见、提升用户接受度、协助模型开发管理中的调试和审核、搭建人类与模型共处的桥梁。但是要求模型可解释，或者使用可解释模型，也会带来一些副作用。首先，可解释性跟模型性能在一定程度上是矛盾的，人很难理解多个因素的复杂交互关系，因此可解释的模型倾向于比较简单。从更深层次上看，人类行为跟模型很不一样，无法进行端到端训练，得到的结果可能不是最优的。其次，模型解释给系统攻击者可乘之机。如果过多暴露模型决策细节，攻击者可以针对性地改变一些输入数据来骗过模型。例如，在搜索引擎排名上就有很多这方面的对抗，因此一般此类系统不会主动把模型机理暴露给用户。

二、可推理性

与可解释性有关的一个概念是可推理性（interpretability）。可以认为，可解释性是指模型运作的数学机埋符合人类思维逻辑，可推埋性关注的是对一个输入，能不能依据对模型的理解得到预期的输出。一般来说，可解释的模型是可推理的，但是反过来不成立。由于实际上可解释性比较难做，目前关于机器学习模型解释性的研究主要是可推理性的研究。

依据模型的结构特点，可推理模型可以分为 ante-hoc 可推理性和 post-hoc 可推理性两类。

ante-hoc 可推理性是指模型内置可推理性或者事先可推理性。比如，朴素贝叶斯分类器、线性回归模型、决策树模型、基于规则的模型等，这些模型本身就符合数学逻辑，并且是人们易于理解的。一般认为，ante-hoc 可推理性模型符合可模拟和可分解这两个特点。可模拟是指模型可以通过其他手段模拟出来。比如，在朴素贝叶斯模型中，可以将模型决策过程转化为概率运算；在决策树模型中，每个分支代表一种决策结果。可分解是指模型可以被分解成更小的模块，每个模块有自己特定的意义。比如，在朴素贝叶斯模型中，可以衡量每个属性的数值对最终分类结果的贡献程度。因此，ante-hoc 可推理性模型一般比较简单。

post-hoc 可推理性一般针对黑盒模型，可以通过某些方法推理其决策逻辑。这又可以分为全局可推理性和局部可推理性两种。全局可推理性（global interpretability）是指可以推理模型的每个单元、每个模块的作用，这是比较困难的。局部可推理性（local interpretability）以输入数据为导向，通过分析输入数据的某一维属性对模型最终结果的贡献来体现可推理性。常用方法有灵敏性分析、局部近似、反向传播、特征反演、类激活映射等。通过局部可推理性分析，可以推理哪些变量对模型是重要的，各观测对象的每个变量的值如何影响预测结果，以及从数据集整体考虑每个变量如何影响预测结果，等等。

1.4 相关领域

目前与数据处理、分析、建模有关的学科和领域“五花八门”，各种名词术语都隐含了不少相似或相关的概念、方法和工具。与本书内容相关的学科和专业领域，主要包括统计学、机器学习、大数据分析、数据挖掘、数据分析学和数据科学，以及作为数据组织和管理学科的数据工程和大数据技术。下面对这些相关领域进行介绍。

1.4.1 统计学与机器学习

统计学与机器学习是与数据建模关系最密切的两个基础学科，提供了两个不同但正在逐渐融合的研究领域。

一、统计学

正式作为数学分支的统计学（statistics）是 19 世纪末 20 世纪初由 Francis Galton、Karl Pearson、Ronald Fisher 等创立的，他们发明了一些著名的统计方法，包括回归分析、似然估计、方差分析、相关性等。目前，统计学的研究和应用相当广泛。Robert Johnson 说：“举出一个统计没有用途的领域名称比举出一个统计作为其组成部分的领域名称要困难得多。”20 世纪下半叶，统计学与数据分析紧密相连。在 1962 年著名的《数据分析的未来》手稿中，美国数学家和统计学家 J. W. Tukey 写道，“总而言之，我觉得我最关注的在于数据分析”。从某种意义上说，这是应用统计学的一个重要里程碑[1]。

目前，关于统计学的定义主要体现了学科内容，比如以下的一些描述：

（1）《不列颠百科全书》①：统计学是收集、分析、表述和解释数据的科学。

（2）《韦伯斯特国际辞典（第3版）》：统计学是一门收集、分析、解释和提供数据的科学。

（3）维基百科：统计学是关注数据的收集、组织、分析、解释和呈现的学科。

（4）贾俊平《统计学》：收集、处理、分析、解释数据，并从数据中得出结论的科学。

（5）M. F. Triola《初级统计学》：统计指的是一组方法，用来设计实验、获得数据，然后在这些数据的基础上组织、概括、演示、分析、解释和得出结论。

（6）戴维·S. 穆尔《统计学的世界》：统计是从数据中找出信息，并作出结论。

本书认为，上述关于统计学的描述模糊了统计学与相关学科如机器学习、数据挖掘之间的区别和联系。瑞典的 Statoo Consulting[25] 则强调，统计学是关于处理不确定性的决策问题的学科。与上述概念相比，这一描述更体现了统计学学科的本质特点。确实有很多“收集数据”的场景需要统计学智慧（统计试验设计），但是在很多应用领域，实际上人们不需要、至少不会主动寻求统计学的帮助，很多数据采集是业务驱动的；统计学也分析数据，但是确定性的数据分析跟统计学没有多大关系，比如会计学也要做大量的数据分析。此外，组织、解释、呈现数据等，更不是区分统计学与其他学科的本质属性。

在现实世界里，不确定性普遍存在，因此统计学实际上大有可为。不过，长期以来，统计学在解决科学和工程问题中仅发挥辅助作用，大多数统计工作者进行的是纯粹的数据分析工作。然而，在一些大型、复杂、非结构化任务关键项目中，比如核武器性能认证、一体化作战试验鉴定、产品质量管理等，相互联系的过程构成包含大量不确定性的复杂系统。因此，近年来国外一些机构，包括美国国家航空航天局（NASA）、美国作战试验鉴定局、美国国家海洋和大气管理局等，认为统计方法和工具应该在解决这些复杂问题中发挥更大的作用，并提出了统计工程的概念，即研究最好地利用统计学的概念、方法和工具，并与信息技术以及相关学科进行集成，以解决上述复杂系统问题。统计工程是统计思维（statistical thinking）的基本原则在工程上的实现。统计思维认为：一切都发生在由相互关联的过程所构成的系统中；所有过程都存在变异性；理解和减小变异性是成功的关键。简单地讲，统计工程试图利用统计学的“零件”构造某种产品，解决复杂系统问题。

① 《大不列颠百科全书》对统计学的定义是一门收集数据、分析数据的科学和艺术。

二、机器学习

机器学习（machine learning）是人工智能的一个分支。人工智能是一个最广泛的概念，目的是使计算机像人类一样思维。机器学习研究的是使计算机模拟或实现人类学习行为的方法。目前流行的深度学习则是机器学习的一个分支，其研究包含复杂结构或多层非线性变换的模型，实现对数据的多层深度抽象。

20世纪50年代后期，计算机技术驱动机器学习的研究。比如，计算机科学家开始基于神经网络模型开发人工智能系统，其中最具代表性的工作包括Frank Rosenblatt的感知机。随后，为了自动从数据中学习，推出了最近邻、决策树、K-均值聚类、支持向量机等。在计算机技术的推动下，机器学习的数据集越来越大，也更加复杂，远远超过了统计学方法所处理的数据集合。关于机器学习，目前描述大多强调其“自动”特性，即让算法自行学习，并且希望所构建的学习机器随着经验的增长而变得更好。“机器学习之父”Tom Mitchell定义机器学习算法是“一个计算机程序，可以通过从经验E中学习某些类型的任务T和性能度量P，如果它在T中的性能（用P来衡量）能用经验E来改进”。SAS认为：“机器学习是一种实现解析模型构建自动化的数据分析方法。它是人工智能的一个分支，其思想是系统可以以最小的人类干预从数据中学习、识别模式和进行决策。”目前，机器学习的理论方法非常广泛，涉及统计学、计算机科学和数学优化等基础知识。

机器学习领域有一个分支称为统计学习。相比于统计学广泛的研究内容，统计学习专注于解决用数据建立统计模型的问题，是统计学领域的一场革命——取代了20世纪二三十年代的Fisher理论体系[1]。从这个意义上讲，统计学习是统计学的一个分支，重点关注有监督和无监督的建模和预测，是（从样本数据）估计函数f的一系列方法[2]。统计学习理论第一次强调了小样本统计学的问题，并且产生出了支持向量机这一通用机器学习方法。

数据挖掘是机器学习的另一个分支。数据挖掘的概念是1930年引入的，起源于数据库中的知识发现（knowledge-discovery in database，KDD），也经常与KDD互换使用。数据挖掘运用探索性分析和非监督学习等手段，从大量数据中寻找潜在有用的、隐藏的和有效的模式。因此，数据挖掘中的机器学习更多地用于模式识别。

1.4.2 数据分析学与大数据分析

一般来说，数据分析（data analysis）是一个过程。百度百科定义数据分析是为了提取有用信息和形成结论而对数据加以详细研究和概括总结的过程。维基百科定义数据分析是观察、清理、变换、建模数据，以便发现有用信息、提供结论和支持决策制定。目前关于数据分析相关学科专业的描述，大多认为数据分析的目的是清理、转换、建模和查询数据，以发现有用的信息，找到关键点以改善决策。

数据分析和大数据分析（big data analysis）仅有一字之差，其内容却有较大差异。在谈到大数据分析时，人们更多的是阐述大数据的特点，以及适用于分析和处理大数据的分布式存储技术（Hadoop、Java、Hive 等）、分布式计算和分析工具。文献［3］对比了传统数据挖掘与大数据分析，其中大数据分析更强调数据本身的管理和处理问题，比如计算过程和体系结构的并行式和分布式、数据操控中的安全性和共享策略、数据处理的可伸缩性，以及大数据分析结果的集成，等等。SAS 公司提出了大数据分析学（big data analytics）的概念，指出其是为了检查大量数据以揭示隐藏的模式、相关和其他洞见，并特别强调“数据之大”对计算机技术的要求。

与数据分析相近的一个领域是数据分析学（data analytics）。从英语词义看，analysis 的含义是把复杂问题简单化，也就是“分解”，而 analytics 是“分析逻辑学”，对专业素养、调查统计能力、沟通与逻辑分析能力要求更高。比较来说，数据分析侧重探索性的定性、静态分析，比如商业领域的基本面分析（fundmental analysis），不强调定量化，分析过程也不涉及大量很高频次的数据。数据分析学则涉及更多的量化分析，要综合利用各类统计软件和编程来处理大量数据，重视高级技术、模型和算法的运用，重视动态和趋势分析，分析结果的系统性比较强。数据分析一般作为数据分析学的一个组件，有些机构认为，数据分析学很接近数据科学。

1.4.3 数据科学

数据科学（data science）这个词出现在 20 世纪 60 年代左右，当时被用作“计算机科学”的替代品。2008 年，D. J. Patil 和 Jeff Hammerbacher 成为第一批自称“数据科学家”的人，描述他们在 LinkedIn 和 Facebook 的角色。2012 年，哈佛商业评论的一篇文章称“数据科学是 21 世纪最性感的工作”；图灵奖得主 Jim Gray 认为数据科学是科学研究的第四范式（其余三种是理论、实验、仿真），并断言“科学的一切都因信息技术的影响”和“数据洪流”而改变。正是在这些因素的驱动下，数据科学成了目前最热门的学科专业领域之一。

关于数据科学是什么、包括哪些内容，实际上有不同观点。1974 年，计算机科学家、图灵奖得主 Peter Naur 首次明确提出数据科学的概念，“数据科学是一门基于数据处理的科学”。2001 年，W. S. Cleveland 主张，数据科学是统计学的一个重要研究方向，是统计学领域的进化扩展。图灵奖得主 J. Gray 将数据科学视作科学研究的一种范式。2013年，C. A. Mattmann和V. Dhar针对大量数据的处理问题，从计算机科学与技术视角讨论数据科学的内涵。维基百科认为："数据科学是使用科学的方法、过程、算法和系统，从许多结构化和非结构化数据中提取知识和洞见的交叉学科。数据科学与数据挖掘、机器学习和大数据有关。"也就是说，数据科学是一门交叉学科，包括了大数据分析、数据挖掘、预测建模、数据可视化、数学和统计学等领域，以及以数据为研究对象的所有内容。文献［52］在综合了关于数据科学的各种概念内涵的基础上，提出数据科学是"有关数据价值链实现过程的基础理论和方法学。它运用建模、分析、计算和学习杂糅的方法研究从数据到信息、从信息到知识、从知识到决策的转换，并实现对现实世界的认知与操控"。此外，还有观点认为，"数据科学是大数据背后的科学"。也就是说，只有在大数据条件下谈论数据科学才是有意义的。

由于数据科学的交叉性，成为一名合格的数据科学家需要掌握很多技能。2010年，Drew Conway绘制的数据科学文氏图（图1-9）[4]，首次探讨了数据科学的学科定位问题。Drew Conway认为，真正的数据科学位于统计学、机器学习和领域知识的交叉部位。他还特别指出了专家技巧和领域特长重叠的所谓"危险区域"，在这个区域，人们有足够的建模技巧，但是对模型的意义（比如模型参数）缺乏了解，于是可能是源于无知或故意，人们进行似乎是合法的分析，但是根本不了解结果的意义。这明确指出了数据科学的领域相关性，即脱离具体应用领域谈数据科学，实际上是没有什么意义的。

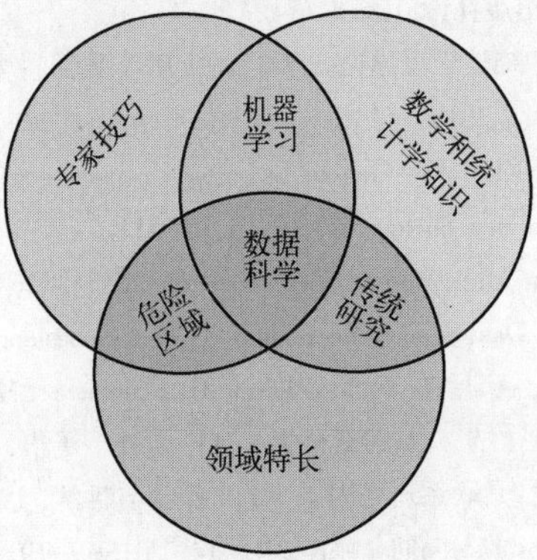

图1-9 数据科学文氏图

1.5 本章小结

数据分析与建模必须以解决实际问题为需求牵引，而不是纯粹的数学技巧的运用。当今世界，人们常常面临复杂的非结构化和系统性问题，这类问题缺乏明确的机理，难以建立解析的模型。通过试验、观察、仿真、大数据采集等途径，获取必要的数据，分析挖掘和利用数据背后的规律性，已成为当前解决实际问题的一种重要途径。本章基于系统思想和系统工程方法论，借鉴已有研究成果，对数据分析与建模过程进行规范，提出了一个数据分析与建模的过程模型，体现需求牵引和数据驱动决策思想，强调数据解释、数据思维和数据分析方法论。类似的流程规范化工作有很多，比如在试验鉴定、大数据分析等领域提出的一些框架，包括数据科学的获取—准备—分析—行动过程[6]、试验评估规范性过程[35]、试验数据处理规范流程[45]、统计工程 QPDAC 框架[47]、跨行业数据挖掘标准过程（CRISP-DM）[49]等。这些工作对于系统地、有效地开展数据分析与建模工作是有意义的。文献［50］认为，随着数据科学变得越来越复杂，需要更全面的方法/系统思维方法。此外，由于大多应用领域都离不开数据的分析与建模，不同领域在概念上存在不一致之处在所难免。因此，本章对有关术语和相关的领域进行了阐述，厘清相关的概念，为后续章节提供一个基本的前提。

参考文献

［1］曼德勒维奇，斯特拉，伊德理恩．数据科学与大数据技术导论（数据科学与工程技术丛书）［M］．唐金川，译．北京：机械工业出版社，2018.

［2］詹姆斯，威腾，哈斯帖，等．统计学习导论：基于 R 应用（数据科学与工程技术丛书）［M］．王星，等译．北京：机械工业出版社，2015.

［3］JAPKOWICZ N，STEFANOWSKI J. A Machine Learning Perspective on Big Data Analysis［J］. Big Data Analysis：New Algorithms for a New Society，2016，16：1-31.

［4］The data science Venn Diagram. http://drewconway.com/zia/2013/3/26/the-data-science-venn-diagram.

［5］PROVOST F.，FAWCETT T. Data Science for Business［M］. Sebastopol，CA，CA：O'Reilly Media，2013.

［6］Herman M，Rivera S，Mills S，et al. The Field Guide to Data Science［M］. Booz Allen Hamilton Inc，2015.

［7］珀尔，麦肯齐．为什么：关于因果关系的新科学［M］．江生，于华，译．北京：中信出版社，2019.

［8］苏德隆．医学中的因果关系：是联系还是因果［J］．医学与哲学，1983，7：5-10.

［9］JUDEA P. Understanding Simpson's Paradox［R］. R-414. 2013-9-19.

［10］KLEIJNEN J P C，SANCHEZ S M，LUCAS T W，et al. A User's Guide to the Brave New World of Designing Simulation Experiments［J］. Discussion Paper / Center for Economic Research，Tilburg University，2003，1：2003-01.

［11］Sulewski C A. An Exploration of Unmanned Aerial Vehicles in the Army's Future Combat Systems Family of Systems［R］. Monterey，California：Naval Postgraduate School，2005.

［12］桑文锋．数据驱动：从方法到实践［M］．北京：电子工业出版社，2018.

［13］朱利平．深度解析：大数据面前，统计学的价值在哪里？［N］．光明日报，2019-03-30（11）.

[14] 丁鹏．因果推断：现代统计的思想飞跃：过去、现在到未来［J］．数学文化，2021，12（2）：51-67.
[15] Schölkopf B. Causality for Machine Learning [J]. arXiv: 1911.10500v2 [cs. LG], 2019.
[16] Meng X L. Statiatical Paradises and Paradoxes in Big Data (I): Law of Large Populations, Big Data Paradox, and the 2016 US Presidential Election [J]. The Annals of Applied Statistics, 2018, 12 (2): 685-726.
[17] Breiman L. Statistical Modeling: The Two Cultures [J]. Statistical Science, 2001, 16 (3): 199-231.
[18] Wasserman L. The Role of Assumptions in Machine Learning and Statistics: Don't Drink the Koolaid! [J]. 2015.
[19] Hernán M A, Hsu J, Healy B. Data science is science's second chance to get causal inference right. A classification of data science tasks [J]. Statistics, 2019, 32 (1): 42-49.
[20] Hernán M A, Robins J M. Causal Inference: What If [M]. Boca Raton: Chapman & Hall/CRC, 2020.
[21] Liu T, Ungar L, Kording K. Quantifying causality in data science with quasi-experiments [J]. Nature Computational Science, 2021, 1 (1): 24-32.
[22] Bahri Y, Kadmon J, Pennington J, et al. Statistical Mechanics of Deep Learning [J]. Annual Review of Condensed Matter Physics, 2020, 11: 501-28.
[23] Brynjolfsson E, Mitchell T. What can machine learning do? Workforce implications [J]. Science, 2017, 358 (6370): 1530-1534.
[24] Kuonen D. A Statistician's View on Big Data and Data Science [C]. Zurich, Switzerland: IBM Developer Days, 2013.
[25] 贾俊平，何晓群，金勇进．统计学［M］．7版．北京：中国人民大学出版社，2018.
[26] 郭雷．回溯自校正调节器研究之路［J］．系统科学与数学，2012，32（12）：1460-1471.
[27] 徐宗本．人工智能的10个重大数理基础问题［J］．中国科学：信息科学，2021，51（12）：1967-1978.
[28] Berger J O. 统计决策论及Bayes分析［M］．贾乃光，译．北京：中国统计出版社，1998.
[29] Chatterjee S, Zielinski P. On the Generalization Mystery in Deep Learning [J]. ArXiv abs/2203.10036. 2022.
[30] 朝乐门．数据科学——理论与实践［M］．2版．北京：清华大学出版社．2019.
[31] Stephen M. Stigler. Francis Galton's Account of the Invention of Correlation [J]. Statistical Science, 1989, 4 (2): 73-86.
[32] Liu T, Ungar L, Kording K. Quantifying causality in data science with quasi-experiments [J]. Nature Computational Science, 2021, 1 (1): 24-32.
[33] Breiman L. Statistical Modeling: The Two Cultures [J]. Statistical Science, 2001, 16 (3): 199-231.
[34] 武小悦，金光，李革．装备性能试验［M］．北京：国防工业出版社，2022.
[35] 陈菲．大数据时代背景下的国家安全治理［J］．国际观察，2016，3：42-52.
[36] Hernán M A, Hsu J, Healy B. Data science is science's second chance to get causal inference right: A classification of data science tasks [J]. Statistics, 2019, 32 (1): 42-49.
[37] Enders C K. Applied Missing Data Analysis [M]. New York, London: The Guilford Press, 2010.
[38] Klenk, J. Field Guide To Data Science [M]. 2nd ed. Booz, Allen, Hamilton, 2015.
[39] Xu Z Q, Zhou H X. Deep frequency principle towards understanding why deeper learning is faster [J]. 2021, 35: 10541-10550.
[40] Tukey J W. Exploratory Data Analysis [M]. Addison-Wesley: Pearson, 1977.
[41] 杰西卡·M. 尤茨，罗伯特·F. 赫卡德．统计思想（英文版）［M］．北京：机械工业出版社，2003.

[42] 戴维·S. 穆尔．统计学的世界：concepts and controversies［M］．郑惟厚，译．北京：中信出版社，2003.

[43] Kenett R S, Swarz R, Zonnenshain. A Systems Engineering as a Data-Driven and Evidence-Based Discipline［J］. INCOSE International Symposium, 2020, 30（1）: 757-770.

[44] Mailman L, Merboff H, Bancroft D. Automating the Operational Test Data Process. In Drowning in Data, Thirsty for Information［J］. The ITEA Journal, 2012, 33（2）: 123-126.

[45] Anderson-Cook C M, Lu L, Clark P G, et al. Statistical Engineering-Forming the Foundations［J］. Quality Engineering, 2012, 24: 110-132.

[46] Steiner S H, Mackay R J. Statistical Engineering, An Algorithm for Reducing Variation in Manufacturing Processes［M］. Wisconsin: ASQ Quality Press. Milwaukee, 2005.

[47] Larose D T, Larose C D. 数据挖掘与预测分析［M］. 2 版．王念滨，宋敏，裴大茗，译．北京：清华大学出版社，2017.

[48] Chapman P, Clinton J, Kerber R, et al. CRISP-DM 1.0 Step-by-Step Data Mining Guide［R］. 2000.

[49] Ajit Jaokar. Data Science -The need for a Systems Engineering approach.［EB/OL］. https://www.kdnuggets.com/2017/10/data-science-systems-engineering-approach.html

[50] Vapnik V N. 统计学习理论的本质［M］. 张学工，译．北京：清华大学出版社，2000.

[51] 徐宗本，唐年胜，程学旗．数据科学：它的内涵、方法、意义与发展［M］．北京：科学出版社，2022.

[52] Doshi Velez, Been Kim. Towards a Rigorous Science of Interpretable Machine Learning［J］. arXic: 1702.08608. 2017

第2章

数据探索与可视化

数据探索性分析是在不做预先假设的情况下，以不太正式的方式描述和处理数据，通过统计归纳、曲线拟合、图形化等途径，直截了当地研究数据集。随着数据来源越来越丰富，很难在正式的建模和分析之前，对所有数据都能获得必要的认知，需要采用合适的方法手段，探索发现数据集的结构和模式，检查分析数据的特性和规律，生成变量关系的合理假设，辅助选择模型的类型和结构，并为直观有效地传递数据分析与建模结论提供支持。

数据探索性分析提供了丰富多彩的详细考察一组数据的方法，它注重首先灵活地探究数据，然后把数据与模型联系起来。实际上，统计工作者总是先详细查看数据，然后才进行正式的统计建模和假设检验。在其他类型的数据分析与建模活动中，数据探索与可视化也是不可缺少的工作。

2.1 数据探索性分析概述

经典统计中的大样本理论表明，一个统计量的大样本行为往往比小样本行为更简单。在有限样本情况下，统计量的行为常常缺乏大样本情况下的简单性。另外，当实际数据偏离基础假设所规定的理想模型时，经典统计可能表现得很差。实践经验和理论研究使人们认识到，在数据集有限的情况下，需要研究一些不太严格的统计分析方法，这些方法是稳健耐抗的和方便灵活的，既能灵活适应数据的结构，也能对后续分析揭示的模式灵活反应。

稳健耐抗是指方法能够适应多种可能情况，比如在偏离基础假设或数据局部不良时，仍然能够得到比较理想的结果。其中，稳健性是指对偏离基础概率模型不敏感，耐抗性是指对数据局部不良行为（如异常、粗大误差）不敏感。比如，中位数是高度耐抗的，但不是高度稳健的，而平均值既不耐抗也不稳健。稳健耐抗方法在基础假设严格成立时不是最好的，但对各种可能情况都能获得接近“最好的”结果。与稳健耐抗方法有关的是无分布方法，后者对所有可能的情况（总体分布）都一视同仁。比较而言，稳健耐抗方法则对合理可信的分布与不太合理可信的分布区别对待。

2.1.1 数据探索与可视化的作用

对于数据探索与可视化的作用，前面实际上已经说明。简单来说，数据探索和可视化对于选择适当模型和检验模型拟合效果是非常重要的，而且经常能够起到事半功倍的效果。这里通过一个例子说明可视化的作用。在文献［5］中，F. J. Anscombe 提供了一个通过散点图帮助检查模型的例子，表 2-1 为其中的4 组数据。采用最小二乘法拟合一元线性回归模型，得到的结果如表 2-2 所示。可以看出，这 4 组数据得到的是完全相同的结果。

表 2-1　假设的 4 组数据

第一组		第二组		第三组		第四组	
x	y	x	y	x	y	x	y
10.0	8.04	10.0	9.14	10.0	7.46	8.0	6.58
8.0	6.95	8.0	8.14	8.0	7.66	8.0	5.76
13.0	7.58	13.0	8.74	13.0	12.74	8.0	7.71
9.0	8.81	9.0	8.77	9.0	7.11	8.0	8.84
11.0	8.33	11.0	9.26	11.0	7.81	8.0	8.47
14.0	9.96	14.0	8.10	14.0	8.84	8.0	7.04
6.0	7.24	6.0	6.13	6.0	6.08	8.0	5.25
4.0	4.26	4.0	3.10	4.0	5.39	19.0	12.50
12.0	10.84	12.0	9.13	12.0	8.15	8.0	5.56
7.0	4.82	7.0	7.26	7.0	6.42	8.0	7.91
5.0	5.68	5.0	4.74	5.0	5.73	8.0	6.89

表 2-2　最小二乘回归分析结果

观测数量 $n=11$
预测变量 x 的均值 $\bar{x}=9.0$
响应变量 y 的均值 $\bar{y}=7.5$
y 在 x 处的回归系数 $b_1=0.5$
线性回归方程 $y=3+0.5x$
$x-\bar{x}$ 的平方和为 110.0
回归平方和为 27.50（自由度为 1）
y 的残差平方和为 13.85（自由度为 9）
回归系数 b_1 的标准误差为 0.118
判决系数 $R^2=0.667$

表 2-2 的理论结果是否确定地表明这 4 组数据具有相同的规律性呢？图 2-1 为这 4 组数据的散点图及其对应的最小二乘回归直线，可以看出它们的散点图明显不同，表明数据具有完全不同的变化模式。因此，好的统计分析不应该简单套用现成的公式，即使这个过程中方法的运用没有问题。应该进行多轮的正式和非正式的探索分析和验证，使结果能够正确反映数据的真实特性和背景信息。

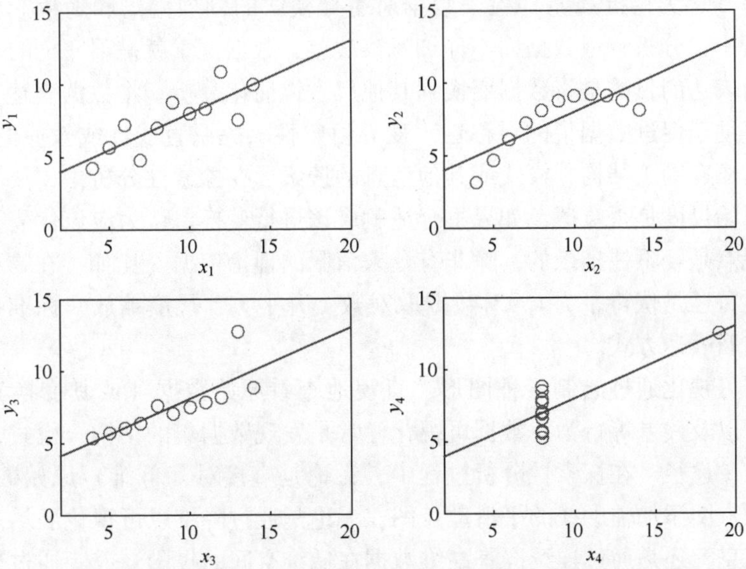

图 2-1　4 组数据对应的散点图及其对应的最小二乘回归直线

2.1.2　数据探索性分析的内容

数据探索性分析主要关注以下 4 个主题，即耐抗性（resistance）、残差（residual）、重新表达（re-expression），以及数据展示（display）或可视化（visualization）。

耐抗性提供对数据局部不良行为（如异常、粗差）的非敏感性。耐抗方法能够把数据中的主导行为和反常行为清楚地分离。在数据集发生小的变动时，耐抗方法得到的结果只发生轻微的改变。小的变动包括全部数据的小扰动、少量数据的剧烈变动，以及介于这两种情况之间的各种可能。即使是“好”的数据，也难免会有百分之几的差错甚至重大差错，因此，要预防数据差错的破坏性影响，就需要具有耐抗性的方法。耐抗性方法重视数据的主体部分，而几乎不重视离群值。有时人们有针对性地关心耐抗性，比如对野值的耐抗性，或者对舍入误差和分组误差的耐抗性。数据中的野值很容易使结果发生严重畸变，因此在讨论耐抗性时通常都离不开野值。

残差是变量的观测值与预测值的差异，是从观测数据减去拟合模型之后的残余部分。残差分析可以揭示数据对于常见模型的意想不到的偏离，是检验非恒定方差、非可加性、非线性以及欠拟合等现象的重要工具。有反常的残差还可能意味着对数据的分析处理存在不充分、不合理之处。可将耐抗方法与残差分析结合，利用前者获得数据的主导模式（数据集的大部分一致遵从的模式），通过对应的残差（称为耐抗残差）检查数据对主导模式的剧烈偏离和随机起伏。在探索性分析中，分析一组数据而不仔细考察残差，数据探索就是不完全的。

重新表达的目的是将数据变换到其他尺度以简化分析。将数据表达为另一个尺度，有助于促进数据集的对称性、变异恒定性、关系直线性或效应的加和性，重新表达还有助于结构、模式或其他信息的搜索。在探索性分析中，要尽早考虑数据的原始尺度是否合适，如果不合适就应该进行变换。认为应该优先采用原始尺度的观点是经不住推敲的，除非有令人信服的理论依据（比如，在物理学中决定是用伏特还是伏特平方）。对数据取对数、开平方、尺度缩放、标准化等，是常用的重新表达方式。

数据可视化通过绘制各种图形，直观地查看原始数据（或其变换）、拟合、诊断量度以及残差等行为。数据可视化经常是发现数据集的结构、模式，或生成假设的唯一途径。在探索性分析过程中，无论是直接对（低维）原始数据绘图，还是为散点图添加辅助线的平滑散点图，无论是通过降维以可视化展示高维数据的主要信息，还是通过连续巡查高维数据在低维空间的投影，或者通过聚类分析发现聚类模式，都离不开数据可视化。可以说，可视化是各种探索性分析中最基础和最普遍的工具。

2.2 数据变换

通常来说，原始数据不是最便于处理的形式。因此，一般需要对原始数据施加一些变换，比如改变数据分布形态，或者使数据的处理更容易、内容更丰富，或者生成更有效的可视化形式。对于一些应用场景，比如降维、聚类和可视化来说，有时对数据的尺度和原点进行一些变换，有助于更好地进行数据分析。

2.2.1 标准化

标准化（normalization）的目的是把不同尺度的数据统一到一个尺度上，以免受过大尺度数据的影响。许多机器学习算法都涉及数据点的比较来发现趋势，聚类、分类等都离不开数据点的距离，这时采用一致的尺度非常关键，尺度差异太大可能严重影响结果。

比如，研究机器学习算法预测房子是否适合客户需求，考虑房间数量和房龄(以年为单位)，图2-2（a）为原始数据。房间数是2~20间，存在较大差异，但是相比按年度量的房龄，其数值仍旧比较小。于是，直接利用原始数据进行预测时，可能会降低房间数量差异对预测结果的贡献。如果考虑一个更极端的例子，即横轴是以元为单位的房屋售价，原始数据图形看起来会更“压缩”，房间数量的差异甚至不相关。为了避免不同变量测量尺度的影响，就应该尽量使用相同的尺度，使每个变量在尺度上同等重要。图2-2（b）显示了使用min-max标准化的房屋数据，可以看到这时数据点已经没有尺度差异了。

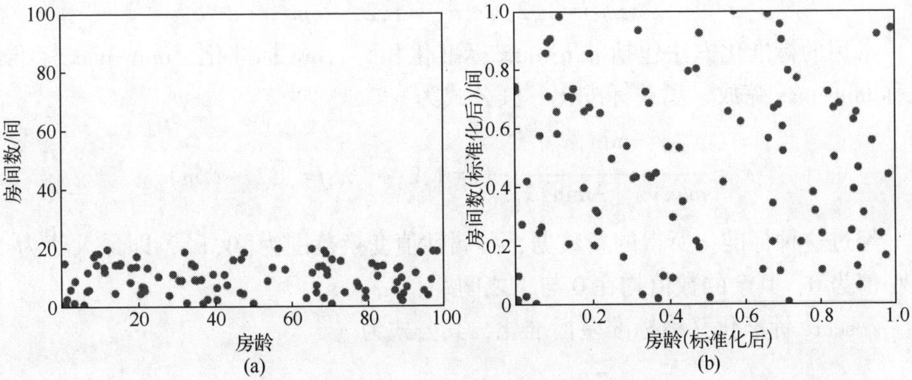

图2-2　房屋数据集

（a）未标准化；（b）min-max标准化。

采用一致的尺度有助于提高模型学习效率。比如，在采用梯度下降法估计模型参数时，各变量的尺度一致有助于收敛。如图2-3所示为平方损失函数的等高线示意图，若不同变量存在尺度差异并导致各偏导数的尺度存在差异，则标准化

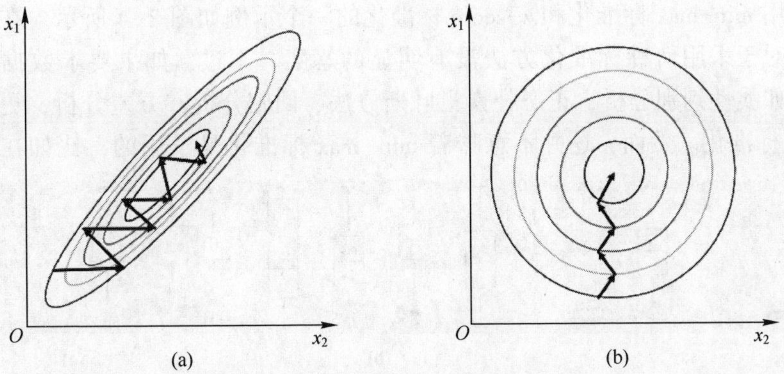

图2-3　损失函数等高线示意图

（a）标准化前；（b）标准化后。

前损失函数的等高线更“扁”。由于梯度下降法在各个方向上使用相同的学习率，因此可能导致在大尺度变量上发生震荡，小尺度变量上收敛缓慢，即迭代过程中某些变量的影响因尺度原因被削弱。而标准化之后的等高线更“圆”，各变量的偏导数相差不大，梯度方向更倾向于“指向”最优解，因此容易确定合适的学习率，也有助于算法更快地收敛。

因此，一般来说，在建模之前都需要对变量的尺度进行适当的处理，以免不同测量单位产生某些变量的支配地位。设有 n 个对象，每个对象有 m 个属性，其数据为

$$\{x_{ij}: i=1,2,\cdots,n; j=1,2,\cdots,m\}$$

常用的标准化方法包括 min-max 标准化和 z-score 标准化。min-max 标准化又称 min-max 缩放、离差标准化，其公式为

$$x'_{ij}=\frac{x_{ij}-\min\limits_{i}\{x_{ij}\}}{\max\limits_{i}\{x_{ij}\}-\min\limits_{i}\{x_{ij}\}}(i=1,2,\cdots,n;j=1,2,\cdots,m)$$

经过这种标准化所得的新数据，各属性值变换范围为[0,1]，即最大值为 1、最小值为 0，其余的数值均在 0 与 1 之间。

z-score 标准化又称标准差标准化，其公式为

$$x'_{ij}=\frac{x_{ij}-\bar{x}_j}{s_j}(i=1,2,\cdots,n;j=1,2,\cdots,m)$$

其中

$$\bar{x}_j=\frac{1}{n}\sum_{i=1}^{n}x_{ij},s_j=\sqrt{\frac{1}{n}\sum_{i=1}^{n}(x_{ij}-\bar{x}_j)^2}(j=1,2,\cdots,m)$$

由这种标准化方法得到的新数据 x'_{ij}，各属性的平均值为 0，标准差为 1。

采用 min-max 标准化和 z-score 标准化的一个示例如图 2-4 所示。在实际应用中，对于采用何种标准化方法没有明显的答案。不过，如果要求数据是正态的，比如线性判别分析、正态朴素贝叶斯方法、回归分析、方差分析，更多采用 z-score 标准化。然而，这并不意味着 min-max 标准化是没用的，比如在图像数

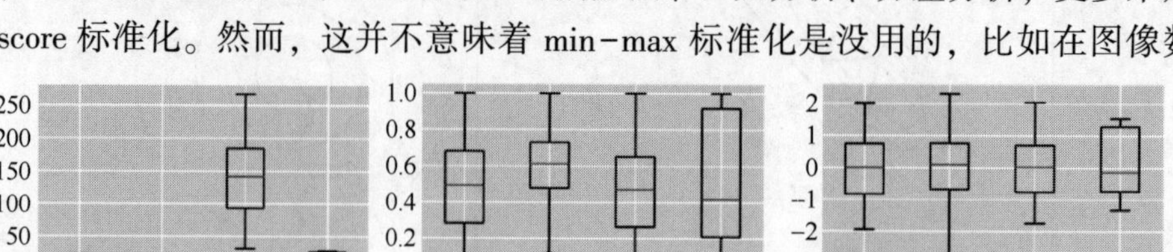

图 2-4 不同标准化方法比较示意图

（a）原始数据；（b）min-max 标准化；（c）z-score 标准化。

据处理中，像素强度必须归一化以适应某个范围，神经网络模型也经常需要0~1范围内的数据。

除了具体应用的规定外，两种标准化方法还各有优缺点。在min-max标准化中，所有属性都具有相同的尺度，但不能很好地处理异常值；z-score标准化能够处理异常值，但新数据缺乏完全相同的尺度。

在多维情况下，可以用球面化变换代替对每个属性分别进行的z-score标准化，这样得到的是相互独立的数据。球面化变换公式为

$$\boldsymbol{x}_i' = \boldsymbol{\Lambda}^{-1/2}\boldsymbol{Q}^{\mathrm{T}}(\boldsymbol{x}_i - \bar{\boldsymbol{x}})$$

式中：$\boldsymbol{x}_i = (x_{i1}, x_{i2}, \cdots, x_{im})$；$\bar{\boldsymbol{x}}$为均值向量，$\boldsymbol{Q}$的列为如下定义的矩阵$\boldsymbol{S}$的特征向量；$\boldsymbol{\Lambda}$为$\boldsymbol{S}$特征值构成的对角阵。这里，$\bar{\boldsymbol{x}}$和$\boldsymbol{S}$定义如下：

$$\bar{\boldsymbol{x}} = \frac{1}{n}\sum_{i=1}^{n}\boldsymbol{x}_i, \boldsymbol{S} = \frac{1}{n-1}\sum_{i=1}^{n}(\boldsymbol{x}_i - \bar{\boldsymbol{x}})(\boldsymbol{x}_i - \bar{\boldsymbol{x}})^{\mathrm{T}}$$

例如，对产生自二元正态分布$N(\boldsymbol{\mu}, \boldsymbol{\Sigma})$的随机数据进行球面化变换，得到如图2-5所示结果。比较来看，球面化之后数据点的中心在(0,0)，且数据点的散布更“圆”，表明变换后的各个变量是不相关的。

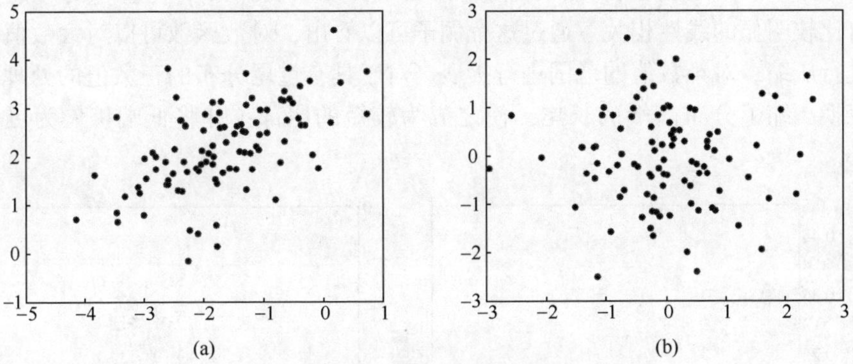

图2-5　二元正态分布数据的球面化

（a）原始数据；（b）球面化变换。

2.2.2　函数变换

对数据$x_1, x_2, \cdots, x_n$的变换（transformation）是一个函数T，将各观察值x_i替换为$T(x_i)$。函数变换的主要目的是改变变量的分布形态，从而更好实现建模的目的。函数变换应该满足以下要求：变换应该保留数据点的顺序，也就是说，中值转换后应该仍然是中值；变换函数是连续函数，以确保在原始数据集中靠近的点在变换后也相互靠近；变换函数应该单调、光滑、各阶可导，并且最好由初等函数确定。常见变换包括求根变换（平方根、立方根）、倒数变换、对数变换、

正整数幂变换、指数变换等，如表 2-3 所示。

表 2-3 常用函数变换

变换名称	表达式	备　注
根变换	$y=\sqrt[n]{x}\,(n=2,3)$	有助于使方差稳定①，比如方差与均值呈比例的数据
倒数变换	$y=1/x$	
对数变换	$y=\log(x)$	有助于使方差稳定，比如标准差与均值呈比例的数据
正整数幂变换	$y=x^n$	
Box-Cox 变换	$y=\begin{cases}\dfrac{x^\lambda-1}{\lambda}(\lambda\neq 0)\\ \log(x)(\lambda=0)\end{cases}$	是一种广义幂变换，可以明显改善数据的正态性、对称性和等方差性
广义指数变换	$y=ab^{k(x-d)}+c$	对数变换是指数变换的特例

这里以对数变换为例，说明函数变换的作用。如图 2-6 所示为软件检测数据的散点图，横轴为测试时间（用单行代码数 SLOC 进行了规范化），纵轴为测试发现的错误数。显然，原始数据集中在左下角，是偏态的，并且变量之间没有明显的关系。对两个变量都取对数，重新绘图，可以看到两个变量（的对数）之间有比较明显的线性相关。通过这个例子可以看出，对数函数可以对大数值的范围进行压缩，对小数值的范围进行扩展。对于具有重尾分布的正数值的处理，对数变换压缩了分布高端的长尾，使之成为较短的尾部；并将低端扩展为更长的头部。

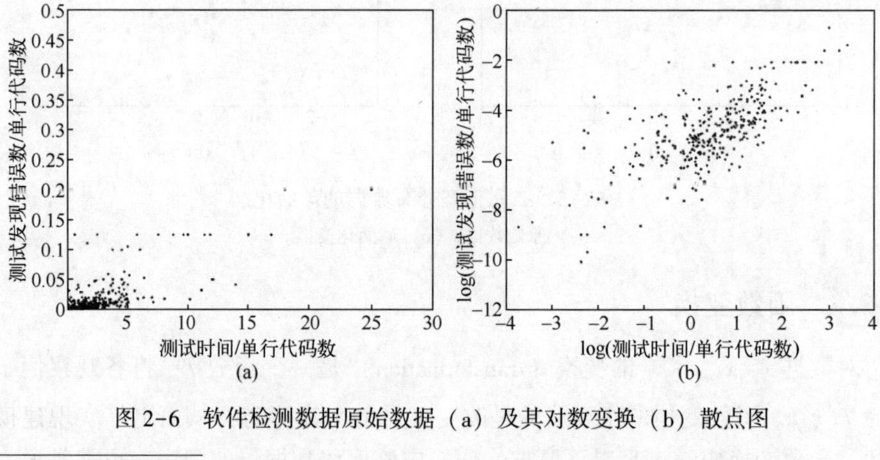

图 2-6 软件检测数据原始数据（a）及其对数变换（b）散点图

① 用统计学术语，根运算、对数变换、指数变换都是方差稳定变换（variance-stabalization transformation，VST）。所谓方差稳定变换，是指经过变换后的统计量的方差与要预测的参数无关。比如，估计泊松分布的均值时，对样本均值取平方根，其渐近方差与分布的均值无关。当样本量不是特别大时，方差稳定变换可以在一定程度上提高置信区间精度。

在数据建模问题中，常常希望数据的分布具有正态性。当数据不符合正态分布规律时，通常对原始数据进行变换。对数、平方根、倒数等变换都可使数据正态化：对轻度正偏态分布，即偏度值为正且为其标准差的 2~3 倍时，可以考虑平方根变换；偏度值超过标准差 3 倍时可以考虑对数变换。如果数据两端波动较大，为消除极端值影响，可以采取倒数变换。

一般情况，多次尝试来寻找合适的正态化变换，或者采用 Box-Cox 变换。Box-Cox 变换是常用的正态化变换，可以同时满足正态化和方差齐性的要求，很多统计软件都提供了相应的函数支持。如图 2-7 所示，图 2-7（a）为指数分布，图 2-7（b）是经过 Box-Cox 变换后数据的直方图，可以看出变换后的数据更接近正态分布。

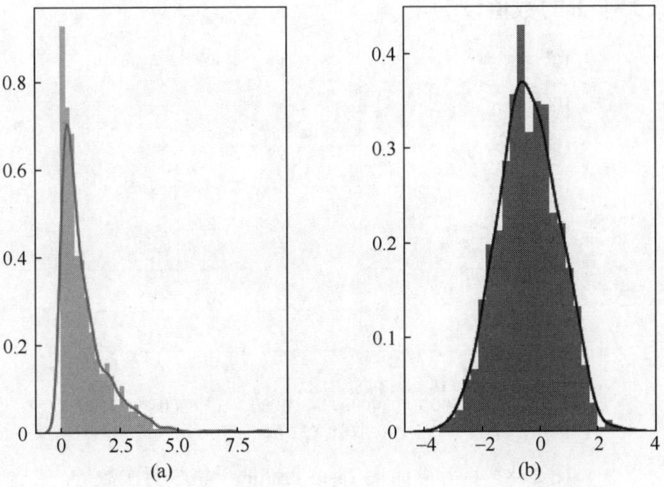

图 2-7　原始数据（a）及其 Box-Cox 变换（b）

2.3 数据约减

2.3.1 离散化

有时使用原始数据，并不利于对数据的分析与建模。比如，在一些大数据应用场合，经常会出现少量非常大的数值，直接使用这些数值会扭曲数据的主导规律，或者得到不稳健的模型。在语音识别等动态数据分析中，为了更快、更稳健地处理大量数据，常常对原始序列分段逼近，以及进一步把数值转化为序数尺度以提高序列匹配效率。因此，对原始数据的值（取值范围）进行约简（value reduction），是数据预处理和探索性分析中经常要做的工作。

一、二值化

二值化即以 0 和 1 对原始数值进行量化。比如，创建一个向用户推荐歌曲的推荐模型，它的功能是预测某个用户喜欢某首歌的程度。原始数据包含每首歌实际的收听次数。一般会认为，收听次数高意味着用户喜欢这首歌，收听次数低则意味着不太感兴趣，因此可以用收听次数作为衡量歌曲受欢迎程度的指标。但实际数据表明，尽管绝大多数（如 99%）的收听次数不超过 24 次①，但是也有一些歌曲收听次数达到几千次，比如图 2-8 所示百万歌曲集 Taste Profile 子集收听次数数据，其中有少数歌曲收听次数达到 2000 次以上。使用这种存在少量高得离谱数值的数据去预测，模型会被异常值严重带偏。因此，原始收听次数不是衡量用户喜好的稳健指标。更合适的用户偏好表示方法是将收听次数二值化，即把所有收听次数大于 1 的数值设为 1。

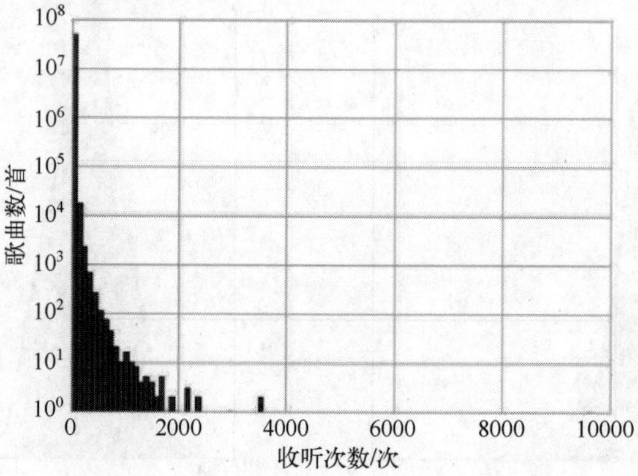

图 2-8　百万歌曲集 Taste Profile 子集收听次数

二、区间量化

与二值化一样，有时原始数值跨越了若干个数量级，这对很多模型都是个问题。比如，在线性模型中，过大的数值会影响回归的效果；在 k-均值聚类中，过大的数值对距离或相似度的影响会超过其他数据，破坏整体的相似性度量。对这类问题，一种解决办法是进行区间量化（分箱），即把原始数值分到多个箱子里，去掉实际数值，用有序离散的分箱序列代替原始数值。

有两种确定分箱宽度的方法：固定宽度分箱和自适应分箱。固定宽度分箱是指每个分箱的范围是固定的，这些范围可以人工确定，也可以按照某种策略，分箱宽度可以是线性的，也可以是指数的。比如，在推荐系统里，一般不会直接使

① 来自百万歌曲数据集（million song dataset）的正式用户数据子集 echo nest taste profile 的统计结果。

用用户年龄，而是用人工设计的年龄范围划分区间，反映生命阶段，例如婴幼儿期（0~6 岁）、小学（7~12 岁）、中学（13~17 岁）、大学（18~22 岁）等。自适应分箱主要解决数值中存在较大缺口而造成大量空箱的问题，即若预先确定分箱范围，则某些分箱内可能没有数值。通过数据分布的分位数设计分箱，可以避免空箱的发生。比如，对 Yelp 点评数据集商家点评数［图 2-9（a）］用分位数设计分箱，可以得到图 2-9（b）所示的离散化结果，其中利用点评数量的十分位数进行分箱（十分位数覆盖在直方图上）。注意图中坐标系的 x 轴和 y 轴采用的是对数坐标。

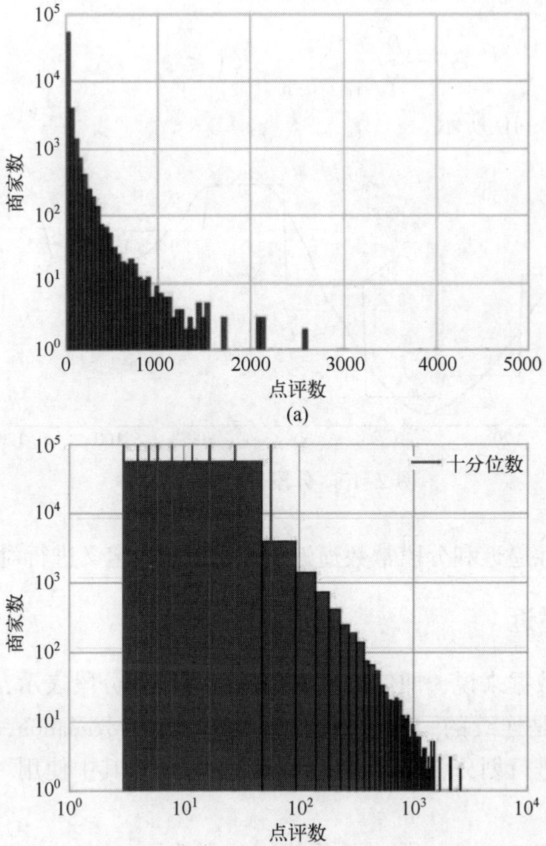

图 2-9　Yelp 点评数据集商家点评数（a）及其分箱离散化（b）

2.3.2　分段逼近

分段逼近是对时间序列数据的数量进行约简的一种方法，即把原始时间序列 $\{x_1, x_2, \cdots, x_N\}$ 用更“短”的序列 $\{x'_1, x'_2, \cdots, x'_D\}$ 表示，其中 $D<N$，以减少要处理

的数据的数量，也称数据约简（data reduction）。

分段逼近把时间序列按照横轴切分成很多段，每段使用某个简单函数（线性函数等）来表示。有多种表示方法，包括分段线性逼近（piecewise linear approximation，PLA）、分段聚合逼近（piecewise aggregate approximation，PAA）、分段常数逼近（piecewise constant approximation，PCA）等。

分段聚合逼近是一种非常经典的算法。对原始时间序列 $\boldsymbol{x}=\{x_1,x_2,\cdots,x_N\}$，设约简后序列长度为 D，则 PAA 序列为

$$\bar{\boldsymbol{x}}=\{\bar{x}_1,\bar{x}_2,\cdots,\bar{x}_D\}$$

其中

$$\bar{x}_i=\frac{D}{N}\sum_{j=(i-1)\cdot N/D+1}^{i\cdot N/D}x_j(1\leqslant i\leqslant D)$$

用图形表示如图 2-10 所示。

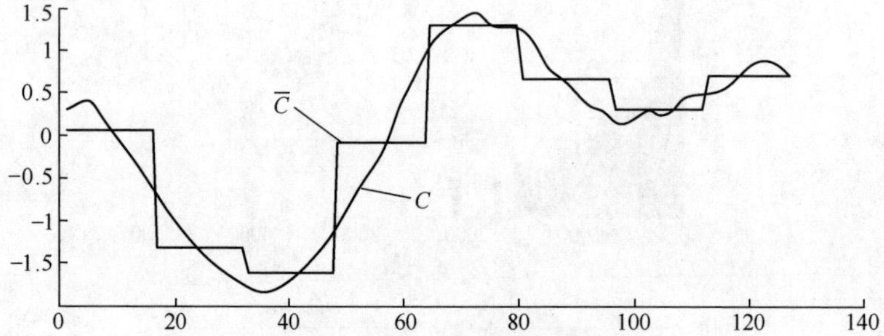

图 2-10　分段聚合逼近示例

至于分段线性逼近和分段常数逼近，只要对$\bar{x}_i$的定义进行对应修改即可。

2.3.3 符号逼近

对时间序列数据来说，即使按照上面的过程得到分段表示，所得到的各个分段上的数值依旧是连续的。符号逼近（symbolic approximation，SAX）是用一些离散值对连续值进行划分，得到有序的离散化数值，其中使用一些符号来表示时间序列的数值。

在经典的 SAX 表示中，假设希望使用 α 个符号，例如，$\{l_1,l_2,\cdots,l_\alpha\}$表示时间序列的取值。考虑正态分布 $N(0,1)$，用$\{z_{1/\alpha},\cdots,z_{(\alpha-1)/\alpha}\}$来表示正态分布分位点，这些分位点把正态分布曲线下方的面积等分成 α 份。SAX 方法的流程如下：

第 1 步：标准化，将时间序列的数值进行 z-score 标准化。

第 2 步：将标准化后的序列分段表示，即将标准化后的$\{x_1,x_2,\cdots,x_N\}$约简为$\{\bar{x}_1,\bar{x}_2,\cdots,\bar{x}_D\}$。

第 3 步：符号化表示，按照如下规则确定各段的符号：如果$\bar{x}_i<z_{1/\alpha}$，则$\hat{x}_i=l_1$；如果$z_{(j-1)/\alpha}\leqslant\bar{x}_i<z_{j/\alpha}$，则$\hat{x}_i=l_j$；如果$\bar{x}_i\geqslant z_{(\alpha-1)/\alpha}$，则$\hat{x}_i=l_\alpha$。

于是，就可以用$\{l_1,l_2,\cdots,l_\alpha\}$这 α 个字母来表示原始时间序列。如图 2-11 所示，原序列经符号逼近后变成的序列为 baabccbc。

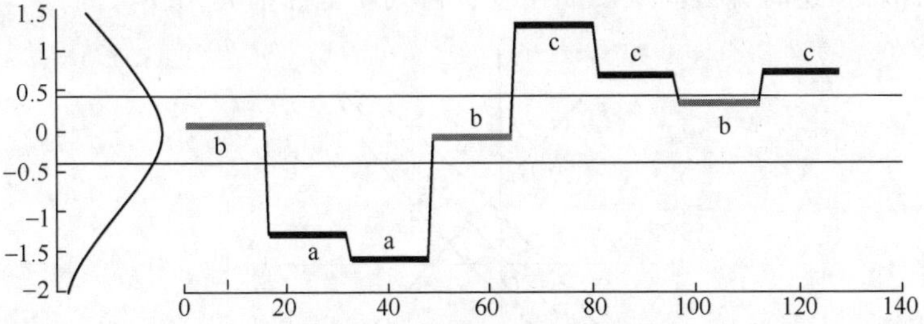

图 2-11　符号逼近示例

2.4　数据降维

对高维数据很难直接考察其模式或结构。研究表明，随着维数的增加，数据集呈现出稀疏性，距离计算也会出现困难，在低维空间中的一些现象，在高维空间可能不成立。降维是寻找适当的低维空间来表达高维原始数据的过程，即在低维空间对高维原始数据的结构进行探索。降维利用的是数据各分量之间的相关性。对于线性相关的情形，多元统计中的主成分分析是最直观有效的方法。对于非线性相关的情况，目前提出了很多方法，比如多维标度法、等距映射以及适用于三维以下降维的 t-SNE、UMAP、DensMAP 等方法。

将高维数据降到低维特别是三维以下空间，为可视化探查数据结构和模式提供了可能。另外需要指出，降维不仅是数据探索的重要方法，也是数据特征分析的重要方法，即通过原始特征的线性组合获得高维特征的低维表示。

2.4.1　主成分分析

主成分分析（principle component analysis，PCA）是霍特林于 1933 年提出的，也称主分量分析，是在损失很少信息的前提下，把多个属性转化为几个综合属性的线性降维方法。其中，每个主成分都是原始变量的线性组合，且各个主成分互不相关。

一、基本思想

下面以二维为例，说明主成分分析的基本思想。设有 n 个对象，每个对象有两个变量 X_1 和 X_2。假设在由变量 X_1、X_2 组成的坐标空间中，n 个数据点散布的情况如图 2-12 所示。可以看出，这些数据点无论沿 X_1 轴方向还是沿 X_2 轴方向均有较大的散布，其离散程度可以用变量 X_1 和 X_2 的方差定量地表示。显然，若只考虑 X_1 和 X_2 中的任何一个，原始数据中的信息均会有较大的损失。现在考虑 X_1 和 X_2 的线性组合，使原始数据可以由新的变量 F_1 和 F_2 来刻画。在几何上，这相当于将坐标轴按逆时针方向旋转 θ 角度，得到新坐标轴 F_1 和 F_2。

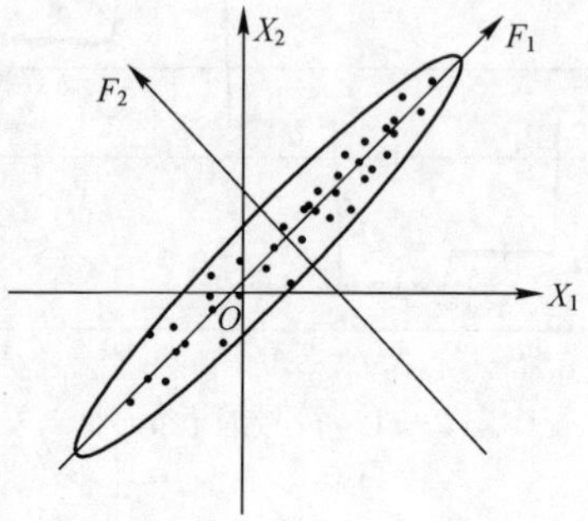

图 2-12　二维主成分分析

坐标旋转公式如下：

$$\begin{cases} F_1 = X_1\cos\theta + X_2\sin\theta \\ F_2 = -X_1\sin\theta + X_2\cos\theta \end{cases}$$

写成矩阵形式为

$$\begin{pmatrix} F_1 \\ F_2 \end{pmatrix} = \begin{pmatrix} \cos\theta & \sin\theta \\ -\sin\theta & \cos\theta \end{pmatrix} \begin{pmatrix} X_1 \\ X_2 \end{pmatrix} = \boldsymbol{U} \cdot \boldsymbol{X}$$

式中：$\boldsymbol{U}$ 为旋转变换矩阵，它是正交矩阵，即满足

$$\boldsymbol{U} = \boldsymbol{U}^{-1},\quad \boldsymbol{U}\boldsymbol{U}^{\mathrm{T}} = \boldsymbol{I}$$

经过这样的旋转之后，n 个数据点在 F_1 轴上的离散程度最大（具有最大的方差），代表了原始数据绝大部分信息。这样，有时即使不考虑变量 F_2 也无损大局。因此，经过上述旋转变换就可以把原始数据的信息集中到 F_1 轴上，对数据中的信息起到了浓缩的作用。

下面用服从二元正态分布的随机向量分析主成分的几何意义。设变量 X_1、X_2 遵从二元正态分布 $\boldsymbol{N}(\boldsymbol{\mu}, \boldsymbol{\Sigma})$，其中

$$\boldsymbol{\mu} = \begin{pmatrix} \mu_1 \\ \mu_2 \end{pmatrix},\quad \boldsymbol{\Sigma} = \begin{bmatrix} \sigma_1^2 & \rho\sigma_1\sigma_2 \\ \rho\sigma_1\sigma_2 & \sigma_2^2 \end{bmatrix}$$

考虑 $(\boldsymbol{X}-\boldsymbol{\mu})^{\mathrm{T}}\boldsymbol{\Sigma}^{-1}(\boldsymbol{X}-\boldsymbol{\mu}) = d^2$，$d$ 为常数。不妨设 $\boldsymbol{\mu} = 0$，则这是一个椭圆，长短轴分别为 $2d\sqrt{1\pm\rho}$。设 $\lambda_1 \geqslant \lambda_2 \geqslant 0$ 为 $\boldsymbol{\Sigma}$ 的特征值，γ_1、γ_2 为对应的标准正交特征向量。令

$$\boldsymbol{\Lambda}=\begin{pmatrix}\lambda_1 & 0\\ 0 & \lambda_2\end{pmatrix},\quad \boldsymbol{P}=(\boldsymbol{\gamma}_1,\boldsymbol{\gamma}_2)$$

则 $\boldsymbol{P}$ 为正交阵，并且可以得到

$$d^2=\frac{1}{\lambda_1}(\boldsymbol{\gamma}_1^{\mathrm{T}}\boldsymbol{X})^2+\frac{1}{\lambda_2}(\boldsymbol{\gamma}_2^{\mathrm{T}}\boldsymbol{X})^2$$

这是一个椭圆方程，且在 F_1、F_2 构成的坐标系中，其主轴的方向恰恰正是 F_1、F_2 坐标轴的方向。因为 $F_1=\boldsymbol{\gamma}_1^{\mathrm{T}}\boldsymbol{X}$，$F_2=\boldsymbol{\gamma}_2^{\mathrm{T}}\boldsymbol{X}$，$\gamma_1$、$\gamma_2$ 就是椭圆在原始坐标系中的主轴方向，也是坐标变转换的系数向量。所以，F_1、F_2 就是原始变量 X_1、X_2 的两个主成分，它们的方差分别为 λ_1 和 λ_2，在 F_1 方向上集中了原始数据的 λ_1 的变差，在 F_2 方向上集中了原始数据的 λ_2 的变差。如果 λ_1 远大于 λ_2，就可以只研究原始数据在 F_1 方向上的变化而不至于损失过多信息。由图 2-12 还可以看出，F_1，F_2 除了对信息浓缩之外，还是不相关的（因 F_1 与 F_2 正交），这避免了信息重叠导致的虚假性。

二、具体实现

由上面的例子可以看出，主成分分析的过程实际上就是坐标旋转的过程。在新坐标系中，各坐标轴的方向就是原始数据变化最大的方向。设有 p 个属性 $X_1, X_2,\cdots,X_p$，主成分分析就是要将这 p 个属性转变为其线性组合，由这些线性组合表示的新属性 $F_1,F_2,\cdots,F_k(k\leqslant p)$，能充分反映原指标集合的信息，且相互独立。

设 $\boldsymbol{X}=(X_1,X_2,\cdots,X_p)^{\mathrm{T}}$ 的协方差阵为 $\boldsymbol{\Sigma}_X=[\sigma_{ij}]_{p\times p}$，其中 $\sigma_{ii}=\sigma_i^2$ 为 X_i 的方差，$\sigma_{ij}(i\neq j)$ 为 X_i 与 X_j 的协方差。由于 $\boldsymbol{\Sigma}_X$ 为非负对称阵，因此必有正交阵 $\boldsymbol{U}$，使得

$$\boldsymbol{U}^{\mathrm{T}}\boldsymbol{\Sigma}_X\boldsymbol{U}=\mathrm{diag}(\lambda_1,\lambda_2,\cdots,\lambda_p)$$

式中：$\lambda_1,\lambda_2,\cdots,\lambda_p$ 为 $\boldsymbol{\Sigma}_X$ 的特征根，不妨设 $\lambda_1\geqslant\lambda_2\geqslant\cdots\geqslant\lambda_{\mathrm{p}}$；$\boldsymbol{U}$ 是由特征根相对应的特征向量 $\boldsymbol{u}_1,\boldsymbol{u}_2,\cdots,\boldsymbol{u}_p$ 所组成的正交阵，即

$$\boldsymbol{U}=[\boldsymbol{u}_1,\boldsymbol{u}_2,\cdots,\boldsymbol{u}_p]=[u_{ij}]_{p\times p},\quad \boldsymbol{U}\boldsymbol{U}^{\mathrm{T}}=\boldsymbol{I}$$

下面看主成分分析的过程。设 p 维单位向量 $\boldsymbol{a}_1=(a_{11},a_{21},\cdots,a_{p1})^{\mathrm{T}}$，定义 $F_1=\boldsymbol{a}_1^{\mathrm{T}}\boldsymbol{X}$，则

$$\mathrm{Var}(F_1)=\sum_{i=1}^{p}\lambda_i\boldsymbol{a}_1^{\mathrm{T}}\boldsymbol{u}_i\boldsymbol{u}_i^{\mathrm{T}}\boldsymbol{a}_1=\sum_{i=1}^{p}\lambda_i(\boldsymbol{a}_1^{\mathrm{T}}\boldsymbol{u}_i)^2\leqslant\lambda_1\sum_{i=1}^{p}(\boldsymbol{a}_1^{\mathrm{T}}\boldsymbol{u}_i)^2=\lambda_1\boldsymbol{a}_1^{\mathrm{T}}\boldsymbol{U}\boldsymbol{U}^{\mathrm{T}}\boldsymbol{a}_1=\lambda_1$$

当且仅当 $\boldsymbol{a}_1=\boldsymbol{u}_1$，即 $F_1=\boldsymbol{u}_1^{\mathrm{T}}\boldsymbol{X}$ 时，F_1 有最大的方差 λ_1，这是因为

$$\mathrm{Var}(F_1)=\boldsymbol{u}_1\boldsymbol{\Sigma}_X\boldsymbol{u}_1^{\mathrm{T}}=\boldsymbol{u}_1(\lambda_1\boldsymbol{u}_1^{\mathrm{T}})=\lambda_1$$

F_1 称为第一主成分。如果 F_1 包含的信息还不能满足分析所需，则需要找第二主成分。在约束条件 $\mathrm{Cov}(F_1,F_2)=0$ 的条件下，寻找第二主成分：

$$F_2=a_{12}X_1+\cdots+a_{p2}X_p$$

因为

$$\mathrm{Cov}(F_1,F_2)=\mathrm{Cov}(\boldsymbol{u}_1^{\mathrm{T}}\boldsymbol{X},\boldsymbol{a}_2^{\mathrm{T}}\boldsymbol{X})=\boldsymbol{a}_2^{\mathrm{T}}\boldsymbol{\Sigma}_X\boldsymbol{u}_1=0$$

对 p 维向量 $\boldsymbol{u}_2$，有

$$\mathrm{Var}(F_2)=\sum_{i=1}^{p}\lambda_i\boldsymbol{a}_2^{\mathrm{T}}\boldsymbol{u}_i\boldsymbol{u}_i^{\mathrm{T}}\boldsymbol{a}_2=\sum_{i=1}^{p}\lambda_i(\boldsymbol{a}_2^{\mathrm{T}}\boldsymbol{u}_i)^2=\sum_{i=2}^{p}\lambda_i(\boldsymbol{a}_2^{\mathrm{T}}\boldsymbol{u}_i)^2\leqslant\lambda_2\sum_{i=2}^{p}(\boldsymbol{a}_2^{\mathrm{T}}\boldsymbol{u}_i)^2$$

$$=\lambda_2\sum_{i=1}^{p}(\boldsymbol{a}_2^{\mathrm{T}}\boldsymbol{u}_i)^2=\lambda_2\boldsymbol{a}_2^{\mathrm{T}}\boldsymbol{U}\boldsymbol{U}^{\mathrm{T}}\boldsymbol{a}_2=\lambda_2$$

因此要使线性变换 F_2 的方差最大，应该取 $\boldsymbol{a}_2=\boldsymbol{u}_2$。以此类推，得到诸线性变换为 $F_i=\boldsymbol{u}_i^{\mathrm{T}}\boldsymbol{X}$，写为矩阵形式，即各主成分为 $\boldsymbol{F}=\boldsymbol{U}^{\mathrm{T}}\boldsymbol{X}$。

根据矩阵秩的性质，可知协方差矩阵 $\boldsymbol{\Sigma}_X$ 的对角线上的元素的和等于特征值的和，于是所有主成分的方差的和为所有特征值的和，即

$$\sum_{i=1}^{p}\mathrm{Var}(F_i)=\sum_{i=1}^{p}\lambda_i=\sum_{i=1}^{p}\sigma_i^2$$

换句话说，主成分分析把 p 个变量的总方差分解成为 p 个不相关变量的方差的和。

主成分分析目的是希望用尽可能少的主成分代替原来的 p 个变量。定义前 k 个主成分的累积贡献率为

$$t_k=\sum_{i=1}^{k}\lambda_i/\sum_{i=1}^{p}\lambda_i$$

一般选取的主成分个数以能够反映原变量 85%左右的信息为依据，则取 t_k 的典型值范围为 75%~95%。或者，保留符合以下条件的主成分

$$\lambda_k\geqslant 0.7\bar{\lambda}\quad 或\quad \lambda_k\geqslant\bar{\lambda}$$

其中，$\bar{\lambda}=\dfrac{1}{p}\sum_{i=1}^{p}\lambda_i$。

还可以通过陡坡图、断线图等图形查看需要保留多少主成分。陡坡图是特征值 λ_k 与索引 k 的折线图，曲线“肘部”的 k 值就是需要保留的主成分数的估计值。基于断线图的判别规则为：如果第 k 个主成分解释方差的比例大于如下定义的 g_k，则保留该主成分

$$g_k=\frac{1}{p}\sum_{i=k}^{p}\frac{1}{i}$$

如图 2-13 所示为英国的 4 个成员国平均每人每周消耗 17 种类型食品的质量，显然人们对每种食品的偏好存在一些差异，但不同成员国之间却似乎没有明显不同。使用主成分分析（PCA）进行降维，看看不同成员国之间是否存在不同。使用前 2 个主成分和第 1 个主成分，分别在二维和一维空间绘制散点图，可

以明显看出各成员国饮食结构的差异。

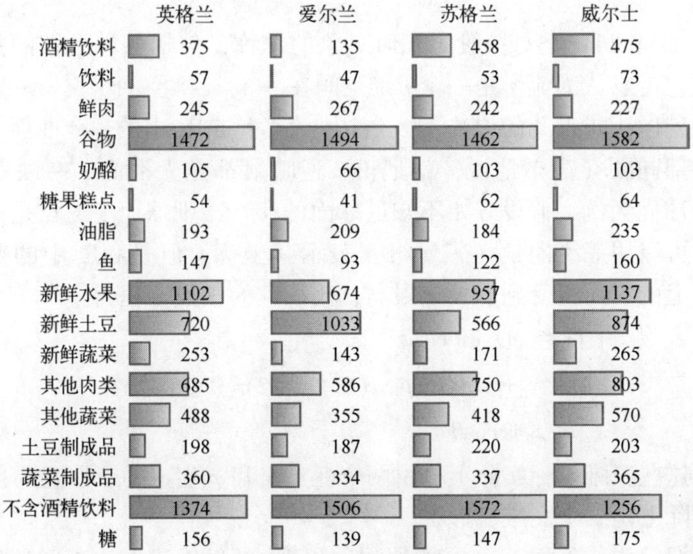

图 2-13　17 种食品消耗

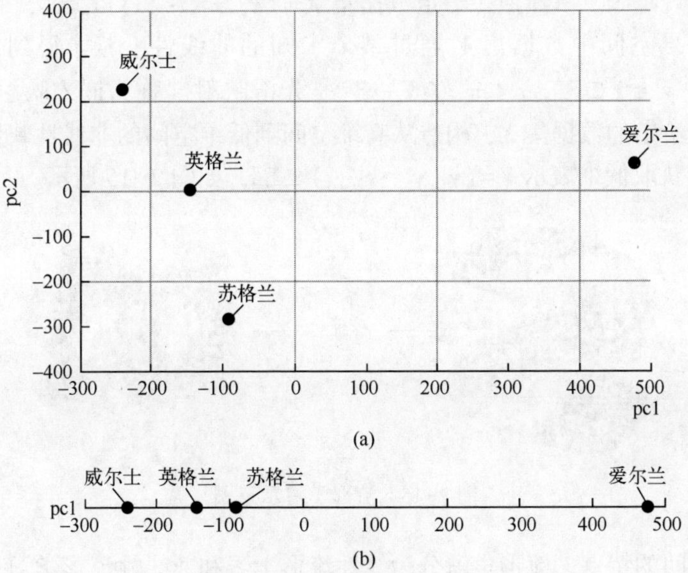

图 2-14　主成分分析

（a）前 2 个主成分；（b）第 1 个主成分。

2.4.2 流形学习

流形（manifold）是对一般的几何对象的总称，包括各种维数的曲线、曲面等。直观上，可以认为流形是一个 r 维空间在一个 m 维空间中（$m>r$）被扭曲之后的结果。稍微正式点儿的说法，一个 r 维流形就是$\mathbb{R}^m$中的一个曲面，该曲面在任意点处局部同胚（简单地说，就是正、逆映射都是光滑的一一映射）于欧氏空间$\mathbb{R}^r$。以球面为例，假设开始不知道球面的存在，则球面上的点是三维欧氏空间上的点，可以用三维向量（三元组）表示其坐标。但是和$\mathbb{R}^3$中的普通点不同的是，球面上的三元组受到了一定限制，比如它的参数方程为

$$\begin{cases} x=x_0+r\sin\theta\cos\varphi \\ y=y_0+r\sin\theta\sin\varphi \quad (0\leqslant\varphi\leqslant 2\pi, 0\leqslant\theta\leqslant\pi) \\ z=z_0+r\cos\theta \end{cases}$$

可以看到，这些三维坐标实际上是由两个变量 θ 和 φ 生成的，即它的自由度是 2，因此球面实际上是一个二维流形。

假设数据是均匀采样于一个高维欧氏空间中的低维流形，流形学习就是从高维采样数据中恢复低维流形结构（找到高维空间中的低维流形），并求出相应的映射，以实现降维。具体地，给定数据集 $\boldsymbol{X}=(x_1,x_2,\cdots,x_n)\subset\mathbb{R}^m$，假定 $\boldsymbol{X}$ 中的数据是由低维空间中数据集 $\boldsymbol{Y}$ 通过某个未知的非线性变换 f 得到的，即 $x_i=f(y_i)$，其中 $y_i\in\boldsymbol{Y}\subset\mathbb{R}^r$，$r\ll m$，$f:\boldsymbol{Y}\to\mathbb{R}^m$是光滑映射（称为嵌入映射）。流形学习就是基于给定的数据集 $\boldsymbol{X}$，构造从高维空间到低维空间的非线性映射 $f^{-1}:\mathbb{R}^m\to\mathbb{R}^r$，或直接获取低维表示 $\boldsymbol{Y}=(y_1,y_2,\cdots,y_n)\subset\mathbb{R}^r$，如图 2-15 所示。

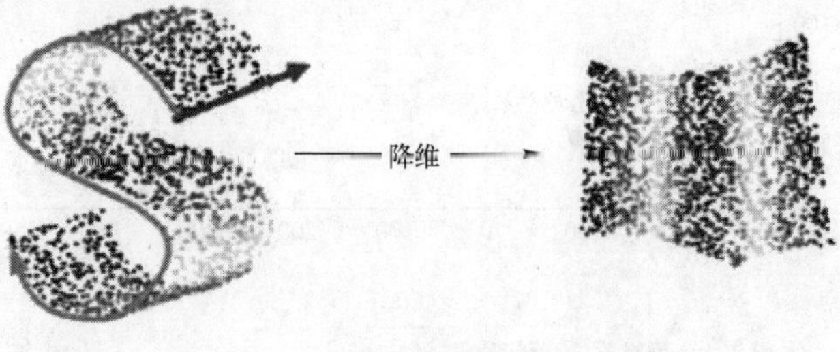

图 2-15　流形学习示意图

根据空间的特点，流形学习分为线性流形学习和非线性流形学习，主成分分析实际上是一种线性方法。比较典型的非线性流形学习算法包括局部线性嵌入（locally linear embedding，LLE）、等距映射（isomap）、拉普拉斯特征映射（Laplacian eigenmaps，LE）等。下面介绍等距影射方法，它是在多维标度（multidimensional scaling，MDS）法基础上提出的，属于欧氏空间算法的改造。MDS

是一种使降维之后的点两两之间的距离尽量不变（和在原是空间中对应的两个点之间的距离差不多）的方法。

一、多维标度法

多维标度法解决的问题是，当 n 个对象两两之间的距离给定时，确定这些对象在低维空间中的表示，使其尽可能与原先的距离“大体匹配”，以便由降维所引起的变形达到最小。多维空间中的每个点代表一个对象，因此点之间的距离与对象之间的相似性高度相关。也就是说，两个相似的对象由多维空间中两个距离相近的点表示，而两个不相似的对象则由多维空间两个距离较远的点表示。多维空间通常为二维或三维的欧氏空间，但也可以是三维以上非欧氏空间。

假设有一个 n 阶方阵 $\boldsymbol{D}=(d_{ij})_{n\times n}$ 描述 n 个对象之间的距离，$\boldsymbol{D}$ 满足以下条件：

（1）$\boldsymbol{D}=\boldsymbol{D}^{\mathrm{T}}$；

（2）$d_{ij}\geqslant 0, d_{ii}=0(i,j=1,2,\cdots,n)$。

$\boldsymbol{D}$ 称为广义距离阵，d_{ij} 称为第 i 点与第 j 点之间的距离。

如果能够在 r 维欧氏空间找到 n 个点 $\boldsymbol{X}=(\boldsymbol{x}_1,\boldsymbol{x}_2,\cdots,\boldsymbol{x}_n)^{\mathrm{T}}$，其中 $\boldsymbol{x}_i=(x_{i1},x_{i2},\cdots,x_{ir})$，满足

$$d_{ij}^2=(\boldsymbol{x}_i-\boldsymbol{x}_j)^{\mathrm{T}}(\boldsymbol{x}_i-\boldsymbol{x}_j)(i,j=1,2,\cdots,n) \tag{2.4.1}$$

则这 n 个点就是原来的 n 个对象在 r 维空间中的表示，此时称 $\boldsymbol{X}$ 为 $\boldsymbol{D}$ 的一个构图，并且 $\boldsymbol{D}$ 称为欧氏距离阵。反之，如果 $\boldsymbol{D}$ 是欧氏距离阵，则可以证明，可以在 r 维欧氏空间找到满足条件（2.4.1）的 n 个点。但是，并非所有的距离阵都存在一个 r 维的欧氏空间和 n 个点，使得这 n 个点的距离阵等于 $\boldsymbol{D}$，此时 $\boldsymbol{D}$ 不是欧氏距离阵，所构造的 n 个点 $\boldsymbol{X}$ 的距离阵尽可能接近 $\boldsymbol{D}$，并称 $\boldsymbol{X}$ 为距离阵 $\boldsymbol{D}$ 的一个拟合构图。

由此可，问题的关键是确定 $\boldsymbol{D}$ 是否为欧氏距离阵。设 $\boldsymbol{B}=(b_{ij})_{n\times n}$，其中

$$b_{ij}=\frac{1}{2}\left(-d_{ij}^2+\frac{1}{n}\sum_{j=1}^{n}d_{ij}^2+\frac{1}{n}\sum_{i=1}^{n}d_{ij}^2-\frac{1}{n^2}\sum_{i=1}^{n}\sum_{j=1}^{n}d_{ij}^2\right) \tag{2.4.2}$$

式中：d_{ij} 为 i 与 j 之间的原始距离，距离阵 $\boldsymbol{D}$ 是欧氏距离阵的充要条件是 $\boldsymbol{B}\geqslant 0$。这时，可以按如下方式构造 r 维空间中的 n 个点。

记 $\lambda_1\geqslant\lambda_2\geqslant\cdots\geqslant\lambda_r$ 为 $\boldsymbol{B}$ 的正特征值，对应的单位特征向量为 $\boldsymbol{e}_1,\boldsymbol{e}_2,\cdots,\boldsymbol{e}_r$，定义

$$\boldsymbol{X}=(\sqrt{\lambda_1}\boldsymbol{e}_1,\sqrt{\lambda_2}\boldsymbol{e}_2,\cdots,\sqrt{\lambda_r}\boldsymbol{e}_r)=(x_{ij})_{n\times r}$$

矩阵 $\boldsymbol{X}$ 的每行对应 r 维欧式空间中的一点，第 i 行即为 $\boldsymbol{X}_i$。令 $\boldsymbol{\Lambda}=\mathrm{diag}(\lambda_1,\lambda_2,\cdots,\lambda_r)$，$\boldsymbol{\Gamma}=(\boldsymbol{e}_1,\boldsymbol{e}_2,\cdots,\boldsymbol{e}_r)$ 是以单位特征向量为列组成的矩阵，则

$$B = XX^{\mathrm{T}} = \Gamma\Lambda\Gamma^{\mathrm{T}} \tag{2.4.3}$$

$$X = \Gamma\Lambda^{1/2} \tag{2.4.4}$$

即 $b_{ij}=x_i^{\mathrm{T}}x_j$。因此由式（2.4.7），可以得到

$$(x_i-x_j)^{\mathrm{T}}(x_i-x_j)=x_i^{\mathrm{T}}x_i+x_j^{\mathrm{T}}x_j-2x_i^{\mathrm{T}}x_j=b_{ii}+b_{jj}-2b_{ij}=d_{ij}^2$$

这说明 X 正好是 D 的一个构图，即 D 是欧氏距离阵。

值得注意的是，由多维标度法求解的 n 个点仅仅要求它们的相对欧氏距离与 D 相近，与绝对位置无关。根据欧氏距离在正交变换和平移变换下的不变性，显然所求得解并不唯一。另外，如果用两点之间的欧氏距离来定义数据点的差异性，则 MDS 的结果等价于主成分分析。

如表 2-4 所示为美国 10 座城市间飞行距离，数值越大表明距离越远，数值越小表明距离越近。根据多维标度法，图 2-16 给出了这 10 座城市的相对位置。其中每个点代表一个城市，相近的点代表飞行距离短的城市，相距较远的点代表飞行距离远的城市。

表 2-4　美国 10 座城市间飞行距离

单位：英里（1 英里 = 1.61 千米）

序号	亚特兰大	芝加哥	丹佛	休斯敦	洛杉矶	迈阿密	纽约	旧金山	西雅图	华盛顿
1	0	587	1212	701	1936	604	748	2139	2182	543
2	587	0	920	940	1745	1188	713	1858	1737	597
3	1212	920	0	879	831	1726	1631	949	1021	1494
4	701	940	879	0	1374	968	1420	1645	1891	1220
5	1936	1745	831	1374	0	2339	2451	347	959	2300
6	604	1188	1726	968	2339	0	1092	2594	2734	923
7	748	713	1631	1420	2451	1092	0	2571	2408	205
8	2139	1858	949	1645	347	2594	2571	0	678	2442
9	2182	1737	1021	1891	959	2734	2408	678	0	2329
10	543	597	1494	1220	2300	923	205	2442	2329	0

二、等距影射

等距影射把 MDS 中的距离从欧氏距离换为流形上的测地距离，力求保持数据点的内在几何性质，即保持两点间的测地距离。图 2-17 称作瑞士卷（Swiss Roll），图中两个标黑圈的点如果通过外围欧氏空间的欧氏距离计算，会离得很近，但是在流形上它们实际上是距离很远的点——实线是流形上的距离。可以想象，无视流形结构采用经典 MDS 降维后投影到二维空间，点之间的相对位置就可能不合理。等距映射将流形“展开”之后再投影，以便正确反映点之间的测地距离。

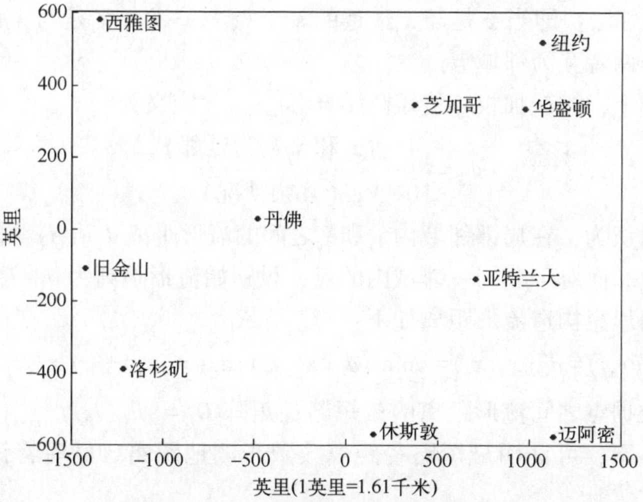

图 2-16　美国 10 城市坐标感知图

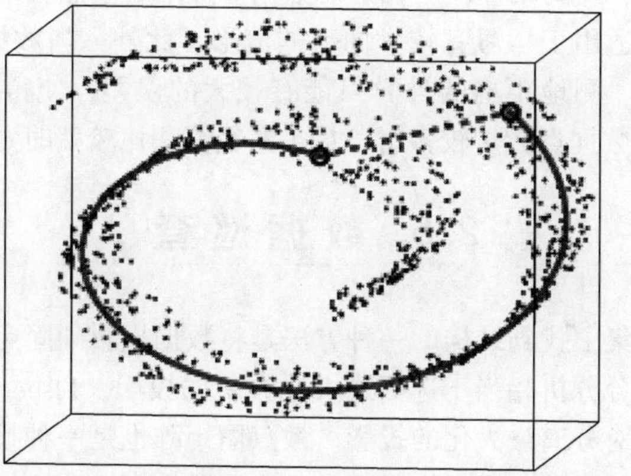

图 2-17　瑞士卷

当然，如果流形结构未知，则这个距离是无法计算的。等距映射的基本思想是将数据点连接起来构成一个邻接图来离散地近似原流形。首先，利用流形上两个点之间的欧氏距离计算测地距离，真实地再现高维数据内在的非线性几何结构；然后，利用经典 MDS 寻找高维数据的低维表示，使降维后数据点之间的欧氏距离与其在高维中的测地距离尽可能接近。等距映射算法的核心是估计两个点之间的测地距离，其中离得很近的点之间的测地距离用欧氏距离代替，离得较远的点之间的测地距离用最短路径来逼近。在构造距离矩阵时，首先计算每个点的近邻点，有两种方法判断两个点是否为近邻点：

（1）ε 邻域法：即$\|\boldsymbol{x}_i-\boldsymbol{x}_j\|_2<\varepsilon$时，$\boldsymbol{x}_i$和$\boldsymbol{x}_j$互为邻域点。

(2) k 近邻法：即当 $\boldsymbol{x}_i$是与 $\boldsymbol{x}_j$最近的 k 个点之一或者 $\boldsymbol{x}_j$是与 $\boldsymbol{x}_i$距离最短的 k 个点之一时，两者互为邻域点。

在此基础上，构造加权邻接矩阵 $\boldsymbol{W}=(w_{ij})_{n\times n}$，定义为

$$w_{ij}=\begin{cases}1 & (\boldsymbol{x}_i\text{和 }\boldsymbol{x}_j\text{互为近邻})\\ 0 & (\text{其余情况})\end{cases}$$

等距影射认为，在局部邻域内 x_i和 x_j之间的流形距离 $d_{\mathrm{G}}(i,j)$ 等同于它们的欧氏距离 $d(i,j)$。而对于非同一邻域内的点，设初始流形距离为 $d_{\mathrm{G}}(i,j)=\infty$，根据图论中最短路思想构造流形距离如下：

$$d_{\mathrm{G}}(i,j)=d_{\mathrm{G}}(\boldsymbol{x}_i,\boldsymbol{x}_j)=\min_{1\leq l\leq n}\{d_{\mathrm{G}}(\boldsymbol{x}_i,\boldsymbol{x}_j),d_{\mathrm{G}}(\boldsymbol{x}_i,\boldsymbol{x}_l)+d_{\mathrm{G}}(\boldsymbol{x}_l,\boldsymbol{x}_j)\}$$

于是可得两数据点之间流形距离的最短路径矩阵 $D_{\mathrm{G}}=\{d_{\mathrm{G}}(i,j)\}_{m\times n}$。在采样均匀且充足的条件下，可证明最短路径距离收敛于测地距离。最后将该距离应用到 MDS 中。

等距影射算法适用于内部平坦的低维流形，是一种全局优化算法，其降维效果整体上比较好，即高维空间中相近的数据点降维后依然相近，反之亦然。等距影射的缺点是不适用于学习有较大曲率的流形。此外，当数据点的密度不稠密，或分布不均匀时，测地距离的计算可能有较大的误差，使得计算结果出现“空洞”现象；而当数据点数量较多时，最小路径算法比较费时。

2.5 数据巡查

在多维数据集中找到结构的一种方法是将数据投影到固定的一维或二维空间上。比如，主成分分析相当于选择最大化方差的投影，Fisher 线性判别法选择使组均值之间的相对分离最大化的投影。散点图矩阵也是一种投影方法，它将数据投影到所有坐标轴对上，是高维数据的二维边际投影。这些投影方法的特点都是从无穷多个投影中精选几个静态投影。数据巡查将投影思想推广为一种更通用的方法，其想法有点像盲人摸象，通过多维数据的若干个静态投影进行研究，就像每个盲人摸到大象的一部分一样，然后推断出大象的完整特性。

2.5.1 巡查的概念

通过一个算例说明基于低维投影图形查看数据结构的过程。表 2-5 是澳大利亚蟹类数据，其中给出若干只螃蟹的观察数据，每只螃蟹有 5 个定量变量，分别为额叶、后宽、甲壳长度、甲壳宽度、体深。

首先看一维投影。设两个一维投影向量为

$$\boldsymbol{A}_1=(1\ 0\ 0\ 0\ 0)^{\mathrm{T}},\quad \boldsymbol{A}_2=(0.707\ 0.707\ 0\ 0\ 0)^{\mathrm{T}}$$

表 2-5　澳大利亚螃蟹数据示例

单位：英寸（1 英寸=2. 54 厘米）

序号	品种	性别	额叶	后宽	甲壳长度	甲壳宽度	体深
1	蓝	公	8. 1	6. 7	16. 1	19. 0	7. 0
2	蓝	公	8. 8	7. 7	18. 1	20. 8	7. 4
3	蓝	公	9. 2	7. 8	19. 0	22. 4	7. 7
4	蓝	公	9. 6	7. 9	20. 1	23. 1	8. 2
51	蓝	母	7. 2	6. 5	14. 7	17. 1	6. 1
52	蓝	母	9. 0	8. 5	19. 3	22. 7	7. 7
53	蓝	母	9. 1	8. 1	18. 5	21. 6	7. 7
101	橙	公	9. 1	6. 9	16. 7	18. 6	7. 4
102	橙	公	10. 2	8. 2	20. 2	22. 2	9. 0
151	橙	母	10. 7	9. 7	21. 4	24. 0	9. 8
152	橙	母	11. 4	9. 2	21. 7	24. 1	9. 7
153	橙	母	12. 5	10. 0	24. 1	27. 0	10. 9

投影数据 $\boldsymbol{XA}_1$ 和 $\boldsymbol{XA}_2$ 对应的直方图如图 2-18 所示，可见 $\boldsymbol{XA}_2$ 显示出某种双峰性，而且数据更分散，即与 $\boldsymbol{XA}_1$ 相比，$\boldsymbol{XA}_2$ 变量组合的方差大于第一个变量单独的方差。

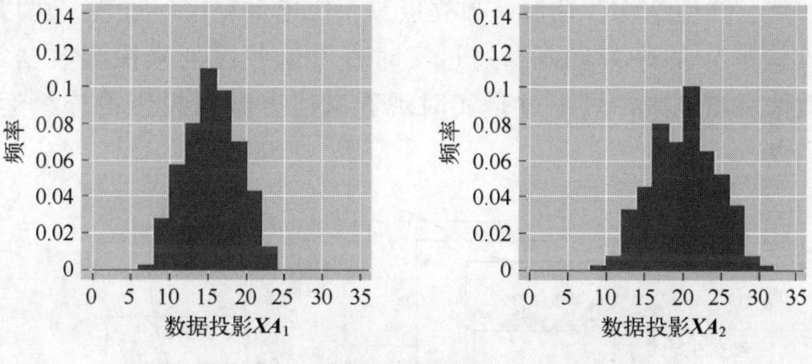

图 2-18　螃蟹数据的两个一维投影

再看一个二维投影的例子。设二维投影矩阵为

$$\boldsymbol{A}_3=\begin{pmatrix}1\,0\,0\,0\,0\\0\,1\,0\,0\,0\end{pmatrix}^{\mathrm{T}},\quad \boldsymbol{A}_4=\begin{pmatrix}0 & 0 & 0 & -0.312 & 0.950\\0 & 0.950 & -0.312 & 0 & 0\end{pmatrix}^{\mathrm{T}}$$

$\boldsymbol{A}_3$ 相当于考虑前两个变量——额叶和后宽，$\boldsymbol{A}_4$ 相当于得到甲壳宽度与体深的线性组合，以及后宽与甲壳长度的线性组合。对应的二元散点图如图 2-19 所示。图 2-19（a）投影显示出很强的线性关系，并且数值越大其变异性越大。

图 2-19（b）中的数据点松散地聚集在 4 个部分，查看坐标轴可以看到，这个投影中数值的变化范围要小得多。

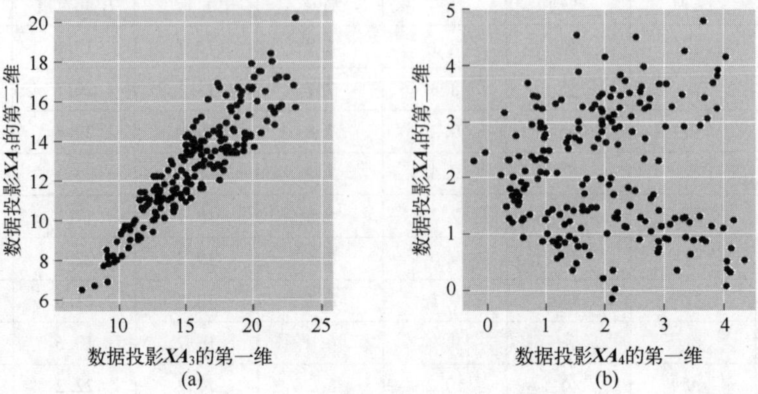

图 2-19　螃蟹数据的两个二维投影

从上面的例子可以看出，通过适当构造多种不同的投影，可以了解高维（上面的例子是五维）数据的部分结构。有了这个启发，就可以理解数据巡查的做法，其基本过程是：首先，把高维数据投影到低维（通常是一维或二维）子空间，并以散点图（或其他图形）的形式进行可视化呈现；然后，连续地对数据进行投影，并在低维空间进行观察，获得感兴趣的数据结构、模式，如偏离常态的结构，如类、线性结构、孔洞、孤立点等；快速重复这一过程，可以获得散点图（或其他图形）的序列动画，通过实时查看这些序列来探测数据集的结果。整个过程就像观看电影，只不过是实时观看来巡查数据投影的连续运动[3]，如图 2-20 所示。

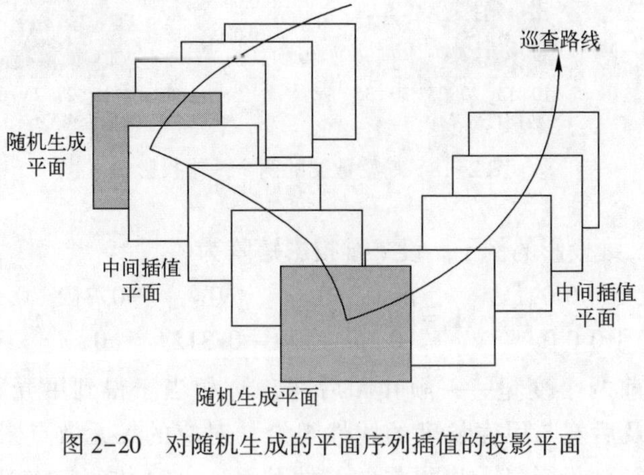

图 2-20　对随机生成的平面序列插值的投影平面

2.5.2 总体巡查法

总体巡查法尽可能从所有角度对数据进行探索分析。

一、环面盘桓法

为了从各种角度对数据进行查看，需要对数据集进行旋转。为此需要首先定义旋转变换。在 p 维空间上平面 (e_i, e_j) 旋转角度 θ 的变换矩阵 $\boldsymbol{R}_{ij}(\theta)=(r_{ij})$ 是一个 $p\times p$ 单位矩阵，其元素定义如下：

$$r_{ii}=r_{jj}=\cos\theta,\quad r_{ij}=-\sin\theta,\quad r_{ji}=\sin\theta\quad r_{hh}=1,\quad h\neq i,j\quad r_{hq}=0,\quad h,q\neq i,j$$

定义函数

$$f(\theta_1,\theta_2,\cdots,\theta_N)=\boldsymbol{R}_1(\theta_1)\times\boldsymbol{R}_2(\theta_2)\times\cdots\times\boldsymbol{R}_N(\theta_N)$$

表示将 N 个平面依次旋转相应角度的变换。上式中，按照一定的规则确定旋转平面。

将 e_1、e_2 与其他坐标轴构成的旋转平面，如图 2-21 所示。可见：当 $i=1$ 即先取 e_1 时，有 $e_2,\cdots,e_p$ 个可选坐标轴；当 $i=2$ 即取 e_2 时，还有 $e_3,\cdots,e_p$ 个可选坐标轴，于是一共可以构造 $N=2p-3$ 个旋转平面 $(e_i,e_j)(i=1,2\quad j=i+1,\cdots,p)$。

$$\begin{pmatrix} 1 & 2 & 3 & \cdots & 2p-4 & 2p-3 \\ 1 & \cdots & 1 & 2 & \cdots & 2 \\ 2 & \cdots & p & 3 & \cdots & p \end{pmatrix}\begin{matrix} l \\ i:e_i \\ j:e_j \end{matrix}$$

图 2-21 旋转平面组合

如果绕所有可能的平面旋转，这时有 $(p^2-p)/2$ 个平面。

下面给出绕上述 $2p-3$ 个平面旋转的模式下环面盘桓法的步骤，称为简化模式。对于所有平面都旋转的模式，可以参考有关文献。为此，首先选定实数集 $\{\lambda_1,\cdots,\lambda_N\}$，集合 $\{2\pi,\lambda_1,\cdots,\lambda_N\}$ 中的元素在整数范围内彼此线性独立。这里线性独立是指，$\forall i, j$，λ_i/λ_j 都是无理数，且 λ_i/λ_j 不是“其他比值×有理数”。λ_i 可以按如下方式选取：

(1) 依次取 $\lambda_i=\sqrt{P_i}\,(i=1,2,\cdots,N)$，其中 P_i 是第 i 个质数；

(2) 取 $\lambda_i=e^i(i=1,2,\cdots,N)$。

进一步选择步长 δ，δ 是较小的正无理数以保证生成连续的投影平面，比如 $\delta=\mathrm{e}^{-5}$。下面给出巡查的步骤：

(1) 对 $k=1,2,\cdots$ 定义

$$\boldsymbol{Q}_k=f(\theta_1^{(k)},\cdots,\theta_N^{(k)})=\prod_{l=1}^{N}\boldsymbol{R}_l(\theta_l^{(k)})$$

式中：$\boldsymbol{R}_l(\theta_l^{(k)})$ 为 $e_i\times e_j$ 平面旋转 $\theta_l^{(k)}=k\lambda_l$ 角度的 $p\times p$ 变换矩阵；$\boldsymbol{Q}_k$ 为 N 个平面依次旋转的变换。

（2）采用下式旋转前两个基向量：

$$\boldsymbol{A}_k=\boldsymbol{Q}_k\boldsymbol{E}_{12}$$

其中，$\boldsymbol{E}_{12}$的列向量包含前两个基向量 $\boldsymbol{e}_1$ 和 $\boldsymbol{e}_2$，即

$$\boldsymbol{E}_{12}=[\boldsymbol{e}_1;\boldsymbol{e}_2]$$

这里 $\boldsymbol{e}_i$ 是第 i 个规范基向量，即只有第 i 个元素是 1、其余元素是 0 的单位向量。

（3）把数据映射到旋转坐标系下：

$$\boldsymbol{X}^{(k)}=\boldsymbol{X}\cdot\boldsymbol{A}_k$$

（4）绘制 $\boldsymbol{X}^{(k)}$ 的散点图。

环面盘桓法中，投影平面（或映射）序列可以迅速变得稠密。另外，序列分布是均匀的，不会在某个区域浪费过多时间；序列是“连续”的，便于用户理解。巡查结束后，可以重建序列，比如在某一点处发现有用的数据结构且终止巡查后，能够容易地恢复映射。

二、伪总体巡查法

伪总体巡查法没有像环面盘桓法那样提供连续的空间填充路径，但是速度快、易于计算、分布均匀以及映射可恢复。设数据维数 p 为偶数（对于 p 是奇数的情况，只要将如下定义的向量 $\boldsymbol{\alpha}$ 和 $\boldsymbol{\beta}$ 最后的一个分量置为 0），伪总体巡查法描述如下：

（1）选取 $p/2$ 个无理数 $\omega_1,\omega_2,\cdots,\omega_{p/2}$，选取一个小的正无理数 δ 作为步长；

（2）对 $k=1,2,\cdots$，计算向量：

$$\boldsymbol{\alpha}(k\delta)=\sqrt{\frac{2}{p}}\times[\sin(\omega_1 k\delta),\cos(\omega_1 k\delta),\cdots,\sin(\omega_{p/2}k\delta),\cos(\omega_{p/2}k\delta)]^{\mathrm{T}}$$

$$\boldsymbol{\beta}(k\delta)=\sqrt{\frac{2}{p}}\times[\cos(\omega_1 k\delta),-\sin(\omega_1 k\delta),\cdots,\cos(\omega_{p/2}k\delta),-\sin(\omega_{p/2}k\delta)]^{\mathrm{T}}$$

（3）把原始数据映射到由 $\boldsymbol{\alpha}(k\delta)$ 和 $\boldsymbol{\beta}(k\delta)$ 张成的平面上；

（4）绘制平面 $(\boldsymbol{\alpha}(k\delta),\boldsymbol{\beta}(k\delta))$ 上的散点图。

2.5.3 插值巡查法

插值巡查法的基本思路是，设置两个子空间——起始空间和目标空间，经由测地插值路径在两个子空间之间进行巡查。分析人员可以在多个目标空间之间来回切换以查看数据集的结构。

可以采用主成分分析中的特征向量的子集来构造目标空间。假设已知主成分份数，起始空间和目标空间分别是一个 $p\times2$ 矩阵，其列向量包含不同的主成分。插值巡查法的插值路径由如下旋转公式计算：

$$\boldsymbol{V}_t=\boldsymbol{T}_k[\cos\boldsymbol{U}_t]+\boldsymbol{T}_{k+1}[\sin\boldsymbol{U}_t]$$

式中：$\boldsymbol{V}_t$为插值路径中第 t 步时的投影空间；$\boldsymbol{T}_k$为序列中第 k 个目标空间；$\boldsymbol{U}_t$为对角线元素为 θ_t的 2×2 对角线矩阵，θ_t在$[0,\pi/2]$上取值（以小的步长增加）。

2.5.4 投影寻踪法

投影寻踪（projection pursuit，PP）的目标是把多维数据投影到低维（一维至三维）空间，通过极小化某个投影指标，寻找反映高维数据结构或特性的投影，从而在低维空间上对高维数据的结构或特性进行分析。静态地使用投影寻踪方法可以产生许多有意义的静态投影图。不过，投影寻踪更多情况下是迭代地执行，即根据投影指标定向搜索发现感兴趣的结构，这是与数据巡查受数据引导、不断巡查探索直至发现可能结构的不同之处。

投影寻踪的基本方案如下：首先根据经验或猜想给定一个初始标准模型（一般是正态分布）；其次把数据投影到低维空间上，找出数据与该标准模型相差最大的投影，这表明在这个投影中含有标准模型所没有的结构；再次把上述投影中所包含的结构与标准模型合并，得到新的标准模型；最后从这个新模型出发，重复以上步骤，直到数据与模型在任何投影空间都没有明显的差别为止。

一、基本原理

线性投影是通过线性变换对高维数据进行降维的一种手段。任意一个秩为 k 的 $k \times p$ 矩阵 $\boldsymbol{A}$ 表示欧氏空间$\mathbb{R}^p$至$\mathbb{R}^k$的线性投影，称为投影矩阵或投影方向，其中 k 远小于 p。p 维随机向量 $\boldsymbol{X}$ 的线性投影 $\boldsymbol{Z}$ 由投影矩阵 $\boldsymbol{A}$ 与随机向量 $\boldsymbol{X}$ 的乘积表示，写成数学表达式为

$$\boldsymbol{Z}=\boldsymbol{A}\boldsymbol{X},(\boldsymbol{X}\in\mathbb{R}^p,\boldsymbol{Z}\in\mathbb{R}^k)$$

一般要求 $\boldsymbol{A}$ 的 k 个行向量是正交单位向量，于是 $\boldsymbol{A}$ 是 k 个线性无关向量构成的满秩矩阵。

投影寻踪探索性分析由投影指标和投影方法构成。投影指标用于测量偏离标准模型的程度，投影方法通过最大化指标值来发现投影。以 $Q(\boldsymbol{A}\boldsymbol{X})$ 表示随机向量 $\boldsymbol{X}$ 在投影方向 $\boldsymbol{A}$ 上的投影指标；比如，当 $k=1$ 即 $\boldsymbol{A}$ 为某个列向量 $\boldsymbol{a}$ 时，投影指标可以是均值 $Q(\boldsymbol{a}^{\mathrm{T}}\boldsymbol{X})=\mathrm{E}(\boldsymbol{a}^{\mathrm{T}}\boldsymbol{X})$ 或方差 $Q(\boldsymbol{a}^{\mathrm{T}}\boldsymbol{X})=\mathrm{var}(\boldsymbol{a}^{\mathrm{T}}\boldsymbol{X})$。不同的投影指标反映不同的数据结构，最佳投影方向即最大化投影指标的方向，是最大可能暴露高维数据的某类结构的方向。从信息论的角度，最佳投影方向是对数据中的信息利用最充分、信息损失最小的方向。

一般认为服从正态分布的数据含有的有用信息最少，因而感兴趣的是与正态分布差别大的数据结构。多元正态分布的任何线性投影仍然服从正态分布，因此如果一个数据的投影与正态分布差别较大，那么它就一定含有非正态的结构，得到的是含有有用信息的投影。

二、投影指标

这里介绍投影到一维和二维空间上时，几种常用的投影指标。这些一维投影指标是衡量与一元正态分布差异的投影指标。如果投影到二维空间，即找到高维数据在二维平面上的投影，这些投影需要最大化某些度量二维结构的投影指标，比如与二元正态分布的差异。

需要指出的是，在计算投影指标前要首先对数据进行球面化，即 $\boldsymbol{X}$ 的均值向量等于零、协方差矩阵为单位矩阵，因而投影 $\boldsymbol{Z}$ 也是球面化的。

（一）一维投影指标

设 $x_1,x_2,\cdots,x_n$ 是 p 维随机向量 $\boldsymbol{X}$ 的独立同分布的数据，$\boldsymbol{X}$ 的分布为 F_X。设 $\boldsymbol{a}\in\mathbb{R}^p$ 为投影方向，满足 $\boldsymbol{a}^{\mathrm{T}}\boldsymbol{a}=1$。记 $\boldsymbol{X}$ 在 $\boldsymbol{a}$ 方向上的投影为 $\boldsymbol{Z}$，即 $\boldsymbol{Z}=\boldsymbol{a}^{\mathrm{T}}\boldsymbol{X}$，设它的分布函数为 F_Z。设投影数据为 $z_1,z_2,\cdots,z_n$，常用一维投影指标定义如下。

1. 方差指标

采用数据计算的方差指标形式为

$$Q(\boldsymbol{a}^{\mathrm{T}}\boldsymbol{X})=\frac{1}{n}\sum_{i=1}^{n}(z_i-\bar{z})^2,\quad \bar{z}=\frac{1}{n}\sum_{i=1}^{n}z_i$$

最大化 $Q(\boldsymbol{a}^{\mathrm{T}}\boldsymbol{X})$，得到数据散布最大的方向 $\hat{\boldsymbol{a}}$。因此，将方差作为投影指标时，投影寻踪方法得到的是第一主成分，此时的投影指标又称 PCA 指标。

2. Friedman-Tukey 投影指标

这是由 Friedman 和 Tukey 提出的投影指标，定义为

$$Q_{\mathrm{FT}}(\boldsymbol{a})=S_z(\boldsymbol{a})D_z(\boldsymbol{a})$$

式中：S_z 为投影值的标准差；D_z 为投影值的局部密度，其分别为

$$S_z=\sqrt{\frac{1}{n-1}\sum_{i=1}^{n}(z_i-\bar{z})^2},\quad D_z=\sum_{i=1}^{n}\sum_{j=1}^{n}(R-r_{ij})\cdot u(R-r_{ij})$$

式中：R 为窗口半径；r_{ij} 为 z_i 和 z_j 的距离，即 $r_{ij}=|z_i-z_j|$，函数 $u(\cdot)$ 定义如下：

$$u(\tau)=\begin{cases}0 & (\tau\geqslant 0)\\ 1 & (\tau<0)\end{cases}$$

R 的选取既要使包含在窗口的投影点的平均个数不太少，避免滑动平均偏差太大，又不能使 D_z 随 n 的增大而增加太多。

3. 信息散度指标

信息散度是衡量分布之间差异的一种指标。设 f 是一维密度函数，ϕ 是一维标准正态密度函数，f 对 ϕ 的相对熵为

$$d(f\parallel\phi)=\int_{-\infty}^{+\infty}\phi(x)\cdot\log\frac{f(x)}{\phi(x)}\mathrm{d}x$$

定义信息散度指标为

$$Q(f)=d(f\parallel\phi)+d(\phi\parallel f)$$

信息散度越大，意味着它越偏离正态分布。

如果仅有观测数据，则计算信息散度一种简便有效的方法是用离散概率分布 p 和 q 代替连续密度函数 f 和 ϕ，即指标变为

$$Q(p,q)=D(p\parallel q)+D(q\parallel p)$$

其中 $D(p\parallel q)=\sum q\cdot\log(p/q)$。

图 2-22 所示为将探索性投影寻踪用于六维瑞士钞票数据（Swiss bank notes data）。对于 50 个随机选择的一维投影计算 Friedman-Tukey 投影指标，评价其感兴趣结构。从这些信息可以看出该数据集具有非正态性，因为 50 个投影方向上的指标值有明显的变化。

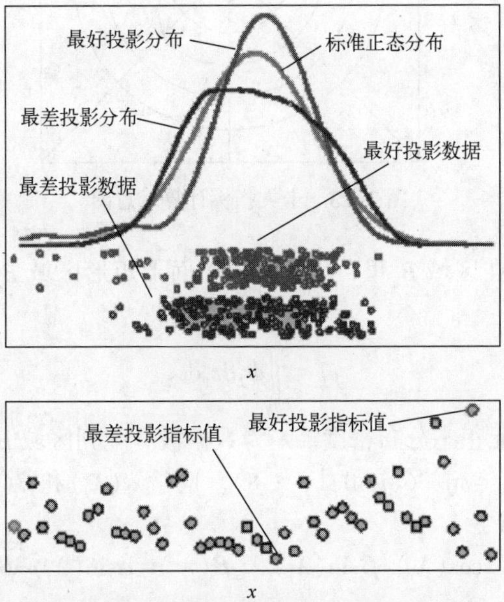

图 2-22　瑞士银行数据的一维投影寻踪探索

（二）二维投影指标

两个常用的二维投影指标是卡方指标和矩指标[4]，它们衡量的是与二元正态分布的差异。设投影平面为$(\boldsymbol{\alpha},\boldsymbol{\beta})$，$z_i^{\alpha}$、$z_i^{\beta}$ 是投影到向量 $\boldsymbol{\alpha}$ 和 $\boldsymbol{\beta}$ 上的球面化数据。

1. 卡方指标

卡方指标用于衡量二元分布的中心是否有空洞。该指标不受孤立点影响，只对中心有空洞的数据分布敏感。将平面划分为分布在环形上的 48 个区域或矩形

盒 B_k，如图 2-23 所示。其中，各区域对应的角度为 45°，内部区域的径向宽度为$\frac{(2\log 6)^{1/2}}{5}$，位于外环的区域的概率是 1/48。卡方指标定义为

$$PI_{\chi^2} = \frac{1}{9}\sum_{j=0}^{8}\sum_{k=1}^{48}\frac{1}{c_k}\left[\frac{1}{n}\sum_{i=1}^{n} I_{B_k}(z_i^{\alpha(\lambda_j)}, z_i^{\beta(\lambda_j)}) - c_k\right]^2$$

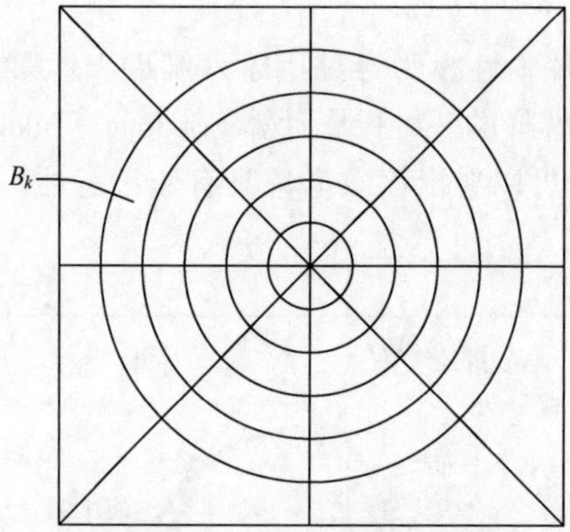

图 2-23　卡方指标计算示意图

I_{B_k}表示是否落在区域 B_k里，c_k是投影平面上矩形区域 B_k的标准正态概率质量，即

$$c_k = \iint_{B_k} \phi_2 \mathrm{d}z_1 \mathrm{d}z_2$$

式中：ϕ_2为标准二元正态分布密度。λ_j为数据被分配到区域 B_k之前在平面内旋转的角度，定义为：$\lambda_j = \pi j/36(j=0,1,\cdots,8)$。向量 $\boldsymbol{\alpha}(\lambda_j)$ 和 $\boldsymbol{\beta}(\lambda_j)$ 定义为投影向量 $\boldsymbol{\alpha}$ 和 $\boldsymbol{\beta}$ 的旋转，如下：

$$\boldsymbol{\alpha}(\lambda_j) = \boldsymbol{\alpha}\cos(\lambda_j)\ \ \boldsymbol{\beta}\sin(\lambda_j), \quad \boldsymbol{\beta}(\lambda_j) = \boldsymbol{\alpha}\sin(\lambda_j) + \boldsymbol{\beta}\cos(\lambda_j)$$

2. 矩指标

矩指标基于二元正态分布的三阶矩和四阶矩，用于发现分布尾部的结构即孤立点。矩指标定义如下：

$$PI_M = \frac{1}{12}\left[K_{30}^2 + 3K_{21}^2 + 3K_{12}^2 + K_{03}^2 + \frac{1}{4}(K_{40}^2 + 4K_{31}^2 + 6K_{22}^2 + 4K_{13}^2 + K_{04}^2)\right]$$

其中

$$K_{21} = \frac{n}{(n-1)(n-2)}\sum_{i=1}^{n}(z_i^{\alpha})^2 z_i^{\beta}, \quad K_{12} = \frac{n}{(n-1)(n-2)}\sum_{i=1}^{n}(z_i^{\beta})^2 z_i^{\alpha},$$

$$K_{22} = \frac{n(n+1)}{(n-1)(n-2)(n-3)}\left\{\sum_{i=1}^{n}(z_i^{\alpha})^2 (z_i^{\beta})^2 - \frac{(n-1)^3}{n(n+1)}\right\},$$

$$K_{30} = \frac{n}{(n-1)(n-2)} \sum_{i=1}^{n} (z_i^{\alpha})^3, \quad K_{03} = \frac{n}{(n-1)(n-2)} \sum_{i=1}^{n} (z_i^{\beta})^3,$$

$$K_{31} = \frac{n(n+1)}{(n-1)(n-2)(n-3)} \sum_{i=1}^{n} (z_i^{\alpha})^3 z_i^{\beta}, \quad K_{13} = \frac{n(n+1)}{(n-1)(n-2)(n-3)} \sum_{i=1}^{n} (z_i^{\beta})^3 z_i^{\alpha},$$

$$K_{40} = \frac{n(n+1)}{(n-1)(n-2)(n-3)} \left\{ \sum_{i=1}^{n} (z_i^{\alpha})^4 - \frac{3(n-1)^3}{n(n+1)} \right\},$$

$$K_{04} = \frac{n(n+1)}{(n-1)(n-2)(n-3)} \left\{ \sum_{i=1}^{n} (z_i^{\beta})^4 - \frac{3(n-1)^3}{n(n+1)} \right\}$$

如图 2-24 所示是对 oronsay 数据集[4]进行投影寻踪的结果，可以看到不同的投影指标得到了不同的结果。基于卡方指标得到的投影数据具有较大的“空洞”，利用矩指标得到的投影数据有一个孤立点。

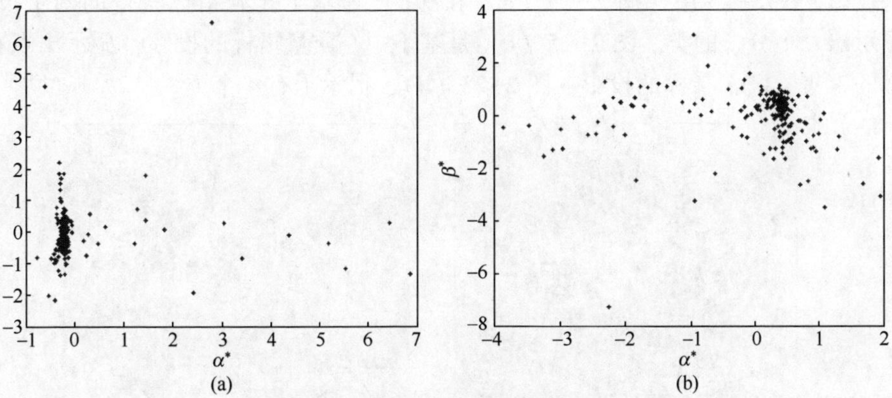

图 2-24　不同初始平面找到不同结构

（a）卡方指标；（b）矩指标。

（三）一般投影指标

对一般情形可以定义孔洞、中心质量、LDA 等指标[2]。孔洞和中心质量指标是由正常密度函数推导出来的，孔洞指标对投影后中心点很少的投影敏感，中心质量指标对中心点很多的投影敏感。LDA 指标来源于多元方差分析（MANOVA），当数据中预先给定的类的中心距离最远时，LDA 指标最大。

（1）孔洞指标

$$I_h = \frac{1 - \dfrac{1}{n} \sum_{i=1}^{n} \exp\left(-\dfrac{1}{2} z_i z_i^{\mathrm{T}}\right)}{1 - \exp\left(-\dfrac{p}{2}\right)}$$

（2）中心质量指标

$$I_{\mathrm{CM}}=\frac{\dfrac{1}{n}\sum_{i=1}^{n}\exp\left(-\dfrac{1}{2}z_i z_i^{\mathrm{T}}\right)-\exp\left(-\dfrac{p}{2}\right)}{1-\exp\left(-\dfrac{p}{2}\right)}$$

（3）LDA 指标

$$I_{\mathrm{LDA}}=1-\frac{|\boldsymbol{A}^{\mathrm{T}}\boldsymbol{W}\boldsymbol{A}|}{|\boldsymbol{A}^{\mathrm{T}}(\boldsymbol{W}+\boldsymbol{B})\boldsymbol{A}|}$$

其中，$\boldsymbol{B}=\sum_{i=1}^{n}n_i(\bar{z}_i-\bar{z})(\bar{z}_i-\bar{z})^{\mathrm{T}}$，$\boldsymbol{W}=\sum_{i=1}^{g}\sum_{i=1}^{n}n_i(z_{ij}-\bar{z}_i)(z_{ij}-\bar{z}_i)^{\mathrm{T}}$ 是线性判别分析中类间和类内平方和，g 为类别数，n_i 为第 i 类中的数据点数目。

图 2-25 和图 2-26 显示了对表 2-5 澳大利亚螃蟹数据集投影寻踪发现的一些投影。图 2-25 中，图 2-25（a）和（b）为基于孔洞指标获得的两个投影，显示出 4 个分开的类。图 2-25（c）是基于中心质量指标的投影，显示出点在中心的聚集。LDA 指标的投影在图 2-25（d），揭示了有 4 个类。

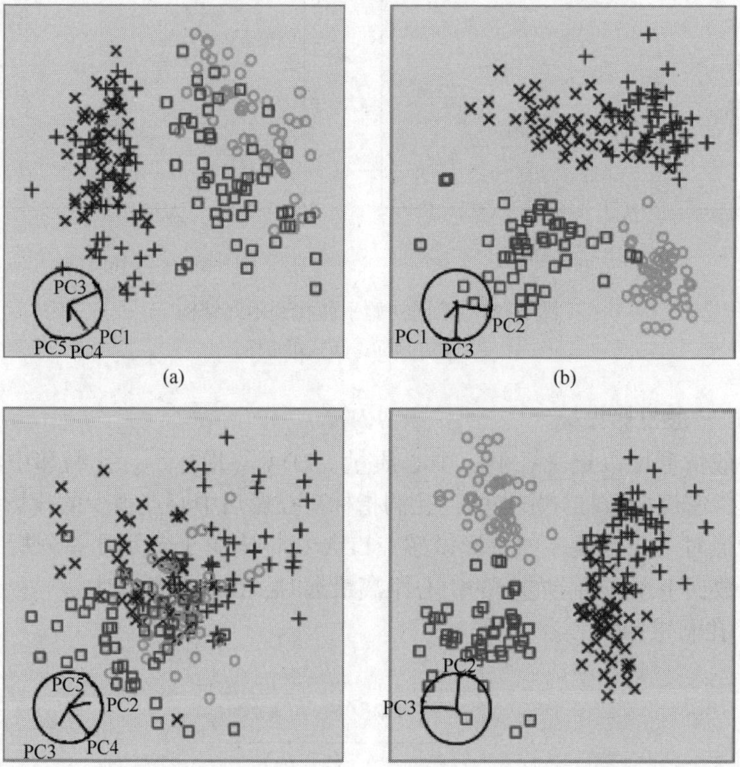

图 2-25　二维投影寻踪

图 2-26 是通过投影寻踪得到的一维投影。图 2-26（a）是基于孔洞指标获得的投影，显示出按照种群的分隔。图 2-26（b）是基于中心质量指标的投影，显示出具有短尾的密度。图 2-26（c）是基于方差指标（PCA 指标）得到的结果，显示出未分离的双峰。基于 LDA 指标的结果如图 2-26（d）所示，揭示了种群的分离。

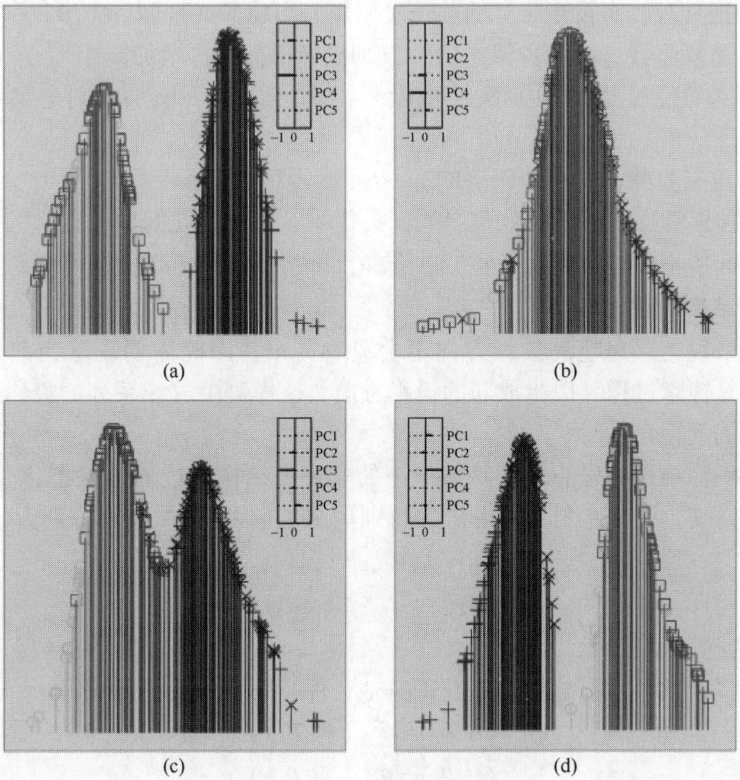

图 2-26　一维投影寻踪

三、结构发现

结构发现即确定最优投影平面。这里介绍 Posse 提出的随机搜索优化算法[10]。设 $\boldsymbol{v}$ 为 p 维单位球面上均匀分布的向量，$\boldsymbol{v}_1$ 和 $\boldsymbol{v}_2$ 是其抽样向量。初始化搜索邻域参数 c 和投影指标搜索步数 h，结构发现算法描述如下：

（1）将原始数据映射到球面上；

（2）随机生成一个起始平面作为当前最优平面，记为 $(\boldsymbol{\alpha}^*, \boldsymbol{\beta}^*)$；

（3）对起始平面计算投影指标；

（4）生成候选投影平面如下：

$$a_1=\frac{a^*+cv_1}{\|a^*+cv_1\|},\quad b_1=\frac{\beta^*-(a_1^{\mathrm T}\beta^*)a_1}{\|\beta^*-(a_1^{\mathrm T}\beta^*)a_1\|}$$

$$a_2=\frac{a^*-cv_2}{\|a^*-cv_2\|},\quad b_2=\frac{\beta^*-(a_2^{\mathrm T}\beta^*)a_2}{\|\beta^*-(a_2^{\mathrm T}\beta^*)a_2\|}$$

（5）计算候选平面的投影指标；

（6）把具有较高投影指标的候选平面作为当前最优平面($\boldsymbol{\alpha}^*,\boldsymbol{\beta}^*$)；

（7）重复步骤（4）~步骤（6），直到投影指标不再增加；

（8）如果经过指定的 h 次搜索投影指标值没有再增加，则把参数 c 的值减半；

（9）重复步骤（4）~步骤（8）直至 c 变得很小。

随机搜索算法得到的可能只是局部最优解。为克服此问题，通常的做法是选择不同的起始平面进行多次搜索，并选择投影指标最大的作为最终结果。

四、结构剔除

一般来说，感兴趣的投影方向不会只有一个，因此需要剔除当前发现的结构，再重复搜索过程，以生成新的投影方向，这样可生成一系列的投影，提供多个观察数据的视角。

这里剔除结构的思想是剔除数据中的非正态结构，这通过正态化变换实现。对 $p\times n$ 矩阵 $\boldsymbol{T}$，设 $\boldsymbol{T}$ 的第 i 行为 $\boldsymbol{T}_i$，特别记 $\boldsymbol{T}$ 的前两行 $\boldsymbol{T}_1$ 和 $\boldsymbol{T}_2$ 分别为

$$\boldsymbol{T}_1=(z_1^{1(t)},\cdots,z_j^{1(t)},\cdots,z_n^{1(t)})$$

$$\boldsymbol{T}_2=(z_1^{2(t)},\cdots,z_j^{2(t)},\cdots,z_n^{2(t)})$$

式中：t 为迭代编号。

定义将 $\boldsymbol{T}$ 的前两行进行正态化而其他行保持不变的变换 Θ 如下：

$$\Theta(\boldsymbol{T}_1)=\Phi^{-1}(F(\boldsymbol{T}_1))$$

$$\Theta(\boldsymbol{T}_2)=\Phi^{-1}(F(\boldsymbol{T}_2))$$

$$\Theta(\boldsymbol{T}_i)=\boldsymbol{T}_i(i=3,\cdots,p)$$

式中：Φ^{-1}为标准正态分布的反函数。函数 F 定义如下：取旋转角度 $\gamma=0,\pi/4,\pi/8,3\pi/8$，针对每个角度，迭代执行以下步骤对 $\boldsymbol{T}_1$ 和 $\boldsymbol{T}_2$ 的坐标进行旋转和标准化：

（1）旋转：对 $\boldsymbol{T}_1$ 和 $\boldsymbol{T}_2$ 进行旋转，其中当旋转角度为 γ 时，旋转后的坐标依次为

$$\tilde{z}_j^{1(t)}=z_j^{1(t)}\cos\gamma+z_j^{2(t)}\sin\gamma,\quad \tilde{z}_j^{2(t)}=z_j^{2(t)}\cos\gamma-z_j^{1(t)}\sin\gamma$$

（2）标准化：对每个旋转后的坐标进行正态标准化，即

$$z_j^{1(t+1)}=\Phi^{-1}[(r(\tilde{z}_j^{1(t)})-0.5)/n],\quad z_j^{2(t+1)}=\Phi^{-1}[(r(\tilde{z}_j^{2(t)})-0.5)/n]$$

式中：$r(\tilde{z}_j^{1(t)})$ 为 $\tilde{z}_j^{1(t)}$ 在变换后的坐标序列中的序号。

正态化变换 Θ 可以使数据变得更加正态，从而缩小投影指标。文献［11］指出，通过很少的几次迭代，就可以显著地降低投影指标。

为了剔除结构，首先创建 $p\times p$ 矩阵 $\boldsymbol{U}$，其前两行是结构发现过程得到的最优平面$(\boldsymbol{\alpha}^*,\boldsymbol{\beta}^*)$，其余行的对角线元素是1、其余位置的元素是0。例如，$p=4$ 的矩阵 $\boldsymbol{U}$ 为

$$\boldsymbol{U}=\begin{bmatrix}\alpha_1^* & \alpha_2^* & \alpha_3^* & \alpha_4^* \\ \beta_1^* & \beta_2^* & \beta_3^* & \beta_4^* \\ 0 & 0 & 1 & 0 \\ 0 & 0 & 0 & 1\end{bmatrix}$$

使用矩阵 $\boldsymbol{U}$ 对球面化数据 $\boldsymbol{Z}$ 进行变换，得到新数据 $\boldsymbol{T}=\boldsymbol{U}\cdot\boldsymbol{Z}^{\mathrm{T}}$。$\boldsymbol{T}$ 是 $p\times n$ 矩阵，其前两行 $\boldsymbol{T}_1$ 和 $\boldsymbol{T}_2$ 是 n 个观测数据在投影平面$(\boldsymbol{\alpha}^*,\boldsymbol{\beta}^*)$上的坐标，分别表示为

$$\boldsymbol{T}_1=(z_1^{\alpha^*},\cdots,z_j^{\alpha^*},\cdots,z_n^{\alpha^*})$$
$$\boldsymbol{T}_2=(z_1^{\beta^*},\cdots,z_j^{\beta^*},\cdots,z_n^{\beta^*})$$

即 $z_j^{\alpha^*}$ 和 $z_j^{\beta^*}$ 是第 j 个观测值在平面$(\boldsymbol{\alpha}^*,\boldsymbol{\beta}^*)$上的投影。

有了上面的准备工作，则结构剔除算法描述如下：

（1）记迭代步数为 t，对 $t=0$，记当前数据集为 $\boldsymbol{T}^{(t)}$，其中

$$z_j^{1(t)}=z_j^{\alpha^*},\quad z_j^{2(t)}=z_j^{\beta^*}\,(j=1,2,\cdots,n)$$

（2）重复执行以下步骤，直至投影指标值不再改变：对 $\boldsymbol{T}^{(t)}$ 执行变换 Θ，得到新数据 $\boldsymbol{T}^{(t+1)}=\Theta(\boldsymbol{T}^{(t)})$；对新数据 $\boldsymbol{T}^{(t+1)}$ 估计投影指标值。

（3）把数据变换回去：设（2）停止时的迭代步数为 t，记 $\boldsymbol{Z}=\boldsymbol{T}^{(t)}$，则剔除结构之后的数据为

$$\boldsymbol{Z}^{\mathrm{T}}=\boldsymbol{U}^{\mathrm{T}}\Theta(\boldsymbol{U}\boldsymbol{Z}^{\mathrm{T}})$$

2.6 数据平滑

在不做任何形式的假设的情况下，探索数据的趋势或关联，一种办法是绘制散点图，但是更好的方式是构造一个参考的平滑曲线或曲面。与仅仅绘制散点图相比，这种方式更能洞悉数据的变化模式，这就是平滑散点图（smoothing scatter plots）的出发点。

2.6.1 动态数据平滑

对于时间序列数据 $x_1,x_2,\cdots$，常用时间窗内数据的平均值对其构造平滑曲线。比如，简单移动平均法对连续 m 个数据进行算术平均，得到 t 时刻的移动平均值 M_t，即

$$M_t=\frac{x_t+x_{t-1}+\cdots+x_{t-(m-1)}}{m}$$

如图 2-27 所示，这是一个时间序列散点图添加移动平均平滑曲线的结果。可以看出，该数据序列具有下降趋势和非线性变化的规律。

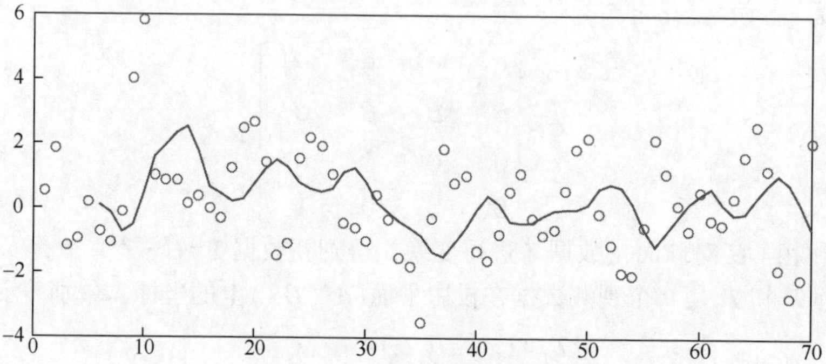

图 2-27　时间序列示例

移动平均利用固定窗口内观测值的算术平均值进行平滑，指数平滑则利用迄今的所有数据进行加权平均，其中根据滑动参数和时间延迟对每个数据赋予相应的权重。设平滑参数为 α，则 t 时刻的一阶指数平滑值为

$$S_t^{(1)}=\begin{cases}x_0 & (t=0)\\ \alpha x_t+(1-\alpha)S_{t-1}^{(1)} & (t=1,2,\cdots)\end{cases}$$

如图 2-28 所示是递增趋势的时间序列及其指数平滑的结果。

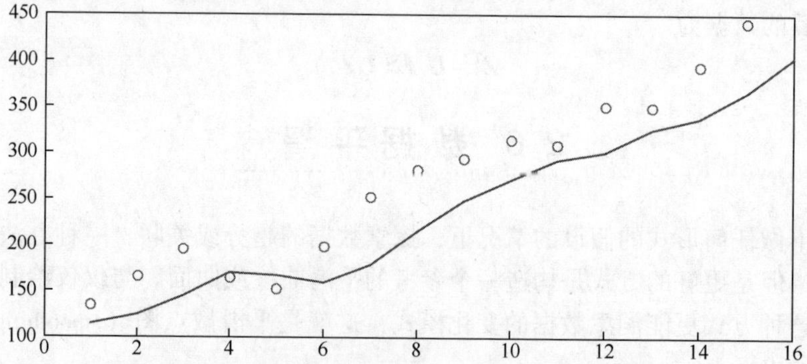

图 2-28　递增趋势的时间序列及其指数平滑结果

多项式滤波是另一类时间序列数据平滑方法。Savitzky-Golay 滤波是一种多项式平滑方法，其采用多项式对窗口内的数据进行拟合，用最小二乘法确定拟合参数。Savitzky-Golay 滤波是对移动平均算法（相当于 0 次多项式拟合）的改进。如图 2-29 所示是 matlab 提供的声音信号 mtlb，及其应用三次多项式拟合的

Savitzky-Golay 滤波的结果，其中窗口宽度为41。

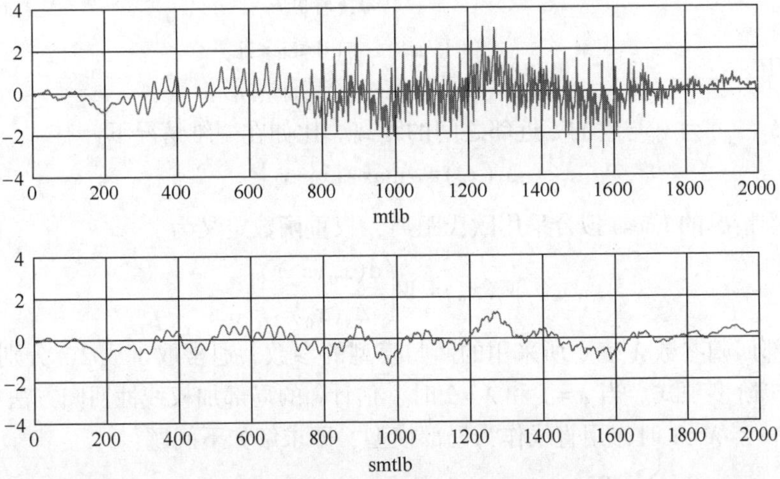

图 2-29 Savitzky-Golay 滤波结果

2.6.2 局部加权回归

对两个或多个变量的情形，可以通过局部加权回归拟合方法，在目标值的滑动邻域内进行局部回归，获得平滑曲线。

一、Loess 曲线

Loess 拟合是一种局部加权回归方法。假设数据由下式得到：

$$y_i = f(x_i) + \varepsilon_i$$

在经典回归或参数化方法中，函数 f 采用参数化方程，比如用多项式来拟合数据。Loess 拟合或局部拟合不规定 f 的形式，仅假定其是光滑函数，并使用一个特定邻域内的数据对给定点 x_0 处的值 $\hat{y}_0$ 进行估计。

Loess 拟合涉及两个超参数，即平滑参数 α 和局部回归参数 λ。

平滑参数 α 在 $[0,1]$ 范围内取值，决定在局部拟合时所采用的数据点个数。α 值越大，局部拟合使用的数据点越多，估计的曲线越平滑。设所有数据点的个数为 n，则邻域中数据点数为 $k=\lfloor \alpha \times n \rfloor$，即 k 为不超过 $\alpha \times n$ 的最大整数。对任何给定的 x_0，定义其邻域为由 k 个与 x_0 距离最近的点 x_i 构成的集合，记为 $N(x_0)$。在数据探索性分析中，平滑参数 α 的选择不是很重要，一般建议取0.2~0.8。

基于领域内的数据点进行估计时，要赋予这些数据点一定的权重。一般根据数据点距离给定点 x_0 的距离加权，然后利用权重进行线性或二次多项式拟合，获得 x_0 处的估计值 $\hat{y}_0$。权重函数应该是非负、对称、非减的，并且一般要求邻域以外的数据点的权重为0。如下定义的三次方权重函数可以满足这几个条件：

$$W_i(x_0)=W\left(\frac{|x_0-x_i|}{\Delta_k(x_0)}\right),$$

其中，
$$W(u)=\begin{cases}(1-u^3)^3 & (0\leqslant u\leqslant 1)\\ 0 & (\text{其他情形})\end{cases}$$

式中：$\Delta_k(x_0)$为x_0与它的k近邻之间的距离。比如在一维情况下，有

$$\Delta_k(x_0)=\max_{x_i\in N(x_0)}|x_0-x_i|$$

多维情况的 Loess 拟合采用欧氏距离，权重函数定义为

$$W_i(\boldsymbol{x}_0)=W\left(\frac{\mathrm{d}(\boldsymbol{x}_0-\boldsymbol{x}_i)}{\Delta_k(\boldsymbol{x}_0)}\right)$$

局部回归参数λ表示所采用的回归模型的参数，通常取 1 或 2，分别对应于一阶或二阶多项式。当$\lambda=1$和$\lambda=2$时，估计$\hat{y}_0$的局部加权线性回归方法如下：

（1）当$\lambda=1$时，用直线作为局部模型，即求解如下问题：

$$\min_{\beta_0,\beta_1}\sum_{x_i\in N(x_0)}W_i(x_0)(y_i-\beta_0-\beta_1x_i)^2\longrightarrow\hat{y}(x_0)=\hat{\beta}_0+\hat{\beta}_1x_0$$

（2）当$\lambda=2$时，即用二次多项式进行拟合，这时求解如下问题：

$$\min_{\beta_0,\beta_1,\beta_2}\sum_{x_i\in N(x_0)}W_i(x_0)(y_i-\beta_0-\beta_1x_i-\beta_2x_i^2)^2\longrightarrow\hat{y}(x_0)=\hat{\beta}_0+\hat{\beta}_1x_0+\hat{\beta}_2x_0^2$$

构造 Loess 曲线就是根据给定的平滑参数α，对数据点x_0，通过其邻域内的k个数据点x_i及其权重，拟合给定阶次λ的方程，并根据回归方程计算在x_0处的$\hat{y}_0$值。

例如，图 2-30（a）为臭氧密度与温度的二维散点图，通过散点图对数据的规律没有特别准确的认识。运用 Loess 拟合绘制臭氧密度与温度的平滑曲线，如图 2-30（b）平滑散点图所示，可以看出臭氧密度与温度的非线性关系。

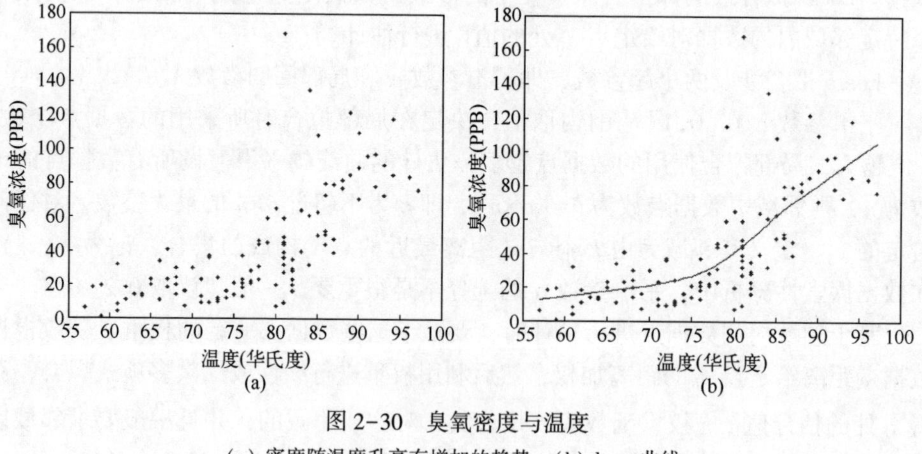

图 2-30　臭氧密度与温度

（a）密度随温度升高有增加的趋势；（b）loess 曲线。

图 2-31（a）是南半球 NGC 7531 漩涡星云的速度的散点图，包括天球南北方向 200″、东西方向 135″的一组点，右图是该散点图的多维 Loess 拟合的等高线图。

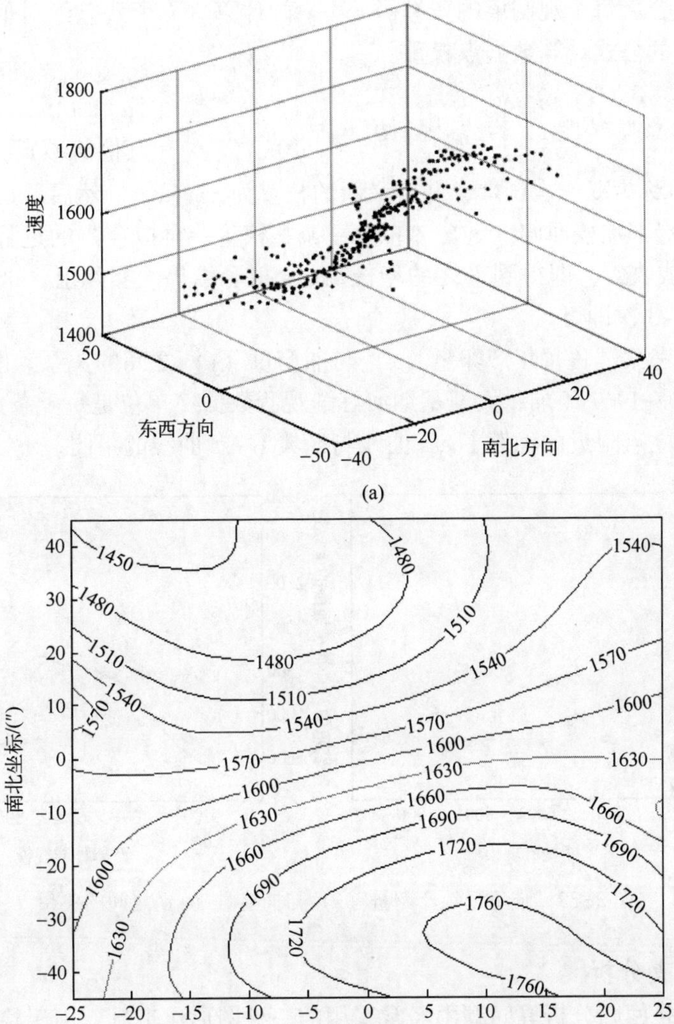

图 2-31　Galaxy 数据（a）及其 Loess 表面等高线（b）

经典 Loess 拟合采用的是经典最小二乘法。众所周知，经典最小二乘法是不稳健的，即对孤立点敏感。为了改善 Loess 拟合的性能，可以考虑调整数据点的权重，使孤立点的影响不是那么重要。一种改进思想是用残差调整权重，即如果邻域中数据点的残差太大，则该点的权重应该降低，因为这个点可能是孤立点；反之，则应该增加权重。如此得到稳健 Loess 拟合，其具体步骤如下。

首先，用经典 Loess 拟合数据，数据点的权重 w_i 采用前述三次方权重函数确定，计算拟合后每个观测值的残差 $\hat{\varepsilon}_i = y_i - \hat{y}_i$。计算这 k 个残差绝对值的中值 $\hat{q}_{0.5}$，然后用下面的公式计算数据点权重：

$$r_i = B\left(\frac{\hat{\varepsilon}_i}{6\hat{q}_{0.5}}\right)，其中，B(u) = \begin{cases} (1-u^2)^2 & (|u| \leqslant 1) \\ 0 & (其他情形) \end{cases}$$

其中，$B(u)$ 称为双二次函数，并定义新的权重为 $r_i w_i(x_0)$。然后，用调整后的权重 $r_i w_i$ 重做局部加权回归。重复"拟合—调整权重—再拟合"的过程，直到获得的 Loess 曲线收敛，即得到最终的稳健 Loess 拟合结果。实际上，这一迭代过程一般执行 2~3 次即可。

例如，考察鲑鱼每年产卵量（x）与捕捞量（y）之间的关系。图 2-32 所示数据为 1940—1967 年加拿大斯基纳河红鲑观测数据（单位是每千条鱼）。可以看出右上角孤立点附近的稳健 Loess 曲线与经典 Loess 曲线的不同。

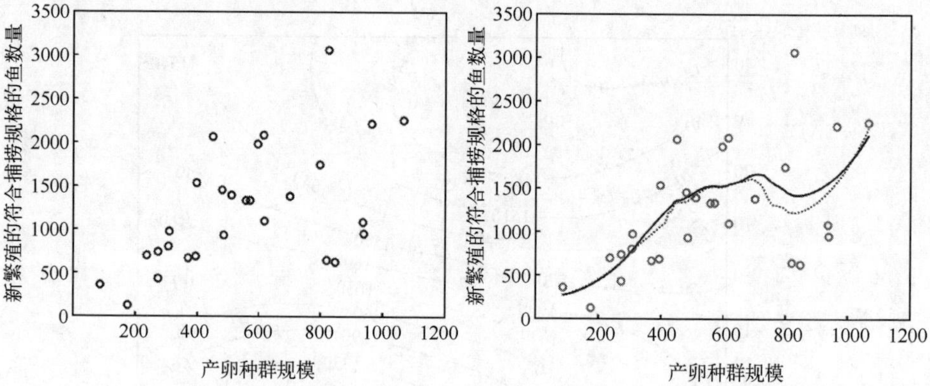

图 2-32　鲑鱼每年产卵量（x）与捕捞量（y）之间的关系

二、残差分析

残差图是回归分析等问题中经常采用的一种图形化工具，用于检验模型误差的正态性、等方差等假设，以及检验模型拟合是否存在偏差等。单纯使用残差的散点图，有时难以有效识别这些问题。这时通过增加 Loess 拟合曲线，有可能对残差进行更准确的分析。

例如，对图 2-6 所示软件检测数据绘制散点图，可以看出经对数变换后的数据似乎近似线性，但是增加 Loess 曲线可以发现，数据并非完全线性的。进一步考察 Loess 拟合的残差，从拟合值与残差绝对值之间的关系图来看，虽然不太理想，但是方差基本上是常数。注意图 2-33（d）横轴为拟合值，纵轴为残差绝对值，曲线是对拟合值、残差绝对值的 Loess 拟合。由图 2-33（e）可以看出，数据几乎没有偏差。

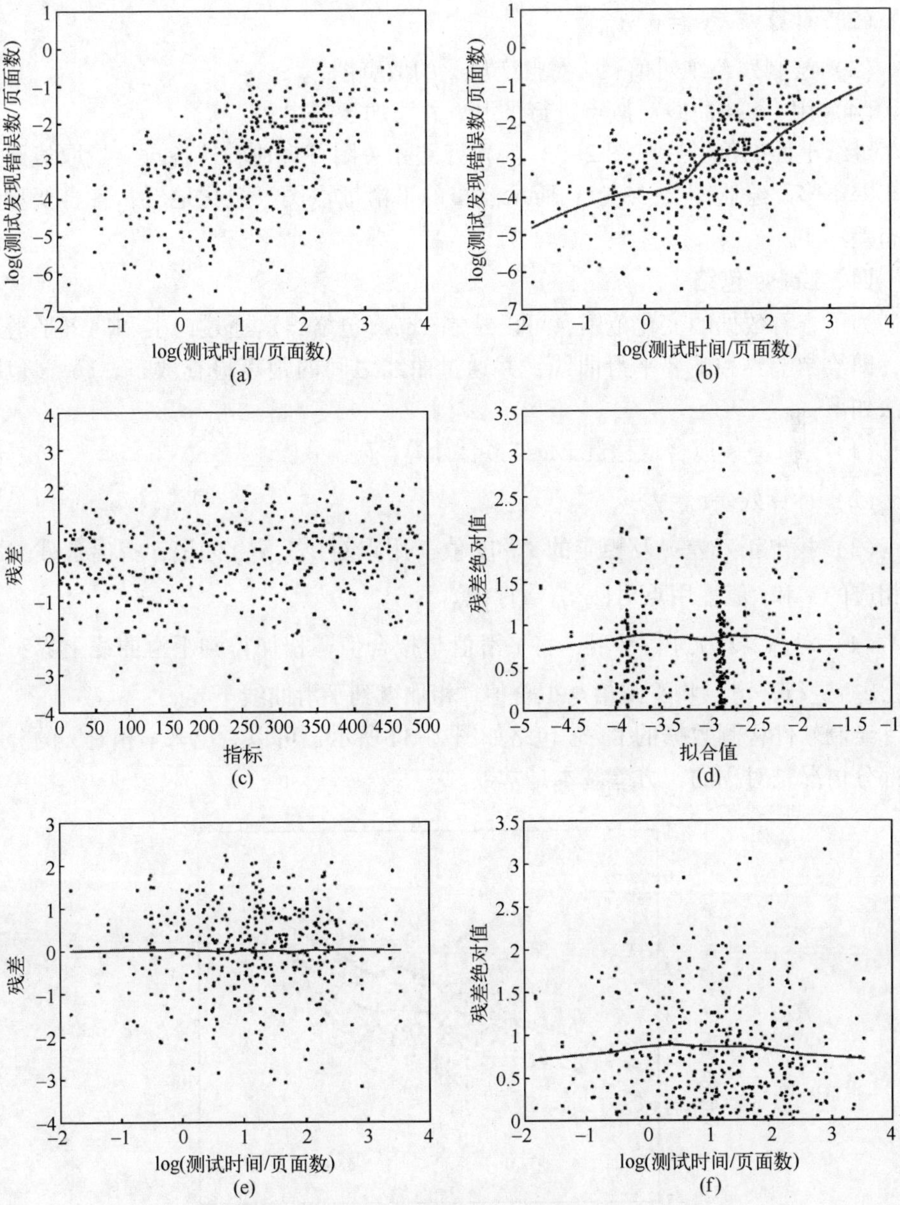

图 2-33　软件检测数据的探索性分析

（a）对数变换数据的散点图；（b）平滑散点图；（c）残差散点图；（d）残差的平滑散点图；（e）残差相关图及其 Loess 曲线；（f）散布的平滑散点图。

三、散布平滑

为了量化地了解 y 对 x 的散布情况，可以进行散布平滑，其步骤如下：

（1）用 Loess 或其他方法计算拟合值 $\hat{y}_i$；

（2）计算残差 $\hat{\varepsilon}_i = y_i - \hat{y}_i$；

（3）绘制残差绝对值 $|\hat{\varepsilon}_i|$ 对自变量 x_i 的散点图；

（4）用 Loess 曲线对散点进行平滑，并添加至图中。

继续上面的例子，从图 2-33（e）残差相关图直观地看，各自变量取值处的散布差不多。绘制图 2-33（f）所示散布的平滑散点图，量化地看，各自变量处散布差不多。

四、Loess 包络

为了查看数据的变化范围，可以绘制 Loess 包络，这通过向上和向下平滑进行，即绘制上界和下界平滑曲线，并通过曲线之间的距离检查散布。Loess 包络算法如下：

（1）用 Loess 拟合或稳健 Loess 拟合计算 $\hat{y}_i$。

（2）计算残差 $\hat{\varepsilon}_i = y_i - \hat{y}_i$。

（3）找出正残差 $\hat{\varepsilon}_i^+$ 及相应的 x_i 和 $\hat{y}_i$ 值，用点对 $(x_i^+, \hat{y}_i^+)$ 标记；找出负残差 $\hat{\varepsilon}_i^-$ 及相应的 x_i 和 $\hat{y}_i$ 值，用点对 $(x_i^-, \hat{y}_i^-)$ 标记。

（4）对 $(x_i^+, \hat{\varepsilon}_i^+)$ 进行平滑，将平滑值与拟合值 $\hat{y}_i^+$ 相加得到平滑曲线上界；对 $(x_i^+, \hat{\varepsilon}_i^-)$ 进行平滑，将平滑值与拟合值 $\hat{y}_i^-$ 相加得到平滑曲线下界。

绘制软件检测数据的 Loess 包络如图 2-34 所示，可以看出来 y 相对 x 的分布大部分情况是对称的，方差基本是常数。

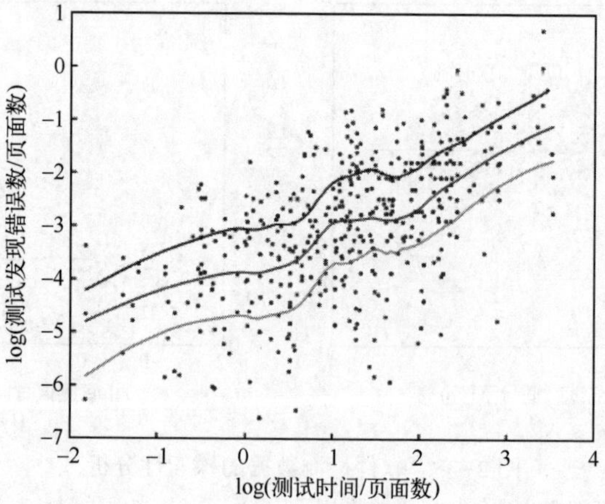

图 2-34　Loess 包络

2.6.3 平滑样条

通过平滑样条对不相交区域进行分段多项式拟合，也是常用的平滑散点图构造方法。与 Loess 拟合在滑动邻域内回归不同，平滑样条是在不相交区域进行的。

样条是指工程上绘图员使用的一种长薄木条。可以使用样条在数据点间绘制平滑曲线。典型的平滑样条包括 D 阶样条、平滑样条等。典型的样条模型包括：

（1）D 阶样条

$$f(x) = \beta_0 + \sum_{j=1}^{D} \beta_j x^j + \sum_{j=1}^{K} \beta_{j+D}(x - t_j)_+^D$$

（2）平滑样条：采用粗糙度惩罚方法

$$S(f) = \sum_{i=1}^{n} [y_i - f(x_i)]^2 + \alpha \int_a^b [f''(t)]^2 \mathrm{d}t$$

式中：α 为平滑参数。

（3）三次样条：函数 f 在每个区间上是三次多项式，节点处多项式彼此相连，且 f 的前二阶导数连续。

例如，1974 年夏季纽约州扬克斯市每日最大臭氧浓度数据如图 2-35 所示，可以看出添加平滑样条后，数据整体上是不恒定的。

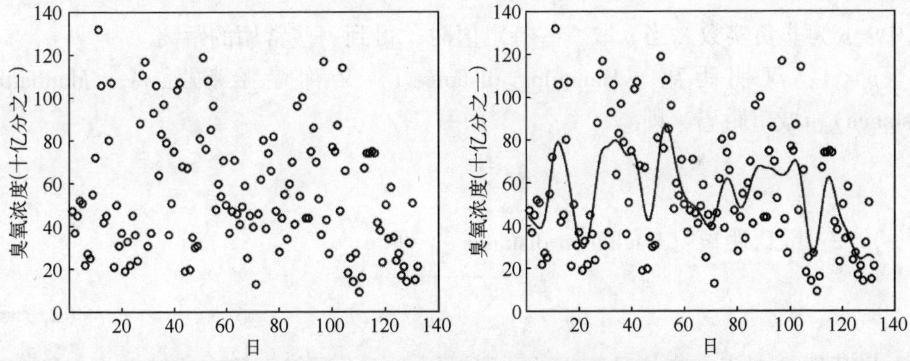

图 2-35　1974 年纽约州扬克斯市臭氧浓度数据

2.7 数据聚类

聚类就是将相似的对象聚集在一起，而将不相似的对象划分到不同类别的过程。聚类分析的目标是依据数据的分布特性或对象的某些属性，把对象划分成不同的类。所谓“类”，就是指一些相近或相似的对象的集合。一个类可看作空间中的一个点集，该集合内任意两点的“距离”小于该集合中任意一点与另一个集合中任意一点的距离。

根据分类对象不同，聚类分析可以分为 Q 型聚类和 R 型聚类，前者是对数据进行聚类，后者是根据数据对变量进行聚类，以了解变量和变量组合之间关系的亲疏。本节仅介绍 Q 型聚类。

2.7.1 相似性度量

研究数据或变量的亲疏程度，有两种类型的指标：一种是相似系数，相似系数接近 1 或-1 表示变量或数据的性质接近，彼此无关的变量或数据的相似系数则接近 0；另一种是距离度量，即将每个对象看作空间中的一个点，并用某种方式度量点与点之间的距离，距离较近的归为一类。

使用 2.2 节的记号，设 $\boldsymbol{x}_i=(x_{i1},x_{i2},\cdots,x_{im})$ 和 $x_j=(x_{j1},x_{j2},\cdots,x_{jm})$ 是第 i 和第 j 个对象的数据，下面给出常用距离测度和相似系数（也称相似测度）。

一、常用距离测度

在聚类分析中，常用的距离测度有以下几种。

1. 明氏距离

明可夫斯基距离（Minkowski distance）简称明氏距离，定义为

$$d_{ij}=\left(\sum_{k=1}^{m}|x_{ik}-x_{jk}|^p\right)^{1/p} \tag{2.7.1}$$

式中：p 为非负实数。当 p 取一些特定值时，得到一些常用的距离。

$p=1$：汉明距离（Hamming distance），又称曼哈顿距离（Manhattan distance）、城市距离，即

$$d_{ij}=\sum_{k=1}^{m}|x_{ik}-x_{jk}| \tag{2.7.2}$$

$p=2$：欧氏距离（Euclidean distance），即

$$d_{ij}=\sqrt{\sum_{k=1}^{m}(x_{ik}\quad x_{jk})^2} \tag{2.7.3}$$

欧氏距离对正交变换是不变的，即对原坐标系进行平移和旋转变换，则变换后数据点之间的距离和变换前相同。

$p=\infty$：切比雪夫距离（Chebyshev distance），即

$$d=\max_{1\leqslant k\leqslant n}(|x_{ik}-x_{ij}|) \tag{2.7.4}$$

在采用明氏距离时变量要采用相同量纲。另外，还应尽可能避免变量的多重共线性，因为多重共线性造成信息重叠，会片面强调某些变量的重要性。

2. 马氏距离

马氏距离（Mahalanobis distance）是印度统计学家马哈拉诺比斯所定义的一种距离，其公式为

$$d_{ij}^2=(\boldsymbol{x}_i-\boldsymbol{x}_j)^{\mathrm{T}}\boldsymbol{\Sigma}^{-1}(\boldsymbol{x}_i-\boldsymbol{x}_j) \tag{2.7.5}$$

式中：$\boldsymbol{\Sigma}$ 为观测变量之间的协方差矩阵。

马氏距离考虑了相关性。如果各列数据之间相互独立，则协方差矩阵是对角矩阵，此时马氏距离就退化为用各个观测指标的标准差的倒数作为权数进行加权的欧氏距离，是广义的殴氏距离。

3. 动态时间规整

动态时间规整（dynamic time warping，DTW）可以计算两个不同长度的向量或序列的距离，也可以对序列中不同时间段内的数据进行匹配。图 2-36（a）为欧氏距离，通过两个序列各对应点之间的距离之和获得。图 2-36（b）为 DTW 距离，它把序列某个时刻的点跟另一序列多个连续时刻的点相对应。计算 DTW 时，先计算两个序列各点对之间的距离，形成距离矩阵，然后寻找一条从矩阵左上角到右下角的路径，使路径上的元素之和最小。

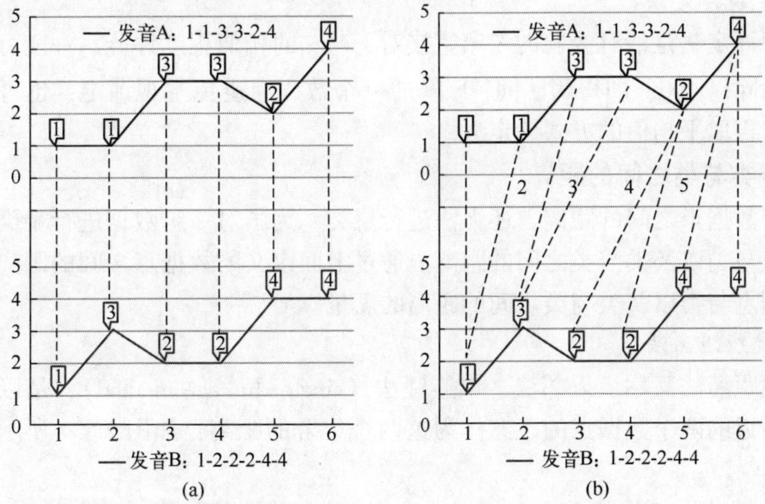

图 2-36　欧氏距离（a）与 DTW 距离比较（b）

二、常用相似测度

度量相似性的测度或系数很多，下面给出一些典型的相似测度。

1. 夹角余弦

采用夹角余弦法计算的相似测度为

$$r_{ij}=\frac{\sum_{k=1}^{m}x_{ik}x_{jk}}{\sqrt{\left(\sum_{k=1}^{m}x_{ik}^2\right)\left(\sum_{k=1}^{m}x_{jk}^2\right)}}$$

2. 相关系数

采用相关系数法计算的相似测度如下：

$$r_{ij}=\frac{\sum_{k=1}^{m}(x_{ik}-\bar{x}_i)(x_{jk}-\bar{x}_j)}{\sqrt{\sum_{k=1}^{m}(x_{ik}-\bar{x}_i)^2}\cdot\sqrt{\sum_{k=1}^{m}(x_{jk}-\bar{x}_j)^2}}$$

3. 非参数法

采用非参数法计算的相似测度为

$$r_{ij}=\frac{|n^+-n^-|}{n^++n^-}$$

式中：n^+和n^-分别为$\{x'_{i1},x'_{j1},x'_{i2},x'_{j2},\cdots,x'_{im},x'_{jm}\}$中大于0和小于0的数值的个数，这里，$x'_{ik}=x_{jk}-\bar{x}_i$，$x'_{jk}=x_{ik}-\bar{x}_j$。

4. 主观评定法

主观评定法是请有经验的专家直接对x_i与x_j的相似程度评分，一般可用百分制，然后除以100，即得闭区间[0,1]的一个数。为避免主观评定，也可采用多人评分，再取平均值的方式确定r_{ij}。

三、类与类之间的距离

仅有数据点之间的距离，还无法进行聚类。为了对一组数据进行聚类，还需要数据点与类以及类与类之间的距离。通过上面定义的数据点之间的距离，可以给出数据点与类以及类与类之间的距离的度量。

1. 最短距离法

最短距离法又称最近邻法、单连锁法（single-linkage method），是以两个类中距离最近的两个数据点的距离作为这两个集合的距离，如图2-37所示，其定义为

$$D(G_1,G_2)=\min_{x_i\in G_1,x_j\in G_2}\{d(x_i,x_j)\}$$

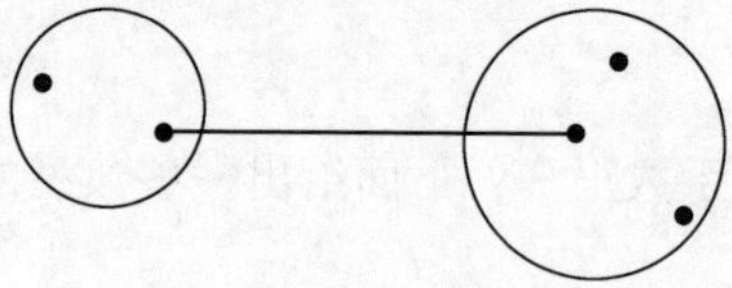

图2-37　最短距离法

最短距离法存在链接问题，即当多个类之间没有明显分离时会形成蛇形链——链两端的数据点虽然差异很大，仍然被划为同一类。另外，最短距离法没有考虑类的结构。

2. 最长距离法

最长距离法又称最远邻法、全连锁法（complete-linkage method），以两个类中距离最远的两个数据点的距离作为这两个类的距离，如图 2-38 所示，其定义为

$$D(G_1,G_2)=\max_{x_i\in G_1,x_j\in G_2}\{d(x_i,x_j)\}$$

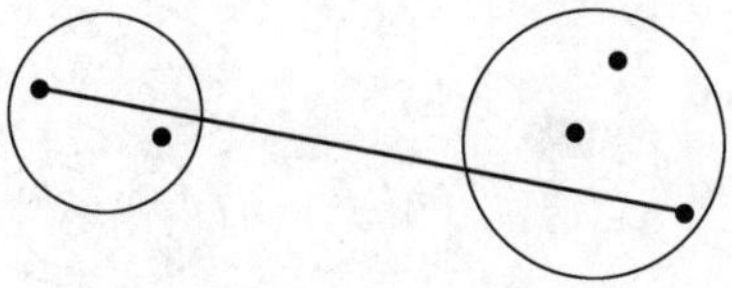

图 2-38　最长距离法

最长距离法不易受到链接问题影响，聚类结果趋于圆形，且很难对非圆形数据聚类。最长距离法也不考虑类的结构。

3. 类间平均法

类间平均法又称组平均（非加权平均或加权平均）法、组间连接法，其为两类中两个数据点距离的平均，即

$$D(G_1,G_2)=\frac{1}{n_1n_2}\sum_{x_i\in G_1,x_j\in G_2}d(x_i,x_j)$$

式中：n_1和 n_2分别为 G_1和 G_2中的数据点的个数。类间平均法是比较稳健的距离，也是 SPSS 默认采用的类间距离。

4. 重心法

重心（或称质心）是类内数据点的算术平均值，重心法的距离度量为

$$D(G_1,G_2)=d(\bar{x},\bar{y})$$

式中：$\bar{x}$、$\bar{y}$分别为 G_1和 G_2的重心。

将类 G_p与 G_q合并为 G_r后，G_r与任意类 G_k的距离有时不需要重新计算，可以迭代更新。对于最短距离法，迭代公式为

$$D_{kr}=\min_{X_i\in G_k,X_j\in G_r}d_{ij}=\min\left\{\min_{X_i\in G_k,X_j\in G_p}d_{ij},\ \min_{x_i\in G_k,x_j\in G_q}d_{ij}\right\}=\min\{D_{kp},D_{kq}\}$$

对于最大距离法，迭代公式为

$$D_{kr}=\max_{X_i\in G_k,X_j\in G_r}d_{ij}=\max\left\{\max_{X_i\in G_k,X_j\in G_{pj}}d_{ij},\ \max_{x_i\in G_k,x_j\in G_q}d_{ij}\right\}=\max\{D_{kp},D_{kq}\}$$

2.7.2 层次聚类

层次聚类（hierarchical cluster）又称系统聚类，其基本思想是，按照规定的数据点和类的距离（或相似性），依次将相近的数据先聚成类，距离较远的数据

后聚成类，直到每个数据都归入合适的类中。在层次聚类中，开始将各数据点单独视为一类，然后根据距离最小（或相似性最大）原则，将最接近的两类合并为新类，并计算新类和其他类的距离，依次进行，每次减少一类，直到将所有数据点归为一类为止。其过程如图 2-39 所示。层次聚类的优点是可以得到由粗到细的多种分类情况，并且可以由一个谱系图展示出聚类结果。

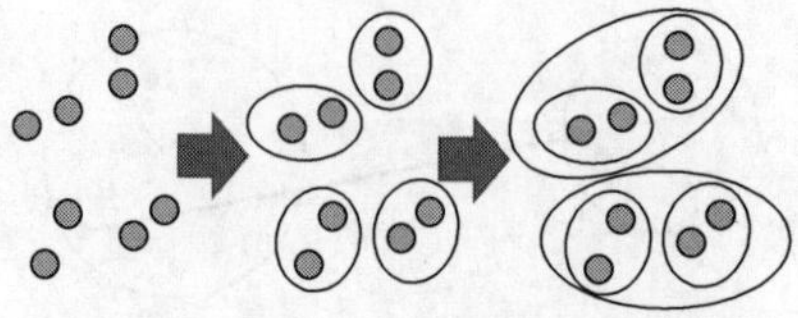

图 2-39　层次聚类示意图

设数据数量为 n，层次聚类过程概述如下：①计算两个数据之间的距离形成邻近矩阵；②构造 n 个类，每个类只包含一个数据，每个类的聚合指数均为零；③合并距离最近的两类为新类，并且以这两类间的聚合指数为谱系图中新的水平高度；④计算新类与当前类的距离，若新类的数据个数已等于 n，转入步骤⑤；否则，回到步骤③；⑤绘制谱系图；⑥决定类的个数和类。

下面通过一个示例说明层次聚类过程。在图 2-40（a）所示平面上有 7 个数据点，用层次聚类法，可以得到如图 2-40（b）所示的谱系图表示聚类结果。对该谱系图，记 $\Omega=\{w_1,w_2,\cdots,w_7\}$，聚类结果依聚合指数取值不同而不同。

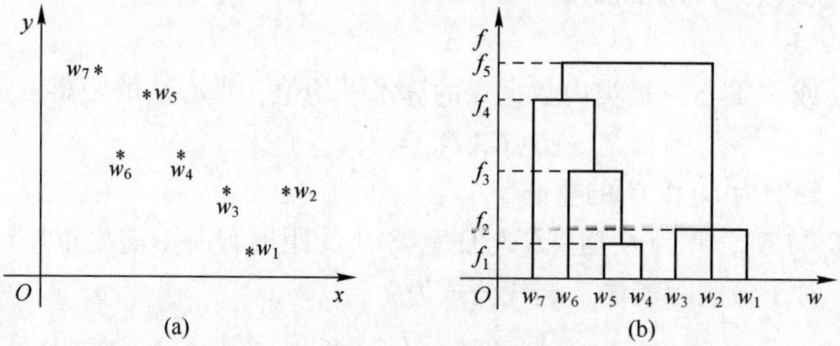

图 2-40　层次聚类示例

聚合指数值取 f_5，则分成一类：

$$G=\{w_1,w_2,\cdots,w_7\}$$

聚合指数取 f_4，分成两类：

$$G_1=\{w_1,w_2,w_3\},\quad G_2=\{w_4,w_5,w_6,w_7\}$$

聚合指数取 f_3，分成三类：

$$G_1=\{w_1,w_2,w_3\},\quad G_2=\{w_4,w_5,w_6\},\quad G_3=\{w_7\}$$

等等。当聚合指数小于 f_1 时，则分成七类，其中每个点 $w_1,w_2,\cdots,w_7$ 自成一类。

层次聚类是实际中使用最多的一种聚类方法，它既可以对数据聚类，也可以对变量聚类，变量可以是连续变量也可以是定性的离散变量。此外，它的类间距离计算方法和结果表示方法也十分丰富。层次聚类法的缺陷在于，由于每一步都要计算类间距离，当变量较多或数据量较大时，运算速度较慢。

2.7.3 *k*-均值聚类

k-均值聚类属于原型聚类，是麦奎因（MacQueen）于 1967 提出的。基本思想是：先将所有数据粗略地分成若干类，然后将每个数据点分配给最近中心（均值）的类中，按照这种方式一次次调整，直至不能调整即得到最终分类结果。

k-均值聚类有两种等价的学习方式，分别是最小化类内距离（width-cluster sum of squares，WCSS）和最大化类间距离（between-cluster sum of squares，BCSS）。对于给定的 k 个类 $C=\{C_j,j=1,2,\cdots,k\}$，这两种优化目标分别是

$$\arg\min_C \sum_{j=1}^{k}\sum_{x_i\in C_j}\|\boldsymbol{x}_i-\bar{\boldsymbol{x}}_j\|^2=\min_C\sum_{j=1}^{k}|C_j|\mathrm{Var}(C_j)$$

和

$$\arg\min_C \sum_{j=1}^{k}|C_j|\|\bar{\boldsymbol{x}}-\bar{\boldsymbol{x}}_j\|^2$$

式中：$\bar{\boldsymbol{x}}$ 和 $\bar{\boldsymbol{x}}_j$ 分别为数据的总体平均值和类内平均值。这两个优化问题是等价的，可以从方差分解公式得到。全方差分解公式表明，全方差等于样本内差异与样本间差异的和，即

$$\mathrm{Var}(X)=E[\mathrm{Var}(X|Y)]+\mathrm{Var}(E[X|Y])$$

WCSS 和 BCSS 实际上分别对应于 $E[\mathrm{Var}(X|Y)]$ 和 $\mathrm{Var}(E[X|Y])$。对于给定的数据来说，$\mathrm{Var}(X)$ 是确定的，因此最小化前者等于最小化后者。

k-均值聚类的基本步骤包括：

（1）初选 k 个凝聚点；

（2）计算每个数据点至各个凝聚点的距离；

（3）进行初始分类；

（4）计算每类的重心，并以此重心作为新的凝聚点；

（5）用新的凝聚点重新分类；

（6）判断新分类结果与前一步分类结果是否相同，若不同则按照步骤（4）、步骤（5）进一步调整分类。

数学上已经证明，上述迭代过程必然收敛，即每个数据点到自身所归属类的重心的距离平方和（SSE）是收敛的。

选择初始凝聚点是重要的工作，因为凝聚点的个数代表最终分类个数，而且凝聚点选得好，则调整次数少，节省计算时间。常用的选择凝聚点方法有：

（1）根据对每个数据点的分析，预先给出一个初始分类，然后在每类中选择一个有代表性的数据点作为凝聚点；

（2）根据经验人为分成 k 类，然后计算每类的重心，即该类中所有数据的算术平均值，并以这些重心作为凝聚点；

（3）根据经验直接给出 k 个凝聚点。

初始凝聚点的数量 k 则主要取决于经验，或者可以多尝试几个 k 值看看分成几类更好解释、更符合分析目的，还可以把各种 k 值算出的 SSE 做比较，取最小的 SSE 对应的 k 值。

在 k-均值聚类过程中，离群值即远离整体的特殊数据点，在聚类之前应该去掉，否则会对于聚类的结果有影响。不过，有时离群值自有分析的价值，可以单独作为一类来分析。

k-均值聚类适合有大量数据的情形，但是容易生成具有超椭球形的类，并且可能产生空类。另外，k-均值聚类的结果有时不是最优的。

例如，对鸢尾花数据集进行 k-均值聚类。该数据集中共有 3 个种类：Iris setosa、Iris versicolor 以及 Iris virginica。Fisher 收集整理该数据集时，根据花萼长度、宽度以及花瓣长度、宽度来判定鸢尾花的种类。使用 matlab 的 kmeans 函数并使用默认的欧氏距离，可以得到如图 2-41 的聚类结果。与实际结果比较，可以看出 k-均值聚类是比较接近的。

2.7.4 聚类的评价

聚类算法评价主要有外在方法和内在方法两大类。外在方法又称监督方法，通过将聚类结果和基准进行比较，对聚类的同质性、完全性、碎布袋、小类保持性等进行评价，基准是一种理想的聚类，可以看作一种“类标号”形式的监督。

纯度（purity）是一个典型的外在评价标准。对于 n 个数据，假设真实的类别划分为 $C=\{C_1,C_2,\cdots,C_J\}$，聚类的结果为 $\Omega=\{W_1,W_2,\cdots,W_K\}$，则纯度定义为

$$\text{purity}(\Omega,C)=\frac{1}{n}\sum_{k}\max_{j}|W_k\cap C_j|$$

显然，$\text{purity}(\Omega,C)\in[0,1]$，且越接近 1 聚类效果越好。

兰德指数（Rand index，RI）将聚类看成一系列决策过程，正确的决策是将两个相近的数据归于一类，或者将不相近的归为不同的类，错误决策则恰好相反。定义 TP（true positive）、TN（true negative）为正确决策次数，FP（false positive）、FN（false negative）为错误决策次数，则兰德指数是正确决策所占的

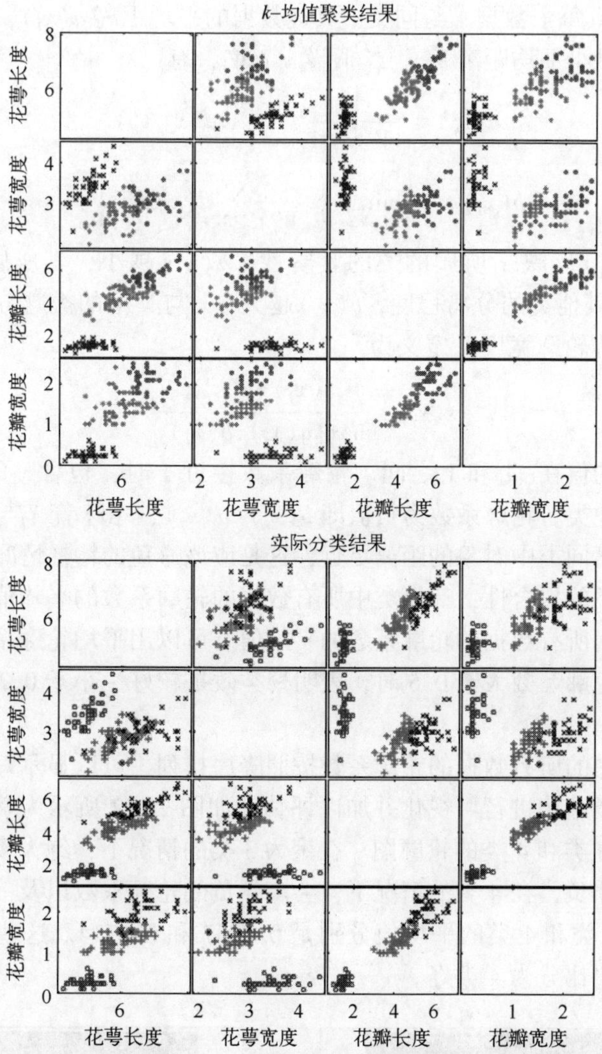

图 2-41　鸢尾花 k-均值聚类

比例，定义为

$$\mathrm{RI}=\frac{\mathrm{TP}+\mathrm{TN}}{\mathrm{TP}+\mathrm{TN}+\mathrm{FP}+\mathrm{FN}}$$

在缺乏可用的基准或很难给出基准时，可以使用内在方法对聚类质量进行评估。内在方法是无监督方法，通过分析类的分离情况和紧凑情况来评估聚类，好的聚类结果应该具有高的类内相似度和低的类间相似度。轮廓系数（silhouette coefficient）就是这种度量。假设 n 个数据 $X=\{x_1,x_2,\cdots,x_n\}$ 被聚为 k 个类 W_1，

$W_2,\cdots,W_k$。计算每个数据 x_i 与同类中其他数据的平均距离 $a(x_i)$，以及与不属同类中的数据的最小平均距离 $b(x_i)$。假设 $x_i \in W_j$，有

$$a(x_i)=\frac{1}{|W_j|-1}\sum_{x_i' \in W_j, x_i \neq x_i'} d(x_i,x_i')$$

$$b(x_i)=\min_{C_l:1\leqslant l\leqslant k, l\neq j}\left\{\frac{1}{|W_l|}\sum_{x_i' \in M_l} d(x_i,x_i')\right\}$$

显然，$a(x_i)$ 反映 x_i 所属的类的紧凑性，$a(x_i)$ 越小，其所属的类越紧凑。$b(x_i)$ 反映 x_i 与其他类的分离程度，$b(x_i)$ 越大，x_i 与其他的类越分离。数据 x_i 的轮廓系数（又称轮廓宽度）定义为

$$s(x_i)=\frac{b(x_i)-a(x_i)}{\max\{a(x_i),b(x_i)\}}$$

轮廓系数的值在-1 和 1 之间。轮廓系数接近 1 时，包含 x_i 的类是紧凑的，并且 x_i 远离其他类。轮廓系数为负值即 $b(x_i)<a(x_i)$，意味着 X_i 与其他类中对象的距离比与自己同类中对象的距离更近，这是应该避免的糟糕情况。

为了度量类的拟合性，计算类中所有数据的轮廓系数的平均值；为了度量聚类的质量，使用所有数据的轮廓系数的平均值。可以用平均轮廓系数来估计类的个数。当平均轮廓系数大于 0.5 时，表明聚类效果较好，小于 0.2 时表明数据不可聚类。

将每个类中的所有数据的轮廓系数按照降序排列，可以显示每个类的轮廓系数值，以便对类结构进行可视化并加以评估。如图 2-42 所示为鸢尾花数据采用 k-均值聚类为 3 类和 4 类的轮廓图。在聚为 3 类的情况下，绝大多数数据的轮廓系数都很大且非负，在 4 类的情况下，会产生负的轮廓系数以及一些很小的轮廓系数。另外，3 类和 4 类的平均值分别是 0.7357 和 0.6714。这些综合的结果表明，分为 3 类要比分为 4 类好。

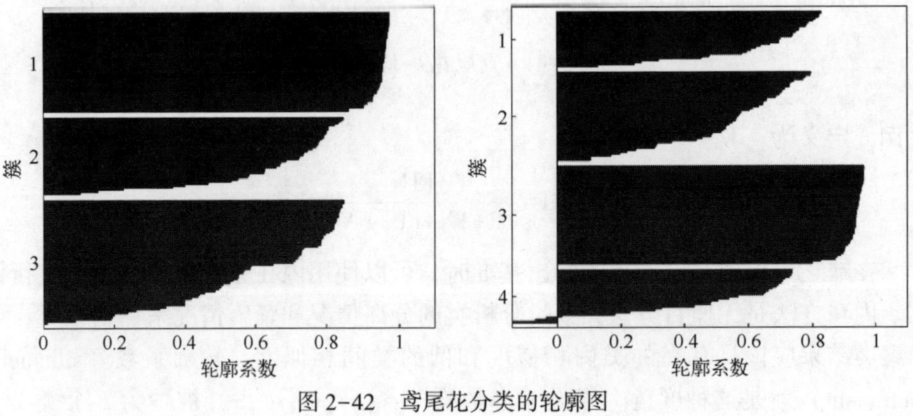

图 2-42　鸢尾花分类的轮廓图

2.8　数据可视化图形

本节简单介绍几种用于观察静态数据的分布规律、变量关系的直观图形。关于数据图形化的方法非常多，需要者或者感兴趣的读者可以参考有关的文献。

2.8.1　一维数据图形

一维图形，如直方图、茎叶图、箱线图、分位数图、袋状图或点图用来检查单个变量的边际分布特性。通过一维图形，可以看出变量的数值显示的形状是单峰还是多峰，是对称的还是倾斜的，是否有成簇的或者成类的取值，是否有一些值与其他值非常不同，等等。

一、直方图

直方图是表示一维静态数据使用最广泛的方法。直方图由一系列高度不等的纵向（或横向）条或线段表示数据分布情况。一个直方图由一组满足以下条件的矩形构成：①以水平轴为底，中心在组中值且宽度等于组距宽度；②面积大小与组频数呈比例。如果所有组距都有同样的宽度，那么矩形的高与组频数呈比例，习惯上把高度视为组频数。如果组距的宽度不同，就需要调整矩形高度。

在绘制直方图时，首先对数据按大小进行排列，并制定数据分组范围，然后计算落在每个分组范围内数据的频数/频率。例如，测量某种食品的质量（规格：每袋 20kg）得到以下一组数据：

22 24 23 21 19 23 22 20 20 22 20 22 23

25 21 21 21 22 24 23 22 23 21 22 21 23

将数据按大小顺序整理，得到如表 2-6 所示食品质量频数/频率。将表格中的数据用直方图表示，得到图 2-43。

表 2-6　食品质量频数表

数据	x_i	19	20	21	22	23	24	25	合计
频数	f_i	1	3	6	7	6	2	1	$\sum f_i = 26$
频率	p_i	1/26	3/26	6/26	7/26	6/26	2/26	1/26	$\sum p_i = 1$

注意，频率直方图和相对频率直方图并不是“有意义的”概率密度，因为全部矩形的面积的和不等于 1。为此，可以构造密度直方图代替频率直方图。密度直方图定义为

$$\hat{f}(x)=\frac{v_k}{nh},\quad x\in B_k$$

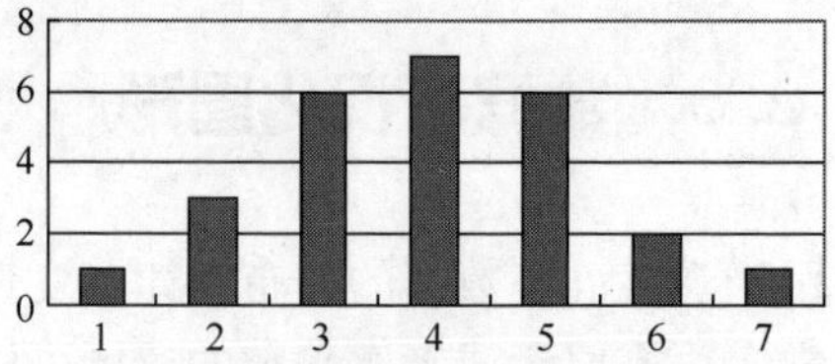

图 2-43　食品质量频数直方图

式中：B_k为第 k 个分组；v_k为分组 B_k中观测值数量；h 为组宽度。

在直方图构造中，分组宽度 h 又称平滑参数，因为 h 大小决定了直方图的平滑性：h 小则密度估计的偏差小但方差大，反之则方差小但偏差大，如图 2-44 所示。

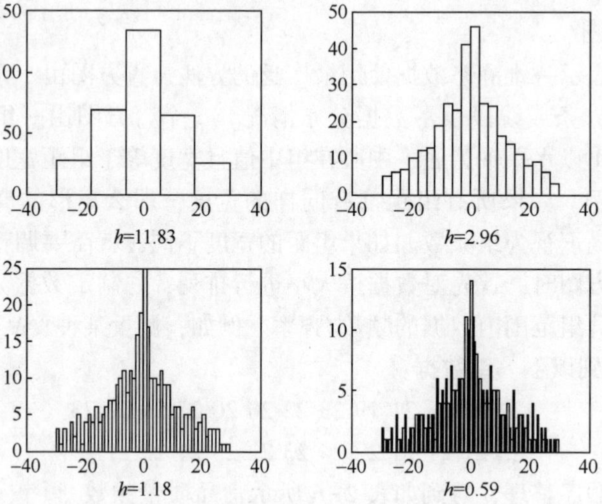

图 2-44　不同分组宽度 h 的直方图比较

关于分组宽度 h 的选择，有下面几种经验结果：

（1）Sturges 规则：设 n 为观测值数量，定义 $K=\log_2 n$，则分组宽度为

$$h=(\max\{x_i\}-\min\{x_i\})/K$$

（2）正态参考规则：此时分组宽度为

$$\hat{h}^*=\left[\frac{24\sigma^3\sqrt{\pi}}{n}\right]^{1/3}\approx 3.5\times\sigma\times n^{-1/3}$$

对于偏态分布或重尾分布，组宽修正因子为

$$\text{skewness factor}=\frac{2^{1/3}\sigma}{e^{5\sigma^2/4}(\sigma^2+2)^{1/3}(e^{\sigma^2}-1)^{1/2}}$$

（3）Scott 规则：设 s 为数据的标准差，则

$$\hat{h}^* = 3.5 \times s \times n^{-1/3}$$

（4）Freedman-Diaconis 规则：设 IRQ 为四分位距，则

$$\hat{h}^* = 2 \times \mathrm{IRQ} \times n^{-1/3}$$

作直方图的目的是查看数据的分布情况，并据此对研究对象某方面特性进行判断。比如，直方图可以用来预测并监控产品质量状况、对质量波动进行分析。在正常生产条件下，如果所得到的直方图不是标准形状，或者虽然是标准形状，但其分布不合理，就要分析其原因，采取相应措施。如图 2-45 所示为各种可能的直方图形状。

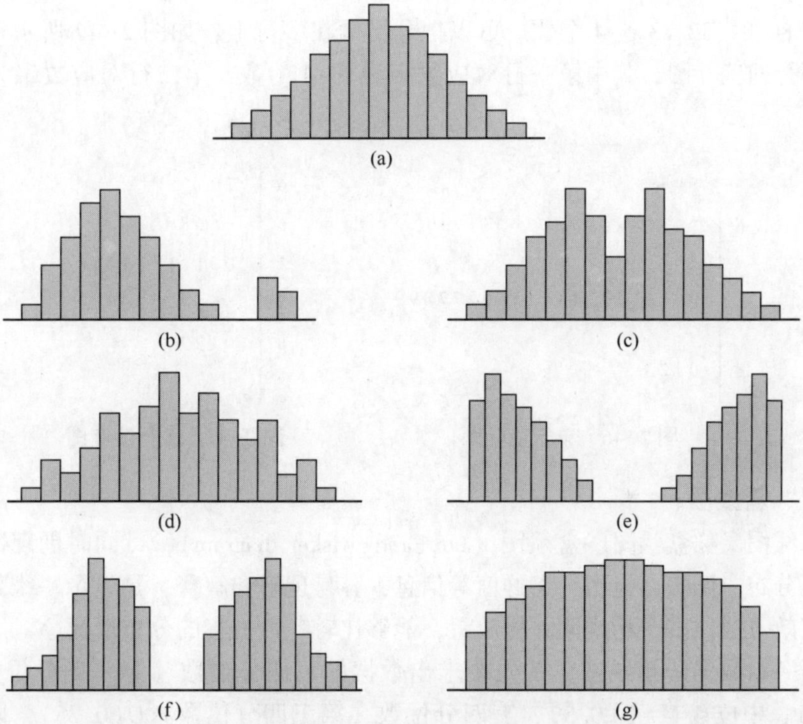

图 2-45　可能的直方图的形状

（a）正常型；（b）孤岛型；（c）双峰型；（d）折齿型；（e）陡壁型；（f）偏态型；（g）平顶型。

二、茎叶图

茎叶图通过将数据按位数进行比较来作图，又称枝叶图。其中，将数据的大小基本不变或变化不大的位作为茎（主干），将变化大的数位作为叶（分枝），列在茎的后面，这样就可以清楚地看到每个主干后面有几个数，以及每个数值的具体大小。

茎叶图是与直方图相似的工具，但又与直方图不同。茎叶图的优点是保留了原始资料的信息，并且茎叶图中的数据可以随时添加。将茎叶图的茎和叶逆时针旋转90°，实际上就是一个直方图，可以从中统计出频数、频率或百分比，以及与正态分布的关系进行对比。茎叶图的缺点是只便于表示两位有效数字的数据，两个以上的数据虽然能够记录，但是不够直观。

下面以十位数为例构造茎叶图。对任意十位数 X_iY_j，以 X_i为茎、Y_j为叶构造茎叶图。例如数字23，2就是茎，3就是叶。每个茎在图中单独成一行，把每个数值的叶写在茎所在的行，茎和叶之间用一根长竖线隔开，就得到一批十位数的茎叶图。如图2-46为某人种颅骨尺寸的茎叶图，其中第3列8|0 1 2 3代表数据中存在80,81,82,83这4个数。可以把分支画在多行上，如图2-47所示每个分支分两行的茎叶图，其中第一行对应数字为0~4的数，第二行对应数字为5~9的数。

6	2 3 5 5 6 8 9
7	0 0 1 1 1 2 2 3 4 4 4 4 5 6 6 7 7 7 8 9 9
8	0 1 2 3

图2-46　单行茎叶图

6	2 3
6	5 5 6 8 9
7	0 0 1 1 1 2 2 3 4 4 4 4
7	5 6 6 7 7 7 8 9 9
8	0 1 2 3
8	

图2-47　多行茎叶图

三、箱线图

箱线图又称盒状图、盒须图（box-and-wisker diagram），可同时展现数据的位置、分布、偏态、拖尾、离群值等信息，容易理解和解释，是显示一维数值分布的有效方法。多个箱线图并排放置，能够比较各数据集的分布情况。

画一组数据的箱线图，首先要求出数据的下四分位数（第一四分位数）Q(0.25)、中位数M=Q(0.5)、上四分位数（第三四分位数）Q(0.75)，以及四分位距IQR=Q(0.75)-Q(0.25)。图2-48为箱线图示意图，盒子的下端和上端分别指示第一四分位数和第三四分位数，而盒中的线段指示中位数的值，盒子的底部和顶部的尾线分别指示一组数据的上限和下限，分别为对应的上/下四分位数与1.5倍四分位距IRQ的和/差，即

上限值=上四分位数+1.5IRQ，　下限值=下四分位数-1.5IRQ

图中的“·”表示离群值。

可以看出，利用箱线图既可以描述数据的位置，也可显示数据的分布情况；落在上限和下限之外的离群值还能明确标识出来并引起注意。

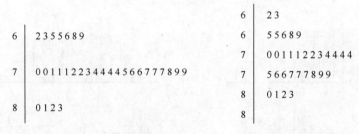

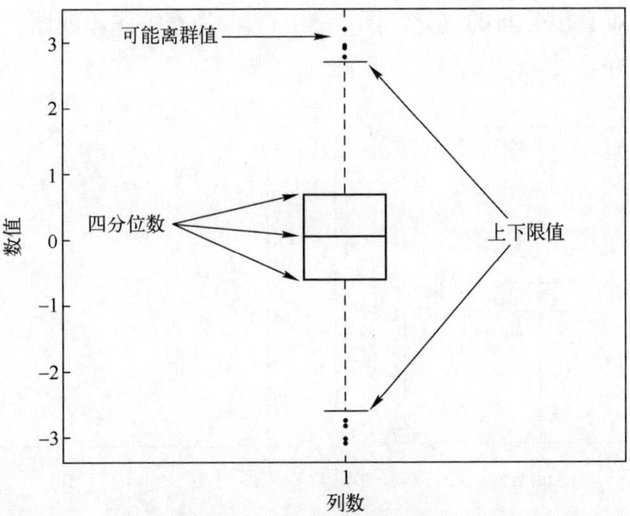

图 2-48　箱线图示意图

对标准箱线图进行改造得到的非标准箱线图，有时可以提供更多的直观信息。比如，如图 2-49 所示带有凹口的箱线图，通过观察凹口的形状，容易判断数据的分布差异。

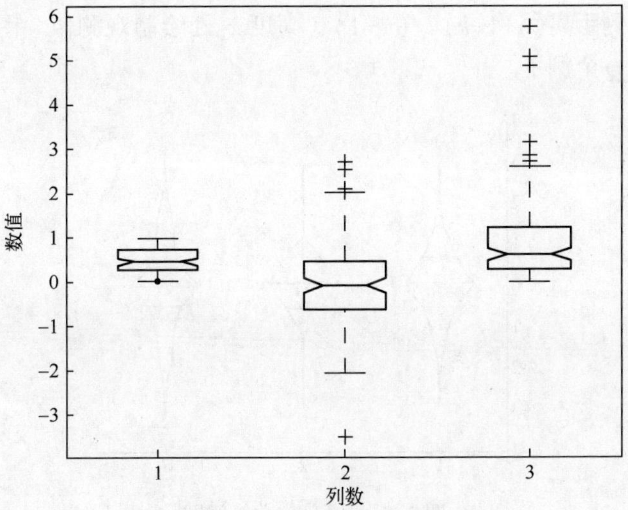

图 2-49　三批数据的箱线图

可以在箱线图中明确展示 3 个分位数的宽度，宽度与 3 个分为数处的密度估计值成正比，用来表达数据分布密度，由此得到直方图箱线图（histplot）。图 2-50（a）给出的是标准正态分布、[−3,3] 附近有离群值的均匀分布、尖峰分布的标准箱线图，从中很难看出分布的差异。图 2-50（b）为直方图箱线图，可以看出分布形状的明显差异。

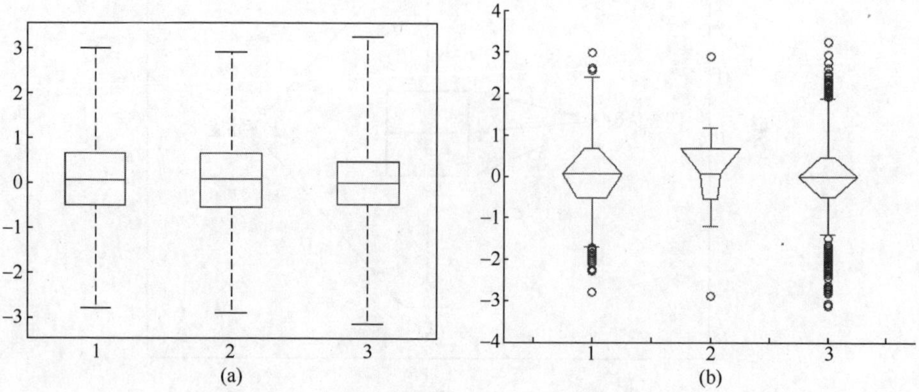

图 2-50　标准箱线图（a）与直方图箱线图（b）

百分位数箱线图（box-percentile plot）可以进一步揭示分布的形状，是一种变宽箱线图（variable-width boxplot）。设观测值（由小到大）为 $x_1, x_2, \cdots, x_n$，箱线图最大宽度（中值处的宽度）为 w，绘制百分位数箱线图：对小于或等于中值的 x_k，在垂直轴的两侧距离 $kw/(n+1)$、高度 x_k 处绘制观测值；对大于中值的 x_k，在垂直轴的两侧距离 $(n+1-k)w/(n+1)$、高度 x_k 处绘制观测值。图 2-51 为百分位数箱线图的一个例子。

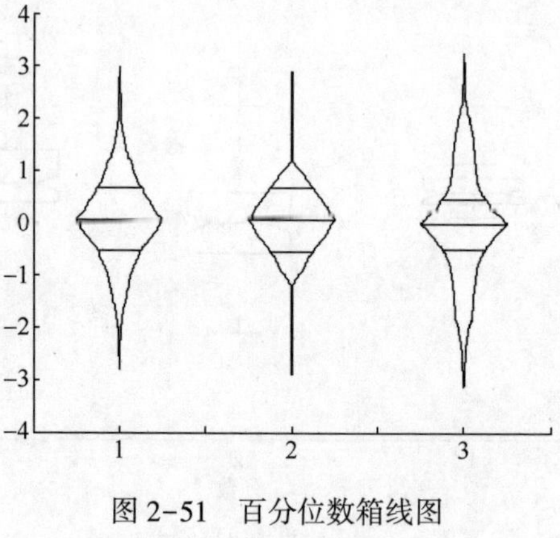

图 2-51　百分位数箱线图

四、分位数图

为了比较一组数据是否服从某个特定分布，或者两组数据的分布是否相同，可以将分布和/或数据的分位数绘制在一起进行比较。

对给定数据 $x_1, x_2, \cdots, x_n$ 由小到大排序，得到 $x_{(1)}, x_{(2)}, \cdots, x_{(n)}$。为了用概率图比较一组数据是否服从特定的理论分布，可以将这些排序后的数据与理论分布的分位点画在一个二维平面上，即一个坐标轴画 $x_{(i)}$，另一个坐标轴画分布的分位数：

$$F^{-1}\left(\frac{i-0.5}{n}\right)$$

其中，$F^{-1}(\cdot)$ 表示理论分布的反函数。如果数据服从理论分布，则这些点接近一条直线。比较有名的正态概率图，就是将排序后的数据和正态分布的分位数画在一个坐标轴上。图 2-52 是从均匀分布抽取的数据的正态概率图，可以看出这些点不在一条直线上。

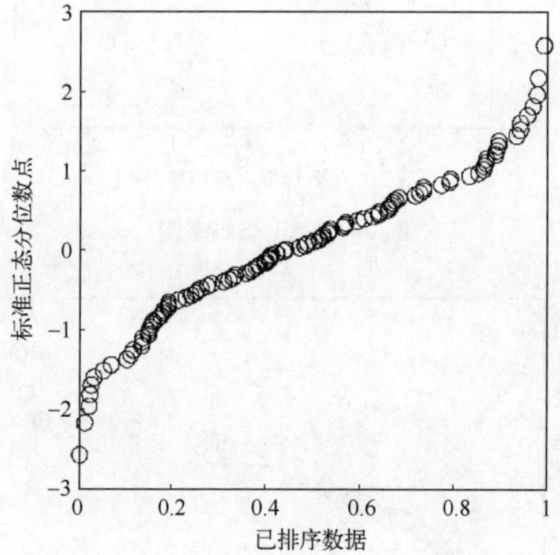

图 2-52　均匀分布的正态概率图

为了比较两组数据是否服从相同类型的分布可以使用 Q-Q 图。给定数据 $\boldsymbol{X}=(x_1, x_2, \cdots, x_n)$ 和 $\boldsymbol{Y}=(y_1, y_2, \cdots, y_m)$，其中 $m \leqslant n$。将两组数据由小到大排序，得到 $x_{(1)}, x_{(2)}, \cdots, x_{(n)}$ 和 $y_{(1)}, y_{(2)}, \cdots, y_{(m)}$。对排序后的数据进行以下操作。

首先看 $m=n$ 的情形，此时在二维坐标系中以两组数据的对应数值构成一个点，即（$x_{(i)}$，$y_{(i)}$），一共得到 n 个点。如果这两组数据具有相同的分布，那么这 n 个点基本上会在一条直线上。如图 2-53 所示，$\boldsymbol{X}$ 和 $\boldsymbol{Y}$ 是从正态分布独立随机抽取的数据，可以看到这些点基本在一条直线上。在 Q-Q 图中，不需要两组数据来自相同分布，即两个分布可以有不同的参数，只要它们的类型相同，则得到的图形中的点在一条直线上，如图 2-54 所示。

对于数据量不同的情形，假设 $m<n$，这时的 Q-Q 图是由 $y_{(i)}(i=1,2,\cdots,m)$

与另一组数据 **X** 的$(i-0.5)/m$分位点构成的，其中数据 **X** 的$(i-0.5)/m$分位点一般通过插值方式得到。

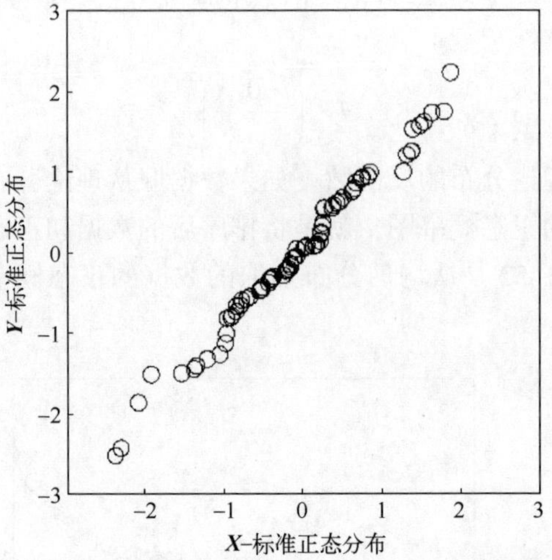

图 2-53　正态概率图

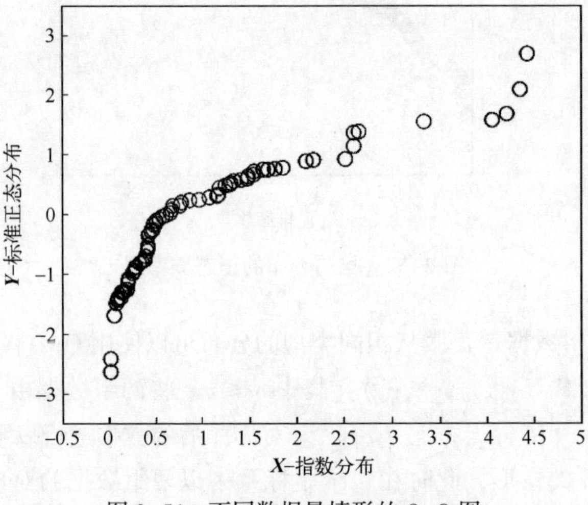

图 2-54　不同数据量情形的 Q-Q 图

需要注意的是，Q-Q 图只提供了关于两组数据的分布相似性的粗略信息；如果数据量很小，则单纯通过数据点查看的结果可能不可靠。这时，可以为 Q-Q 图增加一条参考直线，如图 2-55 所示。这条直线通过两个点确定，第一个点由两组数据的第一四分位数构成，第二个点由两组数据的第三四分位数构成。通过比较点和直线的离散程度，来判断两组数据来自相同分布的程度。

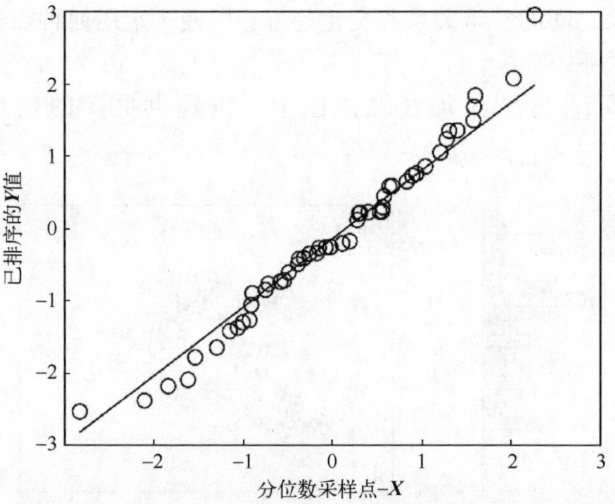

图 2-55　带参考直线的 Q-Q 图

2.8.2 二维数据图形

二维数据图形用于检验两个变量的联合分布。比如，使用二维散点图查看两个实值变量之间线性或非线性关联，以及寻找相互依赖的偏差如异常值、聚类或非恒定变异等。

一、二维散点图

散点图又称散点分布图，在回归分析中，是数据点在直角坐标系平面上的分布图。二维散点图以一个变量为横坐标，另一个变量为纵坐标，利用散点（坐标点）的分布形态反映变量依赖关系，如图 2-56 所示。散点图能直观表现出影响

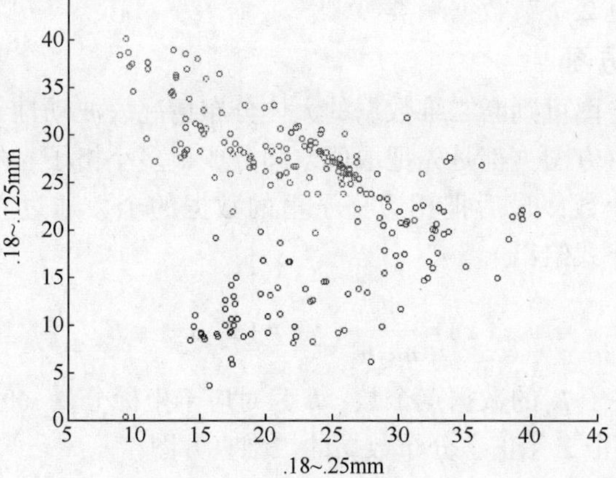

图 2-56　散点图

因素和预测对象之间的总体关系和变化趋势，以便决定用何种数学表达方式来描述变量之间的关系。

可以将边际直方图添加在散点图上，以提供更多的信息，如图 2-57 所示。

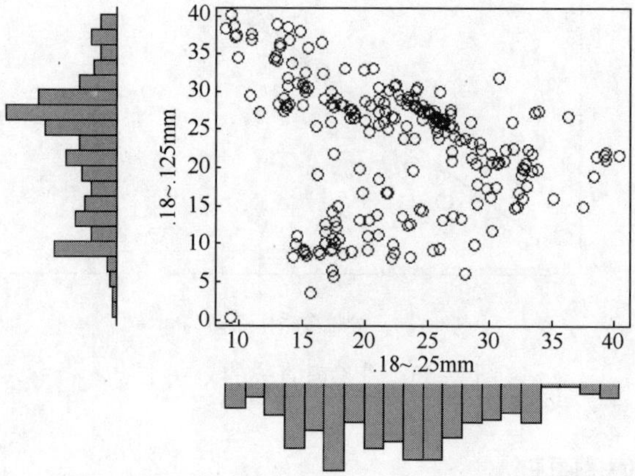

图 2-57　带边际直方图的散点图

散点图对于处理数值的分布和数据点的分簇都很有用。如果数据集中包含非常多的点（如几千个点），则散点图是非常合适的。

默认情况下，散点图以圆圈显示数据点。如果有多组数据，可以在散点图中用不同形状标记不同组的数据，比如采用方形、三角形、菱形或其他形状。

如果一个变量是响应，另一个是预测变量，则可以添加回归曲线或平滑线以辅助查看规律，见 2.7 节数据聚类。

二、二维直方图

通过二维直方图可判断二维数据的大体分布情况、波动性等。二维直方图的实现类似于一维直方图，都是先把取值空间分成很多小格子，然后计算落在每个格子里的数据的个数，最后把相应格子里的数据的个数通过立柱的高度表示出来。立柱高度由下式给出

$$\hat{f}(\boldsymbol{x})=\frac{v_k}{nh_1h_2},\quad \boldsymbol{x}=(x_1,x_2)\in B_k$$

式中：v_k 为落入格子 B_k 的数据点个数；h_i 为对应于坐标分量 x_i 的格子宽度。

图 2-58 是一个二元正态分布数据的二维直方图。

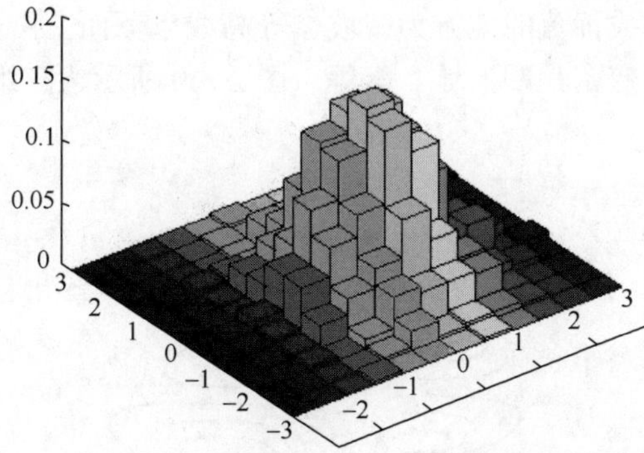

图 2-58 二元正态分布数据的二维直方图

2.8.3 三维数据图形

一、三维散点图

类似于二维散点图，三维散点图利用三维散点（坐标点）的分布形态反映变量关系，通常用来直观反映三维数据的分布。图 2-59 是三维散点图的一个例子。

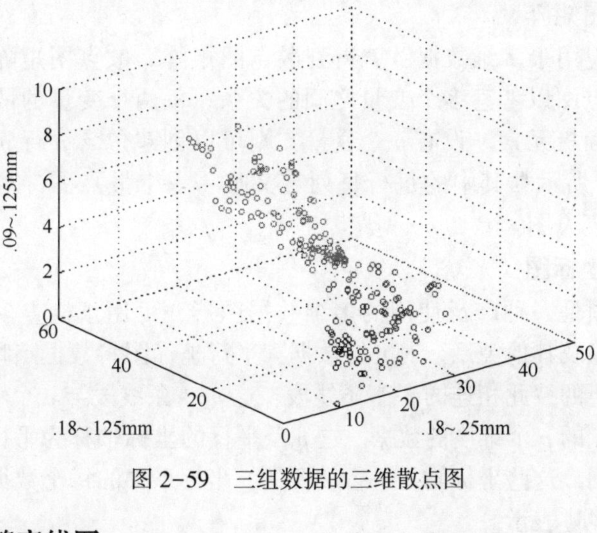

图 2-59 三组数据的三维散点图

二、三维等高线图

等高线指的是地图上高程相等的各点所连接的闭合曲线。三维等高线图把闭合曲线放在三维坐标系内，比起二维等高线图，它不需要进行投影、映射等操作，所以不存在失真，能更直观反映数据点和它所对应的高程的关系。在三维等高线图上，可以容易地获取坡度、陡坡、缓坡、凸形坡、凹形坡等：等高线密集的地方为陡坡，等高线稀疏的地方为缓坡，等高线自下而上由密集变稀疏是凸形坡，自上而下由稀疏变密是凹形坡，等等。图 2-60 所示为三维等高线图。

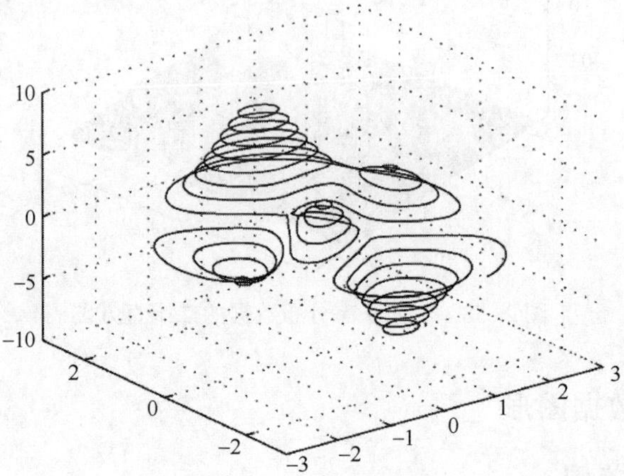

图 2-60　三维等高线图

2.8.4 高维数据图形

一、散点图矩阵

把散点图应用于多维数据，就得到散点图矩阵。散点图矩阵绘制多个变量两两之间的散点图以考察多个变量之间的关系。每两个变量的散点图称作散点图矩阵的一个面板元素。设有 p 个变量，则可以创建包含 p 行 p 列的散点图矩阵，如图 2-61 所示，其中的每行每列定义唯一一个散点图，对角线上给出的是对应变量的直方图。

二、平行坐标图

平行坐标图是一种广泛使用的多维数据图形，可用于检查多个变量的相关性、高维聚类以及其他关系。对 p 维数据，平行坐标图将数据点映射为处于 p 条平行的坐标轴上的彼此相连的 $p-1$ 条线段，这 $p-1$ 条线段与 p 个轴相交的 p 个点分别代表数据点的 p 个维度的数据。这 p 条平行的坐标轴称为平行坐标系，与笛卡尔坐标系不同，这些坐标轴是平行放置的，坐标系中的每个数据点由一条连接每个坐标轴的线迹表示。

代表 n 维数据的折线可以用 $p-1$ 个线形无关的方程表示：

$$\frac{x_1-a_1}{u_1}=\frac{x_2-a_2}{u_2}=\cdots=\frac{x_p-a_p}{u_p}$$

由这个公式可以得到

$$x_{i+1}=m_i x_i+b_i(i=1,2,\cdots,p-1)$$

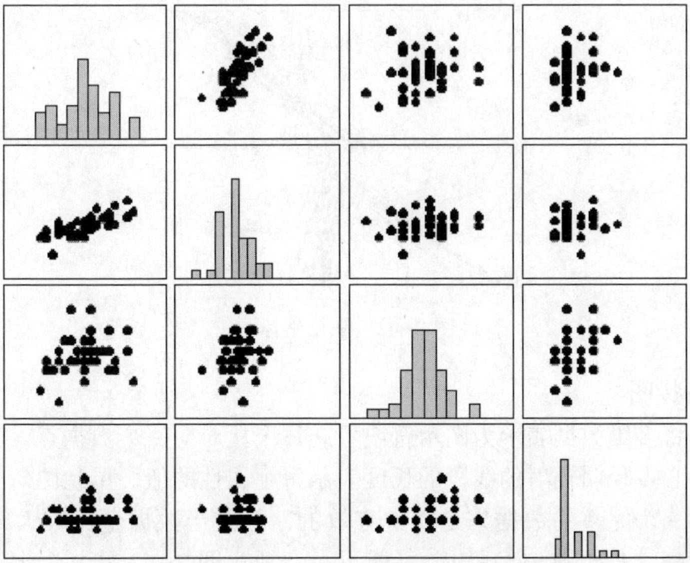

图 2-61　散点图矩阵

由于平面直角坐标系中的点映射到平行坐标中是一条线段，而平面直角坐标系中处于一条直线上的多个点映射到平行坐标系中就是相交于一点的多条线段，因此可以用平行坐标系中的点与平面直角坐标中的直线相对应。

在制作平行坐标图时，首先在平面直角坐标系内画出 p 条距离相等的平行坐标轴，这些坐标轴都与垂直轴垂直相交，并且与水平轴的方向一致。然后对于一个 p 维数据，在第 1 条平行轴上表示出它的第 1 个属性值，在第 2 条平行轴上表示出它的第 2 个属性值，……，在第 p 个平行坐标轴上表现第 p 个属性。例如，要将点（3，7，2）在平行坐标系中表示出来，首先做出 3 条平行坐标轴，然后在第 1 个轴上取值 3 处标记一个点，第二个轴上取值 7 处标记一个点，以此类推。在表示多个数据点时，只要分别在各个平行的坐标轴上标记各数据点的各个坐标分量即可。比如对包含 3 个分量 x_1，x_2和 x_3的若干个数据点标记，可能得到如图 2-62 所示平行坐标图。可以看出，同一类对象的观测值的线段有相似的形状，x_1和 x_3是可用于分类的很好的属性，x_2在不同类别中的取值有重叠，因此不适合用来分类。

平行坐标图的优势是可考察给定坐标下的类别区分、变量对之间的相关性、聚类或者分组等情况，缺点是无法查看数据分布情况。另外，随着数据量增加，这种优势会被弱化。可以将几组多维数据在同一个平行坐标系中表示出来，通过不同颜色的线条，区分这几组多维数据。

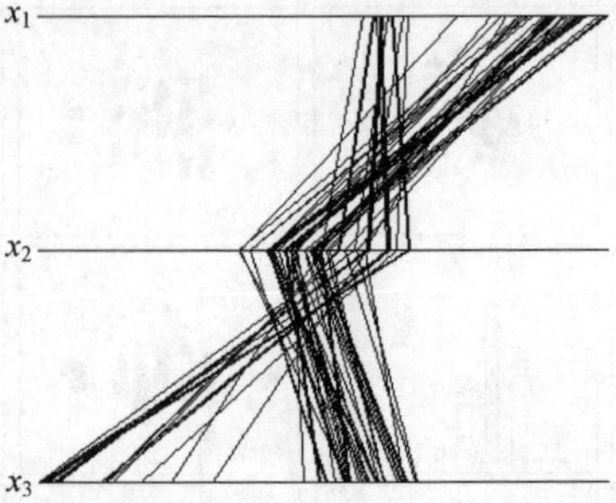

图 2-62　平行坐标图

三、星状图

星状图将多维数据表示为图示符或星。每个星对应一个数据点，其中以一个从公共的中心点径向辐射的线段的长度表示每个属性的值。星状图对于从所有维度同时观察一个完整的数据集是非常有效的，但是当数据量比较大（如 $n>10$）或维数比较高（如维数>15）时，可能不太合适。图 2-63 是 8 个十一维数据的星状图。

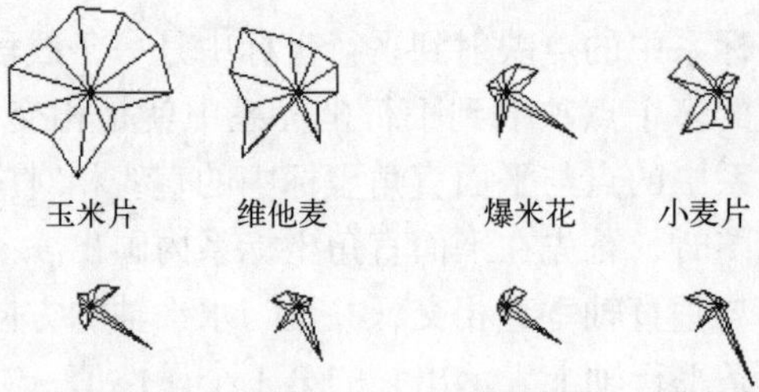

图 2-63　谷物数据星状图

2.9 本章小结

现代数据分析常常面临结构复杂、类型多样、高维度、大容量的各种数据，数据的结构、模式、趋势等规律性不再是显而易见的，需要在正式分析或建模之前，首先对数据进行全面的探索和直观的展示，以便细致地查看和研究数据的特性，辅助选择适当的模型和方法。数据探索不考虑数据获取方式，比如独立性、观测误差，也不预设数据的规律。本章认为，数据探索基本上可以分为两种方式，即可视化方式和统计归纳方式。前者通过绘制原始数据（或变换数据）的各种图形，直观地研究数据的结构和模式。其中，对低维原始数据，可以（变换之后）直接绘制图形；对高维原始数据，需要先降维提取“有用”成分再绘图，或者连续地投影到低维空间绘图。必要时，通过辅助线避免人的误读，强化人的认知。统计归纳方式则通过描述性统计和聚类等手段，首先得到数据的量化特性，然后由分析人员根据经验和知识，思辨地研究数据的结构和模式。这种方式可以不绘图，比如通过相关系数数值的检验研究数据相关、通过最小二乘斜率判断数据趋势，但是也推荐绘制合适的图形。另外，本章的数据探索与第 3 章的整体特征有很多相似之处，不过本章仅利用有关特性度量结果的启发性，后者则希望获得尽可能准确的特征值。

参 考 文 献

[1] HAN J W, KAMBER M, PEI J. Data Mining: Concepts and Techniques [M]. 3nd ed. CA: Morgan Kaufmann, 2013.
[2] COOK D, SWAYNE D F. Interactive and Dynamic Graphics for Data Analysis [M]. New York: Springer, 2007.
[3] BUJA A, COOK D, ASIMOV D, et al. 14-Computational Methods for High-Dimensional Rotations in Data Visualization [J]. Handbook of Statistics, 2005, 24: 391-413.
[4] MARTINEZ W L, MARTINEZ A R, SOLKA J L. Exploratory Data Analysis with MATLAB [M]. 2nd ed. Taylor & Francis Group: CRC Press, 2011.
[5] ANSCOMBE F J. Graphs in Statistical Anaylysis [J]. American Statistician, 1973, 27: 17-21.
[6] 赵琰. 基于投影寻踪模型的卫星遥测数据特征提取方法及其应用研究 [D]. 长沙: 国防科学技术大学, 2012.
[7] 陈为, 沈泽潜, 陶煜波, 等. 数据可视化 [M]. 北京: 电子工业出版社, 2013.
[8] 张军平. 流形学习及应用 [D]. 北京: 中国科学院自动化研究所, 2003.
[9] MARTINEZ W L, MARTINEZ A R. Computational Statistics Handbook with MATLAB [M]. New York: Chapman & Hall/CRC, 2001.
[10] POSSE C. Projection Pursuit Exploratory Data Analysis [J]. Computational Statistics & Data Analysis, 1995, 20 (6): 669-687.
[11] FRIEDMAN J. Exploratory Projection Pursuit [J]. Journal of the American Statistical Association, 1987, 82 (397): 249-266.

第3章

数据特征分析

“数据和特征决定了机器学习的上限，而模型和算法只是逼近这个上限而已。”大量的实践证明，为了使预测性能最佳，除了要选取好的模型和算法之外，还要尽可能从原始数据中获取更本质的信息。数据特征是一类能够比原始数据更好地表征潜在问题的信息。特征分析的目的就是从原始数据中获取更有用的特征，从而建立更高精度模型。

3.1 基本概念

3.1.1 数据特征和特征工程

特征（feature）是对原始数据（raw data）的抽象。根据特征的来源，特征可以分为原始特征和导出特征。原始特征就是原始数据中的变量。如图 3-1 所示为二维数据集，每列是一个原始特征，每行是一个观测向量（或简称为观测），称为特征向量，整个数据集包括所有观测值形成的二维矩阵，称为特征集（对表格数据也称为特征矩阵）。对原始特征进行处理或变换，所得到的就是导出特征，这是数据特征分析的主要工作。比如，将当前日期减去出生日期，为一个包含出生日期的雇员数据集创建一个新的“年龄”特征。

对于图 3-1 所示的表格数据，每个原始特征是一个标量，多个特征构成一个特征向量。其他类型的一些数据，比如设备长期运行状态、雇员身份证照片、视频监控记录、客户意见留言等，对这些时间序列、图像、视频、文档等形式的数据的原始特征和导出特征就不容易用变量或向量直截了当地描述。比如，时间序列的频繁模式特征是一段子序列，图像的颜色特征用直方图表示，图像的边缘、轮廓等形状特征要用到图像块儿等。这时，单个特征可能就是一个向量或者张量。对于以何种数学形式表示特征，需要根据实际情况。不论采用何种形式，特征都应该是计算机能够处理的结构化的数值。

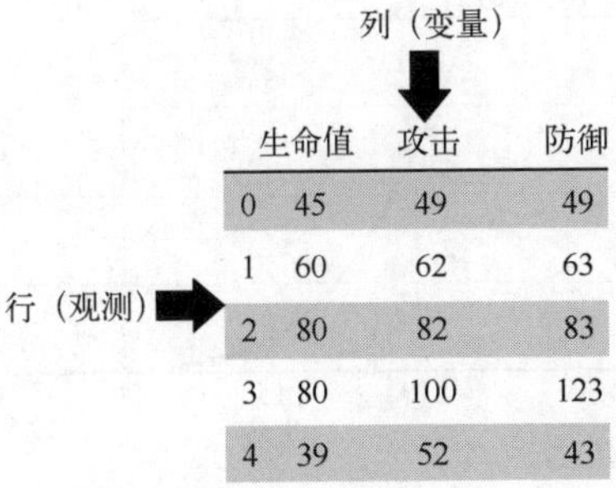

图 3-1　一个数据集示例

在机器学习领域，数据特征分析对应的专业术语是特征工程（feature engineering）。简单地说，特征工程就是选择数据表示（data representation）的方法。按照维基百科的定义，特征工程是利用领域相关知识来创建特征，以使机器学习算法达到最佳性能的过程。特征选择得好，在模型选择上就更灵活，就可以用更简单的模型获得更好的结果。因为大多数模型（或算法）在好的数据特征下都能够表现出不错的性能，因此有了好的特征，就可以选择不复杂的、更容易理解的模型，同时模型运行速度也更快，而且即便参数不是最优的，模型也仍然会有比较理想的表现，有助于节省模型维护时间。

对原始特征施加变换，可以对单个观测向量（图 3-1 的行）进行变换，由此得到个体的（导出）特征；也可以对整个数据集（图 3-1 的特征矩阵）进行变换，由此得到的特征有的称为统计特征、聚合特征、跨样本特征，本书称为群体特征（区别于统计学中的“总体特征”），它是对整个数据集的规律性的量化表示。特征工程中所说的特征，实际上是指个体特征，其目的是提高预测模型的性能。但是在很多应用领域，比如异常状态检测，是基于个体实测状态与其理论的或预期状态的对比，以判别个体状态是否符合预期。这时，预期状态一般来自数据集的规律性行为，是对数据集某方面特性的量化描述。因此，本书认为数据特征可以分为两大类，即观测特征（observed features）和预测特征（expected features），前者通过个体实测数据的变换得到，后者通过整个数据集的变换得到。

需要注意，用来建模的特征并不是越多越好[11]。特征维数越高，需要的数据量越大，这就是所谓的维数灾难问题[12]。理论上，随着维数的增加，超球体的体积明显缩小（如图 3-2 所示），对数据进行分类就需要更多的数据。

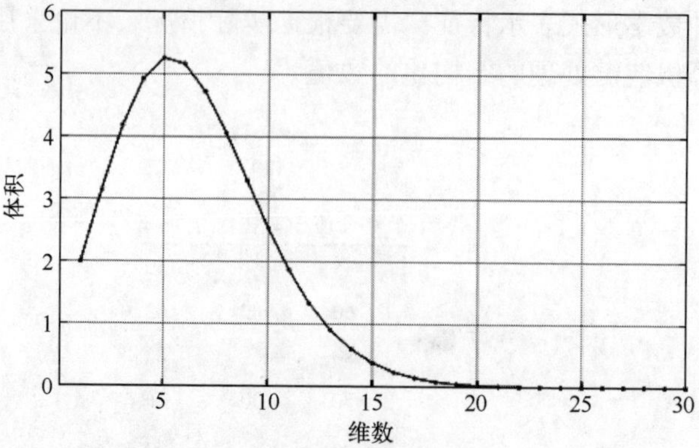

图 3-2 不同维度的单位超球体的体积 [$v_n=(2\pi/n)v_{n-2}$]

在文献综述和书籍中，很少专门探讨特征工程，但是特征工程对于数据分析与建模又是绝对不可或缺的，很多机器学习项目的成败可以归结到使用了不同的数据特征。吴恩达曾经说过：“应用机器学习其实就是在做特征工程，特征工程是非常难、耗时、也是需要专业知识的一个工作。”在著名的 Kagglers 建模竞赛中，一些优胜者就指出，他们虽然使用的都是一些标准的算法，但是把大多数时间花在特征工程方面。

3.1.2 特征工程的内容

在特征工程下有许多子问题，包括特征提取、特征构造、特征学习、特征选择以及特征重要性评价等。

特征提取（feature extraction）是指自动从原始数据中构造新特征，比如，对原始特征矩阵采用主成分分析，对图像数据进行自动边缘检测，这时导出特征一般比原始特征的维数更低。特征提取主要针对高维数据，关键在于自动构造。通过特征提取，有助于避免维数灾难所导致的算法失效或时间复杂度，降低高维数据中的噪声，防止过拟合。

特征构造（feature construction）是指人工从原始数据构造新的特征。对多个原始特征实施四则运算、线性加权，或者分解或切分单个原始特征（如 Datatime 型变量），是构造新特征的常用方法。比如，在商业领域，客户购物种类、购买总次数和总金额、最大订单、最近 3 个月购买次数和金额，等等，这些用于描述客户行为的特征，只需要对多个有关的特征进行简单运算就可以获得。特征构造有时需要很强的洞察力，特别是对于非结构化数据，人工找出一些具有特别物理意义的特征需要高超的技巧。比如，基于尺度不变特征变换（SIFT）的图像描述符、基于奇异值分解（SVD）的文本特征、运用最小二乘法构造时间序列的形态特征，等等。不过，也有很多特征构造问题有章可循。典型地，在设备状态监测领域，采用动态数据的频谱、拟合模型的参数、模型拟合的残差等作为特征。比如，为了提取语音或图像的高频或低频特征，可以构造相应的高通或低通滤波器，该滤波器像“过滤器”一样把匹配的特征数据找出来；为了获得时间序列的频繁模式，若用预定义的模板匹配各分段序列，则该模板可以把与其匹配的子序列找出来；等等。此外，一些监督学习方法和非监督学习方法也可以用来构造特征。

特征学习（feature learning）又称表示学习（representation learning）或表征学习[13]，是指从原始数据中自动识别并使用特征。这个学习过程是模型自主的，即模型自动对输入数据进行学习，得到更好的特征（与学习的结果关联得更好的特征），并且同时做出预测。最典型的特征学习方法来自深度学习，如CNN/RNN/DBN等。比如，在CNN中，输入图像经过多层网络，依次抽取出低级特征如边缘色度、中级特征如纹理角点、高级特征如图形轮廓，最后把高度抽象化的高级特征交给分类器层进行预测。自动编码器和受限Boltzmann机可以自动以无监督或半监督的方式学习数据的抽象表示（压缩形式）。特征学习避免从原始数据构造或提取特征的人工工作，但是需要大量数据才能发挥作用。

特征选择（feature selection）是指从大量特征中选择少数最有用的特征。由于大量的特征对建模的作用并不是相同的，将一些无关或作用不大的特征去掉，有助于简化模型和改善模型通用性，同时避免维数灾难和过拟合。

特征重要性（feature importance）是对特征效用的量化。通过特征重要性评价，为每个特征分配一个分值。可以按照分值排序选择具有较高分值的特征，忽略其余特征。特征重要性分值还可以进一步用于指导提取或者构造新的特征。评价一个特征的重要性，可以基于该特征与响应变量（被预测的事物）的相关程度，也可以通过对预测模型的贡献进行衡量；有些预测模型内部有特征选择机制，比如自适应回归样条、随机森林、梯度提升机等。

3.1.3 特征工程的过程

特征工程是一个迭代过程，需要不断地设计特征、选择特征、建立模型、评估模型，然后得到最终的理想特征和模型。迭代过程一般开始于头脑风暴，通过特征构造方式，直接对原始数据进行变换以获取导出特征，暂时不考虑特征的重要性。然后，根据问题特点，通过自动的特征提取或手工的特征构造，或两者混合使用，来设计进一步的特征。再次，进行特征选择，这里可能使用不同的特征重要性评分和特征选择方法。最后使用所选择的特征进行建模，使用测试数据评估模型精度。在上述迭代过程中，如果建立的模型无法满足要求，则返回到头脑风暴或特征设计阶段，寻找新的特征。文献［8］从变量和特征选择角度，对特征工程过程给出了一个启发性的流程，整理如图 3-3 所示，可供开展特征分析时参考。

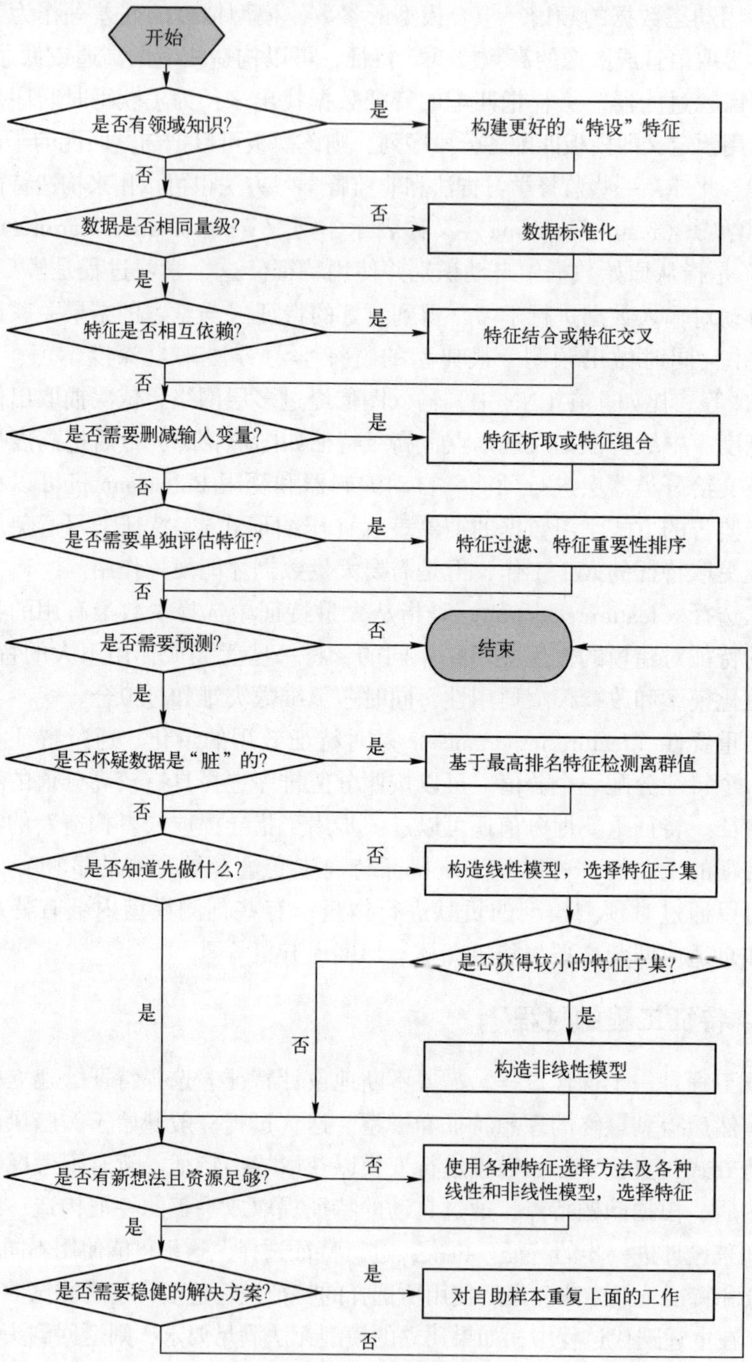

图 3-3　特征工程过程

3.1.4 典型数据特征

对于不同表达方式或格式的数据，需要采用不同的特征分析方法，没有哪种方法可以适用于所有数据。本节针对原始数据是静态数据（数据集合）、动态数据（数据序列）以及非结构化数据等基本类型，讨论可以对原始数据施加的变换以及所获取特征的类型，如图 3-4 所示。需要指出的是，由于数据特征的灵活和应用的多样性，这里的叙述只是示例性的，难以涵盖所有可能的情况。

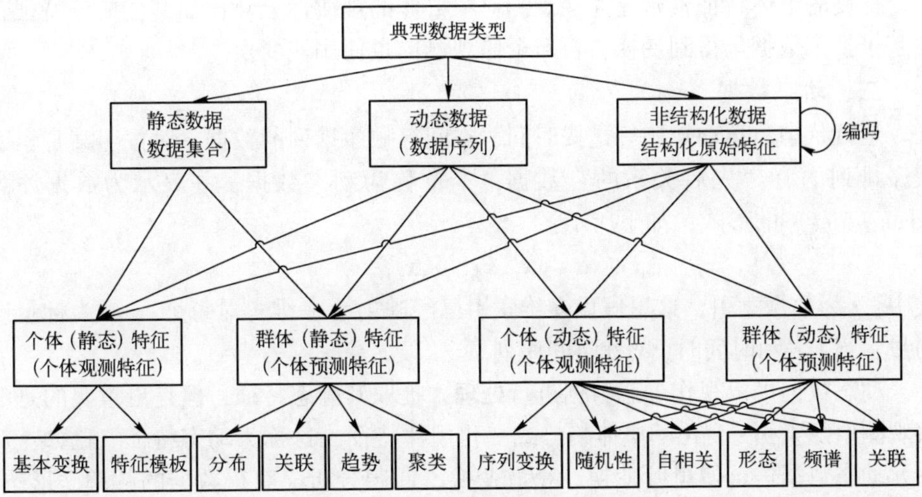

图 3-4　典型数据特征

一、静态数据

最基本的表示个体观测数据的方式是数值向量。第 i 个观测对象的观测向量为

$$\boldsymbol{x}_i = (x_{i1}, x_{i2}, \cdots, x_{ip})$$

其中，$p \geqslant 1$ 是向量维数，$p = 1$ 时又称标量。向量的特点是其各分量是有序的，交换分量的顺序会改变向量的意义。将多个个体的观测数据放置在一起得到数据集合（dataset），表示为

$$\boldsymbol{x} = \{\boldsymbol{x}_1, \cdots, \boldsymbol{x}_i, \cdots, \boldsymbol{x}_n\}$$

其中 $n \geqslant 1$ 是集合中元素个数，$\boldsymbol{x}_i$ 是一维标量或多维向量。数据集合的特点是交换集合中元素（数据）的顺序，不改变集合的意义。本章称集合形式的数据为静态数据。

对观测向量的某些分量执行基本变换，比如组合、交叉、结合、析取等，可

以得到新的个体特征；对整个观测向量执行旋转、投影等代数变换，或求最大值、最小值、平均值等池化操作等，也可以构造新的个体特征。比如，在机器学习中，通过基本变换可以将原始特征从低维向高维空间映射，从而将低维空间中的线性不可分问题转化为高维空间中的线性可分问题，这里的高维空间也称特征空间；主成分分析、独立成分分析是典型的代数变换。

对数据集合，可以采用统计方法获取其群体特征，比如计算向量各分量的描述统计量，或者计算各分量的线性相关、非线性相关、因果关联等关联特征，以及建立分量之间的函数关系等。

优良的个体特征常常建立在观测对象群体的规律性上。比如，主成分特征首先基于整个数据集得到变换，再对个体观测向量使用该变换。

二、动态数据

运行状态、运动轨迹等是按时间、空间等顺序排列的数据。对按照某种索引次序排列的有“先后关系的”数据，本章称为动态数据，并表示为数据序列（data series）的形式，如下所示：

$$\boldsymbol{x}=(\boldsymbol{x}_1,\boldsymbol{x}_2,\cdots,\boldsymbol{x}_t,\cdots)$$

式中：t 为数据索引，这里假设多维索引已经映射为一维；对每个 t，$\boldsymbol{x}_t$ 为标量或向量；当 t 表示时间时，$\boldsymbol{x}$ 称时间序列。

动态数据可以视作静态数据进行处理，提取其静态特征，但是更重要的是考察观测值随索引 t 变化的整体趋势或变化规律特征，这称为动态特征。比如：对一元动态数据进行傅里叶变换、小波变换、回归分析，获得数据的频率、形态、趋势；对多元动态数据进行频繁模式挖掘和关联分析，获得各分量的变化模式之间的关联特征；等等。

将动态数据视作随机模型（如随机过程、随机场）的样本实现，构造描述总体动态演变的规律性特征，可视为动态群体特征，典型的如时间平均、状态转移条件概率等。

三、非结构化数据

非结构化数据是指不适用于传统的关系数据库表示和存储的数据，包括各种格式的办公文档、文本、XML、HTML、报表，以及语音、图像、音频、视频等。非结构化数据来源和类型广泛，在全球新增数据中占到整个数据总量的75%~85%。人类可以直接处理和分析非结构化数据，但是机器学习需要的是计算机能够处理的结构化数据。因此，需要将非结构化数据首先转化为结构化数据，比如表示为数值向量或数值张量等形式，这种向量或张量可以认为是非结构化数据的一种原始特征。对于非结构化数据，其结构化之后获得的原始特征一般不是单个数值，因此可以视作数据集合或数据序列作进一步的特征分析。比如，将图像表示成二维张量数据后，可通过滤波、卷积等变换获得其点、线、边等细节特征以及形状、物体等轮廓特征。

3.2 基本变换特征

对原始特征向量的分量施加一些基本的变换，有时就可以得到很好的特征。基本变换包括交叉和组合：前者一般用于特征升维，即将低维特征变为高维特征，有助于解决低维空间中难以实施的一些机器学习任务；后者主要用于特征降维，即将各多个特征的信息综合起来，采用加权和的形式定义新特征，且新特征包含原始特征向量中的大部分信息。

特征交叉和特征组合对于定量变量是合适的，对于分类变量或序数变量，可以采用特征结合与特征析取方式构造特征。此外，还有一些复合属性如日期，可以通过拆分得到对应的年、月、日等特征。

3.2.1 特征组合与特征交叉

一、特征组合

特征组合（feature combination）使用线性模型对多个特征进行线性组合，可以是一般线性模型，也可以是线性加权模型。比如，将各科成绩相加得到学生总成绩，将总成绩除以科目数得到平均分，将当前日期减去入职日期得到雇员工龄，就是使用一般线性模型进行特征组合。特征的线性加权求和（weighted sums of features）是将多个特征分别乘以相应的权重再相加。对 p 个特征 $x_1,x_2,\cdots,x_p$，通过线性加权构造的组合特征为

$$y = \sum_{i=1}^{p} w_i x_i$$

其中，$w_i \geqslant 0(i=1,2,\cdots,n)$为权重，满足

$$\sum_{i=1}^{p} w_i = 1$$

权重的选择取决于特征构造的目标。比如，假设有 $n>p$ 个观测，为了使新的特征 y 包含原始特征的尽可能多的信息，可以通过主成分分析法确定最优权重系数为样本协方差阵的最大特征值 λ_1 对应的标准化的特征向量 $\boldsymbol{u}_1$ 的分量，即

$$w_i = \boldsymbol{u}_{1i}(i=1,2,\cdots,p)$$

二、特征交叉

特征交叉（feature crosses）是指通过将两个或多个特征相乘，获得对特征空间中的非线性规律进行编码的特征的积（products of features），因此特征交叉使

用的是非线性模型。特征交叉的对象可以是不同的特征，也可以是相同的特征。

特征交叉（feature crosses）是指通过将两个或多个特征相乘，获得对特征空间中的非线性规律进行编码的特征之积（products of features），因此特征交叉使用的是非线性模型。特征交叉的对象可以是不同的特征，也可以是相同的特征。比如，图 3-5 中，（a）图所示为平面上的点(x_1, x_2)及其类型，一些点被标记为“o”，其他则被标记为“·”。显然，这样的多个观测值不是线性可分的，用机器学习术语，这是一个非线性问题。但是，可以通过特征交叉转化为一个线性模型。比如，创建新的特征为(x_1^2, x_2^2, x_1x_2)，即将二维原始特征映射到如此定义的三维特征空间（b 图），则显见“o”点和“·”点可以被一个超平面线性分开。

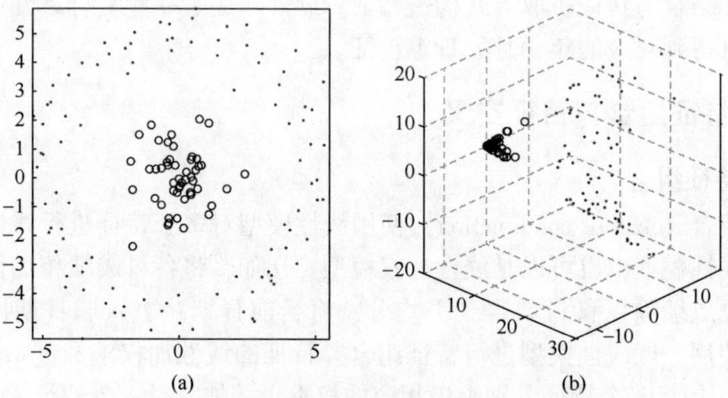

图 3-5　通过特征交叉实现在高维特征空间的线性可分

借助特征交叉，现行学习器可以扩展到大量数据，有助于通过构建复杂模型解决非线性问题。特别地，通过构造从低维输入空间向高维特征空间的映射，可以将在低维空间上线性不可分的问题转化为高维空间中线性可分问题，这也是支持向量机的基本思想。当然，实际上并不需要显式构造这个映射，而是通过核函数代替高维空间里的内积运算。而且，普通的核函数对应的隐藏的映射可能非常复杂。

3.2.2　特征结合与特征析取

针对定性变量，或者进行数学运算缺乏实际意义的变量，可以采取特征结合和特征析取。

用数学的语言表示，特征结合是指两个或多个特征的“与”关系，所获得特征称为结合特征（conjunctive feature）。比如，在预测城市房价的场景下，可以使用房屋地理位置，如经度、纬度等进行建模。如果只使用经度进行学习，就可能发现特定纬度的城市街区比其他街区的房价高，导致预测不合理。如果将经度和纬度结合，就能够明确代表城市街区，并且若模型发现某些街区的房价较高，则表明使用这种结合特征比单独使用经度或纬度更合适。类似的特征结合在电商推荐（比如将性别与时间结合）、新闻推荐（比如将资讯类型与职业结合）非常常见，而且常常是获得较好预测模型的关键。

特征析取是指对两个或多个特征取“或”的运算，所得到的特征称为析取特征（disjunctive feature）。此处不再赘述。

3.3　一元分布特征

前述基本变换针对的是单个观测，获得的是个体特征。可以对整个数据集施加基本变换，这时得到的是群体特征，描述这个数据集合的特性。其中，比较典型的是对数据集合构造各种统计特征。比如，通过对标量数据集合构造多种描述性统计量，来度量数据集的分布特性，包括集中趋势、离散趋势、分布形态等。这些统计量就是表示观测数据的总体情况的群体特征，如图3-6所示。

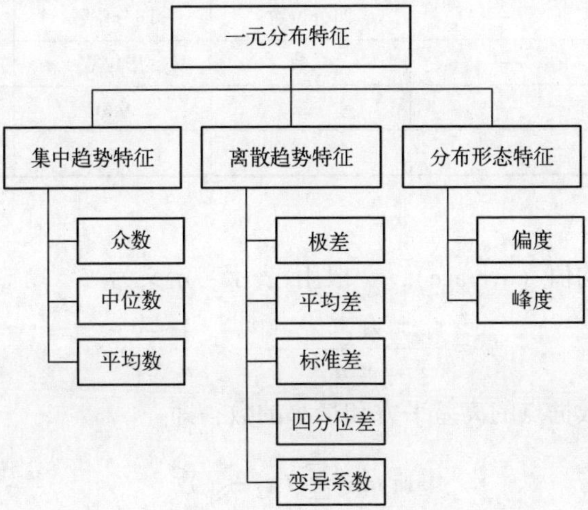

图3-6　一元分布特征

以下考虑 n 个标量数据的集合 $\{x_1, x_2, \cdots, x_n\}$，给出各种一元分布特征的定义。对于观测向量构成的数据集合，可以按照同样方式计算各个分量数据的一元分布特征。

3.3.1 集中趋势特征

集中趋势（central tendency）特征也叫位置特征，用于描述一组数据向何处靠拢的倾向和程度，如图 3-7 所示，两组不同的数据聚集在不同的位置。集中趋势一般通过寻找数据水平的代表值或中心值度量。不同测量尺度的数据有不同的集中趋势度量，低层次数据的度量适用于高层次数据，但高层次数据的度量并不适用于低层次数据，不同类型测量尺度数据适用的集中趋势特征如表 3-1 所示，其中特征名称前带“※”的表示对于该类型测量尺度数据来说最常用的特征。下面给出几种典型的集中趋势特征的定义。

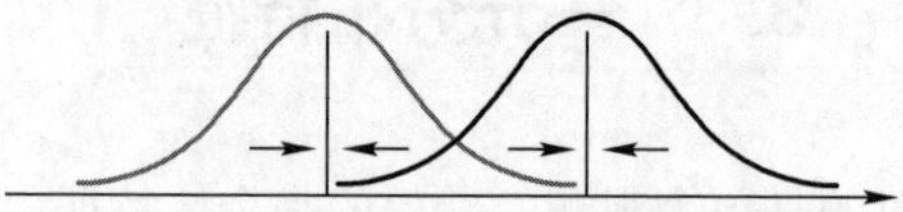

图 3-7　集中趋势特征

表 3-1　数据尺度类型与集中趋势特征

数据类型	名义尺度	序数尺度	数值型：间隔尺度	数值型：比例尺度
适用的集中趋势	※众数	※中位数	※平均数	※平均数
	—	四分位数	四分位数	几何平均数
	—	众数	中位数	中位数
	—	—	众数	四分位数
	—	—	—	众数

一、平均数

平均数又称均值（average），一般用$\bar{x}$表示，定义为

$$\bar{x} = \frac{x_1 + x_2 + \cdots + x_n}{n} = \frac{1}{n}\sum_{i=1}^{n} x_i$$

平均数是满足各数据点的离差平方和最小的数，即

$$\arg\min_{\bar{x}} \sum_{i=1}^{n} (x_i - \bar{x})^2$$

有时根据各个数值的重要性对 $x_1, x_2, \cdots, x_n$ 施加权重 $w_1, w_2, \cdots, w_n$，可以得到加权平均数

$$\bar{x} = \frac{1}{n}\sum_{i=1}^{n} w_i x_i$$

其中，$\sum_{i=1}^{n} w_i = 1 (w_i \geqslant 0; i = 1, 2, \cdots, n)$。

平均数的数学性质优良，但是易受极端值影响。

二、中位数

将数据集中的数据由小到大排序，中间值或者两个中间值的算术平均值称为该数据集的中位数（median），常用$\tilde{x}$表示。对于数值型数据，中位数表示为

$$\tilde{x}=\begin{cases}x_{(k+1)} & (n=2k+1)\\(x_{(k)}+x_{(k+1)})/2 & (n=2k)\end{cases}$$

其中，$x_{(i)}$表示n个数据中第i大的数。

对序数尺度数据，用插值法求中位数，公式为

$$\tilde{x}=L_1+\left[\frac{n/2+(\sum f)_1}{f_m}\right]\cdot c$$

式中：L_1为中位数组（包含中位数的组）的下边界；$\left(\sum f\right)_1$为中位数组之前各组的频数和；f_m为中位数组的频数；c为中位数组的组距宽度。

从几何上看，中位数是将直方图的面积二等分的横坐标取值。中位数与各数据点的离差绝对值的和最小，即

$$\arg\min_{\tilde{x}}\sum_{i=1}^{n}|x_i-\tilde{x}|$$

中位数不受极端值影响，可以在数据分布偏斜程度较大时应用。

三、众数

众数（mode）是一组数据中出现次数最多的数，即以最大频数出现的数。众数常用$\hat{x}$表示。众数不一定存在，即使存在也不必唯一。只有一个众数的分布形状是单峰。

当分类数据能够获得频数曲线时，众数是曲线上最大值处x的值。根据频数分布或直方图计算众数的公式为

$$\hat{x}=L_1+\left(\frac{\Delta_1}{\Delta_1+\Delta_2}\right)\cdot c$$

式中：L_1为众数组（包含众数的组）的下边界；Δ_1为众数组的频数减去前一组的频数；Δ_2为众数组的频数减去后一组的频数；c为众数组组距宽度。

众数也不受极端值影响。

四、平均数、中位数和众数之间的关系

不同形状分布的平均数、中位数和众数之间的相对位置关系如图3-8所示。因此，为了表示合理的集中趋势，建议在数据对称分布或接近对称时使用平均数，否则使用中位数或者众数，并且建议在数据分布偏斜程度较大且有明显峰值时应用众数。

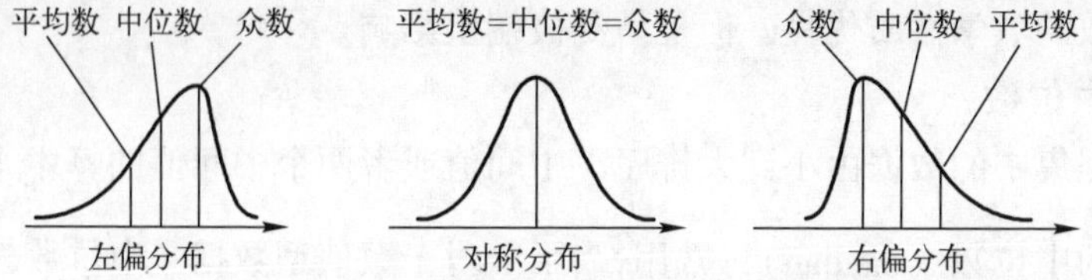

图 3-8 平均数、中位数和众数之间的关系

3.3.2 离散趋势特征

为了衡量集合中数据的差异，需要考察数据的离散程度。数据离散程度是数据分布的另一个重要特征，它所反映的是各数值远离中心值的程度，因此也称为离中趋势。数据的离散程度越大，集中趋势的度量对该组数据的代表性就越差；离散程度越小，其代表性就越好，如图 3-9 所示。离散趋势从侧面说明了集中趋势的代表程度。

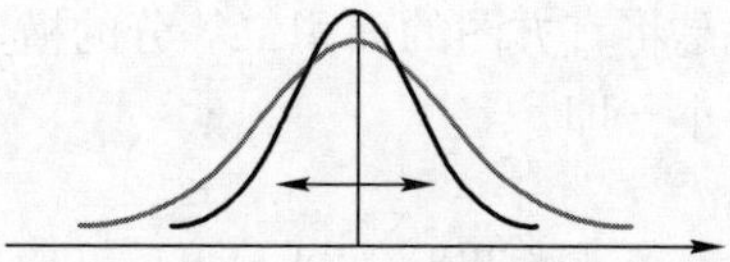

图 3-9 离散趋势特征

下面给出几种典型的离散趋势特征，不同类型测量尺度数据适用的离散趋势特征如表 3-2 所示，其中特征名称前带“※”的表示对于该类型测量尺度数据来说最常用的特征。

表 3-2 数据类型与离散趋势测度

数据类型	分类数据	顺序数据	数值型数据
适用的离散趋势	※异众比率	※半内四分位差	※方差或标准偏差
	—	异众比率	※变异系数（比较时用）
	—	—	平均偏差
	—	—	极差
	—	—	半内四分位差
	—	—	异众比率

一、极差

极差是数据集中最大数与最小数的差。设 $x_{(1)}$ 和 $x_{(n)}$ 是 n 个数中最小数和最大数，则极差 R 定义为

$$R=x_{(n)}-x_{(1)}$$

极差可以反映全部数值的变动范围，适用于任何数值型数据且计算简便，比如说明传染病、食物中毒的最长、最短潜伏期等。但是由于只利用了两个极端值，因此结果不稳定，一般当数据量 n 增大时，R 也会变大。

二、平均偏差

平均偏差全称为平均绝对偏差，记为 MD，定义如下：

$$\mathrm{MD} = \frac{1}{n}\sum_{i=1}^{n}|x_i - \bar{x}| = \overline{|x_i - \bar{x}|}$$

有时可以根据数据与中位数或其他平均值的差的绝对值来定义平均偏差。

三、半内四分位差

一组数据的半内四分位差或半内四分距用 Q 表示，定义为

$$Q=\frac{Q_{\mathrm{U}}-Q_{\mathrm{L}}}{2}$$

其中 Q_{L} 和 Q_{U} 分别是数据的第一四分位数和第三四分位数，定义如下：

$$Q_{\mathrm{U}}=\begin{cases} x_{(3l+3)} & ,n=4l+3 \\ x_{(3l+2)} & ,n=4l+2 \\ \dfrac{x_{(3l+1)}+x_{(3l+2)}}{2} & ,n=4l+1 \\ \dfrac{x_{(3l)}+x_{(3l+1)}}{2} & ,n=4l \end{cases} \quad Q_{\mathrm{L}}=\begin{cases} x_{(l+2)} & ,n=4l+3 \\ x_{(l+1)} & ,n=4l+2 \\ \dfrac{x_{(l+1)}+x_{(l+2)}}{2} & ,n=4l+1 \\ \dfrac{x_{(l)}+x_{(l+1)}}{2} & ,n=4l \end{cases}$$

半内四分位数间距更多的是作为离差的度量。有时也直接用内四分位距 IRQ 表示离散程度，即

$$\mathrm{IRQ}=Q_{\mathrm{U}}-Q_{\mathrm{L}}$$

四、标准偏差

标准偏差简称标准差，常称为均方根误差，用 s 表示，定义为

$$s = \sqrt{\frac{1}{n}\sum_{i=1}^{n}(x_i - \bar{x})^2}$$

五、相对离差和变异系数

从标准差或其他离差度量得到的真实变差或离差称为绝对离差。由于在不同测量尺度下，相同大小的离差的实际影响是有很大区别的，为了消除测量尺度的影响，可以用相对离差表示离散趋势，定义为

$$\text{相对离差}=\frac{\text{绝对离差}}{\text{平均值}}$$

如果绝对离差是标准差 s，平均值是平均数，则相对离差称为变异系数（coefficient of variation，COV），用 V 表示，即

$$V=\frac{s}{\bar{x}}$$

六、异众比率

异众比率（variation ratio）描述非众数组频数占总频数的比例，即

$$v_{\mathrm{r}}=1-\frac{f_m}{n}$$

3.3.3 分布形态特征

形态特征度量数据分布的形态，特别是偏离正态分布的程度，主要包括偏度和峰度两种，如图3-10所示，分别表示了与正态分布比较，偏离正态分布的分布形态。

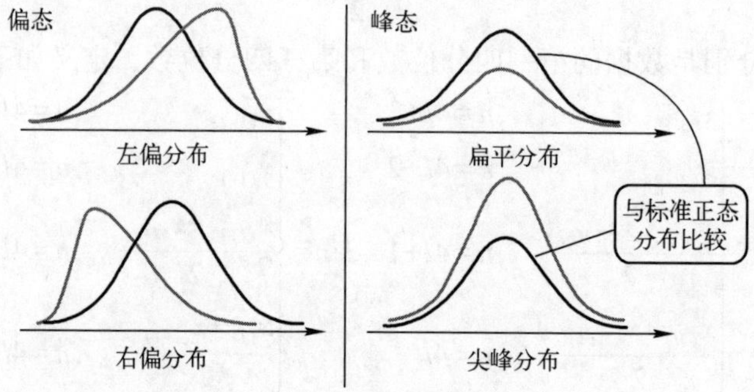

图3-10 分布的偏态和峰态

一、偏度

偏度（skewness）是分布曲线的偏斜特征，反映分布中不对称程度或偏离对称的程度。如果分布曲线右边的尾部比左边的长，则称分布右偏或有正偏度，反之，则称分布左偏或有负偏度。也就是说，数据分布的左偏或右偏，指的是数据拖尾的方向而不是峰值的位置。

理论上，用分布的三阶标准中心矩度量分布的偏度。对于一组数据，其偏度用无量纲形式的三阶矩来计算，即

$$S=\frac{n}{(n-1)(n-2)}\sum_{i=1}^{n}\left(\frac{x_i-\bar{x}}{s}\right)^3$$

偏度是Pearson于1895年首次提出的度量数据分布偏斜程度的特征量。对于对称分布，比如正态分布曲线，偏度=0；右偏分布的偏度>0，左偏分布的偏度<0。偏度>1或偏度<-1，称为高度偏态分布；偏度在0.5~1或-0.5~-1，被认为是中等偏态分布；偏度越接近0，偏斜程度就越低。

二、峰度

峰度（kutosis）描述分布曲线的扁平或陡峭程度。通常相对于正态分布有一个相对较高的顶峰的分布，称为尖峰，而较为平坦的顶峰称为扁峰，没有较高和较平坦的顶峰则称为常峰态。

理论上，用分布四阶标准中心矩减去 3（正态分布的四阶标准中心矩等于 3）度量其峰度。对于一组数据，其峰度的计算公式为

$$K = \frac{n(n+1)}{(n-1)(n-2)(n-3)}\sum_{i=1}^{n}\left(\frac{x_i-\bar{x}}{s}\right)^4 - \frac{3(n-1)^2}{(n-2)(n-3)}$$

峰度是统计学家 Pearson 于 1905 年首次提出的用于度量数据分布扁平程度的测度。峰度=0 表示分布的扁平峰度适中，峰度<0 为扁平分布，峰度>0 为尖峰分布。

在 SPSS 中，为检验数据分布的正态性，可以利用偏度和峰度的 Z 评分（Z-score）。所谓 Z 评分，即用统计量除以其标准差获得的数值。偏度 Z 评分即“偏度值/偏度的标准差”，峰度 Z 评分即“峰度值/偏度的标准差”。当 Z 评分低于 1.96 时认为数据服从正态分布。

3.4　多元关联特征

可以研究观测向量中各分量之间的关联关系，构造关联特征。变量之间的关联关系有两种类型，即相关关联和因果关联，因此关联特征可以分为相关型关联和因果型关联。关联特征的强度可以通过相关系数、传递熵等进行量化，也可以通过函数或规则更明确地表示变量取值（称为项）之间的“映射”关系，由此得到关联模型，并通过关联模型的类型和参数来量化关联特征。典型的多元关联特征如图 3-11 所示。

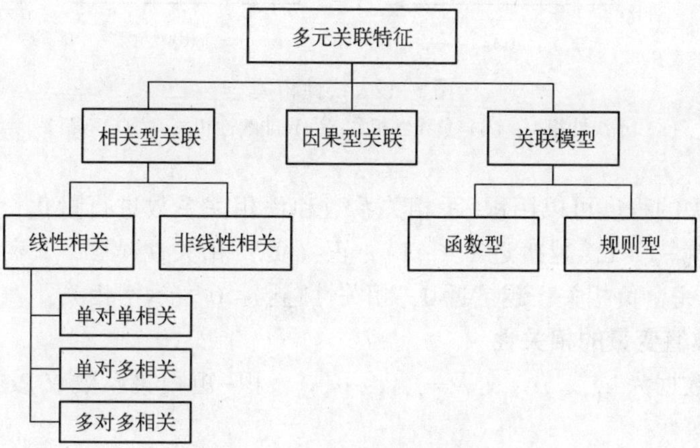

图 3-11　典型的多元关联特征

3.4.1 线性相关

线性相关特征是对二维或多维数据中线性关系特性的量化。这里分别介绍单相关、复相关和典型相关，分别度量二维数据中的线性相关和三维以上数据中的线性相关。

一、单相关

两个变量之间的相关称为单相关。考虑变量 x 和 y 的散点图，图中所有点看上去都在一条直线附近波动，如图 3-12（a）和（b）所示，则该数据集存在线性相关特征。其中，若 y 随 x 的增加而增加，如图 3-12（a）所示，则称数据是正相关的；若 y 随 x 的增加而减少，如图 3-12（b）所示，则称数据是负相关的。若所有点看上去都在某条曲线的周围波动，如图 3-12（c）所示，则称此相关为非线性相关，这时不能用线性相关特征对此特性进行度量。若数据点之间没有显示出任何关系，如图 3-12（d）所示，则称数据不相关。

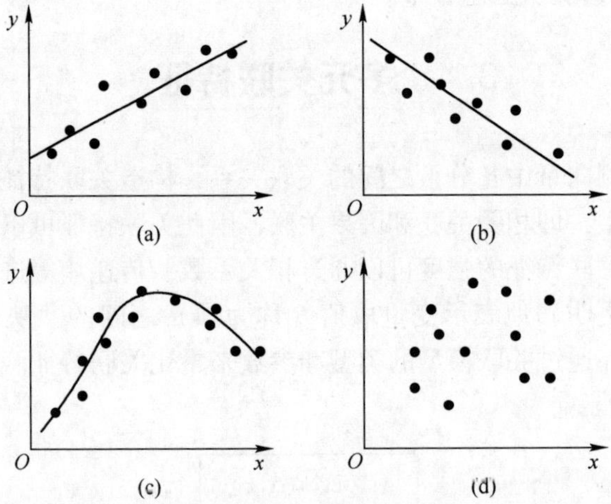

图 3-12 线性相关

（a）正线性相关；（b）负线性相关；（c）非线性相关；（d）不相关。

线性相关的程度可以用积-距相关系数和秩相关系数进行量化，这两个系数的取值范围为-1~1，越接近 1（-1），正（负）相关性越强。1 表示完全正相关，-1 表示完全负相关；越接近 0，相关性越弱，0 表示不相关。

（一）数值变量的相关性

设二维数据为 $x_1, x_2, \cdots, x_n$ 及 $y_1, y_2, \cdots, y_n$，积-矩相关系数或 Pearson 相关系数定义如下：

$$r=\frac{\sum_{i=1}^{n}(x_i-\bar{x})(y_i-\bar{y})}{\sqrt{\sum_{i=1}^{n}(x_i-\bar{x})^2\cdot\sum_{i=1}^{n}(y_i-\bar{y})^2}}$$

$$=\frac{n\sum_{i=1}^{n}x_iy_i-\sum_{i=1}^{n}x_i\sum_{i=1}^{n}y_i}{\sqrt{\left[n\sum_{i=1}^{n}x_i^2-\left(\sum_{i=1}^{n}x_i\right)^2\right]\cdot\left[n\sum_{i=1}^{n}y_i^2-\left(\sum_{i=1}^{n}y_i\right)^2\right]}}$$

(二) 属性变量的相关性

积-矩相关系数只适用于数值型变量，秩相关系数则适用于数值型和序数型变量。秩相关又称等级相关、顺序相关、Spearman 相关。二维数据为 $x_1,x_2,\cdots,x_n$及 $y_1,y_2,\cdots,y_n$的秩相关系数定义为

$$R=1-\frac{6\sum_{i=1}^{n}d_i^2}{n(n^2-1)}$$

式中：d_i为数据点(x_i,y_i)的秩差（等级差），即 x_i和 y_i在各自数据组中由小到大排序需要的差值。

对于名义型数据，上面的两种相关系数都不适用，这时可以用列联表分析中的属性相关。对 $k\times k$ 列联表，采用卡方分析定义属性间（各类别间）的相关系数为

$$r=\sqrt{\frac{\chi^2}{n(k-1)}}$$

式中：χ^2为衡量观察值与理论值之间偏离程度的量，即

$$\chi^2=\sum_{i,j=1}^{k}\frac{(n_{ij}-n\hat{p}_{ij})^2}{n\hat{p}_{ij}}$$

其中，$\hat{p}_{ij}=n^{-2}\sum_{i=1}^{k}n_{ij}\sum_{j=1}^{k}n_{ij}$。由此定义的相关系数 r 满足 $0\leqslant r\leqslant 1$。对 2×2 列联表，其相关性通常称为四项相关。

二、复相关

在衡量某一维数据与其他多维数据之间的相关性时，可以用复相关（又称多重相关）。比如，量化某种商品的需求与其价格和居民收入之间的相关关系。涉及多重相关的基本原理，主要来自回归分析的结果。

设变量 y 的 n 个数据为 $y_1,y_2,\cdots,y_n$，对应其余的 p 个变量 $x_1,x_2,\cdots,x_p$的数

据分别为 $x_{11},x_{21},\cdots,x_{p1},x_{21},x_{22},\cdots,x_{p2},\cdots,x_{1n},x_{2n},\cdots,x_{pn}$，采用线性最小二乘法建立 y 对此 p 个变量的回归方程如下：

$$y=a_0+a_1x_1+\cdots+a_px_p$$

若定义

$$\hat{y}_i=a_0+a_1x_{1i}+\cdots+a_px_{pi}$$

$$\bar{y}=\frac{1}{n}\sum_{i=1}^{n}y_i$$

则复相关系数定义为

$$r=\sqrt{\frac{\sum_{i=1}^{n}(\hat{y}_i-\bar{y})^2}{\sum_{i=1}^{n}(y_i-\bar{y})^2}}$$

它表示变量 y 对其余 p 个变量 $x_1,x_2,\cdots,x_p$ 的整体线性相关程度。r 有时简称相关系数。在 $p=1$ 的情况下，该表达式与单相关是相同的。

三、典型相关

典型相关描述两组变量 $\boldsymbol{x}=(x_1,x_2,\cdots,x_p)$ 和 $\boldsymbol{y}=(y_1,y_2,\cdots,y_q)$ 的相关关系，是单相关和复相关的推广，或者说单相关系数、复相关系数是典型相关系数的特例。

考虑两组变量合成的向量

$$\boldsymbol{z}=(x_1,x_2,\cdots,x_p,y_1,y_2,\cdots,y_q)$$

设 z 的协方差矩阵为

$$\boldsymbol{\Sigma}=\begin{bmatrix}\boldsymbol{\Sigma}_{11} & \boldsymbol{\Sigma}_{12}\\ \boldsymbol{\Sigma}_{21} & \boldsymbol{\Sigma}_{22}\end{bmatrix}\begin{matrix}p\\ q\end{matrix}$$
$$\qquad\quad p \qquad\ q$$

式中：$\boldsymbol{\Sigma}_{11}$ 为第一组变量的协方差矩阵；$\boldsymbol{\Sigma}_{22}$ 为第二组变量的协方差矩阵；$\boldsymbol{\Sigma}_{21}=\sum_{12}^{T}$ 是 $\boldsymbol{x}$ 和 $\boldsymbol{y}$ 的协方差矩阵。记两组变量的第一对线性组合为

$$\begin{cases}u=a_1x_1+a_2x_2+\cdots+a_px_p=\boldsymbol{a}^{\mathrm{T}}\boldsymbol{x}\\ v=b_1y_1+b_2y_2+\cdots+b_qy_q=\boldsymbol{b}^{\mathrm{T}}\boldsymbol{y}\end{cases}$$

则 u 与 v 的方差及协方差分别为

$$D(u)=\boldsymbol{a}^{\mathrm{T}}\boldsymbol{\Sigma}_{11}\boldsymbol{a},\quad D(v)=\boldsymbol{b}^{\mathrm{T}}\boldsymbol{\Sigma}_{22}\boldsymbol{b}$$

$$\mathrm{Cov}(u,v)=\boldsymbol{a}^{\mathrm{T}}\boldsymbol{\Sigma}_{12}\boldsymbol{b}=\boldsymbol{b}^{\mathrm{T}}\boldsymbol{\Sigma}_{21}\boldsymbol{a}$$

u 与 v 的相关系数为

$$\rho=\frac{\boldsymbol{a}^{\mathrm{T}}\Sigma_{12}\boldsymbol{b}}{\sqrt{(\boldsymbol{a}^{\mathrm{T}}\Sigma_{11}\boldsymbol{a})(\boldsymbol{b}^{\mathrm{T}}\Sigma_{22}\boldsymbol{b})}}$$

典型相关系数是使ρ达到最大的向量$\boldsymbol{a}$和$\boldsymbol{b}$确定的线性组合u与v的相关系数。引入拉格朗日乘子法求如下条件极值问题：

$$\max_{\boldsymbol{a},\boldsymbol{b}}\{\rho=\boldsymbol{a}^{\mathrm{T}}\Sigma_{12}\boldsymbol{b}\}$$

$$\text{s. t. } \boldsymbol{a}^{\mathrm{T}}\Sigma_{11}\boldsymbol{a}=1,\quad \boldsymbol{b}^{\mathrm{T}}\Sigma_{22}\boldsymbol{b}=1$$

得到

$$\begin{cases} M_1\boldsymbol{a}=\lambda^2\boldsymbol{a} \\ M_2\boldsymbol{b}=\lambda^2\boldsymbol{b} \end{cases}$$

其中

$$\begin{cases} M_1=\sum_{11}^{-1}\boldsymbol{\Sigma}_{12}\sum_{22}^{-1}\boldsymbol{\Sigma}_{21} \\ M_2=\sum_{22}^{-1}\boldsymbol{\Sigma}_{21}\sum_{11}^{-1}\boldsymbol{\Sigma}_{12} \end{cases}$$

可以证明，λ^2既是M_1又是M_2的特征根，而$\boldsymbol{a}$和$\boldsymbol{b}$是相应的M_1和M_2的特征向量。

实际协方差矩阵通常是未知的，因此要用样本协方差矩阵替代。

植株特征x_1（冬季分蘖，单位：万）、x_2（株高，单位：cm）与产量y_1（每穗粒数）和y_2（千粒重，单位：g）的数据如表3-3所示，散点图矩阵如图3-13（a）所示，进行典型相关分析，可以获得的典型相关变量的散点图如图3-13（b）。

表3-3 植株特征与产量数据

x_1	x_2	y_1	y_2
11. 5000	95. 3000	26. 4000	39. 2000
9. 0000	97. 7000	30. 8000	46. 8000
7. 9000	110. 7000	39. 7000	39. 1000
9. 1000	89. 0000	35. 4000	35. 3000
11. 6000	88. 0000	29. 3000	37. 0000
13. 0000	87. 7000	24. 6000	44. 8000
11. 6000	79. 7000	25. 6000	43. 7000
10. 7000	119. 3000	29. 9000	38. 8000
11. 1000	87. 7000	32. 2000	35. 6000

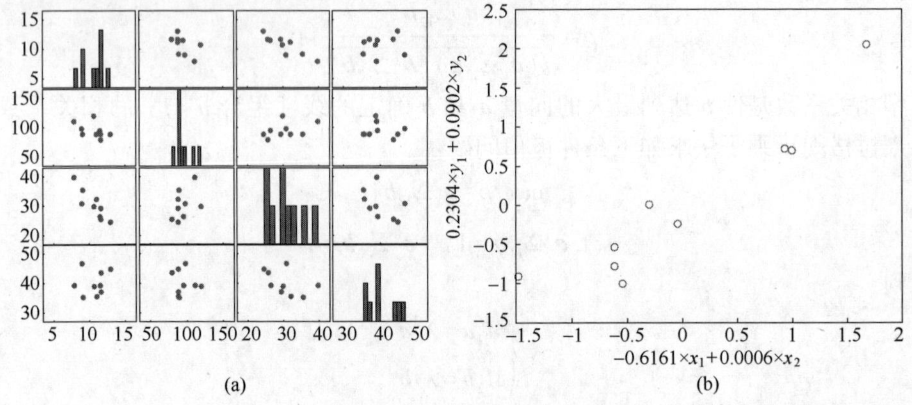

图 3-13　典型相关分析

（a）散点图矩阵；（b）典型相关变量的散点图。

3.4.2 非线性相关

非线性相关特征是对数据中的非线性关系的类型和强度进行描述的群体特征。可以基于变量之间非线性方程，也可以通过数据分布散点图分布规律，定义非线性相关特征。以下介绍二维数据非线性相关特征的构造方法。

一、非线性 R^2相关

已知两变量之间的线性相关与线性回归模型存在密切关系。定义 $S_T = \sum_i (y_i - \bar{y})^2$ 为变量 y 的总变差，即 y 的观测值与均值$\bar{y}$的偏差的平方和。根据回归分析，知道总变差 S_T可以表示成如下的平方和分解形式：

$$\sum_i (y_i - \bar{y})^2 = \sum_i (y_i - \hat{y}_i)^2 + \sum_i (\hat{y}_i - \bar{y})^2$$

式中：$\hat{y}_i$为相应于 y_i的预测值；右边第一项称为残差平方和 S_E；第二项称为回归平方和 S_R。回归平方和与总变差的比称为判别系数 R^2，即

$$R^2 = \frac{S_R}{S_T}$$

若回归平方和为0，则 R^2为0；若残差平方和为0，则 R^2为1。也就是说，R^2取值为0~1，总是非负的。容易证明，在一元线性回归的情况下，R^2等于相关系数的平方，即 $R^2 = r^2$。

记 y 的标准差 s_y为

$$s_y = \sqrt{S_T/n}$$

记 y 关于 x 的回归方程的散布 s_e为

$$s_e = \sqrt{S_E/n}$$

称为 y 关于 x 的估计的标准误差。定义数值 r 如下：

$$r = \sqrt{S_R/S_T}$$

于是 r 可以表为

$$r = \sqrt{1-s_e^2/s_y^2}, \quad 或者\ s_e = s_y\sqrt{1-r^2}$$

在线性相关情形，不管 x 与 y 哪个是自变量、哪个是因变量，r 都是一样的。因此，数值 r 是两变量间线性相关的度量。

采用上面的方式定义相关关系具有很好的一般性，即不仅可用于线性关系，也可用于非线性关系，唯一不同之处是此时要求 $\hat{y}_i$ 是由非线性方程求得而不是由线性方程求得。设回归方程为

$$y = a_0 + a_1x + a_2x^2 + \cdots + a_px^p$$

则 y 关于 x 的回归方程的散布 s_e 变为

$$s_e = \sqrt{\frac{\sum_i (y_i - (a_0 + a_1x_i + \cdots + a_px_i^p))^2}{n}}$$

在每种情形中计算的 r 值都度量了相对于所假设的方程类型、二维数据的相关程度，于是如此定义的相关系数是方程与数据之间拟合优度的度量。

二、最大互信息系数

对于二维数据的有限集合 $D=\{(x_i,y_i), i=1,\cdots,n\}$，最大互信息系数（maximal information coefficient, MIC）描述了二维数据分量之间更广泛的关系。

首先给出互信息的概念。给定正整数 p，q，将横轴的 $[\min_i\{x_i\},\max_i\{x_i\}]$ 划分为 p 个分段，将纵轴的 $[\min_i\{y_i\},\max_i\{y_i\}]$ 划分为 q 个分段，则整个二维区域可分为 $p\times q$ 个格子，记此网格划分为 G。将数据集 D 落入 G 的各个格子的数据点数占总数的比 $\rho(x,y)$ 记作概率分布 $D|_G$。互信息系数（information coefficient, IC）定义为

$$I(D,p,q) = \sum_{x,y}\rho(x,y)\log\left(\frac{\rho(x,y)}{\rho(x)\rho(y)}\right)$$

其中，$\rho(x)$ 和 $\rho(y)$ 是 $\rho(x,y)$ 的边际分布。

显然，网格划分情况不同，概率分布 $D|_G$ 不同，得到的 IC 也不同。不同网格划分情况包括不同的网格划分数量 p，q，以及相同划分数量 p，q 下对坐标轴的不同划分位置。将相同划分数量 p，q 但划分位置不同所得到的最大 IC 值记为 $I^*(D,p,q)$，对其进行归一化处理，得到

$$M(D)_{p,q} = \frac{I^*(D,p,q)}{\log\min\{p,q\}}$$

最大互信息系数（MIC）定义为

$$\mathrm{MIC}=\max_{p,q}\{M(D)_{p,q}\},\quad pq<B(n)$$

推荐 $B(n)=n^{0.6}$。

显然，MIC 具有对称性，即对变量 X 和 Y，$\mathrm{MIC}(X,Y)=\mathrm{MIC}(Y,X)$。此外，当有足够多的数据时，MIC 可以对线性以及周期函数、抛物线、超越函数、多种函数关系合成的嵌套函数和非函数关系等多种非线性关系进行描述。相比 MIC 的广泛性，其余相关性统计量大多对线性比较敏感，或者对非线性较为敏感，不具有 MIC 特有的广泛性。表 3-4 是各种相关系数的比较。

表 3-4　各种相关系数的比较

相关系数	适用性	标准化	复杂度	稳键性
Pearson 相关	线性	是	低	低
Spearman 相关	线性，简单单调非线性	是	低	中
Kendall 系数	线性，简单单调非线性	是	低	中
阈值相关	线性、非线性	是	高	高
最大相关系数	线性、非线性	是	高	中
相位同步相关	时变序列	是	中	中
距离相关	线性、非线性	是	中	高
核密度估计（KDE）	线性、非线性	否	高	高
k-最临近距离（KNN）	线性、非线性	否	高	高
最大互信息系数	线性、非线性	是	低	高

MIC 是均匀的，对于不同相关关系类型，加入相同程度的噪声得到的 MIC 值相近；反之，若变量间 MIC 值相等，则数据所含噪声程度相似。如图 3-14 所示为不同函数关系下噪声水平对 MIC 的影响。

除 MIC 外，衡量非线性关系的特征还有最大不对称度、最大边缘值、最小单元数等。

最大不对称度（maximum asymmetry score，MAS）用于度量相对于单调性关系的偏移，即表征变量之间关系的非单调性。MAS 越大，单调性越差。MAS 定义为

$$\mathrm{MAS}=\max_{p,q}\{|M(D)_{p,q}-M(D)_{q,p}|\}$$

由定义知 MAS<MIC。MAS 的计算可以用图 3-15 来说明。图 3-15（a）是周期为 4 的正弦曲线，网格划分方案为 8×2，归一化 IC 为 0.14。图 3-15（b）是周期同样为 4 的正弦曲线，最优网格划分为 2×8。此网格划分每列均包含一个非空单元格，归一化 IC 为 1。故本例中 MAS 为 0.86，MAS 可衡量数据集不同网格

划分下 IC 之间的最大差异，同时衡量非单调性。

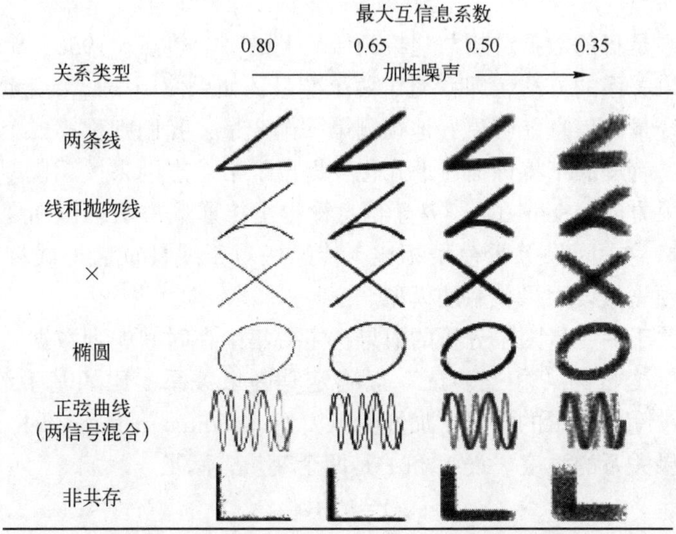

图 3-14　不同函数关系下噪声水平对 MIC 的影响[5]

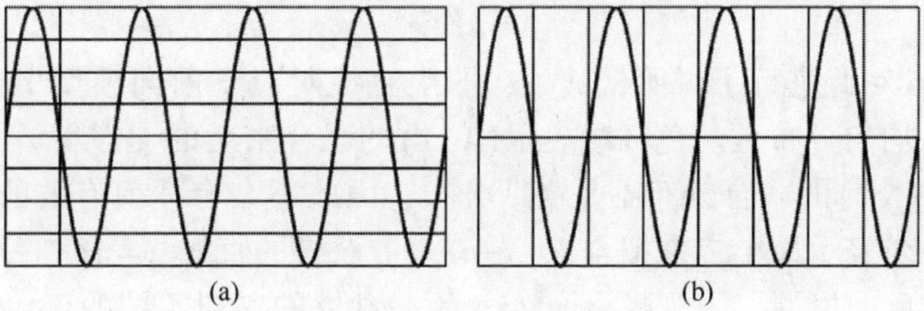

图 3-15　MAS 计算示例

最大边缘值（maximum edge value，MEV）表征了变量相关关系的函数接近性，能够度量数据集是从连续函数中取值的程度。MEV 越大，说明数据是由连续函数决定的程度越高。MEV 定义为

$$\mathrm{MEV}=\max_{p,q}\{M(D)_{p,q}:p=2\ \text{或}\ q=2\}$$

显然 MEV<MIC。

最小单元值（minimum cell number，MCN）根据达到最优 MIC 所需的最小网格数，衡量变量相关关系的复杂性。比如，类似 $f(x)=x$ 的简单函数只需 4 个单元格就可以得到计算 MIC 的划分，而像 $f(x)=\sin(18\pi x)$ 这样的函数需要 36 个单元格。MCN 定义为

$$\mathrm{MCN}=\min_{p,q}\{\log(pq):M(D)_{p,q}\geqslant(1-\varepsilon)\mathrm{MIC}(D)\}$$

其中，参数 ε 用于保证算法的稳键性，且依赖 MIC，一般情况下 $\varepsilon=1-\mathrm{MIC}$。

3.4.3 因果型关联

因果关系是目前数据分析与建模领域研究的一个热点。1956，Wiener 提出了一种描述因果关系的方法，即“对于两个变量，如果使用第二个变量的信息比不使用第二个变量的信息能够更好地预测第一个变量，我们则称第二个变量是第一个变量的因”。Granger 将该描述形式化，提出了格兰杰因果关系模型，来判断时间序列的因果方向。Schreiber[7] 基于信息论提出传递熵方法，识别变量之间的因果关系。与格兰杰因果关系模型相比，传递熵对于线性或者非线性的关系都适用，且无须预先假设因果关系的模型。

目前，关于两变量因果分析的成果，主要集中在时间序列数据。对于静态数据，需要多个变量的“相互验证”以确定其因果关系，比如基于约束的方法。对于两个一维随机变量的情况，加性噪声模型（additive noise model，ANM）可用于提取其因果关系的强度。设 X 和 Y 是两个变量，满足

$$Y=bX+\varepsilon^Y$$

其中，ε^Y 与 X 独立，且 $b\neq0$。文献［15］指出，当且仅当 ε^Y 与 X 服从联合高斯分布时，存在 $a\in\mathbb{R}$ 以及噪声 ε^X，使如下的反向过程成立：

$$X=aY+\varepsilon^X$$

图 3-16 对此进行了说明，其中，图中直线对应于前向模型 $Y=0.5X+\varepsilon^Y$，ε^Y 与 X 服从均匀分布。灰色区域表示 (X,Y) 的联合密度的支撑集。上述结果说明，由于 (X,ε^Y) 的联合分布不是高斯分布，因此不会有任何有效的反向模型。其中，点划线表示最小二乘拟合 $E[X-aY-c]^2$ 获得的直线 $X=aY+c+\varepsilon^X$，这不是一个有效的反向模型，因为噪声 ε^X 与 Y 不是独立的（对不同的 Y，ε^X 的支撑集不同）。

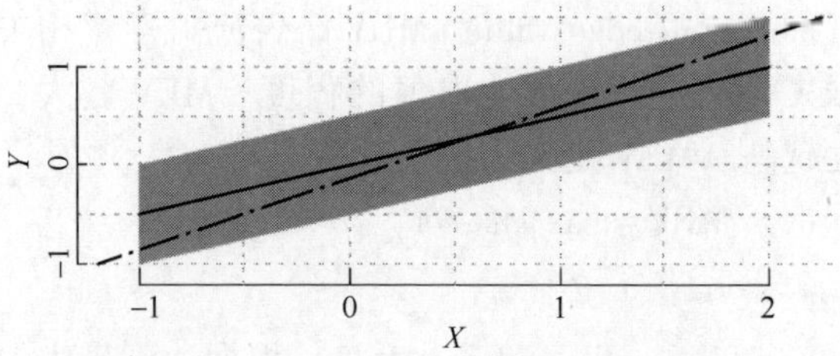

图 3-16 X 和 Y 的联合密度可识别的例子

基于上述结果，为推断 X 和 Y 之间的因果关系方向，分别建立 X 对 Y 的线性回归模型（也可以拓展为非线性模型）：

$$X=aY+\varepsilon^X$$

以及 Y 对 X 的线性回归模型：

$$Y=bX+\varepsilon^Y$$

式中：ε^X和ε^Y为噪声项，这里假设噪声项以可加项的形式作用于模型输出。

假设噪声服从非高斯分布。如果 $e^X=X-\hat{X}$与 Y 不相互独立，而 $e^Y=Y-\hat{Y}$与 X 相互独立，就可以认为 X 是 Y 的原因，即存在 $X\to Y$ 的因果关系，反之亦然。如果两者都是独立的，则认为存在双向的因果关系（可能有外生变量的干扰、混淆偏差等）；如果两者都是不独立的，则不存在因果关系，如图 3-17 所示。

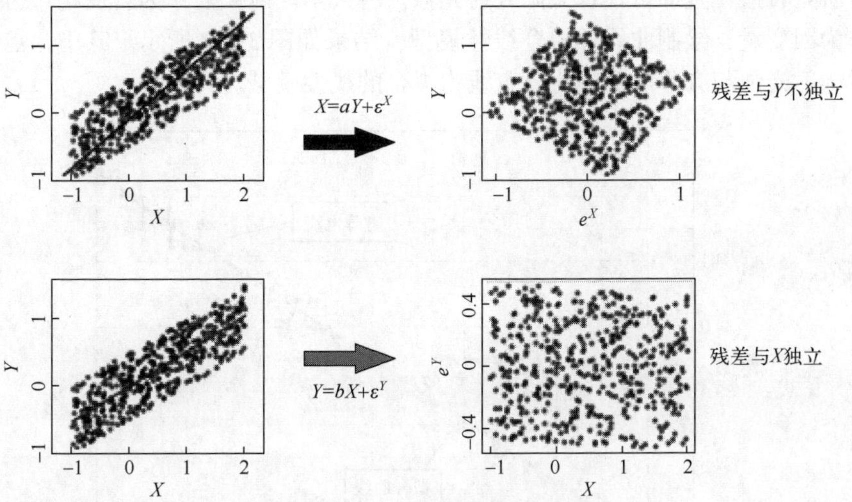

图 3-17 ANM 因果关系判别示例

虽然基于数据的因果关系推断已经取得大量应用，但是要注意，各种基于数据推断所识别的因果关系，本质上仍然是统计相关性，虽然名称为“因果”，但是用这些方法得到的因果关系只包含预测，没有包含介入。比如，这些方法识别因果关系依据的准则是，如果事件 A 的发生有助于预测事件 B，则 A 是 B 的原因。但不意味着直接操纵 A 一定能影响 B，这与真实的因果是不同的。不过，这里的“因果”关系，确实比传统的统计相关更深刻，对于建立高精度预测模型是有益的，某些情况下也有助于挖掘真正的因果关系。另外，由于因果关系的数量比相关关系的数量少，因此因果关系有助于获得“更简单的”模型。

3.4.4 关联模型

相关系数不涉及数量上的规律。比如，$y=0.001x$ 与 $y=1000x$，x 变化 1 个单位导致 y 的变化不同，但是二者相关程度相同。关联模型可以将数据中的关联特性模型化，以便更准确地描述关联特征。

一、函数型

函数型关联实际上是描述变量之间的函数关系，常用模型（或函数）参数值作为变量之间关联关系的度量。这种关联常见于状态监测问题中——正常和异常状态下，模型具有不同的参数值，或者变量间具有不同的函数关系。

以太阳电池阵电流与入射光强为例说明函数关联。影响太阳入射功率的因素为太阳光强度和太阳入射角。太阳光强度与日地之间的距离呈正相关关系，按照地球所处轨道位置即可计算太阳入射光强。将太阳入射光强作为自变量、方阵电流作为因变量，绘制曲线并拟合线性模型，结果如图 3-18 所示。其中，点划线表示入射光强与方阵电流变化，直线为拟合的线性模型。

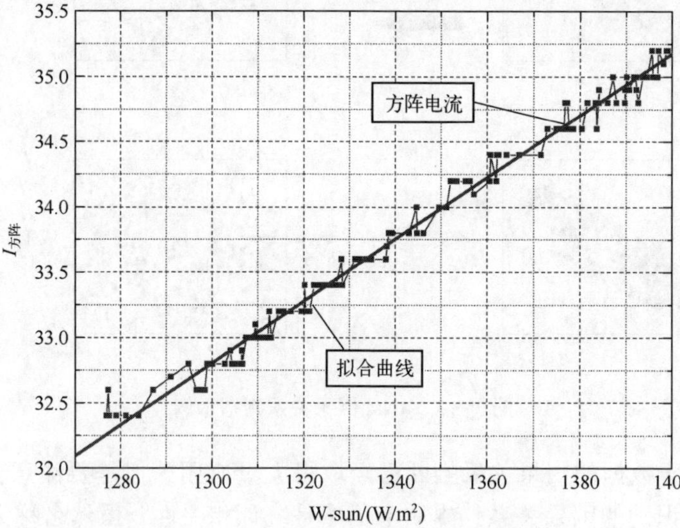

图 3-18　太阳阵实际电流与拟合电流

方阵电流与入射光强呈强线性关系（线性相关系数 $r=0.995$），因此方阵电流随电池阵接收光强的增加而线性增加。拟合线性模型的结果如下：

$$I_{方阵}=1.9721+0.02372\text{W-sun}$$

该拟合的最大绝对误差为 $\varepsilon=0.33A$，最大相对误差为 1.0%，精度可以满足要求。于是，这一函数关系就可以用在太阳阵的异常检测中。

二、规则型

用相关或因果描述的变量之间的关联，是变量取值的整体关联。对多个变量，可以通过变量取值集合在整个数据集中出现的频率，衡量变量之间的关联。在数据挖掘中，这种描述变量之间关系的方式称为关联规则，是形如 $X \to Y$ 的蕴含表达式，其中 X 和 Y 是不相交的项集，即 $X \cap Y=\varnothing$。Apriori 算法是第一个关联规则挖掘算法，也是最经典的算法。它通过逐层搜索迭代找出项集的关系以形成关联规则。

比如，分别以 X_1、X_2、X_3、X_4 表示是否购买牛奶、可乐、白酒、啤酒的变量，得到如表 3-5 所示顾客购买数据。其中，出现了 $\{X_1=1, X_3=1, X_4=1\}$ 的记录，即有顾客同时购买了牛奶、白酒、啤酒。如果将 $\{X_1=1, X_3=1\}$ 和 $\{X_4=1\}$ 作为两个集合，则表明如果顾客购买了牛奶、白酒，他就有可能购买啤酒，于是在变量 X_1、X_3 的特定取值与 X_4 的特定取值之间存在关联，记为 $\{X_1=1, X_4=1\} \rightarrow \{X_4=1\}$。

表 3-5　顾客购买数据

顾 客 编 号	X_1（牛奶）	X_2（可乐）	X_3（白酒）	X_4（啤酒）
1	1	1	0	1
2	0	0	0	1
3	1	1	1	1
4	1	0	1	1
5	1	1	1	0

由表 3-5 可知，并不是所有顾客都同时购买了牛奶、白酒、啤酒，也就是说这种取值之间的关联仅适用于部分用户，因此对给定数据，关联规则的成立有一定概率。由上面的例子，可以得到

$$P\{X_1=1, X_4=1, X_4=1\} = 2/5$$
$$P\{X_1=1, X_4=1 \mid X_4=1\} = 2/3$$

前者称为规则 $\{X_1=1, X_4=1\} \rightarrow \{X_4=1\}$ 的支持度（support），后者称为置信度（confidence）。由此，可以将关联规则视作一种特殊的映射。

显然，按照上述定义，任何取值组合都可能构成一个关联规则。为了避免不必要的、多余的规则，可以对支持度和置信度进行限制，即只有支持度和置信度超过一定阈值的规则才是有意义的规则，或者称为强规则。满足最小支持度的所有项集称为频繁项集。

时间序列数据可以描述两个序列的变化模式所遵循的某种规则。比如，序列 X 的变化模式为 m_x 的情况下，序列 Y 的变化模式为 m_y，并且该关联规则的支持度为 ρ，置信度为 α。如图 3-19 所示为两个不同的时间序列的规则关联示例。直观上它们的形态比较相似，存在趋势比较接近的子序列，因此这两个序列的模式可能有内在联系。假设通过序列匹配方法发现 3 种频繁模式，分别定义为模式 A、模式 B、模式 C，则可以根据这 3 种模式出现的时机等，定义这两个序列的规则

关联。即使对涨落等趋势不同的序列，也可以找出二者的关联。比如，两个序列虽然增长方式不同，但具有相同的增长时间起点。

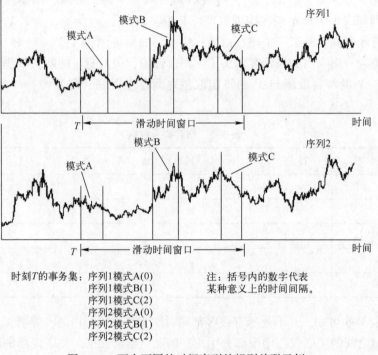

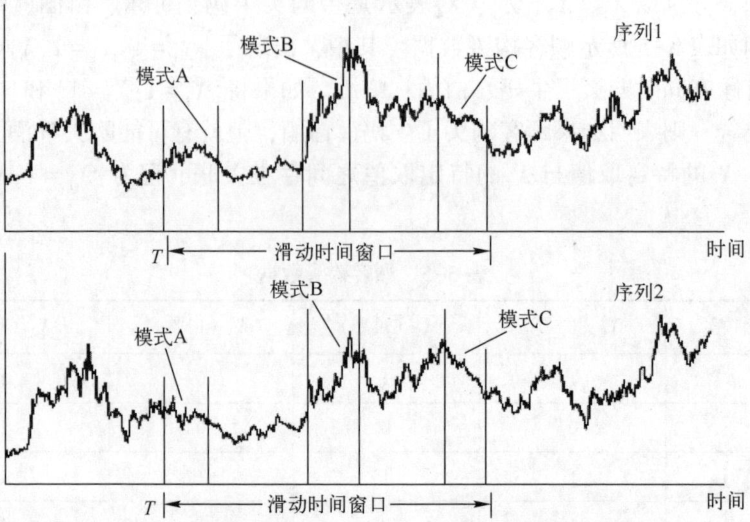

时刻T的事务集：序列1模式A(0)
序列1模式B(1)
序列1模式C(2)
序列2模式A(0)
序列2模式B(1)
序列2模式C(2)

注：括号内的数字代表某种意义上的时间间隔。

图 3-19　两个不同的时间序列的规则关联示例

3.5　动态数据特征

动态数据一般是指随时间变化的数据，比如声音、视频、设备或生产线状态监测数据、商品库存数据、网站访问量数据等。不同应用领域对动态数据特征的关注有较大差异，比如电池健康管理，SOC 和 SOH 的提取需要对监测数据进行复杂处理；在库存管理中，能够直接从库存数据中提取季节性、周期性和趋势性等特征。动态数据的类型、来源和应用复杂多样，本节以几种典型的动态数据特征为例，说明动态数据特征分析的思路和方法。

3.5.1　随机特征

首先看两个时间序列的例子：

$$\boldsymbol{x}_1=(1,2,1,2,1,2,1,2,1,2,\cdots),\quad \boldsymbol{x}_2=(1,1,2,1,2,2,2,2,1,1,\cdots)$$

在$\boldsymbol{x}_1$中，1 和 2 交替出现，在$\boldsymbol{x}_2$中，1 和 2 是随机出现的。显然，$\boldsymbol{x}_1$更确定，

$\boldsymbol{x}_2$的随机性更强。但是，两个序列的统计特征，如均值、方差、中位数几乎是一致的。因此，用简单的统计特征不足以准确区分这两个序列的随机性。

熵（entropy）是随机变量的不确定性的常用度量，可以用来描述时间序列的随机性。对离散随机变量X，熵表示为

$$H(X) = -\sum_{i=1}^{\infty} P\{X = x_i\}\ln(P\{X = x_i\})$$

熵越大，随机变量的随机性越强，反之就越确定。对时间序列来说，根据将其转化为离散随机变量的不同方式，可以定义不同的熵。

一、分组熵

把时间序列$\boldsymbol{x}$的取值进行分箱，例如，把$[\min(\boldsymbol{x}),\max(\boldsymbol{x})]$等分为$m$个小区间$B_1,B_2,\cdots,B_m$，统计时间序列取值落入各分箱的情况，得到一个概率分布$p_1,p_2,\cdots,p_m$，这个分布的熵称为分组熵（binned entropy），定义为

$$\mathrm{BinEn} = -\sum_{k=1}^{m} p_k \ln(p_k) \cdot 1_{(p_k>0)}$$

如果一个时间序列的分组熵较大，说明其取值比较均匀地分布于$[\min(\boldsymbol{x}),\max(\boldsymbol{x})]$，因此取值的随机性较高；反之，如果一个时间序列的分组熵较小，说明其取值集中在某一分箱内，取值的确定性较高。

二、近似熵

近似熵（approximate entropy）是把一维时间序列提升到高维空间，通过高维空间内向量之间的距离或者相似度，来判断一维空间内的时间序列是否存在某种趋势或者确定性。近似熵可用于判断时间序列的取值是具有某种趋势还是随机的。

假设时间序列$\boldsymbol{x}$的长度是N。固定正整数m和正实数r，m用于提取时间序列的片段，r用于判断相似性的距离参数。首先，构造m维向量：

$$\boldsymbol{X}_i(m) = (x_i,\cdots,x_{m+i-1}),\quad i=1,2,\cdots,N-m+1$$

其次，计算向量$\boldsymbol{X}_j(m)\,(j=1,2,\cdots,N-m+1)$中与向量$\boldsymbol{X}_i(m)$相似的向量的比例，即根据其与向量$\boldsymbol{X}_i$的距离是否低于$r$，计算

$$C_i^m(r) = \#(\boldsymbol{X}_j(m):d(\boldsymbol{X}_i(m),\boldsymbol{X}_j(m)) \leqslant r)/(N-m+1)$$

式中：#为集合元素个数。距离$d(\cdot)$可以选择$L^1,L^2,\cdots,L^p$或L^∞范数；通常选择L^∞范数。

在上述统计的基础上，定义函数

$$\boldsymbol{\Phi}^m(r) = (N-m+1)^{-1} \cdot \sum_{i=1}^{N-m+1} \ln(C_i^m(r))$$

于是将近似熵定义为

$$\mathrm{ApEn}(m,r) = \boldsymbol{\Phi}^m(r) - \boldsymbol{\Phi}^{m+1}(r)$$

根据近似熵的定义，如果时间序列具有很多重复片段（repetitive pattern）或者自相似性模式（self-similarity pattern），那么它的近似熵会比较小；反之，如果时间序列的数值几乎是随机出现的，则它的近似熵会相对较大。

在上述计算过程中，正整数 m 一般取值为 2 或者 3，r 取决于具体的时间序列进行设置。

三、样本熵

样本熵（sample entropy）是衡量时间序列是否具备某种自相似性的一个特征。按照近似熵的定义，可以基于 m 与 r 定义如下两个指标 A 和 B：

$$A=\#((X_i(m+1),X_j(m+1)):d(X_i(m+1),X_j(m+1))<\boldsymbol{r})$$

$$B=\#((X_i(m),X_j(m)):d(X_i(m),X_j(m))<r)$$

根据距离 d 的定义可知 $A\leqslant B$，样本熵定义为

$$\text{SamEn}=-\ln(A/B)\geqslant 0$$

显然，样本熵总是非负数。样本熵越小表示该时间序列具有越强的自相似性。通常在样本熵计算过程中选择 $m=2$，r 为 0.2 倍标准差。

3.5.2 形态特征

对于规律简单的或者长度较短的时间序列数据，采用传统的动态数据分析方法识别趋势、周期、季节等特征是可行的。但是在有些领域，数据量大且规律复杂，这时序列形态就是非常重要的特征，可以通过形态对数据异常或规律进行判别和分析。

一、局部形态

顾名思义，局部形态描述的是动态数据局部出现的一些特征。比如，时间序列挖掘中，一项重要的研究工作是发现序列的频繁模式（frequent pattern），又称原生形状（primitive shape）或基本图案（motif），如图 3-20 所示是一个大文学里的时间序列数据及其 3 个几乎一样的子序列[2]。

序列匹配是获得基本图案或频繁模式的主要方法。给定正实数 R 和时间序列 T，其中包含从位置 p 开始的子序列 C 和从位置 q 开始的子序列 M，如果 $D(C,M)\leqslant R$，则称 M 为 C 的匹配子序列，如图 3-21 所示。

可以使用各种距离来确定两个子序列是否匹配。不过，需要去掉平凡匹配。平凡匹配是指因起始位置关系导致的匹配，其定义如下：给定序列 T，包含起始位置 p 的子序列 C 和始于 q 的匹配子序列 M，称 M 是 C 的一个平凡匹配，如果 $p=q$，或者不存在始于 q'的子序列 M'，使得 $D(C,M')>R$，$q<q'<p$ 或 $p<q'<q$。典型的平凡匹配是从子序列的左或右一两个点开始的子序列，如图 3-22 所示。任何基本图案的定义都应该排除过多计算这些平凡匹配的可能性。

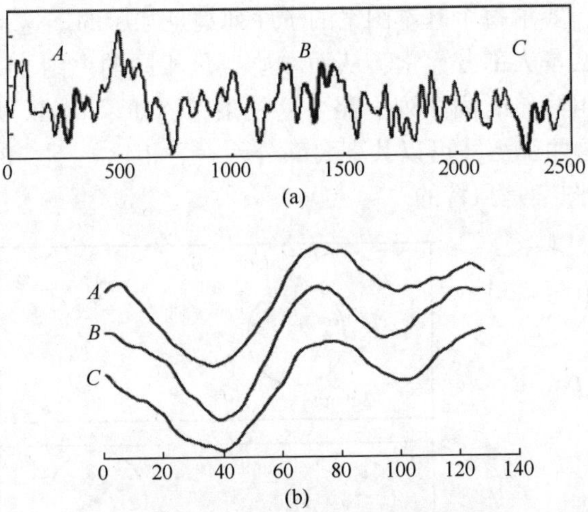

图 3-20 一个天文学时间序列数据

（a）原始序列；（b）3 个几乎一样的子序列。

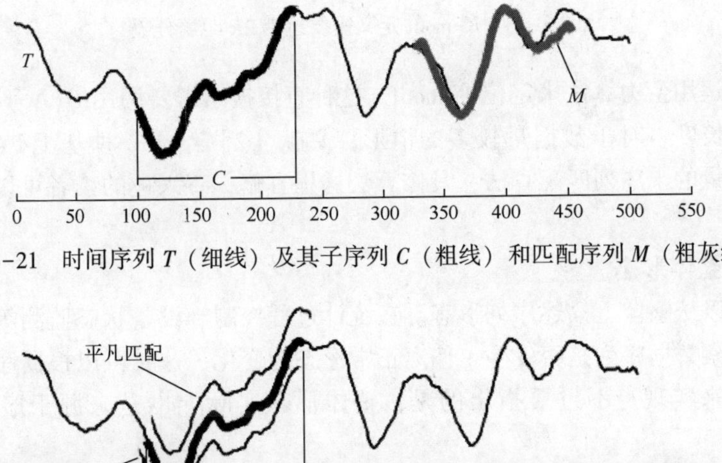

图 3-21 时间序列 T（细线）及其子序列 C（粗线）和匹配序列 M（粗灰线）

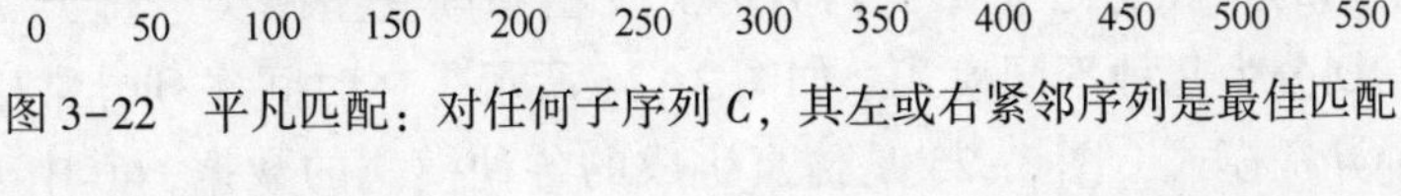

图 3-22 平凡匹配：对任何子序列 C，其左或右紧邻序列是最佳匹配

根据非平凡匹配可以定义一个子序列的重要度。给定时间序列 T 和范围 R，T 中最重要的基本图案（称为 1-motif）是非平凡匹配计数最高的子序列 C_1；T 中第 2 个重要的基本图案（称为 2-motif）是子序列 C_2，$D(C_2,C_1)>2R$ 且非平凡匹配计数最高；依此类推，T 中第 K 重要的基本图案（称为 K-motif）是子序列 C_K，满足对所有 $1 \leqslant i<K$，$D(C_K,C_i)>2R$ 且非平凡匹配计数最高。

上述定义中，要求每个基本图案的子序列集是互斥的。这是很重要的，否则这两个图案可能共享大部分元素，从而本质上是相同的。图 3-23 说明了在投影到二维空间的一组简单时间序列上需要这种条件。如果 motif 只需像 A 中一样有 R 的距离，那么这两个图案可以共享大部分元素。相比之下，B 要求中心至少有 $2R$ 的分离确保了图案是独特的。

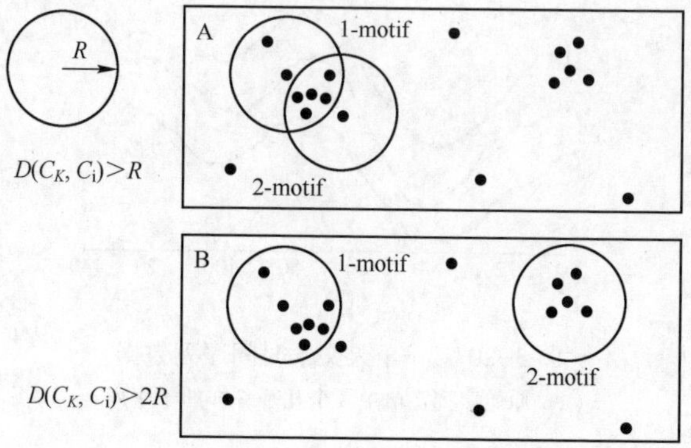

图 3-23　K-motif 定义需要运用 $2R$ 距离分隔

可以运用蛮力算法来定位 1-motif，这种直接搜索需要调用 $O(N^2)$ 距离函数，N 为序列长度。对于数据量较多的情形，文献［2］给出一种基于 PAA 和 SAX 降低计算量的子序列匹配算法，具体算法这里省略，感兴趣的读者可以参考有关文献。

二、整体形态

也可以从整体上描述序列形态。在统计过程控制、设备状态监测等领域，经常需要考察数据序列是否发生了偏离正常形态的变化，这时可以根据序列的整体形态对比来实现。不过要指出的是，整体形态实际上也是来源于序列的局部变化。

（一）整体形态的类型

时间序列的异常变化（异变）分为突发型和渐变型两类，每类变化还可以根据其特点划分为几种不同模式。如图 3-24 所示是在时间序列异常检测中可能发生的几种异常模式，图 3-25 是仿真生成的各种模式的数据，其中 $\Phi(\tau)$ 为描述数据正常变化的模型。

各种形态简单描述如下。

1. 突发型变化模式

突发型模式包括脉冲模式、漂移模式和分层模式。脉冲模式容易理解，是指数据瞬间突发性地显著偏离正常值，又瞬间恢复正常值的一类异变模式。在漂移模式下，数据沿着某一趋势波动过程中，突然出现一个比较大的向上的或者向下的波动，打破原本的趋势或周期，并保持相当长时间。分层模式与正常模式的区别在于，前者大部分数据集中在中间线附近，缺少了控制限附近的点，即分层模式中数据波动范围远小于控制限宽度。

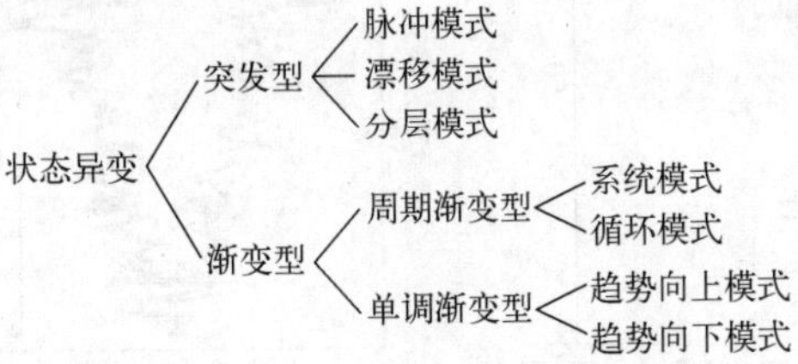

图 3-24　时间序列的典型异常模式

2. 渐变型变化模式

渐变型模式可分为周期渐变型和单调渐变型。

周期渐变是指数据的日、月、季度、年等周期性变化，同时伴随着线性渐变趋势。根据周期和渐变的不同，周期渐变可以进一步分为系统模式和循环模式。系统模式是指数据在没有干扰的情况下按照高、低、高、低的次序波动，并且这种次序波动不会被打断。循环模式是指数据沿着某个短的趋势或短的周期重复波动，这个趋势可以是任何形态的趋势，可以持续循环。

单调渐变是指数据在正常的线性变化的同时，叠加加速的线性衰减。根据渐变的方向，单调渐变型分为趋势向上模式和趋势向下模式，是数据沿着一个方向向上或向下波动，并且下一个数据点沿着上一个点的相同方向波动。

（二）整体形态的识别

设随时间变化的数据为(x_i, t_i) $(i=1,2,\cdots,n)$，基于线性最小二乘法，可以构造时域特征量来区分上述包括正常波动、分层、系统、循环、趋势、漂移等多种变化的模式，如表 3-6 所示。

表 3-6　形态特征向量的作用

模式	特征量					
	RVE	B	ALSPI	AASBP	SRANGE	SASPE
正常波动	≈1	≈0	居中	居中	<循环	≠0
分层	≈1	≈0	最大	最小	<循环	≠0
系统	≈1	≈0	最小	最大	<循环	≠0
循环	≈1	≈0	居中	居中	>N，S，S	≠0
趋势	>1	≠0	居中	居中	<漂移	>漂移
漂移	>1	≠0	居中	居中	>趋势	<趋势

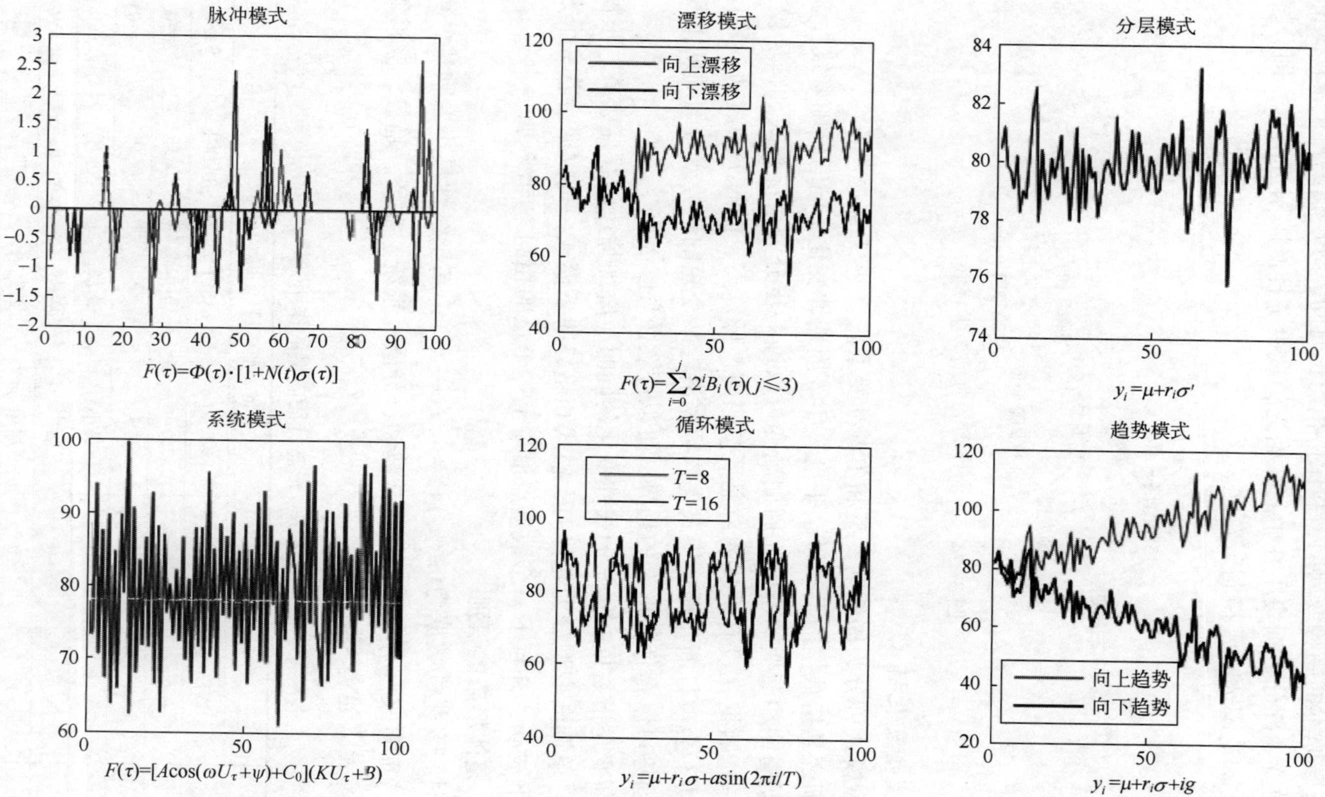

图 3-25　时间序列异常模式示意图

首先计算数据的基本统计特征$\bar{x}$、$\bar{t}$和 S^2，如下：

$$\bar{x} = \frac{1}{n}\sum_{i=1}^{n} x_i,$$

$$\bar{t} = \frac{1}{n}\sum_{i=1}^{n} t_i$$

$$S^2 = \frac{1}{n-1}\sum_{i=1}^{n} (x_i - \bar{x})^2$$

采用线性最小二乘法（LS）对整个时间序列拟合线性方程，得到 LS 直线的斜率 B 及其标准残差 S_E，如下：

$$B = \sum_{i=1}^{n} x_i(t_i - \bar{t}) \Big/ \sum_{i=1}^{n} (t_i - \bar{t})^2$$

$$S_E = \frac{1}{n-2}\left[\sum_{i=1}^{n} (x_i - \bar{x})^2 - \frac{\left(\sum_{i=1}^{n} x_i(t_i - \bar{t})\right)^2}{\sum_{i=1}^{n} (t_i - \bar{t})^2}\right]$$

在上述统计量的基础上，定义整体形态特征量。

1. 方差与拟合误差比例

定义样本方差与整体最小二乘直线拟合的标准化残差的比例（RVE）如下

$$\mathrm{RVE} = S^2 / S_E$$

对于正常波动模式、分层模式、系统模式和循环模式来说，变量 t 与 x 不相关，其协方差值约等于 0，因此对这 4 种模式来说，应该有 RVE≈1。于是，RVE 可以将正常波动模式、分层模式、系统模式和循环这 4 种模式与趋势模式、漂移模式区分开。

2. 整体最小二乘斜率

最小二乘直线的斜率 B 有两个主要性质，即其绝对值（AB）和符号（SB）。对于趋势和漂移模式，$B \neq 0$；对于其他模式，$B \approx 0$。B 的数值对区别模式没有特别重要的意义，它的符号是比较有用的特征。根据 B 的符号为正或负，可区分递减或递增趋势，以及向下或向上漂移。

3. 相邻点连线与 LS 直线所围面积与样本方差的比

将相邻时刻的数据用直线连接，计算所形成的连线与整体最小二乘直线所围成的面积 ALS，并定义其与样本方差的比值（ALSPI）：

$$\mathrm{ALSPI} = [\mathrm{ALS}/(n-1)]/S^2$$

分层模式的 ALSPI 最大，系统模式的 ALSPI 值最小，其他模式 ALSPI 值居中。

4. 平均绝对斜率

将相邻时刻的数据用直线连接，计算各连线的斜率并取其算术平均值，得到平均绝对斜率（AASBP），定义如下：

$$\mathrm{AASBP}=\frac{1}{n-1}\sum_{i=1}^{n-1}\left|(x_{i+1}-x_i)/(t_{i+1}-t_i)\right|$$

系统模式 AASBP 值最大，分层模式 AASBP 值最小，其他模式的 AASBP 值居中。

5. 四等分段中点连线斜率范围

将时间序列等分成 4 段，每段包含 $p=\lfloor n/4\rfloor$ 个数据，第 k 个片段的中点为

$$\left(\frac{1}{p}\sum_{i=(k-1)p+1}^{kp}t_i,\frac{1}{p}\sum_{i=(k-1)p+1}^{kp}x_i\right)$$

设 $s_{jk}(j,k=1,2,3,4;j<k)$ 是连接第 j 个和第 k 个片段中点的直线的斜率，四等分段中点连线斜率范围（SRANGE）定义为

$$\mathrm{SRANGE}=\max\{s_{jk}\}-\min\{s_{jk}\}$$

对于 SRANGE 来说，漂移模式下的值大于渐变趋势模式下的值，周期模式下的值大于正常、分层、系统等模式下的值。另外，如果循环模式的每个片段都包含一个完整的周期，那么循环模式的 SRANGE 值会降低。

6. 最优分段的最小二乘绝对斜率和

考虑对原始数据进行最优分段，即采用两段相连的最小二乘直线来拟合序列，以两个片段的最小二乘直线的均方误差的和最小为分段原则。设 B_1、B_2 是片段 1、2 的最小二乘直线的斜率，定义最优分段的最小二乘绝对斜率和（SASPE）为

$$\mathrm{SASPE}=|B_1|+|B_2|$$

SASPE 主要用于区分趋势模式和漂移模式，趋势模式的 SASPE 值大于漂移模式的 SASPE。

对图 3-25 所示各种形态的动态数据，计算其形态特征向量，如表 3-7 所示。可以看出，趋势模式和漂移模式的 RVE 值都明显大于 1，其他模式的 RVE 值都接近 1；而且趋势模式和漂移模式的 B 的值明显不等于 0，其他几种模式的 B 的值都趋于 0；分层模式的 ALSPI 值相对于其他几种模式来说最大，而系统模式的 ALSPI 值相对最小；系统模式的 AASBP 值相对于其他几种模式来说最大，而分层模式的 ALSPI 值相对最小；循环模式的 SRANGE 值大于正常模式、系统模式和分层模式，趋势模式的 SRANGE 值小于漂移模式；至于 SASPE，则趋势模式的值大于漂移模式，其他模式的值均趋于 0。

表 3-7　不同模式的特征量数据

模式	特征量					
	RVE	B	ALSPI	AASBP	SRANGE	SASPE
正常波动	0.990300	0.003766	0.003197	5.975700	12381.850	0.003766
分层	0.990300	0.000761	0.064600	1.207500	2501.952	0.000761
系统	0.990550	0.008451	0.002259	15.650200	12381.850	0.006232
循环	0.990030	0.003613	0.004182	7.633100	15914.000	0.003613
趋势（向上）	2.990610	−0.084200	0.003436	6.339100	5106.330	0.084190
漂移（向下）	1.037900	−0.048990	0.003220	5.997900	25591.550	0.017544

3.5.3 频谱特征

在时域（time-domain）对动态数据进行分析，固然可以提取很多有用的特征，但是还不够，很多时候还需对原始数据进行加工，进行某种数学变换得到其他描述方式。将时域动态数据转化到频域（frequency-domain）内进行分析，能够获得原始数据中不易获得的深层次信息，或者看到时域内不是显而易见的信息，比如可以获得数据的基本频率构成（谱成分）或者存在哪些频率。有很多进行频率变换的方法，如傅里叶变换（Fourier transform）、短时傅里叶变换（short-time Fourier transform）、希尔伯特-黄变换（Hilbert-Huang transform）、小波变换（wavelet transform），等等。下面介绍傅里叶变换和小波变换，从特征分析的角度理解这些变换的物理意义。由于这些方法主要来自信号处理领域，因此本节叙述中以“信号”代替“数据”。

一、平稳信号与傅里叶变换

平稳动态数据或平稳信号（stationary signal），是指信号的统计特性不随时间变化的信号。在信号分析领域，平稳信号的频率构成不随时间变化，并且所有时刻频率成分都存在，可以看作由不同频率的正弦、余弦信号叠加而成的。傅里叶变换就是获得平稳信号的这些正弦和余弦频率特征的一种方法，如图 3-26 所示。这里将包含 2Hz、10Hz、20Hz 三个频率成分的比较复杂的信号分解成了 3 个简单的正弦信号，得到原始信号中的 3 种频率。

对于一个一般的平稳信号 $f(t)$，以复函数的形式表示的傅里叶变换如下：

$$f(t)=\frac{1}{2\pi}\int_{-\infty}^{+\infty}F(\omega)\mathrm{e}^{j\omega t}\mathrm{d}\omega,\quad F(\omega)=\int_{-\infty}^{+\infty}f(t)\mathrm{e}^{-j\omega t}\mathrm{d}t$$

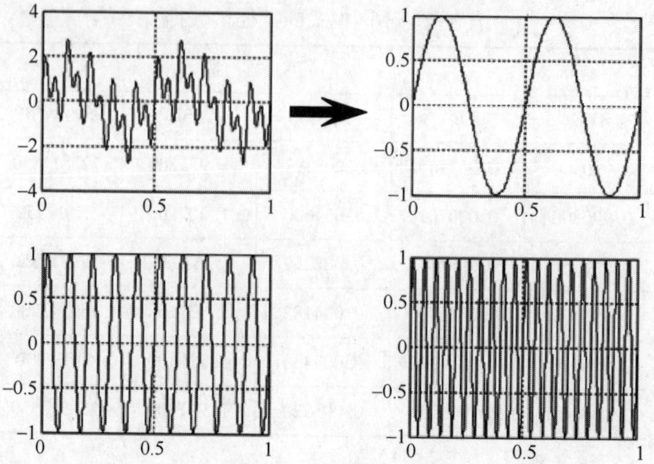

图 3-26　傅里叶变换示意图

傅里叶变换提取信号的频率特征，体现的是特征构造的析取思想，即将原始信号中与所施加变换匹配的部分提取出来。比如，设原始信号为 $y(t)=\sin(3t)$ $(0\leqslant t\leqslant 50)$，考虑用不同正弦函数 $\sin(4t)$ 和 $\sin(3t)$ 与其相乘，并在定义域上积分，得到

$$\int_0^{50} y(t)\cdot\sin(4t)=-0.0627$$

$$\int_0^{50} y(t)\cdot\sin(3t)=25.0833$$

显然，如果原始信号 $y(t)$ 未知，则根据上面的结果，有理由认为原始信号中有与 $\sin(3t)$ 接近的频率成分，而缺乏与 $\sin(4t)$ 接近的频率成分。于是，原则上讲，只要将原始信号乘以所有频率的正弦函数并积分，就可以知道原始信号中有哪些频率成分。分析平稳信号频率成分的方法就是建立在这一原理基础上的。

实际信号是时间离散的，这时要用傅里叶级数获取其频率特征。假设信号 $z_1,z_2,\cdots,z_n$ 的长度为奇数 $n=2q+1$，其傅里叶级数为

$$z_t=a_0+\sum_{i=1}^{q}(a_i c_{it}+b_i s_{it})+e_t$$

这里 $c_{it}=\cos(2\pi f_i t)$，$s_{it}=\sin(2\pi f_i t)$，$f_i=1/n$ 是基频 $1/n$ 的 i 次谐波，$i=1,2,\cdots,q$。系数 a_0 和 a_i、b_i 的最小二乘估计是

$$a_0=\bar{z},$$

$$a_i=\frac{2}{n}\sum_{t=1}^{n} z_t c_{it},\quad b_i=\frac{2}{n}\sum_{t=1}^{n} z_t s_{it}$$

可以通过周期图表示原始信号的各次谐波及振幅。频率 f_i 处的振幅为

$$I(f_i)=\frac{n}{2}(a_i^2+b_i^2)$$

绘制频率与振幅的图形便得到周期图，其中频率 f_i 处的数值为 $I(f_i)$。

当 n 是偶数时，令 $n=2q$，并对 $i=1,2,\cdots,q-1$ 运用上面的估计，但是

$$a_q=\frac{1}{n}\sum_{t=1}^{n}(-1)^t z_t,\quad b_q=0$$

以及

$$I(f_q)=I(0.5)=na_q^2$$

运用傅里叶变换构造的周期图 $I(f_i)$ 描述频率 f_i 处信号的振幅，可以提取混在噪声中、频率为已知的正弦分量的振幅，也可用来检验序列的随机性。如果序列是纯随机的，不含正弦分量，即

$$z_t=\alpha_0+e_t$$

式中：α_0 为确定的均值；e_t 为均值为 0、方差为 σ^2 的独立正态随机变量，则每个 $I(f_i)$ 的期望为 $2\sigma^2$，服从 $\sigma^2\chi_2^2$ 分布，且与其他频率处的幅值独立。反之，若序列包含频率为 f_i、振幅为 A、相角为 θ 的正弦分量，便有

$$z_t=\alpha_0+\alpha\cos(2\pi f_i t)+\beta\sin(2\pi f_i t)+e_t$$

这里 $\alpha=A\sin(\theta)$，$\beta=A\cos(\theta)$，此时 $I(f_i)$ 将会陡增，因为其预期值是

$$2\sigma^2+n(\alpha^2+\beta^2)/2=2\sigma^2+nA^2/2$$

事实上，一个未知信号的正弦分量的频率不大可能与前述频率 f_i 完全匹配，此时在临近真正频率处周期图将呈现增大。

二、非平稳信号与小波变换

傅里叶变换在整个时间轴上积分，得到的是平稳信号的全局特征。大多数信号是非平稳的，比如乐谱、油田勘探等，这时采用傅里叶变换获得的频率特征是不正确的。对非平稳信号，需要获取信号的局部特征，即何时发生特定类型的信号。比如，在听音乐时人们关心什么时刻演奏什么样的音符，对地震波人们关心什么位置出现什么样的反射波，在图像检测中关心信号突变部分即纹理结构的位置。这时就需要进行时频展开，即计算信号的瞬时频率。

确定信号局部频率特性的直观方法是在时刻 t 附近对信号加窗，即加强在 t 时刻的信号，减弱其他时刻的信号，然后计算窗口内信号的傅里叶变换，这就是短时傅里叶变换（STFT）的想法，其表达式为

$$\mathrm{STFT}_x^{(\omega)}(t,f)=\int[x(t)\cdot\omega(\tau-t)]\cdot \mathrm{e}^{-j2\pi f\tau}\mathrm{d}\tau$$

其中：$\omega(t)$ 称为窗函数。在 STFT 变换过程中窗口只发生平移，窗口宽度保持不变。STFT 通过这些移动的窗口来提取信号的局部信息，其结果是时间 t 和频率 f 的函数，如图 3-27 所示。

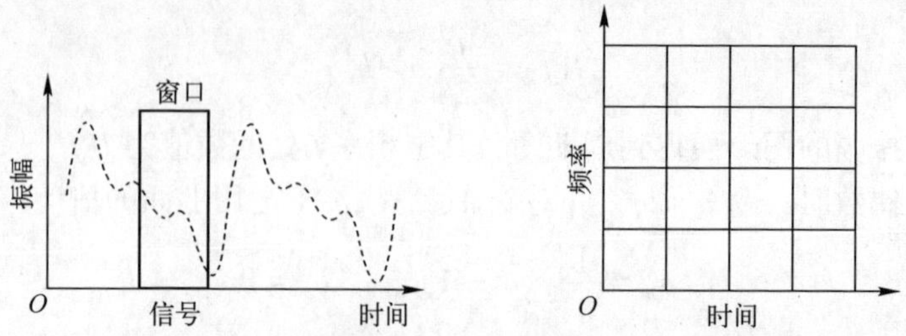

图 3-27　STFT 示意图

STFT 的不足之处在于采用不变的时间窗，因此存在分辨率问题（dilemma of resolution）——窄的时间窗频率分辨率差，宽的时间窗时间分辨率差，无法满足实际问题获取信号高频（对应时域中的快变成分，如陡峭的前沿、后沿、尖脉冲等）和低频（对应时域中的慢变成分）特征的要求。因此，需要具有更好的自适应特性的时频特征分析方法。

小波变换通过缩放母小波（mother wavelet）的宽度获得信号的频率特征，通过平移母小波获得信号的时间信息。对母小波缩放和平移并计算小波系数，反映了小波和信号局部特征之间的匹配程度。

小波（wavelet）即小的波，是一类在有限区间内快速衰减到 0 的函数，其平均值为 0。如图 3-28 是小波和正弦波的区别，由此可以看出，正弦波从负无穷一直延续到正无穷，而小波趋于不规则、不对称，并快速衰减到 0。小波变换就是将信号用称作小波的一系列局部基函数分解，这些局部基函数通过基本小波或母小波的尺度变换和平移得到，如图 3-29 所示。作为对比，傅里叶变换是将信号分解为不同频率的正弦函数或余弦函数。根据特征分析的“析取”原理，直观上看对变化剧烈的信号，用不规则的小波比用平滑的正弦波更好，即用小波更能描述信号的局部特征。

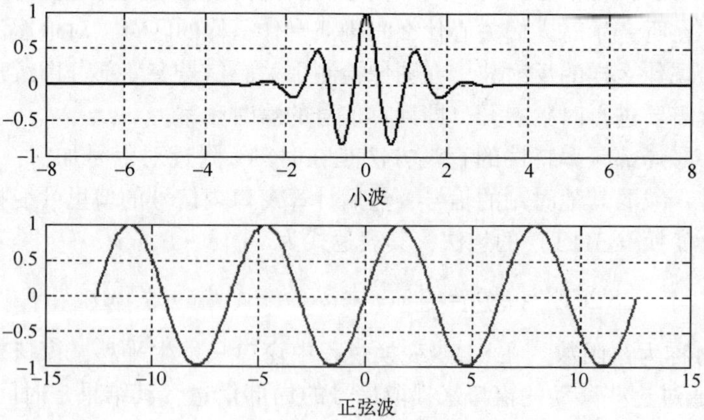

图 3-28　小波和正弦波

设 $\psi \in L^2 \cap L^1$ 是基本小波或母小波，则下面的函数族 $\{\psi_{s,t}\}$

$$\psi_{s,\tau}=\frac{1}{\sqrt{s}}\psi\left(\frac{t-\tau}{s}\right)(\tau \in \mathbb{R}, s>0)$$

称作小波分析或连续小波，其中 τ 为平移（窗口位置），s 为尺度（窗口宽度）。若 ψ 是窗函数，就称为窗口小波函数；一般恒假定 ψ 为窗口小波函数。图 3-29 中给出了一些小波基函数的图像。信号 $x(t)$ 的连续小波变换如下：

$$\mathrm{CWT}_x(\tau,s)=\int x(t)\cdot \psi_{s,\tau}(t)\mathrm{d}t$$

注意一元函数的小波变换是一个二元函数，函数的变量为位置 τ 和尺度 s。

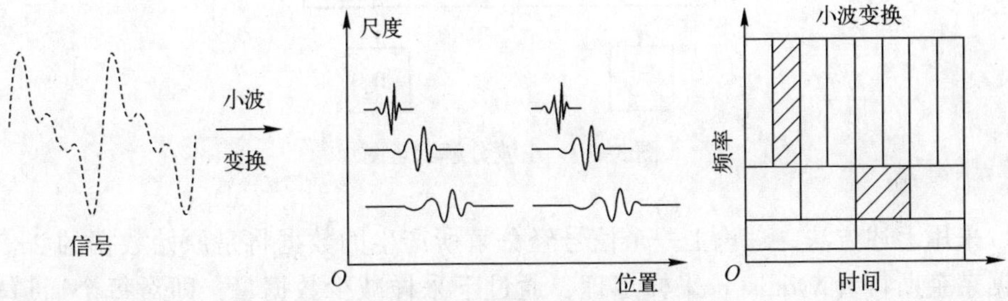

图 3-29　连续小波变换示意图

与 STFT 的（时间）分辨率在整个分析中只选择一次，从而无法针对不同频率区域有针对性地提取时频特征不同，小波变换采用变化的时间窗，采用长的时间窗，能够获得精确的低频信息，采用短的时间窗，能够获得精确的高频信息。于是，在信号的高频部分有较好的时间分辨率与较差的频率分辨率，在低频部分具有较好的频率分辨率与较差的时间分辨率。对比图 3-27 和图 3-29 所示 STFT 与小波变换所示时频分辨率示意图可知，其中每个盒子的面积都是相等的，表明不同保证同时具有高的时间分辨率和频率分辨率。

小波基函数的尺度与通常的信号频率存在对应关系，如下：

$$F_a=F_c/(s\Delta)$$

式中：F_c 为母小波中心频率（单位：Hz）；F_a 为尺度值为 s 的小波的拟（pseudo）频率；Δ 为抽样时间（sampling time）。例如，Morlet 母小波中心频率为 0.8125Hz。

由于实际信号是时间离散的，与傅里叶变换类似，这时采用离散小波变换。执行离散小波变换的有效方法是使用滤波器，该方法是 Mallat 于 1988 年提出的，称为 Mallat 算法。这实际上是一种信号分解的方法，在数字信号处理中常称为双通道子带编码。用滤波器执行离散小波变换的概念如图 3-30 所示。其中，S 表示原始的输入信号，通过两个互补的滤波器（一个低通滤波器和一个高通滤波器）产生信号 A 和 D。A 是信号的近似值（approximations），表示信号的低频分量；D 是信号的细节（detail），表示信号的高频分量。在实际应用中，信号的低频分量往往是最重要的，而高频分量只起修饰的作用。如同人的声音，把高频分量去掉，声音会发生改变，但能听出说的是什么内容，如果把低频分量删除，就什么内容也听不出来了。

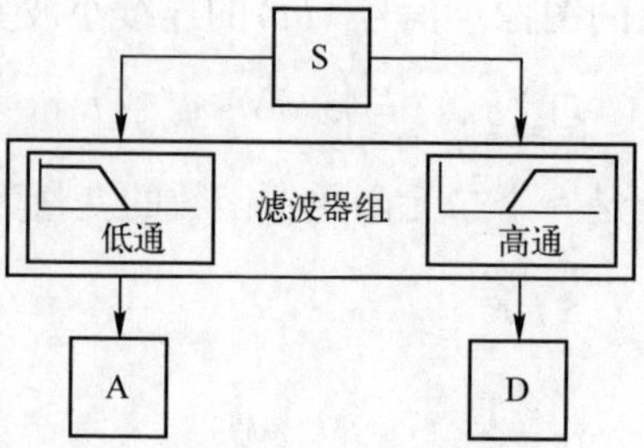

图 3-30　小波分解示意图

采用上述方法，理论上一个信号经分解所产生的数据将是原始数据的 2 倍。根据奈奎斯特（Nyquist）采样定理，通过下采样减少数据量，即对每个通道输出的数据每两个取一个，便可得到离散小波变换的系数，分别用 *cA* 和 *cD* 表示。如图 3-31 所示。

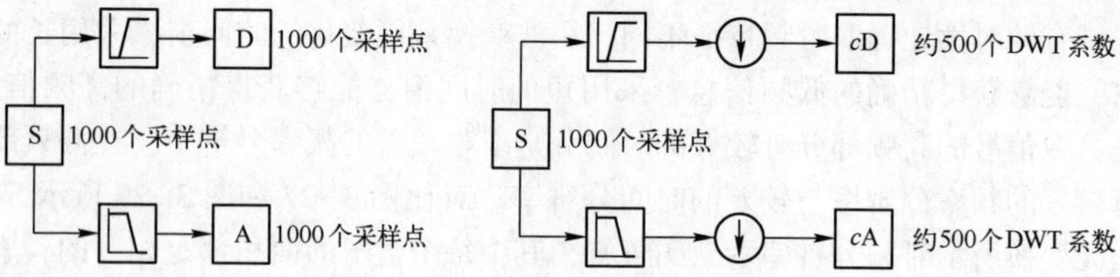

图 3-31　小波分解过程的向下采样

离散小波变换可以表示成由低通滤波器和高通滤波器组成的一棵树，称为信号的小波分解树（wavelet decomposition tree），如图 3-32 所示。原始信号经过一对互补的滤波器组进行的分解过程可以不断进行下去，也即可以进行多级分解。如果对信号的高频分量不再分解，而对低频分量进行连续分解，就可以得到信号不同分辨率下的低频分量，这称为信号的多分辨率分析。实际分解级数取决于要分析的信号特征及用户的具体需要。图 3-33 是对某个原始信号进行三级小波分解得到的，可以看出对信号的小波分解将原信号的近似特征 a 和细节特征 d 提取出来了。在原始信号的图像上，无法得知原始信号的导数不连续性。

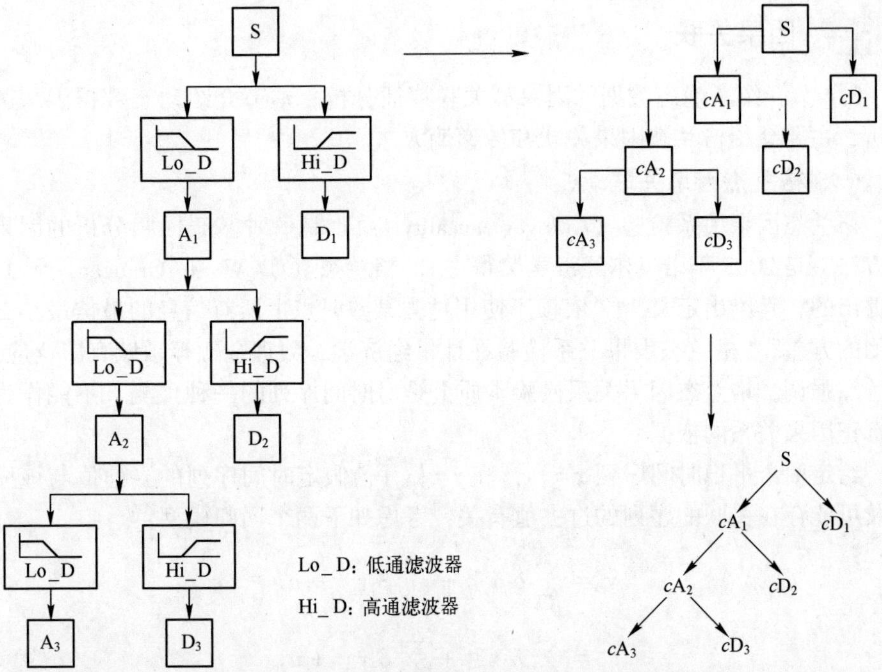

图 3-32　多级小波分解示意图（3 种表示形式）

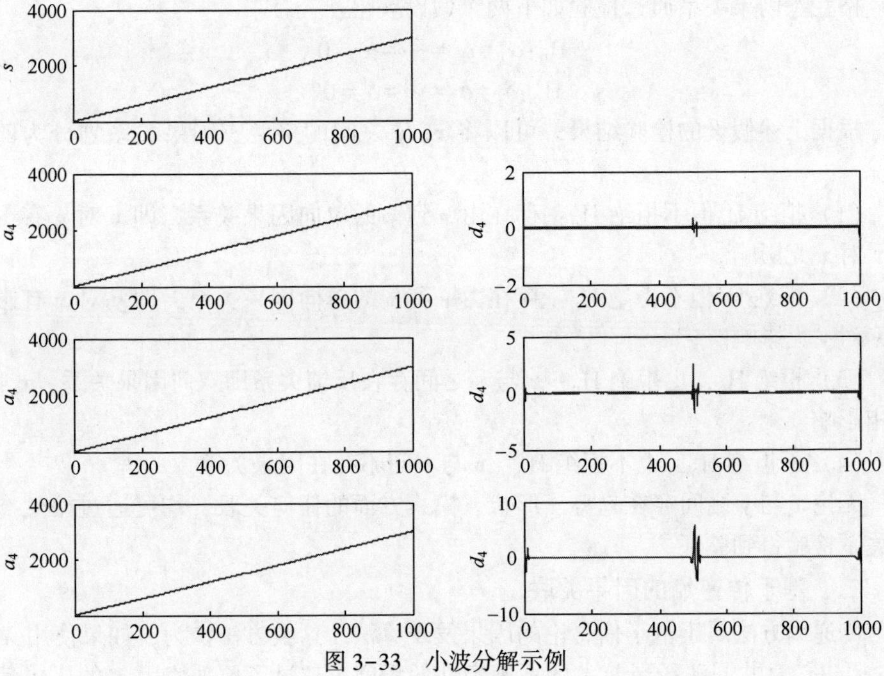

图 3-33　小波分解示例

3.5.4 因果关联

3.4 节介绍了静态数据的因果型关联特征分析。本节介绍动态数据因果关系分析，主要介绍格兰杰因果关联和传递熵方法。

一、格兰杰因果关联

格兰杰因果关系检验（Granger causality test）是一种基于回归分析的因果推断方法，是 2003 年诺贝尔经济学奖得主 C. 格兰杰（C. W. J. Granger）于 1969 年提出的，其给出定义为“依赖于使用过去某些时点上所有信息的最佳最小二乘预测的方差”。格兰杰因果关系检验在计量经济学、数理金融等领域有广泛应用。格兰杰强调，格兰杰因果关系检验本质上是对时间序列的一种预测，不能作为检验真正因果关系的依据。

给定两个平稳时间序列 $\boldsymbol{x}=\{x_t\}$ 和 $\boldsymbol{y}=\{y_t\}$，假定时间序列的当前值与该序列以及可能存在关联的序列的过去值有关，考虑如下两个回归模型：

$$y_t = \sum_{j=1}^{q} \alpha_j x_{t-j} + \sum_{j=1}^{q} \beta_j y_{t-j} + u_{1t}$$

$$x_t = \sum_{j=1}^{s} \lambda_j x_{t-j} + \sum_{j=1}^{s} \delta_j y_{t-j} + u_{2t}$$

式中：t 为时间序列长度；u_{1t} 和 u_{2t} 分别为 y_t 和 x_t 的白噪声。

格兰杰因果关系通过检验如下两个假设获得：

$$\mathrm{H}_0:\alpha_1=\alpha_2=\cdots=\alpha_q=0$$

$$\mathrm{H}_0':\delta_1=\delta_2=\cdots=\delta_s=0$$

根据上述假设的检验结果，可以将 $\boldsymbol{x}$、$\boldsymbol{y}$ 之间的格兰杰因果关系划分为四种情况：

（1）拒绝 H_0 但不拒绝 H_0'：存在由 x 到 y 的单向因果关系，即 $\boldsymbol{x}$ 对 $\boldsymbol{y}$ 有影响但 $\boldsymbol{y}$ 对 $\boldsymbol{x}$ 无影响。

（2）拒绝 H_0' 但不拒绝 H_0：存在由 y 到 x 的单向因果关系，即 $\boldsymbol{y}$ 对 $\boldsymbol{x}$ 有影响但 $\boldsymbol{x}$ 对 $\boldsymbol{y}$ 无影响。

（3）拒绝 H_0，也拒绝 H_0'：$\boldsymbol{x}$ 与 $\boldsymbol{y}$ 之间存在反馈关系即双向因果关系，$\boldsymbol{x}$ 和 $\boldsymbol{y}$ 互相影响。

（4）不拒绝 H_0，也不拒绝 H_0'：$\boldsymbol{x}$ 与 $\boldsymbol{y}$ 间不存在因果关系。

无论 $\boldsymbol{x}$ 与 $\boldsymbol{y}$ 之间存在趋势、形状、模式方面的任何关联，均可通过格兰杰因果关系检验得到验证。

二、基于传递熵的因果关联

传递熵方法属于基于信息论的因果发现算法。这类方法认为，如果使用 X 和 Y 的历史信息共同解释当前 X 的不确定性的程度，超过了单独使用 X 的历史信息量所解释的程度，则认为 Y 是 X 的原因，X 是 Y 的结果。基于信息论的因果关系推断算法适应性和扩展性强，可适用于高维非线性的时间序列。另外，基于传递熵的因果关系不具有对称性，因此比格兰杰因果关系更合理。自从传递熵被提出以来，又衍生了一系列基于传递熵的因果关系推断方法。下面介绍传递熵方法，并提出一种改进策略。

（一）多元传递熵

传递熵是 Schreiber 提出的用来衡量随机过程中有向信息流的一种非参数方法。设 $X=\{x_n,n=1,2,\cdots\}$，$Y=\{y_n,n=1,2,\cdots\}$ 为两个随机过程，X 和 Y 分别服从 k 和 l 阶马尔可夫过程，即

$$p(x_{n+1}\mid x_n,\cdots,x_1)=p(x_{n+1}\mid x_n^{(k)}),p(y_{n+1}\mid y_n,\cdots,y_1)=p(y_{n+1}\mid y_n^{(l)})$$

其中，$x_n^{(k)}=(x_n,x_{n-1},\cdots,x_{n-k+1})$，$y_n^{(l)}=(y_n,y_{n-1},\cdots,y_{n-l+1})$。传递熵定义为

$$T_{Y\to X}(k,l)=\sum p(x_{n+1},x_n^{(k)},y_n^{(l)})\log\frac{p(x_{n+1}\mid x_n^{(k)},y_n^{(l)})}{p(x_{n+1}\mid x_n^{(k)})}$$

$$T_{X\to Y}(k,l)=\sum p(y_{n+1},x_n^{(k)},y_n^{(l)})\log\frac{p(y_{n+1}\mid x_n^{(k)},y_n^{(l)})}{p(y_{n+1}\mid y_n^{(k)})}$$

（二）信息分解

设所有变量的集合为 $\boldsymbol{V}$，$\boldsymbol{V}_X\subset\boldsymbol{V}$ 是 $X\in\boldsymbol{V}$ 的原因变量的集合，称为 X 的信息贡献集，采用信息分解原理，X 的熵为

$$H_X=A_X+T_{\boldsymbol{V}_X\to X}+U_X$$

式中：A_X 为 X 自身的历史信息；$T_{\boldsymbol{V}_X\to X}$ 为集体转移熵，代表集合 $\boldsymbol{V}_X$ 中的变量整体对 X 提供的信息；U_X 为不确定或随机性。上式说明，X 的下一个状态 x_{n+1} 是由 X 的历史信息、原因变量提供的信息以及不确定性信息共同决定的，这些信息是预测变量 X 的下一个状态 x_{n+1} 的所有信息。

考虑每个原因变量的贡献。设 $\{Z_1,Z_2,\cdots,Z_G\}$ 是集合 $\boldsymbol{V}_X$ 中变量的任意排序，将其任意有序子集表示为

$$\boldsymbol{V}_X^{<g}=\{Z_c:1\leqslant c<g\leqslant G\}$$
$$\boldsymbol{v}_{x,n}^{<g}=\{z_{c,n}:1\leqslant c<g\leqslant G\}$$

将集体转移熵分解为

$$T_{\boldsymbol{V}_X\to X}=\sum_g I(z_{g,n};x_{n+1}\mid x_n^{(k)},v_{x,n}^{<g})$$

上式中的每项是特定原因变量 Z_g 增加的信息，该信息既不包含预测变量的历史信息，也不包含 $\boldsymbol{V}_X^{<g}$ 中解释变量提供的信息。每项都是一项传递熵，如下所示：

$$T_{\boldsymbol{V}_X\to X}=I(z_{1,n};x_{n+1}\mid x_n^{(k)})+I(z_{2,n};x_{n+1}\mid x_n^{(k)},z_{1,n})+\cdots+I(z_{G,n};x_{n+1}\mid x_n^{(k)},\boldsymbol{v}_{x,n}^{<G})$$

总结起来，可以得到 X 的熵：

$$H_X = A_X + \sum_g I(z_{g,n};x_{n+1} \mid x_n^{(k)},v_{x,n}^{<g}) + U_X$$

可以看出，预测 x_{n+1} 所需的信息包括自身的历史信息，$\boldsymbol{V}_X$ 里面每个原因变量的信息，以及随机不确定性信息。

（三）因果发现算法

在信息分解的基础上，可以用多元传递熵来寻找特定变量的原因变量。对于变量 X，这里称为结果变量，多元传递熵包括如下四个步骤：

（1）初始化结果变量 X 的原因变量集合 $\boldsymbol{V}_X=\varnothing$，候选原因变量集合为 $\boldsymbol{V}_0=\boldsymbol{V}$。

（2）对每个变量 $Z\in\boldsymbol{V}_0$，计算它们对 X 贡献的信息量，找出信息量最大的变量 Z^*，置 $\boldsymbol{V}_0=\boldsymbol{V}_0-\{Z^*\}$。通过最大值统计检验确定 Z^* 是否可以视作 X 的原因变量，若通过检验，则 $\boldsymbol{V}_X=\boldsymbol{V}_X+\{Z^*\}$。重复此步骤，直到 $\boldsymbol{V}_0=\varnothing$ 为止。

（3）对 $\boldsymbol{V}_X$ 进行剪枝，即使用最小统计检验测试并删除 $\boldsymbol{V}_X$ 中的多余变量。

（4）检验作为整体的 $\boldsymbol{V}_X$ 的解释作用。

上述多元传递熵方法容易造成因果关系误判，这是因为，其中的步骤（2）只要求变量 Z 对 X 提供的信息在统计上是显著的（即 $\forall Z\in\boldsymbol{V}_X$，$T_{Z\to X\mid \boldsymbol{V}_{X/Z}}$ 是统计显著的），就把 Z 添加到原因变量集合 $\boldsymbol{V}_X$ 中。这样做可能产生的一个问题是：如果 $T_{Z\to X}$ 在统计上是显著的，$T_{X\to Z}$ 在统计上也是显著的，则 X 与 Z 互为因果，这不符合因果逻辑。从因果关系的角度来说，如果一个变量是原因变量，那么它对结果变量贡献的信息，要比结果变量对原因变量贡献的信息多。这种信息量贡献的差异体现在两者传递熵的差值中，因此可以把传递熵的差值称为方向传递熵。于是，可以判断两个变量的方向传递熵是否显著，从而判断其因果关系的强度和方向。方向传递熵定义如下：

$$\mathrm{TE}_{Z\to X}=T_{Z\to X}-T_{X\to Z}$$

检验 Z 是否是 X 的原因变量，则计算 $\mathrm{TE}_{Z\to X}$；如果 $\mathrm{TE}_{Z\to X}$ 小于零，则 Z 不是 X 的原因变量。如果 $\mathrm{TE}_{Z\to X}$ 非零，则通过均值统计检验判断 $\mathrm{TE}_{Z\to X}$ 是否显著。

假设通过多元传递熵，得到变量 X 的初始原因变量集合为 $\boldsymbol{V}_X$，均值统计检验的步骤如下：

（1）对于每个变量 $c\in\boldsymbol{V}_X$，产生 S 个替代的时间序列 $C'_{j,1},\cdots,C'_{j,S}$，计算相应的传递熵差值 $\mathrm{TE}_{C'_{j,1}\to X},\mathrm{TE}_{C'_{j,2}\to X},\cdots,\mathrm{TE}_{C'_{j,S}\to X}$。$S$ 的数量要大于或等于 $1/\alpha_{\max}$，$\alpha_{\max}$ 为显著性水平。

（2）用所有候选原因变量的每个替代时间序列，计算下式：

$$\mathrm{TE}_s^* := \mathrm{mean}(\mathrm{TE}_{1,s},\mathrm{TE}_{2,s},\cdots,\mathrm{TE}_{n,s})$$

式中：n 为候选原因变量的数量，也是需要比较的次数。得到的 $\mathrm{TE}_1^*,\mathrm{TE}_2^*,\cdots,$

TE_S^* 代表均值统计值的分布。

（3）计算 $TE_{Z\to X}$ 的 p 值作为大于 $TE_{Z\to X}$ 的替代均值统计值的分数。

（4）如果 p 值小于 α_{max}，则 $TE_{Z\to X}$ 是显著的。

均值统计检验[10]表明，只有 $TE_{Z\to X}$ 比 $TE_{X\to Z}$ 足够大时，才能将变量 Z 视为 X 的原因变量。

三、卫星遥测数据因果关联分析案例

取某星有 17 个典型遥测参数和其一定时间内的遥测数据，识别其因果关系。有关数据描述如表 3-8 所列，图 3-34 是部分遥测数据，其中 IN7、VN2、TN10 分别为电流、电压、温度的遥测数据。可以看出，遥测数据的变化很复杂，难以看出相互之间的关系。

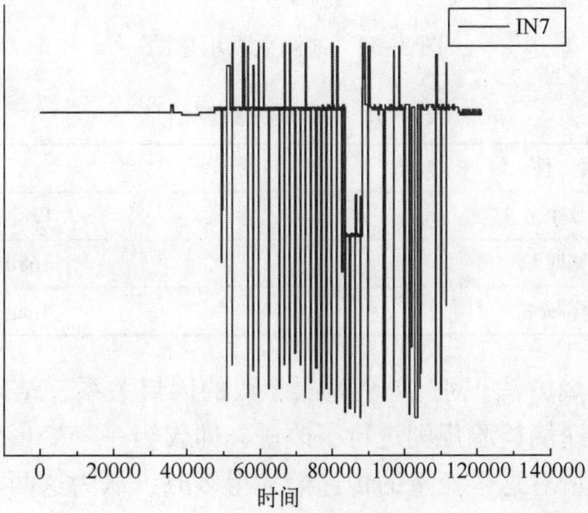

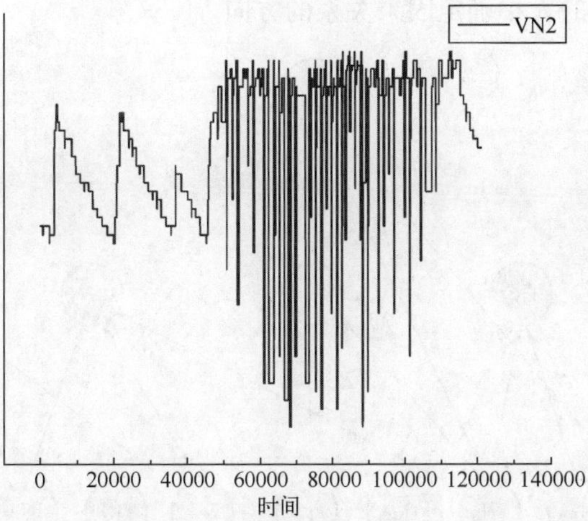

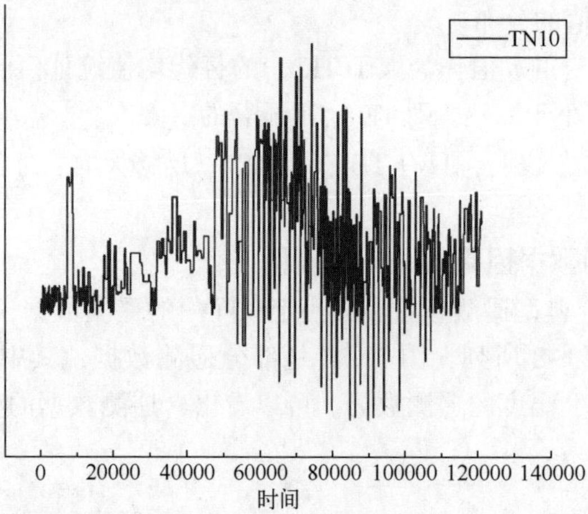

图 3-34　遥测数据示意图

表 3-8　某星遥测数据信息

属　性	值
参数个数	17 个
数据时长	168d
采样频率	1min

利用多元传递熵方法识别 17 个遥测参数的因果关系，结果如图 3-35 所示。这里对原始多元传递熵检验规则进行了改进，即仅当一个变量对另一个变量的传递熵，比另一个变量对这个变量的传递熵大得多时，认为这两个变量存在因果关系，并根据传递熵的大小确定因果关系的方向。

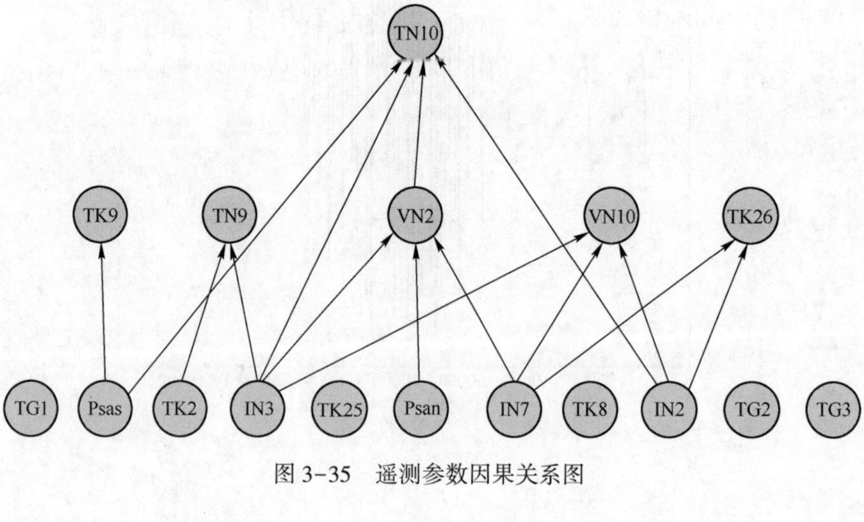

图 3-35　遥测参数因果关系图

3.6　非结构化数据特征

对非结构化数据提取特征，首先要转化为结构化数据。比如文本数据转化为向量，图像数据转化为张量等。非结构数据数据结构化后的特点是维数非常高，并且很多情况下具有稀疏性。与数据集合、数据序列相比，非结构数据特征分析有明显的特殊性，也取得了大量成果。本节简单介绍文本数据和图像数据的特征，以说明非结构化数据特征分析的特点。

3.6.1　文本数据特征

文本数据是指不能参与算术运算的任何字符，也称字符型数据，如英文字母、汉字，不作为数值使用的数字以及其他可输入的字符等。文本数据通常由文档组成，文档是表示单词、短语、句子、文本的段落。文本数据没有固定的结构和整齐的格式，但是有句法结构。文本数据的特征分析有传统的基于数学、信息检索和自然语言处理概念的策略，也有目前基于深度学习模型的策略。这里简单介绍传统的文本数据特征。

一、词袋模型

词袋（bag of words）是最简单的文本数据特征，即将文本映射成一个词向量，向量的每个分量表示词汇表中的一个单词，向量中每个位置上的数值表示该单词在文本中出现的次数，向量的长度是词汇表的大小。换句话说，词袋向量中每个单词都是向量的一个维度，如果词汇表中有 n 个单词，那么一篇文档就是 n 维空间的一个点。如图 3-36 所示为基于某个词汇表对原始文本定义的词袋，然后可以采用比如支持向量机等方法，基于词袋对文本数据进行分类。

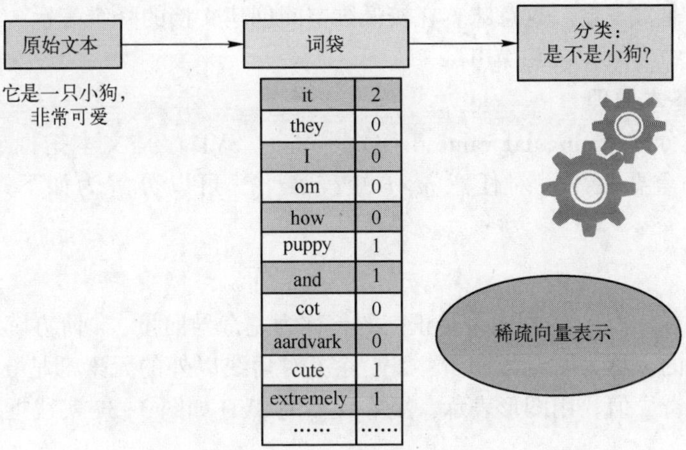

图 3-36　词袋示例

上述词袋不包含原始文本数据的任何结构特征。比如，向量中单词的顺序并不重要，只要求各单词的顺序对数据集的所有文档中一致；词袋也不表示任何单词层次，比如“anamial”包括“dog”“cat”等，但是在词袋中这些单词都是平等的。这种以单词作为维度的词袋，又称一元词袋，作为词袋的扩展，还有 p 元词袋即对 p 个标记组成的序列进行计数，p 元词袋可以保留文本中的某种序列结构。

词袋无差别地对待所有单词，有时需要能够突出有意义单词的表示方法。tf-idf 是对词袋法的一种扩展，它计算的不是（多个文档构成的）数据集中每个单词在每个文档中的原始计数，而是归一化计数，其中每个单词的计数要除以包含这个单词的文档的数量，即

$$\text{bow}(\text{w},d)=\text{单词 w 出现在文档 } d \text{ 中的次数}$$

$$\text{tf-idf}(\text{w},d)=\text{bow}(\text{w},d)\times N/(\text{包含单词 w 的文档数量})$$

式中：N 为数据集中的文档总数；$N/$(包含单词 w 的文档数量）为逆文档频率。一个单词在很多文档中都出现，它的逆文档频率就接近 1；一个单词只出现在少数几个文档中，它的逆文档频率就很高。可以使用逆文档频率的对数来更好地表示词频-逆文档频率，即

$$\text{tf-idf}(\text{w},d)=\text{bow}(\text{w},d)\times\log(N/(\text{包含单词 w 的文档数量}))$$

于是，几乎出现在所有文档中的单词的计数接近 0。tf-idf 更突出罕见词，忽略常见词，因此对于确定一段文字的整体基调和体现情感是很有用的。

二、奇异值分解

文本向量的维数一般高达上万维，并且存在一词多义、多词一义以及上下文相关等语义特性。因此，将高维的原始文本向量进一步转换，使其格式紧凑且包含重要信息非常重要。这意味着在较低维空间创建文档的降维表示，同时有助于从原始数据中去除冗余和噪声。

（一）基本原理

奇异值分解（singular value decomposition，SVD）是文本挖掘或自然语言处理降维的重要技术。对任意 $m\times n$ 矩阵 $\boldsymbol{A}_{m\times n}$，可以分解为如下矩阵乘积的形式：

$$\boldsymbol{A}_{m\times n}=\boldsymbol{U}_{m\times m}\times\boldsymbol{\Sigma}_{m\times n}\times\boldsymbol{V}_{n\times n}^{\mathrm{T}}$$

其中，m 阶方阵 $\boldsymbol{U}_{m\times m}$ 的列向量是正交的，称为左奇异向量；n 阶方阵 $\boldsymbol{V}_{n\times n}$ 的列向量也是正交的，称为右奇异向量；$\boldsymbol{\Sigma}_{m\times n}$ 除了对角线以外的元素都是 0，对角线上的元素称为奇异值。用图形表示，矩阵 $\boldsymbol{A}_{m\times n}$ 的 SVD 如图 3-37 实线框所示，其中假设 $m>n$。

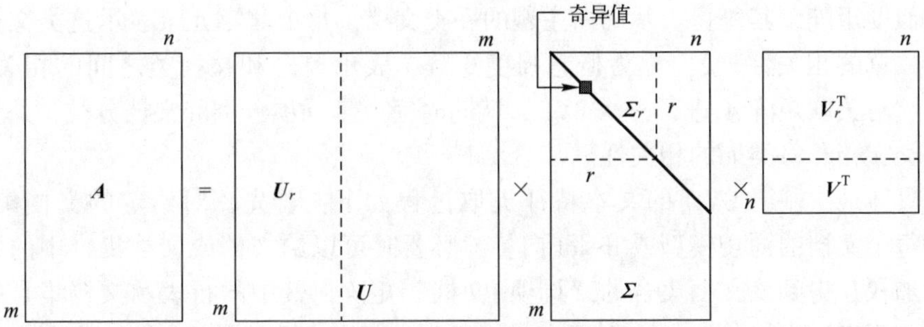

图 3-37 奇异值分解示意图

下面给出求上述 3 个分解矩阵的过程，其原理略。首先求 $\boldsymbol{V}$，这通过求 $n\times n$ 方阵 $\boldsymbol{A}^{\mathrm{T}}\boldsymbol{A}$ 的特征值 λ_i 和相应的特征向量 $\boldsymbol{v}_i$ 得到，即 $\boldsymbol{A}^{\mathrm{T}}\boldsymbol{A}$ 的所有特征向量张成的 $n\times n$ 矩阵为 $\boldsymbol{V}$，$\boldsymbol{V}$ 中的每个特征向量叫作 $\boldsymbol{A}$ 的右奇异向量。为了求 $\boldsymbol{U}$，求解 $\boldsymbol{A}\boldsymbol{A}^{\mathrm{T}}$ 的所有特征向量并张成一个 $m\times m$ 矩阵 $\boldsymbol{U}$，$\boldsymbol{U}$ 中的每个特征向量 $\boldsymbol{u}_i$ 叫作 $\boldsymbol{A}$ 的左奇异向量。求奇异值矩阵 $\boldsymbol{\Sigma}$ 的过程如下。由 $\boldsymbol{A}=\boldsymbol{U}\boldsymbol{\Sigma}\boldsymbol{V}^{\mathrm{T}}$，两边同乘以 $\boldsymbol{V}$，得到 $\boldsymbol{A}\boldsymbol{V}=\boldsymbol{U}\boldsymbol{\Sigma}$，这相当于对给定的 i，有 $\boldsymbol{A}\boldsymbol{v}_i=\sigma_i\boldsymbol{u}_i$，于是第 i 个奇异值 σ_i 为

$$\sigma_i=\boldsymbol{A}\boldsymbol{v}_i/\boldsymbol{u}_i$$

由于 m 可能不等于 n，因此 $\boldsymbol{v}_i$ 和 $\boldsymbol{u}_i$ 的数量可能不匹配，只要取 $\min\{m,n\}$ 即可。比如，如果 $\boldsymbol{v}_i$ 有 2 个，$\boldsymbol{u}_i$ 有 3 个，则只需考虑 $i=1,2$。实际上，σ_i 与 $\boldsymbol{A}^{\mathrm{T}}\boldsymbol{A}$ 的特征值 λ_i 有如下关系：

$$\sigma_i=\sqrt{\lambda_i}\quad(i=1,2,\cdots,\min\{m,n\})$$

SVD 将原始矩阵表示为低秩矩阵的线性组合，即 $\boldsymbol{A}=\sum\sigma_i\boldsymbol{u}_i\boldsymbol{v}_i^{\mathrm{T}}$。在实际应用中，只有前几个（比如 r 个）奇异值很大，其余的奇异值接近零。这时，可以忽略除前几个之外的线性组合而不会丢失主要信息，从而达到降维的效果，如图 3-37 虚线框部分所示。这也是采用 SVD 提取文本特征，进行潜在语义分析（latent semantic analysis，LSA）的原理。

（二）潜在语义分析

潜在语义分析也称潜在语义索引（latent semantic indexing，LSI），是一种文本向量表示技术。LSA 严重依赖 SVD 算法。在 LSA 中，SVD 的 3 个矩阵有清晰的物理含义。假设采用降维形式的 SVD，即

$$\boldsymbol{A}_{m\times n}\approx\boldsymbol{U}_{m\times r}\times\boldsymbol{\Sigma}_{r\times r}\times\boldsymbol{V}_{n\times r}^{\mathrm{T}}$$

其中，$\boldsymbol{A}_{m\times n}$ 是 m 个词项、n 个文档的“词项-文档”矩阵（term-by-document matrix），又称关联矩阵。$\boldsymbol{U}_{m\times r}$ 是 m 个词项、r 个概念的词项-概念相似度矩阵，其每列表示意思相关的一类词（概念），每个非零元素表示这类词中每个词的重要性（或者说相关性），数值越大越相关。$\boldsymbol{V}_{r\times n}$ 为 r 个概念、n 个文档的概念-文

档相似度矩阵，其每行表示同一主题的一类文档，每个非零元素表示这类文档中每篇文章的相关性。$\boldsymbol{\Sigma}_{r\times r}$称为概念强度矩阵，表示概念和文档类之间的相关性。于是，对关联矩阵$\boldsymbol{A}$进行一次 SVD，就同时完成了词项分类和文档分类，并且得到每类文档和每类词的相关性。

具体地，基于 SVD 的文本特征提取过程如下：首先，对给定的文档集合，创建每个文档的词袋模型或 tf-idf 向量，必要时可以给文档或文档集合中的某些词项加权，得到该文档集合的“词项-文档”矩阵，其中的行表示文档集合中的词项，列表示文档。比如，下面有 9 个标题，已经用下划线标出索引项（index terms），即在两个或多个标题中出现的非停止词。

标题 1：The neatest little guide to stock market investing

标题 2：Investing for dummies，4th edition

标题 3：The little book of common sense investing：the only way to guarantee your fair share of stock market returns

标题 4：The little book of value investing

标题 5：Value investing：from graham to buffett and beyond

标题 6：Rich dad's guide to investing：what the rich invest in，that the poor and the middle class do not!

标题 7：Investing in real estate，5th edition

标题 8：Stock investing for dummies

标题 9：Rich dad's advisors：the abc's of real estate investing：the secrets of finding hidden profits most investors miss

将上述文档（标题）集合转化为词项-文档矩阵$\boldsymbol{A}$，如表 3-9 所示。矩阵$\boldsymbol{A}$的每行表示每个词在哪些标题中出现（每行是一个原始特征），每列表示每个标题中出现哪些词，比如标题 1 中出现 guide、investing、market、stock 四个词，且各出现一次，于是对应位置的矩阵元素取值为 1。

表 3-9　示例的词项-文档矩阵

单　词	标题 1	标题 2	标题 3	标题 4	标题 5	标题 6	标题 7	标题 8	标题 9
book			1	1					
dads						1			1
dummies		1						1	
estate							1		1
guide	1					1			
investing	1	1	1	1	1	1	1	1	1

续表

单　词	标题 1	标题 2	标题 3	标题 4	标题 5	标题 6	标题 7	标题 8	标题 9
market	1		1						
real							1		1
rich						2			1
stock	1		1					1	
value				1	1				

该关联矩阵 $\boldsymbol{A}$ 的秩为 9，对其进行 SVD 并保留最大的 3 个特征值和对应的特征向量，得到的矩阵分解结果 $\boldsymbol{U}_{11\times3}$、$\boldsymbol{\Sigma}_{3\times3}$、$\boldsymbol{V}_{3\times9}$ 如表 3-10～表 3-12 所示，在三维空间内的词项和文档的投影如图 3-38 所示。

表 3-10　矩阵 $\boldsymbol{U}_{11\times3}$

book	0. 152836	−0. 266030	0. 044503
dads	0. 237464	0. 378263	−0. 085960
dummies	0. 130265	−0. 17428	0. 069014
estate	0. 184404	0. 193948	0. 445690
guide	0. 216123	0. 087272	−0. 460120
investing	0. 740097	−0. 211150	0. 210753
market	0. 176876	−0. 297910	−0. 283200
real	0. 184404	0. 193948	0. 445690
rich	0. 363078	0. 588541	−0. 341200
stock	0. 250194	−0. 415580	−0. 284350
value	0. 122936	−0. 143180	0. 234491

表 3-11　矩阵 $\boldsymbol{\Sigma}_{3\times3}$

3. 909418	0	0
0	2. 609119	0
0	0	1. 996828

表 3-12　矩阵 $\boldsymbol{V}_{3\times9}$

标题 1	标题 2	标题 3	标题 4	标题 5	标题 6	标题 7	标题 8	标题 9
0. 353835	−0. 320940	−0. 409110	0. 279573	0. 225487	0. 576385	−0. 066430	−0. 005280	0. 372511
0. 222632	−0. 147720	0. 140106	0. 050126	−0. 594680	−0. 055120	−0. 606050	−0. 413090	0. 108838
0. 337647	−0. 456350	−0. 156400	0. 054865	0. 410648	−0. 532580	−0. 042480	−0. 254500	−0. 362520

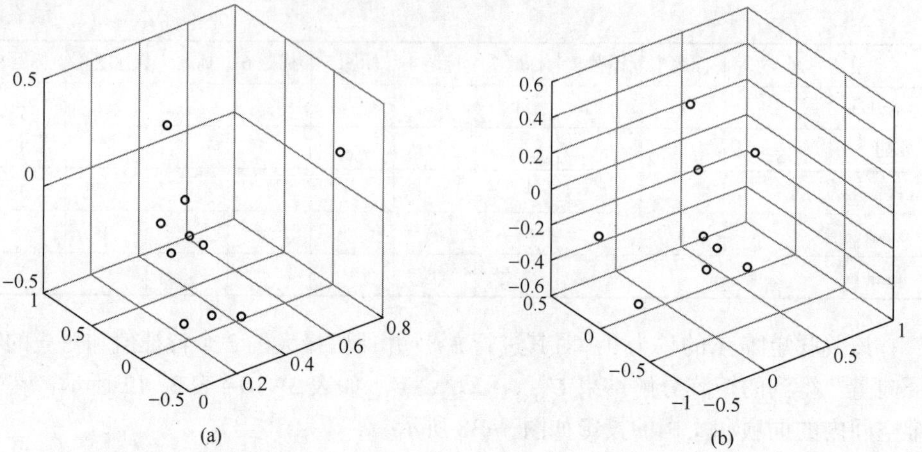

图 3-38　词项（a）和文档（b）的三维投影表示

（三）与主成分分析的关系

第 2 章为了降维提出了主成分分析（PCA）方法。实际上，PCA 可以认为是 SVD 的特例，实现了 SVD，也就实现了 PCA。而且基于 SVD，可以得到两个方向的 PCA，即原始特征的降维和原始数据的压缩。假设有 m 个观测，n 个原始特征，$m \times n$ 矩阵 $\boldsymbol{A}$ 的行表示观测，列表示特征。

设 SVD 分解式如下，注意这里行和列的含义：

$$\boldsymbol{A}_{m\times n} \approx \boldsymbol{U}_{m\times r} \times \boldsymbol{\Sigma}_{r\times r} \times \boldsymbol{V}^{\mathrm{T}}_{n\times r}$$

两边同时乘以矩阵 $\boldsymbol{V}_{r\times n}$，由 $\boldsymbol{V}_{r\times n}$ 的列向量的正交性，得到

$$\boldsymbol{A}_{m\times n} \boldsymbol{V}_{n\times r} \approx \boldsymbol{U}_{m\times r} \times \boldsymbol{\Sigma}_{r\times r}$$

将上式与 PCA 对照，可以看出这里的 $\boldsymbol{V}_{r\times n}$ 就是 PCA 里的投影变换，是将 $m\times n$ 矩阵 $\boldsymbol{A}$ 压缩到一个 $m\times r$ 的矩阵，也就是对列进行压缩。

基丁 SVD 还可以对行进行压缩。对 SVD 分解两边乘以 $\boldsymbol{U}_{m\times r}$ 的转置，得到

$$\boldsymbol{U}^{\mathrm{T}}_{m\times r} \times \boldsymbol{A}_{m\times n} \approx \boldsymbol{\Sigma}_{r\times r} \times \boldsymbol{V}^{\mathrm{T}}_{n\times r}$$

这样就得到了对行进行压缩的公式。显然，这里的压缩可以理解为对一些相似的观测向量进行合并，或者去掉没有太大价值的观测向量，从而减少了数据量。

从几何上看，PCA 利用协方差矩阵 $\boldsymbol{C}$，通过旋转变换得到原始空间的一组新的标准正交基，使对任意向量 $\boldsymbol{a}$ 的变换 $\boldsymbol{C}\cdot\boldsymbol{a}$，相当于在新的基向量的各个方向上的拉伸（$\lambda_i$ 倍，λ_i 为 $\boldsymbol{C}$ 的特征值）。而 SVD 利用原始特征矩阵 $\boldsymbol{A}$，其在原始空间（维数 m）找到一组新的标准正交基 $\boldsymbol{v}_i$，在目标空间（维数 n，且 $n\geqslant m$）也找到一组正交基 $\boldsymbol{u}_i$，使对任意向量 $\boldsymbol{a}$，其在原始空间的变换 $\boldsymbol{A}\cdot\boldsymbol{a}$，相当于在目标空间的基向量的各个方向上的拉伸（$\sigma_i$ 倍，σ_i 为 $\boldsymbol{A}$ 的奇异值）。

3.6.2 图像数据特征

图像数据有很多特征，包括颜色特征、纹理特征、形状特征、空间关系特征等。颜色特征是基于像素点的特征，包括颜色直方图、颜色集、颜色矩、颜色聚合向量、颜色相关图等。纹理特征是一种（区域）统计特征，有各种提取纹理特征的方法，比如提取灰度共生矩阵的统计方法、获得纹理基元的几何法、采用模型的参数作为纹理特征的模型法，以及小波变换等信号处理法。形状特征分为轮廓特征和区域特征，前者主要针对物体的外边界，后者针对整个形状区域，主要有边界特征法、形状描述符法、几何参数法、形状不变矩法等。空间关系特征则通过图像分割、图像子块特征等描述。

从图像数据提取特征的依据，取决于具体应用需要。比如，从图像数据库中找出相似的图片，考虑不同颜色在图像中的比例，就没有什么意义。一般来说，对于图像数据，单个像素或像素的无序集合，不能提供关于图像的语义信息，难以满足图像匹配的任务要求，人们需要更好的图像表示。

一、尺度不变特征变换

1999 年 David Lowe 提出的尺度不变特征变换（Scale-Invariant Feature Transform，SIFT）是一种经典的图像特征构造方法，它从图像中提取出关键点（或特征点、角点）的位置、尺度和方向信息，并用一组数值向量对关键点进行描述。尺度信息保证了特征的尺度不变性，方向则保证特征的旋转不变性。通过 SIFT 获得的数值向量与关键点一一对应，相似的关键点的特征向量的差异尽可能小。

SIFT 运用相邻像素之间的差别提取关键点，其步骤如下。首先，利用相同大小的相邻高斯尺度的灰度图像进行减法运算，得到高斯差分图像，形成图像金字塔，如图 3-39 所示。其次，在高斯差分图像上检测关键点：如果一个像素点比它周围 8 个点以及两个相邻的高斯差分图像上对应的 18 个点的像素值（共 26 个）都大或都小，则该点为关键点。再次，确定该关键点的尺度和方向信息。关键点的尺度信息来自关键点所在的高斯差分图像，等于该图像与原图的长宽比例，以及关键点所在的高斯差分图像的高斯尺度。方向信息来自由关键点所在的系数×高斯尺度为长宽的正方形区域内，像素点之间梯度变化的方向确定。具体地，将方向划分到以 45°为间隔的 8 个方向内进行统计，频数最多的方向为该关键点的主方向。最后，对关键点进行描述。以关键点的主方向作为特征描述的 X 轴，在其坐标系的 4 个象限上分别划出 2×2 个小格子，每个小格子分别对格子中的灰度变化方向进行统计。每个小格子统计出来一个按照 8 个方向划分，8 个方向的数量归一化后的结果，成为一个八维的向量。一共有 4 个象限即 4×4 个小格子，4×4×8＝128（维），最终 SIFT 的关键点将用 128 维向量表示，如图 3-40 所示。如果主方向为 45°的倍数，将其作为主方向描述后，有些位置的灰度值和方向需要通过插值得到。

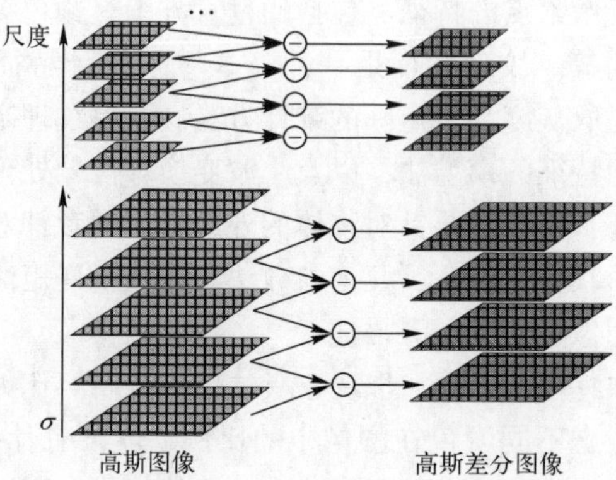

图 3-39　尺度空间与图像金字塔

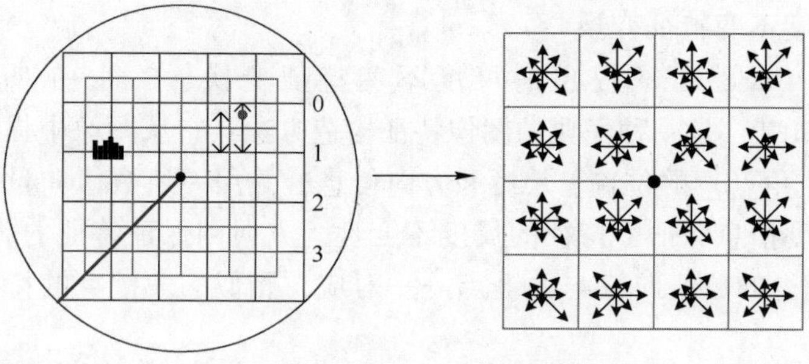

图 3-40　图像描述符梯度直方图

二、卷积变换

卷积又称线性滤波，可以理解为对原始数据的局部进行加权平均的变换，以去除不理想的成分或特性。数学上的卷积定义如下：

$$(f*g)(t)=\int_{-\infty}^{+\infty}f(\tau)g(t-\tau)\,\mathrm{d}\tau$$

也就是说，函数 f 与函数 g 的卷积是将函数 g 反转和位移后再与 f 相乘，然后积分得到的。图 3-41 所示为函数卷积变化示意图，其中，函数 g 是过滤器，它被反转后再沿水平轴滑动，在每个位置计算 f 和反转后的 g 之间相交区域的面积，这个相交区域的面积就是特定位置的卷积值。

与卷积有关的一个操作称作互相关（cross correlation），其操作过程中滤波器不经过反转，而是直接滑过并与函数 f 相乘，f 和 g 之间相交区域记为互相关，如图 3-42 所示。卷积神经网络（CNN）中的卷积操作实际上是互相关操作。

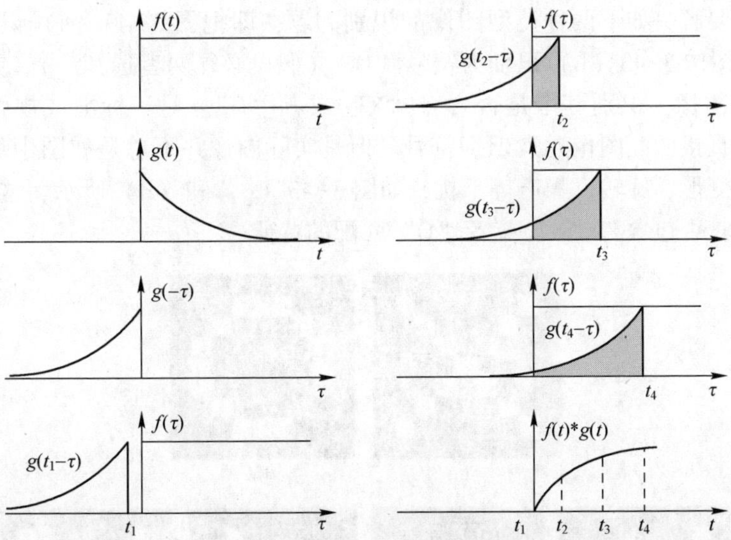

图 3-41　函数卷积变换示意图

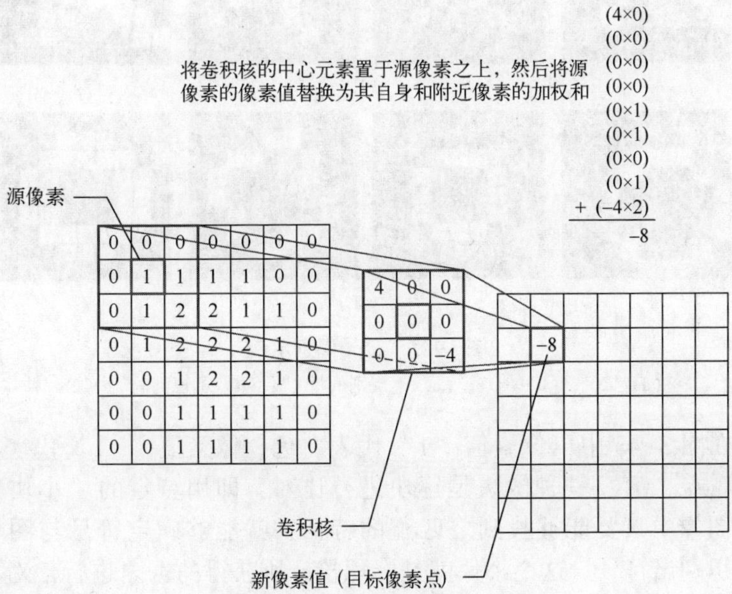

图 3-42　图像卷积操作示例

对于实际中的采样数据，卷积运算通过卷积核实现。对一维时间序列数据，卷积核是一维的。图像数据需要使用二维卷积核（二维滤波器矩阵）进行卷积操作。通过卷积操作提取出与卷积核“匹配”的信号局部特征。其基本原理说明如下。

假设要解决如下两种类型图像的识别问题，即把图 3-43（a）识别为符号“X”，把图像 3-43（b）识别为符号“O”（假设必须两者选其一）。更一般地，输入一幅图像，识别其中是否含有“X”或者“O”。对于标准或规则的图像，显然可以直接匹配图像元素识别符号。但是实际图像并不总是如图中那么规则，而是存在变形、旋转、噪声等干扰，如图 3-43（c）和（d）所示，这时就要找出图像中是否包含与“X”或者“O”匹配的特征。

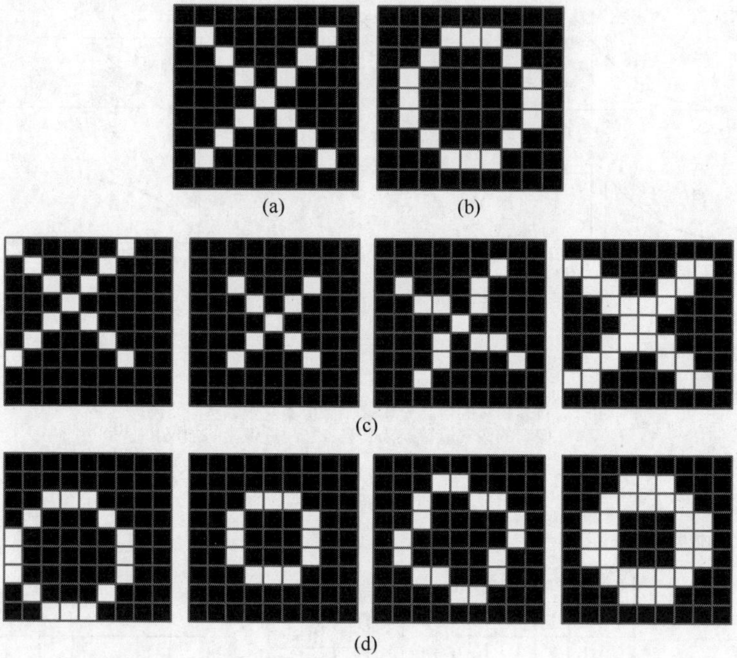

图 3-43　符号识别示例

（a）“X”；（b）“O”；（c）不规则的“X”；（d）不规则的“O”。

假设在图 3-43 中以像素值“1”代表白色，像素值“-1”代表黑色。为识别“X”或“O”，一种做法是逐块进行比对，即用特定的“小块”来比对图像，在图像中只要能够找到之匹配的特征，就能够确定符号与图像的相似性，进而识别出符号。这个小块就是卷积核，所获得的据之进行比对的结果称为特征。

以字母“X”为例，由对角线和交叉线组成的卷积核能够识别出大多数包含“X”形状的图像所具有的特征，如图 3-44（a）所示。图 3-44（b）所示卷积核用来提取任何含有字母“X”的图像中字母 X 的四个角和它的中心。比如，给定一张包含“X”的图像，利用卷积核在原图中每一个可能的位置进行尝试，即使用该卷积核在图像上进行滑动，每滑动一次就进行一次卷积操作，得到一个特征值（注意卷积后图像相比原始图像变小了）。最后得到的特征数据称为特征映射（feature map），其中的数值越接近 1，表示对应位置的特征与卷积核代表的特征越接近；越接近-1，表示对应位置的特征与卷积核代表的反向特征越匹配；而值接近 0 的表示对应位置没有任何匹配或者说没有什么关联。也就是说，特征映射表示了提取出的相应卷积核匹配的特征。

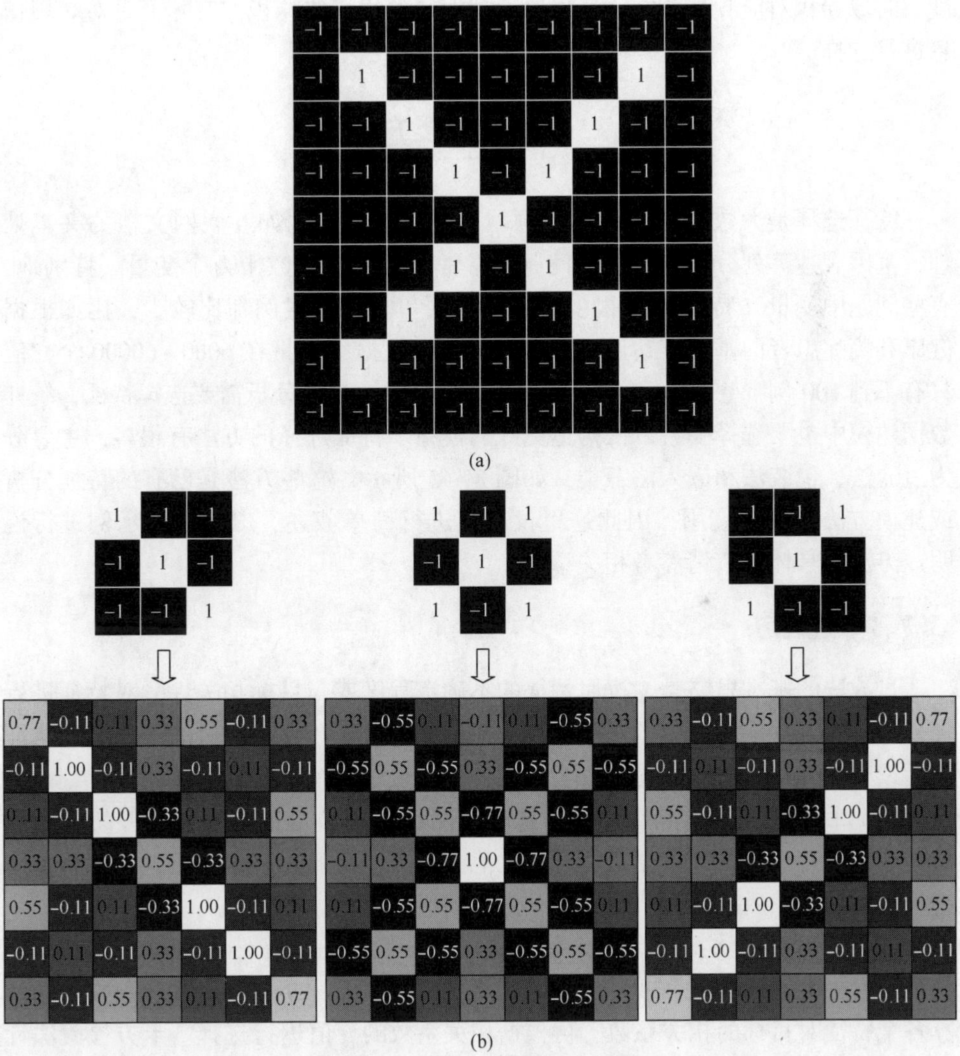

图 3-44　CNN 中卷积操作提取特征

（a）字母“X”的图像；（b）卷积核及其卷积操作结果。

上面的例子说明，每个卷积核可以提取特定的特征，不同卷积核提取不同的特征。比如，图像中的边缘和轮廓属于是高频信息，图像中某区域强度的综合属于低频信息。在图像特征提取时，可以设计相应的卷积核提取相应的高频或低频特征。当然，卷积的结果并不是单个数值，而是新的数据向量、序列或张量，这个新的数据也有自己的特征。这些新的特征是对原始数据局部特征的“放大”，因此关注这些特征的问题，能够比原始数据取得更好的结果。从信号处理的角度，时域卷积对应频域相乘。所以原始数据与卷积核的卷积，实际上是对频域信息进行选择。

3.7 特征选择方法

特征选择是大数据分析各应用领域研究的热点，比如互联网文档的文本处理、基因表达阵列分析等，这些问题中常常有数万个或数十万个变量。特别地，有些问题中变量（特征）数很多，用于测试和验证的案例却比较少，比如根据健康和癌症患者的基因表达谱进行分类，原始数据中变量在 6000～60000 个，但只有不到 100 例（患者）可供训练和测试。不仅大数据分析需要选择特征，统计数据建模中也要选择变量以便构造更好的模型。特征选择的方法有很多，主要分为过滤法、包装法和嵌入法三类，如图 3-45 所示。这些方法是已有的特征分析或建模方法的具体应用，因此这里仅对其进行简单叙述，以及通过示例进行说明，方法的具体细节请参考相关章节。

3.7.1 过滤法

过滤法的基本思路是，按照特征的不确定程度或与目标相关性，对特征进行评分并排序，并依据设定的阈值或待选择特征个数选择特征。过滤法选择的特征与后续建模无关。过滤法可以分为两大类，即目标无关法和目标相关法。

（1）目标无关法，其在选择特征时只考虑特征自身的特性，典型的如方差选择法。方差选择法的依据是特征变化范围越大，价值越高。为此，先计算各个特征的方差，然后根据阈值选择方差大于阈值的特征。

（2）目标相关法，包括相关系数法、卡方检验法、互信息法等，通过衡量特征与目标变量的相关程度，选择与目标最“密切”的特征。相关系数法先计算各个特征对目标的相关系数，再根据相关系数的 p 值进行选择。卡方检验法针对定性特征与定性目标的相关性。

在目标相关法中，一元线性回归的判定系数 R^2 与相关系数等价，是解释特征与目标之间的线性关系、为变量排序的一个合适指标。R^2 可以推广到两分类的情况，并且与 Fisher 标准、t 检验等密切相关。通过对目标进行非线性拟合，并根据拟合优度排序，可以用 R^2 检验非线性相关关系。不过，非线性拟合存在过拟合风险，这时可以采用非线性预处理，例如进行平方、平方根、对数、倒数等变换，然后使用线性回归。

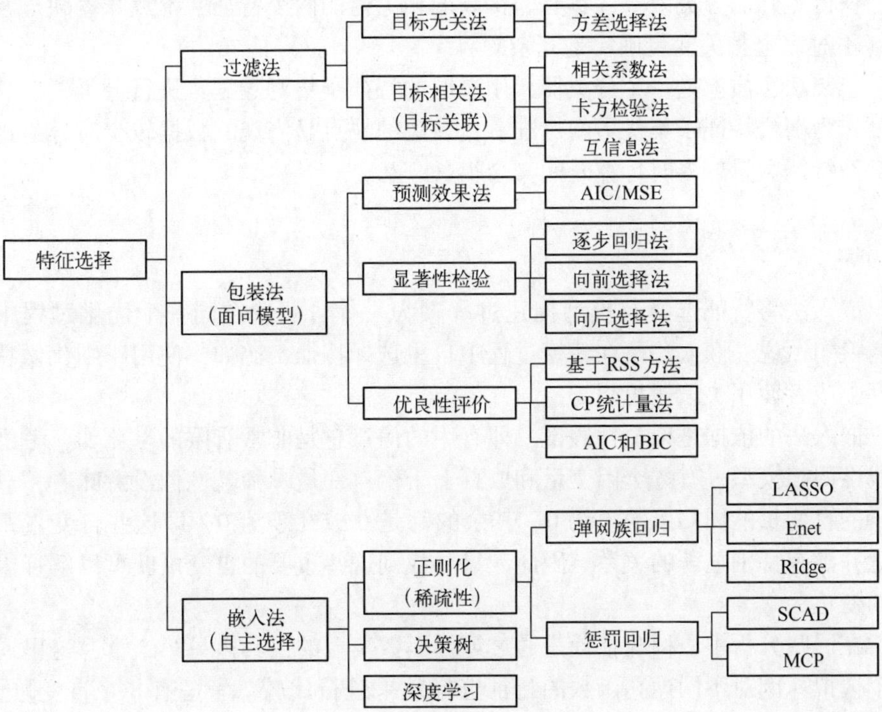

图 3-45　特征选择方法分类

过滤法主要考察单个特征与目标的相关性。优点是计算效率高，对过拟合有较高的稳键性。缺点是倾向于选择冗余的特征，因为该方法不考虑特征之间的相关性。另外，该方法有可能漏掉重要的特征组合，因为可能发生单个特征解释目标变化的能力差，但是它与其他特征组合起来能得到不错的效果。

由于过滤法属于单变量筛选，不考虑特征之间的交互作用，因此使用过滤法时不宜剔除过多的特征。

3.7.2 包装法

包装法的基本思路是，以所建立模型的性能（比如以 AIC、MSE 等衡量的预测效果）为目标选择或排除特征。其出发点是为给定模型选择最有利于其性能的、“量身定做” 的特征子集。比如，在回归分析建模过程中，逐步回归

(stepwise regression)、向前选择（forward selection)、向后消除（backward elimination）等方法（通常认为向前选择比向后消除计算效率更高）都是包装法的例子。相比于过滤法单独考虑每个特征，包装法的优点是考虑多个特征之间的关联性。不过，实际研究表明[8]，即使添加一些可能是多余的变量，也有助于降低噪声、获得更好的分类效果；具有非常高的相关性的两个特征并不意味着缺乏互补性（不过完全相关变量确实是冗余的)。

包装法实质上是一个分类器，用选取的特征子集对数据集进行分类，以分类精度作为衡量特征子集优劣的标准。包装法的缺点是当观测数据较少时容易过拟合，而特征数量较多时计算时间又会很长。

3.7.3 嵌入法

嵌入法将特征选择与模型构建过程融为一体，两者在同一个优化过程中完成。换句话说，嵌入法是在建模过程中自主选择特征，比如，使用正则化做特征选择，或者使用决策树思想。

嵌入法的依据是稀疏性假设，即有用的信息总是非常有限的。比如，考虑一个线性回归模型，有一个因变量和成百上千个自变量。稀疏性假设意味着，只有很少的自变量的回归系数不为 0，其余的都是 0 或几乎为 0，即这些自变量跟因变量并没有特别显著的关系。因此，只要找到这些重要的自变量就可以解释因变量的变化。

在回归分析中，稀疏估计是通过惩罚函数实现的，具体见第 5 章，这里通过一个模拟算例对不同惩罚函数的特征选择效果进行比较。考虑有 8 个自变量 $\boldsymbol{x}=(x_1,x_2,\cdots,x_8)$ 的线性回归分析建模问题，$\boldsymbol{x}$ 服从零均值多元正态分布，x_1、x_2 线性相关，x_3、x_4 线性相关，其余自变量相互独立，自变量与测量误差的协方差矩阵如下：

$$\boldsymbol{\Sigma}=\begin{pmatrix} 1 & 0.9 & & & & & & & \\ 0.9 & 1 & & & & & & & \\ & & 1 & 0.5 & & & & & \\ & & 0.5 & 1 & & & & & \\ & & & & 1 & & & & \\ & & & & & 1 & & & \\ & & & & & & 1 & & \\ & & & & & & & 1 & \\ & & & & & & & & 64 \end{pmatrix}\begin{matrix} x_1 \\ x_2 \\ x_3 \\ x_4 \\ x_5 \\ x_6 \\ x_7 \\ x_8 \\ \varepsilon \end{matrix}$$

这样生成的系数矩阵具有很强的共线性，且残差的方差很大。

回归模型为

$$y_i = 5x_{1i} - x_{2i} + 4x_{3i} - 4x_{4i} + 6x_{5i} + 0.05x_{6i} + \varepsilon_i$$

可以看出，其中系数较大的自变量有6个，x_7和x_8的回归系数为0。比较起来，相关的x_1和x_2的回归系数差异较大，x_3与x_4则没有显著差异。x_6的回归系数比较小。下面看采用不同的带惩罚函数的回归分析的结果。

首先看当样本$n=100$时，不同弹网族回归方法随λ的变化，回归系数的变化如图3-46所示。可以得到以下结论：

（1）对高度相关的变量x_1、x_2，LASSO倾向于将较小系数x_2压缩为0，保留较大系数的x_1；Ridge和ENet倾向于都保留，说明Ridege和ENet回归对于集群现象（及选择所有高度相关的变量）表现良好。

（2）对中等程度相关的变量x_3、x_4和独立变量x_5，没有选择性压缩某个变量。

（3）对不重要变量x_6、x_7、x_8，选择合适的λ，LASSO和ENet均可压缩至0，Ridge不能压缩到0，表明LASSO和ENet回归良好的变量选择作用。

（4）对相同的参数λ，LASSO回归对变量压缩程度最高，Ridge最低（保留了所有变量），ENet居中，这与理论结果是一致的。

下面再看当样本$n=100$时，不同类型惩罚回归方法随λ的变化，回归系数的变化，如图3-47所示。可得以下结论：

（1）对高度相关的变量x_1和x_2，3种方法均将较小系数的x_2压缩为0，保留较大系数x_1；不同点在于MCP、SCAD对高度相关的变量选择性压缩更强，在保留其他重要变量x_3、x_4、x_5的同时，MCP、SCAD可以将x_2的压缩为0，而LASSO在保留x_3、x_4、x_5时，只是将x_2压缩到接近0。

（2）对中等相关和独立变量，3种方法没有选择性压缩。

（3）对非重要变量x_6、x_7、x_8，3种方法都具有选择作用，可以压缩到0。

容易发现，当λ非常小时惩罚力度非常小，此时的估计类似经典最小二乘法，回归系数均不为0，重要变量更接近真实值，但非重要变量均不为0，即没有压缩效果。

需要指出，在上述模拟过程中获得的样本协方差矩阵与真实情况相差不大，因此分析结果比较符合理论。如果样本协方差与实际情况相差较大，可能导致不完全符合理论的结果，比如无法压缩不重要的变量。因此，在实际使用嵌入法时，应该对样本协方差矩阵的合理性进行一些检查，以避免因数据随机性产生不理想的结果。

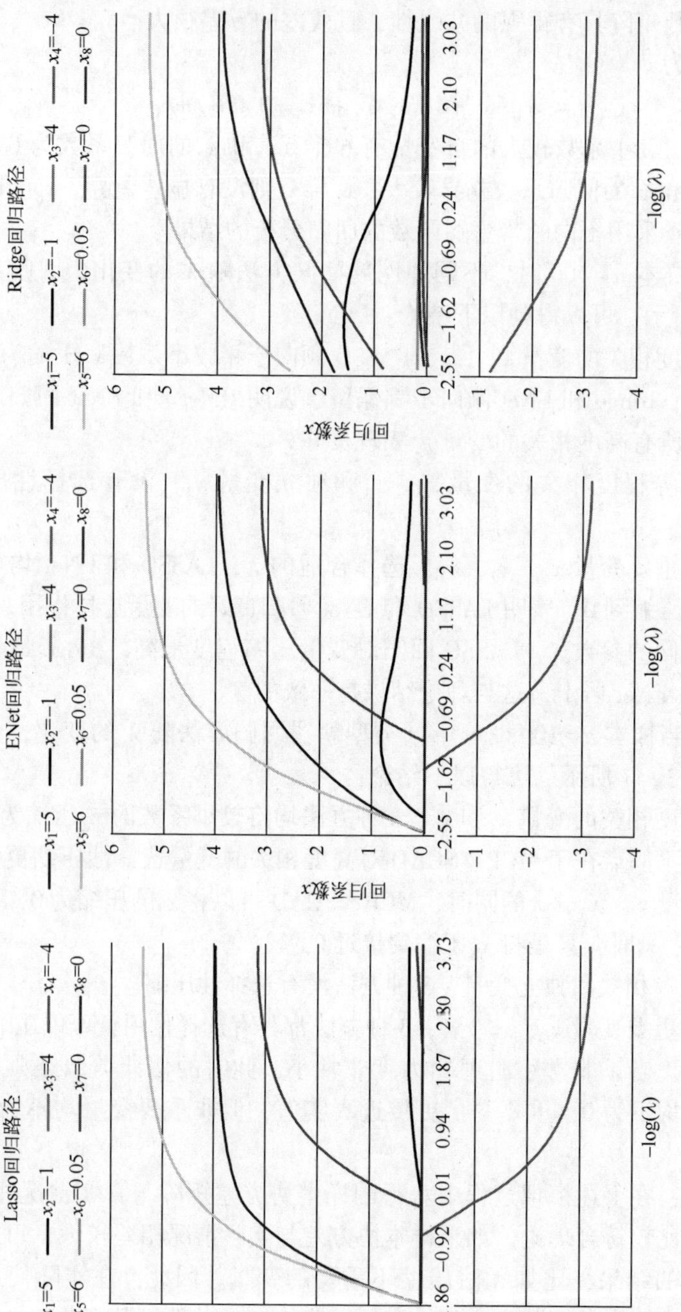

图 3-46 不同弹网族回归方法随λ的变化

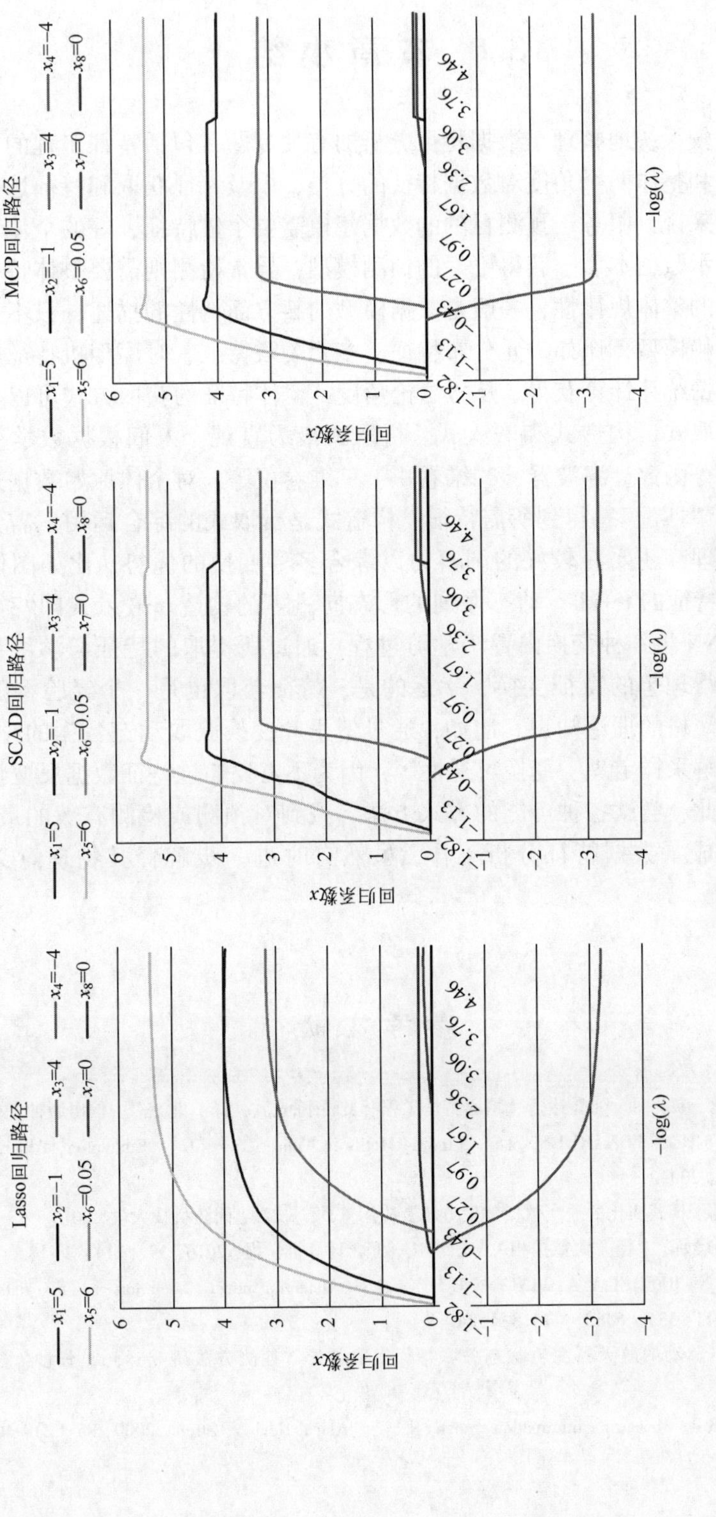

图3-47 不同类型惩罚回归方法随λ的变化

3.8 本章小结

本章比较系统地整理了数据特征分析的有关专题，包括特征工程的内容和过程、从个体和整体两个角度对数据特征的分类，以及特征获取和特征选择的典型方法。通常来说，服务于预测目的的数据建模需要个体特征，好的个体特征有助于更好地揭示数据本质、获得更好的预测模型；异常检测则需要整体特征，是个体应该满足的整体规律性，一般是数据模型的某方面特性的描述，只不过有些整体特征不依赖模型，比如一元分布特征、多元关联特征、时序随机特征等，可以直接通过数据统计计算获得。从方法论角度，个体特征的获取方式可以分为三种类型，即析取式、构造式和嵌入式。析取式最为直观，人们根据数学变换的原理，运用初等函数、滤波器、二维卷积、三维卷积等，对个体原始数据进行直接变换或局部“匹配”，得到所需特征。构造式是析取式的综合运用，需要理解各种变换的原理，还要有较好的洞察力以综合多种变换的优势，比如图像特征的SIFT、文本特征的tf-idf、动态序列的形态向量等的构造。嵌入式即特征学习方式，比如CNN将各种变换内置于学习过程，通过所提取的特征与学习目标的关联校验，获得理想的特征变换。幸运的是，特征获取也是一个经验型的探索过程，不需要严格的理论知识。比如，通过傅里叶变换获取动态数据的频谱特征，并不需要理解采样定理、变换可逆性等，因为不需要通过特征数据反变换得到原始数据。因此，尝试各种可能的方式方法，找到对预测或检测有效的最终特征，就基本上完成了数据特征分析工作，虽然有时进一步解释其物理意义也是重要的。

参考文献

[1] 郑·爱丽丝，卡萨丽·阿曼达著．精通特征工程［M］．陈光欣，译．北京：中信出版社，2019.

[2] LIN J, KEOGH E, LONARDI S, et al. Finding Motifs in Time Series［C］. Edmonton, Alberta, Canada: SIGKDD'02, 2002.

[3] 段翠英．基于模式演化的遥测数据建模方法及应用［D］．长沙：国防科技大学，2015.

[4] 梁吉业，冯晨娇，宋鹏．大数据相关分析综述［J］．计算机学报，2016，39（01）：1-18.

[5] RESHEF D N, RESHEF Y A, FINUCANE H K, et al. Detecting novel associations in large data sets［J］. Science, 2011, 334（6062）: 1518-1524.

[6] 孙鹏．数据驱动的航天器在轨状态关联特征提取与异常检测方法研究［J］．长沙：国防科技大学，2020.

[7] SCHREIBER T. Measuring information transfer［J］. Physical Review Letters, 2000, 85（2）: 461-464.

[8] GUYON I. An Introduction to Variable and Feature Selection [J]. Journal of Machine Learning Research, 2003, 3: 1157-1182.
[9] VAPNIK V N. 统计学习理论的本质 [M]. 张学工, 译. 北京: 清华大学出版社, 2000.
[10] 陈思雅. 基于因果推理的航天器在轨异常检测方法研究 [D]. 长沙: 国防科技大学, 2021.
[11] 罗曼·韦尔希宁. 高维概率及其在数据科学中的应用 [M]. 冉启康, 译. 北京: 机械工业出版社, 2020.
[12] 史蒂芬·马斯兰. 机器学习: 算法视角 [M]. 2版. 高阳, 商琳, 等译. 北京: 机械工业出版社, 2019.
[13] BENGIO Y, Courville A, Vincent P. Representative learning: a review and new perspectives [J]. IEEE Transactions on Pattern Analysis and Machine Intelligence, 2013, 35 (8): 1798-1828.
[14] 艾森. 非结构化数据分析 [M]. 卢苗苗, 苏金六, 和中华, 等译. 北京: 人民邮电出版社, 2020.
[15] SHIMIZU S, HOYER P, HYVÄRINEN A, et al. A linear non-Gaussian acyclic model for causal discovery [J]. Journal of Machine Learning Research, 2006, 7: 2003-2030.
[16] PETERS J, JANZING D, SCHÖLKOPF B. Elements of Causal Inference: Foundations and Learning Algorithms [M]. Cambridge, Massachusetts. London: The MIT Press, 2017.

第4章

模型参数估计

获得数据后建立模型，无论是确定性模型还是随机性模型，无论针对的是相关关系还是因果关系，都有两种不同的策略：一种认为数据产生有其内在的规律性，建模的目标是解释数据生成机制；另一种将数据生成系统视作黑箱，模型要尽可能精确拟合数据表现出来的结构。两种建模策略的差异，意味着不同的模型评价方法，进而导致不同的模型参数估计策略。从解释数据生成机制角度，要求模型符合所提出的假设，或者模型拟合优度可以接受；从拟合数据自身结构角度，要求模型符合在已知数据集上的拟合精度和在未知数据集上的预测精度。本章基于上述观点，介绍不同建模策略之下的模型参数估计问题构造和问题求解方法，重点在于不同建模策略下对模型参数估计的理解，对于已经提出的各种参数估计算法及其变体，读者可以参考机器学习和最优化方面的文献资料。

4.1 模型参数估计策略

首先看一个简单的例子。如图4-1所示，假设想要知道扳手的长度，对其进行 n 次测量获得数据 $x_1, x_2, \cdots, x_n$。为了得到扳手真实长度 μ，有两种解决思路：一种是将其转化为最优化问题，即根据数据构造一个最优化问题，一般是优化一个预测模型，这个模型将扳手长度作为响应变量；另一种是将其转化为统计推断问题，这时需要假设一个数据生成机制，一般是与扳手长度有关系的概率分布，然后利用数据推断这个分布。

按照第一种解决思路，需要建立扳手真实长度的预测性模型（predictive model）$x=f(\cdot;\theta)$，其中 x 是表示扳手长度的响应变量，“·”代表预测变量，θ 是模型参数。假设模型结构 f 确定，则接下来要做的就是确定模型参数 θ，然后就可以根据预测变量的值来预测扳手长度。具体地，比如选择模型结构为 $x=f(\cdot;\mu)\equiv\mu$，即扳手长度不随预测变量变化。利用数据建立该模型，就是要估计模型参数 μ，这要在某种准则下进行，即构造最优化问题，使模型“最佳”地拟合观测值。对“最佳”的不同理解构成不同的优化问题。从观测误差的角度，可以认为诸测量值 x_i 围绕真实值 μ 上下波动，即或者比 μ 大，或者比 μ 小。一种想法是要求各观测值与模型预测偏差的平方和最小①，于是得到如下一元无约束最优化问题：

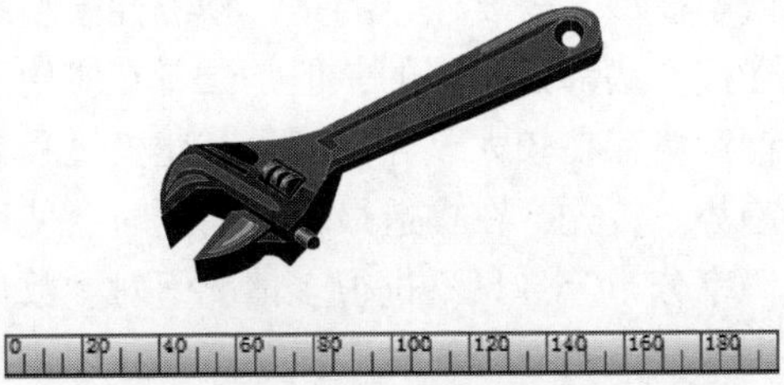

图 4-1　测量示例

$$\hat{\mu}=\arg\min_{\mu}\left\{\sum_{i=1}^{n}\left(x_i-f(\cdot;\mu)\right)^2\right\}$$

求解上述优化问题，得到预测模型 $y=f(\cdot;\hat{\mu})\equiv\hat{\mu}$，再通过某种途径验证该模型具有合理的预测精度，就可以用来预测扳手长度。

按照第二种思路，则需要假设数据来自某个概率分布 $X\sim F(x|\theta)$，θ 是分布参数；这里假设没有预测变量（对于分布模型来说，一般称为协变量），即认为每次测量时条件都相同。对比第一种建模思路，$F(x|\theta)$ 可称为推断性模型（inferential model），扳手长度是该分布的数字特征，比如数学期望。假设分布形式确定，如果能够利用数据对分布参数 θ 进行估计，就可以利用得到的概率分布模型估计扳手长度。当然，要估计分布参数 θ，需要做一些假设。比如，假定测量误差是均值为0（不存在系统误差）的正态分布，且多次测量的误差相互独立、具有相同的方差 σ^2。进一步地，假设扳手的长度不随测量条件改变。这相当于每次测量的结果 X_i 相互独立、服从正态分布 $N(\mu,\sigma^2)$，x_i 是 X_i 的实现。扳手长度的估计转化为正态分布（均值）的估计问题，用统计学术语，就是构造 n 次测量 $X_1,X_2,\cdots,X_n$ 的函数作为 μ 的估计。这样的函数称为统计量，有无穷多个，希望找到具有某种优良性的统计量，这就是经典统计中的点估计问题。目前，最典型

① “赋予误差平方和为极小，则意味着在这些误差之间建立了一种均衡性，它阻止了极端情形所施加的过分影响。这非常好地适用于揭示最接近真实情形的系统状态。”——勒让德．《计算彗星轨道的新方法》，1805.

的估计方法是矩估计或极大似然估计。比如，基于上述假设，用样本均值作为μ的估计是比较好的，即

$$\hat{\mu} = \bar{x} = \frac{1}{n}\sum_{i=1}^{n} x_i$$

关于样本均值为什么比较好，以及如何严格说明其“好”，很多教科书已经给出了结论。

以上通过一个简单的例子说明了如何看待模型参数估计问题，以及如何构造模型参数估计问题的数学模型。需要注意的是，预测性模型和推断性模型可能采用相同的形式，甚至建模方法都是相同的，但是二者在应用上存在很大差别。不过，虽然两种参数估计策略存在较大差异，但是其建模过程是有密切联系的，而且目前有不断融合的趋势。首先，在构造最优化问题时会使用统计学术语，比如样本空间、样本量、概率分布等，只不过很多情况下对参数估计的结果缺乏统计思想或概率解释，因为这时的模型一般过于复杂、解释困难。另外，在统计推断中也使用损失和风险来衡量估计结果的优劣，比如统计决策理论。

下面两小节将从最优化问题和统计推断（statistical inference）问题两个角度，进一步介绍参数估计问题的提法。容易看出，模型参数估计问题中，无论是最优化还是统计推断，关键在于定义参数估计的“优劣”准则。一旦确定了评价准则，则问题求解就可以解析地或者用数值算法解决。

在进一步讨论前，规范一下样本、样本实现、样本数据，以及样本集、数据集等术语。样本、样本实现、样本数据通常用于统计学。样本是总体的一个部分，包括若干随机的样本成员，是随机的；样本实现、样本数据是样本的具体取值，是确定的，其中每个样本成员的取值称作样本点。样本集、数据集主要用于机器学习，与统计学的样本实现、样本数据含义相似；机器学习也使用“样本”，通常指统计学的样本点，本章用样例表示单个样本，用样例集表示样本集、数据集。本章尽可能规范有关术语的使用，但是由于习惯使然，也可能混合使用，请读者注意根据上下文理解其具体含义。在第 8 章中，仍按照机器学习领域惯例使用样本，但是应该注意其不同含义。

4.1.1 最优化问题的构造

假设得到若干样例，表示为$\{(x_i,y_i),i=1,2,\cdots,n\}$的形式。目的是找到一个（机器学习）模型，比如$y=f(x,\theta)$，既能准确地表示诸$x_i$与$y_i$之间的关系，也能对其他的$x$给出$y$的合理值。如果$f$的形式固定了，则余下的任务就是确定最好的模型参数$\theta_0$，这一般转化为一个最优化问题。将模型参数估计问题表达为最优化问题的解，一般通过衡量模型的预测性能来构造优化问题，即构造一个目标函

数（objective function），以衡量模型的性能。由于只能得到有限的样例，因此目标函数一般通过对样例的预测性能导出。

一、损失函数

可以用损失函数（loss function）衡量模型对单个样例 x 的预测值 $f(x,\theta)$ 与真实值（ground truth）y 的偏离或不一致程度，损失函数值越小，模型性能越好。损失函数是一个非负实值函数，通常使用 $L(y,f(x,\theta))$ 表示。不同类型建模问题有不同的损失函数，损失函数大致可分为两种：针对连续型变量的回归损失和针对离散型变量的分类损失。没有一种损失函数能够适用于所有的建模任务，需要知道每种损失函数的优点和局限性，才能更好地利用它们解决实际问题。下面给出一些典型的损失函数。

（一）函数拟合问题

函数拟合常用的损失函数包括平方损失、绝对值损失、Huber 损失、ε-不敏感损失等。

1. 平方损失

平方损失又称 L2 损失，记为 MSE，其表达式为

$$L(y,f(x,\theta))=(y-f(x,\theta))^2$$

平方损失的数学特性很好，是回归分析中最主要的损失函数，但是对异常和噪声敏感。

2. 绝对值损失

绝对值损失又称 L1 损失，记为 MAE，其表达式为

$$L(y,f(x,\theta))=|y-f(x,\theta)|$$

与 MSE 不同，MAE 需要线性规划这样复杂的工具来计算梯度，并且收敛速度较慢。由于 MAE 对异常值不敏感，因此在稳健回归中多使用绝对值损失。

需要注意，不能片面强调稳健性，如果离群点仅仅是数据损坏或采样错误，无须给予过多关注，则选择 MAE 没有问题；如果离群点是实际数据或者重要的需要被检测的异常值，则仍旧应该选择 MSE。另外，从求解梯度的复杂度来说 MSE 要优于 MAE，MSE 能较快准确地达到收敛。比如，大多数 CNN 使用 MSE 而不是 MAE，因为训练 CNN 很看重训练速度。对于目标检测 FastRCNN，可采用 MAE。

3. Huber 损失

Huber 损失的表达式如下：

$$L_\delta(y,f(x,\theta))=\begin{cases}\dfrac{1}{2}(y-f(x,\theta))^2 & (|y-f(x,\theta)|\leqslant\delta)\\ \delta|y-f(x,\theta)|-\dfrac{1}{2}\delta^2 & （其他）\end{cases}$$

显然，Huber 损失比平方损失对异常值更不敏感。另外，Huber 介于 MSE 和 MAE 之间，因此也可以预见，采用这 3 类损失函数时，模型参数估计算法的收敛速度的比为

$$\text{MSE}>\text{Huber}>\text{MAE}$$

4. ε-不敏感损失

ε-不敏感损失适合支持向量机回归（SVR），其表达式为

$$L(y,f(x,\theta))=L(|y-f(x,\theta)|_{\varepsilon})$$

其中

$$|y-f(x,\theta)|_{\varepsilon}=\begin{cases}0 & (|y-f(x,\theta)|<\varepsilon)\\ |y-f(x,\theta)|-\varepsilon & (\text{其他})\end{cases}$$

这种损失函数描述的模型是 ε-不敏感的，即如果预测值和实际值之间的差小于 ε，则没有损失。常用的 3 种 ε-不敏感损失为线性 ε-不敏感损失、二次 ε-不敏感损失和 Huber 损失。

（二）分类或模式识别问题

典型的分类或模式识别问题的损失函数包括 0-1 损失、交叉熵损失、合页损失、指数损失、焦点损失等。

1. 0-1 损失

0-1 损失的表达式为

$$L(y,f(x,\theta))=\delta(y\neq f(x,\theta))$$

该损失函数是非凸的，主要用于统计判别问题，感知机就是使用的 0-1 损失。

2. 交叉熵损失

交叉熵（cross entropy）损失适用于多分类问题，其表达式为

$$L(y,f(x,\theta))=-\sum_{c=1}^{C}y_c\log f_c(x,\theta)$$

式中：C 为类别数。

交叉熵损失本质上是一种对数似然函数，可用于二分类和多分类问题中。交叉熵实际上衡量了预测分布 $f_c(x,\theta)$ 与真实分布的差异：当预测分布等于真实分布时，交叉熵为真实分布的熵，否则交叉熵等于真实分布的熵加上 KL 散度（相对熵）。

在神经网络中，使用 softmax 和 sigmoid 激活函数时，常用交叉熵损失而不用均方误差损失，因为后者权重更新比较慢。

3. 合页损失

合页损失（hinge loss）可用于“最大间隔（max-margin）”分类，其最著名的应用是作为支持向量机（SVM）的损失函数。合页损失定义为

$$L(y,f(x,\theta))=\max(0,1-yf(x,\theta))$$

其中，目标值 $y=\pm1$。

合页损失是凸函数，因此很多凸优化方法可用于合页损失。相较于0-1损失，合页损失比较健壮，对异常和噪声不敏感，因为只有当样例被正确分类且函数间隔大于1时，合页损失才是0，否则损失是小于1的数。不过，合页损失缺乏概率解释。

4. 指数损失

指数损失（exponential loss）的表达式为

$$L(y,f(x,\theta))=\exp(-yf(x,\theta))$$

该损失函数对离群点和噪声非常敏感，主要用于Adaboost算法。

（三）密度估计问题

密度估计即根据样例集确定 X 的概率分布，最常用的是对数损失，其标准形式如下：

$$L(y,f(x,\theta))=-\log f(x,\theta)$$

对数损失能够较好地表征概率分布。在分类场合，如果需要获得样例属于每个类别的概率，常使用对数损失，比如逻辑回归中的损失函数就是对数损失。相比于合页损失，对数损失的稳键性不强，对噪声更敏感。

二、目标函数

损失函数度量的是模型单个样例上预测的好坏。为衡量模型在所有可能输入和输出上的性能，就需要风险函数，它是损失函数在样本空间上的期望值。样本空间是输入和输出的所有可能取值的集合。用大写字母 X 和 Y 表示输入和输出，它们的联合概率分布为 $P(x,y)$，损失函数的期望表达为

$$R_{\exp}(\theta)=E_P[L(y,f(x,\theta))]=\int L(y,f(x,\theta))P(x,y)\mathrm{d}x\mathrm{d}y$$

这是模型 $f(x,\theta)$ 关于联合分布 $P(x,y)$ 的平均意义下的损失，称为风险函数（risk function）或期望损失（expected loss）。建模的目标是找到使这个风险函数最小的模型 $f(x,\theta)$。如果知道真实分布 $P(x,y)$，那么建模问题就变成一个最优化问题。

（一）经验风险

通常真实分布是未知的，已知的只是样例集。一种办法是用经验分布代替未知的真实分布 $P(x,y)$，于是期望风险变为如下的经验风险（empirical risk）或经验损失（empirical loss）：

$$R_{\mathrm{emp}}(\theta)=\frac{1}{n}\sum_{i=1}^{n}L(y_i,f(x_i,\theta))$$

经验风险越小说明模型 $f(x,\theta)$ 对样例集的“拟合”越好。也就是说，对期

望风险的优化用优化经验风险来代替。这时的优化准则称为经验风险最小化（empirical risk minimization，ERM）准则，即

$$\theta^* = \arg\min_{\theta} R_{emp}(\theta)$$

期望风险是模型关于联合分布的期望损失，经验风险是模型在样例集上的平均损失（对经验分布求期望）。根据大数定律，当样本量 n 趋于无穷时，经验风险趋近期望风险。因此只要样本量足够大，经验风险最小化就能够保证很好的学习效果，即可以得到在整个样本空间上平均性能良好的模型。因此这一最优化原则在现实中被广泛采用。

（二）结构风险

通常情况下无法获取足够多的样例，而且可能包含一定的噪声，难以反映样本空间上的真实分布。这时，经验风险最小化容易导致过拟合（over-fitting），即模型在已知样例上性能良好，但是对未知样例的预测效果很差。

V. N. Vapnik 的统计学习理论证明，最小经验风险准则并不成立，即 R_{emp} 最小不一定使 R_{exp} 最小。因为大数定律只说明当样本量 $n \to \infty$ 时，在概率意义下 $R_{emp} \to R_{exp}$。但在有限样本下，并不保证使 R_{emp} 最小的模型一定使 R_{exp} 最小。也就是说，在有限样本量情况下，经验风险小并不意味着期望风险小。例如，在有噪声条件下产生二次模型 $y=x^2$ 的 10 个样例，分别根据经验风险最小化准则用一次函数和二次函数拟合，71%的实验结果表明，由于样本量有限，一次函数优于二次函数，如图 4-2 所示。

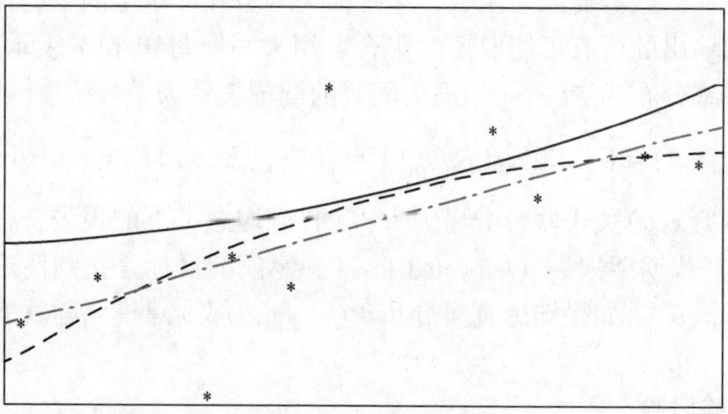

图 4-2　函数拟合示例

V. N. Vapnik 和 Chervonenkis 研究了 R_{emp} 与 R_{exp} 的关系，得到经验风险 R_{emp} 和期望风险 R_{exp} 以不低于 $1-\eta(0 \leqslant \eta \leqslant 1)$ 的概率存在如下关系：

$$R_{exp} \leqslant R_{emp} + \phi(n/h)$$

上式称为 VC 不等式，其中 h 是函数集 $\{f(x,\theta)\}$ 的 VC 维（Vapnik-Chervonenkis dimension），n 是样本量，$\phi(n/h)$ 称为置信范围，对于包含无限多个元素且 VC 维有限的函数集，定义为

$$\phi(n/h)=\sqrt{\frac{h(\ln(2n/h))-\ln(\eta/4)}{n}}$$

置信范围是 VC 维 h 的增函数，样本量一定时，函数集结构越复杂，VC 维越大，则置信范围越大。VC 维反映了函数集的学习能力，VC 维越大则模型越复杂，所以 VC 维是模型复杂程度的一种衡量。

为克服分布已知假设和大样本量要求，V. N. Vapnik 和 Chervonenkis 提出结构风险最小化（structural risk minimization，SRM）准则，为有限样本条件下的统计学习奠定了理论基础。SRM 在经验风险的基础上引入正则化来限制模型过拟合，即结构风险是经验风险与正则化项的和，以免过度最小化经验风险，如下所示：

$$R_{\text{srm}}(\theta)=R_{\text{emp}}(\theta)+\lambda J(\theta)=\frac{1}{N}\sum_{i=1}^{N}L(y_i,f(x_i,\theta))+\lambda J(\theta)$$

其中，$J(\theta)$ 描述模型复杂度，可以理解为对模型复杂度的惩罚项；$\lambda>0$ 用来控制正则化强度，是对经验风险和模型复杂度的权衡。结构风险最小化等价于正则化的经验风险最小化。

（三）VC 维

VC 维的直观定义是，对于一个指示函数集 $\{Q(\boldsymbol{x},\boldsymbol{\alpha}),\boldsymbol{\alpha}\in\Lambda\}$，如果最多存在 h 个样例能够被函数集里的函数按照所有可能的 2^h 种形式分开，则称函数集能够把 h 个样例打散，则该函数集的 VC 维为 h。也就说，指示函数集的 VC 维就是它能打散的最大样例数目 h。如果对任意的 n，总存在一个有 n 个向量的样例集可以被该函数集打散，则函数集的 VC 维是无穷大。

例如，p 维欧氏空间 $R^p=\{\boldsymbol{x}=(x_1,\cdots,x_p)\}$ 中的线性指示函数集合的 VC 维是 $h=p+1$，这里，

$$Q(\boldsymbol{x},\boldsymbol{\alpha})=I\left(\alpha_0+\sum_{i=1}^{p}\alpha_i x_i\right)$$

因为这个集合中的函数最多可以打散 $p+1$ 个向量。如图 4-3（a）可以打散 3 个点，图 4-3（b）无法打散 4 个点。其中，平面中直线的 VC 维等于 3，因为它能够对只有 3 个样例的任意 8 种组合情形进行正确分类，但是有 4 个样例时则有可能无法进行分类。

对有界实函数集 $\{A\leqslant f(\boldsymbol{x},\boldsymbol{\alpha})\leqslant B,\boldsymbol{\alpha}\in\Lambda\}$，可通过如下定义的相应的指示函数集确定其 VC 维。设 $u(x)$ 是阶跃函数，定义为

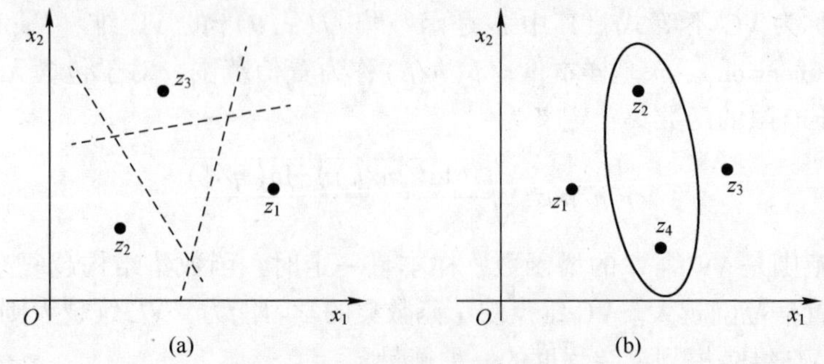

图 4-3　平面中直线的 VC 维等于 3

（a）可以打散 3 个点；（b）无法打散 4 个点。

$$u(x)=\begin{cases}0 & (x<0)\\ 1 & (x\geqslant 0)\end{cases}$$

则函数 $f(\boldsymbol{x},\boldsymbol{\alpha})$ 的指示函数为

$$I(\boldsymbol{x},\boldsymbol{\alpha},\beta)=u(f(\boldsymbol{x},\boldsymbol{\alpha})-\beta),\quad \boldsymbol{\alpha}\in\Lambda,\quad A\leqslant\beta\leqslant B$$

进一步，p 维欧氏空间 $\mathbb{R}^p$ 中的线性函数集合

$$f(\boldsymbol{x},\boldsymbol{\alpha})=\alpha_0+\sum_{i=1}^{p}\alpha_i x_i$$

的 VC 维是 $h=p+1$，因为它对应的指示函数的 VC 维等于 $p+1$。

对一般的线性函数集来说，其 VC 维等于自由参数 $\alpha_0,\alpha_1,\cdots,\alpha_p$ 的个数。但是这个规律对一般函数的情况并不成立。比如，函数集合

$$f(x,\alpha)=\sin(\alpha\cdot x)\ (\alpha\in\mathbb{R})$$

的 VC 维是无穷大的，因为直线上的下列点：

$$x_1=10^{-1},\cdots,x_n=10^{-n}$$

可以被这个集合中的函数打散。

Δ-间隔分类超平面的 VC 维可能远小于其自由参数的个数。一个如下定义的超平面

$$(\boldsymbol{w}\cdot\boldsymbol{x})-b=0,\quad \|\boldsymbol{w}\|=1$$

如果以如下形式将向量 $\boldsymbol{x}$ 分类

$$\boldsymbol{y}=\begin{cases}1,(\boldsymbol{w}\cdot\boldsymbol{x})-b\geqslant\Delta\\ -1,(\boldsymbol{w}\cdot\boldsymbol{x})-b<-\Delta\end{cases}$$

则称为 Δ-间隔分类超平面。设向量 $\boldsymbol{x}$ 位于一个半径为 R 的球中，则 Δ-间隔分类超平面集合的 VC 维以下面的不等式为界：

$$h\leqslant\min\left\{\left[\frac{R^2}{\Delta^2}\right],p\right\}\leqslant p+1$$

式中：p 为空间的维数。

4.1.2　统计推断问题的描述

设随机变量 X 的分布由含未知参数 θ 的概率分布 $F(x|\theta)$ 描述，$\theta \in \Theta$，Θ 为参数空间。也就是说，已知必存在一个 $\theta_0 \in \Theta$，使得 X 的分布就是 $F(x|\theta_0)$，但是不知道 θ_0 的具体数值。现在对 X 进行观察，得到样本 $X_1, X_2, \cdots, X_n$，希望根据它对真值 θ_0（更一般地，对定义在 Θ 上的取值于 R^k 的函数 $g(\theta)$ 的值 $g(\theta_0)$）进行估计，这就是统计推断问题，包括点估计和区间估计，以及对假设的模型进行验证的假设检验。从建模角度，可以认为统计假设检验提供了另一种建模策略，即如果经过检验认为关于模型的假设不被拒绝，则可以使用假设的模型。

一、点估计

首先考虑用 Θ（或 $\mathbb{R}^k$）中的一个点去估计 θ_0（或 $g(\theta_0)$），这就是点估计这个名称的由来。参数的点估计通过构造统计量解决。设 $T(X_1, \cdots, X_n)$ 是样本 $X_1, \cdots, X_n$ 的函数，如果其中不包含任何未知参数，则称 T 是一个统计量（或估计量）。显然，对未知参数或其函数，可以构造无穷多个估计量。统计学中解决这一问题的方式，是寻找具有某种最优性质的估计量。

一致最优的估计量是不存在的。一个整体上很坏的估计量，在局部上也可以具有某种优越性。例如，$T(X_1, \cdots, X_n) \equiv c$，当参数真值确为 c 时，无疑是最好的估计，但整体上这是一个很坏的估计。实际上研究点估计问题，一般先把条件（最优性准则）放宽一些，使适合这种最优性准则的估计能够存在。这可以解释为，我们所寻求的是从某一特定方面看具有最优性的估计量，而不要求它在一切方面都最优。还有一种处理办法，即先对估计量的性质作某种特定要求（比如，无偏性就是最重要最常见的一种），凡不满足这一要求的估计量都不在考虑之列。把一切适合这要求的估计量的全体记为 $\mathcal{E}$，在 $\mathcal{E}$ 中找一个一致最优或满足其他最优性标准的估计量。

无偏估计就是采用上述思路解决最优估计问题的广为人知的方法。从实际应用的角度看，无偏估计的意义在于：当估计量经常使用时，它保证了平均来说，即在多次重复的平均意义下，给出接近于真值的估计。如果应用上的主要要求在于这一点，则无偏性的要求就是合理甚至必需的。比如某工厂生产的产品长期供应给某商店，则无偏性保证了从较长期看，双方是公平的。但不少应用问题没有这种经常性，其中的正、负偏差不能相互抵销，这种情况下无偏性就没有什么意义。所以，一方面无偏估计是一个重要而有用的概念，另一方面应根据问题的性质来估价这个准则的作用。

在所有具有无偏性的估计量中寻找“最好的”估计量，一般以方差评价估计量的优良性质，并称“最好”的无偏估计是最小方差无偏估计（MVUE）。具体地，设 θ 取值为 $\mathbb{R}$，若存在一个无偏估计 T，满足对 θ 的任何无偏估计 T^*，都有

$$\mathrm{Var}_\theta(T) \leqslant \mathrm{Var}_\theta(T^*)$$

则称 T 为 θ 的最小方差无偏估计。可以认为，MVUE 是所有无偏估计中精度最高的估计。

MVUE 描述的是有限样本情况下估计量的优良性（或精度）。评价点估计的另一个重要角度，而且在历史上也是发展较早的一个方面，是样本量无限增加时估计量的性质，即点估计的大样本理论。大样本理论的重要性在于，要弄清楚一个估计量的性质，归根结底必须知道它的分布。在样本量固定时，这只在很少情况下能做到。当样本量无限增加时，估计量的分布往往趋向于一个常见的简单分布，这就为了解估计量的性质提供了依据。其次，在样本量固定时，寻求具有某种最优性的估计量是不容易的，而大样本理论为获取优良的估计量提供了一个途径。

以样本均值 $\overline{X}_n$ 为例说明大样本性质。大数定理表明，在总体方差有限的情况下，当样本量 n 无限增加时，样本均值 $\overline{X}_n$ 依概率收敛于被估计的总体 F 的均值 $\theta(F)$。也就是说，只要样本量足够大，估计量可以随意接近 1 的概率把 $\theta(F)$ 估计得接近真值，这个性质叫作估计量的相合性，有时称为弱相合性。还有强相合性，是指几乎处处收敛。

另外，根据中心极限定理，若总体方差 σ_F^2 不为 0，则有

$$\frac{\sqrt{n}\,(\overline{X}_n - \theta(F))}{\sigma_F} \xrightarrow{L} N(0,1), \quad n \to \infty$$

$\xrightarrow{L}$ 表示依分布收敛。这个性质叫 $\overline{X}_n$ 的相合渐近正态性，简称 CAN 估计。根据这个性质，当样本量很大时，可以近似算出 $\overline{X}_n$ 落在被估计值 $\theta(F)$ 的某个范围内的概率（当然还需对总体方差进行估计）。如果参数空间 Θ 为欧氏的，且上述收敛性在任何 $\theta \in \Theta$ 的某邻域内有一致性，则称 T 为 θ 的相合一致渐近正态估计，简称 CUAN 估计。

第三个重要的概念是最优渐近正态估计。假设估计量 T 是 CAN 估计，即

$$\sqrt{n}\,[T(X_1, X_2, \cdots, X_n) - \theta] \xrightarrow{L} N(0, v_k(\theta))$$

并且 $v(\theta)$ 达到 C-R 下界，即

$$v(\theta) = \frac{1}{I(\theta)}$$

式中：$I(\theta)$ 为 Fisher 信息量，则称 T 为 θ 的最优渐近正态估计，简称 BAN 估计。

以上就是最基本的大样本性质。总之，大样本性质就是当样本量无限增加时与该估计量的分布有关的种种极限性质。显然，这不仅取决于估计量的形式，也与总体分布即模型有很大关系。另外，参数估计的大样本性质说明的是样本量趋于无限的意义下，估计值与真值之间的关系。无论是强相合性还是弱相合性，其收敛性与最优化算法收敛速度的含义是根本不同的，后者与用于建模的样本量无关，且最终收敛到（等于）真值；前者则是与样本量有关，在参数估计算法可以获得精确解的情况下，估计值以接近1的概率收敛于真值。

二、区间估计

在统计推断理论中，对点估计需要进一步指出其精度，否则意义不大。这里的精度与最优化算法的收敛性有些不同，后者相当于要求无穷次迭代后得到的估计值等于真值。在统计推断问题中，估计值不可能等于真值（等于真值的概率为零)，而是指在任意概率下，估计值与真值的“距离”越来越近。表达精度的方式很多。例如，给出估计量的方差，就能够对其精度有一定的概念。更好的办法是指出一个区间，此区间以相当大的概率包含未知参数 θ。这样做的时候，实质上是用了一种新的估计形式，即区间估计，来代替原来的点估计。

对未知参数及其置信区间含义的不同理解，导致了不同的区间估计的概念和方法，下面介绍经典统计 Neyman 置信区间的概念，另一种常用的置信区间是贝叶斯置信区间。

首先给出 Neyman 置信区间和置信界的概念。

对参数 θ，如果有两个统计量$\hat{\theta}_L=\hat{\theta}_L(X_1,X_2,\cdots,X_n)$和$\hat{\theta}_U=\hat{\theta}_U(X_1,X_2,\cdots,X_n)$，满足对给定的$\gamma\in(0,1)$，有

$$P\{\hat{\theta}_U\leqslant\theta\leqslant\hat{\theta}_U\}\geqslant\gamma$$

则称$[\hat{\theta}_U,\hat{\theta}_U]$是 θ 的一个区间估计或置信区间，$\hat{\theta}_U$、$\hat{\theta}_U$分别称为区间的下限和上限，γ 称为置信水平。对 X 是连续随机变量的情形，上面的不等号改为等号。

在上面的定义中，把 θ 看作一个未知的、没有任何随机性的数。但是区间$[\hat{\theta}_U,\hat{\theta}_U]$的具体取值与样本实现有关，因此这个区间是否包含未知数 θ 也与样本实现有关，即有一定的概率。在这个解释下，区间估计定义的意思是：不管 θ 的真实值如何，随机区间$[\hat{\theta}_U,\hat{\theta}_U]$包含固定点 θ 的可能性（概率）不低于 γ。

实际上，可以这样解释区间估计及其置信度：反复使用区间估计$[\hat{\theta}_U,\hat{\theta}_U]$来估计 θ，设第 n 次使用时，参数的真实值为 θ_n，样本实现为 $\boldsymbol{x}_n$，得到的区间估计值为$[\hat{\theta}_L(\boldsymbol{x}_n),\hat{\theta}_U(\boldsymbol{x}_n)]$，则可以得到一系列论断：“被估计的 θ 落在$[\hat{\theta}_L(\boldsymbol{x}_n)$，

$\hat{\theta}_U(\boldsymbol{x}_n)$]内。"（$n=1,2,\cdots$）从长期看，上述多个论断中，至少有 $100\gamma\%$ 是正确的，即包含 θ 的真值的区间不少于 $100\gamma\%$。这意味着，对不同的样本实现，所得到的置信区间是不同的，并且某些区间包含 θ 的真值，而另一些则不包含。如图 4-4 所示给出了 50 个真值及置信区间，其中符号"*"为真值，符号"▪"和"•"分别为 $\hat{\theta}_U$ 和 $\hat{\theta}_L$，可见并不是所有的真值都落在所得的区间内。

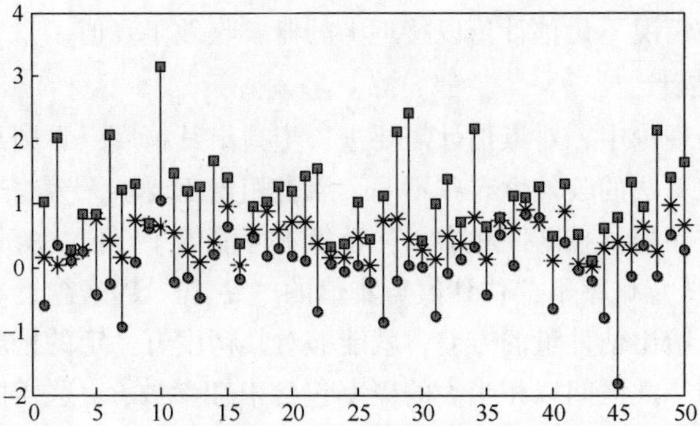

图 4-4　Pearson 置信区间的含义

在经典统计理论中，已经提出一些典型的构造 Neyman 置信区间的方法，比如枢轴量法、统计量方法、标准方法（基于估计量大样本性质的近似方法）。

对样本 $X_1,X_2,\cdots,X_n$ 和参数 θ 的一个函数 $h(X_1,X_2,\cdots,X_n;\theta)$，若能够求出其概率分布，且该分布与 θ 无关，则称它为枢轴量。对置信水平 γ，根据枢轴量的分布确定两个数 h_1 和 h_2，满足

$$P\{h_1 \leqslant h(X_1,X_2,\cdots,X_n;\theta) \leqslant h_2\}=\gamma$$

求解上面的方程，找出与事件 $\{h_1 \leqslant h(X_1,X_2,\cdots,X_n;\theta) \leqslant h_2\}$ 等价的事件 $\{\hat{\theta}_L(X_1,\cdots,X_n) \leqslant \theta \leqslant \hat{\theta}_U(X_1,X_2,\cdots,X_n)\}$，即

$$P\{\hat{\theta}_L(X_1,X_2,\cdots,X_n) \leqslant \theta \leqslant \hat{\theta}_U(X_1,X_2,\cdots,X_n)\}=\gamma$$

则 $[\hat{\theta}_L(X_1,X_2,\cdots,X_n),\hat{\theta}_U(X_1,X_2,\cdots,X_n)]$ 为 θ 的置信区间。初等统计学中常见的置信区间就是由此法导出的。

比如，对 n 个产品做定数截尾寿命试验，截尾数为 r，记总试验时间为

$$T=\sum_{i=1}^{r} t_i+(n-r)t_r$$

设产品寿命服从单参数指数分布，即

$$f(t)=\lambda \mathrm{e}^{-\lambda t}(t \geqslant 0,\lambda>0)$$

为了求得 λ 的置信区间，由于 $2\lambda T \sim \chi_{2n}^2$ 是枢轴量，由

$$P\{\chi_{2n,(1-\gamma)/2}^2 \leqslant 2\lambda T \leqslant \chi_{2n,(1+\gamma)/2}^2\}=\gamma$$

可以得到 λ 的置信水平为 γ 的置信区间为

$$\left[\frac{\chi^2_{2n,(1-\gamma)/2}}{2T},\frac{\chi^2_{2n,(1+\gamma)/2}}{2\lambda T}\right]$$

具体实现过程中，枢轴量的构造一般是先找到 θ 的一个点估计 $\hat{\theta}$，它的分布形式已知且仅仅依赖未知参数 θ，再对 $\hat{\theta}$ 进行一定的变换得到枢轴量，比如正态分布均值的区间估计就可以这样得到。

有时难以得到枢轴量，此时可根据极大似然估计的大样本性质获得近似的置信区间。设 $\hat{\theta}$ 是 θ 的极大似然估计，θ 的真值为 θ_0，则当样本量趋于无穷时，$\sqrt{nI(\theta_0)}(\hat{\theta}-\theta_0)$ 近似服从标准正态分布；由于 θ_0 未知，可用 $I(\hat{\theta})$ 代替 $I(\theta_0)$。

比如，为了求得Poisson分布参数 λ 的区间估计，已知 λ 的极大似然估计为 $\hat{\lambda}=\overline{X}$，Fisher信息量为

$$I(\lambda)=E\left[\frac{\partial^2}{\partial^2\lambda}\log f(x\mid\lambda)\right]=E\left[\frac{X}{\lambda^2}\right]=\frac{E[X]}{\lambda^2}=\frac{1}{\lambda}$$

用 $I(\overline{X})$ 代替 $I(\lambda)$，得到 λ 的区间估计为

$$[\overline{X}-z_{(1+\gamma)/2}\sqrt{\overline{X}/n},\overline{X}+z_{(1+\gamma)/2}\sqrt{\overline{X}/n}]$$

式中：$z_{(1+\gamma)/2}$ 为标准正态分布的 $(1+\gamma)/2$ 分位数。在某些情形难以计算期望的Fisher信息量，此时可用观测的Fisher信息量代替，并利用极大似然估计的大样本性质进行区间估计。此外，还可利用非参数或参数自助方法模拟估计量的分布，在此基础上进行区间估计。

最后需要指出，这里是将区间估计作为刻画点估计的精度的手段，并通过置信水平（及系数）反映区间估计的可靠度。在经典统计中，点估计和区间估计实际上是两个既有联系又有区别的分支，各自都有特殊的概念和问题。

三、假设检验

在统计推断策略下，假设检验是模型验证的主要方法，即认为经检验接受（或者更严格地说“不拒绝”）所假设的数据生成机制模型，就是合适的模型。

假设检验可以视作由样本推断总体的一种特殊方式。与估计不同，它首先根据问题的需要对（总体）模型作某种假设，然后根据获取的样本，对假设的真伪进行判断。通过假设检验并不能得出真实模型与假设的模型是一致的，但是没有被拒绝的假设就可以用于进一步地建模和做出决策。不过，由于随机性，基于样本做出的结论不是确定无疑的，因此在假设检验中，需要通过对抽样误差即偶然性造成的风险进行说明。

假设检验凸显了两种建模策略的不同。可以说，假设检验是以样本作证据，对模型或其参数是否符合“假设”进行检验，只要没有证据表明假设是不合理

的（拒绝原假设），即使“假设”的模型或参数值并不是真实的，也会接受基于原假设的推断和预测。比较来说，基于最优化方法建立模型也进行检验，比如检查不同变量的显著性，对比分类器的性能，比较不同预测模型性能差异，等等。但是这与统计假设检验已经有不同的内涵和目的了。

（一）小概率事件原理

与数学分析和确定性逻辑中的证明和推断不同，统计学上的假设检验不能采用逻辑上的反证法，而是采用小概率事件思想，即小概率事件（如发生概率小于0.01或0.05）在一次试验中基本上不会发生。这时，先提出假设，再利用样本数据确定假设成立的概率。如果概率太小，则认为假设不成立；否则就不拒绝所做的假设（但也不能认为假设肯定成立）。

在假设检验中，对总体参数的具体数值所作的陈述称为假设，分为原假设和备选假设。原假设是研究者想收集证据予以反对的假设，一般用 H_0 表示；备选假设一般是研究者想收集证据予以支持的假设，一般用 H_1 表示。另外，根据假设的形式，其可分为简单假设和复杂假设、单边假设和双边假设等。

为了利用样本对假设进行检验，需要确定样本的取值范围，分别称作拒绝域和接受域，当样本数据落入拒绝域，则拒绝原假设 H_0，否则就不拒绝原假设。拒绝域一般通过一个检验统计量构造。另外，需要注意对检验结果的陈述。由于假设检验的目的一般在于试图找到证据拒绝原假设，而不在于证明什么是正确的。因此，当没有足够证据拒绝原假设时，一般不采用“接受原假设”的表述，而采用“不拒绝原假设”的表述。“不拒绝”的表述实际上意味着并未给出明确的结论——没有说原假设正确，也没有说它不正确。之所以这样，是因为“接受”的说法有时会产生误导，因为这种说法似乎暗示着原假设已经被证明是正确的了。但事实上，H_0的真实性可能永远也无法知道，H_0只是对总体真实值的一个假定值，由样本提供的信息自然无法证明它是否正确。

由于样本是随机的，因此根据检验统计量 T 和拒绝域进行检验，可能由机会导致错误的选择，如图4-5所示。有两种典型的错误，即 H_0为真时拒绝 H_0和 H_1为真时不拒绝 H_0，分别称为类型Ⅰ错误（弃真）和类型Ⅱ错误（采伪）。犯类型Ⅰ错误的概率称为弃真概率或显著性水平，一般记为 α。当 H_0为简单假设时，$\alpha=P($拒绝 $H_0 \mid H_0$为真$)$；当 H_0为复杂假设时，$\alpha=\max\{P($拒绝 $H_0 \mid H_0$为真$)\}$。犯类型Ⅱ错误的概率称为采伪概率，一般记为 β。另外，统计上将 H_1为真时拒绝 H_0的概率称为检验的功效，即检验的功效等于1减去采伪概率 β。

传统的显著性水平，如1%、5%、10%等，已经被人们普遍接受为“拒绝原假设足够证据”的标准，大概可以说：10%代表有“一些证据”不利于原假设；5%代表有“适度证据”不利于原假设；1%代表有“很强证据”不利于原假设。

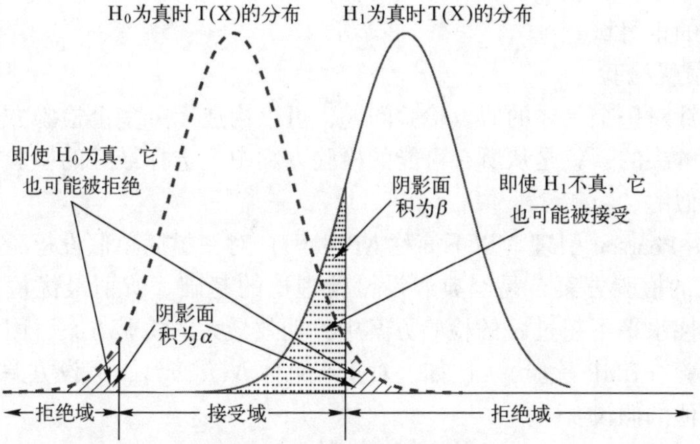

图 4-5　假设检验的错误类型

下面通过一个例子进一步说明假设检验的概念。为检验一枚硬币是否均匀，考虑下面的假设检验问题：

$$H_0: p=1/2 \quad H_1: p>1/2$$

式中：p 为出现正面的概率。显然，如果 H_1 成立，则在预先决定进行的 n 次试验中，出现正面的次数应该比硬币均匀的情况下多。也就是说，如果观察到的正面次数比反面次数多，则应该考虑拒绝 H_0，即不认为硬币是均匀的。

基于这一想法，可以用“试验中出现正面的次数”作为检验统计量，并且拒绝域取为大的 X（正面次数）的取值，因为这些取值在 H_0 下相当不可能，在 H_1 下则更可能发生。设拒绝域为 $D=\{8,9,10\}$，根据前述概念计算犯错误概率。类型Ⅰ错误概率为

$$\alpha=P_{H_0}(D)=P_{0.5}(X\geqslant 8)=0.0547$$

在真值为 $p=0.6$ 的条件下，类型Ⅱ错误概率为

$$\beta(0.6)=P_{0.6}(D^C)=P_{0.6}(X\leqslant 7)=0.8327$$

对应的检验的功效为 0.1673。若 $p=0.7$，检验的功效为 $P_{0.7}(X\geqslant 8)=0.3828$。

若拒绝域为 $D'=\{7,8,9,10\}$，类似可以得到类型Ⅰ错误概率为

$$\alpha=P_{H_0}(D')=P_{0.5}(X\geqslant 7)=0.1719$$

从上面的讨论可以看出，为了对一个检验犯错误的概率进行分析，需要获得检验统计量的分布。称该统计量在原假设成立条件下的分布为零分布。实际应用中可根据零分布和检验的显著性水平，构造拒绝域。一般定义的拒绝域在原假设成立条件下（在零分布下）的概率不超过 α，而且经常采取的是形如 $\{T>t\}$ 的拒绝域，这时 t 称为临界值。另外，在假设检验中常常报告的 p-值，是指零假设成立的条件下，检验统计量的值大于其观测值的概率。基于 p-值与显著性水平的比较，也可以做出检验——当 p-值小于显著性水平时拒绝原假设，这时不用显

式给出检验的拒绝域。

（二）最优检验

显然，针对一个具体的假设检验问题，可以构造无穷多个检验方案。假设检验理论需要解决的，就是从所有可能的检验方案中，选择最好的检验方案。这与点估计是类似的。

Neyman-Pearson 引理（以下简称 NP 引理）对一类简单假设检验问题，给出了“最优”的检验方案，是经典假设检验理论的基础。所谓最优检验方案，是指所有显著性水平不超过 α 的检验方案中，功效最大的检验方案，因此称为一致最大功效检验（UMP 检验）。比如，对正态总体 $N(\mu,\sigma^2)$，假设方差已知，检验如下关于均值的假设：

$$\mathrm{H}_0:\mu=\mu_0 \quad \mathrm{H}_A:\mu=\mu_A$$

首先计算似然比

$$\frac{f_0(X)}{f_1(X)}=\exp\left[\frac{1}{2\sigma^2}\left(\sum_{i=1}^{n}(X_i-\mu_A)^2-\sum_{i=1}^{n}(X_i-\mu_0)^2\right)\right]$$
$$=\exp\left[\frac{1}{2\sigma^2}(2n\overline{X}(\mu_A-\mu_0)+n\mu_A^2-n\mu_0^2)\right]$$

假设 $\mu_0<\mu_A$，由于似然比是$\overline{X}$的函数，并且随$\overline{X}$增大而减小。根据 NP 引理，存在某个 x_0 使得当$\overline{X}>x_0$时，似然比小于某个 c，并且检验的显著性水平不超过 α。所以，选择 x_0 使得当 H_0 成立时，有

$$P(\overline{X}>x_0)=\alpha$$

而

$$P(\overline{X}>x_0)=P\left(\frac{\overline{X}-\mu_0}{\sigma/\sqrt{n}}>\frac{x_0-\mu_0}{\sigma/\sqrt{n}}\right)$$

于是只要

$$\frac{x_0-\mu_0}{\sigma/\sqrt{n}}>z(\alpha)$$

就有

$$x_0=\mu_0+z(\alpha)\times\sigma/\sqrt{n}$$

检验的拒绝域为$\{X:\overline{X}>\mu_0+z(\alpha)\times\sigma/\sqrt{n}\}$。这就是上述检验问题的 UMP 检验的拒绝域。

4.1.3 模型验证与评价

良好的预测性能是建模的基本目标。模型预测性能通常基于模型与样例的“符合”程度即期望损失进行度量。采用不同建模策略时，模型验证方式和评价指标既有相似之处，也有一些差异。即使是相同的评价指标，在不同建模策略下其内涵也有微小差异。

一、基于算法的模型评价

基于算法的模型评价中，对于回归模型和分类模型有不同评价指标。由于这时的样本量较大、模型也比较复杂，因此模型评价指标的计算通常采用数据密集型算法。

（一）回归模型的评价

回归模型的评价指标一般采用均方误差、平均绝对误差、判定系数等。设有 n 个样例，即 $D=\{(x_i,y_i),i=1,2,\cdots,n\}$，建立的模型为 $f(\cdot)$，则均方误差定义为

$$\mathrm{MSE}=\frac{1}{n}\sum_{i=1}^{n}(\hat{y}_i-y_i)^2=\frac{1}{n}\sum_{i=1}^{n}(f(x_i)-y_i)^2$$

判定系数定义为

$$R^2=1-\frac{\mathrm{MSE}}{S_Y^2},\quad S_Y^2=\frac{1}{n}\sum_{i=1}^{n}(y_i-\bar{y})^2$$

如果采用绝对值误差，则可定义平均绝对误差为

$$\mathrm{MAE}=\frac{1}{n}\sum_{i=1}^{n}|f(x_i)-y_i|$$

注意，不论采用什么样的损失函数，都可以采用上述指标来评价回归模型的性能。需要注意，MSE、MAE、R^2 等随着模型项数的增加而增加，因此它难以排斥过大的模型。因此，在使用这些指标进行模型评价时，应该在主观上将其与模型复杂性综合考虑。

（二）分类模型的评价

分类任务的性能度量较多，且有不同的角度。经常采用的评价指标包括精确率、准确率、召回率、$F1$ 值等。

错误率和精确度是分类任务中常用的两种度量。错误率是分类错误的样例数占总样例数的比例，精确度则是分类正确的样例数占总样例数的比例。对样例集 D，分类错误率定义为

$$E(f;D)=\frac{1}{n}\sum_{i=1}^{n}I(f(x_i)\neq y_i)$$

精确度定义为

$$acc(f;D)=\frac{1}{n}\sum_{i=1}^{n}I(f(x_i)=y_i)$$

显然分类错误率与精确度的和为1。

错误率和精确度并不能满足所有分类问题需求。比如在二分类问题中，如果关心“学习器预测为正例的样例中有多少比例真的是正例”，或者“所有真的正例中有多少比例被预测为正例”，则错误率和精度就无法满足要求，这时可以使

用查准率和查全率。根据样例的真实类别和预测类别将二分类问题分为四类，如表 4-1 所示，即真正例（true positive，TP）、假正例（false positive，FP）、真反例（true negative，TN）和假反例（false negative，FN），则 TP+FP+TN+FN=样例总数。

表 4-1　分类结果混淆矩阵

真实情况	预测结果	
	正　例	反　例
正例	TP（真正例）	FN（假反例）
反例	FP（假正例）	TN（真反例）

定义查准率 P 与查全率 R 分别为

$$P=\frac{\mathrm{TP}}{\mathrm{TP}+\mathrm{FP}},\quad R=\frac{\mathrm{TP}}{\mathrm{TP}+\mathrm{FN}}$$

查准率和查全率与统计假设检验中的弃真和采伪概率类似，是一对相互制约的度量，具有与弃真和采伪概率相似的内涵，只是其计算方式不同。

可以绘制 P-R 图直观地显示模型在样例集上的查全率和查准率。如果一个模型的 P-R 曲线被另一个模型完全包裹，则可断言后者的性能优于前者。但是，两个模型的 P-R 曲线可能发生交叉，这时就难以断言两者的优劣。可以采用 $F1$ 分数度量分类模型性能。$F1$ 分数是查准率与查全率的调和平均（harmonic mean），定义为

$$\frac{1}{F1}=\frac{1}{2}\left(\frac{1}{P}+\frac{1}{R}\right)$$

即

$$F1=\frac{2\times P\times R}{P+R}=\frac{2\times\mathrm{TP}}{l+\mathrm{TP}-\mathrm{TN}}$$

$F1$ 分数值越大说明模型训练效果越好。

如果在实际应用中对查准率和查全率的重视程度不同，则可以用 $F1$ 分数的一般形式 F_β，其定义为

$$F_\beta=\frac{(1+\beta^2)\times P\times R}{(\beta^2\times P)+R}$$

式中：F_β为查准率与查全率的加权调和平均，有

$$\frac{1}{F_\beta}=\frac{1}{1+\beta^2}\left(\frac{1}{P}+\frac{\beta^2}{R}\right)$$

其中，$\beta>0$ 度量了查全率对查准率的相对重要性。

（三）模型评价指标的计算

实际中只有包含若干样例的样例集，既需要用它训练模型，又需要用它来测试模型性能。这时需要对样例集进行适当处理，从中产生训练集和测试集。常见做法包括留出法、交叉验证法、自助法。

留出法直接将样例集 D 划分为两个互斥的集合，其中一个是训练集 S，另一个为测试集 T。即 $D=S\cup T$，$S\cap T=\varnothing$。在 S 上训练出模型，用 T 来计算其预测或分类指标。至于如何划分训练集和测试集没有统一的方案，通常采取训练集占总体的2/3~3/4，其余的作为测试集。

k-折交叉验证法将样例集分割成 k 个样例子集，每个子集被保留作为测试集，其他 $k-1$ 个集合用来训练。交叉验证重复 k 次，每个样本子集验证一次，对 k 次的结果求平均，得到最终的单个性能估计值。实际中常取 $k=10$，即10折交叉验证。

自助法也称"有放回采样""可重复采样"，其原理如本章4.4节所示。通过自助采样，D 中约有36.8%的样例不出现在采样集 D' 中。于是将 D' 用作训练集，D/D' 作为测试集。实际评估的模型与期望评估的模型都使用 l 个训练样例，其中有总量约1/3不在训练集中的样例用于测试。

二、基于数据的模型评价

基于数据的模型评价主要检验数据是否与所构建的生成机制模型是符合的，这种评价有时包含了多个方面，主要采用假设检验方法。比如，在回归分析建模过程中，要依次检验模型显著性、系数显著性、关于误差的假设等。

除了假设检验方法，基于建模过程中获得信息，比如似然函数值、回归方程拟合误差等外，也可以定义相应的统计量来检验模型或评价模型的优良性。

设模型参数的似然函数为 $L(\boldsymbol{\theta},x)$，$\boldsymbol{\theta}$ 为 p 维未知参数，$\boldsymbol{x}$ 为容量是 n 的样本。日本学者Akaike于1974提出模型评价的赤池准则（Akaike information criterion，AIC），定义为

$$\mathrm{AIC}=-2\ln L(\hat{\boldsymbol{\theta}}_{\mathrm{MLE}},\boldsymbol{x})+2p$$

式中：$\hat{\boldsymbol{\theta}}_{\mathrm{MLE}}$ 为参数 $\boldsymbol{\theta}$ 的极大似然估计，第一项表示模型对数据的拟合程度，第二项为惩罚项，可以理解为对模型复杂度的惩罚。AIC越小则模型越好。

贝叶斯信息准则（Bayesian information criteria，BIC）是G. E. Schawars于1978年开发的，又称SIC准则，定义为

$$\mathrm{BIC}=-2\ln L(\hat{\boldsymbol{\theta}}_{\mathrm{MLE}},\boldsymbol{x})+2p\ln(n)$$

相对于AIC，BIC对模型参数数量的惩罚加强了，从而在选择变量加入模型上更加严谨，能够得到更简洁的模型。

MSE、MAE、R^2没有关于模型结构的信息，因此只能用来主观定性评价模型。对于有 p 项的线性回归模型，可以采用标准化的残差平方和即标准离差度量模型拟合精度。比如，对于线性回归模型，标准离差是测量误差 σ^2 的无偏估计，定义为

$$\hat{\sigma}^2 = s^2 \triangleq \frac{1}{n-p}\mathrm{RSS}_p$$

其中

$$\mathrm{RSS}_p = \| \boldsymbol{Y}-\boldsymbol{X}_p\hat{\boldsymbol{\beta}}_p \|^2 = \boldsymbol{Y}^{\mathrm{T}}(\boldsymbol{I}-\boldsymbol{X}_p(\boldsymbol{X}_p^{\mathrm{T}}\boldsymbol{X}_p)^{-1}\boldsymbol{X}_p^{\mathrm{T}})\boldsymbol{Y}$$

式中：n 为样本量；$\boldsymbol{Y}$ 为响应变量取值构成的向量；$\boldsymbol{X}_p$ 为设计矩阵；$\boldsymbol{\beta}_p$ 为待估参数；p 为待估参数个数。对于嵌套的回归模型，以标准离差 RSS_p 的大小作为模型评价准则，以最小 RSS_p 对应的回归方程作为最优回归方程，称为残差准则。

与 R^2 类似，标准离差也难以排斥过大的模型，因此残差准则实际上也是倾向于复杂的模型。为了综合考虑模型拟合性能和模型复杂性，通常使用 C_p 准则[5]。对于具有 p 个回归系数的模型，其 C_p 统计量定义为

$$C_p = \frac{\mathrm{RSS}_p}{\hat{\sigma}^2} - (n-2p)$$

可以证明，如果模型是真实的，并且假设 $E(s^2)=\sigma^2$，则近似有

$$C_p \approx \frac{E(\mathrm{RSS}_p)}{\sigma^2} - (n-2p) = p$$

因此，拟合最好的模型应该是 $C_p \approx p$ 的模型。也就是说，在选择模型时，C_p 应该比较小并且接近 p。

4.2 最优化方法

不同的损失和风险函数导致不同的最优化问题。对最优化问题的求解，涉及最优化问题的分类（连续和离散、有无约束、随机性、是否线性、是否凸）、解的性质（全局或局部最优），以及优化算法构造及其收敛性等，目前已经有大量的成果且仍在不断发展。本节介绍典型的最优化算法，包括梯度下降法和牛顿法，对各种启发式优化方法以及约束优化问题的求解方法，请读者在需要时参考有关文献。本节的目的只是便于读者理解最优化方法与统计推断方法的差异，注意到这些方法针对的算法收敛性，对参数统计推断结果中的不确定性是不同的，后者只有在概率统计框架下才能进行。

4.2.1 梯度下降法

最小化目标函数的常用算法是梯度下降法（gradient descent）。设 k 欧氏维空间的自变量为 $\boldsymbol{x}=(x_1,x_2,\cdots,x_k)\in\mathbb{R}^k$，则函数 $f(\boldsymbol{x})$ 在点 $\boldsymbol{x}$ 的梯度定义为

$$\nabla f(\boldsymbol{x})=\left(\frac{\partial f}{\partial x_1},\frac{\partial f}{\partial x_2},\cdots,\frac{\partial f}{\partial x_k}\right)^{\mathrm{T}}$$

梯度的几何意义是函数 f 在 $\boldsymbol{x}$ 处函数值上升最快的方向，对此说明如下：对多元函数 $f(\boldsymbol{x})$，在点 $\boldsymbol{x}$ 处沿单位方向向量 $\boldsymbol{u}$ 的方向导数为

$$D_u f(\boldsymbol{x})=\lim_{h\to 0}\frac{f(\boldsymbol{x}+h\boldsymbol{u})-f(\boldsymbol{x})}{h}$$

该方向导数反映了函数值沿着方向向量 $\boldsymbol{u}$ 的函数值的变化率。由于

$$f(\boldsymbol{x}+h\boldsymbol{u})-f(\boldsymbol{x})=\nabla f(\boldsymbol{x})\cdot(h\boldsymbol{u})+\varepsilon(h\boldsymbol{u})\cdot(h\boldsymbol{u})$$

而 $h\to 0$ 时，$\varepsilon(h\boldsymbol{u})\to 0$，因此

$$\lim_{h\to 0}\frac{f(\boldsymbol{x}+h\boldsymbol{u})-f(\boldsymbol{x})}{h}=\nabla f(\boldsymbol{x})\cdot\boldsymbol{u}$$

于是

$$D_u f(\boldsymbol{x})=\nabla f(\boldsymbol{x})\cdot\boldsymbol{u}$$

也就是说，函数 $f(\boldsymbol{x})$ 在点 $\boldsymbol{x}$ 处沿方向向量 $\boldsymbol{u}$ 的方向导数，等于该点处的梯度向量与方向向量 $\boldsymbol{u}$ 的点积。

把点积的式子展开，可以得到

$$D_u f(\boldsymbol{x})=\nabla f(\boldsymbol{x})\cdot\boldsymbol{u}=|\nabla f(\boldsymbol{x})||\boldsymbol{u}|\cos\theta$$

式中：θ 为梯度向量 $\nabla f(\boldsymbol{p})$ 与方向向量 $\boldsymbol{u}$ 的夹角。由于 $-1\leqslant\cos\theta\leqslant 1$，显然

$$-|\nabla f(\boldsymbol{x})||\boldsymbol{u}|\leqslant D_u f(\boldsymbol{x})\leqslant|\nabla f(\boldsymbol{x})||\boldsymbol{u}|$$

也就是说，当 $\theta=0$，即方向向量 $\boldsymbol{u}$ 和梯度向量同向时，变化率的取值最大，即函数增长最快；当 $\theta=\pi$，即方向向量 $\boldsymbol{u}$ 和梯度向量反向时，变化率的取值最小，函数下降得最快。总结起来，在点 $\boldsymbol{u}$ 的函数值沿着梯度的方向增加得最快，逆着梯度的方向函数值减小得最快。梯度下降法就是沿着梯度的相反方向按照某步长进行搜索，也称为"最速下降法"。

在梯度下降法中，搜索沿负梯度方向进行，即目标函数下降方向为

$$p_k=-\nabla f(x_k)$$

如右图所示。下一个点的位置为

$$x_{k+1}=x_k-t_k\nabla f(x_k)$$

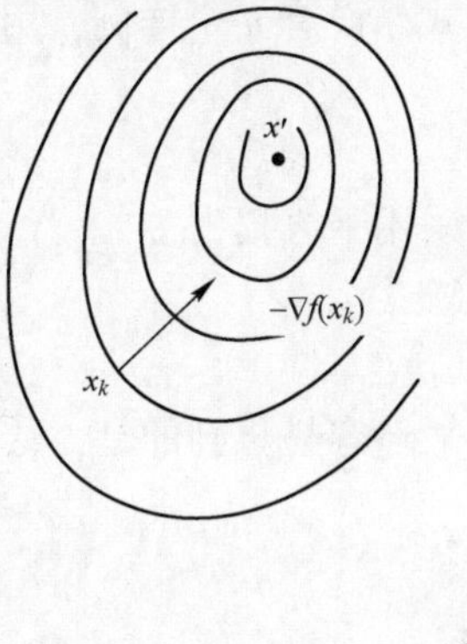

式中：t_k 为步长因子，又称学习率。由它控制沿负梯度方向下降的速度，满足

$$t_k = \mathrm{argmin}_t \{ f(x_k - t \cdot \nabla f(x_k)) \}$$

即在该搜索方向行走该步长，所得到的是该方向上目标函数的最小值。更一般地，搜索步长应该满足 Armijo-Goldstein 准则。

上述搜索过程可以合记表示为

$$x_{k+1} = ls(x_k, \nabla f(x_k))$$

一般地，设目标函数 $f(x)$ 具有一阶连续偏导数，记 $\boldsymbol{z} = ls(\boldsymbol{x}, \boldsymbol{p})$，则有

$$\nabla f(\boldsymbol{z})^{\mathrm{T}} \cdot \boldsymbol{p} = 0$$

上述定理说明，梯度下降法在向极小值靠近的过程中，走的是“曲折”的路线：后一次搜索方向 $\boldsymbol{p}_{k+1}$ 与前一次搜索方向 $\boldsymbol{p}_k$ 总是相互垂直的，称为锯齿现象，如图 4-6 所示。锯齿现象表明，越接近极值梯度下降法的收敛速度越慢。

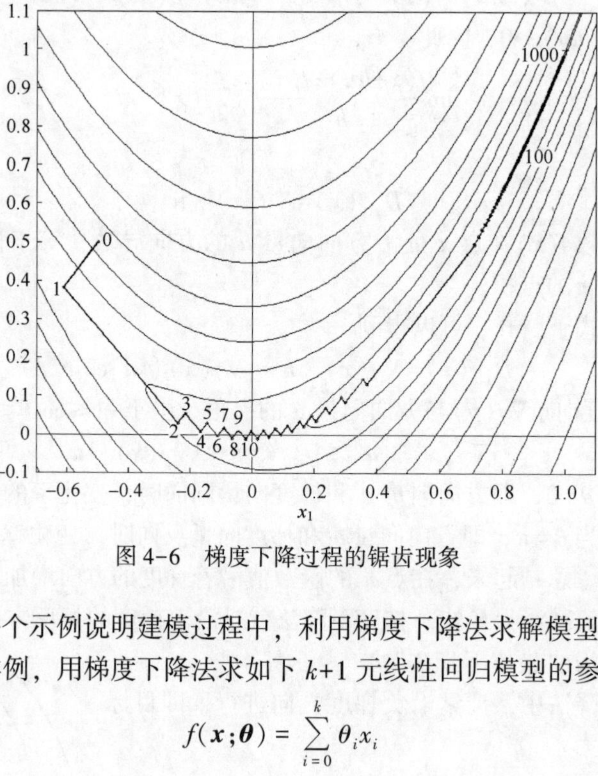

图 4-6　梯度下降过程的锯齿现象

下面通过一个示例说明建模过程中，利用梯度下降法求解模型参数的具体方式。设有 n 个样例，用梯度下降法求如下 $k+1$ 元线性回归模型的参数：

$$f(\boldsymbol{x};\boldsymbol{\theta}) = \sum_{i=0}^{k} \theta_i x_i$$

采用平方损失

$$J(\boldsymbol{\theta}) = \frac{1}{2n} \sum_{j=1}^{n} (y_j - f(\boldsymbol{x}_j;\boldsymbol{\theta}))^2$$

容易想到的是，首先求得损失函数对各待估参数的偏导数，得到

$$\frac{\partial J(\boldsymbol{\theta})}{\partial \theta_i} = -\frac{1}{n}\sum_{j=1}^{n}(y_j - f(\boldsymbol{x}_j;\boldsymbol{\theta}))\cdot x_{ij}(i=0,1,\cdots,p)$$

于是运用梯度下降法，得到各参数的下一个取值为

$$\theta_i' = \theta_i + \eta \cdot \frac{1}{n}\sum_{j=1}^{n}(y_j - f(\boldsymbol{x}_j;\boldsymbol{\theta}))\cdot x_{ij}$$

按照上述方式估计参数，是把所有训练样例一起考虑，最小化所有样例的损失函数。这称为批量梯度下降（batch gradient descent，BGD）。也就是说，批量计算损失函数在每个参数 θ_k 处的负梯度，并据此更新每个 θ_k。对于上面的例子，批量梯度下降法得到的是一个全局最优解，即使得到的总风险函数最小。由于每迭代一步都要用到所有样例，如果样本量 n 很大，一次迭代把 n 个样例全部代入计算，计算量为 $n\times(k+1)^2$，迭代速度会相当慢。因此，BGD 对于大规模样本问题效率低下。

为解决 BGD 的问题，引入了随机梯度下降（stochastic gradient descent，SGD）。由于

$$J(\boldsymbol{\theta}) = \frac{1}{n}\sum_{j=1}^{n}\frac{1}{2}(y_j - f(\boldsymbol{x}_j;\boldsymbol{\theta}))^2 = \frac{1}{n}\sum_{j=1}^{n}\mathrm{loss}(\boldsymbol{\theta};\boldsymbol{x}_j,y_j)$$

其中

$$\mathrm{loss}(\boldsymbol{\theta};\boldsymbol{x}_j,y_j) = \frac{1}{2}(y_j - f(\boldsymbol{x}_j;\boldsymbol{\theta}))^2$$

于是，可以利用每个样例的损失函数对 θ_i 的偏导来更新 θ_i，即

$$\theta_i' = \theta_i + \eta\cdot(y_j - f(\boldsymbol{x}_j;\boldsymbol{\theta}))\cdot x_{ij}$$

此即 SGD。SGD 最小化每个样例的损失函数，虽然不是每次迭代损失函数都向着全局最优方向，但是整体上是趋向全局最优解，最终结果往往在全局最优解附近。另外，实践表明，当缓慢降低学习率 η 时，BGD 的收敛模式与 SGD 的模式相同。因此，SGD 适用于大规模样例集。不过，SGD 中的频繁更新使参数间具有高方差，损失函数以不同强度波动，如图 4-7 所示。这实际上是一件好事，有助于发现新的和可能更优的局部最小值，而 BGD 只能收敛到某个局部最优值。

在 SGD 算法中，选择合适的学习率比较困难——学习率太低收敛缓慢，学习率过高则迭代过程中波动过大。另外，SGD 也容易收敛到局部最优，且在某些情况下可能被困在鞍点。

另一种称为“小批量梯度下降”的变体，可以缓解高方差的参数更新和不稳定收敛的问题。小批量梯度下降法是 BGD 和 SGD 的折中。对 n 个样例，采用 m 个子样来迭代，$1<m<n$。一般可以取 $m=16,32,64,\cdots$，当然根据样例数量，可以调整 m 的值。图 4-8 是三种梯度下降法迭代过程收敛过程的示意图，可以看

出其收敛过程存在的差异。

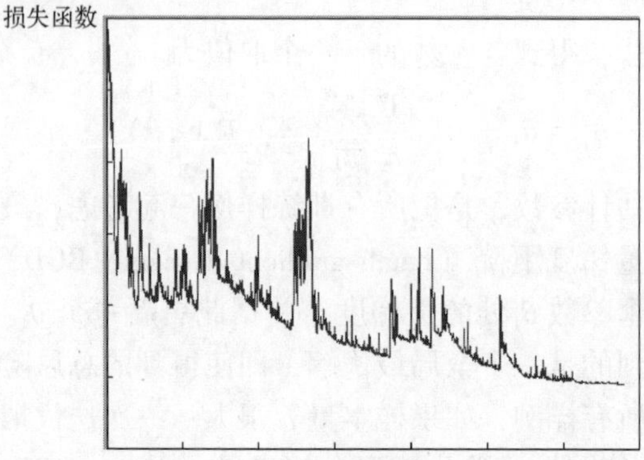

图 4-7　因参数间高方差，SGD 导致损失函数大幅波动

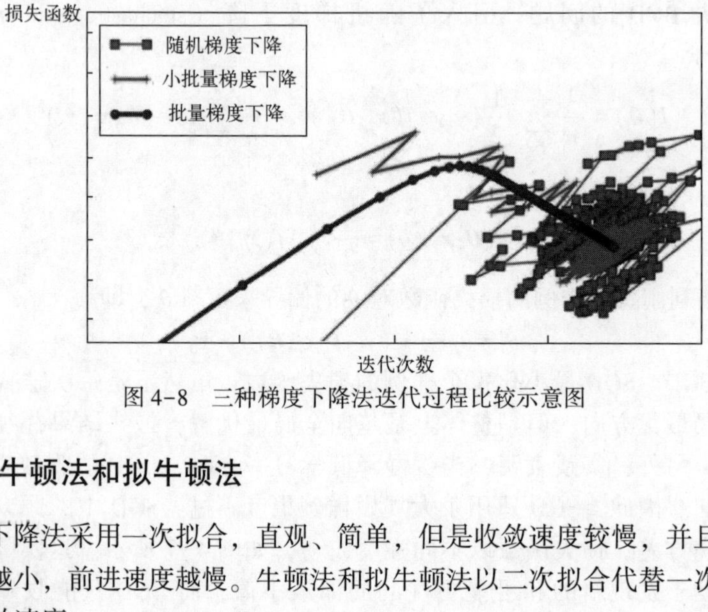

图 4-8　三种梯度下降法迭代过程比较示意图

4.2.2 牛顿法和拟牛顿法

梯度下降法采用一次拟合，直观、简单，但是收敛速度较慢，并且越接近目标值步长越小，前进速度越慢。牛顿法和拟牛顿法以二次拟合代替一次拟合，提高算法收敛速度。

一、牛顿法

牛顿法（Newton's method）主要应用在两个方面：求方程的根和最优化。

求方程根的牛顿法使用泰勒级数的前几项来求解方程 $f(x)=0$ 的根，并被形象地称为“切线法”，其原理如下。首先，在 x_0 处对 $f(x)$ 做一阶泰勒展开并令其为 0，得到

$$f(x)\approx f(x_0)+f'(x_0)(x-x_0)=0$$

于是，有

$$x=x_0-\frac{f(x_0)}{f'(x_0)}$$

用 x_{n+1} 和 x_n 替换 x 和 x_0，得到迭代公式：

$$x_{n+1}=x_n-\frac{f(x_n)}{f'(x_n)}$$

如图 4-9 所示为由 x_1 到 x_2 以及由 x_2 到 x_3 的迭代过程。可以看出，随着迭代的进行，序列 $\{x_n\}$ 将收敛到函数 $f(x)$ 的零点。

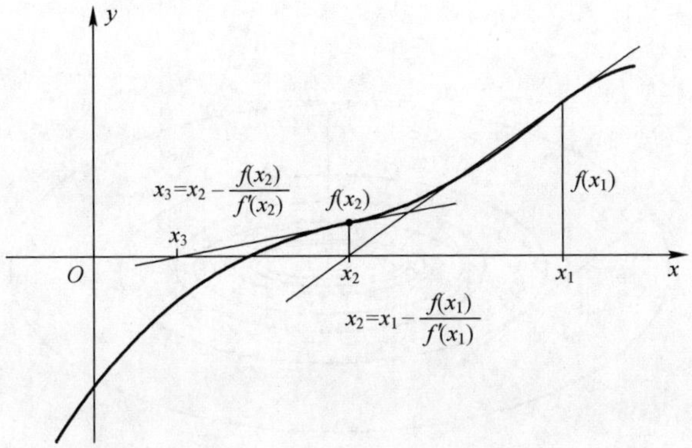

图 4-9 求根的牛顿法示意图

求极值实际上是求函数的偏导数的根，因此可以用求根的牛顿法求极值。在一元情况下，用 $f'(x_n)$ 代替 $f(x_n)$，可以得到如下求函数极值的迭代公式：

$$x_{n+1}=x_n-\frac{f'(x_n)}{f''(x_n)}$$

当目标函数 $f(\boldsymbol{x})$ 在 $\mathbb{R}^k$ 上具有连续的二阶偏导数，且其 Hessian 矩阵 $\boldsymbol{H}(\boldsymbol{x})=\nabla^2 f(\boldsymbol{x})$ 正定时，对多元函数 $f(x)$ 泰勒展开，如下所示：

$$f(\boldsymbol{x})\approx Q(\boldsymbol{x})=f(\boldsymbol{x}_k)+\nabla f(\boldsymbol{x}_n)(\boldsymbol{x}-\boldsymbol{x}_n)+\frac{1}{2}(\boldsymbol{x}-\boldsymbol{x}_n)^{\mathrm{T}}\boldsymbol{H}(\boldsymbol{x}_n)(\boldsymbol{x}-\boldsymbol{x}_n)$$

其中，$Q(\boldsymbol{x})$ 是 $\boldsymbol{x}$ 的正定二次型。令其一阶导数等于 0 得到其极值点，即由

$$\nabla Q(\boldsymbol{x})=\nabla f(\boldsymbol{x}_n)+\boldsymbol{H}(\boldsymbol{x}_n)(\boldsymbol{x}-\boldsymbol{x}_n)=0$$

得到极值点为

$$\boldsymbol{x}_{n+1}=\boldsymbol{x}_n-\boldsymbol{H}(\boldsymbol{x}_n)^{-1}[\nabla f(\boldsymbol{x}_n)]$$

这就是多元函数求极值的牛顿法迭代公式，$-\boldsymbol{H}(\boldsymbol{x}_n)^{-1}[\nabla f(\boldsymbol{x}_n)]$ 称为牛顿方向。设定学习率为 $\boldsymbol{\eta}_n$，则迭代公式为

$$\boldsymbol{x}_{n+1}=\boldsymbol{x}_n-\boldsymbol{\eta}_n\boldsymbol{H}(\boldsymbol{x}_n)^{-1}[\nabla f(\boldsymbol{x}_n)]$$

牛顿法引入了二阶梯度。与梯度下降法相比，牛顿法是二阶收敛，而梯度下降法一阶收敛。从几何上说，牛顿法用二次曲面拟合目标函数在当前位置处的局部曲面，而梯度下降法使用的是平面拟合。通常情况下，二次曲面拟合比平面拟合更准确，因此牛顿法选择的下降路径会更接近真实的最优下降路径，算法收敛速度会更快。如图 4-10 所示，将最优化过程类比为通过一条最短路径到达盆地底部的过程，梯度下降法每次从当前所处位置选坡度最陡的方向向前走一步。牛顿法在选择方向时，不仅考虑坡度是否陡，还考虑走了一步之后坡度是否会变得更大（Wolfe-Powell 准则）。所以，牛顿法比梯度下降法看得更远，能更快地到达盆地底部。

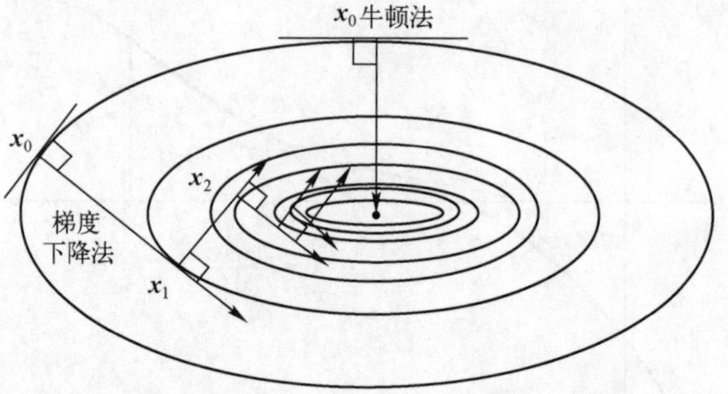

图 4-10　牛顿法迭代过程：$\boldsymbol{x}_{k+1}$是超椭球 $\boldsymbol{Q}(\boldsymbol{x}_k)$的中心

二、拟牛顿法

牛顿法构造目标函数的二次拟合曲面时，需要在每一步求解函数的 Hessian 矩阵的逆矩阵，因此计算复杂、速度很慢。为降低牛顿法复杂性，20 世纪 50 年代美国阿贡国家实验室的物理学家 W. C. Davidon 等提出拟牛顿法（quasi-Newton method），已成为求解非线性方程的有效方法。拟牛顿法改善了牛顿法每次求解复杂的 Hessian 矩阵的逆矩阵的缺陷，使用正定矩阵近似 Hessian 矩阵的逆矩阵，极大简化了运算复杂度。

拟牛顿法的关键是每步迭代中的矩阵 $\boldsymbol{B}_n$。用正定矩阵 $\boldsymbol{B}_n$ 代替牛顿法中 Hessian 矩阵的逆矩阵 $\boldsymbol{H}(\boldsymbol{x}_n)^{-1}$，得到如下迭代公式：

$$\boldsymbol{x}_{n+1}=\boldsymbol{x}_n-\eta_n\boldsymbol{B}_n[\nabla f(\boldsymbol{x}_n)]$$

由于 $\boldsymbol{B}_n$是正定的，因此能保证搜索方向 $\boldsymbol{B}_n[\nabla f(\boldsymbol{x}_n)]$是下降方向。

用 $\boldsymbol{B}_n$代替 $\boldsymbol{H}(\boldsymbol{x}_n)^{-1}$，要求它应该具有与 $\boldsymbol{H}(\boldsymbol{x}_n)^{-1}$类似的性质，这个性质称为拟牛顿条件或拟牛顿方程。对梯度函数一阶泰勒展开，得到

$$\nabla f(\boldsymbol{x})=\nabla f(\boldsymbol{x}_n)+\boldsymbol{H}(\boldsymbol{x}_n)(\boldsymbol{x}-\boldsymbol{x}_n)$$

记

$$S_{n-1}=x_n-x_{n-1},\ y_{n-1}=\nabla f(x_n)-\nabla f(x_{n-1})$$

则有

$$H(x_n)^{-1}y_{n-1}=S_{n-1}$$

上述条件就是拟牛顿条件，即搜索方向中迭代矩阵应该满足的条件。

于是，B_n也应该满足拟牛顿条件，即

$$B_n y_{n-1}=S_{n-1}$$

这个公式称为割线方程（secant equation），B_n可以理解为梯度函数在x_n和x_{n-1}之间割线的斜率。

当$f(x)$是定义在多维空间上的函数，利用割线方程计算B_n是一个不定问题(未知数个数比方程式个数多)。此时，一般对B_n施加一些约束条件，比如要求具有对称性。另外，B_n一般应该迭代计算，以尽可能利用上一步的信息。

不同的拟牛顿法有不同的选择割线方程的方法。常用的拟牛顿法有 DFP 算法和 BFGS 算法。比如，在 DFP 算法中，取

$$B_{n+1}=B_n+P_n+Q_n$$

则

$$B_{n+1}y_n=B_n y_n+P_n y_n+Q_n y_n$$

为了满足割线方程，可使P_n和Q_n满足

$$P_n y_n=S_n$$

$$Q_n y_n=-B_n y_n$$

于是可取

$$P_n=\frac{S_n S_n^{\mathrm{T}}}{S_n^{\mathrm{T}} y_n}$$

$$Q_n=-\frac{B_n y_n y_n^{\mathrm{T}} B_n}{y_n^{\mathrm{T}} B_n y_n}$$

4.2.3 超参数优化简介

随着机器学习的发展，有越来越多的研究者开始聚焦于建模的自动化，即自动化机器学习（AutoML）技术的研究和开发。其目的是减少人工参与，让机器自动完成数据预处理、特征分析与选择、模型结构设计、模型训练等。人们只要输入训练样例集，就可以得到想要的模型和预测结果。

在 AutoML 中，一个关键的问题是模型选择。在模型选择过程中，主要解决的是超参数设置和优化问题。所谓超参数，是指模型中难以采用常规手段优化的参数，比如弹网族回归的正则化系数、支持向量机的惩罚参数和核函数参数、随机森林大小、神经网络的宽度和深度等。一些简单的机器学习

模型，超参数个数比较少，一般通过网格优化（以所选择模型的性能为目标函数）就可以找到最优超参数。但是深度学习模型有大量的超参数，比如学习率、激活函数、网格结构、卷积核等，这时采用网格搜索就不合适了，因为这时的优化问题具有高维、非线性、非凸、混合优化的特点，不存在简单的优化规律，难以采用通常的梯度优化策略寻找最优解，而且试错成本高——训练一个给定超参数的模型需要很长时间（比如，以周为单位），因此超参数优化非常复杂。

为了解决超参数优化问题，一般从搜索空间、搜索策略、效果预测、迁移策略等方面进行研究。对于小的搜索空间，采用网格式搜索；对于参数空间较大的情况，通常采用随机搜索策略，如 CMA-ES、SMBO 等。SMBO 即基于模型的序贯优化（sequential model-based optimization），其核心是使用一个不断更新的代理模型拟合目标函数（进行效果预测），并使用贝叶斯方法对代理模型进行优化，然后基于代理模型优化超参数。常用的代理模型有高斯过程模型、随机森林模型等。另外，可以利用不同任务之间的信息加速优化过程，比如将小样本的结果迁移到大样本，对模型结构和参数进行预训练和迁移，等等。

4.3 极大似然估计

极大似然估计（maximum likelihood estimation，MLE）是经典统计学中最重要的一种参数估计方法，通过最大化样本数据的似然函数，即所建立的模型应该使样本数据出现的概率最大，实现对模型参数的估计。常用的交叉熵损失（cross entropy loss）、均方误差损失（mean square error）都可以将极大似然估计作为基础。本节介绍极大似然估计，对另一种应用比较广泛的参数估计方法——矩估计的介绍，请参考其他教材或专著。

4.3.1 极大似然估计原理

极大似然估计的出发点是选择概率模型，使获得样本数据的概率最大。设样本数据为 $D=\{x_i\}_{i=1}^n$，拟建立的（近似或假设的）分布模型为 $P_{\mathrm{m}}(x;\theta)$。为了通过估计参数 θ 来建立模型，一个自然的想法是使概率 $P_{\mathrm{m}}(D;\theta)$ 最大，即 θ 的估计值 $\hat{\theta}$ 应该使分布 $P_{\mathrm{m}}(x;\hat{\theta})$ 以最大的概率生成样本数据 D。

按照上面的想法，假设样本 $X_1,X_2,\cdots,X_n$ 具有联合密度或频率函数 $f(x_1,x_2,\cdots,x_n|\theta)$，样本数据为 $X_i=x_i$，则 θ 的似然函数由 $x_1,x_2,\cdots,x_n$ 的密度或频率函数确定，定义为

$$L(\theta)=f(x_1,x_2,\cdots,x_n|\theta)$$

θ 的极大似然估计是使该似然函数取值最大的 θ，即使得样本数据的“概率最大”或“最可能”的 θ。在似然函数具有所需的正则性的条件下，这可通过求解似然方程得到。设 $\theta=(\theta_1,\theta_2,\cdots,\theta_p)\in\Theta$ 为 p 维参数，Θ 为未知参数取值空间，则似然方程通过似然函数对未知参数的偏导数为 0 获得，即

$$\frac{\partial L(\theta)}{\partial \theta_i}=0(i=1,2,\cdots,p)$$

若 X_i 独立同分布，则似然函数为

$$L(\theta)=\prod_{i=1}^{n}f(x_i|\theta) \tag{4.3.1}$$

由于一个函数和它的对数具有相同的分析性质，实际上为了便于求解，多采用对数似然函数，即似然函数的对数求解极大似然估计。在独立同分布情形，对数似然函数定义为

$$l(\theta)=\sum_{i=1}^{n}\log[f(x_i|\theta)] \tag{4.3.2}$$

于是，极大似然估计可以通过下面的似然方程得到，即

$$\frac{\partial l(\theta)}{\partial \theta_i}=0(i=1,2,\cdots,p)$$

关于似然函数可以直观地的解释。设 X 是离散随机变量，似然函数定义为 $L(\theta)=P_\theta(X=x)$。比较参数 θ_1 和 θ_2 的似然函数值，如果

$$P_{\theta_1}(X=x)>P_{\theta_2}(X=x)$$

即观测到的数值更可能在 $\theta=\theta_1$ 下发生，于是相比于 θ_2，θ_1 应该是一个更可能的猜测。对连续随机变量 X，可以利用 X 的邻域作类似的解释，即样本数据 x 的概率近似表示为 $P_\theta(X=x)\approx P_{\theta_1}(x-\varepsilon<X<x+\varepsilon)$，则似然函数值的比近似为

$$\frac{L(\theta_1)}{L(\theta_2)}\approx\frac{P_{\theta_1}(x-\varepsilon<X<x+\varepsilon)}{P_{\theta_2}(x-\varepsilon<X<x+\varepsilon)}$$

若在 θ_1 下具有更大的概率，则 θ_1 应该更可能。

需要注意的是，不能将似然解释为参数 θ 的概率。

下面看一个简单的例子。族群遗传学是连接孟德尔定律和达尔文进化论的学科，它的特色是利用数学的方法研究受到选择、突变、迁移、近亲交配及其他因素影响下的族群基因结构。它肯定了数学在生物学上的角色，而且是被公认为数学应用在生物学上唯一成功的例子。Hardy-Weinberg 均衡定律是族群遗传学的基石。若基因频率是均衡的，则基因类型 AA、Aa 和 aa 发生的频率分别为 $(1-\theta)2$、$2\theta(1-\theta)$ 和 θ^2。1937 年，研究者对在香港的中国人抽取血型样本，得到如表 4-2 所示样本。

表 4-2 血型样本

项　目	血型（M 和 N 分别是红细胞和抗原）			
频率	M	MN	N	合计
	342	500	187	1029

有几种方法可以得到参数 θ 的估计。一种容易想到的方法是频率估计，比如考虑 N 型的频率，令 $\theta^2=187/1029\approx 0.1817$，得到 $\theta=0.4263$。但是这种方法看起来似乎丢掉了其他单元中的信息，因而应该还有更好的方式。把三种血型的数据一起考虑是更合适的想法。以 X_1、X_2、X_3 表示三种血型的人数，样本量 $n=1029$，则三种血型人数样本服从三项式分布，因此可以得到 θ 的对数似然函数为

$$\begin{aligned} l(\theta) &= \log n! - \sum_{i=1}^{3}\log X_i! + X_1\log(1-\theta)^2 + X_2\log 2\theta(1-\theta) + X_3\log\theta^2 \\ &= \log n! - \sum_{i=1}^{3}\log X_i! + (2X_1+X_2)\log(1-\theta) + (2X_3+X_2)\log\theta + X_2\log 2 \end{aligned}$$

令 $l'(\theta)=0$，得到似然方程以及极大似然估计分别为

$$-\frac{2X_1+X_2}{1-\theta}+\frac{2X_3+X_2}{\theta}=0,\quad \hat{\theta}=\frac{2X_3+X_2}{2n}=0.4247$$

显然，对任何未知参数可以构造无穷多估计量。但是我们关心的是“最好的”估计。关于极大似然估计，下面的结论表明，它在某些意义上具有所要求的优良性。

（1）不变性：设 $\hat{\theta}$ 是未知参数 θ 的极大似然估计，则对任何函数 $g(\theta)$，它的极大似然估计为 $g(\hat{\theta})$。

（2）一致性：在密度或频率函数 f 具有适当的光滑性条件下，由独立同分布样本得到的极大似然估计是一致收敛的。

（3）渐近正态性：在 f 具有适当光滑性条件下，$\sqrt{nI(\theta_0)}(\hat{\theta}-\theta_0)$ 的概率分布趋于标准正态分布。

根据上面的结论，还可以进一步知道极大似然估计是渐近无偏和渐近有效的。因此，一般来说，极大似然估计比矩估计具有更高的精度——因为矩估计不是渐近有效估计。

通过似然方程求解极大似然估计需要以下条件的保证：首先，要求真值 θ 在参数空间 Θ 的内部，否则难以根据偏导数为 0 求解似然方程；其次，要求密度或频率函数 $f(x|\theta)$ 的支撑集（使 $f(x|\theta)>0$ 的 x 的取值集合）不依赖 θ，比如[0,

θ]上的均匀分布的支撑集依赖θ，其位置参数θ的极大似然估计就不能通过似然方程获得。

即使在最简单的情形下，极大似然估计也可能失败。例如，对于如下由两个正态密度通过简单混合形成的密度[2]

$$f(x;a,\sigma)=\frac{1}{2}\frac{1}{\sqrt{2\pi}\sigma}\exp\left(-\frac{(x-a)^2}{2\sigma^2}\right)+\frac{1}{2}\frac{1}{\sqrt{2\pi}}\exp\left(-\frac{x^2}{2}\right)$$

其中，参数(a,σ)是未知的，用极大似然方法就不可能估计出这个密度函数。事实上，对任何$x_1,\cdots,x_n$及任何给定的常数c_0，总存在一个小的$\sigma=\sigma_0$，使得对$a=x_1$，似然函数值超过c_0，即

$$l(a=x_1,\sigma_0)=\sum_{i=1}^{n}\ln f(x_i;a=x_1,\sigma_0)>\ln\left(\frac{1}{2}\frac{1}{\sqrt{2\pi}\sigma_0}\right)+\sum_{i=2}^{n}\ln\left(\frac{1}{2}\frac{1}{\sqrt{2\pi}}\exp\left\{-\frac{x^2}{2}\right\}\right)$$

$$=-\ln\sigma_0-\sum_{i=2}^{n}\frac{x^2}{2}-n\ln2\sqrt{2\pi}>c_0$$

也就是说，这个例子里似然函数不存在最大值，用极大似然法无法给出参数(a,σ)的估计。

4.3.2 极大似然估计求解

极大似然估计从理论上比较系统地解决了点估计问题，但是在一般情况下似然函数求解难以解析地进行，此时需要采用数值算法，典型的包括 Newton-Raphson 法、Fisher 记分法（Fisher-scoring）法以及 EM 算法。本节简单求解似然方程 Newton-Raphson 法和 Fisher-scoring 法，以及在缺失数据情形下求解极大似然估记的 EM 算法。

一、数值算法

设$\boldsymbol{\theta}$为未知参数向量，对数似然函数的二阶偏导数定义为

$$\boldsymbol{I}(\boldsymbol{\theta};\boldsymbol{x})=\partial^2 l(\boldsymbol{\theta})/\partial\boldsymbol{\theta}\,\partial\boldsymbol{\theta}^{\mathrm{T}}$$

这称为观测的 Fisher 信息阵。在一定的正则条件下，下面的期望存在

$$\boldsymbol{I}(\boldsymbol{\theta})=-E_\theta[\boldsymbol{I}(\boldsymbol{\theta};\boldsymbol{X})]=E_\theta[S(\boldsymbol{X};\boldsymbol{\theta})S^{\mathrm{T}}(\boldsymbol{X};\boldsymbol{\theta})]$$

$\boldsymbol{I}(\boldsymbol{\theta})$称为期望的 Fisher 信息阵，其中

$$\boldsymbol{S}(\boldsymbol{\theta};\boldsymbol{x})=\partial l(\boldsymbol{\theta})/\partial\boldsymbol{\theta}$$

为对数似然函数的梯度向量，称为记分统计量（score statistic）。

根据极大似然估计似然方程，应满足方程

$$\boldsymbol{S}(\boldsymbol{\theta};\boldsymbol{x})=0$$

假设当前参数值为$\theta^{(k)}$，对$\boldsymbol{S}(\boldsymbol{\theta};\boldsymbol{x})$做一阶泰勒展开，得到

$$0=\boldsymbol{S}(\boldsymbol{\theta};\boldsymbol{x})\approx\boldsymbol{S}(\theta^{(k)};\boldsymbol{x})-\boldsymbol{I}(\theta^{(k)};\boldsymbol{x})(\boldsymbol{\theta}-\theta^{(k)})$$

据此得到求解似然方程的迭代公式为

$$\boldsymbol{\theta}^{(k+1)}=\theta^{(k)}+\boldsymbol{I}^{-1}(\boldsymbol{\theta}^{(k)};\boldsymbol{x})\boldsymbol{S}(\boldsymbol{\theta}^{(k)};\boldsymbol{x})$$

这就是求解似然方程的 Newton-Raphson 法。

由于观测的 Fisher 信息阵可能是非正定的，因此在迭代过程中会发生严重的振荡。特别是当初值距离真值比较远时，迭代过程可能因剧烈振荡而不收敛。为了克服这个问题，可以使用期望 Fisher 信息阵代替观测的 Fisher 信息阵。另一种做法是，对独立同分布样本使用经验的 Fisher 信息阵[7]代替观测的 Fisher 信息阵。经验的 Fisher 信息阵定义如下：

$$I_e(\boldsymbol{\theta};\boldsymbol{x})=\sum_{i=1}^{n}\boldsymbol{S}(\boldsymbol{\theta};x_i)S^{\mathrm{T}}(\boldsymbol{\theta};x_i)-\frac{1}{n}S(\boldsymbol{\theta};\boldsymbol{x})S^{\mathrm{T}}(\boldsymbol{\theta};\boldsymbol{x})$$

式中：$\boldsymbol{S}(\theta;x_i)$为对应于样本成员 X_i的记分统计量。样本的记分统计量为各成员的的和，即

$$\boldsymbol{S}(\boldsymbol{\theta};\boldsymbol{x})=\sum_{i=1}^{n}\boldsymbol{S}(\boldsymbol{\theta};x_i)$$

经验的 Fisher 信息阵实际上是样本记分统计量的协方差函数。注意到在极大似然估计$\hat{\boldsymbol{\theta}}_{\mathrm{MLE}}$处记分统计量为 0，此时经验的 Fisher 信息阵为

$$\boldsymbol{I}_{\mathrm{e}}(\hat{\boldsymbol{\theta}}_{\mathrm{MLE}};\boldsymbol{x})=\sum_{i=1}^{n}\boldsymbol{S}(\hat{\boldsymbol{\theta}}_{\mathrm{MLE}};x_i)\boldsymbol{S}^{\mathrm{T}}(\hat{\boldsymbol{\theta}}_{\mathrm{MLE}};x_i)$$

下面看一个简单极大似然估计迭代求解的例子。文献［7］介绍了 Cramer Rao 在 1973 年讨论的如下样本实现：

$$y=(y_1,y_2,y_3,y_4)=(125,18,20,34)$$

遗传学模型给出的这 4 类动物属于不同类型的概率为

$$(1/2+1/4\pi,1/4(1-\pi),1/4(1-\pi),1/4\pi)$$

于是总体服从多项式分布，其概率分布为

$$g(y\mid\boldsymbol{\pi})=\frac{(y_1+y_2+y_3+y_4)!}{y_1!\ y_2!\ y_3!\ y_4!}\left(\frac{1}{2}+\frac{1}{4}\boldsymbol{\pi}\right)^{y_1}\left(\frac{1}{4}-\frac{1}{4}\boldsymbol{\pi}\right)^{y_2}\left(\frac{1}{4}-\frac{1}{4}\boldsymbol{\pi}\right)^{y_3}\left(\frac{1}{4}\boldsymbol{\pi}\right)^{y_4}$$

采用 Newton-Raphson 方法估计未知参数 $\boldsymbol{\pi}$。首先，对数似然函数为

$$l(\boldsymbol{\pi})=y_1\log(2+\boldsymbol{\pi})+(y_2+y_3)\log(1-\boldsymbol{\pi})+y_4\log\boldsymbol{\pi}$$

该对数似然函数的图形如图 4-11 所示。

可以得到记分统计量和观测的 Fisher 信息阵分别为

$$S(\boldsymbol{\pi};\boldsymbol{y})=\partial l(\boldsymbol{\pi})/\partial\boldsymbol{\pi}=\frac{y_1}{2+\boldsymbol{\pi}}-\frac{y_2+y_3}{1-\boldsymbol{\pi}}+\frac{y_4}{\boldsymbol{\pi}}$$

$$I(\boldsymbol{\pi};\boldsymbol{y})=\partial^2 l(\boldsymbol{\pi})/\partial\boldsymbol{\pi}^2=-\frac{y_1}{(2+\boldsymbol{\pi})^2}-\frac{y_2+y_3}{(1-\boldsymbol{\pi})^2}-\frac{y_4}{\boldsymbol{\pi}^2}$$

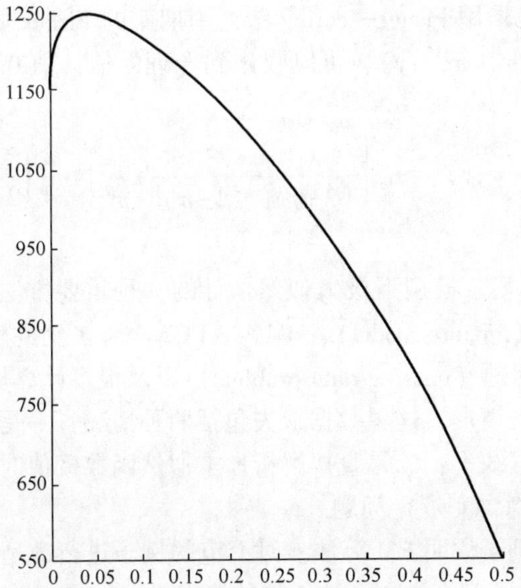

图 4-11　对数似然函数图形

Newton-Raphson 方法迭代公式为

$$\pi^{(k+1)}=\pi^{(k)}-\left(\frac{y_1}{(2+\pi^{(k)})^2}+\frac{y_2+y_3}{(1-\pi^{(k)})^2}+\frac{y_4}{\pi^{(k)2}}\right)^{-1}\times\left(\frac{y_1}{2+\pi^{(k)}}-\frac{y_2+y_3}{1-\pi^{(k)}}+\frac{y_4}{\pi^{(k)}}\right)$$

以无偏估计 $\tilde{\pi}=\dfrac{y_1-y_2-y_3+y_4}{n}=0.0570$ 作为初值进行迭代计算，结果如表 4-3 所示。

表 4-3　数值算法求极大似然估计

迭代次数	Newton-Raphson		Fisher-scoring	
	$\pi^{(k)}$	$S(\boldsymbol{y},\pi^{(k)})$	$\pi^{(k)}$	$S(\boldsymbol{y},\pi^{(k)})$
0	0.05704611	−387.74068038	0.05704611	−387.74068038
1	0.02562679	376.95646890	0.03698326	−33.88267279
2	0.03300085	80.19367817	0.03579085	−2.15720180
3	0.03552250	5.24850707	0.03571717	−0.13386352
4	0.03571138	0.02527096	0.03571260	−0.00829335
5	0.03571230	0.00000059	0.03571232	−0.00051375
6	0.03571230		0.03571230	−0.00003183

对于上面的例子，在使用 Newton-Raphson 方法求解时，初值应落在[0, 0.1]，否则迭代过程会导致错误的结果。比如，初值取 0.5 时，迭代过程收敛到

负根-0.4668。但是采用 Fisher-scoring 法，用期望的 Fisher 信息阵 $I(\boldsymbol{\pi}^{(k)})$ 代替观测的 Fisher 信息阵 $I(\boldsymbol{\pi}^{(k)};\boldsymbol{y})$，可以收敛到合理的估计值 0.0357。这里，期望的 Fisher 信息阵为

$$I(\boldsymbol{\pi})=-E_{\pi}[I(\boldsymbol{\pi};\boldsymbol{y})]=E_{\pi}\left[\frac{y_1}{(2+\pi)^2}+\frac{y_2+y_3}{(1-\pi)^2}+\frac{y_4}{\pi^2}\right]=\frac{n}{4}\left\{\frac{1}{2+\pi}+\frac{2}{1-\pi}+\frac{1}{\pi}\right\}$$

二、EM 算法

EM 算法是解决复杂模型下极大似然估计的一种重要方法，已经得到广泛应用，比如混合模型（mixture model）、HMMs、PCA、潜在变量模型（latent variable model）、数据缺失问题（missing data problem）以及很多计算机视觉问题。EM 算法特别适合数据缺失情形。这里数据缺失包括两种情况：一是由于观测过程的限制或问题引起的数据缺失；二是直接解析地求似然函数极值时比较困难，但可以转化为缺失数据（隐含变量）问题。

首先通过一个例子说明 EM 算法。对上节的例子进行改造，把 y 表示为分为 5 类的多项式分布的不完全数据，这 5 类的概率为

$$(1/2,1/4\pi,1/4(1-\pi),1/4(1-\pi),1/4\pi)$$

显然这里是把原来的第一类分为了两类。这样，完全数据为 $\boldsymbol{x}=(x_1,x_2,x_3,x_4,x_5)$，完全数据情形下的似然函数为

$$L(\boldsymbol{\pi}|\boldsymbol{x})=C(\boldsymbol{x})\left(\frac{1}{2}\right)^{x_1}\left(\frac{1}{4}\pi\right)^{x_2}\left(\frac{1}{4}-\frac{1}{4}\pi\right)^{x_3}\left(\frac{1}{4}-\frac{1}{4}\pi\right)^{x_4}\left(\frac{1}{4}\pi\right)^{x_5}$$

其中

$$C(\boldsymbol{x})=\frac{(x_1+x_2+x_3+x_4+x_5)!}{x_1!\ x_2!\ x_3!\ x_4!\ x_5!}$$

而对数似然函数为

$$l(\boldsymbol{\pi}|\boldsymbol{x})\propto(x_2+x_5)\log\boldsymbol{\pi}+(x_3+x_4)\log(1-\boldsymbol{\pi})$$

该似然函数的极值为

$$(x_2+x_5)/(x_2+x_3+x_4+x_5)$$

其中有未观测的 x_2，因此实际上无法得到极大似然估计结果。

注意到 $y_1=x_1+x_2$，$y_2=x_3$，$y_3=x_4$，$y_4=x_5$，这里观测到的数据是 y_1，而对应于 $y_1=125$ 的 (x_1,x_2) 的可能取值有多种，包括（0，125），（1，124），…，（125，0）等。因此，实际的似然函数是所有这些可能组合对 (x_1,x_2) 的期望。如果能够得到这个期望，并对期望求极值，则是否可以得到极大似然估计？

对于参数估计值 $\boldsymbol{\pi}^{(p)}$，可以根据给定数据 y 计算完全数据 x 的似然函数的期望。由于完全数据的对数似然函数是样本数据的线性函数，因此只要得到 x_1 和 x_2 的期望即可。容易得到 x_1 和 x_2 的期望为

$$x_1^{(p)}=125\frac{\frac{1}{2}}{\frac{1}{2}+\frac{1}{4}\pi^{(p)}},\quad x_2^{(p)}=125\frac{\frac{1}{4}\pi^{(p)}}{\frac{1}{2}+\frac{1}{4}\pi^{(p)}}$$

于是可以得到对数似然函数的期望为

$$E_{\pi^{(p)}}[l(\pi\mid\boldsymbol{x})]\propto(x_2^{(p)}+x_5)\log\pi+(x_3+x_4)\log(1-\pi)$$

求其极值，可以得到未知参数的更新估计如下：

$$\pi^{(p+1)}=(x_2^{(p)}+34)/(x_2^{(p)}+34+18+20)$$

从初始值 $\pi^{(0)}=0.5$ 开始，迭代地执行上述过程，得到如表 4-4 结果。

表 4-4　EM 迭代过程

p	$\pi^{(p)}$	$\pi^{(p)}-\pi^*$	$(\pi^{(p+1)}-\pi^*)/(\pi^{(p)}-\pi^*)$
0	0. 500000000	0. 126821498	0. 1465
1	0. 608247423	0. 018574075	0. 1346
2	0. 624321051	0. 002500447	0. 1330
3	0. 626488879	0. 000332619	0. 1328
4	0. 626777323	0. 000044176	0. 1328
5	0. 626815632	0. 000005866	0. 1328
6	0. 626820719	0. 000000779	—
7	0. 626821395	0. 000000104	—
8	0. 626821484	0. 000000014	—

由于在算法收敛时有 $\pi^*=\pi^{(p)}=\pi^{(p+1)}$，因此对这个例子可以显式地求解二次方程，得到 π 的极大似然估计，结果如下：

$$\pi^*=(15+\sqrt{53809})/394\approx0.6268214980$$

在上面的例子中，整个算法可以分为两步，这里称为 E 步和 M 步。E 步的作用是求期望，即在给定样本数据的条件下，计算完整似然的期望（随机变量为隐含变量）。其中涉及的计算缺失数据的条件期望，需要利用参数的当前估计值。M 步是求极大值，即求使完整似然的期望最大的参数，这是一个求解极大值的问题，通常可以解析求解。这种求解极大似然估计的解的方法称为 EM 算法。设 X 是样本数据，Y 是缺失数据，EM 算法描述如下。

初始化：选择初始步 $t=0$ 时的估计 θ^0，然后重复以下 E 步和 M 步：

E 步：计算似然函数的期望

$$l(\theta\mid\theta^t)=E_{Y\mid X,\theta^t}[l(X,Y\mid\theta)]\tag{4.3.3}$$

M 步：求极值

$$\theta^{t+1}=\arg\max_{\theta} l(\theta\mid\theta^{t}) \tag{4.3.4}$$

或者求使似然函数增加的 θ^{t+1}（这时称为 GEM 算法），即

$$l(\theta^{t+1}\mid\theta^{t})>l(\theta^{t}\mid\theta^{t}) \tag{4.3.5}$$

EM 算法是一种元算法，其中只给出了算法实现的框架，但是具体计算需要对具体问题具体分析。EM 算法的理论分析涉及算法收敛性、EM 算法输出结果是否依赖参数的初始值、收敛速度、潜在变量期望计算的难易程度等问题。

EM 算法的收敛性可以通过图 4-12 进行说明。假设在第 t 步能够构造似然函数 $l(\theta)$ 的一个局部下界 $h(\theta)$，满足 $l(\theta^{t})=h(\theta^{t})$，即 $h(\theta)$ 在 θ^{t} 处接触到目标函数 $l(\theta)$。于是，对下界函数 $h(\theta)$ 进行优化得到 θ^{t+1}，由于 $h(\theta^{t+1})>h(\theta^{t})$ 改善了 $h(\theta)$，因此一定有 $l(\theta^{t+1})>l(\theta^{t})$，即似然函数也得到改善。如此迭代下去，最终可以收敛到 $l(\theta)$ 的极值。

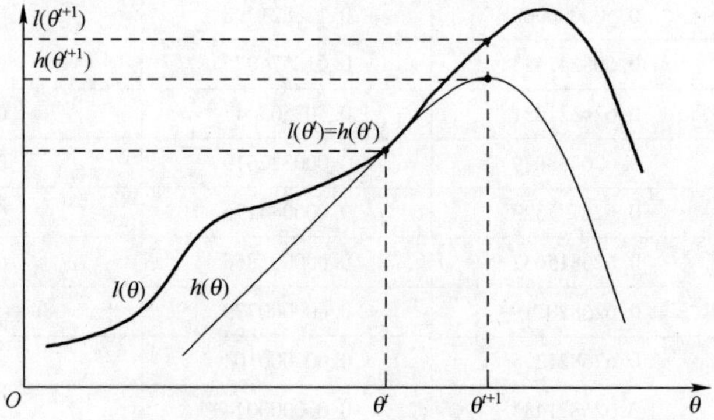

图 4-12　EM 算法收敛性示意图

下面构造具有上述性质的局部下界 $h(\theta)$，并且说明其改进与对 E 步的似然函数期望值得改进具有相同的极值。对实际似然函数，有

$$\begin{aligned}
l(\theta\mid\boldsymbol{X})-l(\theta^{t}\mid\boldsymbol{X}) &= \log\int f(\boldsymbol{X}\mid\boldsymbol{y},\theta)f(\boldsymbol{y}\mid\theta)\,\mathrm{d}\boldsymbol{y}-\log f(\boldsymbol{X}\mid\theta^{t})\\
&= \log\int f(\boldsymbol{X}\mid\boldsymbol{y},\theta)f(\boldsymbol{y}\mid\theta)\frac{f(\boldsymbol{y}\mid\boldsymbol{X},\theta^{t})}{f(\boldsymbol{y}\mid\boldsymbol{X},\theta^{t})}\mathrm{d}\boldsymbol{y}-\log f(\boldsymbol{X}\mid\theta^{t})\\
&= \log\int f(\boldsymbol{y}\mid\boldsymbol{X},\theta^{t})\frac{f(\boldsymbol{X}\mid\boldsymbol{y},\theta)f(\boldsymbol{y}\mid\theta)}{f(\boldsymbol{y}\mid\boldsymbol{X},\theta^{t})}\mathrm{d}\boldsymbol{y}-\log f(\boldsymbol{X}\mid\theta^{t})\\
&\geqslant \int f(\boldsymbol{y}\mid\boldsymbol{X},\theta^{t})\log\left(\frac{f(\boldsymbol{X}\mid\boldsymbol{y},\theta)f(\boldsymbol{y}\mid\theta)}{f(\boldsymbol{y}\mid\boldsymbol{X},\theta^{t})}\right)\mathrm{d}\boldsymbol{y}-\log f(\boldsymbol{X}\mid\theta^{t})\\
&= \int f(\boldsymbol{y}\mid\boldsymbol{X},\theta^{t})\log\left(\frac{f(\boldsymbol{X}\mid\boldsymbol{y},\theta)f(\boldsymbol{y}\mid\theta)}{f(\boldsymbol{y}\mid\boldsymbol{X},\theta^{t})f(\boldsymbol{X}\mid\theta^{t})}\right)\mathrm{d}\boldsymbol{y}\triangleq\Delta(\theta\mid\theta^{t})
\end{aligned}$$

其中，第四步的不等式是利用了如下的 Jensen 不等式，即对任何凸函数 ϕ，有

$$\phi[E(X)] \leqslant E[\phi(X)]$$

其离散形式为

$$\phi\left(\sum_i \lambda_i x_i\right) \geqslant \sum_i \lambda_i \phi(x_i)$$

第五步利用了

$$\log f(X|\theta^t) = \int \log f(X|\theta^t) f(y|X,\theta^t)\,\mathrm{d}y$$

总结起来，有

$$l(\theta|\boldsymbol{X}) \geqslant l(\theta^t|\boldsymbol{X}) + \Delta(\theta|\theta^t)$$

记

$$h(\theta|\theta^t) = l(\theta^t|\boldsymbol{X}) + \Delta(\theta|\theta^t)$$

则 $h(\theta|\theta^t)$ 是具有上面要求的性质的函数 $h(\theta)$，对此说明如下。

首先，$h(\theta|\theta^t)$ 为似然函数的下界。其次

$$\begin{aligned}
h(\theta^t|\theta^t) &= l(\theta^t|\boldsymbol{X}) + \Delta(\theta^t|\theta^t) \\
&= l(\theta^t|\boldsymbol{X}) + \int f(\boldsymbol{y}|\boldsymbol{X},\theta^t) \log\left(\frac{f(\boldsymbol{X}|\boldsymbol{y},\theta^t) f(\boldsymbol{y}|\theta^t)}{f(\boldsymbol{y}|\boldsymbol{X},\theta^t) f(\boldsymbol{X}|\theta^t)}\right) \mathrm{d}\boldsymbol{y} \\
&= l(\theta^t|\boldsymbol{X}) + \int f(\boldsymbol{y}|\boldsymbol{X},\theta^t) \log\left(\frac{f(\boldsymbol{X},\boldsymbol{y}|\theta^t)}{f(\boldsymbol{y},\boldsymbol{X}|\theta^t)}\right) \mathrm{d}\boldsymbol{y} \\
&= l(\theta^t|\boldsymbol{X})
\end{aligned}$$

即 $h(\theta|\theta^t)$ 在 θ^t 处等于似然函数值。综合起来，即 $h(\theta|\theta^t)$ 是在 θ^t 处接触到 $l(\theta)$ 的局部下界。

因此，只要能够得到按照以上方式定义的 $h(\theta|\theta^t)$ 的极值点，即可对似然函数进行改进。注意到

$$\begin{aligned}
\theta^{t+1} &= \arg\max_\theta \{h(\theta|\theta^t)\} \\
&= \arg\max_\theta \left\{ l(\theta^t|\boldsymbol{X}) + \int f(\boldsymbol{y}|\boldsymbol{X},\theta^t) \log\left(\frac{f(\boldsymbol{X}|\boldsymbol{y},\theta) f(\boldsymbol{y}|\theta)}{f(\boldsymbol{y}|\boldsymbol{X},\theta^t) f(\boldsymbol{X}|\theta^t)}\right) \mathrm{d}\boldsymbol{y} \right\} \\
&= \arg\max_\theta \left\{ \int f(\boldsymbol{y}|\boldsymbol{X},\theta^t) \log(f(\boldsymbol{X}|\boldsymbol{y},\theta) f(\boldsymbol{y}|\theta))\,\mathrm{d}\boldsymbol{y} \right\} \\
&= \arg\max_\theta \left\{ \int f(\boldsymbol{y}|\boldsymbol{X},\theta^t) \log\left(\frac{f(\boldsymbol{X},\boldsymbol{y},\theta)}{f(\boldsymbol{y},\theta)} \frac{f(\boldsymbol{y},\theta)}{f(\theta)}\right) \mathrm{d}\boldsymbol{y} \right\} \\
&= \arg\max_\theta \left\{ \int f(\boldsymbol{y}|\boldsymbol{X},\theta^t) \log(f(\boldsymbol{X},\boldsymbol{y}|\theta))\,\mathrm{d}\boldsymbol{y} \right\} \\
&= \arg\max_\theta \{ \mathrm{E}_{Y|X,\theta^t}(l(\boldsymbol{X},Y|\theta)) \} \\
&= \arg\max_\theta \{ l(\theta|\theta^t) \}
\end{aligned}$$

也就是说，通过对期望似然函数的改进，实现了对下界函数 $h(\theta|\theta^t)$ 的改进，进

而实现了对似然函数的更新。

于是，如果期望似然函数 $l(\theta|\theta^t)$ 增大，则样本数据对应的似然 $l(\theta|\boldsymbol{X})$ 也会增大；在 M 步，$l(\theta|\theta^t)$ 的增大是可以保证的，因此每次迭代 $l(\theta|\boldsymbol{X})$ 增大。另外，当 $l(\theta|\theta^t)$ 在 θ^t 取极大值时，θ^t 必然成为 $l(\theta|\boldsymbol{X})$ 的稳定点，该稳定点未必是局部极大值点，在某些情况下可能是局部极小值或鞍点，但通常 EM 算法会收敛到局部极大值。因此，总的来说，EM 算法最终可以收敛到似然函数的极大值。

下面简单介绍混合模型及其 EM 算法。混合模型的参数估计是 EM 算法最典型的应用。对于高斯混合模型，EM 算法已经得到完美的解决。在基于模型的聚类中，混合模型的估计采用 EM 算法。

混合模型是形如下式的分布模型：

$$f(x|\theta)=\sum_{k=1}^{K}\alpha_k f_k(x|\theta_k)$$

其中，$\theta=(\alpha_1,\alpha_2,\cdots,\alpha_K;\ \theta_1,\theta_2,\cdots,\theta_K)$ 满足 $\sum_{k=1}^{K}\alpha_k=1$，即混合模型由 K 个成分 $f_k(x|\theta_k)$ 组成，每个成分的权重为 α_k。

若混合模型中每个成分为高斯分布，则称为混合高斯模型（GMM），即

$$f(x;\boldsymbol{\mu},\boldsymbol{\Sigma})=\sum_{k=1}^{K}\alpha_k f_k(x)=\sum_{k=1}^{K}\alpha_k\phi(x;\boldsymbol{\mu}_k,\boldsymbol{\Sigma}_k)$$

$$f_k(x)=f(x|Y=k)\sim N(\boldsymbol{\mu}_k,\boldsymbol{\Sigma}_k)=\phi(x;\boldsymbol{\mu}_k,\boldsymbol{\Sigma}_k)$$

$$\alpha_k=P(Y=k),\ \sum_{k}\alpha_k=1$$

比如，一个班级学生身高 X 可以用混合高斯模型表示，以 X_1 和 X_2 分别表示男生和女生身高，男生比例为 p，设 $X_1\sim\mathcal{N}(\mu_1,\sigma_1^2)$，$X_2\sim\mathcal{N}(\mu_2,\sigma_2^2)$，则

$$X\sim p\mathcal{N}(\mu_1,\sigma_1^2)+(1-p)\mathcal{N}(\mu_2,\sigma_2^2)$$

如图 4-13 所示是包含 2 个成分的 GMM 的示意图。

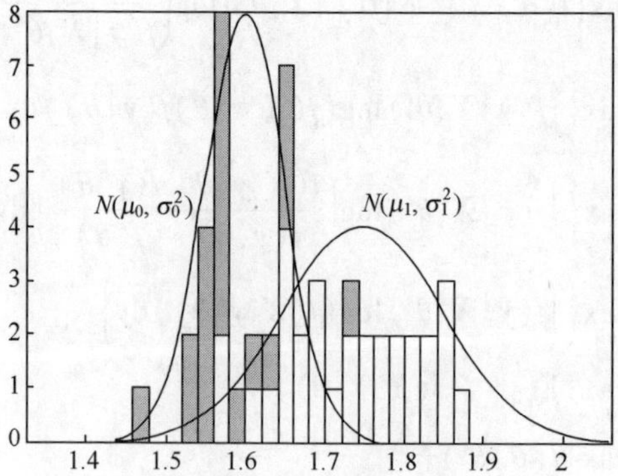

图 4-13　混合高斯分布

对于 GMM，给定样本 $\boldsymbol{X}=(X_1,X_2,\cdots,X_n)$，非完整数据的似然函数为

$$l(\theta|X)=\log\prod_{i=1}^{n}f(X_i|\theta)=\sum_{i=1}^{n}\log\Big(\sum_{k=1}^{K}\alpha_k f_k(X_i|\theta_k)\Big)$$

涉及求和的 log 运算，计算困难。但是采用 EM 算法可以有效地解决这个问题。

对于一般的混合模型，给定第 t 次的猜测 θ^t，可以得到对数似然函数的期望为

$$\begin{aligned}l(\theta|\theta^t)&=\sum_{l=1}^{K}\sum_{i=1}^{n}\log(\alpha_l)f(l|X_i,\theta^t)+\sum_{l=1}^{K}\sum_{i=1}^{n}\log f_l(X_i|\theta_l)f(l|X_i,\theta^t)\\&\triangleq l_1(\alpha_1,\alpha_2,\cdots,\alpha_K|\theta^t)+l_2(\theta_1,\theta_2,\cdots,\theta_K|\theta^t)\end{aligned}$$

对上式求最大值得到 θ^{t+1}，实现对参数估计值的改善。反复迭代，直到收敛。

应用混合模型的 EM 算法，可以得到混合高斯模型的 EM 算法。设第 t 次的参数估计为

$$\theta^t=\Big(\mu_1^t,\cdots,\mu_K^t,\sum_1^t,\cdots,\sum_K^t,\alpha_1^t,\cdots,\alpha_K^t\Big)$$

为了获得第 $t+1$ 次的估计，可以对 $l(\theta|\theta^t)$ 的第一项和第二项分别求极值，分别得到成分比例 $\alpha_1,\alpha_2,\cdots,\alpha_K$ 和各成分分布参数 $\theta_1,\theta_2,\cdots,\theta_K$ 估计的更新。

首先，运用拉格朗日乘子法求解极值问题。

$$\max_{\alpha_1,\alpha_2,\cdots,\alpha_K}\{l_1(\alpha_1,\alpha_2,\cdots,\alpha_K|\theta^t)\}$$

$$\text{s. t.}\sum_{l=1}^{K}\alpha_l=1$$

可以得到成分比例估计值的更新，如下：

$$\alpha_l^{t+1}=\frac{1}{n}\sum_{i=1}^{n}f(l|X_i,\theta^t)$$

其中

$$f(l|X_i,\theta^t)=\alpha_l^t f_l(X_i|\theta_l^t)\Big/\sum_{j=1}^{K}\alpha_j^t f_j(X_i|\theta_j^t)$$

其次，对如下优化问题求解

$$\max_{\theta_1,\theta_2,\cdots,\theta_K}l_2(\theta_1,\theta_2,\cdots,\theta_K|\theta^t)$$

得到各成分的分布参数估计的更新，如下：

$$\boldsymbol{\mu}_l^{t+1}=\frac{\sum_{i=1}^{n}f(l|X_i,\theta^t)X_i}{\sum_{i=1}^{n}f(l|X_i,\theta^t)},\quad\sum_l^{t+1}=\frac{\sum_{i=1}^{n}f(l|X_i,\theta^t)(X_i-\boldsymbol{\mu}_l^{t+1})(X_i-\boldsymbol{\mu}_l^{t+1})^{\mathrm{T}}}{\sum_{i=1}^{n}f(l|X_i,\theta^t)}$$

对于前述班级学生升高问题，假设 $p=0.4$，$(\mu_1,\sigma_1,\mu_2,\sigma_2)=(1.6,0.05,$

1.75,0.10)，使用 Matlab 程序包 GMM_EM[①] 参数估计混合模型参数，不同样本量情形的结果如图 4-14 所示。可以看出，为了保证估计的分布与理论分布差异较小，需要一定的样本量保证。

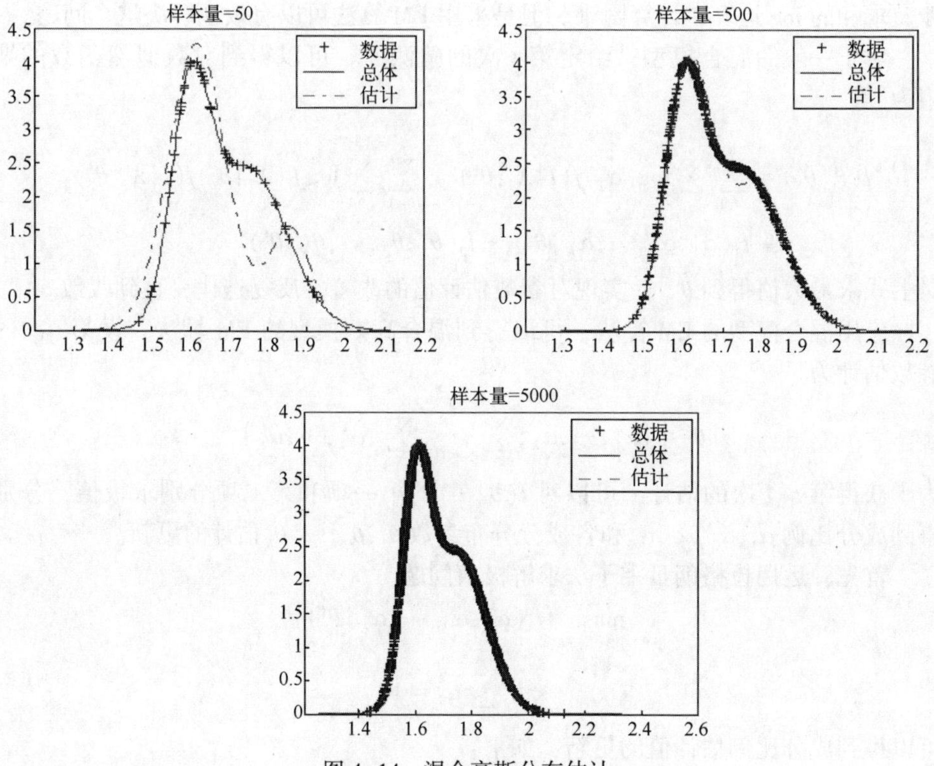

图 4-14　混合高斯分布估计

4.3.3　极大似然估计与最优化问题的关系

虽然极大似然估计采用的是不同于最优化问题的估计策略，但是二者事实上有密切关系。

一、极大似然估计与信息论

极大似然估计通过最小化负对数似然函数得到，在基于最优化的建模策略中，这实际上对应于对数损失函数下的优化问题。将产生样本 D 的分布记为 $X \sim P_{\mathrm{d}}$，由大数定理可知，当样本量 $n \to \infty$ 时，独立同分布随机变量的样本均值依概率收敛于总体期望，于是有

① http://www.it.lut.fi/project/gmmbayes/downloads/src/gmmbayestb/gmmbayestb-v1.0.tar.gz。

$$\begin{aligned}\hat{\theta}&=\underset{\theta}{\operatorname{argmin}}\left\{-\sum_{i=1}^{n}\log(P_{\mathrm{m}}(x_i;\theta))\right\}\\&=\underset{\theta}{\operatorname{argmin}}\left\{-\frac{1}{n}\sum_{i=1}^{n}\log(P_{\mathrm{m}}(x_i;\theta))\right\}\\&=\underset{\theta}{\operatorname{argmin}}\{-E_{X\sim P_{\mathrm{d}}}(\log(P_{\mathrm{m}}(X;\theta)))\}\end{aligned}$$

也就是说，待估参数 θ 实际上是对关于分布 $X\sim P_{\mathrm{d}}$ 的期望 $E_{X\sim P_{\mathrm{d}}}\log(P_{\mathrm{m}}(X;\theta))$ 求极小值的过程。

下面建立极大似然估计与信息论的关联。在信息论中，基本思想是一个大概率会发生的事件所拥有的信息量非常少，甚至为零。反之，一个小概率发生的事件其所拥有的信息量应该比较大。同时，两个独立事件的信息量具有可叠加性。在信息论中，定义事件 $X=x$ 发生的自信息（self-information）为

$$I(x)=-\log(P(X=x))$$

上式是事件 $X=x$ 发生的信息量的度量。对随机变量 X，使用期望

$$H(x)=E_{X\sim P}I(X)=-E_{X\sim P}\log(P(X=x))$$

度量信息量，称为香农熵（Shannon entropy），它描述了依据概率 P 发生的随机事件含有的信息量的期望值。

现在，既然可以度量一个概率分布含有的信息量，那么自然想对不同概率分布的香农熵进行比较，从而描述不同概率分布之间的差异性。具体地，对于随机变量 X 所服从的两个不同的概率分布 P 和 Q，使用 KL 散度（Kullback-Leibler divergence）描述其差异性，如下所示：

$$\mathrm{KL}(P\|Q)=E_{X\sim P}\left(\log\frac{P(x)}{Q(x)}\right)=E_{X\sim P}(\log P(x))-E_{X\sim P}(\log Q(x))$$

上式中第一项为香农信息熵的相反数，第二项是交叉熵（cross entropy），因此交叉熵是信息熵与 KL 散度的和。KL 散度是非负的，并且当且仅当 P 和 Q 完全一致时 KL 散度为零。因此，KL 散度非常适合度量不同分布之间的距离，$KL(P\|Q)$ 描述了使用分布 Q 对分布 P 进行逼近时所需的额外信息量，当这个额外信息量为零时，Q 就含有和 P 一样的信息量。需要注意，KL 散度具有不对称性，即 $\mathrm{KL}(P\|Q)\neq\mathrm{KL}(Q\|P)$。

当使用分布 Q 拟合分布 P 时，只要使二者的交叉熵尽量小，就能缩小其信息量差异，这称为最小鉴别信息原理（minimal discrimination information principle）。于是从信息论的角度来看，极大似然估计是最小化样本分布 P_{d} 和模型分布 P_{m} 之间的交叉熵，即

$$\hat{\theta}=\underset{\theta}{\operatorname{argmin}}\{H(P_{\mathrm{d}},P_{\mathrm{m}})\}=\underset{\theta}{\operatorname{argmin}}\{-E_{X\sim P_{\mathrm{d}}}(\log(P_{\mathrm{m}}(X;\theta)))\}$$

二、极大似然估计与均方误差损失

在预测问题中，经常使用均方误差作为损失函数，衡量数据与模型的拟合程度。具体地，对样本数据 $D=\{(x_i,y_i)\}_{i=1}^{n}$，使用模型 $\hat{y}=f(x;\theta)$ 学习从 x 到 $\hat{y}$ 的映射，使其 D 上的 MSE 最小，即

$$\hat{\theta}=\underset{\theta}{\operatorname{argmin}}\frac{1}{n}\sum_{i=1}^{n}\|y_i-\hat{y}_i\|^2=\underset{\theta}{\operatorname{argmin}}\frac{1}{n}\sum_{i=1}^{n}\|y_i-f(x_i;\theta)\|^2$$

选择不同函数 $f(x;\theta)$ 得到不同的模型，比如，使用线性函数 $\hat{y}=w^{\mathrm{T}}x$ 就是通常的线性回归。

可以从条件概率分布的角度来看待最优拟合问题。对于给定的随机变量实现 $X=x_i$，使条件似然函数 $P_{\mathrm{m}}(y_i|x_i;\theta)$ 最大，从而最大程度地利用已获得的样本数据 D 对参数 θ 进行估计。假设基于 D 得到随机变量 Y 的条件概率分布 $Y\sim P_{\mathrm{d}}(Y|X)$，则希望用 $P_{\mathrm{m}}(y_i|x_i;\theta)$ 逼近 $Y\sim P_{\mathrm{d}}(Y|X)$，使得当 $n\to\infty$ 时，有

$$\begin{aligned}\hat{\theta}&=\underset{\theta}{\operatorname{argmin}}\left\{-\sum_{i=1}^{n}\log(P_{\mathrm{m}}(y_i|x_i;\theta))\right\}\\&=\underset{\theta}{\operatorname{argmin}}\left\{-E_X[E_{Y\sim P_{\mathrm{d}}(Y|X)}(\log(P_{\mathrm{m}}(Y|X;\theta)))]\right\}\end{aligned}$$

由中心极限定理，当样本量很大时，假设 $P_{\mathrm{m}}(y_i|x_i;\theta)$ 为正态分布，即 $Y\sim\mathcal{N}(\cdot;\mu,\sigma^2)$。给定 $X=x_i$ 时，为了使得条件似然函数 $P_{\mathrm{m}}(y_i|x_i;\theta)$ 尽量大，由正态分布性质可知，应该使 y_i 尽可能靠近正态分布的均值，所以可以使用模型 $\hat{y}=f(x;\theta)$ 作为正态分布的均值，即 $Y\sim\mathcal{N}(\cdot;f(x;\theta),\sigma^2)$，从而使参数 θ 的估计过程直接影响 μ 的取值（此处取 $\sigma^2=1$）。由上式有

$$\begin{aligned}\hat{\theta}&=\underset{\theta}{\operatorname{argmin}}\left\{-\sum_{i=1}^{n}\log(P_{\mathrm{m}}(y_i|x_i;\theta))\right\}=\underset{\theta}{\operatorname{argmin}}\left\{-\sum_{i=1}^{n}\log(\mathcal{N}(y_i;f(x_i;\theta),\sigma))\right\}\\&=\underset{\theta}{\operatorname{argmin}}\left\{-\sum_{i=1}^{n}\log\left(\frac{1}{\sqrt{2\pi}\sigma}\exp\left(-\frac{(y_i-f(x_i;\theta))^2}{2\sigma^2}\right)\right)\right\}\\&=\underset{\theta}{\operatorname{argmin}}\left\{-\left(\sum_{i=1}^{n}\log\frac{1}{\sqrt{2\pi}\sigma}-\frac{1}{2\sigma^2}\sum_{i=1}^{n}(y_i-f(x_i;\theta))^2\right)\right\}\\&=\underset{\theta}{\operatorname{argmin}}\left\{\sum_{i=1}^{n}(y_i-f(x_i;\theta))^2\right\}\end{aligned}$$

由此可见，当取条件似然函数为正态分布的概率密度函数时，使用极大似然估计实际上是使用 MSE 作为损失函数对函数的映射关系进行拟合。

4.4 自助法

如 4.1.2 节所述，对于统计估计问题来说，需要进一步获得估计量的方差/

标准差，或者更有效的方法是得到参数的区间估计。但是，即使是在一些简单的模型参数估计问题中，也并不总能获得估计精度的结果。为了解决标准差或估计量精度评估问题，Bradley Efron “以纯粹计算代替理论分析”[13]，提出估计任何估计量标准差的非参数方法——自助法（bootstrap）。称为自助法的原因是，该方法仅使用样本来得到所需的估计，不需要关于参数的任何假设。本节主要介绍如何使用自助法评价点估计精度。需要指出，自助法也可用来改善点估计的偏差，以及解决假设检验问题。

4.4.1 自助法原理

自助法是一大类从原始样本重新抽样的方法之一，这些方法称为重抽样方法。除自助法外，还有另外一些重抽样技术，如 Quenouille 的 jackknife 方法、Fisher 和 Pitman 的枚举方法以及更早的仿真方法。自助法和这些重抽样方法都属于计算密集型统计方法，其是指需要对数据进行大量重复计算（计算量为经典方法的 100~1000 倍）的方法。这些方法的特点是，通常是自动（可能比较复杂）的和容易实现的，对模型和不确定性只需很少的假设（甚至不需要参数模型）。需要注意的是，在经典方法的假设成立的条件下，计算密集型方法并不会获得比前者更精确的结果；而且大量计算并不保证信息得到更好的利用。但是在假设不完全成立的情况下，计算密集型方法可以解决许多经典统计未能解决的问题。

假设拥有一个容量是 n 的独立同分布样本 $\boldsymbol{X}=(X_1,X_2,\cdots,X_n)$，设 $X_i \sim F(x|\theta)$，θ 是未知的分布参数。需要解决的问题包括：根据样本得到参数 θ 的估计并确定该估计的标准差，或者获得 θ 的置信区间，或检验关于参数 θ 的假设。如果没有任何参数化假设，这是难于进行的。自助法的基本思想是用经验分布代替未知的总体分布，通过仿真方法确定估计量的标准差。采用自助法，有时可能得到解析的结果，但是大多数情况下需要采用蒙特卡罗方法。

如前所述，所谓经验分布，是指对容量为 n 的每个样本赋予概率 $1/n$ 的分布，一般记作$\hat{F}_n(x|\theta)$，或简记为 F_n在非参数条件下，经验分布是总体分布的极大似然估计。假设估计量为$\hat{\theta}=\theta(X_1,X_2,\cdots,X_n)$。理论上，如果已知总体分布 F，则由于$\hat{\theta}$是随机向量的函数，则可以采用解析的或仿真方法，得到$\hat{\theta}$的标准误（或其估计）。例如，采用仿真方法估计$\hat{\theta}$的标准误的过程如下：根据 $F(x|\theta)$ 抽取 B 个容量是 n 的样本 $\boldsymbol{X}_n^1,\boldsymbol{X}_n^2,\cdots,\boldsymbol{X}_n^B$，这里 $\boldsymbol{X}_n^b=(X_1^b,X_2^b,\cdots,X_n^b)$ 为第 b 个样本。利用估计量$\hat{\theta}$得到 B 个估计$\hat{\theta}_1,\hat{\theta}_2,\cdots,\hat{\theta}_B$（随机变量$\hat{\theta}$的容量为 B 的样本），据此就得到$\hat{\theta}$的标准误差的估计为

$$se_b(\hat{\theta}) = \left\{ \sum_{b=1}^{B} [\hat{\theta}_i - \bar{\hat{\theta}}]^2 \Big/ (B-1) \right\}^{1/2}, \quad \bar{\hat{\theta}} = \frac{1}{B}\sum_{b=1}^{B} \hat{\theta}_i \tag{4.4.1}$$

随机抽样过程如图 4-15 所示。

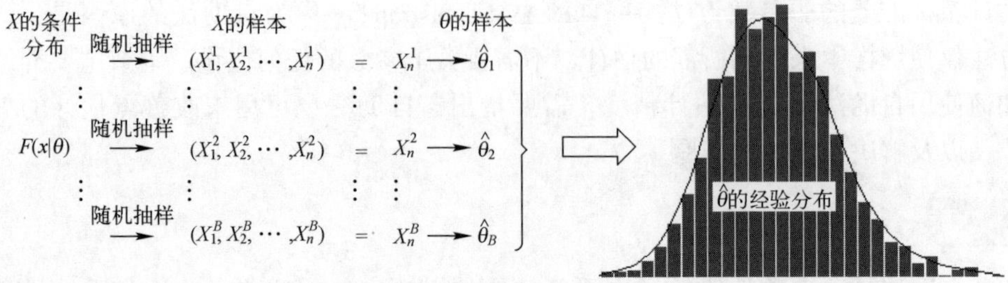

图 4-15　随机抽样过程

但实际上总体分 $F(x|\theta)$ 布是未知的，解决的办法之一是用经验分布 F_n 代替未知的总体，并重复上面的过程，独立有替换抽样产生样本 $\boldsymbol{X}_n^{*1}, \boldsymbol{X}_n^{*2}, \cdots, \boldsymbol{X}_n^{*B}$（称为自助样本），并利用估计量 $\hat{\theta}$ 计算得到 B 个估计 $\hat{\theta}_1^*, \hat{\theta}_2^*, \cdots, \hat{\theta}_B^*$（称为自助估计）作为 $\hat{\theta}$ 的观测值，据此得到的分布称为（$\hat{\theta}^*$ 的）自助分布，并以该自助分布的标准误作为 $\hat{\theta}$ 的标准差的估计，即

$$se_b(\hat{\theta}) \approx se_b(\hat{\theta}^*) = \left\{ \sum_{b=1}^{B} [\hat{\theta}_i^* - \bar{\hat{\theta}}^*]^2 / (B-1) \right\}^{1/2}, \bar{\hat{\theta}}^* = \frac{1}{B}\sum_{b=1}^{B} \hat{\theta}_i^* \tag{4.4.2}$$

自助抽样过程如图 4-16 所示。

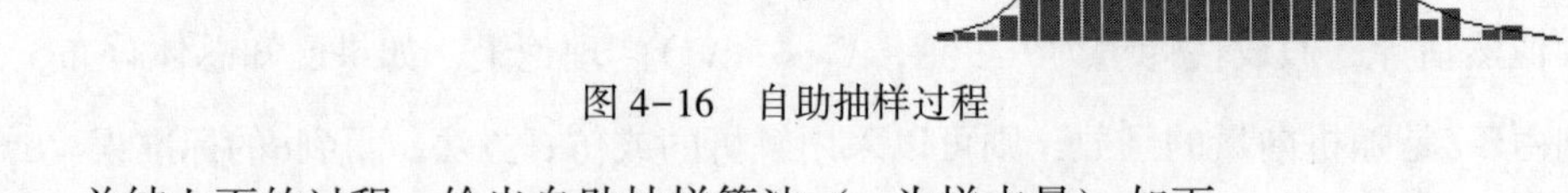

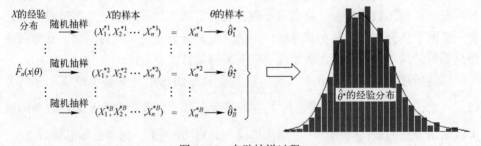

图 4-16　自助抽样过程

总结上面的过程，给出自助抽样算法（n 为样本量）如下：

（1）自助抽样：以有替换抽样方式从原始样本 $\boldsymbol{X}$ 抽取自助样本 $\boldsymbol{X}^*$，这相当于生成经验分布的容量为 n 的样本；

（2）将自助样本 $\boldsymbol{X}^*$ 代入估计量 $\hat{\theta}$，得到 $\hat{\theta}^* = \hat{\theta}(\boldsymbol{X}^*)$；

（3）重复步骤（1）和步骤（2）共 B 次，得到 B 个 $\hat{\theta}^*$。

于是，利用 B 个估计的$\hat{\theta}^*$得到$\hat{\theta}^*$分布的蒙特卡罗近似，则$\hat{\theta}^*$的近似分布的标准差，就是$\hat{\theta}$的标准差的自助估计的蒙特卡罗近似。这是因为，虽然实际上需要知道的是$\hat{\theta}-\theta$ 的分布，而目前使用的是 $\theta^*-\hat{\theta}$的分布的蒙特卡罗近似。但是当 n 足够大时，这两个分布是"一样的"，而且几乎任何一个自助分布的参数都可以作为对应总体的参数的自助估计，这也是自助方法成立的关键。关于自助法的一致性见文献［28］。

一般来说，未知参数可以表示为未知总体的统计泛函（总体分布的函数），因此可以自动执行上面的自助法。分布的分位数 $F^{-1}(p)$，其中 $0<p<1$，是典型的统计泛函。比如分布的未知参数经常可以表示总体的各阶中心矩或者原点矩的函数，而各阶原点矩 α_k 和中心矩 μ_k 都是典型的统计泛函，定义为

$$\alpha_k = E[X^k] = \int x^k \mathrm{d}F(x) \quad (k = 1,2,3,\cdots)$$

$$\mu_k = E[(X - \alpha_1)^k] = \int (x - \alpha_1)^k \mathrm{d}F(x) \quad (k = 1,2,3,\cdots)$$

因此，分布函数的未知参数也是统计泛函。此外，两总体均值的比为

$$r=\frac{\mu_1}{\mu_2}=\frac{E_{F_1}(X)}{E_{F_2}(X)}$$

是分布函数 F_1 和 F_2 的函数，因此也是统计泛函。

一些用来衡量参数估计或模型偏差的量，也是统计泛函。比如，Kolmogorov-Smirnov 拟合优度是理论分布与经验分布的差异，表示为

$$h(F)=\sup_x |F(x)-\hat{F}_n(x)|$$

模型误差的抽样分布可以表示为

$$\lambda(F,\hat{F}_n)=P_F(\sqrt{n}(\theta(\hat{F}_n)-\theta(F)))$$

参数估计的偏差和标准差分别可以表示为

$$b(F,\hat{F}_n)=E_F(\theta(\hat{F}_n)-\theta(F))$$

$$\sigma(F,\hat{F}_n)=\sqrt{E_F(\theta(\hat{F}_n)-\theta(F))^2}$$

需要指出的是，自助样本不必从经验分布获取，还有其他获得自助样本的途径，这导致了不同的自助法，典型的包括：

（1）随机加权法。从 Dirichlet 分布抽取自助样本，Dirichlet 分布定义如下：

$$f(\boldsymbol{x}\,|\,\boldsymbol{a}) = \frac{\Gamma(\alpha_0)}{\prod_{i=1}^{p}\Gamma(\alpha_i)}\prod_{i=1}^{p} x_i^{\alpha_i-1}$$

其中，$\sum_{i=1}^{p} x_i = 1$，$\alpha_0 = \sum_{i=1}^{p}\alpha_i$，以及 $\forall i,\alpha_i>0$。

（2）光滑自助法。在非参数情形使用基于核密度估计的光滑分布进行抽样。

（3）参数自助法。此时一般假设总体具有给定的分布类型，于是用样本估计总体的未知参数，以参数的估计值代替真实值，得到总体的估计，并从该估计的总体中抽样。

4.4.2 自助区间估计

自助法的主要应用是解决区间估计问题，目前已提出不少方法，包括简单方法、标准方法、百分位数法、偏差纠正和加速法、自助 t 方法和双重自助法。在实际应用中，一般从精度、变换不变性、简单性、稳定性等方面综合考虑，选择自助区间估计的方法。

一、简单方法

对未知参数 θ，求置信区间 $[\theta_L,\theta_U]$，使得

$$P(\theta_L\leqslant\theta\leqslant\theta_U)\approx 1-\alpha$$

在一定正则条件下，可以证明

$$1-\alpha\approx P_*\{\hat{\theta}^*_{\alpha/2}-\hat{\theta}\leqslant\hat{\theta}^*-\hat{\theta}\leqslant\hat{\theta}^*_{1-\alpha/2}-\hat{\theta}\}\approx P\{\hat{\theta}^*_{\alpha/2}-\hat{\theta}\leqslant\hat{\theta}-\theta\leqslant\hat{\theta}^*_{1-\alpha/2}-\hat{\theta}\}$$

$$=P\{2\hat{\theta}-\hat{\theta}^*_{1-\alpha/2}\leqslant\theta\leqslant 2\hat{\theta}-\hat{\theta}^*_{\alpha/2}\}=P(\theta_L\leqslant\theta\leqslant\theta_U)$$

即置信区间为

$$[\theta_L,\theta_U]=[2\hat{\theta}-\hat{\theta}^*_{1-\alpha/2},2\hat{\theta}-\hat{\theta}^*_{\alpha/2}] \tag{4.4.3}$$

考虑来自正态分布的容量是101的独立同分布样本 $X_1,X_2,\cdots,X_{101}\sim N(\mu,1)$，待估计参数为分布均值，采用中位数估计，即对样本成员从小到大排序，得到 $X_{(1)}\leqslant X_{(2)}\leqslant\cdots\leqslant X_{(101)}$，中位数的估计为

$$\hat{\mu}=\hat{F}_n^{-1}(1/2)=X_{(51)}$$

为得到置信区间估计，以有替换方式从 $\{X_1,X_2,\cdots,X_{101}\}$ 中抽样获得自助样本，并排序

$$X^*_{(1)}\leqslant X^*_{(2)}\leqslant\cdots\leqslant X^*_{(101)}$$

得到中位数的自助估计为

$$\hat{\mu}^*=\hat{F}_n^{*-1}(1/2)=X^*_{(51)}$$

重复1000次，得到1000个自助估计，设

$$\hat{\mu}^*_{(1)}\leqslant\hat{\mu}^*_{(2)}\leqslant\cdots\leqslant\hat{\mu}^*_{(1000)}$$

则95%区间估计为 $[\theta_L=2\hat{\theta}-\hat{\theta}^*_{(975)},\ \theta_U=2\hat{\theta}-\hat{\theta}^*_{(25)}]$。此因

$$1-\alpha=95\%\approx P_*\{\hat{\theta}^*_{(25)}\leqslant\hat{\theta}^*\leqslant\hat{\theta}^*_{(975)}\}=P_*\{\hat{\theta}^*_{(25)}-\hat{\theta}\leqslant\hat{\theta}^*-\hat{\theta}\leqslant\hat{\theta}^*_{(975)}-\hat{\theta}\}$$

$$\approx P\{\hat{\theta}^*_{(25)}-\hat{\theta}\leqslant\hat{\theta}-\theta\leqslant\hat{\theta}^*_{(975)}-\hat{\theta}\}=P\{2\hat{\theta}-\hat{\theta}^*_{(975)}\leqslant\theta\leqslant2\hat{\theta}-\hat{\theta}^*_{(25)}\}.$$

但是值得注意的是，通过仿真可以得到该自助分布如图 4-17 所示。可以看出，这个自助分布不连续，也不具有较好的正态性，因此用自助法求此参数的区间估计是有疑问的。

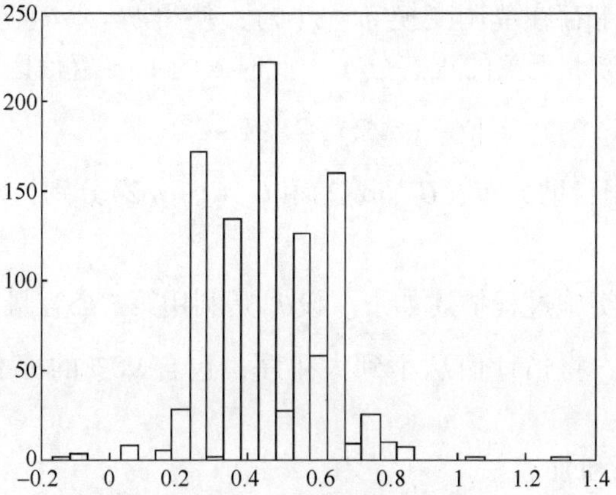

图 4-17　$N(0,1)$中位数的自助分布

二、标准方法

标准方法要求估计量$\hat{\theta}$服从均值为 θ、方差为 σ^2 的正态分布。在此条件下，利用估计量方差的自助估计 $\mathrm{Var}_{bs}[\hat{\theta}]$，构造参数 θ 的 $1-\alpha$ 置信区间如下：

$$\hat{\theta}\pm z_{\alpha/2}\sqrt{\mathrm{Var}_{bs}[\hat{\theta}]}=\hat{\theta}\pm z_{\alpha/2}\sqrt{\frac{\sum_{b=1}^{B}(\hat{\theta}^{*b}-\overline{\hat{\theta}^*})^2}{B-1}}\tag{4.4.4}$$

式中：$z_{\alpha/2}$为标准正态分布的上 $\alpha/2$ 分位数。一个改进的区间是利用自助纠偏估计，此时的置信区间为

$$\overline{\theta}\pm z_{\alpha/2}\sqrt{\mathrm{Var}_{bs}[\hat{\theta}]}=2\hat{\theta}-\overline{\hat{\theta}^*}\pm z_{\alpha/2}\sqrt{\frac{\sum_{b=1}^{B}(\hat{\theta}^{*b}-\overline{\hat{\theta}^*})^2}{B-1}}\tag{4.4.5}$$

若以 t 分布分位数代替正态分布分位数，则获得另一种区间估计为

$$\hat{\theta}\pm t_{\alpha/2}(n-1)\sqrt{\frac{\sum_{b=1}^{B}(\hat{\theta}^{*b}-\overline{\hat{\theta}^*})^2}{B-1}}\tag{4.4.6}$$

这里 $t_{\alpha/2}(n-1)$是自由度为 $n-1$ 的 t 分布的上 $\alpha/2$ 分位数。有文献称为自助 t 置信区间．这里不取此名称，因为与后面的自助 t 置信区间估计方法存在一定差异。该方法成立所需条件与标准方法相同，即估计量应无偏差或偏差很小，且服从正

态分布。

三、百分位数法

百分位数法（percentile method）与标准方法类似，但不采用正态近似，而是直接以估计量的自助分布的 $100\alpha\%$ 和 $100\ (1-\alpha)\%$ 分位点构成的 $1-2\alpha$ 置信区间。百分位数法要求存在单调变换 $\phi=g(\theta)$，使得 $\hat{\phi}=g(\hat{\theta})$ 近似服从均值为 ϕ，标准差为 τ，且 τ 与 ϕ 无关的正态分布。此时 θ 的 $1-\alpha$ 置信区间估计为

$$[\hat{G}^{-1}(\alpha/2),\hat{G}^{-1}(1-\alpha/2)] \tag{4.4.7}$$

式中：$\hat{G}$为 θ 的累积自助分布；$\hat{G}^{-1}(\alpha/2)$和$\hat{G}^{-1}(1-\alpha/2)$分别为对应的 $\alpha/2$ 和 $1-\alpha/2$ 分位数。

百分位数法的实施过程描述如下。设$\hat{\theta}_i^*$是利用第 i 个容量为 n 的自助样本得到的 θ 的自助估计，将估计值从小到大排序，包含 90%的$\hat{\theta}_i^*$值的区间就是 θ 的 90%置信区间。

四、偏差纠正和加速法

为了说明偏差纠正（bias-corrected）和加速（acceleration）法，先看 Efron 研究的法律学校学生成绩问题[13]，如图 4-18 所示，目的是研究 82 名学生的 GPA 成绩与 LSAT 成绩之间的相关性。假设从中随机抽取 15 名学生的成绩作为样本，并根据样本估计相关系数及其精度。

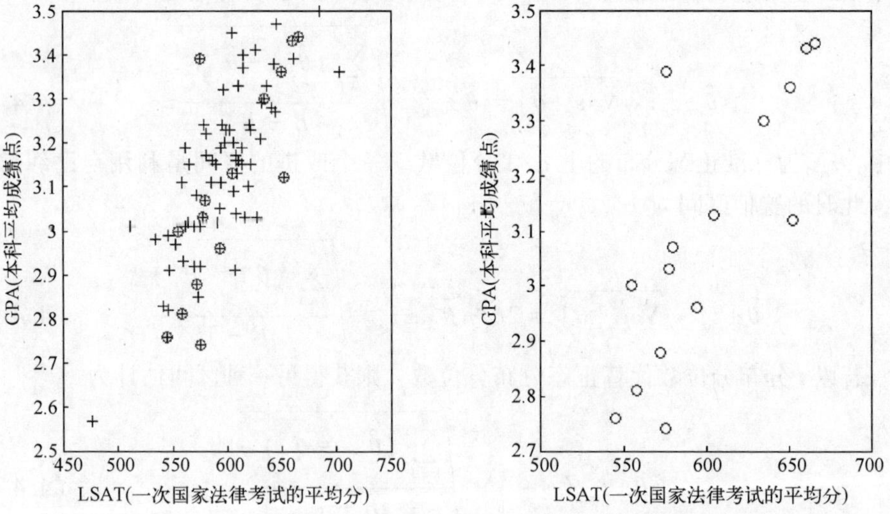

图 4-18　法律学校学生成绩

（a）原始数据；（b）样本数据。

采用矩估计得到 LSAT 与 GPA 的相关系数的点估计为 0.7764［对应于图 4-18（b）的样本数据］，即采用的估计量为

$$r=\frac{\sum_{k=1}^{n}(\mathrm{LAST}_k-\overline{\mathrm{LAST}})(\mathrm{GPA}_k-\overline{\mathrm{GPA}})}{\sqrt{\sum_{k=1}^{n}(\mathrm{LAST}_k-\overline{\mathrm{LAST}_i})^2}\sqrt{\sum_{k=1}^{n}(\mathrm{GPA}_k-\overline{\mathrm{GPA}})^2}}$$

表 4-5 是相关系数估计量的标准差的自助估计，这里采用的是非参数自助法，即从经验分布抽样。

表 4-5　标准差估计

自助样本量 B	25	50	100	200	400	800	1600	3200
标准差	0.140	0.142	0.151	0.143	0.141	0.137	0.133	0.132

下面考虑参数自助法。假设（LSAT_i，GPA_i）是某二元正态总体的容量为 15 的样本，在此条件下构造相关系数的抽样分布。易知，均值向量估计为$(\bar{y},\bar{z})$，协方差矩阵的估计为

$$\frac{1}{14}\times\begin{pmatrix}\sum_{i=1}^{15}(y_i-\bar{y})^2 & \sum_{i=1}^{15}(y_i-\bar{y})(z_i-\bar{z})\\ \sum_{i=1}^{15}(y_i-\bar{y})(z_i-\bar{z}) & \sum_{i=1}^{15}(z_i-\bar{z})^2\end{pmatrix}$$

用估计的二元正态分布执行参数自助抽样，然后采用百分位数法可以估计相关系数的置信区间为［0.536，0.911］。

对于正态分布，可以利用多元正态分布的估计理论，得到相关系数置信区间的精确估计，结果为［0.496，0.898］，这个估计来自相关系数估计量的以下抽样分布：

$$f(r)=\frac{2^{n-3}(1-\rho^2)^{(n-1)/2}(1-r^2)^{(n-4)/2}}{\pi(n-3)!}\sum_{k=0}^{\infty}\frac{(2\rho r)^k}{k!}\Gamma^2\left(\frac{n+k-1}{2}\right)\quad(-1<r<1)$$

图 4-19 给出了自助分布的直方图，以及精确的和近似的置信区间（分别对应于虚线和实线）。从图中可以看出，相关系数的估计量不服从正态分布，整个分布向左偏斜，而且估计值小于 0.7764 的概率为 0.424，与均值 0.5 存在 0.076 的偏差。由于百分位数法成立的条件是相关系数的估计量或其变换服从正态分布，且正态分布的均值就是该变换在 0.7764 处的取值，因此需要验证百分位数的条件是否成立。

考察是否存在百分位数法要求的单调变换。例如，取

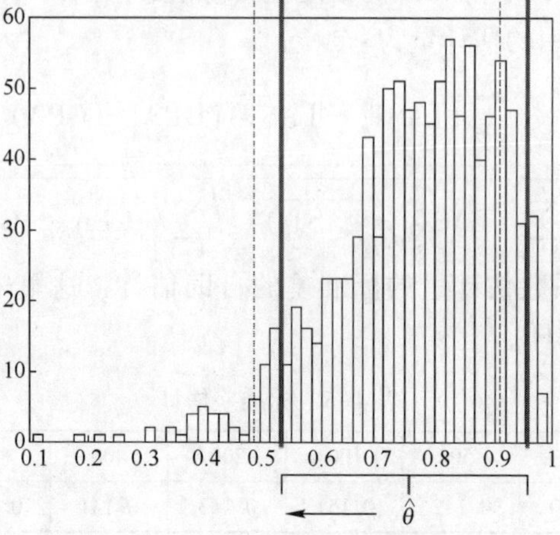

图 4-19　百分位数法和精确区间估计

$$\hat{\varsigma}=0.5\cdot\log\left(\frac{1+\hat{\theta}}{1-\hat{\theta}}\right)$$

其直方图如图 4-20 所示，可以看出这接近正态分布，但是容易知道该正态分布的均值不是$\hat{\zeta}(0.7764)=1.0322$，而是$\hat{\zeta}_{0.5}=1.0412$。

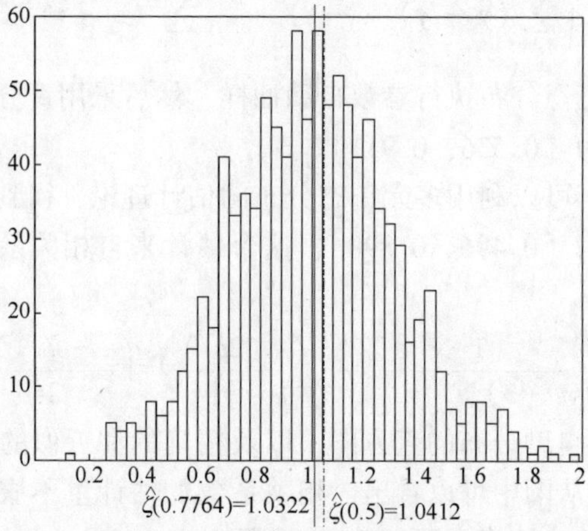

图 4-20　变换的直方图

事实上可以证明，对任何单调变换 g，变换后的自助样本相关系数值小于变换后的原始样本相关系数值（g(0.7764)）的概率都不会发生变化。由于百分位数法要求变换后的值为服从正态分布或近似服从正态分布，并且应该以 g(0.7764)为中心，也就是说希望的概率值应该是 0.500 左右而不是 0.431。因此，不能直接用百分位数法求解这个问题，需要对百分位数法进行纠偏。如果存在单调递增变换使在该变换下参数的分布为正态的，但是有一个偏差，则对这个偏差进行纠正。

偏差修正法要求，存在变换$\hat{\phi}=g(\hat{\theta})$近似服从均值为$\phi-z_0\tau$，标准差为$\tau$的正态分布（其中$z_0$为纠偏），于是$\theta$的$1-\alpha$置信区间估计为

$$[\hat{G}^{-1}(\Phi\{2z_0+z_{\alpha/2}\}),\hat{G}^{-1}(\Phi\{2z_0+z_{1-\alpha/2}\})] \tag{4.4.8}$$

式中：Φ为标准正态分布。偏差纠正z_0定义为

$$z_0=\Phi^{-1}(\hat{G}(\hat{\theta}))=\Phi^{-1}\left(\frac{\#\{\hat{\theta}^{*b}<\hat{\theta}\}}{B}\right) \tag{4.4.9}$$

式中：Φ^{-1}为标准正态的反函数；$\hat{G}$为θ的累积自助分布。可见，z_0度量了$\hat{\theta}^*$的中位数的偏差。比如，2000个$\hat{\theta}^*$中有1116个少于原始估计$\hat{\theta}$，则$z_0=\Phi^{-1}(0.558)=0.146$。如果恰好有一半的$\hat{\theta}^*$小于或等于原始估计$\hat{\theta}$，则$z_0=0$。

对上面的例子，设分布的50%分位数为$\hat{\theta}^*_{50}$，偏差B为$\hat{\theta}-\hat{\theta}^*_{50}$，则$\hat{\theta}-B$等于$\hat{\theta}^*_{50}$，称$B$为偏差纠正。对上面的例子，采用偏差纠正法得到的90%置信区间为[0.488，0.900]，比原来的结果大有改进。

比偏差纠正更一般的方法是加速和偏差纠正法（称为BC_a仿法），它使用一个加速常数（acceleration constant）a和一个偏差修正z_0（bias-correction）构造置信区间，即BC_a的覆盖概率为$1-\alpha$区间为

$$\left[\hat{G}^{-1}\left(\Phi\left\{z_0+\frac{z_0+z_{\alpha/2}}{1-a(z_0+z_{\alpha/2})}\right\}\right),\quad \hat{G}^{-1}\left(\Phi\left\{z_0+\frac{z_0+z_{1-\alpha/2}}{1-a(z_0+z_{1-\alpha/2})}\right\}\right)\right] \tag{4.4.10}$$

当$\hat{\phi}$近似服从均值为$\phi-z_0\tau_\phi$，标准差$\tau_\phi=1+\phi a$的正态分布时该方法有效。BC_a方法的缺点是需要大量的抽样（不能少于1000次）。

有多种计算加速系数a的方法，最简单的是基于估计量$\hat{\theta}$的jackknife值。以$\boldsymbol{X}_{(i)}$表示去掉X_i后的原始样本，$\hat{\theta}_{(i)}$为对应的估计，$\hat{\theta}_{(\cdot)}=\sum_{i=1}^{n}\hat{\theta}_{(i)}/n$，则加速系数为

$$a=\frac{\sum_{i=1}^{n}(\hat{\theta}_{(\cdot)}-\hat{\theta}_{(i)})^3}{6\left\{\sum_{i=1}^{n}(\hat{\theta}_{(\cdot)}-\hat{\theta}_{(i)})^2\right\}^{3/2}} \tag{4.4.11}$$

实际上，a表示$\hat{\theta}$的标准差关于θ真值的变化率。标准正态逼近$\hat{\theta}\sim N(0,\sigma^2)$认为$\hat{\theta}$的标准差对所有$\theta$都一样，但是这并不现实，加速常数$a$就是对此作修正，比如

$\hat{\theta}$是方差时，就有 $se(\hat{\theta})\sim\theta$。

最后需要说明的是，无论在何种情况下，纠正偏差都是重要的，即使存在单调变换的分布近似为正态分布，且方差不依赖变换值。此外，Schenker 提供了一个关于纠偏方法不是很有效的例子，Efron 和 Tibshirani 提出采用加速常数方法克服了此困难.

五、自助 *t* 方法

自助 t 方法是一种简单但是具有较高精度的方法，在实际中用得较多。设参数 θ 及其估计$\hat{\theta}$，θ^* 是利用自助样本得到的 θ 的非参数自助估计，S^* 是该估计所对应的标准差。定义

$$T^*=(\theta^*-\hat{\theta})/S^* \tag{4.4.12}$$

对 B 个自助估计 θ^* 的每个对应的 T^*，找到 T^* 的分位数。对 θ 的 $100(1-2\alpha)\%$近似双侧置信区间，取

$$[\hat{\theta}-t_{1-\alpha}^*\cdot S,\hat{\theta}-t_{\alpha}^*\cdot S] \tag{4.4.13}$$

作为 θ 的 $1-2\alpha$ 置信区间，其中 $t_{1-\alpha}^*$、t_{α}^* 分别是 T^* 的 $1-\alpha$ 和 α 百分位数，S 是$\hat{\theta}$的标准差，此即自助 t 置信区间。

自助 t 方法的一个困难是估计$\hat{\theta}$的标准差 S 和自助估计量$\hat{\theta}^*$ 的标准差 S^*。一般对样本均值、两个独立样本均值之差等情形，存在明显的估计方法，但是对复杂的参数可能没有 S 的估计。一种解决方式是采用第二层（second level）自助，但是需要相当多的计算，因此有时可能更愿意采用 jackknife 估计。下面给出自助 t 方法的步骤。

（1）利用原始样本和估计量$\hat{\theta}$，计算 θ 的估计值$\hat{\theta}_0$。

（2）对 $b=1$ 到 B，做：

（a）生成自助样本 $\boldsymbol{X}^{*b}$；

（b）基于 $\boldsymbol{X}^{*b}$计算 θ 的估计$\hat{\theta}_b^*$；

（c）以 $\boldsymbol{X}^{*b}$作为原始数据计算$\hat{\theta}_b^*$ 的标准差 S_b^*（需要另外一个循环）；

（d）计算 $R(\boldsymbol{X}^{*b})=(\hat{\theta}_b^*-\hat{\theta}_0)/S_b^*$。

（3）对所有 R 计算 α 和 $1-\alpha$ 分位数 t_{α}^* 和 $t_{1-\alpha}^*$。

（4）求置信区间为

$$[\hat{\theta}_0-t_{1-\alpha}^*\cdot S,\hat{\theta}_0-t_{\alpha}^*\cdot S]$$

这里 S 是利用 B 个自助样本得到的$\hat{\theta}_0$的标准差的估计。

六、双重自助法

双重自助法的出发点是提高置信区间的精确度。一个近似的置信区间是一阶

精确的，如果它的覆盖概率与其宣称（所要求）的覆盖概率的差正比于$n^{-1/2}$。例如，利用极大似然估计的大样本性质得到的置信区间是以阶精确的，偏差修正自助方法得到的标准置信区间也是一阶精确的，BC_a置信区间是二阶精确的（覆盖概率的误差为n^{-1}）。重复自助法提供了另外一个提高置信区间精确度的方法，并且对单侧置信区间提高覆盖概率的因子为$n^{-1/2}$，对双侧置信区间为n^{-1}。重复自助法的实现过程如下。

设X为随机变量，其独立同分布样本为$X_1,X_2,\cdots,X_n$，$X_1^*,X_2^*,\cdots,X_n^*$是其自助样本，I_0是利用原始样本得到的总体参数θ的一个正常的$(1-\alpha)$水平的置信区间（比如用百分位数法得到）。由于I_0依赖原始样本$\boldsymbol{X}$和水平$1-\alpha$，故可记为$I_0(\alpha|\boldsymbol{X})$。设$I_0(\alpha|\boldsymbol{X})$的实际覆盖为$\pi_0(\alpha)$。

设β_α是下式的解：

$$\pi_0(\beta_\alpha)=P\{\theta\in I(\beta_\alpha|\boldsymbol{X})\}=1-\alpha$$

以$I_0(\beta_\alpha|\boldsymbol{X}^*)$表示利用自助样本$X^*$代替原始样本得到的$I_0$（采用相同方法）。为了得到比原区间$I_0$更高的覆盖精度，使用$I_0(\hat{\beta}_\alpha|\boldsymbol{X}^*)$，其中$\hat{\beta}_\alpha$是$\beta_\alpha$的估计，$\hat{\beta}_\alpha$可通过以$\hat{\theta}$代替$\theta$，以$X^*$代替$X$得到，即$\hat{\beta}_\alpha$为下式的解：

$$\pi_0(\hat{\beta}_\alpha)=P\{\hat{\theta}\in I(\hat{\beta}_\alpha|\boldsymbol{X}^*)\}=1-\alpha$$

为了进一步重复，使用刚才得到的I_0并重复以上步骤。这个结果的意思是，当原始的自助区间的覆盖概率不等于$1-\alpha$时，为了改进覆盖精度，需要得到使覆盖概率尽量接近$1-\alpha$的量。

实际中要使用蒙特卡罗方法实现双重自助。设B_1是由原始样本进行的自助抽样次数，B_2是从每个重抽样样本再重抽样次数，在初始样本量为n的条件下，重复自助共需要nB_1B_2个样本。

最后值得指出，上述重复过程可用于任何通过自助法得到的置信区间以提高精度。

4.4.3 关于自助法的注意事项

在一些复杂的调查抽样问题以及特定的回归问题中，一些研究者对使用自助法提出争议。另外，Diaconis、Efron 和 Gong 的早期文章则认为自助方法会具有非常美好的应用前景。但是一般来说，在极小子样条件下使用自助法是不明智的。如果样本量非常小（比如单参数估计情形少于5个），那么依赖标准差的估计来描述估计量的变化，或者试图通过估计量进行推断是危险的。文献［28］建议自助统计量应该尽可能使用枢轴量，不要对非参数、半参数或者不平滑的估计量使用自助法。下面给出使用自助法时需要注意的情形。

一、样本量太小

自助分布为可能的以有替换方式从容量为 n 的样本得到的自助估计的分布。其中，不同的自助样本数$|C_n|$为

$$|C_n|=\binom{2n-1}{n-1}$$

由 Stirling 公式，$|C_n|$的一个近似为$|C_n|\approx 2^{2n-1}(\pi n)^{-1/2}$。表 4-6 给出了一些样本量情形下不同自助样本数量的近似结果。可以看出，只要样本量不是很小，在许多实际情形，就可以认为自助分布是连续的。这也说明为什么研究者发现对经验分布的平滑处理没有他们预想的好。但是，对于非参数自助方法，由于只能从少数值中选择，因此自助样本不能充分反映真实的变化。小于 10 的样本量对依赖样本的估计来说，即使是“好的”参数情形，样本量也是太小了。

表 4-6　自助样本的数量

n	5	10	12	15	20	25	30
$\|C_n\|$	125	93539	1366232	78207663	6.93×10^{10}	6.35×10^{13}	5.94×10^{16}

在许多实际的文献中，30 被认为是“最小”样本量。对此可以通过当 $n\geqslant30$ 时 t 分布与正态分布的接近程度看出。这表明，当从正态总体抽样时，标准差估计的影响已不再存在。进一步地，当 $n\geqslant30$ 时二项分布或独立同均匀分布随机变量的正态近似是非常精确的。在二项分布情形，必须排除成功概率 p 接近 0 或 1 的高度偏斜的情形。一般 p 落在［0.40，0.60］时，自助法还是相当精确的。

对许多应用来说。自助法关于样本量的要求不应该变化。对于非参数问题来说，需要更大的样本量来弥补隐含参数化假设中信息的丢失。虽然设置关于样本量的指导准则是危险的，但是 Efron 建议在大多数情形取 $n\geqslant50$。

二、具有无限矩的分布

若 $X_1,X_2,\cdots,X_n$为 i. i. d. 随机变量，有有限二阶矩，且 $Y_1,Y_2,\cdots,Y_n$是从 X_1, $X_2,\cdots,X_n$简单有替换随机抽样得到的置信区间，则

$$H_n(x)=P\left(\frac{\bar{Y}_n-\bar{X}_n}{S_n}\leqslant x\,|\,X_1,X_2,\cdots,X_n\right)$$

其中$\bar{X}_n$和$\bar{Y}_n$分别是对应的样本均值，$S_n=\sqrt{\frac{1}{n}\sum_{i=1}^{n}(X_i-\bar{X}_n)^2}$ 为 $X_1,X_2,\cdots,X_n$ 的样本标准差。

由中心极限定理可知，当 $n\to\infty$ 时，以概率 1 有

$$\sup_{-\infty<x<+\infty}|H_n(x)-\Phi(x)|\to0$$

式中：$\Phi(x)$为累积标准正态分布。

由于自助法的原理是用$\overline{X}_n$和S_n替换μ和σ，以$\overline{Y}_n$替换$\overline{X}_n$，所以为保证自助法成立，研究者自然希望对几乎所有样本实现$x_1,x_2,\cdots,x_n$，$H_n(x)$都收敛于$\Phi(x)$。这在中心极限定理的条件成立的情况下是有保证的；但是对于方差不再有限，从而出现中心极限定理不再适用的情形，自助法就不再有效了。比如，当总体分布对于$x\to\infty$时有下面的形式，即

$$1-F(x)\sim x^{-\alpha}L(x)$$

以及

$$f(-x)\sim cx^{-\alpha}L(x)$$

其中，当$x\to\infty$时L是缓慢变化函数，$0<\alpha\leqslant 2$，c是非负常数。当$\alpha=2$时可以得到通常的中心及限定理，但是对$\alpha<2$，总体的方差是不存在的。

当$1<\alpha<2$时，使用自助算法$H_n(x)$收敛到一个随机概率分布而不是固定概率分布，于是就不能希望得到结果。例如，图 4-21 给出的是样本量为 100 时 Cauchy 分布对应的$H_n(x)$。可以看出，所得到的分布并没有收敛，即得到的分布是随机的。

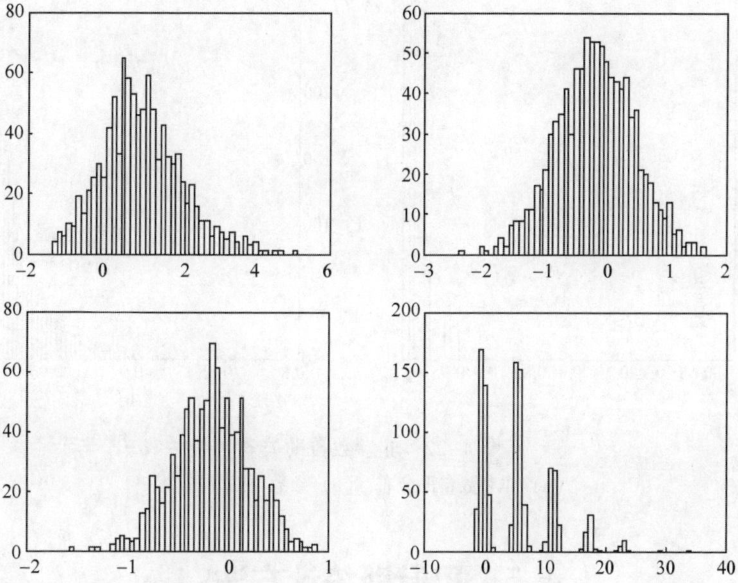

图 4-21　来自 Cauchy 分布的自助分布

三、非参数自助法失效的例子

理论上，自助法的有效性依赖抽样分布（如经验分布F_n）一致收敛于未知总体F，而且要求估计量收敛于参数真实值（要求估计量也具有一致性）。由于经验函数F_n对于真实分布F的尾部来说通常是不好的估计，因此非参数自助方

法在参数 θ 的估计依赖 F 的光滑性时失效。需要关于 F 的参数的知识以及 F_n 的某种光滑性来进行调整，比如采用参数自助。

设均匀分布$(0,\theta)$的样本为 $X_1,X_2,\cdots,X_n$，θ 的极大似然估计为样本极大值 $X_{(n)}$。从（0，1）上的均匀分布生成容量为 50 的样本，计算得到$\hat{\theta}=0.988$。图 4-22 中（a）是通过有替换方式从数据获得的 2000 个自助估计$\hat{\theta}^*$ 的直方图，图 4-22（b）是从（0，$\hat{\theta}$）上的均匀分布得到的 2000 个自助估计的直方图，显然（a）图作为（b）图的近似是非常差的。特别地，（a）直方图在$\hat{\theta}$处有一个大的概率质量，即有 62%的$\hat{\theta}^*$ 的值等于$\hat{\theta}$。更一般地，容易证明

$$P(\hat{\theta}^*=\hat{\theta})=1-(1-1/n)^n\to 1-\mathrm{e}^{-1}\approx 0.632$$

在（b）图中却有 $P(\hat{\theta}^*-\hat{\theta})=0$。因此在这个例子里，不能用非参数自助估计$\hat{\theta}$的精度。

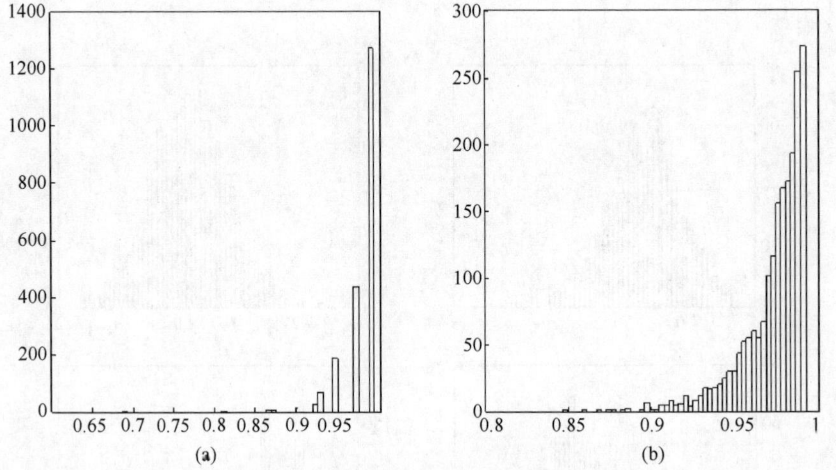

图 4-22　非参数自助失效

（a）非参数自助分布；（b）参数自助分布。

4.5　贝叶斯统计方法

包括极大似然估计在内的经典统计，将模型参数视为未知的确定性常数。贝叶斯统计则认为参数也是随机变量，通过特定的概率分布来表达对参数的验前信念和经验，然后使用试验数据对参数的分布进行修正，并使用修正后的参数分布进行推断。

4.5.1 贝叶斯统计原理

一、贝叶斯公式

贝叶斯统计的基础是贝叶斯公式。根据贝叶斯公式，给定样本数据 x 后，参数 θ 的验后分布 $\pi(\theta|x)$ 为

$$\pi(\theta|x)=\frac{\pi(\theta)f(x|\theta)}{\int_{\Theta}f(x|\theta)\mathrm{d}\pi(\theta)}=\frac{h(x,\theta)}{m(x)} \tag{4.5.1}$$

式中：$\pi(\theta)$为参数 θ 的验前分布；$f(x|\theta)$为给定参数 θ 的情况下样本的概率分布，在经典极大似然估计中即对应于参数 θ 的似然函数；$h(x,\theta)$是样本和参数 θ 的联合分布。

如果能够找到 θ 的充分统计量 T，并且 T 有条件密度 $g(t|\theta)$，则 T 的边际密度 $m(t)$大于零，若 $T(x)=t$，则可以用充分统计量计算 θ 的验后分布为

$$\pi(\theta|x)=\pi(\theta|t)=\frac{\pi(\theta)g(t|\theta)}{m(t)} \tag{4.5.2}$$

应用式（4.5.2）可以简化一些计算。例如，设 $\boldsymbol{X}=(X_1,X_2,\cdots,X_n)$来自正态总体 $N(\theta,\sigma^2)$（σ^2已知），其中 θ 有验前密度 $\pi(\theta)=N(\mu,\tau^2)$。样本均值$\overline{X}$是 θ 的充分统计量，于是验后分布 $\pi(\theta|\boldsymbol{X})=\pi(\theta|\overline{X})$。由$\overline{X}\sim N(\theta,\sigma^2/n)$，则给定 $\boldsymbol{x}=(x_1,x_2,\cdots,x_n)$后 θ 的验后分布为正态分布，验后均值为

$$\mu(\boldsymbol{x})=\frac{\sigma^2/n}{\tau^2+\sigma^2/n}\mu+\frac{\tau^2}{\tau^2+\sigma^2/n}\bar{x}$$

验后方差为

$$\sigma^2(\boldsymbol{x})=\frac{1}{1/\tau^2+n/\sigma^2}=\frac{\tau^2\sigma^2}{n\tau^2+\sigma^2}$$

在进行贝叶斯统计时，共轭族是一个重要的概念。令$\mathbb{F}$表示密度函数$f(x|\theta)$的类，一个验前分布的类$\mathbb{P}$被称为$\mathbb{F}$的共轭族，如果对所有的$f\in\mathbb{F}$，$\pi\in\mathbb{P}$，得到的验后分布 $\pi(\theta|x)$也属于类$\mathbb{P}$，即 $\pi(\theta|x)\in\mathbb{P}$。特别地，如果验前分布与似然函数属同一函数形式的分布类，则称 π 为自然共轭验前，否则称为混合共轭验前。典型地，有以下一些结果：

- 正态验前类是正态分布均值的自然共轭族；
- 逆伽马（Gamma）分布族是正态分布方差的混合共轭族；
- 正态-逆 Gamma 分布族是正态分布均值-方差的混合共轭族；
- 贝塔（Beta）分布是二项分布参数 p 的混合共轭族；
- Gamma 分布类是泊松分布参数 λ 的混合共轭族。

其中，Gamma 分布 $\Gamma(x|a,b)$是如下形式的连续分布密度：

$$\Gamma(x\mid a,b)=\frac{b^a x^{a-1}}{\Gamma(a)}\mathrm{e}^{-bx}I(x\geqslant 0),\quad \Gamma(a)=\int_0^{\infty}t^{a-1}\mathrm{e}^{t}\mathrm{d}t$$

式中：a,b 分别称为分布的形状参数和尺度参数；$\Gamma(\cdot)$ 称为 Gamma 函数。Gamma 分布常用来定义尺度参数的验前分布。

采用共轭族的一个自然的解释是，参数分布的形式保持不变，而对参数的信念由样本包含的信息更新了。比如，通过成败型试验估计成功概率 p，运用贝叶斯统计，首先假设参数 p 的验前分布为贝塔分布 $B(50,6)$。假设共进行 53 次试验，成功 50 次、失败 3 次，利用贝叶斯公式容易得到验后分布为

$$\pi(p\mid 50,3)\propto p^{50}(1-p)^3\times p^{50-1}(1-p)^{6-1}\propto \mathrm{B}(100,9)$$

经试验数据“修正”得到的验后分布与验前分布都是贝塔分布，但是后者的参数发生了变化，如图 4-23 所示。

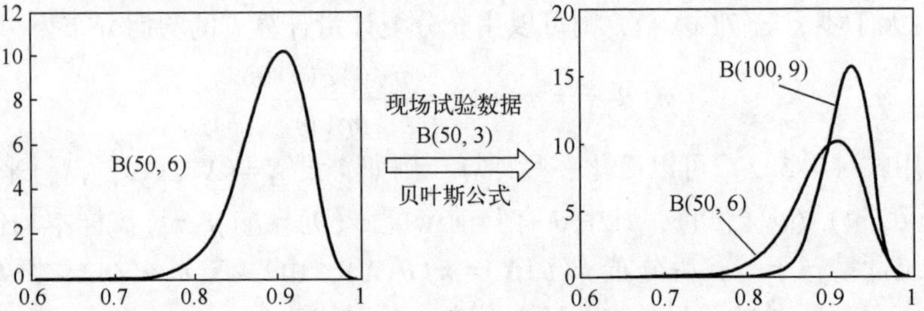

图 4-23　共轭分布

二、条件观点

与最优化方法不同，模型参数的统计估计涉及统计规范问题，因此引发了不少孰是孰非的论战。文献［25］从维护贝叶斯统计规范的角度，提出了相比于经典统计，贝叶斯统计所体现出的优势。在统计规范应该遵循的公理或原理中，一个十分重要的基本原理是似然原理，其反映的是朴素的条件思想，即只有实际观测到的数据 x 才与统计结论，或对未知参数的推断有关。具体地，似然原理是说有了观测值 x 之后，在作关于 θ 的推断或决策时，所有与试验有关的信息均被包含在 x 的似然函数中；如果两个似然函数（作为 θ 的函数）是呈比例的，则它们关于 θ 含有相同的信息。文献［25］认为，贝叶斯统计是符合条件观点的，经典统计则存在困难。不过，由于贝叶斯统计受制于验前分布，因此有时一些人无法接受。

继续 4.1.2 节硬币均匀性检验的例子。假设事先未对试验进行具体规定，做一系列相互独立的抛硬币试验，结果出现 9 次正面、3 次反面。这时实际上没有足够信息得到似然函数。

假设有两种可能的试验：一是事先决定抛 12 次，二是事先规定试验进行到

出现3次反面为止。在这两种情况下，试验结果的似然函数是不同的，第一种情况出现正面的次数 X 服从二项分布 $B(12,\theta)$，第二种情况出现正面的次数 X 服从负二项分布 $NB(3,\theta)$。不过，两种情况下的似然函数都正比于 $\theta^9(1-\theta)^3$。按照似然原理，利用二者得到的具有关于 θ 的结论应该是相同的，即实际上不需要知道关于“试验”的事先规定。

但是在经典统计下，不同的试验规定可能得到不同的结果。对于本例，虽然采用极大似然方法得到相同的正面概率点估计 9/12=0.75，但是区间估计和假设检验会有不同。以假设检验为例，在二项分布和负二项分布下，可以分别计算观测值对应的 p-值为 0.075 和 0.0325，于是，若要求显著性水平为5%，则在不同的试验规定、相同的试验数据下，得到的是不同的结论。

4.5.2 贝叶斯推断

一、点估计

标准的贝叶斯推断采用验后分布 $\pi(\theta|x)$ 的众数作为点估计，即极大验后概率估计（maximum a posterior estimation，MAP），又称为广义极大似然估计。MAP估计常用于机器学习模型。在试验鉴定领域，贝叶斯点估计时通常采用验后均值和中位数。

例如，设 X 来自正态总体 $\mathcal{N}(\theta,\sigma^2)$（$\sigma^2$ 已知），其中已知 θ 是某一显然为正的值，θ 的经典极大似然估计为 X，但是当样本数据 $X=x$ 为负值时，这个估计量显然是不合适的。另一种恰当的估计方法是采用无信息验前 $\pi(\theta)=I_{(0,\infty)}(\theta)$，则所得验后分布为

$$\pi(\theta|x)=\frac{\exp\{-(\theta-x)^2/2\sigma^2\}I_{(0,\infty)}(\theta)}{\int_0^\infty \exp\{-(\theta-x)^2/2\sigma^2\}\mathrm{d}\theta}$$

可以得到验后均值为

$$E^{\pi(\theta|x)}[\theta]=x+\frac{\exp\{-x^2/2\sigma^2\}}{1-\Phi(-x/\sigma)}\sigma^2$$

设 θ 为实值参数，验后分布为 $\pi(\theta|x)$，δ 为 θ 的贝叶斯估计。用验后方差表示贝叶斯估计 δ 的精度，定义为

$$V_\delta^\pi(x)=E^{\pi(\theta|x)}[(\theta-\delta)^2]$$

当 δ 为验后均值时，即

$$\delta(x)=\mu^\pi(x)=E^{\pi(\theta|x)}[\theta]$$

则 $V^\pi(x)=V_{\mu^\pi}^\pi(x)$ 被称为验后方差，即随机参数 θ 对分布 $\pi(\theta|x)$ 的方差，验后标准差为 $\sqrt{V^\pi(x)}$。

可以证明，验后均值最小化 $V_{\delta}^{\pi}(x)$，从而最小化标准差。注意到 $\delta(x)$ 的验后方差有如下分解公式：

$$\begin{aligned}V_{\delta}^{\pi}(x)&=E^{\pi(\theta|x)}[(\theta-\delta)^2]=E[(\theta-\mu^{\pi}(x)+\mu^{\pi}(x)-\delta)^2]\\&=E[(\theta-\mu^{\pi}(x))^2]+E[2(\theta-\mu^{\pi}(x))(\mu^{\pi}(x)-\delta)]+E[(\mu^{\pi}(x)-\delta)^2]\\&=V^{\pi}(x)+2(\mu^{\pi}(x)-\delta)(E[\theta]-\mu^{\pi}(x))+(\mu^{\pi}(x)-\delta)^2\\&=V^{\pi}(x)+(\mu^{\pi}(x)-\delta)^2\end{aligned}$$

因此，习惯上以验后均值 $\mu^{\pi}(x)$ 作为 θ 的估计。

考虑前面所述无约束正态分布均值估计，采用验后均值作为贝叶斯估计。采用经典的极大似然估计，θ 的估计为样本均值 $\delta(x)=\bar{x}$，它的验后方差为

$$\begin{aligned}V_{\delta}^{\pi}(\bar{x})&=V^{\pi}(\bar{x})+(\mu^{\pi}(\boldsymbol{x})-\bar{x})^2\\&=V^{\pi}(\bar{x})+\left(\frac{\sigma^2/n}{\tau^2+\sigma^2/n}\mu+\frac{\tau^2}{\tau^2+\sigma^2/n}\bar{x}-\bar{x}\right)^2\\&=\sigma^2(\boldsymbol{x})+\left(\frac{\sigma^2/n}{\sigma^2/n+\tau^2}\right)^2(\mu-\bar{x})^2\end{aligned}$$

显然，经典极大似然估计的验后方差比验后均值大。

利用验后分布进行贝叶斯推断的标准做法可知，MAP 实际上是在极大似然估计的基础上加上了参数 θ 的验前信息。具体地，有

$$\begin{aligned}\hat{\theta}&=\arg\max_{\theta}\left\{\frac{L(x|\theta)\pi(\theta)}{m(x)}\right\}\\&\propto\arg\max_{\theta}\{L(x|\theta)\pi(\theta)\}\\&\propto\arg\max_{\theta}\{\log(L(x|\theta)\pi(\theta))\}\\&\propto\arg\max_{\theta}\{\log(L(x|\theta))+\log(\pi(\theta))\}\end{aligned}$$

当 θ 的验前取均值为 $\mathbf{0}$，协方差矩阵为 $\lambda^{-1}I$ 的正态分布，即 $\theta\sim\mathcal{N}(\mathbf{0},\lambda^{-1}\boldsymbol{I})$ 时，θ 的验前正比于 $\lambda\boldsymbol{\theta}^{\mathrm{T}}\boldsymbol{\theta}$，此时的验前分布为一个 L_2 正则化项，所以极大似然估计加上一个 L_2 正则化项，可解释为 MAP 的一个近似。

二、区间估计

贝叶斯推断中置信区间称为可信集。称 Θ 的子集 C 为 θ 的 $100(1-\alpha)\%$ 可信集，是指

$$1-\alpha\leqslant P(C|x)=\int_C \mathrm{d}\pi(\theta|x)=\begin{cases}\int_C\pi(\theta|x)\mathrm{d}\theta & (\text{连续时})\\ \sum_{\theta\in C}\pi(\theta|x) & (\text{离散时})\end{cases}\tag{4.5.3}$$

由于验后分布式 $\pi(\theta|x)$ 是一个在 Θ 上的概率分布，故此时可以明确地（但往往是主观地）说 θ 属于可信集 C 的概率。这是与经典的置信区间相比而言的，

后者被解释为覆盖概率。

在选择 θ 的可信集时，一般是使集合的“大小”尽量小。为此，应该使这个集只包含那些具有最大验后密度的点，即“最像是” θ 值的那些点。所以，在贝叶斯推断中实际上获得的是对应于最高验后密度的那些 θ 构成的集合，即最高验后密度（highest posterior density，HPD）可信集

$$C=\{\theta\in\Theta:\pi(\theta|x)\geqslant k(\gamma)\}$$

其中，γ 是要求的置信水平，$k(\gamma)$ 是满足下面条件的最大常数：

$$P(C|x)\geqslant\gamma$$

但这样做的后果可能是 HPD 可信集不是单一的封闭区间，这时可以放弃 HPD 准则而坚持使用相连接的可信集。然而，有理由认为，发生不相连接的区间说明存在相矛盾的信息（可能验前信息和试验数据相悖）。

设 $\boldsymbol{X}=(X_1,X_2,\cdots,X_n)$ 为来自位置参数为 $\theta>0$、形状参数为 1 的 Cauchy 分布的独立同分布样本，即

$$f(x|\theta,1)=\frac{1}{\pi[1+(x-\theta)^2]}\quad(\theta>0)$$

进行无信息验前贝叶斯分析。由于 θ 是一个约束的位置参数，合理的无信息验前为 $\pi(\theta)=I_{(0,\infty)}(\theta)$，验后分布为

$$\pi(\theta|x)=\frac{\prod_{i=1}^{n}[1+(x_i-\theta)^2]^{-1}}{\int_0^\infty\prod_{i=1}^{n}[1+(x_i-\theta)^2]^{-1}\mathrm{d}\theta}$$

设样本数据为 $\boldsymbol{x}=(4.0,5.5,7.5,4.5,3.0)$，则验后分布如图 4-24 所示，置信度为95%的 HPD 可信集为（3.10，6.06）。

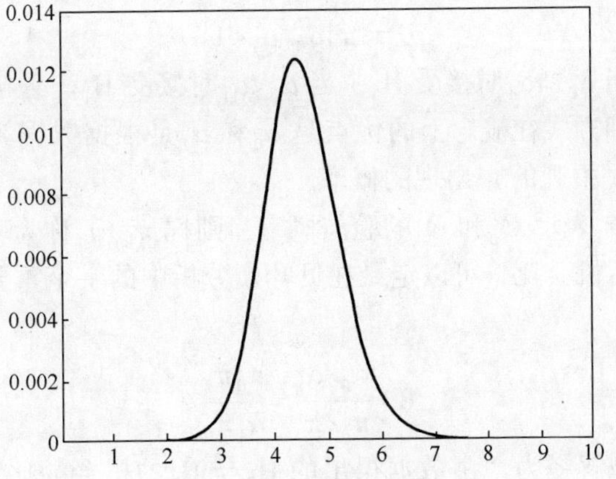

图 4-24　验后分布

虽然 HPD 可信集从表面上看是很自然的，但它有个很不自然的性质，即不一定是不变的。比如，设

$$f(x\mid\theta)=\mathrm{e}^{-(x-\theta)}I_{(\theta,\infty)}(x)$$

取验前分布为

$$\pi(\theta)=\frac{1}{\pi(1+\theta^2)}$$

假设参数空间为 $\Theta=(0,\infty)$，则验后分布为

$$\pi(\theta\mid x)\propto\frac{\mathrm{e}^{\theta}}{(1+\theta^2)}I_{(0,x)}(\theta)$$

这是个增函数，故 HPD 可信集的形状应该是$(b(\gamma),x)$。

现在令 $\eta=\exp\{\theta\}$ 为未知参数代替 θ，这是 1-1 单调变换，应该对最终答案无影响。η 的验后密度 $\pi^*(\eta\mid x)$ 可由 $\pi(\theta\mid x)$ 的单调变换得出。由 $\theta=\log\eta$，得 $\mathrm{d}\theta/\mathrm{d}\eta=\eta^{-1}$，变换后的密度为

$$\begin{aligned}\pi^*(\eta\mid x)&=\eta^{-1}C\mathrm{e}^{\log\eta}(1+(\log\eta)^2)^{-1}I_{(0,x)}(\log\eta)\\&=C\mathrm{e}^{\log\eta}(1+(\log\eta)^2)^{-1}I_{(0,\exp\{x\})}(\eta)\end{aligned}$$

$\pi^*(\eta\mid x)$在$(1,\exp\{x\})$是减函数，故 η 的 $100\gamma\%$HPD 可信集为形如$(1,d(\gamma))$的区间，再反变换变回 θ 的坐标系，可信集变为$(0,\log[d(\gamma)])$的形状，这显然是极其矛盾的。

这个矛盾没有明确的解答。因此在贝叶斯统计中，参数估计的结果报告里应该提供完整的验后分布，而不是只提供可信集。

三、假设检验

在贝叶斯统计中，在两个假设 H_0和 H_1之间做决定是直接的，只要计算验后概率 $\alpha_0=P(\Theta_0\mid x)$和 $\alpha_0=P(\Theta_0\mid x)$，然后据此决定 H_0和 H_1，即检验的拒绝域为

$$D=\{x\mid\alpha_0/\alpha_1<1\}$$

或检验规则为：当 $\alpha_0\geqslant\alpha_1$时接受 H_0，当 $\alpha_0<\alpha_1$时接受 H_1。α_0/α_1称为 H_0对 H_1的验后机会比。这种方式在概念上的优点是 α_0和 α_1是根据数据和验前意见得出的两个假设的实际（主观的）出现的概率。

如果用 π_0、π_1表示 Θ_0和 Θ_1的验前概率，则称 π_0/π_1称为验前机会比。利用验前机会比和验后机会比，可以定义在贝叶斯分析中的一个重要的概念——贝叶斯因子，如下：

$$\mathrm{B}=\frac{\alpha_0/\alpha_1}{\pi_0/\pi_1}=\frac{\alpha_0\pi_1}{\alpha_1\pi_0}\tag{4.5.4}$$

贝叶斯因子被解释为“由数据得出的 H_0与 H_1的机会的比”。贝叶斯因子在运算上的好处是，通过贝叶斯因子，任何人只要将个人验前机会比乘以这个因

子，就可以得到他的结论。

设 $X\sim N(\theta,\sigma^2)$，假设检验问题为

$$\mathrm{H}_0:\theta\leqslant\theta_0\quad \mathrm{H}_1:\theta>\theta_0$$

采用常数验前分布即 $\pi(\theta)=1$，则在给定样本数据 x 的情况下，验后分布为

$$\pi(\theta|x)\sim N(x,\sigma^2)$$

据此可以得到原假设 H_0成立的验后概率为

$$\alpha_0=P(\theta\leqslant\theta_0|x)=\Phi((\theta_0-x)/\sigma)$$

对单侧检验问题，可用贝叶斯理论解释经典的 p-值。根据经典的 p-值定义，即 p-值是 H_0成立的情况下，检验统计量大于观测值的概率，对本例为

$$p\text{-值}=P(X\geqslant x|\theta)$$

由于

$$P(X\geqslant x|\theta)\approx P(X\geqslant x|\theta_0)=1-\Phi((x-\theta_0)/\sigma)$$

因此通常在单侧检验中，无信息验前导出的验后概率与 p-值是相近的。

4.5.3 贝叶斯计算

应用贝叶斯统计解决参数估计问题有两个困难：一是验前分布的确定，包括无信息验前分布，以及有部分验前信息可供利用情况下，尽可能采用无信息验前的做法，如最大熵验前、第二类极大似然估计方法、矩方法等；二是贝叶斯计算，即根据验后分布获得参数估计值，比如 MAP 或验后均值。目前的主要解决途径是马尔可夫链蒙特卡罗（Markov chain Monte Carlo，MCMC）方法。下面对此进行介绍。

众所周知，蒙特卡罗方法是计算数值积分的一种有效方法。给定 Ω 上的概率密度函数 π，需要计算随机变量 $\varphi(X)$ 的期望，即

$$E_\pi[\varphi]=\int_\Omega\varphi(x)\pi(x)\,\mathrm{d}x$$

在没有解析解的情况下，可以从分布 $\pi(x)$ 抽取独立样本 $X^{(1)},X^{(2)},\cdots,X^{(n)}$，如图 4-25 所示。

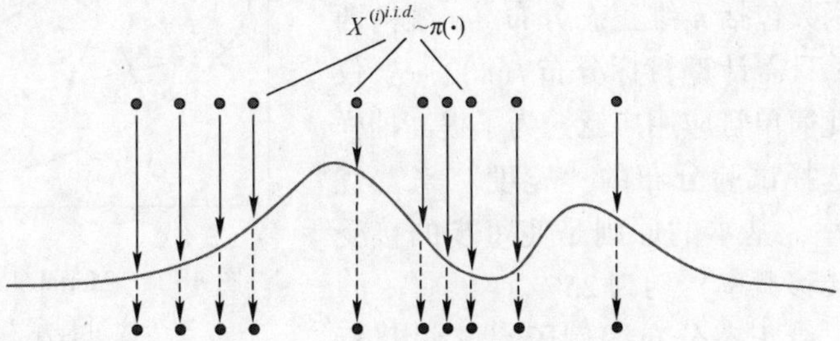

图 4-25 蒙特卡罗抽样

然后用样本构造经验分布来近似表示原始分布 $\pi(x)$，如下所示：

$$\pi(x)\,\mathrm{d}x \approx \hat{\pi}(\mathrm{d}x) = \frac{1}{n}\sum_{i=1}^{n}\delta_{X^{(i)}}(\mathrm{d}x)$$

于是可以将积分近似为

$$E_{\pi}[\varphi] \approx \mathrm{E}_{\hat{\pi}}[\varphi] = \int_{\Omega}\varphi(x)\,\hat{\pi}(\mathrm{d}x) = \frac{1}{n}\sum_{i=1}^{n}\varphi(X^{(i)})$$

上面的困难是获得服从分布 $\pi(x)$ 的独立样本。虽然已经提出了包括反函数法、舍选抽样法、重要性抽样法等随机抽样方法，但是在高维空间问题中这些方法容易“失效”。比如，在高维空间舍选抽样的拒绝率接近 100%，重要性抽样中大多数样本点的权重趋于 0。因此，人们退而求其次，即不在抽取独立样本，而是产生相关样本，实现对分布的采样。MCMC 方法就是产生随机样本的一类方法，其基本思想是：设计一个马尔可夫链，使得其稳态概率为目标分布 $\pi(x)$；对于贝叶斯计算来说，目标分布就是贝叶斯验后分布 $\pi(\theta|\boldsymbol{x})$。

Metropolis 算法是最早提出的一种 MCMC 算法。设目标分布（target pdf）为 $f(x)$，Metropolis 算法从对称的试验分布（trial pdf）$t(x)$ 中抽取试验步 Δx，即抽样分布满足

$$t(\Delta x) = t(-\Delta x)$$

然后按规则接受或拒绝试验步 Δx。具体步骤如下：

初始化：选择初始参数向量 $x^{(0)}$。

迭代：在第 k 次迭代中。执行如下的步骤（1）~（3）：

（1）从对称分布 $t(x)$ 中随机抽取 Δx，定义 $x^* = x^{(k)} + \Delta x$；

（2）计算比值 $r = f(x^*)/f(x^{(k)})$；

（3）如果 $r \geqslant 1$，或当 $r<1$ 时以概率 r 接受新的位置，则置 $x^{(k+1)} = x^*$；否则置 $x^{(k+1)} = x^{(k)}$。

如图 4-26 所示为 Metropolis 算法的迭代过程示意图。Metropolis 算法对试验分布 $t(x)$ 选择的要求相当宽松，只要求平稳，与位置无关；常用的函数包括 n 维正态分布、n 维柯西分布等。对 x 只需计算目标分布 $f(x)$，x_{k+1} 仅依赖 x_k，因此简单且应用广泛。为了提高抽样效率，需要选择试验分布的“宽度”来“优化”抽样效率，基本的原则是使每步的接受概率（状态转移概率）约为 25%。

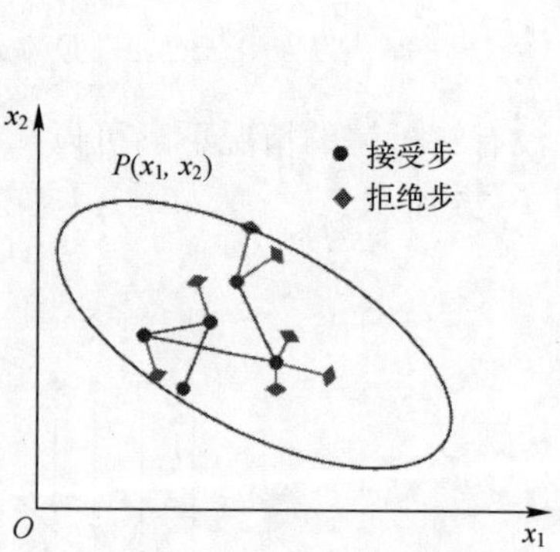

图 4-26　Metropolis 算法的迭代过程示意图

看一个二维正态分布的例子[20]。设目标

分布 $f(x)$ 及试验分布 $t(x)$ 皆为二维 Guassian 分布，研究 Metropolis 抽样。图 4-27 给出的是试验分布与目标分布的关系，图 4-28 是抽样过程及 1000 次试验获得的累积二维分布的样本点。

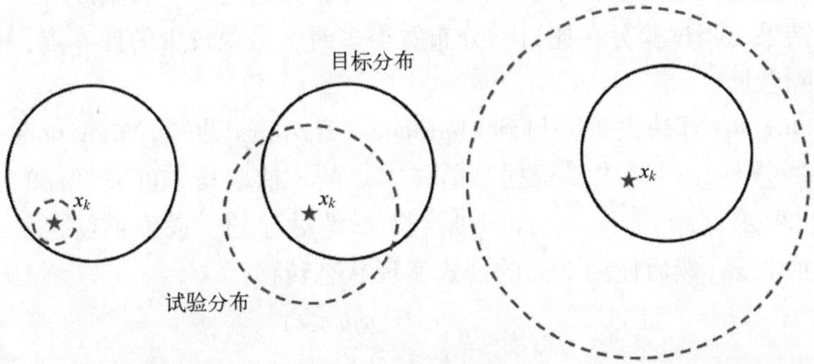

图 4-27　试验分布与目标分布的关系（宽度比）

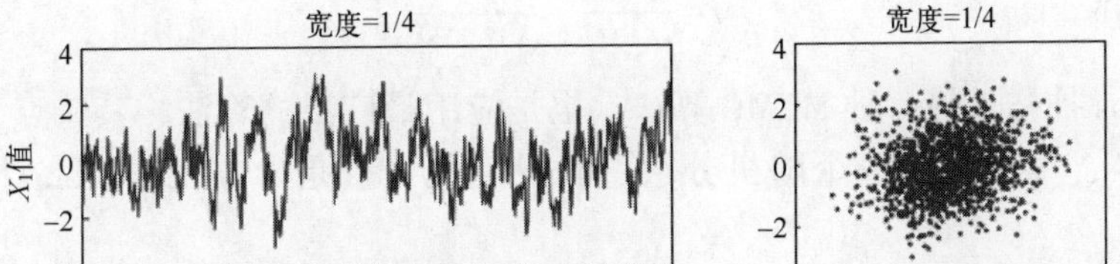

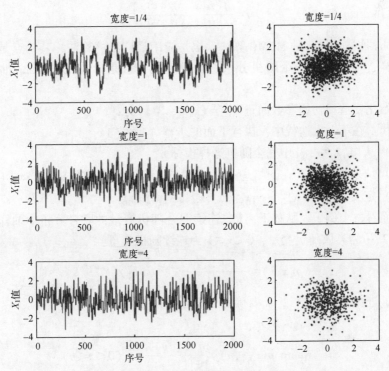

图 4-28　抽样过程及 1000 次试验获得的累积二维分布的样本点
（a）抽样过程；（b）样本点。

由图 4-28（a）可以看出，当试验分布宽度远小于目标分布时，样本点随目标分布的移动比较缓慢；当试验分布宽度与目标分布相同时，能够更好地抽取目标分布的样本；当试验分布比目标分布的宽度大得多时，试验步会停留较长时间，但是发生比较大的跳跃。由图 4-28（b），难以分辨宽度比为 0.25 和 1.00 时的两个结果。当试验分布比目标分布宽得多时，出现较少的样本点，但是样本点之间分隔较远。

对 Metropolis 算法改进，得到 Metropolis-Hastings 抽样。Metropolis-Hastings 抽样从条件分布 $t(x|y)$ 中，根据当前样本点的 y 抽取马尔可夫过程的下一个状态 x，这里要求 $t(x|y)=t(y|x)$ 即抽样分布是对称的。设当前状态为 $x^{(k)}$，由 $t(x|x^{(k)})$ 抽取 $\boldsymbol{x}$，然后使用下面的公式实现状态转移：

$$x^{(k+1)}=\begin{cases}x & (u\leqslant r)\\ x^{(k)} & (u>r)\end{cases}$$

其中

$$r=\frac{t(x|x^{(k)})f(x)}{t(x^{(k)}|x)f(x^{(k)})}$$

Gibbs 抽样是另一种 MCMC 算法，也是应用最广泛的算法，其特点是从条件分布抽样，每次更新一个随机分量。假设随机向量是 n 维的，Gibbs 抽样步骤如下：

初始化：选择初始参数向量 $\boldsymbol{x}^{(0)}=(x_1^{(0)},x_2^{(0)},\cdots,x_n^{(0)})$。

迭代：在第 k 次迭代中，执行下面的步骤（1）~(3)。

（1）从 $\{1,2,\cdots,n\}$ 中完全随机选择指标 p；

（2）从条件分布 $f(x_p|x_1^{(k)},\cdots,x_{p-1}^{(k)},x_{p+1}^{(k)},\cdots,x_n^{(k)})$ 中抽取随机变量 x_p；

（3）定义 $x^{(k+1)}=(x_1^{(k)},\cdots,x_{p-1}^{(k)},x_p,x_{p+1}^{(k)},\cdots,x_n^{(k)})$。

下面看一个例子。从如下离散-连续混合随机变量的联合分布中抽样，其中 $x=0,1,2,\cdots$ 为离散随机变量，$0\leqslant y\leqslant 1$ 为连续随机变量：

$$p(x,y)=\frac{n!}{(n-x)!\ x!}y^{x+\alpha-1}(1-y)^{n-x+\beta-1}$$

为了进行 Gibbs 抽样，需要确定条件分布，结果如下：

$$x|y\sim \mathrm{B}(n,y),$$

$$\text{where }\ p(z|q,n)\propto\frac{q^z\ (1-q)^{n-z}}{z!(n-z)!}\quad (0\leqslant z\leqslant n)$$

$$y|x\sim \mathrm{B}(x+\alpha,n-x+\beta),$$

$$\text{where }\ p(z|a,b)\propto z^{a-1}(1-z)^{b-1}\quad (0\leqslant z\leqslant 1)$$

给定分布参数，可以执行 Gibbs 抽样过程。具体地，设 $n=10$，$\alpha=1$，$\beta=2$，

初始的 Y 的取值为 $y_0=1/2$，Gibbs 抽样过程如下：

（1）从条件分布 $\mathrm{B}(n;y_0)=\mathrm{B}(10;1/2)$ 中抽取 x_0，设结果为 $x_0=5$；

（2）从条件分布 $\mathrm{B}(x_0+\alpha;n-x_0+\beta)=\mathrm{B}(5+1;10-5+2)$ 中抽取 y_1，设结果为 $y_1=0.33$；

（3）从条件分布 $\mathrm{B}(n;y_1)=\mathrm{B}(10;0.33)$ 中抽取 x_1，设结果为 $x_1=3$；

（4）从条件分布 $\mathrm{B}(x_1+\alpha;n-x_1+\beta)=\mathrm{B}(3+1;10-3+2)$ 中抽取 y_2，设结果为 $y_2=0.56$；

（5）从条件分布 $\mathrm{B}(n;y_2)=\mathrm{B}(10;0.56)$ 中抽取 x_2，设结果为 $x_2=0.7$；

……

如此继续，直到抽样序列达到稳态，再从稳态开始取样本点作为目标分布的相关样本。在上面的前（5）步，得到了3个样本点(5,0.5)，(3,0.33)，(7, 0.56)。

目前，采用马尔可夫链蒙特卡罗方法对复杂的统计模型进行贝叶斯分析已经有若干典型的开源软件工具，其中比较著名的是 WinBUGS。该软件起源于剑桥大学 MRC 生物统计学单位，目前由位于伦敦的圣玛丽皇家医学院联合开发。

4.6 本章小结

本章讨论了两种建模策略下的参数估计方法，即基于算法的建模策略下的最优化方法，以及基于数据的建模策略下的统计推断方法，后者介绍了经典的极大似然估计和自助法，以及不同于经典频率派观点的贝叶斯方法，并尽可能对它们的异同进行了比较。从应用角度看，两种方法实际上都通过求解相应的最优化问题，甚至建立的是相同的模型，比如最优化方法和极大似然估计，都可用于估计一个线性方程的参数。因此，在研究参数估计问题时，不能仅从算法层面比较参数估计方法优劣，还要注意算法应用的背景，才能正确评价其所估计的模型参数的合理性。比如，一个广泛的共识是目前机器学习模型很少进行区间估计和假设检验，但是后两者在统计推断建模中几乎是必不可少的，这是由于不同建模策略下参数估计的意义是不同的。这一差异，也导致基于统计推断的参数估计算法，除了要用到一般的函数优化算法外，还要从计算分布函数的数字特征的角度研究算法，比如用 MCMC 算法估计验后均值。本章未介绍在统计建模中非常重要的广义矩估计等重要方法，以及其他类型的优化模型和算法，它们虽然有不同的适用模型，但与本章内容没有性质上的差别，建议在需要时查阅相关文献。

参考文献

[1] 陈希孺. 数理统计引论 [M]. 北京：科学出版社，1997.

[2] VAPNIK V N. 统计学习理论的本质 [M]. 张学工，译. 北京：清华大学出版社，2000.

[3] JOHN A. 数理统计与数据分析（英文版）[M]. 北京：机械工业出版社，2003.

[4] 王正明，易东云. 测量数据建模与参数估计 [M]. 长沙：国防科技大学出版社，1996.

[5] MALLOW C L. Some Comments on C_p [J]. Technometrics，1973，15 (4)：661-676.

[6] FUHRER J C，MOORE G R，SCHUH S D. Estimating the linear-quadratic inventory model maximum likelihood versus generalized method of moments [J]. Journal of Monetary Economics，1995，35 (1)：115-157.

[7] DEMPSTER A P，LAIRD N M，RUBIN D B. Maximum likelihood from incomplete data via the EM algorithm [J]. Journal of the Royal Statistical Society：Serise B，1977，39 (1)：1-38.

[8] MCLACHLAN G J，KRISHNAN T. The EM Algorithm and Extensions (2nd edtion) [M]. USA：Wiley Series in Probability and Statistics，2007.

[9] Sean Borman. The Expectation Maximization Algorithm：A short tutorial [J]. Submitted for publication，2004.

[10] For a non-parametric density estimate by EM look at：http://bioinformatics.uchc.edu/LectureNotes_2006/Tools_EM_SA_2006_files/frame.htm.

[11] NEAL R，HINTON G. A view of the EM algorithm that justifies incremental，sparse，and other variants [M]. Cambridge：Kluwer Academic Press，1988.

[12] ENDERS C K. Applied Missing Data Analysis [M]. North Carolina：The Guilford Press，2010.

[13] EFRON B，TIBSHIRANI R J. An Introduction to the Bootstrap [M]. New York：Chapman and Hall/CRC，1994.

[14] CHERBNICK M R. Bootstrap Methods：A Practitioner's Guide [M]. New Jersey：Wiley-Interscience，1999.

[15] DICICCIO T J，EFRON B. Bootstrap Confidence Intervals [J]. Statistical Science. 1996，11 (3)：189-228.

[16] Efron B and Gong G. A Leisurely Look at the Bootstrap，the Jackknife，and Cross-Validation [J]. American Statistician，1983，37 (1)：36-48.

[17] HJORTH J S U. Computer Intensive Statistical Methods [M]. New York：Chapman and Hall/CRC，1994.

[18] BERGER J O. 统计决策论及 Bayes 分析 [M]. 贾乃光，译. 北京：中国统计出版社，1998.

[19] MARTINEZ W L，MARTINEZ A R. Computational Statistics Handbook with MATLAB [M]. New York：Chapman and Hall/CRC，2002.

[20] HANSON K M，CUNNINGHAM G S. Posterior sampling with improved efficiency [J]. Proceedings of SPIE，1988，3338 (1)：371-382.

[21] GILKS W R，RICHARDSON S，SPIEGELHALTER D. Markov Chain Monte Carlo in Practice [M]. New York：Chapman and Hall/CRC，1995.

[22] HANSON K M. Tutorial on Markov Chain Monte Carlo [C]. Gif-sur-Yvette：29th International Workshop on Bayesian Inference and Maximum Entropy Method in Science and Technology，2000.

[23] WinBUGS：http://www.mrc-bsu.cam.ac.uk/bugs.

[24] 尤茨，赫卡德．统计思想（英文版）[M]. 北京：机械工业出版社，2003.
[25] Berger J O. 统计决策论及贝叶斯分析 [M]. 贾乃光，译．北京：中国统计出版社，1998.
[26] 王健宗，瞿晓阳．深入理解 AutoML 和 AutoDL：构建自动化机器学习和深度学习平台 [M]. 北京：机械工业出版社，2019.
[27] Lawless J F. 寿命数据中的统计模型与方法 [M]. 茆诗松，等译．北京：中国统计出版社，1998.
[28] HOROWITZ J L. The Bootstrap in Econometrics [J], Statistical Science, 2003, 18 (2): 211-218.

第5章

试验数据建模与分析

试验数据是指通过有目的地计划和实施试验所获得的试验条件和被试对象属性的数据。试验数据一般是有限的和随机的，这是试验资源的有限性、试验设计的随机化、试验条件的不确定性等综合作用的必然结果。试验数据分析常用的一些技术包括回归分析、变量选择、方差分析、多重比较、残差分析等，主要来自经典的数理统计理论，解决了方案比较、变量筛选、响应面探查、方案优化、指标考核验证等实际问题。随机化试验在传统上甚至被认为是获取因果关系的唯一有效的方法。本章简要介绍试验数据建模与分析的内容和方法，包括检验因子效应的方差分析方法，以及进行预测和推断的回归分析方法。

5.1 概　　述

试验数据包含因子（factor）和响应（response）两部分。如表5-1所示是一个包括两个因子、每个因子有3种取值、试验结果为某作物产量的试验数据。其中，试验响应如表格中交叉部分所示，试验因子包括温度和时间。表中一共有$3^2=9$（种）因子取值组合。通过这组试验数据可以建立产量与温度和时间的关系，称为响应函数或响应模型，比如固定效应模型、线性回归模型等。利用这个模型可以看出不同因子取值组合是否对产量有影响，以及找到使产量最高的因子取值组合。

表5-1　温度、时间对产量影响的试验数据

温度/℃	时间/min		
	90	120	150
80	200	225	230
85	215	270	260
90	230	290	275

5.1.1 试验因子

试验因子是对试验结果可能产生影响的因素（也称条件变量），其取值称为因子水平或简称水平（level），也称设置（setting）。多个因子的水平组合称为处理（treatment）。因子水平可以是定量的或定性的，相应的因子称为定量因子或定性因子。即使是直观上定量的因子，其水平也可以定性描述，比如第 1 章表 1-2 的试验数据，就是用定性的难、易表示定量的目标难度得分。

一、因子类型

试验过程中考虑的因素越多，试验就越充分，试验结论也就更通用。但是进行完全的试验是不可能的，一般只能重点考虑对试验结果有重要影响的条件变量。根据是否受到控制，试验中影响因素即条件变量分为受控条件变量和非受控条件变量两大类，如图 5-1 所示。

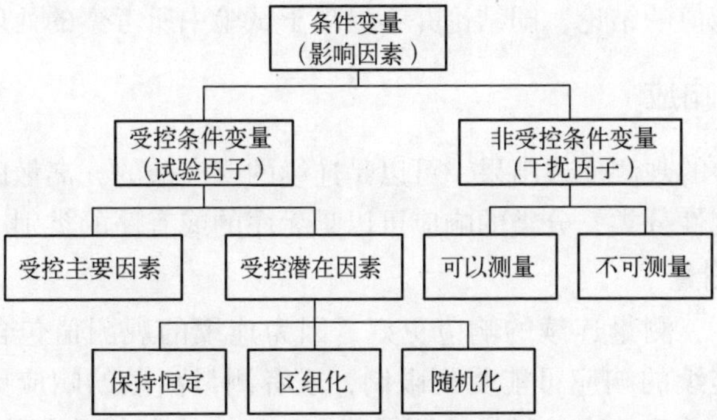

图 5-1　条件变量分类

并不是所有条件变量都是试验因子，仅受控条件变量称为试验因子，试验者可以在试验中改变它们的取值或状态。受控条件变量即试验因子进一步分为受控主要因素和受控潜在因素。对受控主要因素，试验的目的是研究它们的不同水平对试验结果影响的差异性。例如，不同海区或不同深度条件下鱼雷命中率可能会有较大的差异，为了解鱼雷在一种条件下使用是否比另一种条件下更有效，海区或深度就是主要因素。除主要因素之外的受控条件变量均为受控潜在因素。这些因素不直接涉及比较，或者由于经费、时间等的限制，不能进行准确详细的研究。但是，这些因素对试验结果有潜在影响，在试验时要求保持在某种水平上，或者通过区组化和随机化控制其影响。非受控条件变量又称干扰因子，试验不能控制，例如环境的温度和湿度、飞机飞行中的扰动、机械磨损等。这些变量有的可以被测量或记录下来，有的则难以测量。

二、固定效应和随机效应

在进行试验时，如果因子水平是预先确定的，则称为固定效应因子。例如，

第1章保险代理人研究中，预先决定简单目标的受试者每周只打5个陌生电话，困难目标的受试者每周打25个陌生电话。在这种情况下，因子水平是指定的，因此因子水平的效应是固定的，在试验数据分析时应该采用固定效应模型。

相反，当研究者不是预先确定的，而是从因子的可能水平中随机选择的时，称为随机效应因子。例如，假设已知保险代理人一周内可能拨打陌生电话的数量为0~45个。在试验开始时，从可能拨打的电话量中随机选择两个值，比如12和32，然后为两组受试者各分配每周打12个和32个陌生电话。这时，因子水平是从所有可能的水平中随机选择的，因此因子水平的效应是随机的，需要采用随机效应模型进行试验数据分析。

固定效应和随机效应之间的这种区别，对于从统计检验中得出的结论具有重要影响。通过固定效应模型得到的分析结果，仅适用于试验中受控因子的特定水平，不能推广到其他水平。如果是随机选择因子水平，则意味着可以得出关于因子水平全部可能值的结论，即结论并不局限于试验中所考察的处理。

5.1.2 试验响应

响应是试验的观测值或结果，可以是连续的或离散的，离散的响应也可以是定量的计数或定性分类，分类的响应可以是无序的或有序的类别。

一、试验测量

一般情况下，测量连续的响应更好，因为连续的观测值包含更多信息。然而，有时测量连续的响应可能受到限制，或者测量离散的响应更容易。比如，图5-2所示用命中和未命中计数比测量落点到目标的距离可能更容易。不过，要得到差不多精度的试验评估结果，一般来说采用离散响应意味着需要更多的试验次数。

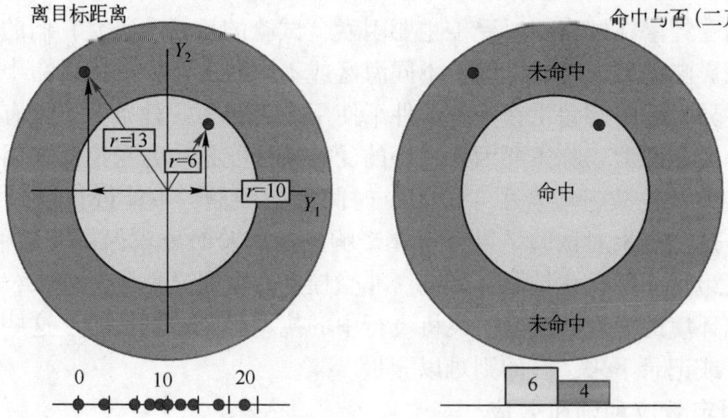

图5-2　连续响应和离散响应

二、试验误差

试验数据一般是存在误差的，试验数据误差与试验误差和观测误差密不可分。为了说明试验误差的概念，需要清楚试验单元和观测单元的概念。试验单元是施加处理的最小单元，观测单元是测量或观察的实际单元，观察单元可能是试验单元也可能不是。

下面通过一个例子说明。图 5-3 显示了对某型陶瓷管进行断裂强度试验的两种方案。试验采用两种不同温度的方案：方案 1（1100℃）和方案 2（1350℃）。每个炉子里面有 3 个陶瓷管，带线的小矩形代表用于加热炉子的天然气燃烧器。试验目标是建立（峰值）温度与陶瓷管断裂强度的关系。这里，试验单元是采用特定燃烧方式加热的炉子，每个陶瓷管是一个观测单元即测量断裂强度的单元。

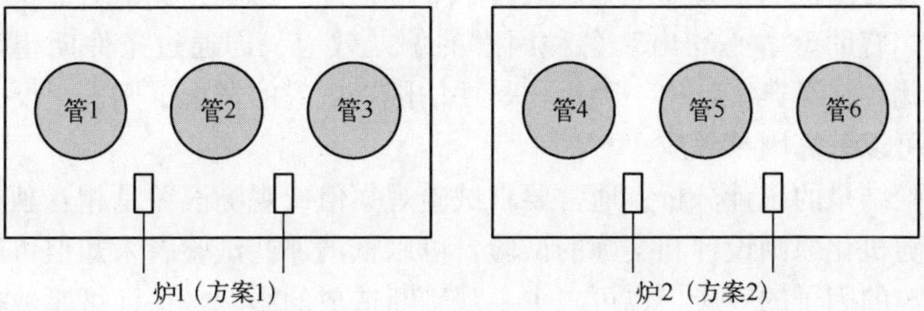

图 5-3　试验单元和观测单元示例

试验误差表示试验单元之间的变异性。这种变异性有几个来源，其中之一是试验单元之间固有的变异性，因为各试验单元不可能完全相同。例如，两个炉子内部的温度梯度存在差异。观测误差是观测单元之间的差异，是试验误差的一部分。考虑陶瓷管强度试验的例子，不同陶瓷管样品之间存在固有差异，因此样品的断裂强度是不同的，而炉内的温度梯度会加剧这些差异，这些差异就是断裂强度试验数据误差的一部分。

5.1.3 试验设计

精心安排的试验可以通过尽可能少的试验获取尽量多的数据。好的试验方案还可以使结果变得清晰明白，能够避免复杂的分析。试验设计需要遵循一些基本原则，正是由于遵循了这些基本原则，才保证了试验型研究在科学发现、试验鉴定、医学研究等广泛领域发挥了重要作用，试验分析的结果才被认为是科学的和可信的。

一、重复

在统计试验设计中，重复（replication）是指试验单元的独立重复，即将一些处理应用于多个试验单元。通过独立重复试验，不仅可以降低由于样本差异而产生的随机误差，而且可以更好地估计试验因子的影响。比如，在导弹精度试验中，使用多发导弹对相同的靶标进行射击，然后测量每发导弹落点的横向和纵向偏差。

还有一种重复称为同单元重复，又称重复测量，即在相同条件下对同一样品作多次重复测量，如重复测量导弹的质量等，以排除观测误差。同单元重复也称重试。显然，同单元重复的误差要小于不同单元重复的误差。

二、随机化

随机化（randomization）是指随机地将处理分配给试验单元，包括响应的观测顺序、随机选择试验单元、随机确定影响试验结果的各种因子水平的搭配、随机确定试验进行的次序、随机选择试验单位与人员等。若能使各种因素对试验结果的影响成为随机的，就消除偏差对因子效应估计的影响，保证对照组和处理组是可比的，有助于“平均出”各种因素的偏差效应，即通过条件期望计算因果效应。因此，在经典统计中，随机化是评估因果效应的黄金准则，只要进行随机试验，就可以计算因果效应。

对试验结果的统计分析，通常要求试验观察值或观测误差是相互独立的随机变量。用随机化原则设计和实施的试验，可以抵消那些试验者未知但可能会对响应产生影响的因子的效应，也可减少主观判断造成的影响，保证试验数据的独立性和试验误差估计的合理性。适当地随机化可使不可控因素的影响在一定程度上相互“抵消”。

三、误差局部控制

误差局部控制的基本思想是控制除试验因子之外可能影响响应的因素，实际应用中针对的是受控潜在因素。区组化是最典型的误差局部控制原则，其把所研究的因子按其对试验结果的影响分成若干区组。相比因子全体，一个区组中试验样品的性能或影响因素对试验结果的影响是类似的。然后在同一区组中比较不同的处理，以提高试验结果的可比性。

对照（或配对）是最简单的区组。在对照试验中，除了处理不同外，试验组与对照组中的其他条件都尽量相同。比如，比较不同温度下的产品可靠性，不同的试验组之间的区别仅在于试验时产品所处温度环境的差异，其他因素均应保持不变，如试验样品应该来自同一批次、具有相同的技术状态，试验测量设备和人员以及其他试验环境保持一致等。

5.2 方差分析

试验中，干扰因素和试验因子的改变都可能引起响应的波动。推断试验因子的改变是否是造成响应改变的原因，即试验因子与响应之间是否存在因果效应，是试验数据分析的重要内容。方差分析（analysis of variance，ANOVA）假定不同处理的响应来自方差相同的正态总体，通过检验不同处理下正态总体的均值是否相同，来分析响应值的波动是由干扰因子引起的还是包含了试验因子的效应。

5.2.1 因子效应

因子效应用来衡量因子对响应是否有影响。有三种主要的因子效应，即单独效应、主效应和交互效应。在因子效应分析中，一个经验的原则是低阶效应比高阶效应更重要、同阶效应同等重要，应该首先估计低阶效应。另外，很多研究表明，响应的变化主要是少数效应引起的，也就是说，重要的因子效应的数量是比较少的，因此试验设计应针对这些重要的少数效应。最后，如果一个交互作用是显著的，则在交互作用的因子中至少有一个是显著的。这些关于因子效应之间相对重要性关系的原则，分别称作效应排序原则、效应稀疏原则和效应遗传原则，常用于指导试验数据分析的策略。

一、因子效应定义

单独效应是指其他因子水平固定时，某一因子不同水平的变化导致的响应值变化。主效应是在不考虑其他因子的影响下，某因子不同水平导致的响应的平均变化。交互效应则考虑两因子间的交互作用引起的其单独效应的平均变化。

下面以一个两因子试验数据为例说明因子效应。表 5-2 所示为检验两种药物是否有效的试验数据，其中有 4 个处理，每个处理下进行 1 次试验。需要指出的是，下面关于因子效应的定义以及效应图，也适用于两个以上因子、每个因子两个以上水平的情况。

表 5-2　两因子两水平试验数据

项　目		*B* 因子	
		用 *B* 药（b_1）	不用 *B* 药（b_2）
A 因子	用 *A* 药（a_1）	2.1（a_1b_1）	1.2（a_1b_2）
	不用 *A* 药（a_2）	1.0（a_2b_2）	0.8（a_2b_2）

可以将试验结果绘制在一张图上，其中纵轴对应于每个因子在每个水平之下响应的原始数值，横轴为每个因子的每个水平，由此得到的图形称为 DOE 散点图（scatter plot）。图 5-4 中用某药表示对应因子取高水平（“+”），否则取低水平（“-”）。

利用表 5-2 试验数据，可以计算 *A* 因子（是否用 *A* 药）的单独效应、主效应、交互效应。因子 *A* 的单独效应是其他因子取不同水平组合时，仅由 *A* 的水平变化所导致的响应变化。对于本例，由表 5-2 中数据可以得到：

$$a_1b_1-a_2b_1=1.1 \text{（因子 } B=b_1\text{，用 } B \text{ 药）}$$

$$a_1b_2-a_2b_2=0.4 \text{（因子 } B=b_2\text{，不用 } B \text{ 药）}$$

因子 A 的主效应（main effect）是其不同水平上所有观测值的平均值的差异。对于本例，因子 A 的主效应即高水平与低水平上所有观测值的平均值的差异，如下：

$$(a_1b_1+a_1b_2)/2-(a_2b_1+a_2b_2)/2=0.75$$

将试验因子在每个水平上的平均观测值在图上标记出来，并用直线连接，得到的图形称为主效应图（main effect plot），又称 DOE 平均图[4]，从中可以看出仅由各个因子的水平变动所导致的响应变化，如图 5-5 所示。在二水平的情况，线段的垂直高度就是主效应。

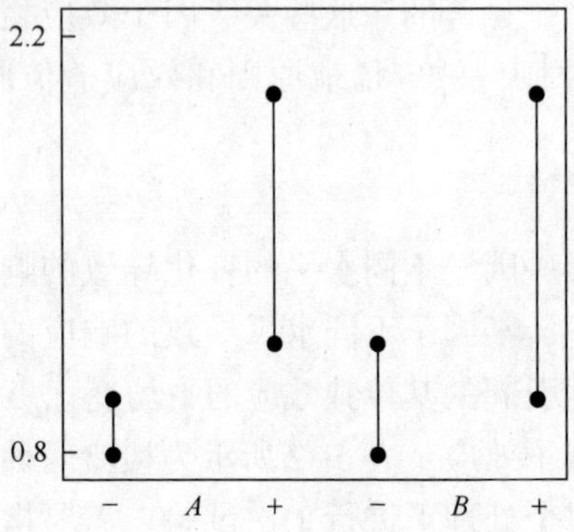

图 5-4　散点图

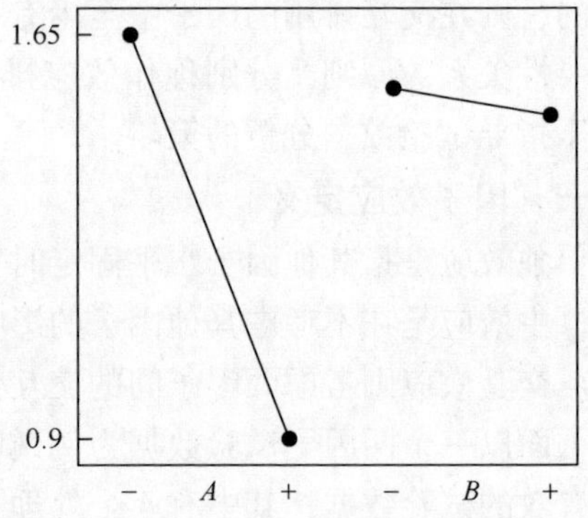

图 5-5　主效应图

两个因子 A 和 B 的交互效应（$A\times B$ 交互效应）或交互作用（interaction effect 或 interaction），是 A 因子在不同水平下的条件主效应（conditional main effect）的差值，即

$$AB=BA=(a_1b_1-a_2b_1)/2-(a_1b_2-a_2b_2)/2=1.1/2-0.4/2=0.35$$

式中：第二个等号后的第一项和第二项分别称为因子 A 在因子 B 的水平 b_1 和 b_2 上的条件主效应。从式中可以看出，条件主效应是单独效应的一半。由计算结果可知，A 因子存在明显的单独效应和主效应，也存在 $A\times B$ 交互效应，于是可以得到结论：用（A 或 B）药物会对治疗效果产生影响。

类似于主效应图，以响应均值作为纵轴，选定的因子（比如因子 A）作为横轴，将其相对其他某个因子的条件主效应在图上标记出来并连线，由此得到交互效应图（interaction effect plot）。如图 5-6 所示为两个因子交互效应的多种情形的示意图。对于多个因子的情况，对两两因子绘制交互效应图，可以得到交互效应矩阵[4]。

二、交互效应显著的几种情况

高阶交互效应的估计和解释是比较困难的，直接通过数据观察得到的因子效应可能存在混淆。在交互效应显著的情况下，可能存在不同的情况。

（1）交互效应和主效应都显著，且具有相同的趋势。如图 5-6 所示，其中绘制了两个因子的单独效应（实线）和因子 A 的主效应（虚线）。可以看出，A、B 交互效应显著，A 的主效应也显著，且主效应方向与单独效应方向一致。在 B 的每个水平上，A 从 $A1$ 变化到 $A2$ 引起的响应变化趋势一致，仅变化幅度不同。这里，交互效应掩盖了 A 在 B 不同水平上单独效应的差异。显然，A 在 $B1$ 水平上的效应大于其在 $B2$ 水平上的效应。

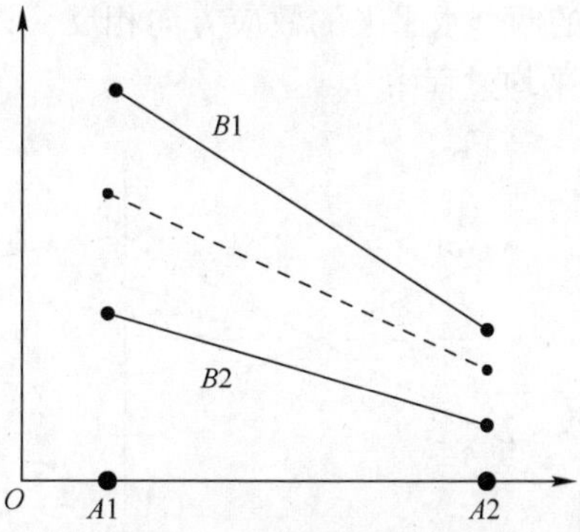

图 5-6　交互效应与主效应都显著且具有相同的趋势

（2）交互效应和主效应都显著，但可能存在扭曲。如图 5-7 所示，A、B 交互效应显著，A 的主效应也显著，但是 A 的效应方向可能会被交互效应歪曲。在图 5-7（a）中，A 的变化在 $B1$ 水平上引起响应的显著变化，但在 $B2$ 水平上对响应没有影响，这说明，A 不是在任何情况下都能引起响应变化，它依赖 B 的水平。在图 5-7（b）中，虽然 A 的变化在 B 的两个水平上都引起了响应的明显变化，但是变化的方向正好相反，从其主效应看，A 的水平提高可以促进响应值的提高，但实际情况是，在 $B1$ 水平上时，增大 A 反而导致响应值的下降。所以在这种情况下，显著的交互效应掩盖或歪曲了 A 的作用机制：它在 B 的不同水平上的效应量是不同的。

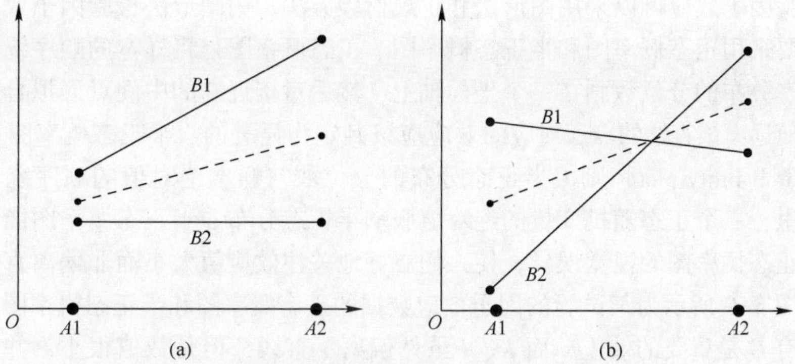

图 5-7　交互效应与主效应都显著但可能发生扭曲

(3) 交互效应显著，主效应却不显著。如图 5-8 所示，A、B 交互效应显著，A 的主效应却不显著，实际上是交互效应掩盖了 A 的主效应。从这些图示中可以明显看到 A 的效应，但方差分析结果显示 A 的主效应不显著，这是因为 A 在 B 的两个水平上的效应方向相反，计算 A 的主效应时 $A1$ 和 $A2$ 的差异量被掩盖在了平均过程中。

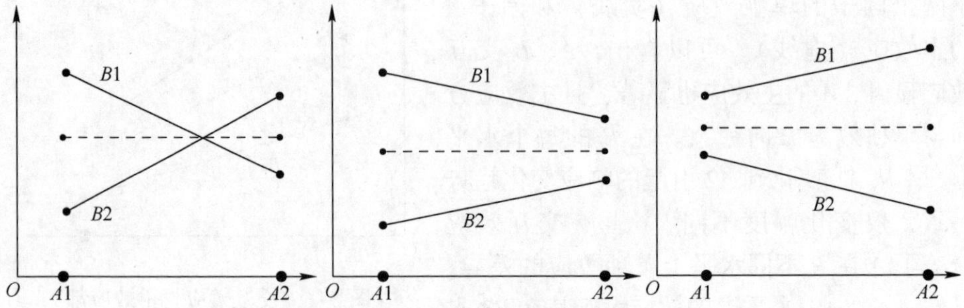

图 5-8　交互效应显著主效应不显著

上述结果表明，因子效应的分析是比较复杂的。在实际应用中，研究人员经常对估计交互效应的大小不感兴趣，即使交互效应在统计上是显著的。这也是在实际试验数据分析中，低阶效应比高阶效应更重要的一个原因。

三、因子效应的检验

注意到上面关于因子效应的结论是根据 1 次试验的数据计算和观察得到的，并没有考虑试验结果的随机性（比如干扰因子或随机因素的影响）。物理试验的随机性意味着，如果再进行一次试验，则很可能得不到同样的数据，因此也可能得不到相同的结论。也就是说，如果考虑试验数据的随机性，则按照统计学的术语来说，做出的结论是有风险的。

检验因子效应可以采用图形法和正规检验方法。用图形法检验因子效应显著性，主要采用正态概率图和半正态概率图。正态概率图是将样本的顺序统计量和标准正态分布的分位数画在一个坐标轴上，然后对接近 0 的中间点群拟合一条直线，任何远离该直线的点所对应的效应应该判定为显著的。半正态概率图（half-normal probability plot）则由半正态分布的分位数与样本绝对值的顺序统计量绘图。这里，一个正态随机变量的绝对值服从半正态分布。半正态概率图能够较好地克服正态概率图的视觉误导，使人们更好地关注效应值大小而非偏离直线的情况。如图 5-9 所示为某试验的因子效应数据的正态概率图和半正态概率图，可以看出只有 C 是重要的效应，而 K、I 虽然偏离了直线，但是数值很小，并不是显著的效应。

正规检验利用因子效应（位置和散度）估计的正态分布假设进行检验[1]。

此外，方差分析是检验因子效应显著性更常用的方法。

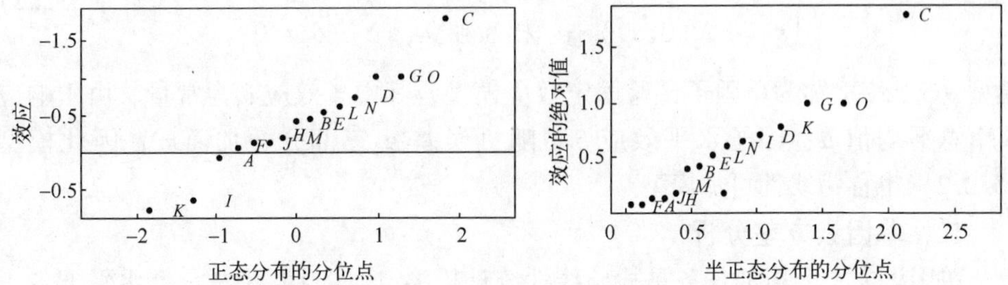

图5-9　交互效应显著主效应不显著[1]

5.2.2 单因素方差分析

单因子试验是只考虑一个试验因子的试验，目的是研究试验因子 A 的变动是否会带来响应的波动。设因子 A 有 r 个不同水平 $A_1, A_2, \cdots, A_r$，在水平 A_i 下做 n_i 次独立试验，得到单因子试验数据如表5-3所示。

表5-3　单因子试验数据表

水　平	样　本			
A_1	y_{11}	y_{12}	$\cdots$	y_{1n_1}
A_2	y_{21}	y_{22}	$\cdots$	y_{2n_2}
$\vdots$	$\vdots$	$\vdots$	$\ddots$	$\vdots$
A_r	y_{r1}	y_{r2}	$\cdots$	y_{rn_r}

一、固定效应模型

设水平 A_i 下的响应值 y_{ij} 由均值 μ_i 和随机误差 ε_{ij} 两部分组成，随机误差服从正态分布 $\mathcal{N}(0,\sigma^2)$，这里 σ^2 未知，得到如下试验数据模型：

$$\begin{cases} y_{ij}=\mu_i+\varepsilon_{ij} \\ \varepsilon_{ij}\sim\mathcal{N}(0,\sigma^2)\,(\varepsilon_{ij}\text{相互独立}) \\ i=1,2,\cdots,r;j=1,2,\cdots,n_i \end{cases} \tag{5.2.1}$$

定义

$$\mu=\frac{1}{n}\sum_{i=1}^{r}n_i\mu_i,\quad n=\sum_{i=1}^{r}n_i$$

称 μ 为总平均值，是除因子 A 以外其他因子的总效应。记 $\delta_i=\mu_i-\mu$ 称为水平 A_i 的效应，δ_i 代表了第 i 个水平下的总体均值与总平均值的差异。

由于各水平下的效应 $\delta_1,\delta_2,\cdots,\delta_r$ 的和为0，模型（5.2.1）可改写为

$$\begin{cases} y_{ij} = \mu + \delta_i + \varepsilon_{ij},\ i = 1,2,\cdots,r; j = 1,2,\cdots,n_i \\ \varepsilon_{ij} \sim \mathcal{N}(0,\sigma^2),\ \varepsilon_{ij} \text{ 相互独立},\ \sum_{i=1}^{r} n_i\delta_i = 0 \end{cases} \tag{5.2.2}$$

模型（5.2.2）称为单因子试验固定效应模型，其中各效应 δ_i 为常量。由于响应值由总平均值 μ、因子水平效应 δ_i、随机误差 ε_{ij} 三部分叠加而成，因此模型（5.2.2）也称为线性可加模型。

二、单因素方差分析

单因素方差分析的任务是检验线性统计模型（5.2.1）中的 r 个水平下各正态总体均值 μ_i 的相等性，即检验原假设：

$$H_0: \mu_1 = \mu_2 = \cdots = \mu_r \tag{5.2.3}$$

和备选假设

$$H_1: \text{至少存在一对 } i,j,\ \text{使得 } \mu_i \neq \mu_j$$

上述假设可以转化为关于各水平效应的假设，即

$$H_0: \delta_1 = \delta_2 = \cdots = \delta_r = 0 \tag{5.2.4}$$

$$H_1: \text{至少存在一个 } i,\ \text{使得 } \delta_i \neq 0$$

记试验数据的总平均值（样本总平均）为

$$\bar{y} = \frac{1}{n}\sum_{i=1}^{r}\sum_{j=1}^{n_i} y_{ij} = \frac{1}{n}\sum_{i=1}^{r} n_i \bar{y}_i$$

因子 A 的每个水平 A_i 下的试验数据为一个组，定义组内平均为

$$\bar{y}_i = \frac{1}{n_i}\sum_{j=1}^{n_i} y_{ij}$$

用如下定义的总离差平方和度量响应值的总波动：

$$SS_T = \sum_{i=1}^{r}\sum_{j=1}^{n_i} (y_{ij} - \bar{y})^2$$

响应值的总波动是因子水平的变动和试验误差两个原因共同引起的。容易证明如下总离差平方和分解公式：

$$SS_T = SS_E + SS_A$$

其中

$$SS_E = \sum_{i=1}^{r}\sum_{j=1}^{n_i} (y_{ij} - \bar{y}_i)^2, \quad SS_A = \sum_{i=1}^{r} n_i (\bar{y}_i - \bar{y})^2$$

SS_E 称为误差平方和，是只与随机误差有关的项；SS_A 称为因子 A 的离差平方和，是由于因子水平变动导致的响应值变化。

记

$$MS_A = SS_A/(r-1), \quad MS_E = SS_E/(n-r)$$

称MS_A为因子A的均方和，MS_E为误差均方和。可以证明，MS_E是σ^2的无偏估计，并且当（5.2.4）原假设H_0成立时，MS_A也是σ^2的无偏估计。也就是说，当H_0成立时，MS_A与MS_E应该差不多，否则，即当H_0不成立时两者应该有显著差异。于是，构造如下F-统计量来检验原假设：

$$F=\frac{MS_A}{MS_E}=\frac{SS_A/(r-1)}{SS_E/(n-r)}$$

由于

$$\frac{SS_E}{\sigma^2}\sim\chi^2(n-r)$$

当H_0成立时，有

$$\frac{SS_A}{\sigma^2}\sim\chi^2(r-1)$$

于是，零分布即H_0成立时，统计量F服从自由度为$r-1$和$n-r$的F分布，即

$$F=\frac{MS_A}{MS_E}=\frac{SS_A/(r-1)}{SS_E/(n-r)}\sim \mathrm{F}(r-1,n-r)$$

由于$E(SS_A)=(r-1)\sigma^2+\sum\limits_{i=1}^{r}n_i\delta_i^2$，$E(SS_E)=(n-r)\sigma^2$，因此在$H_0$不成立的情况下，$MS_A$偏大，导致$F$值偏大。由此，得到单因素方差分析过程，如下：

首先，给定显著性水平α根据F临界值表查出$F_\alpha(r-1,n-r)$。

其次，由试验数据计算MS_A和MS_E，从而得到检验统计量$F=\dfrac{MS_A}{MS_E}$的值。

最后，根据如下检验规则进行假设检验：

若$F\geqslant F_\alpha(r-1,n-r)$，则拒绝$H_0$，认为因子水平对试验结果有显著影响；

若$F<F_\alpha(r-1,n-r)$，则接受H_0，认为因子水平对试验结果无显著影响。

将上面的分析过程和结果，列入表5-4所示单因素方差分析表中，方便求解。

表5-4 单因素方差分析表

方差来源	离差平方和	自由度	均方和	F比
因子A	$SS_A=\sum\limits_{i=1}^{r}n_i(\bar{y}_i-\bar{y})^2$	$r-1$	$MS_A=\dfrac{SS_A}{r-1}$	$F=\dfrac{MS_A}{MS_E}$
误差E	$SS_E=\sum\limits_{i=1}^{r}\sum\limits_{j=1}^{n_i}(y_{ij}-\bar{y}_i)^2$	$n-r$	$MS_E=\dfrac{SS_E}{n-r}$	—

续表

方差来源	离差平方和	自由度	均方和	F比
总和 T	$SS_T = \sum_{i=1}^{r}\sum_{j=1}^{n_i}(y_{ij}-\bar{y})^2$	$n-1$	—	—

实际求解过程可采用下面的简便计算方式，记

$$Q=\sum_{i=1}^{r}\frac{1}{n_i}\left(\sum_{j=1}^{n_i}y_{ij}\right)^2,\quad P=\frac{1}{n}\left(\sum_{i=1}^{r}\sum_{j=1}^{n_i}y_{ij}\right)^2,\quad R=\sum_{i=1}^{r}\sum_{j=1}^{n_i}y_{ij}^{\ 2}$$

可以证明

$$SS_A=Q-P,\quad SS_E=R-Q,\quad SS_T=R-P$$

5.2.3 双因素方差分析

在双因子试验中，设试验因子 A 有 r 个水平 $A_1,A_2,\cdots,A_r$，因子 B 有 s 个水平 $B_1,B_2,\cdots,B_s$。在每种水平组合(A_i,B_j)下做 t 次试验，结果为 $y_{ijk}(i=1,2,\cdots,r;j=1,2,\cdots,s;k=1,2,\cdots,t)$。试验总次数 $n=rst$。双因子试验数据表如表 5-5 所示。

表 5-5　双因子试验数据表

因子项目	B_1	B_2	…	B_s
A_1	$y_{111},y_{112},\cdots,y_{11t}$	$y_{121},y_{122},\cdots,y_{12t}$	…	$y_{1s1},y_{1s2},\cdots,y_{1st}$
A_2	$y_{211},y_{212},\cdots,y_{21t}$	$y_{221},y_{222},\cdots,y_{22t}$	…	$y_{2s1},y_{2s2},\cdots,y_{2st}$
⋮	⋮	⋮	⋱	⋮
A_r	$y_{r11},y_{r12},\cdots,y_{r1t}$	$y_{r21},y_{r22},\cdots,y_{r2t}$	…	$y_{rs1},y_{rs2},\cdots,y_{rst}$

在双因子试验数据分析中，不仅需要考虑每个因子的主效应，还要考虑因子之间的交互效应，因此需要用到更复杂的模型。

一、固定效应模型

设处理(A_i,B_j)的第 k 次试验的响应值 $y_{ijk}\sim\mathcal{N}(\mu_{ij},\sigma^2)$，且各 y_{ijk} 相互独立。以 ε_{ijk} 表示试验的随机误差，与单因素方差分析类似，记

$$\mu=\frac{1}{rs}\sum_{i=1}^{r}\sum_{j=1}^{s}\mu_{ij},\quad \mu_i=\frac{1}{s}\sum_{j=1}^{s}\mu_{ij},\quad \mu_{\cdot j}=\frac{1}{r}\sum_{i=1}^{r}\mu_{ij}$$

$$\alpha_i=\mu_i-\mu,\quad \beta_j=\mu_{\cdot j}-\mu,\quad \gamma_{ij}=(\mu_{ij}-\mu)-\alpha_i-\beta_j$$

则双因子试验的固定效应模型为

$$\begin{cases}y_{ijk}=\mu+\alpha_i+\beta_j+\gamma_{ij}+\varepsilon_{ijk},\varepsilon_{ijk}\sim\mathcal{N}(0,\sigma^2)\text{且相互独立}\\ i=1,2,\cdots,r;\ j=1,2,\cdots,s;\ k=1,2,\cdots,t\end{cases}\tag{5.2.5}$$

式中：α_i为因子 A 的水平 A_i的单独效应，所有 α_i共同表示因子 A 的主效应；β_j为

因子 B 取水平 B_j 的单独效应，所有 β_j 共同表示因子 B 的主效应；γ_{ij} 表示处理(A_i，B_j)的交互效应或交互作用，所有 γ_{ij} 共同表示因子 A 和因子 B 的交互效应。显然有

$$\sum_{i=1}^{r}\alpha_i = 0,\quad \sum_{j=1}^{s}\beta_j = 0,\quad \sum_{i=1}^{r}\gamma_{ij} = 0,\quad \sum_{j=1}^{s}\gamma_{ij} = 0$$

于是，可以得到如下统计模型：

$$\begin{cases} y_{ijk} = \mu + \alpha_i + \beta_j + \gamma_{ij} + \varepsilon_{ijk}, \varepsilon_{ijk} \sim \mathcal{N}(0,\sigma^2) \text{ 且相互独立} \\ i = 1,2,\cdots,r; j = 1,2,\cdots,s; k = 1,2,\cdots,t \\ \sum_{i=1}^{r}\alpha_i = 0, \sum_{j=1}^{s}\beta_j = 0, \sum_{i=1}^{r}\gamma_{ij} = 0, \sum_{j=1}^{s}\gamma_{ij} = 0 \end{cases} \tag{5.2.6}$$

二、双因素方差分析

双因素方差分析可用于检验两个因子的主效应和它们之间的交互效应是否对响应有显著影响。用模型（5.2.6）检验如下假设：

$$\begin{cases} \mathrm{H}_{A0}: \alpha_1 = \alpha_2 = \cdots = \alpha_r = 0 \\ \mathrm{H}_{A1}: \text{至少存在一个 } i,\ \text{s. t. } \alpha_i \neq 0 \end{cases} \tag{5.2.7}$$

$$\begin{cases} \mathrm{H}_{B0}: \beta_1 = \beta_2 = \cdots = \beta_s = 0 \\ \mathrm{H}_{B1}: \text{至少存在一个 } j,\ \text{s. t. } \beta_j \neq 0 \end{cases} \tag{5.2.8}$$

$$\begin{cases} \mathrm{H}_{AB0}: \gamma_{ij} = 0, i = 1,2,\cdots,r; j = 1,2,\cdots,s, \\ \mathrm{H}_{AB1}: \text{至少存在一对 } i,j,\ \text{s. t. } \gamma_{ij} \neq 0 \end{cases} \tag{5.2.9}$$

与单因素方差分析类似，这里需要对导致试验数据总体波动的因素进行分解，通过对比不同部分影响的大小来检验上面的假设。

记如下四种均值：

$$\bar{y} = \frac{1}{rst}\sum_{i=1}^{r}\sum_{j=1}^{s}\sum_{k=1}^{t} y_{ijk}$$

$$\bar{y}_{ij\cdot} = \frac{1}{t}\sum_{k=1}^{t} y_{ijk} \quad (i = 1,2,\cdots,r; j = 1,2,\cdots,s)$$

$$\bar{y}_{\cdot j\cdot} = \frac{1}{rt}\sum_{i=1}^{r}\sum_{k=1}^{t} y_{ijk} \quad (j = 1,2,\cdots,s)$$

$$\bar{y}_{i\cdot\cdot} = \frac{1}{st}\sum_{j=1}^{s}\sum_{k=1}^{t} y_{ijk} \quad (i = 1,2,\cdots,r)$$

定义总离差平方和为

$$SS_T = \sum_{i=1}^{r}\sum_{j=1}^{s}\sum_{k=1}^{t} (y_{ijk} - \bar{y})^2$$

可以得到总离差平方和分解公式如下：

$$SS_T = SS_E + SS_{A\times B} + SS_A + SS_B \tag{5.2.10}$$

其中

$$SS_E = \sum_{i=1}^{r}\sum_{j=1}^{s}\sum_{k=1}^{t}(y_{ijk} - \bar{y}_{ij\cdot})^2 \tag{5.2.11}$$

$$SS_{A\times B} = t\sum_{i=1}^{r}\sum_{j=1}^{s}(\bar{y}_{ij\cdot} - \bar{y}_{i\cdot\cdot} - \bar{y}_{\cdot j\cdot} + \bar{y})^2 \tag{5.2.12}$$

$$SS_A = \mathrm{st}\sum_{i=1}^{r}(\bar{y}_{i\cdot\cdot} - \bar{y})^2 \tag{5.2.13}$$

$$SS_B = rt\sum_{j=1}^{s}(\bar{y}_{\cdot j\cdot} - \bar{y})^2 \tag{5.2.14}$$

式中：SS_E为误差平方和；$SS_{A\times B}$为因子 A 和因子 B 的交互效应的离差平方和；SS_A和SS_B则分别为因子 A 和因子 B 的离差平方和。

当原假设 H_{A0}成立时，MS_A为 σ^2的无偏估计，且$\frac{SS_A}{\sigma^2}\sim\chi^2(r-1)$。定义检验统计量 F_A如下：

$$F_A = MS_A/MS_E = \frac{\frac{SS_A}{\sigma^2}}{r-1}\Bigg/\frac{\frac{SS_E}{\sigma^2}}{rs(t-1)} \sim F(r-1, rs(t-1))$$

当原假设 H_{B0}成立时，MS_B为 σ^2的无偏估计，且$\frac{SS_B}{\sigma^2}\sim\chi^2(s-1)$。定义检验统计量 F_B如下：

$$F_B = MS_B/MS_E = \frac{\frac{SS_B}{\sigma^2}}{s-1}\Bigg/\frac{\frac{SS_E}{\sigma^2}}{rs(t-1)} \sim F(s-1, rs(t-1))$$

当原假设 H_{AB0}成立时，$MS_{A\times B}$为 σ^2的无偏估计，且$\frac{SS_{A\times B}}{\sigma^2}\sim\chi^2((r-1)(s-1))$。定义检验统计量 $F_{A\times B}$如下：

$$F_{A\times B} = MS_{A\times B}/MS_E = \frac{\frac{SS_{A\times B}}{\sigma^2}}{(r-1)(s-1)}\Bigg/\frac{\frac{SS_E}{\sigma^2}}{rs(t-1)} \sim F((r-1)(s-1), rs(t-1))$$

于是，根据显著性水平 α 分别查对应的 F 分布表得出临界值 $F_\alpha(r-1, rs(t-1))$，$F_\alpha(s-1, rs(t-1))$及 $F_\alpha((r-1)(s-1), rs(t-1))$，并利用试验数据分别计算出 F_A、F_B和 $F_{A\times B}$的值，就可以进行如下判断：

若$F_A > F_\alpha(r-1, rs(t-1))$，则拒绝 H_{A0}，认为因子 A 有显著影响；

若 $F_B>F_\alpha(s-1,rs(t-1))$，则拒绝 H_{B0}，认为因子 B 有显著影响；

若$F_{A\times B}>F_\alpha((r-1)(s-1),rs(t-1))$，则拒绝 H_{AB0}，认为交互效应 $A\times B$ 有显著影响。

将上面的分析过程和结果，列入表 5-6 所示双因素方差分析表中，方便求解。

表 5-6 双因素方差分析表

方差来源	离差平方和	自由度	均方和	F 比
因子 A	SS_A	$r-1$	$MS_A=\frac{SS_A}{r-1}$	$F_A=MS_A/MS_E$
因子 B	SS_B	$s-1$	$MS_B=\frac{SS_B}{s-1}$	$F_B=MS_B/MS_E$
交互效应 $A\times B$	$SS_{A\times B}$	$(r-1)(s-1)$	$MS_{A\times B}=\frac{SS_{A\times B}}{(r-1)(s-1)}$	$F_{A\times B}=MS_{A\times B}/MS_E$
误差 E	SS_E	$rs(t-1)$	$MS_E=\frac{SS_E}{rs(t-1)}$	—
总和 T	SS_T	$rst-1$	—	—

下面看一个例子。研究树种和地理位置对树木生长的影响，对 4 个地区的 3 种同龄松树的直径进行测量，得到数据表如表 5-7 所示。A_1、A_2、A_3表示 3 种不同树种，B_1、B_2、B_3、B_4表示 4 个不同地区。对每种水平组合进行了 5 次测量。要检验松树生长是否与树种、地区差异有关，以及二者是否存在交互作用。取显著水平 $\alpha=0.05$。

表 5-7 各种组合下松树的直径

因子项目	B_1	B_2	B_3	B_4
A_1	23 15 26 13 21	25 20 21 16 21	2117 16 24 27	14 11 19 20 24
A_2	28 22 25 16 26	30 26 26 20 28	23 15 26 13 21	17 21 18 26 23
A_3	23 15 26 13 21	15 21 22 14 12	23 15 19 13 22	18 12 26 22 19

这是一个考虑交互效应的双因素方差分析问题。设固定效应模型为

$$y_{ijk}=\mu+\alpha_i+\beta_j+\gamma_{ij}+\varepsilon_{ijk},\varepsilon_{ijk}\sim\mathcal{N}(0,\sigma^2)\text{且相互独立，}$$

$$i=1,2,3,\ j=1,2,3,4,\ k=1,2,3,4,5$$

对上述模型，检验假设 H_{A0}、H_{B0}和 H_{AB0}，计算出方差分析表中的数据，得

$$SS_E=926.00,\ SS_A=352.53,\ SS_B=58.05,\ SS_{A\times B}=119.60$$

进而计算出 F 比值：

$$F_A=9.1369,\ F_B=1.0030,\ F_{A\times B}=1.0333$$

给定显著性水平 $\alpha=0.05$，查表得临界值：

$$F_{0.05}(2,48)\approx 3.23,\ F_{0.05}(3,48)\approx 2.84,\ F_{0.05}(6,48)\approx 2.34$$

因为

$$F_A>F_{0.05}(2,48),\ F_B<F_{0.05}(3,48),\ F_{A\times B}<F_{0.05}(6,48)$$

所以拒绝 H_{A0}，接受 H_{B0} 与 H_{AB0}，说明在显著性水平 $\alpha=0.05$ 下，树种对松树生长有显著影响，而地理位置以及树种与地理位置的交互效应对松树生长无显著影响。

5.3 线性回归分析

方差分析能够从整体上检验各因子对响应的影响是否显著，但无法具体回答因子与响应之间的关系到底是怎样的。回答这个问题的一种常用方法是回归分析(regression analysis)。

回归这个术语是由英国著名统计学家 Francis Galton 在 19 世纪末期研究孩子与其父母的身高关系时提出来的。Galton 发现，身材高的父母，孩子身材也高，但这些孩子平均起来并不像他们的父母那样高。对于比较矮的父母情形也类似，他们的孩子比较矮，但这些孩子的平均身高要比他们的父母的平均身高高。Galton 把这种孩子的身高向平均值靠近的趋势称为回归效应，他提出的研究两个数值变量关系的方法称为回归分析。现在，回归分析的范畴远远超出了 Galton 当时所针对的问题，成为确定两种或两种以上变量间相互依赖的定量关系的最广泛的统计建模方法。

5.3.1 一元线性回归

先看一个例子。19 世纪四五十年代，苏格兰物理学家 James D. Forbes 试图通过水的沸点估计海拔高度。他知道通过气压计测得的大气压可得到海拔高度，海拔越高，气压越低。但是，当时运输精密的气压计非常困难，于是他希望通过测量沸点并建立气压与沸点的关系，为旅行者提供一种快速估算高度的方法。Forbes 在阿尔卑斯山和苏格兰收集数据，表 5-8 是其 1857 年论文中选取的 $n=17$ 个地方的数据，据此可以提出以下问题：气压及沸点是如何联系的？这种关系是强还是弱？能否根据沸点预测气压（从而得到海拔高度）？如果能，有效性如何？

表 5-8 Forbes 数据 （1℉=−172℃，1 英寸=2.54 厘米）

案例号	沸点/℉	气压/cm 汞柱	log（气压）	100×log（气压）
1	194.5	20.79	1.3179	131.79
2	194.3	20.79	1.3179	131.79
3	197.9	22.40	1.3502	135.02

续表

案例号	沸点/℉	气压/cm 汞柱	log（气压）	100×log（气压）
4	198.4	22.67	1.3555	135.55
5	199.4	23.15	1.3646	136.46
6	199.9	23.35	1.3683	136.83
7	200.9	23.89	1.3782	137.82
8	201.1	23.99	1.3800	138.00
9	201.4	24.02	1.3806	138.06
10	201.3	24.01	1.3804	138.04
11	203.6	25.14	1.4004	140.04
12	204.6	26.57	1.4244	142.44
13	209.5	28.49	1.4547	145.47
14	208.6	27.76	1.4434	144.34
15	210.7	29.04	1.4630	146.30
16	211.9	29.88	1.4754	147.54
17	212.2	30.06	1.4780	147.80

将表 5-8 中的数据点画在直角坐标系内，得到图 5-10 所示数据散点图。数据散点图给人总的印象是，这些点基本上并不精确地落在一条直线上。它隐含两个变量之间的关系，至少可以初步近似地用一条直线的方程来描述，并且在直线之外，还存在一些扰动或误差。

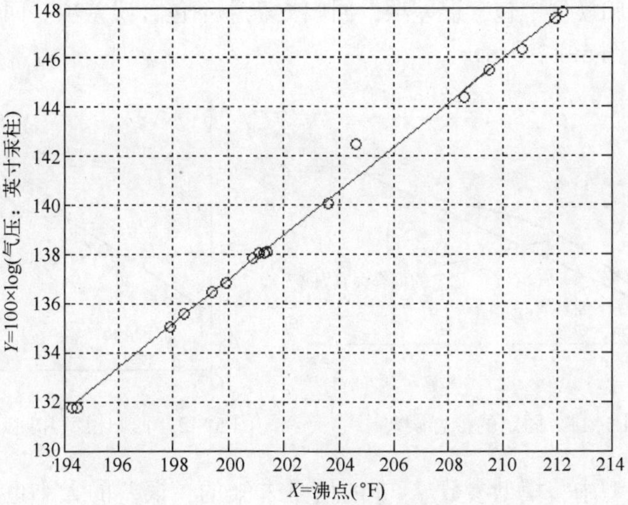

图 5-10　Forbes 数据散点图

按照上面的观察，可以用下面的模型描述沸点（记为 x）和对数气压（记为 y）的关系：

$$y=a+bx+\varepsilon \tag{5.3.1}$$

式中：ε 为误差项。这种描述因变量 y 如何依赖自变量 x 和误差项 ε 的方程称为回归模型，根据其形式及自变量数，式（5.3.1）称为一元线性回归模型。

实际数据几乎从来不会像图 5-10 所示一样，准确地落在一条直线上。响应变量的观测值与模型给出的预测值的差（y 的值减去 $a+bx$ 的差）称为统计误差。模型不能给出精确的拟合结果，其原因是存在统计误差。这些误差可能同时含有固定成分和随机成分。如果给出的式（5.3.1）的直线模型不完全正确，则会引起误差中的固定部分，如图 5-11 所示。固定误差有时称为拟合失真误差，是直线与正确曲线之间的垂直距离。本书假设误差中拟合失真的成分是可以忽略的。设第 i 个数据点处的统计误差为 ε_i，ε_i 的固定成分可以忽略，误差互不相关；如果需要有误差的分布假设，通常的假设是正态分布。

误差中的随机部分可由多种因素引起。y 的观测误差几乎总是存在的，因为几乎没有变量值可被完全精确地测量。在模型中未考虑某个变量的作用也能引起误差，比如 Forbes 数据中，风速可能对大气压力产生微小的影响。有时用相互独立代替互不相关，将略失一般性。

由于 ε 是随机的，因此实际上更有用的是考虑平均的情形，即描述 y 的平均值或期望值如何依赖 x。在上面讨论的基础上，通过求期望去掉回归模型中的误差项 ε，由此得到的方程称为回归方程。一元线性回归方程的形式为

$$E(y)=a+bx \tag{5.3.2}$$

可见，回归模型中包含误差项，回归方程中不包含误差项。回归模型与回归方程的关系如图 5-12 所示。

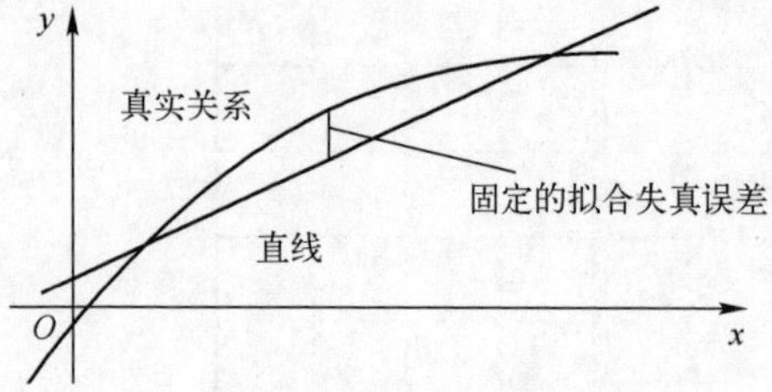

图 5-11　固定的拟合误差

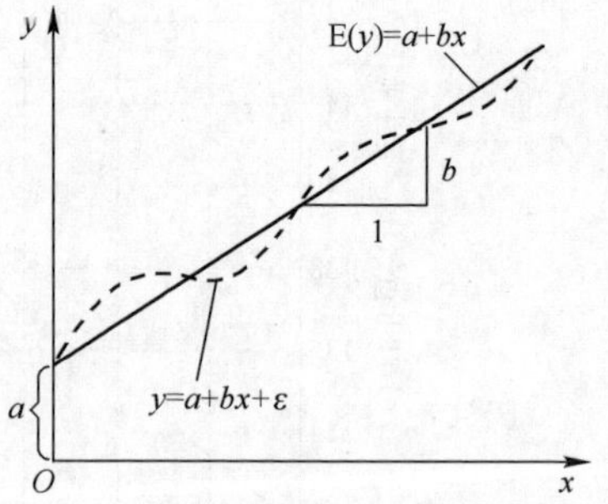

图 5-12　回归模型和回归方程的关系

在回归模型中，模型参数 a、b 的值是未知的，误差的大小也不知道，必须通过试验或观察数据进行估计，并利用估计的 a、b 获得估计的回归方程。有很

多建立线性模型的方法，如最小二乘法、最小方差估计、最大似然估计、贝叶斯估计以及 Minimax 估计等。最小二乘法的优良性质使其成为目前解决回归分析问题最广泛的方法。在下面以及后续的讨论中，将以 β_0 和 β_1 代替 a、b。

一、最小二乘原理

设实际观测值为 $(x_i, y_i), i=1,2,\cdots,n$，标准回归模型为

$$y_i=\beta_0+\beta_1 x_i+\varepsilon_i \quad (i=1,2,\cdots,n) \tag{5.3.3}$$

其中，数据 y_i 含有观测噪声（随机误差）ε_i，满足如下假设：

（1）$E(\varepsilon_i)=0, i=1,2,\cdots,n$；

（2）$\mathrm{Var}(\varepsilon_i)=\sigma^2, i=1,2,\cdots,n$；

（3）$\mathrm{Cov}(\varepsilon_i,\varepsilon_j)=0, \forall i\neq j$。

误差满足条件假设（1）~（3）的观测称为等精度独立观测。在回归模型中，β_0、β_1 和 σ^2 未知，ε_i 为无法观测的数值，诸 x_i 为确定值。

以 y 为因变量，x 为自变量，最小二乘（least square，LS）法的原理是最小化预测值与观测值的偏差的平方和，如图 5-13 所示，即求解最优化问题

$$\min_{\beta_0,\beta_1}\sum_{i=1}^{n}(y_i-\beta_0-\beta_1 x_i)^2 \tag{5.3.4}$$

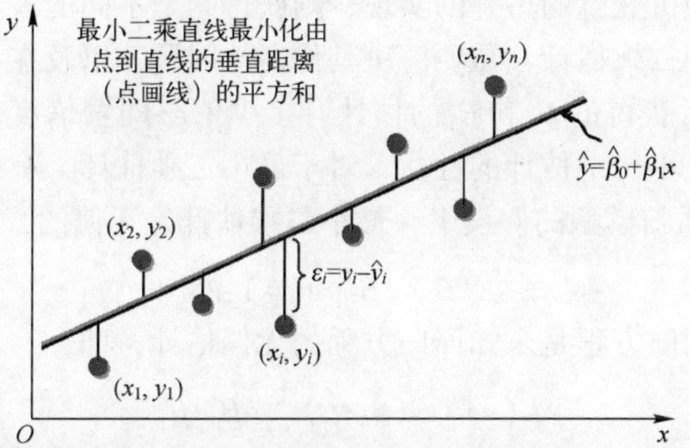

图 5-13 最小二乘原理

根据最优化理论，目标函数一阶偏导数的零点为上述最优化问题的解。为此，对 β_0 和 β_1 求目标函数的一阶偏导数并令其为 0，由此得到如下方程组：

$$\begin{cases} n\beta_0+\beta_1\sum_{i=1}^{n}x_i=\sum_{i=1}^{n}y_i \\ \beta_0\sum_{i=1}^{n}x_i y_i+\beta_1\sum_{i=1}^{n}x_i^2=\sum_{i=1}^{n}x_i y_i \end{cases}$$

上式称为正规方程。求解正规方程，得到回归系数 β_0 和 β_1 的最小二乘估计如下：

$$\hat{\beta}_1 = \sum_{i=1}^{n} (x_i - \bar{x})(y_i - \bar{y}) \Big/ \sum_{i=1}^{n} (x_i - \bar{x})^2 \tag{5.3.5}$$

$$\hat{\beta}_0 = \bar{y} - \hat{\beta}_1 \bar{x} \tag{5.3.6}$$

其中

$$\bar{x} = \frac{1}{n}\sum_{i=1}^{n} x_i,\ \bar{y} = \frac{1}{n}\sum_{i=1}^{n} y_i \tag{5.3.7}$$

若记

$$s_{xx} = \frac{1}{n}\sum_{i=1}^{n} (x_i - \bar{x})^2,\ s_{yy} = \frac{1}{n}\sum_{i=1}^{n} (y_i - \bar{y})^2,\ s_{xy} = \frac{1}{n}\sum_{i=1}^{n} (x_i - \bar{x})(y_i - \bar{y}) \tag{5.3.8}$$

则 s_{xx} 称为自变量“散布”，s_{xy} 类似于自变量和因变量的“相关”。不过，这里不是随机变量的散布和相关，因为自变量不是随机变量。利用 s_{xx} 和 s_{xy} 可以将斜率 β_1 的估计表示为

$$\hat{\beta}_1 = s_{xy}/s_{xx} \tag{5.3.9}$$

二、最小二乘估计的性质

由于因变量是随机变量，也就是说实际上是根据随机变量的实现建立回归方程。如果得到该随机变量的另外的实现，则获得的是不同的模型参数估计值。因此，对上面的最小二乘估计，需要解决其优良性问题，以及在考虑数据中包含噪声的情况下，对所获得的 β_0 和 β_1 的估计有多少信心即置信度的问题。要回答这个问题，就涉及最小二乘估计的性质。对于最小二乘估计，有以下结论：

(1) 在标准回归模型的假设下，最小二乘估计是无偏的，即

$$E(\hat{\beta}_j) = \beta_j \quad (j=1,2) \tag{5.3.10}$$

并且，由此得到回归方程是未知回归方程的无偏估计，即

$$E(\hat{y}) - E(\hat{\beta}_0 + \hat{\beta}_1 x) = \beta_0 + \beta_1 x \tag{5.3.11}$$

(2) 在标准回归模型的假设下，有

$$\mathrm{Var}(\hat{\beta}_1) = \frac{\sigma^2}{s_{xx}},\ \mathrm{Var}(\hat{\beta}_0) = \sigma^2\left(\frac{1}{n} + \frac{\bar{x}^2}{s_{xx}}\right),\ \mathrm{Cov}(\hat{\beta}_0, \hat{\beta}_1) = -\frac{\bar{x}^2}{s_{xx}}\sigma^2 \tag{5.3.12}$$

可见，回归系数估计的精度不仅与噪声和样本量大小有关，而且与自变量的取值有关。直观上说，自变量取值越“分散”，则模型参数估计精度越高。

(3) 高斯-马尔可夫（Gauss-Markov）定理：β_0 和 β_1 的最小二乘估计是其一切线性无偏估计中方差最小的，即最小二乘估计是最优线性无偏估计（BLUE）。该定理奠定了最小二乘估计的优良性地位。

由于观测噪声的方差未知，因此不能直接由式（5.3.12）评价 β_0 和 β_1 估计的性质。为了获得 β_0 和 β_1 估计的方差，还需要估计未知的观测误差的方差 σ^2，

一个合理的想法是通过模型拟合的残差进行估计。定义模型拟合的残差为

$$e_i=y_i-\hat{y}_i=y_i-(\hat{\beta}_0+\hat{\beta}_1x_i)\quad(i=1,2,\cdots,n)\tag{5.3.13}$$

即残差是因变量观测值与根据回归方程求出的预测值的差。定义残差平方和SS_E为

$$SS_E=\sum_{i=1}^{n}e_i^2=\sum_{i=1}^{n}(y_i-\hat{\beta}_0-\hat{\beta}_1x_i)^2\tag{5.3.14}$$

可以证明，σ^2的无偏估计为

$$\hat{\sigma}^2=s_e^2\cdot\frac{SS_E}{n-2}=s_{yy}-\hat{\beta}_1^2s_{xx}\tag{5.3.15}$$

于是，可以用式（5.3.16）估计$\hat{\beta}_0$和$\hat{\beta}_1$的方差，即

$$\widehat{\mathrm{Var}}(\hat{\beta}_1)=\frac{\hat{\sigma}^2}{s_{xx}}\triangleq s_{\hat{\beta}_1}^2,\ \widehat{\mathrm{Var}}(\hat{\beta}_0)=\hat{\sigma}^2\left(\frac{1}{n}+\frac{\bar{x}^2}{s_{xx}}\right)\triangleq s_{\hat{\beta}_0}^2\tag{5.3.16}$$

（4）在某些情况下，可以得到回归系数估计的分析结果。设观测误差服从正态分布$\mathcal{N}(0,\sigma^2)$，这时的回归模型为

$$\begin{cases}y_i=\beta_0+\beta_1x_i+\varepsilon_i & (i=1,2,\cdots,n)\\ \varepsilon_i\sim\mathcal{N}(0,\sigma^2) & \varepsilon_i\ i.i.d\end{cases}\tag{5.3.17}$$

则回归系数的估计也服从正态分布，即

$$\hat{\beta}_0\sim\mathcal{N}\left(\beta_0,\sigma^2\left(\frac{1}{n}+\frac{\bar{x}^2}{s_{xx}}\right)\right),\quad\hat{\beta}_1\sim\mathcal{N}\left(\beta_1,\frac{\sigma^2}{s_{xx}}\right)\tag{5.3.18}$$

并且标准化的残差平方和服从卡方分布，即

$$\frac{SS_E}{\sigma^2}\sim\chi^2(n-2)$$

5.3.2 多元线性回归

在实际问题中，常常有多个自变量，这时就需要进行多元线性回归分析。设试验数据为因变量 y 与 $p-1$ 个自变量的 n 个数据点，即

$$\begin{gathered}y_1,x_{11},x_{12},\cdots,x_{1,p-1}\\ y_2,x_{21},x_{22},\cdots,x_{2,p-1}\\ \vdots\\ y_n,x_{n1},x_{n2},\cdots,x_{n,p-1}\end{gathered}$$

这些数据点一般不在一个特定的超平面上，而是存在观测误差或模型噪声。多元（标准）线性回归模型描述因变量与多个自变量之间的关系，如下：

$$y_i=\beta_0+\sum_{j=1}^{p-1}\beta_jx_{ij}+\varepsilon_i\quad(i=1,2,\cdots,n)\tag{5.3.19}$$

式中：ε_i为随机变量，也满足等精度独立观测假设。图 5-14 给出了二元线性回

归模型与二元线性回归方程关系的示意图。

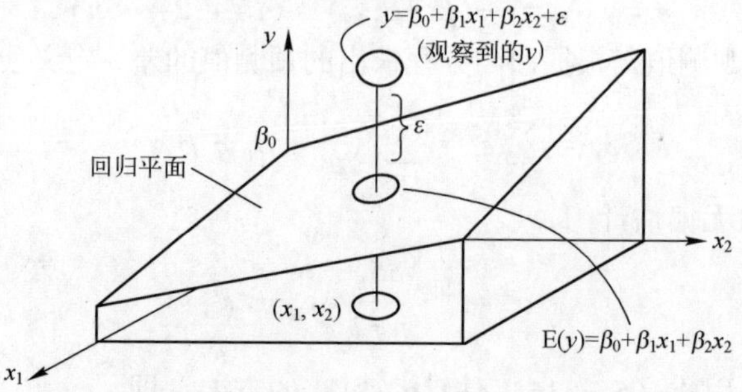

图 5-14　二元线性回归模型与回归方程

为表示方便，在多元线性回归分析中常将回归模型表示成矩阵形式，如下所示：

$$\begin{aligned}&\boldsymbol{Y}=\boldsymbol{X\beta}+\boldsymbol{e}\\&\text{s.t. } E(\boldsymbol{e})=0,\ \sum_{ee}=\sigma^2\boldsymbol{I}\end{aligned}\tag{5.3.20}$$

其中

$$\boldsymbol{Y}=(y_1,y_2,\cdots,y_n)^{\mathrm{T}},$$
$$\boldsymbol{\beta}=(\beta_0,\beta_1,\cdots,\beta_{p-1})^{\mathrm{T}},$$
$$\boldsymbol{e}=(e,e_2,\cdots,e_n)^{\mathrm{T}},$$
$$\boldsymbol{X}=\begin{bmatrix}1 & x_{11} & x_{12} & \cdots & x_{1,p-1}\\ 1 & x_{21} & x_{22} & \cdots & x_{2,p-1}\\ \vdots & \vdots & \vdots & \ddots & \vdots\\ 1 & x_{n1} & x_{n2} & \cdots & x_{n,p-1}\end{bmatrix}$$

式（5.3.20）称为线性回归模型的 Gauss-Markov 结构，$\boldsymbol{Y}$ 称为观测向量，$\boldsymbol{X}$ 称为设计矩阵。为估计未知参数向量 $\boldsymbol{\beta}$ 和观测误差 σ^2，同样采用最小二乘法。按照最小二乘原理，$\boldsymbol{\beta}$ 的最小二乘估计$\hat{\boldsymbol{\beta}}_{\mathrm{LS}}$应使得

$$S(\hat{\boldsymbol{\beta}}_{\mathrm{LS}})=\|\boldsymbol{Y}-\hat{\boldsymbol{Y}}\|=\min_{\boldsymbol{\beta}}\|\boldsymbol{Y}-\boldsymbol{X\beta}\|\tag{5.3.21}$$

其中

$$\hat{\boldsymbol{Y}}=\boldsymbol{X}\hat{\boldsymbol{\beta}}_{\mathrm{LS}}\tag{5.3.22}$$

如果 $\boldsymbol{X}$ 是列满秩的，即 $\mathrm{rank}[\boldsymbol{X}]=p<n$，则 β 的最小二乘估计为

$$\hat{\boldsymbol{\beta}}_{\mathrm{LS}}=(\boldsymbol{X}^{\mathrm{T}}\boldsymbol{X})^{-1}\boldsymbol{X}^{\mathrm{T}}\boldsymbol{Y}\tag{5.3.23}$$

与一元线性回归分析类似，在多元情形，最小二乘估计下面的性质成立：

(1) 在误差具有零均值的假设下，最小二乘估计是无偏的，即

$$E[\hat{\boldsymbol{\beta}}_{\mathrm{LS}}]=\boldsymbol{\beta}$$

(2) 在误差具有零均值、不相关及常数方差的假设下，最小二乘估计$\hat{\boldsymbol{\beta}}_{\mathrm{LS}}$是$\beta$的最小方差线性无偏估计，且$\hat{\boldsymbol{\beta}}_{\mathrm{LS}}$的协方差阵为

$$\boldsymbol{\Sigma}_{\hat{\beta}_{\mathrm{LS}},\hat{\beta}_{\mathrm{LS}}}=\sigma^2(\boldsymbol{X}^{\mathrm{T}}\boldsymbol{X})^{-1}$$

(3) 记残差向量为

$$\hat{\boldsymbol{e}}=\boldsymbol{Y}-\hat{\boldsymbol{Y}}=\boldsymbol{Y}-\boldsymbol{P}\boldsymbol{Y} \tag{5.3.24}$$

其中

$$\boldsymbol{P}=\boldsymbol{X}(\boldsymbol{X}^{\mathrm{T}}\boldsymbol{X})-\boldsymbol{1}\boldsymbol{X}^{\mathrm{T}} \tag{5.3.25}$$

则残差的协方差矩阵为

$$\boldsymbol{\Sigma}_{\hat{e},\hat{e}}=\sigma^2(\boldsymbol{I}-\boldsymbol{P}) \tag{5.3.26}$$

由此可见，不同观测值的残差是相关的，并且不同观测值的残差具有不同的方差。但是，在观测误差相互独立的情况下，比如具有协方差矩阵$\sigma^2\boldsymbol{I}$，则残差与预测值不相关，即

$$\boldsymbol{\Sigma}_{\hat{e},\hat{Y}}=0 \tag{5.3.27}$$

(4) 设SS_E为残差平方和。在误差不相关且有常数方差的假设下，如果X具有最大秩，则观测误差的方差σ^2的无偏估计为

$$\hat{\sigma}^2=\frac{\|\boldsymbol{Y}-\hat{\boldsymbol{Y}}\|^2}{n-p}=\frac{SS_E}{n-p}\triangleq \boldsymbol{s}_e^2 \tag{5.3.28}$$

进一步地，当观测误差为正态分布时，SS_E/σ^2服从为自由度为$n-p$的χ^2分布，即$SS_E/\sigma^2\sim\chi^2(n-p)$，据此可以得到回归系数$\hat{\beta}_i$的标准误差的估计为

$$s_{\hat{\beta}_i}=s_e\sqrt{c_{ii}} \tag{5.3.29}$$

其中，c_{ii}为$C=(\boldsymbol{X}^{\mathrm{T}}\boldsymbol{X})^{-1}$的第$i$个对角线元素。

(5) 在观测误差服从零均值等方差不相关正态性假设，即诸$\varepsilon_i\sim\mathcal{N}(0,\sigma^2)$条件下，可知

$$\frac{\hat{\beta}_i-\beta_i}{s_{\hat{\beta}_i}}\sim t(n-p) \tag{5.3.30}$$

据此可以得到β_i的$100(1-\alpha)\%$置信区间为$\hat{\beta}_i\pm t_{n-p}(\alpha/2)s_{\hat{\beta}_i}$。

5.3.3 回归模型的检验

对于所建立的回归模型，我们需要检验该模型是否合理地描述数据的规律。也就是说，用获得的回归模型表示试验数据是否合理，这就是回归方程的检验问

题。回归模型的检验有多种方法，包括图形化方法和严格的统计假设检验方法。通过检验，可以检查关于模型的假设是否合理，也可以检验模型的阶数是否合适、参数是否显著等。

一、基于残差的检验

残差反映了用估计的回归方程拟合试验数据的效果，拟合效果越好，残差应该越小；反之亦然。因此，残差图在回归方程的检验中具有独特的作用。通过残差图，可以直观地评估拟合效果、检测异常数据、检验模型假设等。另外，通过绘制自变量与残差的散点图，还可以识别残差与自变量是否存在相关性（内生性），以便指导观察数据的建模。

下面统计几个示例说明基于残差的检验的作用。需要注意的是，下面这些残差图检验是定性的，其结果有可能依赖建模人员的经验。

例 5-1　色析法峰面积数据

Bailey、Cox 和 Springer（1978）等讨论通过高压色谱测量食品染料和其他物质的浓度的方法，测量几种已知 FD&C Yellow No. 5（食用着色剂编号）的浓度的磺胺酸的色谱峰面积（peak area）。首先拟合回归方程，得到表 5-9 的结果。在此基础上做残差图，如图 5-15 所示。可以看出，残差是随机变化的，说明拟合是比较合理的。

表 5-9　浓度与峰面积的线性回归模型

系　数	估 计 值	标 准 误 差	t-值	95%置信区间
β_0	0.0729	0.0297	2.45	(0.011, 0.135)
β_1	10.77	0.27	40.20	(10.21, 11.33)

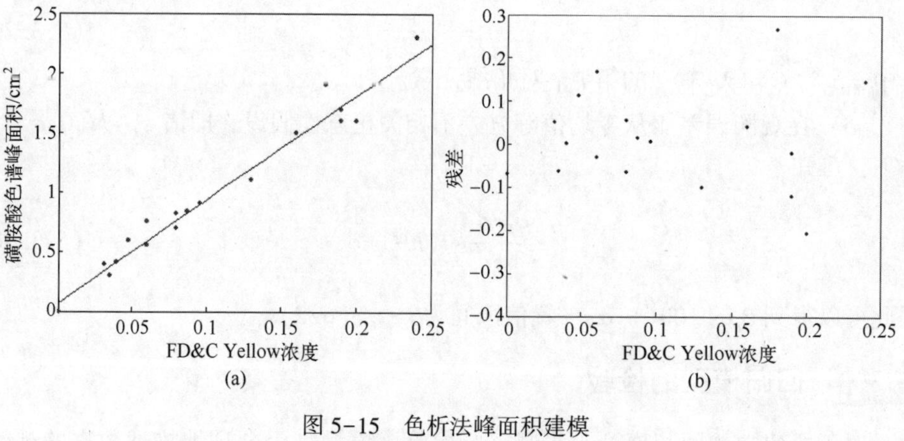

图 5-15　色析法峰面积建模

（a）回归方程；（b）残差图。

例 5-2　研究人口数与乳癌死亡率的关系

研究 301 个国家人口数与乳癌死亡率的关系，建立回归模型 $y \approx \beta x$，得到回归系数的估计为$\hat{\beta}=3.559\times10^{-3}$。作残差图，如图 5-16 所示。可以看出随着 x 的增大，残差的波动范围变大，这说明等精度观测假设即 ε_i 等方差是不成立的。实际上，计数数据的变异性（variability）经常随均值增加，这时经常需要采用平方根变换来平稳化方差。

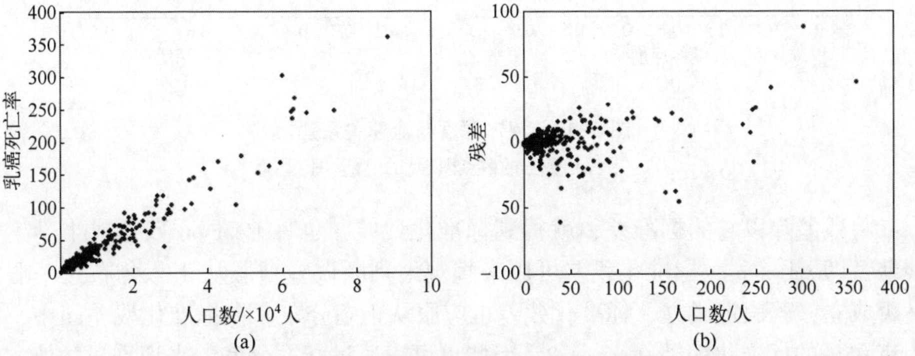

图 5-16　人口数与乳癌死亡率关系建模

（a）原始数据的散点图；（b）残差图。

例 5-3　研究流体深度与流速之间的关系

如表 5-10 所示为流体深度与流速测量数据，进行线性拟合后作残差图，如图 5-17 所示。可以看出，残差存在明显的规律，即不是随机变化的，这说明用线性模型拟合这组数据可能是不合适的。

表 5-10　流体深度与流速测量数据

流体深度	0.34	0.29	0.28	0.42	0.29	0.41	0.76	0.73	0.46	0.40
流速	0.636	0.319	0.734	1.327	0.487	0.924	7.350	5.890	1.979	1.124

利用残差图还可以检验数据中是否存在异常值。所谓异常值或异常点，就是与其他数据点所呈现的趋势不相吻合的点，也称野点。异常值可能是一个错误的数据，可能是记录错误造成的，此时应该修正该数据，以便改善回归的效果。如果异常值的出现是由于模型的假定不合理，使得标准化残差偏大，应该考虑采用其他形式的模型，比如非线性模型。如果完全是由随机因素造成的异常值，则应该保留该数据。必须注意，在处理异常值时，若一个异常值是一个有效的观测值，不应轻易地将其从数据集中予以剔除。

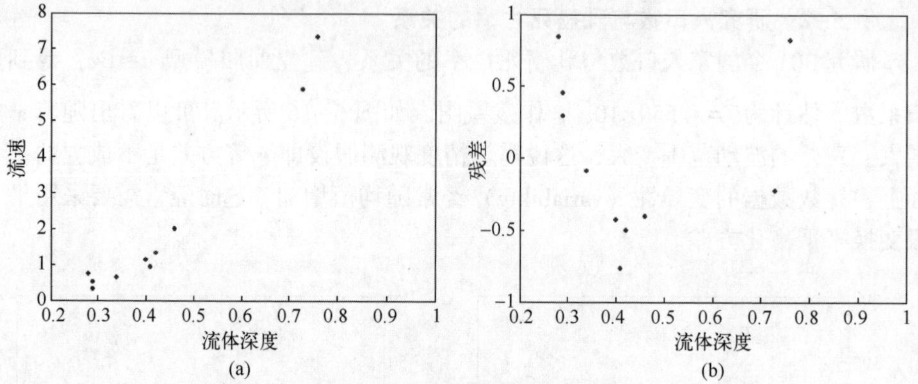

图 5-17　流体深度与流速关系建模

（a）数据的散点图；（b）残差图。

将残差除以它的标准差，就得到标准化残差，也称 Pearson 残差或半学生化残差，即 $z_i = e_i / s_e$。标准化残差可用来直观地判断误差项服从正态分布这一假定是否成立；若假定成立，标准化残差也应服从正态分布。在标准化残差图中，大约有 95%的标准化残差在-2～+2，因此也可以通过标准化残差来识别异常值，即如果某个观测值对应的标准化残差较大，就可以识别为异常值。一般情况下，当一个观测值对应的标准化残差小于-2 或大于+2 时，就可以将其视为异常值。

二、回归方程的显著性

回归方程显著性检验的目的是对同一个数据集合，比较两个或多个模型哪个拟合得更好。在一元线性回归分析情形，就是比较用回归方程好还是用平均值模型好，如图 5-18 所示。有几种检验回归方程显著性的方法，简单介绍如下。

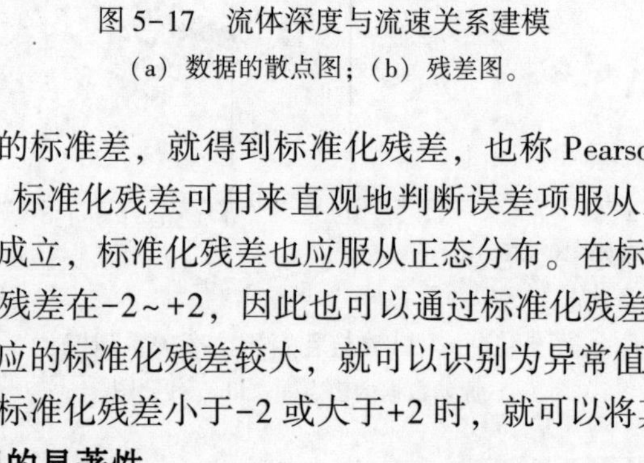

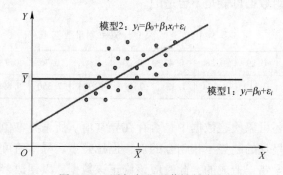

图 5-18　回归方程显著性的含义

（一）判定系数法

判定系数法通过判定系数的大小，粗略度量最小二乘拟合关系的强度。容易证明，对于回归分析来说，如下平方和分解公式成立：

$$\sum_{i=1}^{n}(y_i-\bar{y})^2=\sum_{i=1}^{n}(\hat{y}_i-\bar{y})^2+\sum_{i=1}^{n}(y_i-\hat{y}_i)^2 \tag{5.3.31}$$

式（5.3.31）等号左边称为总平方和（SS_T），反映的是因变量的 n 个观察值与其均值的总误差。等号右边第一项称为回归平方和（SS_R），反映自变量 x 的变化对因变量 y 取值变化的影响，或者说，由 x 与 y 之间的线性关系引起的 y 的取值变化，也称可解释的平方和。第二项的残差平方和（SS_E）反映除 x 以外的其他因素对 y 取值的影响，也称不可解释的平方和或剩余平方和。采用上述记号，平方和分解公式可记为

$$SS_T=SS_R+SS_E \tag{5.3.32}$$

定义判定系数R^2为回归平方和占总误差平方和的比例，即

$$R^2=\frac{SS_R}{SS_T}=1-\frac{SS_E}{SS_T} \tag{5.3.33}$$

根据各个平方和的物理意义知道，判定系数可以反映回归直线的拟合程度：$R^2\to1$，说明回归方程拟合得越好；$R^2\to0$，说明回归方程拟合得越差。对于一元情形，可以证明判定系数等于“相关”系数的平方，即

$$R^2=\frac{s_{xy}}{\sqrt{s_{xx}s_{yy}}}$$

（二）*F*-检验法

可以从另一个角度来评价两个模型的拟合效果，即将模型 1 扩充至模型 2 后，如果残差平方和显著减少，则认为模型 2 比模型 1 更好地拟合了数据。显然，这时模型 2 包括了模型 1 中所有的项，称为模型 2 与模型 1 是嵌套的。

将多元线性回归模型（模型 2）和恒定模型（模型 1）进行比较，相当于检验假设

$$H_0:\beta_1=\beta_2=\cdots=\beta_{p-1}=0$$

考虑残差平方和的减少。根据平方和分解公式，残差平方和减少的量为回归平方和。若回归平方和很大，则回归模型 2 是对模型 1 的一个重要改进，也就是说，在回归模型 2 的参数至少有一个是不等于 0 的，表明因变量事实上至少与一个自变量有关。

为了检验上面的假设，在观测误差等精度、独立且服从正态分布的情况下，表 5-11 的结果成立。由于 SS_R与 SS_E不相关，因此可构造如下检验统计量 F：

$$F=\frac{SS_R/(p-1)}{SS_E/(n-p)}\sim F(p-1,n-p) \tag{5.3.34}$$

则在显著性水平为 α 时，如果

$$F>F_\alpha(p-1,n-p) \tag{5.3.35}$$

则否定原假设，即认为在显著性水平 α 下，回归方程（5.3.35）有意义（或者说回归方程是显著的）；否则，接受原假设，回归方程（5.3.35）无意义。

表 5-11　方差分析表

来　源	方差分析		
	自由度	平方和	归一化
回归平方和	$p-1$	SS_R	$SS_R/(p-1)$
残差平方和	$n-p$	SS_E	$SS_E/(n-p)$
总平方和	$n-1$	SS_T	

（三）*r* 检验法（相关系数检验法）

相关分析与回归分析间存在密切联系，相关系数和最小二乘估计之间存在密切关系。容易证明，在一元线性回归分析情形，回归方程的斜率与相关系数存在如下关系：

$$r=\hat{\beta}_1\sqrt{s_{yy}/s_{xx}}$$

也就是说，当且仅当斜率为 0 时，相关系数为 0。据此可以得到一个结论：用一个随机变量 X 对随机变量 Y 做出的最优线性预测的斜率为 $\beta=\rho\,\sigma_Y/\sigma_X$，其中 ρ 是 X 和 Y 之间的相关系数，σ_X 和 σ_Y 分别是 X 和 Y 的标准差。

利用标准化数据的相关系数可以清楚地看出相关性与最小二乘直线之间的关系。定义标准化数据为

$$u_i=\frac{x_i-\bar{x}}{\sqrt{s_{xx}}},\quad v_i=\frac{y_i-\bar{y}}{\sqrt{s_{yy}}}$$

则有 $s_{uu}=s_{vv}=1$，$s_{uv}=r$，于是 $\widetilde{\beta}_0=\bar{v}-r\,\bar{u}=0$，$\hat{v}_i=ru_i$。

因此，通过 r 检验，可以获得自变量和因变量之间是否显著相关的结论，据此进一步确定回归模型的显著性。定义检验统计量为

$$r^2=\frac{SS_R}{SS_T}$$

可以证明 F-统计量与相关系数 r 存在以下关系：

$$F=\frac{(n-p)r^2}{1-r^2}\tag{5.3.36}$$

于是，r 的临界值 $r_{1-\alpha}$ 可以用 F 分布的分位数反算出来。事实上，由

$$P\left\{\frac{(n-p)r^2}{1-r^2}\geqslant F_{1-\alpha}(1,n-p)\right\}=\alpha$$

得到

$$P\{\,|r|\geqslant r_{1-\alpha}(n-2)\,\}=\alpha$$

其中

$$r_{1-\alpha}(n-p)=\sqrt{\frac{F_{1-\alpha}(1,n-p)}{F_{1-\alpha}(1,n-p)+n-p}}=\sqrt{\frac{1}{1+(n-p)/F_{1-\alpha}(1,n-p)}} \tag{5.3.37}$$

式中：α 为显著性水平。由此可见，F-检验法与 r 检验法实际上是一回事。

三、回归系数的显著性

即使回归方程是显著的，也可能有部分自变量对因变量的变化没有影响。由于数据的随机性，所得到的回归方程也具有随机性。通过最小二乘法，总可以得到回归系数的一个估计值，但是需要解决的是，该项系数是否必需，或者它对因变量 y 的取值或变化是否确实存在贡献。这取决于回归系数是否确实异于 0，或者需要回答，我们得到的一个非零的回归系数，是否是由机会引起的。若是由机会引起的，则在回归方程中不应该引入对应的回归系数。通过检验回归系数的显著性，可以将影响不大的自变量识别出来。

对自变量 x_i，考虑假设检验问题：

$$H_{0i}:\beta_i=0$$

在原假设成立的条件下，由于

$$\frac{\hat{\beta}_i}{\hat{\sigma}\sqrt{c_{ii}}}\sim t(n-p) \tag{5.3.38}$$

取显著性水平为 α，则当

$$\frac{\hat{\beta}_i}{\hat{\sigma}\sqrt{c_{ii}}}>t_\alpha(n-p) \tag{5.3.39}$$

时，拒绝原假设，即承认 x_i 对 y 有显著影响；否则，接受原假设，即认为 x_i 对 y 的影响不显著，可以考虑从回归方程中将其剔除。

5.3.4 回归模型的改进

将所有自变量都加入回归模型中，无疑可以降低模型残差，即提高模型拟合数据的能力。但是，如 5.3.3 所示，并不是所有自变量都是显著的，引入不显著的自变量会降低模型的预测性能。另外，过多的自变量容易导致设计矩阵的病态性，从而提高模型预测的方差（见 5.4.1 节有关论述）。也就是说，为了提高回归模型的预测性能，实际上应该只选择重要的自变量。不失一般性，设自变量为向量 $\boldsymbol{x}$，这里考虑一般的线性回归分析问题，即考虑从函数向量 $\boldsymbol{f}(\boldsymbol{x})=[f_1(\boldsymbol{x}),f_2(\boldsymbol{x}),\cdots,f_m(\boldsymbol{x})]^{\mathrm{T}}$ 中挑选一部分分量 $f_j(\boldsymbol{x})$ 构成新的线性回归模型的问题，而不仅限于选择 $\boldsymbol{x}$ 的分量。显然，每个 $f_j(\boldsymbol{x})$ 都有选中和未选中两种可能，因而所有可能的回归方程有 2^m 个。自变量选择实际上就是从这 2^m 个回归方程中挑选出某种准则下最好。这就涉及好与坏或者说重要与不重要的准则。

应用各种自变量选择准则确定回归方程时，需要比较2^m个回归方程的优劣。当m较大时，求出所有可能的回归方程将会十分困难，这时可考虑应用逐步回归来确定最终回归方程中所涉及的所有自变量。常用的逐步回归的方法主要有向前选择法、向后消元法和逐步筛选法。

在介绍上述三种方法之前，首先介绍偏F统计量。这是因为，无论从回归方程中剔除某个自变量，还是给回归方程增加某个自变量，都要利用偏F检验。

设检验自变量$f_j(x)$的显著性。因变量y对所有自变量$f_1(x),f_2(x),\cdots,f_m(x)$线性回归的剩余平方和为$SS_E$，回归平方和为$SS_R$。在剔除$f_j(x)$后，用$y$对其余$m-1$个自变量作线性回归，记所得剩余平方和为$SS_{E(j)}$，回归平方和为$SS_{R(j)}$。则自变量$f_j(x)$对回归的贡献为$\Delta SS_{R(j)}=SS_R-SS_{R(j)}$，称为$f_j(x)$的偏回归平方和。由此构造如下偏$F$统计量为

$$F_j=\frac{\Delta SS_{R(j)}/1}{SS_E/(n-m)}\sim F(1,n-m)$$

一、向前选择法

向前选择法（forward selection）将自变量逐个引入模型，引入一个自变量后要查看该变量的引入是否使得模型发生显著性变化，如果发生了显著性变化，那么将该变量引入模型中；否则忽略该变量，直至所有变量都进行了考虑，即将变量按照贡献度从大到小排列，依次加入。具体步骤如下：

（1）建立每个自变量与因变量的一元回归方程：

$$y=a_i f_i(\boldsymbol{x})+b_i \quad (i=1,2,\cdots,m)$$

（2）分别计算m个一元回归方程中的回归系数的偏F统计量，然后求出最大值：

$$F_{k_1}^1=\max\{F_1^1,F_2^1,\cdots,F_m^1\}$$

对给定的显著性水平α，若$F_{k_1}^1\leqslant F_\alpha(1,n-2)$则停止筛选，否则将$f_{k_1}(\boldsymbol{x})$选入变量集，这里不妨设$f_{k_1}(\boldsymbol{x})$为$f_1(\boldsymbol{x})$。

（3）分别将自变量组$(f_1(\boldsymbol{x}),f_2(\boldsymbol{x}))$，$(f_1(\boldsymbol{x}),f_3(\boldsymbol{x})),\cdots,(f_1(\boldsymbol{x}),f_m(\boldsymbol{x}))$与因变量建立二元回归方程（这里$f_1(\boldsymbol{x})$是步骤2中的$f_{k_1}(\boldsymbol{x})$）。计算所有二元回归方程中$f_2(\boldsymbol{x}),f_3(\boldsymbol{x}),\cdots,f_m(\boldsymbol{x})$的回归系数的偏$F$统计量，取

$$F_{k_2}^2=\max\{F_2^2,F_3^2,\cdots,F_m^2\}$$

类似地，对给定的显著性水平α，若$F_{k_2}^2\leqslant F_\alpha(1,n-2-1)$则停止筛选，否则将$f_{k_2}(\boldsymbol{x})$选入变量集，这里不妨设$f_{k_2}(\boldsymbol{x})$为$f_2(\boldsymbol{x})$。

（4）按照上述步骤迭代，每次加入一个自变量，直到最大的F值小于临界值，此时得到的回归方程就是最优的回归方程。

二、向后消元法

向后消元法（backward elimination）与向前选择法选择相反，在这个方法中，将所有变量放入模型，然后尝试将某一变量进行剔除，查看剔除此变量后对整个模型是否有显著性变化，如果没有显著性变化则剔除；若有则保留，直到留下所有对模型有显著性变化的因素，即将自变量按贡献度从小到大，依次剔除。具体步骤如下：

（1）建立全部自变量 $f_1(\boldsymbol{x}),f_2(\boldsymbol{x}),\cdots,f_m(\boldsymbol{x})$ 与因变量 y 的 m 元回归方程。

（2）对方程中的 m 个自变量进行偏 F 检验，计算各回归系数的偏 F 统计量，并求出最小值为

$$F_{k_1}^1=\min\{F_1^1,F_2^1,\cdots,F_m^1\}$$

对给定的显著性水平 α，若 $F_{k_1}^1>F_\alpha(1,n-m-1)$，则没有自变量可剔除，此时回归方程为最优，否则剔除 $f_{k_1}(\boldsymbol{x})$，这里不妨设 $f_{k_1}(\boldsymbol{x})$ 为 $f_m(\boldsymbol{x})$。

（3）建立 $f_1(\boldsymbol{x}),f_2(\boldsymbol{x}),\cdots,f_{m-1}(\boldsymbol{x})$ 与因变量 y 的 $m-1$ 元回归方程，对方程中的回归系数进行偏 F 检验，计算各回归系数的偏 F 统计量，并求出最小值为

$$F_{k_2}^2=\min\{F_1^2,F_2^2,\cdots,F_{m-1}^2\}$$

对给定的显著性水平 α，若 $F_{k_2}^2>F_\alpha(1,n-(m-1)-1)$，则无变量需要剔除，此时方程就是最优的，否则将 $f_{k_2}(\boldsymbol{x})$ 剔除，此时这里不妨设 $f_{k_2}(\boldsymbol{x})$ 为 $f_{m-1}(\boldsymbol{x})$。

（4）如此每次迭代剔除一个自变量，直到各变量的回归系数 F 值均大于临界值，即方程中没有变量可以剔除，此时的回归方程就是最优的回归方程。

三、逐步筛选法

向前选择法中自变量一旦选入，就永远保存在模型中；向后消元法中自变量一旦剔除，就不再进入模型。逐步筛选法（bidirectional elimination）可以认为是二者的混合，是在向前选择法基础上做出的改进，即当引入一个变量时，首先查看这个变量是否得模型发生显著性变化，若发生显著性变化，再对所有变量进行偏 F 检验，当原来引入变量由于后面加入的变量的引入而不再显著变化时，则剔除此变量，确保每次引入新的变量之前回归方程中只包含显著性变量，直到既没有显著的解释变量选入回归方程，也没有不显著的解释变量从回归方程中剔除为止，最终得到一个最优的变量集合。

5.4　带惩罚项的线性回归分析

根据 Gauss-Markov 定理，对于线性模型来说，仅在无偏最小方差的角度，最小二乘估计是最优的。但是在实际应用中，人们发现即使最小二乘估计是最优的线性估计，也存在不少值得商榷的问题。本节介绍相关的研究，其基本特点为

对经典最小二乘估计的目标函数进行调整，通过增加惩罚项来解决经典最小二乘问题。

5.4.1 最小二乘估计的弊端

考虑最小二乘估计值对模型参数真值β的偏离程度。由于

$$\begin{aligned} E\|\hat{\boldsymbol{\beta}}_{\mathrm{LS}}-\boldsymbol{\beta}\|^2 &= E[(\hat{\boldsymbol{\beta}}_{\mathrm{LS}}-\boldsymbol{\beta})^{\mathrm{T}}(\hat{\boldsymbol{\beta}}_{\mathrm{LS}}-\boldsymbol{\beta})] \\ &= E[\mathrm{tr}(\hat{\boldsymbol{\beta}}_{\mathrm{LS}}-\boldsymbol{\beta})(\hat{\boldsymbol{\beta}}_{\mathrm{LS}}-\boldsymbol{\beta})^{\mathrm{T}}] \\ &= \mathrm{tr}(E[(\hat{\boldsymbol{\beta}}_{\mathrm{LS}}-\boldsymbol{\beta})(\hat{\boldsymbol{\beta}}_{\mathrm{LS}}-\boldsymbol{\beta})^{\mathrm{T}}]) \\ &= \boldsymbol{\sigma}^2\mathrm{tr}(\boldsymbol{X}^{\mathrm{T}}\boldsymbol{X})^{-1} \end{aligned}$$

于是有

$$E\|\hat{\boldsymbol{\beta}}_{\mathrm{LS}}\|^2=\boldsymbol{\sigma}^2\mathrm{tr}\,(\boldsymbol{X}^{\mathrm{T}}\boldsymbol{X})^{-1}+\|\boldsymbol{\beta}\|^2$$

这里稍微调整一下符号的使用，即将矩阵元素的下标从1开始。由于$\boldsymbol{X}^{\mathrm{T}}\boldsymbol{X}$为对称正定矩阵，故存在单位正交矩阵$\boldsymbol{Q}$，使

$$\boldsymbol{Q}^{\mathrm{T}}\boldsymbol{X}^{\mathrm{T}}\boldsymbol{X}\boldsymbol{Q}=\boldsymbol{\Lambda}=\begin{bmatrix}\lambda_1 & & 0\\ & \ddots & \\ 0 & & \lambda_p\end{bmatrix}$$

其中，$\lambda_1\geqslant\lambda_2\geqslant\cdots\geqslant\lambda_p>0$为$\boldsymbol{X}^{\mathrm{T}}\boldsymbol{X}$的特征根，于是

$$E\|\hat{\boldsymbol{\beta}}_{\mathrm{LS}}\|^2=\boldsymbol{\sigma}^2\sum_{i=1}^{p}\frac{1}{\lambda_i}+\|\boldsymbol{\beta}\|^2 \tag{5.4.1}$$

可见，$E(\|\hat{\boldsymbol{\beta}}_{\mathrm{LS}}\|^2)$总是偏离$\|\boldsymbol{\beta}\|^2$，并且如果矩阵$\boldsymbol{X}^{\mathrm{T}}\boldsymbol{X}$出现病态，$\lambda_i(i=1,2,\cdots,p)$中存在很小的特征根，这时$\hat{\boldsymbol{\beta}}_{\mathrm{LS}}$的长度从期望的角度来看就变得很大，从而偏离真正的$\beta$，因此估计值$\hat{\boldsymbol{\beta}}_{\mathrm{LS}}$将是不可信的。

式（5.3.34）表明，$\boldsymbol{X}^{\mathrm{T}}\boldsymbol{X}$的特征根的大小，可以用来分析$\hat{\boldsymbol{\beta}}_{\mathrm{LS}}$的可信程度。通常记

$$\mathrm{Cond}(\boldsymbol{X}^{\mathrm{T}}\boldsymbol{X})=\lambda_1/\lambda_p$$

称为$\boldsymbol{X}^{\mathrm{T}}\boldsymbol{X}$的条件数。如果$\mathrm{Cond}(\boldsymbol{X}^{\mathrm{T}}\boldsymbol{X})$太大，则$\boldsymbol{X}^{\mathrm{T}}\boldsymbol{X}$将是病态的，此时获得的$\hat{\boldsymbol{\beta}}_{\mathrm{LS}}$虽然是$\beta$的无偏估计，但并不是可取的。

为避免这种病态特性，而使估值的“长度”控制在一定的限度内，可以采用各种办法。例如，放弃无偏性要求而使估值尽量接近真值。下面看一个例子。假设观测数据为$(t_i,y_i)\,(i=0,1,\cdots,200)$，并且

$$\begin{cases} y_i=f(t_i)+\varepsilon_i \quad (i=0,1,\cdots,200)\\ \{\varepsilon_i\}\,i.i.d.\sim\mathcal{N}(0,0.01)\end{cases}$$

其中，$t_i=0.01i-1(i=0,1,\cdots,200)$。待估函数 $f(t)$ 满足

$$\int_{-1}^{1}\sqrt{1-t^2}\ |f''(t)|^2\mathrm{d}t \leqslant 20$$

需要使用数据估计该未知函数 $f(t)$。

根据最佳逼近原理，选择切比雪夫多项式作为基底，取 $f(t)$ 的近似

$$P(t)=\sum_{j=1}^{32}\beta_j T_{j-1}(t)$$

这里，$\beta_1,\beta_2,\cdots,\beta_{32}$ 是待估计系数，$T_i(t)(i=0,1,\cdots,31)$ 为 i 次切比雪夫多项式，定义如下

$$T_0(t)=1,\quad T_1(t)=t,$$
$$T_n(t)=2tT_{n-1}(t)-T_{n-2}(t)\quad (n=2,3,4\cdots)$$

按照这样方式定义的 $P(t)$ 可以相当高的精度逼近 $f(t)$，比如截断误差远远小于随机误差 e_i 的均方根偏差的 0.1。

利用上面逼近函数，记 $x_{ij}=T_{j-1}(t_i)$，可以建立如下 32 元线性回归模型：

$$\begin{cases} y_i=\sum\limits_{j=1}^{32}\beta_i x_{i,j-1}+\varepsilon_i \quad (i=0,1,\cdots,200)\\ \{\varepsilon_i\}\ i.i.d.\ \sim \mathcal{N}(0,0.01)\end{cases}$$

利用数据$(t_i,T_j)(i=0,1,\cdots,2000;\ j=0,1,\cdots,31)$给出设计矩阵 $\boldsymbol{X}$，并得到 $\boldsymbol{X}^{\mathrm{T}}\boldsymbol{X}$ 的最小和次小特征根分别为 $\lambda_1=0.000054,\lambda_2=-0.000065$。由于 $\sigma^2=0.01$，故最小二乘估计 $\hat{\beta}_{\mathrm{LS}}$ 的方差为

$$\mathrm{Var}(\hat{\beta}_{\mathrm{LS}})>\left(\frac{1}{\lambda_1}+\frac{1}{\lambda_2}\right)\sigma^2>339$$

可以看出，与观测误差相比，用最小二乘估计 $\hat{\beta}_{\mathrm{LS}}$ 作为 β 的估计并不好。根据回归方程，可以知道用下式作为 $f(t)$ 的估计效果也不会好：

$$\hat{P}_{\mathrm{LS}}(t)=\sum_{j=1}^{32}\hat{\beta}_{j,\mathrm{LS}}\ T_{j-1}(t)$$

对此可以通过例子进一步说明。设原函数为

$$f(t)=\sin t+\mathrm{e}^t+(1+5t^2)^{-1}\quad (t\in[-1,1])$$

通过计算机模拟生成$\{\varepsilon_i\}\ i.i.d.\sim\mathcal{N}(0,0.01)$，如此得到模拟数据，如图 5-19 所示。记

$$P_R(t)=\sum_{j=1}^{32}\tilde{\beta}_{j,R}\ T_{j-1}(t)$$

由如下极值问题确定 $P(t)$ 的唯一系数：

$$\begin{cases} \sum_{i=0}^{200} |y_i - P_R(t)|^2 = \min \\ \int_{-1}^{1} \sqrt{1-t^2}\ |P''_R(t)|^2 \mathrm{d}t \leqslant 20 \end{cases}$$

这里得到的多项式系数是 $f(t)$ 的最佳逼近多项式 $P(t)$ 的系数 $(\beta_1, \beta_2, \cdots, \beta_{32})$ 的有偏估计。从数据处理的精度看，用 $\hat{P}_R$ 作为 $f(t)$ 的估计肯定比 $\hat{P}_{\mathrm{LS}}$ 的效果好，如图 5-19 所示。

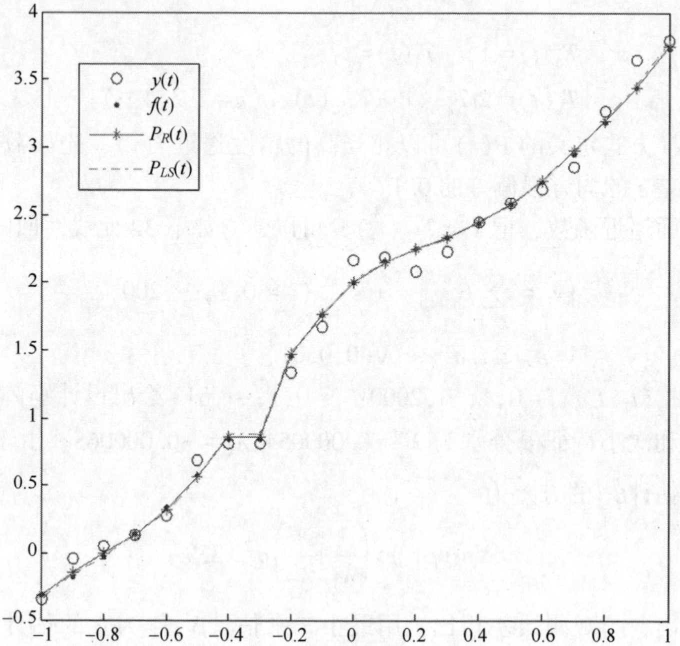

图 5-19　拟合效果比较

5.4.2 有偏估计

实际上，从估计的优良性来看，无偏最小方差的要求并不总是必要的，有时甚至并不合理。在一些问题中，比如样本量比较小的场合，或者正负损失不能相互抵消的情形，人们希望估计量与未知参数的距离越小越好，至于是否有偏则不那么重要。因为无偏性针对的是多次重复使用的期望，而且通常在大样本下才具有重要性。因此，有必要引入异于“无偏最小方差”的估计优良性指标，通过有偏估计来改进最小二乘估计。

考虑线性模型（5.3.33），为改进 LS 估计，引入均方误差（MSE）作为衡量参数估计优良性的准则。以 $\hat{\boldsymbol{\beta}}$ 作为 $\boldsymbol{\beta}$ 的估计，其均方误差定义为

$$\mathrm{MSE}(\hat{\boldsymbol{\beta}})=E\|\hat{\boldsymbol{\beta}}-\boldsymbol{\beta}\|^2 \tag{5.4.2}$$

均方误差描述了参数估计与真值的接近程度。考虑 β 的齐次线性估计 $\boldsymbol{AY}$，求解最优化问题

$$\inf_{\boldsymbol{A}}\mathrm{MSE}(\boldsymbol{AY})=\inf_{\boldsymbol{A}}E\|\boldsymbol{AY}-\boldsymbol{\beta}\|^2$$

可得到使均方误差最小的 β 的估计为

$$\hat{\boldsymbol{\beta}}_*=\hat{\boldsymbol{A}}\boldsymbol{Y}$$

其中

$$\hat{\boldsymbol{A}}=\boldsymbol{\beta\beta}^{\mathrm{T}}\boldsymbol{X}^{\mathrm{T}}(\sigma^2\boldsymbol{I}+\boldsymbol{X\beta\beta}^{\mathrm{T}}\boldsymbol{X}^{\mathrm{T}})^{-1}$$

该估计对应的均方误差为

$$\mathrm{MSE}(\hat{\boldsymbol{\beta}}_*)=(1-\boldsymbol{\beta}^{\mathrm{T}}\boldsymbol{X}^{\mathrm{T}}\boldsymbol{DX\beta})^2\|\boldsymbol{\beta}\|^2+\sigma^2\|\boldsymbol{DX\beta}\|^2\|\boldsymbol{\beta}\|^2$$

其中

$$\boldsymbol{D}=(\sigma^2\boldsymbol{I}+\boldsymbol{X\beta\beta}^{\mathrm{T}}\boldsymbol{X}^{\mathrm{T}})^{-1}$$

可以证明，齐次最优估计 $\hat{\boldsymbol{\beta}}_*$ 与最小二乘方估计 $\hat{\boldsymbol{\beta}}_{\mathrm{LS}}$ 之间存在如下关系：

$$\hat{\boldsymbol{\beta}}_*=\frac{\boldsymbol{\beta\beta}^{\mathrm{T}}\boldsymbol{X}^{\mathrm{T}}\boldsymbol{X}}{\sigma^2+\boldsymbol{\beta}^{\mathrm{T}}\boldsymbol{X}^{\mathrm{T}}\boldsymbol{X\beta}}\hat{\boldsymbol{\beta}}_{\mathrm{LS}}$$

$\hat{\boldsymbol{\beta}}_*$ 具有如下统计特性：

（1）$\mathrm{MSE}(\hat{\boldsymbol{\beta}}_*)\leqslant\mathrm{MSE}(\hat{\boldsymbol{\beta}}_{\mathrm{LS}})$；

（2）$\mathrm{E}(\hat{\boldsymbol{\beta}}_*)=\dfrac{\boldsymbol{\beta\beta}^{\mathrm{T}}\boldsymbol{X}^{\mathrm{T}}\boldsymbol{X}}{\sigma^2+\boldsymbol{\beta}^{\mathrm{T}}\boldsymbol{X}^{\mathrm{T}}\boldsymbol{X\beta}}\boldsymbol{\beta}=\left(1-\dfrac{\sigma^2}{\sigma^2+\boldsymbol{\beta}^{\mathrm{T}}\boldsymbol{X}^{\mathrm{T}}\boldsymbol{X\beta}}\right)\boldsymbol{\beta}$。

由此可见，$\hat{\beta}_*$ 是 β 的有偏估计，且 $\hat{\beta}_*$ 的均值总比 β 小。由于

$$E\|\hat{\boldsymbol{\beta}}_*\|^2=\left(1-\frac{\sigma^2}{\sigma^2+\boldsymbol{\beta}^{\mathrm{T}}\boldsymbol{X}^{\mathrm{T}}\boldsymbol{X\beta}}\right)\|\boldsymbol{\beta}\|^2$$

因此，当观测误差 $\sigma^2\neq0$ 时，有

$$\mathrm{E}\|\hat{\boldsymbol{\beta}}_*\|^2\leqslant\|\boldsymbol{\beta}\|^2\leqslant\mathrm{E}\|\hat{\boldsymbol{\beta}}_{\mathrm{LS}}\|^2 \tag{5.4.3}$$

实际上，对任意取定的 β 的估值 $\hat{\beta}$，残差平方和可以进行如下分解：

$$\begin{aligned}S&=\|\boldsymbol{Y}-\boldsymbol{X}\hat{\boldsymbol{\beta}}\|^2\\&=(\boldsymbol{Y}-\boldsymbol{X}\hat{\boldsymbol{\beta}}_{\mathrm{LS}})^{\mathrm{T}}(\boldsymbol{Y}-\boldsymbol{X}\hat{\boldsymbol{\beta}}_{\mathrm{LS}})+(\hat{\boldsymbol{\beta}}_{\mathrm{LS}}-\hat{\boldsymbol{\beta}})\boldsymbol{X}^{\mathrm{T}}\boldsymbol{X}(\hat{\boldsymbol{\beta}}_{\mathrm{LS}}-\hat{\boldsymbol{\beta}})\\&=S_{\mathrm{LS}}+(\hat{\boldsymbol{\beta}}_{\mathrm{LS}}-\hat{\boldsymbol{\beta}})\boldsymbol{X}^{\mathrm{T}}\boldsymbol{X}(\hat{\boldsymbol{\beta}}_{\mathrm{LS}}-\hat{\boldsymbol{\beta}})\end{aligned} \tag{5.4.4}$$

上式右端第二项是由 $\hat{\beta}_{\mathrm{LS}}$ 与 $\hat{\beta}$ 的差别而引起的残差平方和的改变量，记为 ΔS，即

$$\Delta S=(\hat{\boldsymbol{\beta}}_{\text{LS}}-\hat{\boldsymbol{\beta}})\boldsymbol{X}^{\text{T}}\boldsymbol{X}(\hat{\boldsymbol{\beta}}_{\text{LS}}-\hat{\boldsymbol{\beta}})$$

显然，当 $\Delta S\geqslant 0$，并且$\hat{\beta}_{\text{LS}}\neq\hat{\beta}$时，$\Delta S>0$。因此，采用不同于最小二乘估计量的估计时，总是要做出使残差增大的这种“牺牲”。

5.4.3 岭估计

如果在估计之前具有关于 β 的验前信息，这种验前信息以 β 的验前估计的均值 $\boldsymbol{\beta}_0$ 及方差阵 $\boldsymbol{V}_0$ 给出，在这种场合下，设计出一种方法使估值 $\hat{\boldsymbol{\beta}}$ 满足约束条件：

$$(\hat{\boldsymbol{\beta}}_{\text{LS}}-\hat{\boldsymbol{\beta}})^{\text{T}}\boldsymbol{X}^{\text{T}}\boldsymbol{X}(\hat{\boldsymbol{\beta}}_{\text{LS}}-\hat{\boldsymbol{\beta}})=\phi_0 \tag{5.4.5}$$

并且使得

$$(\hat{\boldsymbol{\beta}}-\boldsymbol{\beta}_0)^{\text{T}}\boldsymbol{V}_0^{-1}(\hat{\boldsymbol{\beta}}-\boldsymbol{\beta}_0)=\min \tag{5.4.6}$$

用这种方法得到的估计称为 β 的岭估计(ridge estimator)。

也就是说，岭估计就是在超椭球 $(\hat{\boldsymbol{\beta}}_{\text{LS}}-\hat{\boldsymbol{\beta}})^{\text{T}}\boldsymbol{X}^{\text{T}}\boldsymbol{X}(\hat{\boldsymbol{\beta}}_{\text{LS}}-\hat{\boldsymbol{\beta}})=\phi_0$ 上找出一点 $\hat{\boldsymbol{\beta}}_R$，使之与 β_0 的距离 $\|\hat{\boldsymbol{\beta}}_R-\boldsymbol{\beta}_0\|^2_{V_0^{-1}}$ 最短(这个距离常称为 Mahalanobis 距离)，如图 5-20 所示。

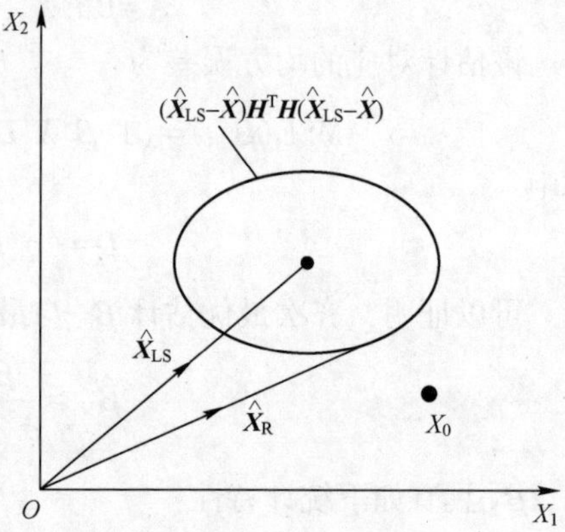

图 5-20　岭估计原理

运用拉格朗日乘子法确定岭估计，记

$$F(\boldsymbol{\beta},\lambda)=(\boldsymbol{\beta}-\boldsymbol{\beta}_0)^{\text{T}}\boldsymbol{V}_0^{-1}(\boldsymbol{\beta}-\boldsymbol{\beta}_0)+\lambda[(\hat{\boldsymbol{\beta}}_{\text{LS}}-\boldsymbol{\beta})^{\text{T}}\boldsymbol{X}^{\text{T}}\boldsymbol{X}(\hat{\boldsymbol{\beta}}_{\text{LS}}-\boldsymbol{\beta})-\phi_0]$$

其中 λ 为拉格朗日乘子，令

$$\frac{\partial F}{\partial\boldsymbol{\beta}}=0,\quad \frac{\partial F}{\partial\lambda}=0$$

得到

$$\begin{cases}\dfrac{\partial F}{\partial\boldsymbol{\beta}}=2\boldsymbol{V}_0^{-1}(\boldsymbol{\beta}-\boldsymbol{\beta}_0)+2\lambda\boldsymbol{X}^{\text{T}}\boldsymbol{X}(\boldsymbol{\beta}-\hat{\boldsymbol{\beta}}_{\text{LS}})=0\\ \dfrac{\partial F}{\partial\lambda}=(\hat{\boldsymbol{\beta}}_{\text{LS}}-\boldsymbol{\beta})\boldsymbol{X}^{\text{T}}\boldsymbol{X}(\hat{\boldsymbol{\beta}}_{\text{LS}}-\boldsymbol{\beta})-\phi_0=0\end{cases}$$

由此得

$$\hat{\boldsymbol{\beta}}_R=(\lambda\boldsymbol{X}^{\text{T}}\boldsymbol{X}+\boldsymbol{V}_0^{-1})^{-1}(\lambda\boldsymbol{X}^{\text{T}}\boldsymbol{X}\hat{\boldsymbol{\beta}}_{\text{LS}}+\boldsymbol{V}_0^{-1}\boldsymbol{\beta}_0)$$

令 $k=1/\lambda$，得

$$\hat{\boldsymbol{\beta}}_R=(\boldsymbol{X}^{\text{T}}\boldsymbol{X}+k\boldsymbol{V}_0^{-1})^{-1}(\boldsymbol{X}^{\text{T}}\boldsymbol{Y}+k\boldsymbol{V}_0^{-1}\boldsymbol{\beta}_0)$$

显然，当 $V_0^{-1}=0$ 时，岭估计就是最小二乘估计。$\hat{\boldsymbol{\beta}}_R$满足约束条件

$$(\hat{\boldsymbol{\beta}}_{\mathrm{LS}}-\hat{\boldsymbol{\beta}}_R)^{\mathrm{T}}\boldsymbol{X}^{\mathrm{T}}\boldsymbol{X}(\hat{\boldsymbol{\beta}}_{\mathrm{LS}}-\hat{\boldsymbol{\beta}}_R)=\phi_0$$

将 $\hat{\boldsymbol{\beta}}_R$的表达式代入上式，得到关于 k 的方程，解之得 k，就得到所需的估计。

岭估计有如下性质：

（1）$\mathrm{E}[\hat{\boldsymbol{\beta}}_R]=\boldsymbol{\beta}-k(\boldsymbol{X}^{\mathrm{T}}\boldsymbol{X}+k\boldsymbol{V}_0^{-1})^{-1}\boldsymbol{V}_0^{-1}(\boldsymbol{\beta}-\boldsymbol{\beta}_0)$，即当验前均值 $\boldsymbol{\beta}_0\neq\boldsymbol{\beta}$ 时，岭估计是有偏的。

（2）$\mathrm{Var}[\hat{\boldsymbol{\beta}}_R]=\sigma^2(\boldsymbol{X}^{\mathrm{T}}\boldsymbol{X}+k\boldsymbol{V}_0^{-1})^{-1}\boldsymbol{X}^{\mathrm{T}}\boldsymbol{X}(\boldsymbol{X}^{\mathrm{T}}\boldsymbol{X}+k\boldsymbol{V}_0^{-1})^{-1}$。

实际应用中常用的岭估计表示为

$$\hat{\boldsymbol{\beta}}_R(k)=(\boldsymbol{X}^{\mathrm{T}}\boldsymbol{X}+k\boldsymbol{I})^{-1}\boldsymbol{X}^{\mathrm{T}}\boldsymbol{Y} \tag{5.4.7}$$

对式（5.3.58）进行推广，可以得到广义岭估计，如下所示：

$$\hat{\boldsymbol{\beta}}_R(k)=(\boldsymbol{X}^{\mathrm{T}}\boldsymbol{X}+\boldsymbol{QKQ})^{-1}\boldsymbol{X}^{\mathrm{T}}\boldsymbol{Y}=\boldsymbol{Q}(\boldsymbol{\Lambda}+\boldsymbol{K})^{-1}\boldsymbol{Q}^{\mathrm{T}}\boldsymbol{X}^{\mathrm{T}}\boldsymbol{Y} \tag{5.4.8}$$

其中，$\boldsymbol{K}=\mathrm{diag}(k_1,k_2,\cdots,k_p)(k_i\geqslant 0)$，$\boldsymbol{Q}$ 为单位正交阵，使得

$$\boldsymbol{Q}^{\mathrm{T}}\boldsymbol{X}^{\mathrm{T}}\boldsymbol{XQ}=\boldsymbol{\Lambda}=\mathrm{diag}(\lambda_1,\lambda_2,\cdots,\lambda_p)$$

可见，普通岭估计是将每个特征根都增加 k，而广义岭估计是将每个特征根分别增加 k_i。可以得到普通岭估计的均方误差为

$$\mathrm{MSE}[\hat{\boldsymbol{\beta}}_R]=\mathrm{E}\|\hat{\boldsymbol{\beta}}_R-\boldsymbol{\beta}\|^2=\sigma^2\sum_{i=1}^{p}\frac{\lambda_i}{(\lambda_i+k)^2}+\sum_{i=1}^{p}\frac{k^2}{(\lambda_i+k)^2}\theta_i^2$$

其中，$(\theta_1,\theta_2,\cdots,\theta_p)^{\mathrm{T}}=\boldsymbol{Q}^{\mathrm{T}}\boldsymbol{\beta}$。

可以证明，如果 $0<k\leqslant\sigma^2/\max\{\theta_i^2\}$，或者 $0<k\leqslant 2\sigma^2/\boldsymbol{\beta}^{\mathrm{T}}\boldsymbol{\beta}$，则

$$\mathrm{MSE}[\hat{\boldsymbol{\beta}}_R]\leqslant\mathrm{MSE}[\hat{\boldsymbol{\beta}}_{\mathrm{LS}}]$$

5.4.4 稀疏估计

岭回归实际上是更广泛的一类回归分析方法的特殊情况。这些情况都是为了解决传统线性回归分析中小子样和相关性困境而提出的。前者是指待估参数的数量大于样本量，导致经典最小二乘法无解；后者是指解释变量之间存在共线性，导致模型预测总误差过大。为解决这两个问题，通过添加惩罚函数，降低对设计矩阵的可逆性要求，并且在有解的基础上减少预测总误差。惩罚函数或惩罚项是统计学领域的叫法，在机器学习中叫作正则化。

带惩罚项的最小二乘估计的一般形式如下，即求解如下优化问题：

$$\hat{\beta}=\underset{\beta}{\mathrm{argmin}}\left\{\sum_{i=1}^{n}\left(y_i-\beta_0-\sum_{j=1}^{p}\beta_j x_{ij}\right)^2+\sum_{j=1}^{p}p(\beta_i)\right\}$$

式中：惩罚函数 $p(\cdot)$ 为回归系数的函数。不同惩罚函数 $p(\cdot)$ 导致不同的稀疏估

计方法。

回忆基于算法的建模策略，可知上述优化目标函数是对损失函数施加的惩罚。模型对惩罚函数来说，其梯度表征对损失函数的惩罚力度，因此适当构造惩罚函数可以达到不同的惩罚目的。下面介绍典型的惩罚函数 $p(t)$ 及其特点。

一、弹网族回归

弹网族回归包括 LASSO（least absolute shrinkage and selection operator）、ENet、Ridge 等，如表 5-12 所示。岭回归的梯度为 $p'(t)=2\lambda t$，意味着回归系数 β_j 值比较小时惩罚力度很少；LASSO 回归的梯度为 $p'(t)=\lambda$，即惩罚力度是一个常数，因此对所有回归系数 β_j 的惩罚力度相同，对很小的回归系数 β_j 一样有很大的惩罚力度，从而可以将回归系数收缩至 0。由于岭回归结果包含所有变量，对不太重要的变量，岭回归也无法将回归系数压缩至 0，即岭回归没有变量选择作用。图 5-21 为 ENet、Ridge、LASSO 回归的惩罚力度比较。

表 5-12　弹网族回归方法

回归方法	显式解	求解算法	惩罚函数 $p(t)$ 和惩罚力度 $p'(t)$	使用范围
LASSO	无	循环坐标下降法，LARS 算法	$p^{\text{LASSO}}(t)=\lambda\mid t\mid$ $p'(t)=\lambda$	大幅压缩系数，变量选择
ENet	无	LARS-EN 算法	$p^{\text{ENet}}(t)=\lambda(\alpha\mid t\mid+(1-\alpha)t^2)$ $p'(t)=\lambda\alpha+2(1-\alpha)t$	压缩程度随 α 调整，变量选择
Ridge	有	直接计算	$p^{\text{Ridge}}(t)=\lambda t^2$ $p'(t)=2\lambda t$	保留所有变量，降低过拟合

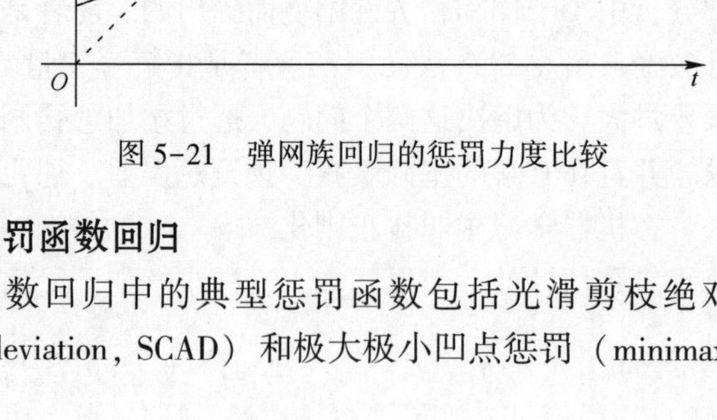

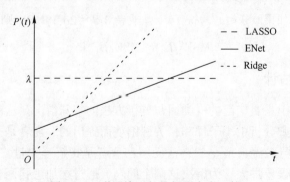

图 5-21　弹网族回归的惩罚力度比较

二、非凸惩罚函数回归

非凸惩罚函数回归中的典型惩罚函数包括光滑剪枝绝对偏差（smoothly clipped absolute deviation，SCAD）和极大极小凹点惩罚（minimax concave penalty，MCP），如下：

光滑剪枝绝对偏差：$p^{\mathrm{SCAD}}(t)'=\lambda\left\{I(t\leqslant\lambda)+\frac{(a\lambda-t)_+}{(a-1)\lambda}I(t>\lambda)\right\}(t\geqslant0,a>2)$；

极大极小凹点惩罚：$p^{\mathrm{MPC}}(t)'=\frac{(a\lambda-t)_+}{a}(t\geqslant0,a>1)$。

关于惩罚力度方面，SCAD 对较小的 β_j 与 LASSO 回归一样，惩罚力度保持恒定且无差别，达到压缩效果以选择变量；MCP 随 β_j 增大惩罚力度减少至 0，对回归系数采取有差别惩罚以获得更精确估计。当 $\beta_j>a\lambda$ 时，两种方法惩罚力度为 0，从而得到类似经典最小二乘的结果，保证回归分析模型的精度。图 5-22 为 SCAD、MCP、LASSO 回归的惩罚力度比较。

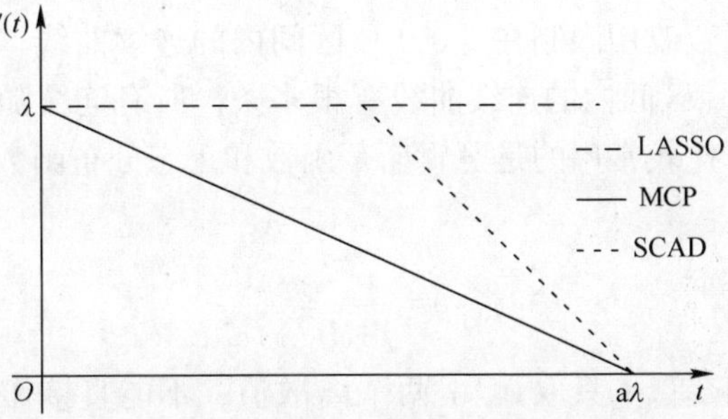

图 5-22　SCAD、MCP、LASSO 的惩罚力度比较

基于惩罚函数或正则化可以实现特征选择，从而降低样本量要求与解释变量的共线性风险。特征选择的思想如图 5-23 所示，这是两个参数情形平方损失函数和惩罚函数的俯视图，其中上方的圆表示回归系数取不同值时的拟合损失，越靠近圆心，拟合损失越小；下方的圆或菱形表示不同惩罚函数的惩罚损失，二者的交点为参数估计值。可以看出，当采用 L_1 正则化形式的惩罚函数时，交点一定

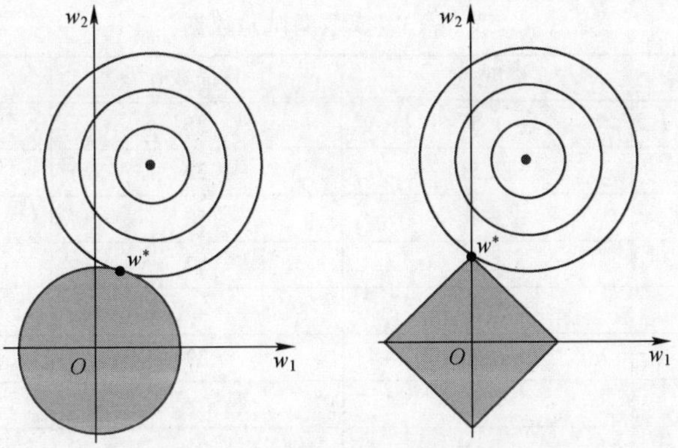

图 5-23　基于惩罚函数的最小二乘回归分析

在区域的顶点，这意味着一定有系数等于 0；而 L_2 惩罚函数能够使某些系数变小，但不保证为 0。

5.5 逻辑斯蒂回归

在很多问题中，因变量可能只有两个结果，比如取 1 或 0，表示命中或未命中目标、失效或不失效。逻辑斯蒂回归模型是解决因变量是定性变量的一种重要方法。

5.5.1 分组数据的逻辑斯蒂回归模型

针对 0-1 型因变量产生的问题，对回归模型做两个方面的改进。

首先，回归函数改用限制在［0,1］区间内的连续曲线，而不是直线回归方程。限制在［0,1］区间内的连续曲线有很多条，所有连续随机变量的分布函数都符合这个要求。比较常用的是逻辑斯蒂函数和正态分布函数。逻辑斯蒂函数的形式为

$$f(x)=\frac{e^x}{1+e^x}=\frac{1}{1+e^{-x}}$$

其次，由于因变量 y_i 只取 0、1 两个离散值，不能直接作为回归模型中的因变量。由于回归函数 $E(y_i)=\pi_i=\beta_0+\beta_1 x_i$ 表示在自变量为 x_i 的条件下 y_i 的平均值，而 y_i 是 0-1 型随机变量，因而 π_i 就是在自变量为 x_i 的条件下 y_i 等于 1 的比例。这表明，可以用 y_i 等于 1 的比例代替 y_i 本身作为因变量。下面通过一个例子来说明逻辑斯蒂回归模型的应用。

假设对 $n=325$ 件样品进行试验，经过一段时间后有一部分样品失效。失效样品记为 1，未失效样品记为 0。以试验条件（温度）为自变量，对表 5-13 所示的数据，建立逻辑斯蒂回归模型。

表 5-13　成败型试验数据

序　号	温度 x℃	样品数 n_i	失效数 m_i
1	1.5	25	8
2	2.5	32	13
3	3.5	58	26
4	4.5	52	22
5	5.5	43	20
6	6.5	39	22
7	7.5	28	16
8	8.5	21	12
9	9.5	15	10

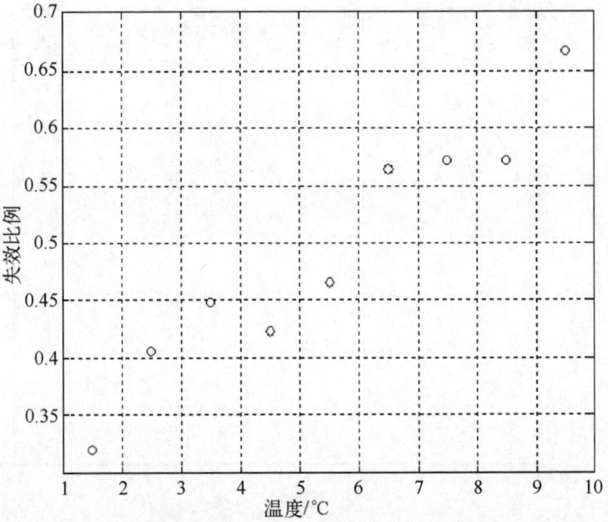

图 5-24 温度与失效比例散点图

逻辑斯蒂回归方程为

$$p_i=\frac{\exp(\beta_0+\beta_1 x_i)}{1+\exp(\beta_0+\beta_1 x_i)}\quad (i=1,2,\cdots,k) \tag{5.5.1}$$

其中，$k=9$ 为分组数据的组数。为了将回归方程线性化，对p_i作逻辑（logit）变换：

$$p_i'=\log\left(\frac{p_i}{1-p_i}\right) \tag{5.5.2}$$

$p_i=m_i/n_i\neq 0$ 或 $p_i=m_i/n_i\neq 1$，当存在$m_i=0$ 或 $m_i=n_i$时，可用如下的修正公式计算样本频率：

$$p_i=\frac{m_i+0.5}{n_i+1}$$

变换后的线性模型为

$$p_i'=\beta_0+\beta_1 x_i+\varepsilon_i\quad (i=1,2,\cdots,k)$$

变换后的数据散点图如图 5-25 所示。

通过变换，得到的是一个普通的一元线性回归模型。注意，式（5.5.1）没有给出误差项的形式，这里认为其误差项就是作线性变换所需的形式。根据表 5-13 的数据，用普通最小二乘法得到回归方程为

$$p'=-0.886+0.156x$$

还原为式（5.5.1）的逻辑斯蒂回归方程为

$$\hat{p}=\frac{\exp(-0.886+0.156x)}{1+\exp(-0.886+0.156x)} \tag{5.5.3}$$

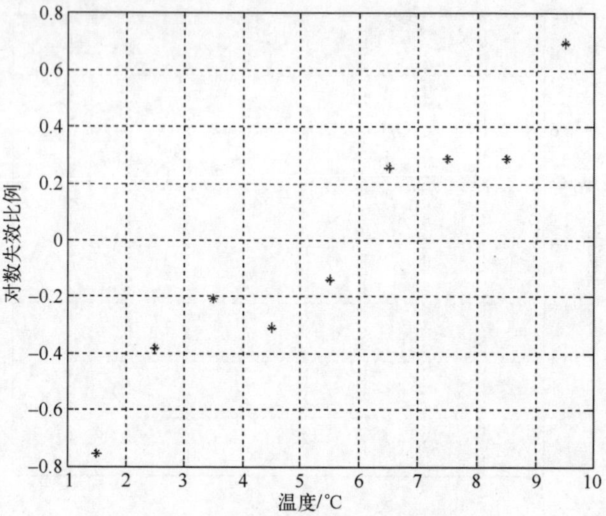

图 5-25　温度与对数失效比例散点图

利用式（5.5.3）可以对失效概率作预测，例如对 $x_0=8$ 可得

$$\hat{p}_0=\frac{\exp(-0.886+0.156\times 8)}{1+\exp(-0.886+0.156\times 8)}=0.59$$

上面直接拟合了逻辑斯蒂回归模型，但是存在一个不足之处。由于不同条件下因变量取值为 1 的概率不同，因此不同条件下 y_i 的方差是不同的，即存在异方差问题。这时应采用加权最小二乘估计。当 n_i 较大时，p_i' 的近似方差为

$$\mathrm{Var}(p_i')\approx\frac{1}{n_i\pi_i(1-\pi_i)}$$

其中，$\pi_i=E(y_i)$。于是，可以选取如下权重进行加权最小二乘估计：

$$w_i=n_ip_i(1-p_i)$$

实际逻辑斯蒂回归过程，是以估计的回归系数不断更新的 p_i 来获得权重的估计的，并多次迭代得到回归模型。

5.5.2　未分组数据的逻辑斯蒂回归模型

分组数据的逻辑斯蒂回归适用于大样本分组数据，对小样本未分组数据不适用。并且，以组数 k 为样本量，会使拟合精度较低。实际上，可以用极大似然估计直接拟合未分组数据的逻辑斯蒂回归模型。

对于因变量 y 是 0-1 变量以及有 p 个自变量 $x_1,x_2,\cdots,x_p$ 的情况，设观测数据为

$$(x_{i1},x_{i2},\cdots,x_{ip},y_i),\ i=1,2,\cdots,n$$

y_i与$x_{i1},x_{i2},\cdots,x_{ip}$的关系如下：

$$E(y_i)=\pi_i=f(\beta_0+\beta_1 x_{i1}+\cdots+\beta_p x_{ip})$$

其中，函数f是［0,1］上单调增函数。进行逻辑斯蒂回归，有

$$f(x)=\frac{e^x}{1+e^x}$$

于是，可以得到$y_i(i=1,2,\cdots,n)$的似然函数为

$$L=\prod_{i=1}^{n}P(y_i)=\prod_{i=1}^{n}\pi_i^{y_i}(1-\pi_i)^{1-y_i}$$

对似然函数取自然对数并求其极值，得到参数的极大似然估计。似然函数求解过程一般需要采用数值解法。

5.5.3 关于逻辑斯蒂回归的小结

逻辑斯蒂回归是广义线性模型（generalized linear model，GLM）的一个特例。GLM 是简单最小二乘回归的扩展。GLM 对线性模型作了两方面的推广：通过设定链接函数，将响应变量的期望与线性自变量相联系，以及假设每个观测值来自某个指数族分布。其中，线性自变量使第i个响应变量的期望$E(y_i)$只通过链接函数g和线性自变量$\boldsymbol{\beta}^{\mathrm{T}}\boldsymbol{x}_i$依赖$x_i$和未知参数向量$\boldsymbol{\beta}$，即

$$E(y_i)=g^{-1}(\boldsymbol{\beta}^{\mathrm{T}}\boldsymbol{x}_i)$$

在误差函数中，保留各试验点相互独立的假设，但去掉可加性和正态误差的假设。典型的连接函数和误差函数如表 5-14 所示。

表 5-14　连接函数与误差函数

项　目	连 接 函 数	逆连接函数（回归模型）	典型误差函数
恒等	$\boldsymbol{X}^{\mathrm{T}}\boldsymbol{\beta}=E(y)$	$E(y)=\boldsymbol{X}^{\mathrm{T}}\boldsymbol{\beta}$	正态分布
对数	$\boldsymbol{X}^{\mathrm{T}}\boldsymbol{\beta}=\ln E(y)$	$E(y)=\exp(\boldsymbol{X}^{\mathrm{T}}\boldsymbol{\beta})$	泊松分布
Logit	$\boldsymbol{X}^{\mathrm{T}}\boldsymbol{\beta}=\mathrm{logit}E(y)$	$E(y)=\frac{\exp(\boldsymbol{X}^{\mathrm{T}}\boldsymbol{\beta})}{1+\exp(\boldsymbol{X}^{\mathrm{T}}\boldsymbol{\beta})}$	二项分布
逆	$\boldsymbol{X}^{\mathrm{T}}\boldsymbol{\beta}=\frac{1}{E(y)}$	$E(y)=\frac{1}{\boldsymbol{X}^{\mathrm{T}}\boldsymbol{\beta}}$	伽马分布

5.6 本章小结

试验数据一直以来都是数理统计学的主要研究对象，其建模与分析的特点是将数据视作总体的一部分随机样本，并通过样本推断总体，得到的估计或推断结果是随机的，因此做出结论时需要考虑机会因素的影响。现代统计学是在试验设

计和试验数据分析上逐步建立起来的，比如1908年W. S. Gosset基于试验观察提出的t分布理论，1921年R. A. Fisher开创的试验设计研究，以及对推断统计学的开拓性工作。目前，试验数据向着两个极端发展，即小子样、稀疏数据和大样本、大数据，这导致试验数据的分析与建模的小子样理论和大数据技术的需求。前者重点在于验前信息的获取和利用，以便与现场小样本数据有效融合，提高建模评估的精度。后者主要在数据分析处理的流程化和自动化，目的是提高试验数据分析的效率。有些教材中，“试验”也被写作“实验”，不过要注意二者在内涵上的差异——试验的目标是为了考核验证，实验则是科学发现的重要途径。另外，本章的试验数据分析主要探讨的是基于样本数据的统计推断，实际的试验数据类型多样，有大量的非结构化数据如图像和视频数据需要处理，不少数据分析工作是纯粹的数值分析或信号处理问题，比如用样条函数拟合一条弹道、制作黑洞照片等，对此请读者注意。

参考文献

[1] WU C F J, HAMADA M. 试验设计与分析及参数优化［M］. 张润楚，郑海涛，兰燕，等译. 北京：中国统计出版社，2003.

[2] 武小悦，刘琦. 应用统计学［M］. 长沙：国防科技大学出版社，2009.

[3] SHALABH H T. Statistical Analysis of Designed Experiments（3rd Edition）［M］. New York：Springer，2009.

[4] NIST/SEMATECH e-Handbook of Statistical Methods，http://www.itl.nist.gov/div898/handbook/.

[5] 王正明，卢芳云，段晓君. 导弹试验的设计与评估［M］. 2版. 北京：科学出版社，2019.

[6] 张金槐. 线性模型参数估计及其改进［M］. 长沙：国防科技大学出版社，1999.

[7] 金光. 数据分析与建模方法［M］. 北京：国防工业出版社，2013.

[8] Rice J A. 数理统计与数据分析（英文版）［M］. 北京：机械工业出版社，2003.

[9] 项静恬，杜金观，史久恩，等. 动态和静态数据处理：时间序列和数据统计分析［M］. 北京：气象出版社，1991.

[10] 王正明，易东云. 测量数据建模与参数估计［M］. 长沙：国防科技大学出版社，1996.

[11] 张金槐，蔡洪. 飞行器试验统计学［M］. 长沙：国防科技大学出版社，1995.

[12] PETER M，NELDER J. Generalized Linear Models［M］. London：Chapman and Hall，1984.

第6章 观察数据建模与分析

当不能或不需要进行随机化试验时，观察性研究提供了重要的数据来源。由于缺乏对试验对象和试验条件的控制，传统上观察数据主要用来研究相关关系。然而，实际上许多科学研究不是统计试验，人类的许多知识来自观察性研究而非随机试验。这说明，通过观察性研究，也能获得重要的因果关系结论。只要能清楚地了解观察数据中的偏差，并提供有效的调整方法，就有可能基于观察数据进行因果推断。

6.1 概　　述

6.1.1 观察的方式

有两种主要的观察方式，即自然观察和参与观察。在自然观察中，研究人员观察研究对象但不成为研究对象的一部分。比如，装备管理领域的设备状态监测、维修记录等，是典型的自然观察；此外，研究人员在自然条件下观测交通流量、观察人物行为，也是自然观察。自然观察方便易行，结果较为真实，但是观察者只能消极被动地观测研究对象的外在表现，观察结果具有较高的偶然性、片段性和不精确性。参与观察主要用于社会学、人类学研究，研究人员成为观察群体的一部分，能够从内部进行观测。在参与观察过程中，研究者应注意隐蔽性，观察过程中不能暴露真实身份。参与观察能够获得较深层的结构和关系，但是可能会受主观因素影响，影响观察结果的客观性。

虽然研究人员不对观察对象实施操控，但是观察研究也不应是随意的，应该有严格的限制。一般来说，观察研究应该有明确目标，观察的方法应该系统、客观，尽量量化，观察应该在现场及时进行。首先，观察应该是系统的，观察期的长短、间隔时间、观察次数、观察范围或情境以及观察所使用的各种技术，都要经过仔细规划，不能是临时起意或无计划的。对于特殊因素，比如研究诚信、运动精神、领导素质等，通常要有系统的管控措施来控制情景。其次，观察要尽量客观、不带偏见，尽可能不调整原来的计划，尽量对观察结果进行量化。由于观察不是随意搜寻对象的一般行为，而是有重要的研究目的的，因此应该在现场进行系统和审慎的数据收集，在观察完成后立即记录所有重要信息，以保证信息的可靠性、有效性和可用性。最后，观察结果应该是可验证的，可以通过重复的观察性研究，比较不同观察者的结果来检查观察数据。

6.1.2 观察数据的偏差

即使制订了周密的计划、进行了系统的观察，观察数据也难免存在偏差。在统计调查中，偏差又称非抽样误差，是相对于抽样误差而言的。抽样误差（sampling error）由抽样的随机性导致的随机误差，是难以避免的。非抽样误差（non-sampling error）则是由于不完善或不正确的观察过程或观察方法导致的，主要分为选择偏差、混杂偏差和迁移偏差。此外，信息偏差、生态谬误、组内不均匀性导致的辛普森悖论等，也是观察数据中可能出现的典型偏差。不过，在试验性研究中也可能出现迁移偏差、信息偏差和生态谬误，即偏差不是观察数据所特有的，需要在试验或观察数据的分析过程中采取措施进行处理。

一、选择偏差

选择偏差（selection bias）又称覆盖误差，是指数据（或者所选择的研究总体）不能代表目标总体。选择偏差一般是由非随机抽样产生的，从而使被包含在数据集中的数据概率随某些变量变化，导致所研究的总体不能代表目标总体。比如，某市希望了解儿童的疫苗接种率，为此检查所有儿童的疫苗接种证。有些家长表现出合作态度，而有些家长参与率较低。那么，这项调查的结果就不能代表该市所有儿童，因为参与者来自特定群体或社区，不能代表目标人群。正如众所周知的，美国的疫苗接种与所属党派、社会地位等有很密切的关系。再比如本章6.3节电池测试的例子，如果测试过程中因试验失误导致电池负载随时间增加，则该测试结果就不能代表目标电池负载的“随机样本”。于是，平均而言，测试数据中的负载将高于实际使用条件，即所选择的数据集实际上与电池负载有关。使用这种因负载而存在选择偏差的观察数据，将导致电池性能估计结果的偏差。

二、混杂偏差

混杂（confounding）是观察性研究中的一个特殊问题，指的是感兴趣的处理和影响效应的相关外部因子之间混合的效应，潜在地模糊或扭曲了所感兴趣的关系。比如，医学观察发现喝咖啡与冠心病存在因果关联，如图6-1所示。由于喝咖啡的人比普通人的吸烟比例更高，而且不仅喝咖啡与吸烟关联，冠心病发病率也与吸烟有很强的因果关联。这样，吸烟导致的尼古丁摄入量（Z）就是喝咖啡（X）导致冠心病（Y）的混杂因子（confounder）。当数据中缺乏与 X 和 Y 都关联的 Z 变量时，若仅利用 X 和 Y 的数据建立因果关联模型，其预测结果就会产生偏差，这称为混杂偏差（confounding bias）。

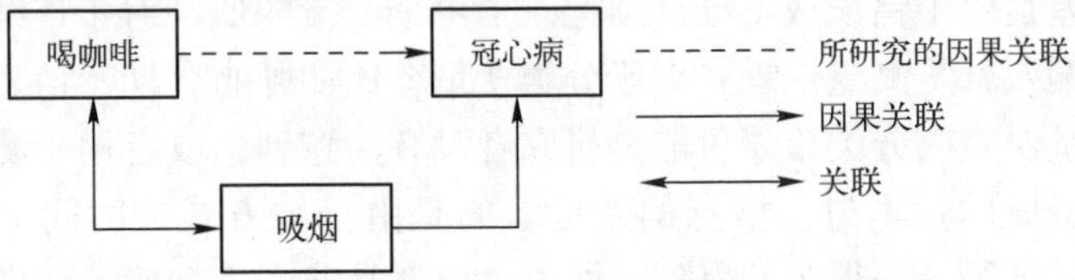

图 6-1　混杂偏差示意图

对于本章 6.3 节电池测试例子来说，如果试验失误导致电池负载随时间增加，但在测试过程中未测量到负载，就可能产生混杂偏差。在这种情况下，表示电压的随机变量与寿命相关，但是电压取决于负载，而负载的分布随寿命变化。由于负载混杂了寿命和电压之间的关系，因此电池性能估计产生偏差。

注意，不能将混杂与因子交互效应搞混了。两个因子可能完全独立地起作用，或者一个因子的影响可能取决于另一个因子，这称为交互效应。交互效应描述多个自变量（因果分析中的解释变量）之间对因变量（因果分析中的结果变量）的相互增强或减弱的关系，不会导致混杂偏差。表 6-1 是一个存在交互效应的例子，其中既不抽烟也不喝酒的群体的口腔癌风险记为 1.0。可以看出，吸烟和饮酒都是口腔癌的影响因子，吸烟的人比不吸烟的人饮酒致癌的风险增加，既吸烟又喝酒的人面临口腔癌的风险更大。

表 6-1　存在交互效应的例子

因子项目及取值		吸烟	
		否	是
喝酒	否	1.0	1.53
	是	1.23	5.71

三、迁移偏差

无论是观察性研究还是试验性研究，都假定用于研究和收集数据的总体是目标总体。然而，实际应用中无论是试验性研究还是观察性研究，不符合这种情况的研究大量存在。比如，在生物学、医学研究中，经常用动物代替人类；在装备研制过程中，经常通过仿真或样机代替实际装备。在这些研究中，研究总体与目标总体可能有未观测的变量或属性的不同，直接将研究总体的因果特征用在目标总体上，就可能产生偏差，这称为迁移偏差（transportability bias）。

四、其他偏差

选择偏差和混杂偏差是人们认为观察数据只能用于研究相关关系的主要原因。除此之外，观察数据还有其他的一些偏差，包括信息偏差、生态谬误、辛普森悖论等。

信息偏差是由于错误或不准确地记录了单个变量的值。对于连续变量，比如血压，信息偏差就是测量误差；对于分类变量，比如肿瘤分期，信息偏差称为分类错误。测量误差或分类错误可能是研究者没有注意到，或者用于测量或调查的仪器质量差造成的。不过，信息偏差更多的是由分类方式或时间上的错误引起的。比如，对已经过去很久的事件，回答大概率是非常不精确的，即存在记忆误差；在医学研究中，如果在不同时间对患者和对照组采集血液样本，然后用同样的方法在同一时间进行分析，则存储时间的差异就会导致结果出现系统性偏差；在社会调查采访过程中，相比于对照组采访者对患者比更同情，对患者的状况更容易搞清楚，因此从患者处能够获得更多、更详细的信息，此即采访者偏见。

测量误差（measurement error）一般是不可避免的，例如，校准错误的仪器可能会引起系统测量误差。随机的、“经典的”测量误差是由仪器不精确、测量程序或人员引起的。即使对本来是定量的连续变量进行分类，也不能消除测量误差。如果已知测量误差的大小和方向，可以在评估中显式处理测量误差。

观察到的关联可以从群体迁移到个体的假设称为生态谬误（ecological fallacy）。这类错误可能发生在生态学研究中，因为这些研究只使用群体层面的数据，例如社区或市县层面的数据。然而，观察到的相关性并不一定适用于所考虑的群体中的个体。由于个体数据缺失，因此无法确定因果关系的合理性。

当对数据进行分组评估，但一个重要因子在组内的分布不均匀时，可能会出现进一步明显的相关性。这种现象称为辛普森悖论。在医学上也有这样的例子。表 6-2 中的数据是两种肾结石治疗方法的结果。如果在评估中没有考虑肾结石的大小，A 治疗的效果似乎不如 B（成功率 78% vs 83%）。然而，实际上大肾结石患者的预后较差，这也是为什么采用 A 疗法的治疗效果似乎更差。只有考虑到肾结石的大小，A 疗法的优越性才会显现。

表 6-2　辛普森悖论的例子

因子取值	A 疗法（治愈/病例）	B 疗法（治愈/病例）
小肾结石	93%（81/87）	87%（234/270）
大肾结石	73%（192/263）	69%（55/80）
汇总	78%（273/350）	83%（289/350）

6.2 基于潜在结果模型的因果推断

潜在结果模型（potential outcome model）[4] 是统计学家鲁宾（Donald B. Rubin）在纽曼和费希尔分别提出的潜在结果（potential outcome）和随机试验（randomized experiment）的基础上提出来的，并系统地应用于试验研究和观察研究，又称鲁宾因果模型（Rubin causal model，RCM）。其核心是比较同一个研究个体或单元在干预（treatment）和不干预（untreatment）时的结果差异，认为这一结果差异就是接受干预相对于不接受干预的效果。

6.2.1 因果效应

设变量 A 是变量 Y 的原因，变量 Y 是变量 A 的结果。这意味着，在其他所有变量不变时，改变 A 会引发 Y 的变化；反之，假设除 A 之外的所有变量都不变，若 Y 发生了变化，则一定是由 A 的改变引起的。变量 A 对变量 Y 的因果效应（causal effect），是指改变变量 A 一个单位时，变量 Y 发生改变的大小。

因果效应评估的核心是得到干预和不干预情况下的结果，在 RCM 中这些结果称为潜在结果。潜在结果模型要求个体的潜在结果不受其他个体（是否接受干预）的影响，并且每个个体在每种干预下只有一个潜在结果。

一、个体因果效应

考虑一个二值处理问题。令随机变量 A 表示干预变量，$A=1$ 表示取值“干预”，$A=0$ 代表取值“不干预”。用随机变量 Y 表示事实结果或观测结果（observed outcome），假设也是一个二值随机变量，即 $Y=1$ 或者 $Y=0$。以 $Y^{a=1}$ 表示干预值为 $a=1$ 时的结果变量，$Y^{a=0}$ 表示干预值 $a=0$ 时的结果变量。$Y^{a=1}$ 和 $Y^{a=0}$ 也是随机变量，因为不同个体的取值可能不同。随机变量 $Y^{a=1}$ 和 $Y^{a=0}$ 称为潜在结果（potential outcomes）或反事实结果（counterfactual outcomes）。事实结果 Y 可以表示为

$$Y=A\cdot Y^{a=1}+(1-A)\cdot Y^{a=0}$$

Judea Pearl 认为这是因果推断最重要的恒等式，因为它建立了观测结果 Y 与潜在结果 $Y^{a=1}$ 和 $Y^{a=0}$ 的关系[12]。对个体来说，其在实际干预值之下的反事实结果是真实发生的。也就是说，如果一个个体 i 的干预值为 $A_i=a$，那么该个体的观测结果 Y 就是反事实结果 Y_i^a，用符号表示为

$$Y_i^a=Y_i^A=Y_i$$

或者简单表述为 $Y^A=Y$，这称为相合性或者一致性。

对每个个体 i，记其在干预和不干预下的结果为 $Y_i^{a=1}$ 和 $Y_i^{a=0}$，如果 $Y_i^{a=1}\neq Y_i^{a=0}$，

则称干预 A 对个体 i 有因果效应，否则称干预 A 对个体 i 没有因果效应，据此定义个体因果效应（individual causal effect，ICE）或个体处置效应（individual treatment effect，ITE）为

$$\mathrm{ICE}=\tau_i=Y_i^{a=1}-Y_i^{a=0}$$

下面以心脏移植手术对治疗心脏病患者的效果为例说明上述概念。以 $A=1$ 表示治疗，$A=0$ 表示不治疗；$Y=1$ 表示死亡，$Y=0$ 表示存活。设病人 1 接受手术 5d 后去世，并且假设可以知道，若病人 1 没有接受手术就不会死亡，于是 $Y_1^{a=1}=1$，$Y_1^{a=0}=0$。由于$Y_1^{a=1}\neq Y_1^{a=0}$，即是否实施心脏移植手术，对病人 1 有不同结果，因此干预对病人 1 有因果效应。假设病人 2 也接受了心脏移植手术，且术后 5d 情况良好；另外假设能通过某种方式知道，若病人 2 不做心脏移植手术也能存活，则$Y_2^{a=1}=0$，$Y_2^{a=0}=0$。$Y_2^{a=1}=Y_2^{a=0}$说明干预对病人 2 没有因果效应。这个例子表明，人们通过比较归纳得出因果效应：如果治疗和不治疗的结果不同，则干预对结果有因果效应；否则，干预对结果没有因果效应。

由此可见，评估个体因果效应需要三个要素：结果变量、待比较的行动 $a=1$ 和 $a=0$，以及待比较的潜在结果$Y^{a=1}$和$Y^{a=0}$。遗憾的是，确定个体因果效应实际上是不可能的，因为对特定个体只能观测到一个潜在结果，即实际发生的干预行为所对应的潜在结果。在上面的例子中，病人 1 的实际干预值是 $a=1$，因此他在 $a=1$ 下的潜在结果$Y_1^{a=1}=1$ 就是他实际被观测到的结果 $Y=1$。一旦进行了治疗，病人 1 在不治疗情形的潜在结果就观察不到了，因此实际就无法确定病人 1 的因果效应。也就说是，由于个体不能在同一个时间点上接受两种水平的干预值，只能观测到唯一的潜在结果，因此评估个体因果效应的三个不可验证的假设实际上是很难满足的①。

二、平均因果效应

由于个体因果效应很难得到，因此人们转而关注由个体构成的总体的平均因果效应。继续上面的例子，但是考虑病人群体。表 6-3 是一个 20 人的总体在两种干预值（$a=1$ 和 $a=0$）下的反事实结果，每行的结果$Y^{a=0}$和$Y^{a=1}$分别表示每个人都不接受治疗和都接受治疗的结果。

表 6-3　20 个成员的总体接受干预和不接受干预的结果

$Y^{a=0}$	0	1	0	0	0	1	0	0	1	1	0	1	1	0	0	0	1	1	1	1
$Y^{a=1}$	1	0	0	0	0	0	0	1	1	0	1	1	1	1	1	1	1	0	0	0

① 个体交叉实验（crossover experiments）是得到个体因果效应的唯一方法，但是要满足三个不可验证的假设：①干预无滞后效应；②个体干预时的因果效应不取决于时间；③未干预时的因果效应不取决于时间。

可以看出，如果所有个体都接受治疗，即干预值 $a=1$，则结果 $Y=1$ 的个体比例为 $Pr[Y^{a=1}]=10/20=0.5$，这称为反事实风险。如果所有个体都接受治疗即干预值 $a=0$，则结果 $Y=1$ 的个体比例为 $Pr[Y^{a=0}]=10/20=0.5$。由于治疗和不治疗的风险 $Pr[Y^{a=1}]$ 和 $Pr[Y^{a=0}]$ 均为 0.5，于是称干预对总体没有平均因果效应。对应的，如果 $Pr[Y^{a=1}]\neq Pr[Y^{a=0}]$，则干预对总体存在平均因果效应。于是，定义总体的平均因果效应（average causal effect，ACE）或平均处置效应（average treatment effect ，ATE）为

$$\text{ACE}=\tau=Pr[Y^{a=1}]-Pr[Y^{a=0}]$$

这个定义可以推广到更一般的用总体平均值进行的比较，即将平均因果效应定义为

$$\text{ACE}=E[Y^{a=1}]-E[Y^{a=0}]$$

该定义既适用于前面的二分情形，也适用于非二分情形。

根据数学期望的性质即平均差异等于差异的平均，得出平均因果效应等于个体因果效应的平均，即

$$\text{ACE}=E[Y^{a=1}]-E[Y^{a=0}]=E[Y^{a=1}-Y^{a=0}]$$

需要注意，没有平均因果效应并不意味着没有个体因果效应，因为个体因果效应的异质性（相同干预行为对不同个体的因果效应可能不同）可能被相互抵消。如表 6-3 所示，治疗对总体的 12 个成员具有个体因果效应，因为他们的潜在结果$Y^{a=1}$和$Y^{a=0}$不同。

除了用平均因果效应来描述干预的平均效果，对不同群体可以定义平均处置效应。为叙述方便，称干预值 $a=1$ 的群体为干预组，$a=0$ 的群体为对照组。

（1）干预组的平均处置效应（average treatment effect on treated，ATT）

$$\begin{aligned}\text{ATT}&=Pr[Y^{a=1}=1\mid A=1]-Pr[Y^{a=1}=0\mid A=1]\\&=E[(Y^{a=1}-Y^{a=0})\mid A=1]\\&=E[Y^{a=1}\mid A=1]-E[Y^{a=0}\mid A=1]\end{aligned}$$

一般 ATT 是人们最关注的效应，因为它描述的是接受处置的后果。

（2）对照组的平均处置效应（average treatment effect on untreated，ATU）

$$\begin{aligned}\text{ATU}&=Pr[Y^{a=0}=1\mid A=0]-Pr[Y^{a=0}=0\mid A=0]\\&=E[(Y^{a=1}-Y^{a=0})\mid A=0]\\&=E[Y^{a=1}\mid A=0]-E[Y^{a=0}\mid A=0]\end{aligned}$$

平均因果效应可以认为是干预组和对照组的所有个体的平均处置效应，因此是 ATT 与 ATU 的加权平均，权重为干预和不干预个体占总体的比例。用 ω 表示干预个体比例，$1-\omega$ 表示不干预个体比例，则有

$$\text{ACE}=\omega\cdot\text{ATT}+(1-\omega)\cdot\text{ATU}$$

6.2.2 使用事实结果估计因果效应

使用表 6-3 所示数据估计总体平均因果效应是不被允许的，因为它要求每个个体都能观察到干预和不干预的结果。实际上能得到的是类似表 6-4 的观测数据，其中给出每个个体的干预值 A 和实际观测结果 Y。现在的问题是，能否使用表 6-4 的事实数据来估计因果效应。

表 6-4　现实世界的事实结果

A	0	0	0	0	1	1	1	1	0	0	0	1	1	1	1	1	1	1	1	1
Y	0	1	0	0	0	0	0	1	1	1	0	1	1	1	1	1	1	0	0	0

一、因果效应估计

先考虑两个个体 i 和 j 的简单情况。个体 i 接受了治疗，其事实结果 $Y_i = Y_i^{a=1}$；个体 j 未接受治疗，其事实结果 $Y_j = Y_j^{a=0}$。为了估计个体 i 的因果效应，一个想法是能否用 i 的事实结果减去 j 的事实结果。容易得到

$$\widetilde{\tau_l} = Y_i - Y_j = Y_i^{a=1} - Y_j^{a=0} = \underbrace{Y_i^{a=1} - Y_i^{a=0}}_{\tau_i} + \underbrace{Y_i^{a=0} - Y_j^{a=0}}_{\text{偏差}}$$

可见，这两个个体的事实结果的差异包含了个体 i 的因果效应τ_i，以及二者在不干预情况下潜在结果的差异$Y_i^{a=0} - Y_j^{a=0}$，这是估计的偏差。

类似地，用 i 的事实结果减去 j 的事实结果估计个体 j 的因果效应，得到

$$\widetilde{\tau_J} = Y_i - Y_j = Y_i^{a=1} - Y_j^{a=0} = \underbrace{Y_j^{a=1} - Y_j^{a=0}}_{\tau_j} + \underbrace{Y_i^{a=1} - Y_j^{a=1}}_{\text{偏差}}$$

同样，二者事实结果的差异包含了个体 j 的因果效应τ_j，以及二者在干预情况下作为偏差的潜在结果的差异$Y_i^{a=1} - Y_j^{a=1}$。

由于个体在干预和不干预情况存在异质性，上述两个个体在干预和不干预情况下的潜在结果的差异是非零的，因此，通过不同个体的事实结果来估计个体因果效应时，会因个体差异而导致估计的偏差。

对于总体的情况，用干预组的平均事实结果（$T1$）与对照组的平均事实结果（$C0$）的差异，来估计平均因果效应，是否可行呢？

首先，定义如下“朴素”估计量作为平均处置效应的估计：

$$\widetilde{\tau} = T1 - C0$$

按照定义，可以得到以下结果：

$$T1 - C0 = \underbrace{T1 - T0}_{\text{ATT}} + \underbrace{T0 - C0}_{\text{bias of ATT}}$$

$$T1-C0=\underbrace{C1-C0}_{\text{ATU}}+\underbrace{T1-C1}_{\text{bias of ATU}}$$

可见，当 $T0-C0\neq0$，即干预组与对照组的平均未处置结果存在差异时，“朴素”估计量对 ATT 的估计存在偏差；当 $T1-C1\neq0$，即干预组与对照组的平均处置结果存在差异时，“朴素”估计量对 ATU 的估计存在偏差。由 ACE 的加权形式，得到

$$T1-C0=\underbrace{\omega\cdot(T1-T0)+(1-\omega)\cdot(C1-C0)}_{\text{ACE}}+\underbrace{\omega\cdot(T0-C0)+(1-\omega)\cdot(T1-C1)}_{\text{bias of ACE}}$$

因此，使用“朴素”估计量估计平均因果效应时，也存在偏差。

使用“朴素”估计量估计平均处置效应产生偏差，其根本原因在于个体的干预值不是随机的，干预与否是个体自我选择而非随机选择的后果，于是干预值与潜在结果是相关的。这种偏差其实就是 6.1.2 所述的选择偏差。

二、因果与关联对比

利用表 6-4 的数据，可以得到碰巧接受干预值 a 的个体产生结果 $Y=1$ 的比例，即条件概率 $Pr[Y=1|A=a]$。例如，在表 6-4 中，干预（$A=1$）的 13 人中有 7 人死亡，风险为 $Pr[Y=1|A=1]=7/13$；不干预（$A=0$）的 7 人中有 3 人死亡，风险为 $Pr[Y=1|A=0]=3/7$。二者不同，表明治疗和死亡是相关联的。对二值的 A 和 Y，当且仅当它们在统计上不相关（statistically correlated）时是不关联的（associated）。一般地，若

$$Pr[Y=1|A=1]\neq Pr[Y=1|A=0]$$

则称干预 A 和结果 Y 是相互依赖的或相关的；否则，称干预 A 与结果 Y 独立（independence）、A 不与 Y 关联，或者 A 不能预测 Y。用符号来表示，即 $Y\perp\!\!\!\perp A$，或等价于 $A\perp\!\!\!\perp Y$。

对于二分的结果，风险等于总体均值；对于连续结果，将关联定义为

$$E[Y|A=1]\neq E[Y|A=0]$$

根据表 6-3，在比较了所有 20 人都接受了治疗的死亡风险和所有 20 人都未接受治疗的死亡风险后，没有因果效应；表 6-4 中，将 13 名碰巧接受治疗的人的死亡风险与 7 名碰巧接受治疗的人的死亡风险进行比较后，却存在关联。这说明因果与关联是不同的。图 6-2 描述了因果与关联的差异，总体（用钻石表示）被分为白色区域（干预组）和较小的灰色区域（对照组）。

因果关系关注的是反事实世界中的问题，比如，“如果每个人都接受了治疗，风险会有多大?”以及“如果每个人都没有得到治疗，风险会是什么?”，因此需要将整个白色钻石（所有个体干预）和整个灰色钻石（所有个体不干预）进行对比。关联关注的是现实世界中的问题，如“治疗后的风险有多

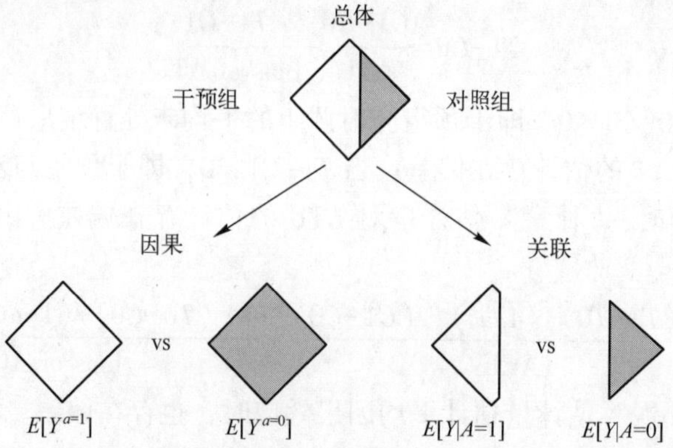

图 6-2 因果与关联的差异[6]

大?”以及“未经治疗的风险是什么?”，在现实世界中只能对原始钻石中白色（干预部分）区域和灰色（不干预部分）区域进行对比。现实世界的风险是一个条件概率 $Pr[Y=1|A=a]$，即在“实际接受治疗值 a”（$A=a$）的子集中 Y 的风险。相比之下，风险 $Pr[Y^a=1]$ 是无条件的，是 Y^a 在总体中的风险，是边际概率。因此，关联关系由总体中两个不交子集的风险决定，这两个子集由个体的实际治疗值决定（$A=1$ 或 $A=0$）；因果关系取决于同一总体在两种不同干预值（$a=1$ 或 $a=0$）下的风险。

因果推理需要像表 6-3 这样的数据，但我们所能得到的只是表 6-4 的实际数据，无论是试验性研究还是观察性研究。不过，试验性研究的随机性原则避免了选择偏差和混杂，因此可以用来估计平均因果效应。于是，在一个完美的随机试验中，相关性就意味着因果。然而，为了用观察性研究评估因果效应，需要提供一些额外的假设。

6.2.3 可忽略性与线性回归分析

作为因果推断黄金准则的随机对照试验，实际上通过将处理随机分配给试验单元，保证了潜在结果与实际干预情况相互独立，用符号表示为

$$(Y^{a=1},Y^{a=0}) \perp\!\!\!\perp A$$

或者简记为 $Y^a \perp\!\!\!\perp A$，文献［6］称之为互换性（exchangeability），文献［8］称之为可比较性，有些学者称为可忽略性（ignorability）①。用公式表示，即

$$P(Y^{a=1}|A=1)=P(Y^{a=1}|A=0)=P[Y^{a=1}]$$

① 由文献［6］可知，可忽略性除了具有互换性，还要求个体接受处置的概率非零（正数性）。根据互换性是完全互换性还是均值互换性，可忽略性分别称为强可忽略性和弱可忽略性。

$$P(Y^{a=0}|A=1)=P(Y^{a=0}|A=0)=P[Y^{a=0}]$$

它表示无论是否干预（$A=1$ 或 $A=0$），干预组和对照组的潜在结果Y^a的分布都是相同的，即不会因为施加干预与否，而造成潜在结果发生变化。对于个体来说，则意味着对任何潜在结果相同的个体 i 和 j，其干预和不干预的概率相同。可忽略性保证了，干预组和对照组如果接受相同的干预，则其风险是相同的。

需要注意可忽略性$Y^a \perp\!\!\!\perp A$ 与独立性 $Y \perp\!\!\!\perp A$ 是两个不同的概念。实际上，Y 与 A 必然是不独立的，因为 A 的取值肯定影响 Y。

有了可忽略性，就可以利用观察数据估计总体的平均因果效应，这是因为

$$\text{ACE}=E[Y^{a=1}]-E[Y^{a=0}]=E[Y^{a=1}|A=1]-E[Y^{a=0}|A=0]=E[Y|A=1]-E[Y|A=0]$$

第二个等号成立是由于一致性。于是，在可忽略性条件下，平均因果效应是事实结果 Y 在干预组（$A=1$）和对照组（$A=0$）的期望差，不再含有潜在结果变量$Y^{a=1}$和$Y^{a=0}$。

观察数据给出的是结果 Y 和干预 A 的联合分布 $P(Y,A)$，上式表明 ACE 由 $P(Y,A)$唯一确定，这种情况称平均因果效应是可识别的。反之，如果至少还有一个不同的值 $\text{ACE}'\neq\text{ACE}$ 也满足观测到的数据，则称平均因果效应不可识别。

上述平均因果效应估计是解释变量 A 改变 1 个单位时结果变量 Y 的差值，这表明因果效应推断可以用回归分析方法解决，这也解释了回归模型经常被赋予“因果”含义的原因。在可忽略性条件下，将试验结果与干预值表示成线性方程，即

$$E[Y|A]=\alpha+\beta\cdot A$$

其中 $A=0$ 或 1，则系数 β 对应于平均因果效应，可通过线性回归分析估计 β。

按照定义，事实结果 Y_i可以表示为潜在结果和干预值的函数，即

$$Y_i=Y_i^{a=0}+(Y_i^{a=1}-Y_i^{a=0})\cdot A_i$$

上式可改写为

$$\begin{aligned}Y_i&=\underbrace{E(Y_i^{a=0})}_{\alpha}+\underbrace{E(Y_i^{a=1}-Y_i^{a=0})}_{\beta}\cdot A_i\\&\quad+\underbrace{[Y_i^{a=1}-E(Y_i^{a=1})]\cdot A_i-[Y_i^{a=0}-E(Y_i^{a=0})]\cdot A_i+[Y_i^{a=0}-E(Y_i^{a=0})]}_{e_i}\\&=\alpha+\beta\cdot A_i+e_i\end{aligned}$$

这里，截距项 α 是所有个体不干预的潜在结果均值，β 为平均因果效应 ACE。干扰项为

$$e_i=[Y_i^{a=1}-E(Y_i^{a=1})]\cdot A_i+[Y_i^{a=0}-E(Y_i^{a=0})]\cdot A_i+[Y_i^{a=0}-E(Y_i^{a=0})]$$

当满足可忽略性时，可以证明

$$E[e_i|A_i=1]=E[e_i|A_i=0]=0$$

于是，有

$$E[Y_i | A_i] = \alpha + \beta \cdot A_i$$

这意味着，可忽略性是采用回归分析方法估计平均因果效应的前提。

实际上，通过反向推导可以证明，如果回归分析得到的条件期望函数 A_i 的系数等于平均因果效应 β，则可忽略性成立，因此可忽略性是回归分析方法的充要条件。

在某些试验性研究中，可以“先验地”知道某些变量与结果强相关，因此要在试验中控制它们，比如区组化（或分层）的随机试验。设 X 为协变量，这时可忽略性表示为

$$(Y^{a=1}, Y^{a=0}) \perp\!\!\!\perp A | X$$

这时总体的平均因果效应，涉及对协变量求期望，有

$$\begin{aligned}
\text{ACE} &= E[Y^{a=1}] - E[Y^{a=0}] \\
&= E[E(Y^{a=1} | X)] - E[E(Y^{a=0} | X)] \\
&= E[E(Y^{a=1} | X, A=1)] - E[E(Y^{a=0} | X, A=0)] \\
&= E[E(Y | X, A=1)] - E[E(Y | X, A=0)]
\end{aligned}$$

这里的可忽略性假定解释了随机化试验和观察性研究的差别。在有协变量的情形，如果干预 A 没有随机分配，即 X 与 A 不独立，而仅有可忽略性成立，则可能导致协变量在干预组和对照组的分布不一致，即

$$P(X | A=1) \neq P(X | A=0)$$

由于

$$E(Y | A = a) = \int E(Y | X, A = a) \, \mathrm{d}P(X | A = a)$$

以及

$$E[Y^a] = \int E(Y | X, A = a) \, \mathrm{d}P(X)$$

这时协变量 X 成为一个混杂因素，使用观测数据估计的 $E(Y|A=a)$ 就与 $E[Y^a]$ 存在偏差（混杂偏差），从而导致总体的平均因果效应的偏差，需要调整协变量 X 来改善混杂偏差。

利用可忽略性条件，就可以估计总体因果效应。比如，当协变量 X 离散取值时，可以在每种取值下估计平均因果效应，再根据每种离散取值的概率进行加权，得到无条件的总体平均因果效应。使用这种方式，就可以解释辛普森悖论问题。

6.2.4 潜在可忽略性与工具变量法

线性回归方法用于因果推断的重要前提是可忽略性。在实际研究中，如果存

在未观测的协变量、测量误差或者选择偏差，就有潜在的未观测的混杂因素，可忽略性可能不成立，采用回归分析等统计推断方法就有偏差。

当存在未观测的干扰项时，可以通过潜在可忽略性假设处理。设存在观测不到的非常数干扰项 e，满足

$$(Y^{a=1},Y^{a=0})\perp\!\!\!\perp A\mid e$$

这称为潜在可忽略性。在这个条件下，有

$$P[Y^{a=1}]=P[Y|A=1,e]\neq P[Y|A=1]$$
$$P[Y^{a=0}]=P[Y|A=0,e]\neq P[Y|A=0]$$

如此，如果 e 没有被观测，那么 $E[Y|A=1,e]$ 与 $E[Y|A=0,e]$ 就不能由观察数据正确估计，也就是说，用观察数据得到的估计值 $E[Y|A=1]$ 与 $E[Y|A=0]$，就是 $E[Y^{a=1}]$ 和 $E[Y^{a=0}]$ 的有偏估计。

对于潜在可忽略性情形，需要使用辅助变量来识别因果效应和消除混杂偏差。辅助变量通常只与 (A,Y,e) 3 个变量的一个子集相关，并引入一些条件独立性来识别因果作用。工具变量法和阴性对照变量法是目前两种有效的方法。

工具变量法（instrumental variables，IV）利用只影响原因而间接影响结果的工具变量，使干预组和对照组形成可比较的状态。因此，工具变量解决问题的思路不是“清理”干扰项，而是“清理”原因变量。下面用简单回归模型来理解工具变量法。

参照 6.2.3 节，设事实结果的回归模型为

$$Y_i=\beta_0+\beta_1\cdot A_i+e_i \tag{6.2.1}$$

这里，要估计变量 A 对事实结果 Y 的因果关系参数 β_1。在计量经济学中，A 称为内生变量。可以用结构因果模型里的因果图来帮助理解变量之间的关系（6.3.1 节），如图 6-3 所示。由于存在观测不到的干扰项 e（用空心圆点表示），同时与 A 和 Y 相关，因此 A 到 Y 的路径有两条：因果路径 $A\to Y$ 和混杂路径 $A\leftarrow e\to Y$。要找到 A 对 Y 的因果影响，就需要截断混杂路径 $A\leftarrow e\to Y$。

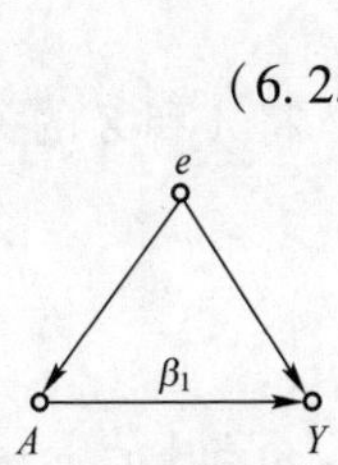

图 6-3　回归模型中各变量关系的因果图

工具变量法通过找到变量 A 中与干扰项 e 不相关的工具变量 Z，并通过工具变量对事实结果的影响，来评估变量 A 对事实结果的影响。一个合适的工具变量 Z 需要满足以下三个条件：

（1）$Z\perp\!\!\!\perp e$，即 $\mathrm{Cov}(Z_i,e_i)=0$，Z 与干扰项 e 不相关，这个条件称为“外生性”；

（2）$Z\not\perp\!\!\!\perp A$，即 $\mathrm{Cov}(Z_i,A_i)\neq 0$，$Z$ 与变量 A 相关，这个条件称为“相关性”；

（3）$Z\perp\!\!\!\perp Y\mid(A,e)$。

图6-4给出了工具变量满足的三个条件的示意图。可以看到，工具变量Z会影响变量A（存在相关性），但由于与干扰项e之间不存在通路，即不影响e（外生性成立）。因此，Z到Y的通路只有$Z \to A \to Y$这一条，也就是说Z影响Y的途径只能通过A，这意味着Z对Y的作用等于Z对A的作用乘以A对Y的作用。在这个基础上，可以通过间接最小二乘法或两阶段最小二乘法，估计A对Y的因果关系系数β_1。

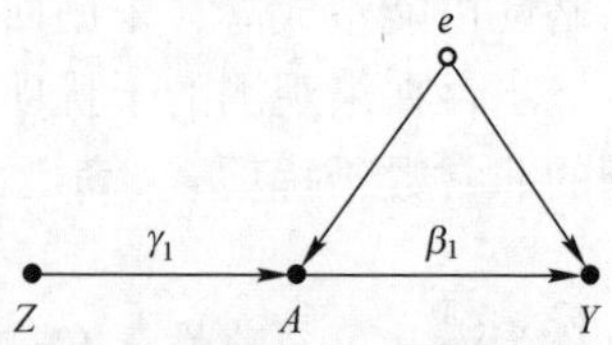

图6-4　工具变量的相关性与外生性的因果示意图

一、间接最小二乘法

由于相关性和外生性保证了Z对Y的作用只能通过A，因此Z对Y的作用除以Z对A的作用，就得到A对Y的作用，如式（6.2.2）所示：

$$\underbrace{Z \xrightarrow{\gamma_1} A \xrightarrow{\beta_1} Y}_{\theta_1} \tag{6.2.2}$$

用回归模型表示变量A和工具变量Z的回归模型如下：

$$A_i = \gamma_0 + \gamma_1 \cdot Z_i + \mu_i$$

其中

$$\mathrm{Cov}(Z_i, \mu_i) = 0, \quad \mathrm{Cov}(Z_i, A_i) \neq 0$$

回归系数估计为

$$\gamma_1 = \mathrm{Cov}(A_i, Z_i) / \mathrm{Var}(Z_i) \neq 0$$

将A和Z的关系代入简单回归模型式（6.2.1），得到

$$\begin{aligned} Y_i &= \alpha + \beta_1 \cdot A_i + e_i = \alpha + \beta_1(\gamma_0 + \gamma_1 \cdot Z_i + \mu_i) + e_i \\ &= \underbrace{\alpha + \beta_1\gamma_0}_{\theta_0} + \underbrace{\beta_1\gamma_1}_{\theta_1} Z_i + \underbrace{\beta_1\mu_i + e_i}_{\varepsilon_i} \end{aligned} \tag{6.2.3}$$

于是得到工具变量Z与结果变量Y的关系如下：

$$Y_i = \theta_0 + \theta_1 Z_i + \varepsilon_i \tag{6.2.4}$$

根据工具变量的外生性，可得

$$\mathrm{Cov}(Z_i, \varepsilon_i) = \mathrm{Cov}(Z_i, \beta_1\mu_i + e_i) = \beta_1 \mathrm{Cov}(Z_i, \mu_i) + \mathrm{Cov}(Z_i, e_i) = 0$$

因此，工具变量Z_i与干扰项ε_i不相关。于是通过回归得到系数θ_1，即

$$\theta_1 = \mathrm{Cov}(Y_i, Z_i) / \mathrm{Var}(Z_i)$$

对比式（6.2.3）和式（6.2.4）中工具变量Z的系数，可得

$$\theta_1 = \beta_1 \gamma_1$$

即

$$\underbrace{Z\text{对}Y\text{的作用}}_{\theta_1} = \underbrace{Z\text{对}A\text{的作用}}_{\gamma_1} \times \underbrace{A\text{对}Y\text{的作用}}_{\beta_1}$$

据此得到 A 对 Y 的因果效应系数 β_1 如下：

$$A\text{ 对 }Y\text{ 的作用}=\frac{Z\text{ 对 }Y\text{ 的作用}}{Z\text{ 对 }D\text{ 的作用}}$$

即

$$\beta_1=\frac{\theta_1}{\gamma_1}=\frac{\mathrm{Cov}(Y_i,Z_i)/\mathrm{Var}(Z_i)}{\mathrm{Cov}(A_i,Z_i)/\mathrm{Var}(Z_i)}=\frac{\mathrm{Cov}(Y_i,Z_i)}{\mathrm{Cov}(A_i,Z_i)}\triangleq\beta_1^{\mathrm{ILS}} \tag{6.2.5}$$

二、两阶段最小二乘法

两阶段最小二乘法的基本思路是，先将 A_i 分解为与干扰项 e_i 不相关的部分 $\hat{A}_i$，然后用 $\hat{A}_i$ 估计 A 对 Y 的影响。这两个阶段都通过最小二乘法实现，具体描述如下。

（一）基本原理

第一阶段：通过将 A_i 对工具变量 Z_i 的回归，将 A_i 分解为两个不相关的部分。

利用最小二乘法建立如下回归关系：

$$A_i=\gamma_0+\gamma_1\cdot Z_i+v_i=\hat{A}_i+v_i$$

然后定义

$$\hat{A}_i=\gamma_0+\gamma_1\cdot Z_i$$

因为 Z_i 与干扰项 e_i 不相关，所以 $\hat{A}_i$ 与 e_i 也不相关。记 $A_i=\hat{A}_i+v_i$，则 A_i 被分解为与干扰项 e_i 不相关的“好的部分” $\hat{A}_i$，以及与干扰项相关的“坏的部分” v_i 的和。

由于通过回归得到的残差项 v_i 满足 $\mathrm{Cov}(Z_i,v_i)=0$，因此 $\mathrm{Cov}(\hat{A}_i,v_i)=0$。用图 6-5 描述分解结果，其中 A 分解为两个变量 $\hat{A}$ 和 v，分解之后的 $\hat{A}$ 与 e 之间不存在通路，$\hat{A}$ 到 Y 的通路只有一条 $\hat{A}\to Y$。

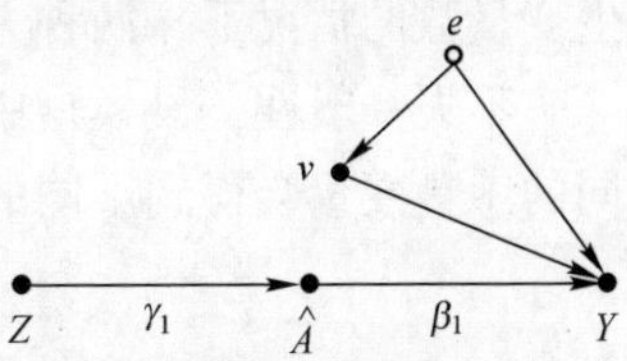

图 6-5　两阶段最小二乘法的因果图

第二阶段：用 A 中“好的部分” $\hat{A}$ 估计 A 对 Y 的影响。

将分解后的 A 代入简单回归模型式（6.2.1），可得

$$Y_i=\alpha+\beta_1A_i+e_i=\alpha+\beta_1(\hat{A}_i+v_i)+e_i=\alpha+\beta_1\hat{A}_i+\underbrace{\beta_1v_i+e_i}_{\delta_i} \tag{6.2.6}$$

由于 $\hat{A}_i$ 与 v_i 和 e_i 都不相关，因此 $\mathrm{Cov}(\hat{A}_i,\delta_i)=0$。回归分析可得 β_1 的正确估计，如下：

$$\begin{aligned}\beta_1^{2SLS} &= \frac{\operatorname{Cov}(Y_i,\hat{A}_i)}{\operatorname{Var}(\hat{A}_i)} = \frac{\operatorname{Cov}(Y_i,\gamma_0+\gamma_1\cdot Z_i)}{\operatorname{Var}(\gamma_0+\gamma_1\cdot Z_i)} = \frac{\gamma_1\operatorname{Cov}(Y_i,Z_i)}{\gamma_1^2\operatorname{Var}(Z_i)}\\ &= \frac{\operatorname{Cov}(Y_i,Z_i)}{\gamma_1\operatorname{Var}(Z_i)} = \frac{\operatorname{Cov}(Y_i,Z_i)}{\frac{\operatorname{Cov}(A_i,Z_i)}{\operatorname{Var}(Z_i)}\operatorname{Var}(Z_i)} = \frac{\operatorname{Cov}(Y_i,Z_i)}{\operatorname{Cov}(A_i,Z_i)}\end{aligned} \tag{6.2.7}$$

将式（6.2.7）的结果与式（6.2.5）的结果进行比较发现，通过两阶段最小二乘法得到的系数β_1^{2SLS}与通过间接最小二乘法得到的系数β_1^{ILS}是相同的，即有

$$\beta_1^{2SLS} = \beta_1^{ILS} = \frac{\operatorname{Cov}(Y_i,Z_i)}{\operatorname{Cov}(A_i,Z_i)}$$

这是因为，两种方法本质上都是通过工具变量Z达到使用A中与干扰项e不相关部分$\hat{A}$去估计A对Y的因果关系系数β_1的目的。

使用观察数据估计因果关系系数β_1，只需将总体协方差替换为样本协方差，即

$$\hat{\beta}_1^{2SLS} = \hat{\beta}_1^{ILS} = \frac{\widehat{\operatorname{Cov}}(Y_i,Z_i)}{\widehat{\operatorname{Cov}}(A_i,Z_i)} = \frac{\sum_i (Y_i-\bar{Y})(Z_i-\bar{Z})}{\sum_i (A_i-\bar{A})(Z_i-\bar{Z})}$$

（二）一般情形

上面的例子中工具变量数和内生变量数相等，都是1个。当工具变量数大于内生变量数时，两阶段最小二乘法比间接最小二乘法更合适（工具变量数小于内生变量数的情况下，两种方法都无法估计系数β_1）。下面对此进行说明。

不失一般性，设模型中有一个内生变量A和两个工具变量Z_1和Z_2。使用不同的工具变量会得到不同的β_1估计，如下所示：

$$\hat{\beta}_1^{2SLS,Z_1} = \hat{\beta}_1^{ILS,Z_1} = \frac{\widehat{\operatorname{Cov}}(Y_i,Z_{1i})}{\widehat{\operatorname{Cov}}(A_i,Z_{1i})}$$

$$\hat{\beta}_1^{2SLS,Z_2} = \hat{\beta}_1^{ILS,Z_2} = \frac{\widehat{\operatorname{Cov}}(Y_i,Z_{2i})}{\widehat{\operatorname{Cov}}(A_i,Z_{2i})}$$

如果两个工具变量都是合理的，则使用这两个估计是一致的。由于每个工具变量都包含有效的信息，因此希望同时使用这两个工具变量。这时，可以将两个工具变量组合成一个新的工具变量，这体现了两阶段最小二乘法的优势，它提供了构造多个工具变量“最佳组合”途径。

首先，在第一阶段，用这两个工具变量的线性组合拟合A，即建立回归模型

$$A_i = \gamma_0+\gamma_1\cdot Z_1+\gamma_2\cdot Z_2+v_i$$

于是，有

$$\hat{A}_i=\hat{\gamma}_0+\hat{\gamma}_1\cdot Z_{1i}+\hat{\gamma}_2\cdot Z_{2i}$$

则$\hat{A}_i$是“最佳组合”，因为回归分析将这个线性组合与内生变量A_i的相关性最大化了。由于这两个工具变量都具有外生性，因此它们的线性组合$\hat{A}_i$也具有外生性。这种做法的本质是用多个工具变量的线性组合来最大限度地分离出A_i中的外生部分$\hat{A}_i$。

然后，在第二阶段，将Y_i对$\hat{A}_i$回归，即

$$Y_i=\alpha+\beta_1\hat{A}_i+\delta_i$$

由于$\hat{A}_i$与δ_i不相关，因此求得的$\hat{\beta}_1^{2SLS}$是β_1的一致估计量。两个阶段最小二乘法在处理多工具变量上相对间接最小二乘法更为方便，因此它是工具变量最常用的方法。

三、教育边际回报案例分析

下面通过一个社会经济学中教育边际回报的例子来说明工具变量法，所用具体数据见 http://fmwww.bc.edu/ec-p/data/wooldridge/mroz.dta。这些数据包括1976年调查的753名已婚妇女的年龄、工资、受教育年限、已婚妇女父母的受教育年限、已婚妇女的工作年限等。

使用数据集中的部分变量并进行变换，包括l_{wage}（工资对数）、educ（受教育年限）、exper（工作年限）、fatheduc（父亲受教育年限）和motheduc（母亲的受教育年限），以及研究教育的边际回报。以l_{wage}作为被结果变量，educ，exper作为解释变量，建立线性回归分析模型如下：

$$l_{wage}=\alpha+\beta_1\cdot \text{educ}+\beta_2\cdot \text{exper}+e \tag{6.2.8}$$

采用经典最小二乘法，可以得到$\beta_1=0.1095$，$\beta_2=0.0157$，并且经检验回归模型和回归系数都是显著的，说明受教育年限和工资收入是正相关的。这里，教育投资的年回报率为10.95%，意味着多接受一年教育，工资将高出10.66%。直观来看，这个教育投资回报率似乎过高了。

回到模型式（6.2.8），其中的残差项e包括了所有其他未观测到的影响工资收入的因素。很容易知道，人的“能力”对工资有正影响作用，但在模型式（6.2.7）中没有显式表现出来。也就是说，模型式（6.2.7）遗漏了重要的解释变量“能力”。进一步地，可以合理地认为“能力”与受教育年限educ是正相关的，因此解释变量educ是内生变量，直接使用普通最小二乘法进行估计，得到的估计量β_1是不能反映真实的因果效应的。为此采用工具变量法解决这个问题。寻找educ的工具变量并使用两阶段最小二乘法对β_1进行估计。通常可以认为，父母的受教育年限（fatheduc与motheduc）跟educ是正相关的，但是与已婚妇女的“能力”

不是直接相关的。因此，可以用 fatheduc 与 motheduc 作为 educ 的工具变量。建立两阶段回归模型如下：

$$l_{\text{wage}}=\alpha+\beta_1 \cdot \text{educ}+\beta_2 \cdot \text{exper}+\varepsilon \tag{6.2.9}$$

$$\text{educ}=\gamma+\eta_1 \cdot \text{fatheduc}+\eta_2 \cdot \text{motheduc}+u$$

经过两个阶段最小二乘法估计，得到 $\beta_1=0.0664$，即受教育年限的边际回报为 6.64%，与普通最小二乘的估计结果 10.95%相比更小，这称为普通最小二乘"有向上偏差"，该偏差主要是遗漏变量"能力"导致的。

6.3 基于结构因果模型的因果推断

结构因果模型（structural causal model，SCM）是 2011 年图灵奖得主 Judea Pearl 提出的一种因果关系模型，它结合了因果图、结构方程模型和潜在结果模型，可以直观地描述和分析多变量之间的因果关系。相比较而言，潜在结果模型在多变量情形比较复杂，并且从解释变量（因）到被解释变量（果）的结构几乎是黑箱模型，可解释性不清晰。对于存有偏差的观察数据，结构因果模型提供了定义因果关系和实施准确评估的一个有效框架[1]。

6.3.1 因果图与因果效应评估

一个结构因果模型包括三个部分：一组描述全局状态的变量及其与数据集的关系、变量间的因果关系以及未观测变量的概率分布。形式上，SCM 可以用三元组 $\langle U,V,F\rangle$ 定义，其中，U 是外生变量（exogenous variable）集合，V 是内生变量（endogenous variable）集合。外生变量，即"从模型之外产生"独立于其他变量的变量，是可能改变内生变量关系的未知或随机的影响因素，可能是纯粹的干扰项[11]，也可以直观地认为是 SCM 的输入变量；内生变量则依赖其他变量，其值根据输入变量和模型确定，不能随意给定，即"由模型内部产生"。F 是函数集合，其中的函数决定如何对集合 V 中的每个变量 v_i 赋值，表示为

$$F=\{f_X:W_X\to X \mid X\in V, W_X\subseteq(U\cup V)-\{X\}\}$$

比如，方程 $v_i=f_i(v,u)$ 描述一个物理过程，表示 V 和 U 中的变量取值为 $\boldsymbol{v}$ 和 $\boldsymbol{u}$ 时，为变量 $V_i\in V$ 赋值 v_i。进一步地，U 的每个实例化 $\boldsymbol{u}$ 唯一决定 V 中所有变量的值；为 U 赋予分布 $P(\boldsymbol{u})$，也会在 V 上导出一个分布 $P(\boldsymbol{v})$。根据 f_X 的定义，如果一个变量 Y 存在于 f_X 的定义域中，则 Y 是 X 的直接原因。如果 Y 是 X 的直接原因，或者 Y 是 X 的原因（这时称 Y 是 X 的潜在原因），则称 Y 是 X 的原因。

一、因果图

SCM 常用因果图表示，因为其观测变量之间的关系与有向无环图相同。因果

图（causal diagram[11] 或 causal graph[2]）是一种贝叶斯网络（Bayesian network, BN），也是一个有向无环图（directed acyclic graph, DAG），用于透彻地表示变量之间的因果关系。每个 SCM 都可以表示为因果图，节点表示随机变量，边表示变量之间的因果关系，边的方向表示因果关系的方向。有向边的起点称为其终点的父节点，相应地，有向边的终点称为其起点的子节点，一个节点 X 的所有父节点记为 $pa(X)$。起点对应的变量称为终点的解释变量（explanatory variables），相应地，终点的变量称为起点的结果变量（outcome variables）。在带有观测数据的因果图中，没有观测数据的节点的变量称为未观测变量（unobserved variables），属于“背景过程”。图 6-6（a）是一个简单的 DAG，其中连接 X 和 Y 的箭头表示 X 和 Y 之间的因果关系。图 6-6（b）是带有观测状态的 DAG，其中分别用矩形和圆形节点表示变量是观测的还是未观测的。

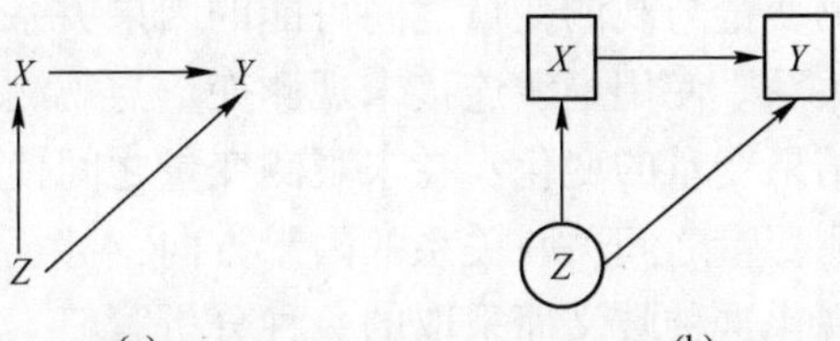

图 6-6　一个简单的因果图

（a）一个简单的 DAG；（b）带观测状态的 DAG。

在 BN 中，用条件概率表或密度函数 $P(X=x\,|\,pa(X))$ 表示节点 X 与其父节点集合 $pa(X)$ 之间的亲子关系。如果一个节点没有父节点，则需要指定其边际概率。在 BN 中，给定某个节点的父节点集合 $pa(X)$，它与其所有非后代节点都独立，这称为条件独立性。根据全概率公式，给定 BN 的变量集合 $\boldsymbol{X}=\{X_1,X_2,\cdots,X_n\}$，其联合分布为

$$P(x)=\prod_{i=1}^{n}P(x_i\,|\,pa(X_i))$$

其中，$\boldsymbol{x}=(x_1,x_2,\cdots,x_n)$。也就是说，BN 利用条件独立性把一个联合分布分解为多个条件概率的乘积，提供了联合分布的更紧凑和高效的表示。一个 BN 决定了唯一一个联合分布。

在 BN 中，通过条件概率表达亲子关系的方式是可逆的。例如，对随机变量 X 和 Y，如果 $Y=aX+b$，那么变换一下表达式，就可以得到 $X=(Y-b)/a$。这种对称性表明，改变 X 或 Y，Y 或 X 就会发生相应的改变。这有时并不符合事实，比如修改温度计读数并不会改变环境温度。为此，SCM 在 BN 基础上进行改进，加入了结构方程模型（structural equation model, SEM）的成分以表示单向的因果关系。也就是说，SCM 用确定性函数表示亲子关系，即

$$X=f_X(v(X),u(X))$$

式中：$v(X)$为因果图中 X 的父节点中的内生变量；$u(X)$为 X 的父节点中的外生变量。在因果图中，内生变量是“存在父节点的节点”，即至少有一条边指向该节点。外生变量在因果图中表示为“不存在父节点的节点”，即没有边指向该节点。为了使这个 SCM 具有马尔可夫性质，要求所有外生变量相互独立，如果有随机误差则与误差不相关；如果某些外生变量之间存在相关性，那么可能存在混杂变量。为了显式表明因果关系的方向，有的文献建议用“←”或“:=”代替“=”。

在带有观测的因果图中，除了用节点形状，还可以通过边的颜色或线型表示变量是否观测。比如，使用浅灰线条[13]表示未观测变量与观测变量之间的关系。图 6-7 是另一种因果图表示，其中，观测变量之间的因果关系用实线箭头表示，虚线单箭头表示未观测变量与观测变量之间可能的因果关系，虚线双箭头表示未观测变量之间可能的关系。使用虚线连接未观测变量与观测变量，是由于无法通过未观测数据来解释结果变量的变化；在未观测变量之间使用虚线双箭头，则是由于不能推断出未观测变量之间关联关系的因果方向，甚至不能确保这种关联关系存在，而是为了可视化这种歧义而采取的一种分析策略。在因果图中，还可以用虚线箭头简化表示两个变量之间的其他路径上可能存在未观测因素而导致的混杂，称为混杂弧[2,11]（confounding arc）。

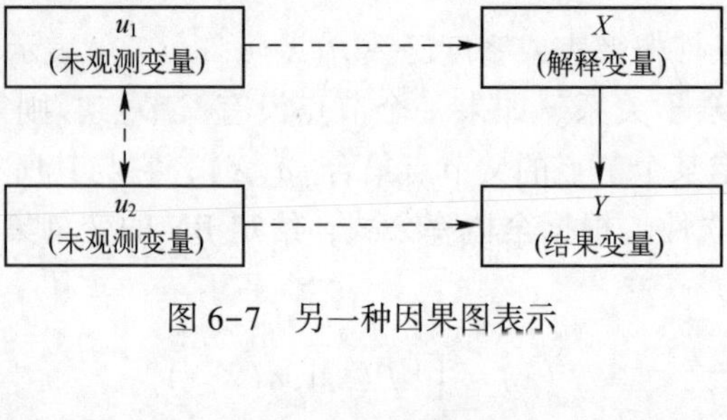

图 6-7 另一种因果图表示

二、*do* 算子

在因果图中，虽然有向边表明了因果关系，但是仍旧缺乏因果效应的概念。潜在结果模型的因果效应通过干预组和对照组的对比进行评估。在因果图中，通过引入 *do* 算子[11]（do-calculus）来讨论因果效应。*do* 算子可以理解为干预（intervention），其表达式为

$$do(X)=x$$

其含义：将随机变量 X 的取值固定为常数 x，并在原 DAG（记作 G）中将指向节点 X 的边切断。执行 *do* 算子相当于得到了一个新的 DAG（使用文献[2]的记号，记作 $G_{\overline{X}}$），因此 G 的联合分布不是 $G_{\overline{X}}$ 的联合分布。$G_{\overline{X}}$ 的联合分布记为 $P(\boldsymbol{X}|do(X)=x)$。可以证明：

$$P(\boldsymbol{X}|do(X)=x)=\frac{P(\boldsymbol{X})}{P(X|pa(X))}I(X=x)$$

由于一个符合因果马尔可夫条件的SCM经过干预后仍然符合因果马尔可夫条件，因此联合分布也可以表示为

$$P(\boldsymbol{X}|do(X)=x)=\prod_{i=1,X_i\notin X}^{n}P(X_i|pa(X_i))|_{X=x}$$

式中：$P(X_i|pa(X_i))|_{X=x}$为集合$pa(X_i)\cap X$中的变量被赋值为x的对应值。

根据干预的定义（通过干预获得$G_{\overline{X}}$的过程），可知干预不改变X的父节点的边际概率分布$P(pa(X)=z)$。另外，干预也不改变$P(Y=y|X=x,pa(X)=z)$，因为不论X是自然变化还是受控变化，因果关系是不变的。于是，利用$G_{\overline{X}}$以及上述联合分布的公式，给定一个因果图G，计算一个变量X对变量Y的因果效应$P(Y=y|do(X)=x)$，可采用如下校正公式[15]：

$$P(Y=y|do(X)=x)=\sum_{z}P(Y=y|X=x,pa(X)=z)P(pa(X)=z)$$

也就是说，使用因果图及其基本假设，能够从观测数据中识别出因果关系。

需要特别注意，$P(\boldsymbol{X}|do(X)=x)\neq P(\boldsymbol{X}|X=x)$，后者是“观测到$X=x$”条件下的联合分布，是依据现有观测到的数据进行统计，并没有改变数据的分布。采用文献［14］的记号，可以将$P(\boldsymbol{X}|X=x)$表示为$P(\boldsymbol{X}|\mathrm{see}(X)=x)$，这说明了干预和观察的本质区别——观察不会影响模型的自然状态，但干预会。在模型中对一个变量进行干预时，会固定这个变量的值，其他变量的值（根据因果关系）也会随之改变。当观察到一个变量的条件时，实际上并没有做出改变，只是缩小了样本空间，即相当于选取了所感兴趣的变量取值集合（满足“$X=x$”的取值集合）。也就是说，“以某个变量为条件”（conditioning on）改变的是关注的范围，对某个变量进行干预则改变了对象（用概率分布描述）的规律。

比如，用A代表“环境温度”，用B代表“温度计读数”，A与B之间的关系为$A\rightarrow B$。在默认状态下，温度计读数不会受到外在干预，观察到温度计读数升高，可以推断环境温度升高。以$P(A=b_0|B=b_0)$代表自然状态下，观察到温度计的读数是b_0时，实际的环境温度为b_0的概率。现在进行人为干预，将温度计读数设置为b_0，以$P(A=b_0|do(B=b_0))$代表通过干预使温度计读数成为b_0时，实际的环境温度为b_0的概率。由于是干预而非观察，因此需要从因果图中将从A到B的因果箭头切断。如果将b_0设置为一个比较高的值，则直观上能够想象得到，两种情况下的条件概率，有

$$P(A=b_0|B=b_0)>P(A=b_0|do(B=b_0))$$

由此可见，观察与干预是两种完全不同的行为。

根据do算子可以定义和评估因果效应。比如，设某个节点A表示二值干预，

用 do 算子定义其对结果 Y 的平均因果效应为

$$\text{ACE}=E(Y|do(A)=1)-E(Y|do(A)=0)$$

其中，期望值是对相应的 do 算子的 DAG 的联合分布求解的。也就是说，通过 do 算子形成对事实的干预和假设（反事实），通过新的规则得到基于干预和假设的新的概率分布，这样就允许按新的分布生成相应的数据，或者依据分布生成新的模型来指导反事实预测。

Pearl 证明了潜在结果模型与按照 do 算子定义的因果模型的等价性，即

$$P(Y|do(X)=x)=P(Y^{X=x})$$

其中，$Y^{X=x}$表示干预 X 的取值为 x 的潜在结果。

三、*d*-分隔与校正公式

利用 DAG 的联合分布（基于 do 算子）评估因果效应，意味着要已知 DAG 的结构且所有变量可观测。然而，无论是获得 DAG 的完整结构还是观测所有变量，在大多数实际问题中都是比较困难的。使用基于父节点的校正公式，在大多数情况下不可行——因为同样不能保证 X 的父节点的所有变量都是可观测的。后门准则和前门准则是解决上述困难的办法，保证了即使 DAG 中某些变量不能被观测到，也能通过观测数据评估因果效应。另外，这两个准则也为识别混杂偏差提供了帮助。

前门准则和后门准则都涉及 d-分隔的概念（“d” 表示 “方向的”）。在 BN 中，d-分隔解决了随机变量 X 与 Y 之间是否条件独立的问题。简单地讲，d 分隔规则为：如果两个变量之间的所有路径都被阻断（block），则两个变量是 d-分隔的；如果两个变量之间存在一条路径没被阻断，则两个变量是 d-连通的。在因果图中，两个节点 U 与 V 之间的路径是指从 U 出发到 V 结束的一系列由边首尾连接的节点，这里不考虑有向边的方向。如果两个节点之间的路径能沿着箭头方向追踪，那么这条路径称为有向路径。能够形成变量相关的路径称为开放路径或通路，不会形成变量相关的路径称为死路径。

d-分隔规则的判断涉及因果图的 V 形结构的概念。V 形结构（V-structure）是将 DAG 作为因果图的基础，任意复杂的 DAG 都可视作由多个 V 形结构组合而成。在因果图中，任意 3 个变量之间的关系都可归为三种典型的结构，即链状（cascade）结构、叉状（fork）结构、对撞（collision）结构，如图 6-8 所示。按照定义，三种 V 形结构都是路径。

（一）链状结构

链状结构又称因果路径，路径上所有箭头指向同一方向，是从解释变量指向结果变量的单向路径。图 6-8（a）的链状结构 $X\rightarrow Y\rightarrow Z$ 中，X 到 Z 之间是有中介变量 Y 的间接因果路径。在链状结构路径上，有$X\perp\!\!\!\perp Z|Y$ 以及 $X\not\perp\!\!\!\perp Z$。

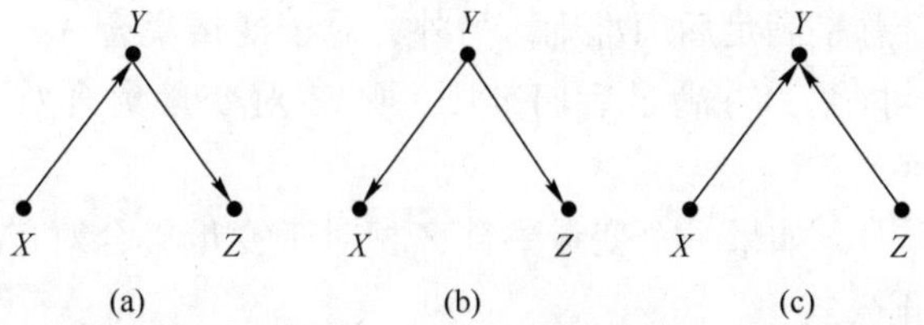

图 6-8　三种 V 形结构

（a）链状结构；（b）叉状结构；（c）对撞结构。

（二）叉状结构

叉状结构又称混杂路径，路径上的解释变量与结果变量之间存在混杂变量，该混杂变量同时影响解释变量和结果变量。叉状结构也会造成两个变量相关，因此叉状结构也是开放路径。在图 6-8（b）的叉状结构 $X \leftarrow Y \rightarrow Z$ 中，变量 Y 是 X 和 Z 共同的解释变量，Y 在这里也是混杂变量。在叉状结构中，同样有 $X \perp\!\!\!\perp Z | Y$ 以及 $X \not\perp\!\!\!\perp Z$。

（三）对撞结构

对撞结构又称对撞路径。它是包含对撞变量的路径。对撞变量是被两个变量共同影响的变量。在图 6-8（c）对撞路径 $X \rightarrow Y \leftarrow Z$ 中，变量 Y 由 X 和 Z 共同决定，Y 为对撞变量或对撞子（collider），是图中两个箭头碰撞的节点。对撞结构不会造成两个变量的相关性，因此对撞结构不是通路。在对撞结构中，有 $X \perp\!\!\!\perp Z$ 以及 $X \not\perp\!\!\!\perp Z | Y$。

在 V 形结构基础上，给出（以某些节点为条件的）d-分隔的定义如下。

***d*-分隔（d-separation）**：对于因果图 G，称变量集 Z d-分隔变量集 X 和 Y，如果 Z 阻断 X 到 Y 的所有路径，用符号表示为 $(X \perp\!\!\!\perp Y | Z)_G$。具体地，对任意由 X 中的某节点到 Y 中某节点的路径 p，称 Z d-分隔（或阻断）路径 p，当且仅当下面条件成立：

（1）p 包含链 $i \rightarrow m \rightarrow j$ 或叉 $i \leftarrow m \rightarrow j$，且中间节点 $m \in Z$；

（2）p 包含对撞结构 $i \rightarrow m \leftarrow j$ 且中间节点 $m \notin Z$，以及 m 的任何后代都不属于 Z。

等价地，如果路径包含已被条件化的非对撞子，或包含未被条件化且没有后代被条件化的对撞子时，路径就会被阻断。

运用 d-分隔，可以定义后门准则和前门准则。

后门准则（backdoor criterion）：在 DAG 中，如果变量集 Z 满足下面的两个条件，则称变量集 Z 相对于变量对 (X,Y) 满足后门准则：

（1）Z 中任何变量都不是 X 的后代；

（2）Z 阻断了 (X,Y) 之间的所有后门路径，即通过后门指向 X 的路径。

显然，$pa(X)$总是满足后门准则。另外，对于变量集合 $X=\{X_i\}$ 和 $Y=\{Y_j\}$，若 Z 对任何有序对 (X_i,Y_j) 满足后门准则，则 Z 对变量集合对 (X,Y) 满足后门准则。

Pearl 证明了[11]，如果一个变量集合 Z 相对于变量集合对 (X,Y) 满足后门准则，则有如下校正公式：

$$P(Y=y\,|\,do(X=x))=\sum_{z}P(Y=y\,|\,Z=z,X=x)P(Z=z)$$

可以看出，后门准则与可忽略条件下的 ACE 评估公式是一致的，即相当于利用协变量（这里是 Z）进行加权调整。因此，在满足后门准则的情况下，X 对 Y 的因果效应是可识别的。

Pearl 还提出了前门准则，以及基于前门准则评估因果效应的公式。在 DAG 中，如果满足下面的条件，则称变量集 Z 相对于变量集合对 (X,Y) 满足**前门准则**(frontdoor criterion)：

（1）Z 切断（intercept）(X,Y) 之间的所有有向路径；

（2）X 到 Z 没有未阻断的后门路径；

（3）Z 到 Y 的所有后门路径被 X 阻断。

这时，如果 $P(X=x,Z=z)>0$，则有如下校正公式：

$$P(Y=y\,|\,do(X=x))=\sum_{z}P(Z=z\,|\,X=x)\sum_{x'}P(Y=y\,|\,Z=z,X=x')P(X=x')$$

6.3.2 基于结构因果模型的性能评估

在结构因果模型框架中，评估的目标称为因果查询[2]（causal query），反映了因果估计对**结构模型**干预的思想，从对模型的干预中得出条件概率分布。采用 do 算子，在对变量 X 进行干预后预测结果 Y 的分布，是指在结构模型中固定变量 X 的值为 x，其他条件保持不变，然后在 SCM 中传播不确定性。用反事实结果 $Y\,|\,do(X=x)$ 代表输出 Y 的随机变量，则 $P(Y\,|\,do(X=x))$ 是 Y 的分布，表示为

$$Q=P(Y=y\,|\,do(X=x))$$

因果查询 Q 通常涉及反事实分布的函数，即 $Q=g\{P(Y\,|\,do(X=x))\}$。例如，利用观察数据评估产品可靠性。设产品性能 Y 的阈值为 τ，规定条件用变量 X 表示，根据满足性能要求来定义可靠性，则可靠性评估问题可以转化为如下因果查询问题：

$$Q=P(Y<\tau\,|\,do(X=x))$$

对规定条件 X 进行干预的例子包括规定设计或制造公差、规定运行环境(如不同的机械或热环境)、规定使用年限等。

通过观察数据进行性能评估，需要将观察数据通过变量链接到因果查询。例

如，将反事实量 $P(Y|do(X=x))$ 表示为可观察量 $P(Y|X,S=1)$ 的函数。可观测量表示观察到的数据中 Y 和 X 之间的关联，可以凭经验利用数据估计。随机变量 S 是一个样本选择指标，反映了如何采样数据以将其包含在数据集中；$S=1$ 表示根据观察到的数据生成机制采样的数据，该数据生成机制可能与所关注的总体数据不同，即 S 反映了所收集的数据中的选择偏差。与可观察量 $P(Y|X,S=1)$ 不同，反事实量 $P(Y|do(X=x))$ 仅在知道如何生成数据以解开 X 对 Y 的因果关系的情况下，才能估计数据中的其他关联。数据中存在的偏差（如选择偏差和混杂偏差）将导致这两个量在实践中通常大相径庭，因此需要对观测量进行校正，才能得到反事实量的正确估计。

可以使用后门调整公式来解决上述基于观察数据的因果查询问题。根据后门调整公式，如果变量集合 Z 满足下面两个条件独立性假设：①没有未观测的混杂偏差，即 $Y|do(X=x)\perp\!\!\!\perp X|Z$；②可忽略的选择偏差，即 $Y\perp\!\!\!\perp S|X,Z$，则反事实量可以表示为

$$Pr(Y|do(X=x)) = \sum_{z} Pr(Y|X=x,Z=z,S=1)Pr(Z=z) \qquad (6.3.1)$$

通过 d-分隔规则确定变量集合 Z，以处理数据中的结构性偏差的过程，包括混杂偏差和选择偏差。

为了利用式（6.3.1）得到有效的结果，需要有足够的数据或信息来准确估计式（6.3.1）中的两个概率，即 $Pr(Y|X,Z,S=1)$ 和 $Pr(Z=z)$。在没有足够数据来推断这些关系的情况下，需要对这些关系进行建模。例如，假设 Y 随着 X 和 Z 线性变化，则可以为 $Y|X,Z,S=1$ 指定一个回归模型，可以将交互作用和非线性添加到统计模型中以提高灵活性。模型精度取决于可用的数据量和先验知识。当数据稀疏时，其将更多地取决于基于主题知识的假设进行推理；如果有足够的数据，则推断将更多地由数据驱动。**标准的统计学经验法则和功效分析用于确定是否有足够的数据可用。**

此外，要在存在选择偏差的情况下应用调整公式，必须指定 $Pr(Z=z)$ 的概率分布。在没有选择偏差的情况下，可以使用 Z 的经验分布。如果存在选择偏差，则需要应用关于 Z 的分布的辅助信息来调整公式；该信息可以来自专家知识或其他数据源，但是不能来自存在 Z 的选择偏差的数据集中。

6.3.3　热电池性能评估示例

本节通过一个可靠性评估的例子说明基于 SCM 的可靠性评估[1]。要求某型号电池在寿命期内电压不低于 26.8V 的可靠度不低于 98%。图 6-9（a）是电池测试数据，横轴为电池寿命，纵轴为电池电压。从电压随时间下降的趋势来看，达到 25a 寿命期时，电池的可靠度可能会低于 98%的要求。实际上，对这些数据

进行线性回归并预测 25a 时的电压分布，得到 25a 时可靠度的最佳估计为 0.850，95%置信区间为（0.775，0.910），如图 6-9（b）所示，这表明达到 25a 寿命时电池的可靠性不满足要求。

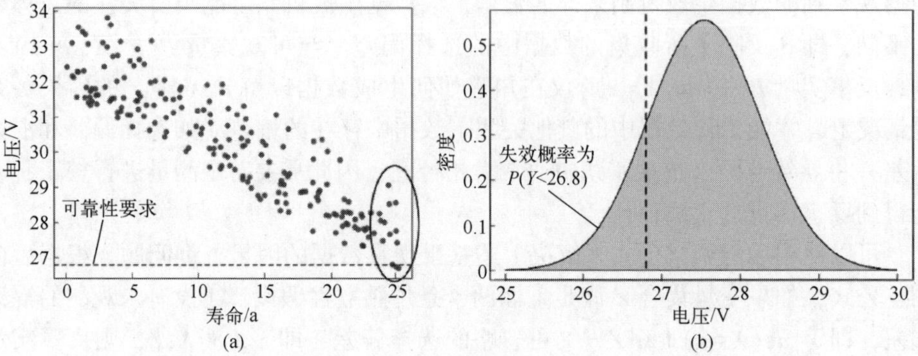

图 6-9　热电池性能评估示例

下面考虑预测年龄 $A=a$ 时电池的电压，以便使用统计模型来预测电池因电压不足而发生故障的概率。用因果查询表示，即求解概率分布

$$Q=Pr(Y<\tau \mid do(A=a))$$

假设电池电压与寿命存在如下线性关系：

$$Y \mid A,S=1=\alpha_0+\alpha_1 A+\varepsilon,\varepsilon \sim \mathcal{N}(0,\sigma^2) \tag{6.3.2}$$

函数包括未知参数 $\alpha=(\alpha_0,\alpha_1)$ 和随机噪声 $\varepsilon \sim \mathcal{N}(0,\sigma^2)$。利用收集到的电池寿命和电压数据拟合该统计模型，需要回答的问题：能否使用等式（6.3.2）的统计模型估计上述因果查询 Q？也就是说，在什么假设下，$Pr(Y \mid A=a,S=1)$ 成立？

在这个问题中，除了电池寿命，“电池负载”也会影响电池电压。因此在评估电池可靠性时，需要分析是否必须考虑负载的影响。于是对这个可靠性评估问题来说，就有 4 个变量：寿命 A、电压 Y、负载 L 和样本选择指标 S。研究 4 个变量的因果图，图 6-10（a）~（e）给出了几种情况的观察数据。在不同情况下，因果查询 Q 具有不同的可估计性。

（1）在图 6-10（a）中，因果查询 Q 可利用寿命-电压的观察数据进行估计。负载 L 不是混杂变量，与样本选择指标 S 无关（图 6-10（a）中没有出现样本选择指示符 S），且没有未阻塞的从 A 通过 L 到达 Y 的路径。

（2）图 6-10（b）有未观测的混杂变量，因果查询 Q 不可估计。负载 L 与 Y 和 A 都相关，但是未被观察到，因此 L 是未观测的混杂变量，即使在因果图中删除 A 与 Y 之间的有向边，信息也能在因果图中“流动”，并且这种关系是混杂的。

（3）图6-10（c）的混杂偏差可校正，因果查询 Q 可估计。这里通过测量负载 L 实现对混杂偏差的控制。不过，为了估计 Q，需要在预测电压 Y 的统计模型中同时包含寿命 A 和负载 L，使用仅包含 A 的模型（6.3.2）是不够的。

（4）图6-10（d）有未观测的选择偏差，因果查询 Q 不可估计。选择偏差无法利用数据估计式（6.3.1）中的概率，因为观测数据是特定负载 L 的样本数据，但是没有测量到负载数据。在因果图中，信息可以在 Y 和 S 之间“流动”，因此无法校正选择偏差。

（5）图6-10（e）的选择偏差可校正，因果查询 Q 可估计。由于测量了负载 L，L 阻断了 Y 和 S 之间的路径，因此使用后门调整公式可以校正选择偏差，给出目标总体（$S=1$）的分布。

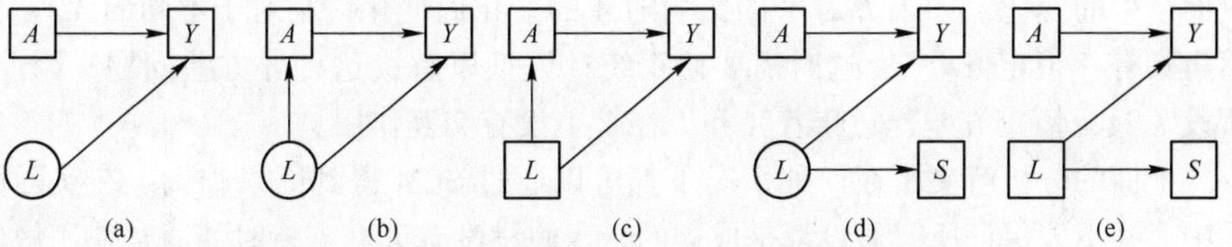

图6-10　几类结构因果模型

（a）可估计；（b）因混淆偏差而不可估计；（c）以 L 为条件可估计；（d）因选择偏差而不可估计；（e）通过辅助信息可估计。

由此可见，Q 是否可估计取决于实际的数据生成机制和可用数据。图6-11给出了另外两种数据生成机制和可用数据，注意其与图6-10的区别。在图6-11（a）中，L 沿着 A 和 Y 之间的因果路径“流动”。例如，如果老化机制导致负载增加，然后负载导致电压增加，则对应了这种关系。如果负载关联是由测试者的错误导致的，如图6-11（b）所示，则 L 不在因果路径上。在混杂偏差是由测试人员的错误引起的情形，也可能出现选择偏差。如果 L 沿着 A 和 Y 之间的因果关系“流动”，就不能在分析中使用 d-分离规则（4.1.2节）控制 L。

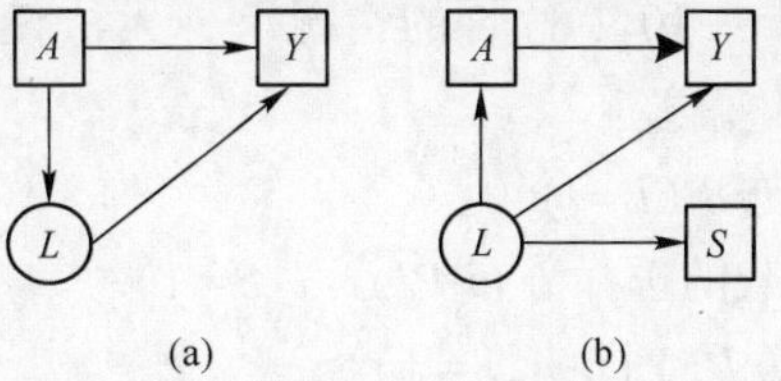

图6-11　DAG示例

（a）L 在 A、Y 的因果路径上；（b）L 不在 A、Y 的因果路径上。

式（6.3.2）所需的结构和功能假设以及关于推论 Q 的数据如表6-5所示。在结构上，必须假设图6-10（a）的DAG是正确的。在这些假设下，反事实量

$P(Y|do(A=25))$等于$P(Y|A=25,S=1)$，后者可以使用式（6.3.2）估算。换句话说，如果假设是正确的，则$P(Y|A=25,S=1)$是$P(Y|do(A=25))$的估计。

表6-5　由式（6.3.2）估计Q所需的结构假设和功能假设

因果图的结构假设	输出变量Y的功能假设
• 寿命-电压关系无混杂	• 线性：$E(Y)$与A是线性关系
• 观测数据无选择偏差	• 正态性：$Y|A$是正态分布，对任何A具有常数方差（并且A和L对于Y没有交互效应）

这里进一步讨论关于Y的正态性的功能假设。具体来说，必须考虑Y的残差变量ε是如何产生的。根据因果图，ε可能包含因制造差异、测量误差、负载影响而产生的变化。如果L对Y的影响随A的变化而变化，则对于不同的A，ε将不再具有“恒定方差”，这时需要修正统计模型以解决这种异方差问题。因此，假设ε具有恒定方差，意味着A和L在Y上没有交互作用。

上面的分析解决了在何种情况下都可以通过SCM得到因果查询。在实际问题中，并不能保证所有假设都是成立的。当假设没有证据支持时，通常使用敏感性研究来量化违反假设对最终结果的影响。此类研究通常需要从专家那里获得哪些假设可能是错误的，假设为什么是错误的以及违反该假设的影响的信息。本节使用电池数据作为示例进行敏感性分析，以检查获得可信的结果需要哪些信息，重点考虑扩展式（6.3.2）以解决违反结构假设的情况。具体地，考虑在不同结构假设下当前时间点的电压分布（反映偶然不确定性）如何变化。电压分布的变化将改变随后估计的可靠性。下面使用模拟数据进行这项研究，这时能够准确知道当前时间点的真实可靠性（99%），并且可以将此真实可靠性与不同假设下的估计值进行比较。敏感性研究说明了偏差校正的统计模型如何利用有关数据生成机制的良好先验信息，实现对可靠性估计结果的改进。

一、选择偏差影响

存在选择偏差［图6-10（d）］的情况下，无法使用式（6.3.2）估计Q。可以根据以下假设来调整偏差：

（1）负载的真实分布$P(L=l)$；

（2）监测数据中负载的选择分布$P(L=l|S=1)$；

（3）负载-电压关联$P(Y|L,A,S=1)$。

首先假设可以确定这些关系。以$\mathcal{TN}(\mu,\sigma,\min,\max)$表示均值为$\mu$、标准差为$\sigma$、最小和最大范围为min和max的截断正态分布，设L的真实分布为$L\sim\mathcal{TN}(0.5,0.25,0,1)$，监测数据中负载的分布为$(L_i|S=1)\sim\mathcal{TN}(1,0.25,0,1)$。拟合统计模型以估计$Y|L,A,S=1$的分布，设负载-电压关系为

$$(Y_i \mid A_i, L_i, S=1) = \beta_0 + \beta_1 A_i + \beta_2 L_i + \varepsilon_i, \quad \varepsilon_i \sim \mathcal{N}(0, \sigma^2) \tag{6.3.3}$$

真实的负载-电压关联系数为 $\beta_2 = -5$。

依据上述假设，使用后门调整式（6.3.1）对选择偏差进行调整，结果如下：

$$Pr(Y \mid do(A=a)) = \int_l Pr(Y \mid A=a, L=l, S=1) \underbrace{Pr(L=l)}_{L\text{的真实分布}} \mathrm{d}l \tag{6.3.4}$$

为了说明选择偏差调整的效果，用假设的模型模拟 $n=200$ 次，在利用模拟数据拟合模型（6.3.3）时，未知参数 β_0、β_1 和 σ 使用非正常扁平先验的贝叶斯推断。然后，比较由式（6.3.4）得到的估计 $Pr(Y \mid do(A=25))$ 和式（6.3.2）的“平凡估计”（后者没有解决选择偏差问题）。

在图6-14（a）中，调整后的估计量 $Pr(Y \mid do(A=25))$ 与真实情况吻合。当然这是一种乐观情况，实际中通常无法确切了解选择机制和负载-电压关联。不过，可以将这些信息表示为认知不确定性，从而获得可靠性估计的不确定性。

例如，考虑负载-电压关联和选择分布平均值的不确定性，有

$$\begin{gathered}(Y_i \mid A_i, L_i, S=1) = \beta_0 + \beta_1 A_i + \beta_2 L_i + \varepsilon_i \\ \varepsilon_i \sim \mathcal{N}(0, \sigma^2) \\ (L_i \mid S=1) \sim \mathcal{TN}(\mu_1, 0.25, 0, 1) \\ \mu_1 \sim \mathcal{N}(0.9, 0.2) \\ \beta_2 \sim \mathcal{N}(-4, 2)\end{gathered} \tag{6.3.5}$$

在式（6.3.4）中应用调整公式。在此调整模型下再次估算 Q。使用 $n=200$ 的样本计算电压分布的最佳估计和95%置信区间，并估算可靠性和相应的95%置信区间。置信区间反映了由样本量有限和选择机制的知识不确定性导致的可靠性估计的认知不确定性。该分析的结果与基于式（6.3.2）的平凡分析的对比如图6-12（b）。由于式（6.3.5）包含了真正的机制［式（6.3.4）所描述的机制］，因此95%置信区间也包含真正的结果。如果先验条件与事实背道而驰，那

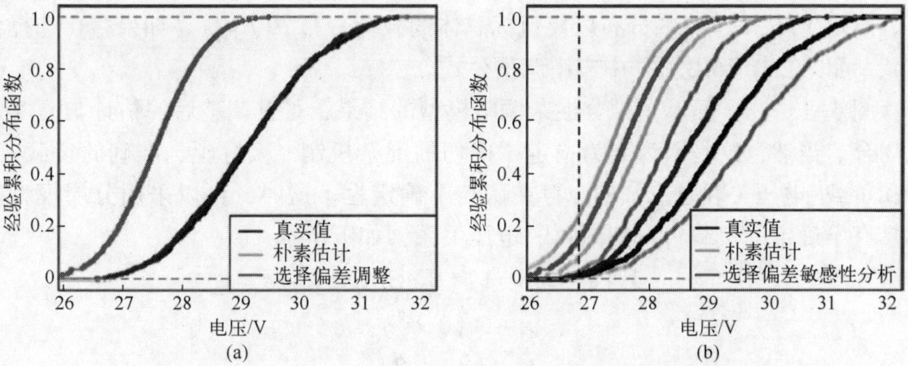

图6-12　关于$(Y \mid A=25)$经验分布的选择偏差敏感性测试

么这里的结果将是不准确的。通过这里的不确定性情况下的估计，得到的可靠度为0.984，95%置信区间为（0.975，0.993），与原始分析结果（可靠度估计为0.850）相比，可靠度的变化是巨大的。本研究表明，在估计可靠度时不应忽略选择偏差。

二、混杂偏差影响

现在考察负载无法测量的混杂问题。负载 L 与年龄 A 和电压 Y 都相关，但并不沿着 A 和 Y 之间的因果关系，如图6-11（a）所示。

混杂可能是由测试仪错误引起的，比如负载随时间意外增加。混杂也伴随选择偏差，因为监测数据中观察到的负载不再代表目标总体的预期负载分布。预测 Y 时，应根据是否存在选择偏差来预测 L 的"正确"分布。在此示例中，假设混杂偏差是由于测试人员的错误造成的，因此目标总体的负载分布与式（6.3.3）相同，这种情况对应的因果图如图6-11（b）所示。

为了应用后门调整公式来调整混杂偏差，需要负载 L 未测量情况下 $Y|L,A,S=1$ 的统计模型。为了解决这种混杂偏差，使用以下辅助信息：

（1）负载-寿命关联 $P(L|A,S=1)$；

（2）负载-电压关联 $P(Y|L,A,S=1)$。

存在选择偏差的情况下，还需要关于目标总体的负载分布，才能应用式（6.3.1）进行调整。有了这些量，可以通过统计模型进行调整以消除混杂偏差。例如，考虑如下混杂机制：

$$(Y_i|A_i,L_i,S=1)=\beta_0+\beta_1A_i+\beta_2L_i+\varepsilon_i$$
$$\varepsilon_i\sim\mathcal{N}(0,\sigma^2)$$
$$\beta_2=-5$$
$$(L_i|A_i,S=1)\sim\mathcal{TN}(0.5+0.02A_i,0.25,0,1)$$

其中，对负载机理和负载-电压关联建立了精确模型，从而对混杂机制进行了建模。给定 $Y|L,A,S=1$ 的分布以及目标总体的载荷分布 $P(L=l)$（如果存在选择偏差），可以在式（6.3.3）中应用调整公式。

图6-13（a）显示了拟合混杂调整模型的结果，可见调整后的估计与真实情况吻合。当然，这是因为人为指定了确切的混杂机制。实际上，准确的负载-寿命和负载-电压关联是未知的，存在认知不确定性。这时，可以采用分层模型描述具有不确定的负载-寿命和负载-电压关系，如下所示：

$$(Y_i|A_i,L_i,S=1)=\beta_0+\beta_1A_i+\beta_2L_i+\varepsilon_i$$
$$\varepsilon_i\sim\mathcal{N}(0,\sigma^2)$$
$$\beta_2\sim\mathcal{N}(-4,2)$$
$$(L_i|A_i,S=1)\sim\mathcal{TN}(0.5+\gamma_1A_i,0.25,0,1)$$

$$\gamma_1 \sim \mathcal{N}(0.01, 0.02)$$

图6-13（b）显示了用此分层模型拟合 $n=200$ 个样本的结果，其中包括95%置信区间。可以看出，尽管由于混杂机制的不确定性导致电压分布的不确定性较高，但关于电压分布的推论相对于真实情况仍然相当准确，并且真值包含在置信区间内。解决混杂问题后，可靠性估计会发生很大变化。具体而言，在不解决混杂问题的情况下，可靠度估计为0.515，95%置信区间为（0.400,0.630）；在经过调整的敏感性研究中，具有95%置信区间的可靠度估计为0.992和（0.988,0.994）。

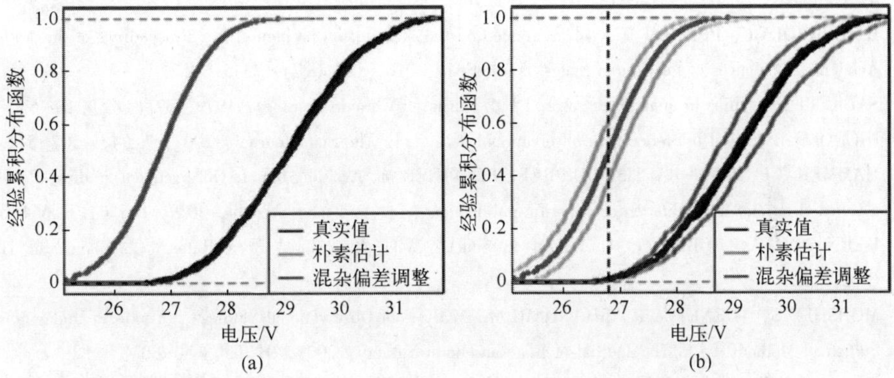

图6-13　关于$(Y|A=25)$经验分布的混杂偏差敏感性测试

6.4　本章小结

观察是认识社会的重要手段，基于观察数据的统计分析曾经被认为是研究社会现象的唯一统计方法，比如社会统计学派的 K. G. A. Knies、G. V. Mayer 和 C. L. E. Engel 等，通过建立社会统计学体系，积极推进政府统计工作。当然，观察在科学研究、军事领域也是重要的数据获取手段。直接运用统计学理论对观察数据进行分析，导致一些悖论推动了统计学的发展，特别是因果推断理论的发展，并使人们深刻认识到试验和观察的差异，以及运用统计学方法解决数据建模与分析问题时，必须重视数据来源和获取途径，考虑模型和方法的局限性。与试验数据的获取受条件制约不同，由于观察手段的进步，目前观察数据的大数据趋势越来越明显，特别是复杂的社会系统、物理系统、气候系统等，能够获得大量的数据资料，包括大量的结构和非结构化数据。对这些复杂系统，大数据技术的运用为基于观察数据的系统分析带来了机遇，但是也面临潜在风险。观察数据分析具有很强的目的性，是为了认识、预测甚至干预（控制）对象，比如地球气候变迁的原因、社会教育的影响等，误把相关当因果，有可能导致荒谬、错误的决策。因此，一方面运用大数据技术提高了数据分析与建模的能力，另一方面人们在基于数据探索现象背后的因果关系，以便更好地指导实践。

参考文献

[1] HUND L, SCHROEDER B. A causal perspective on reliability assessment [J]. Reliability Engineering and System Safety, 2020, 195: 1-12.

[2] BAREINBOIM E, PEARL J. Causal inference and the data-fusion problem [J]. Proceedings of the National Academy of Sciences of the United States of America, 2016, 113 (27): 7345-7352.

[3] SACKETT D L. Bias in analytic research [J]. Journal of Chronic Diseases, 1979, 32 (1/2): 51-63.

[4] NICHOLS A. Causal inference with observational data [J]. The Stata Journal, 2007, 7 (4): 507-541.

[5] HAMMER G P, JEAN-BAPTIST DU PREL, BLETTNER M. Avoiding Bias in Observational Studies: Part 8 in a series of articles on evaluation of scientific publication [J]. Deutsches Arztebl, 2009, 106 (41): 664-668.

[6] HERNÁN M A, ROBINS J M. Causal Inference: What If [M]. Boca Raton: Chapman and Hall/CRC, 2020.

[7] MORSHED S, TORNETTA P, BHANDARI M. Analysis of Observational Studies: A Guide to Understanding Statistical Methods [J]. The Journal of Bone and Joint Surgery, 2009, 91 (3): 50-60.

[8] 苗旺，刘春辰，耿直．因果推断的统计方法 [J]．中国科学（数学），2018，48（12）：1753-1778.

[9] 珀尔，麦肯齐．为什么：关于因果关系的新哲学 [M]．江生，于华，译．北京：中信出版社，2019.

[10] PEARL J. Causality [M]. New York: Cambridge University Press, 2009.

[11] PEARL J. Causal diagrams for empirical research [J]. Biometrika, 1995, 82 (4): 669-710.

[12] 丁鹏．因果推断：现代统计的思想飞跃 [J]．数学文化，2021，12（2）：. 51-67.

[13] HUNTINGTON-KLEIN N. The Effect: An Introduction to Research Design and Causality [M]. Yew York: CRC Press, 2021.

[14] KOSKI T, NOBEL J M. Bayesian Network: An Introduction [J]. New Jersey: Wiley, 2009.

[15] PEARL J, CLYMOUR M, JEWELL N P. 统计因果推理入门（翻译版）[M]．杨矫云，安宁，李廉，译．北京：高等教育出版社，2020.

[16] ACEMOGLU D, JOHNSON S, ROBINSON J A. The Colonial Origins of Comparative Development: An Empirical Investigation [J]. The American Economic Review, 2001, 91 (5): 1369-1401.

第7章

仿真数据建模与分析

仿真试验是指以仿真模型代替实际研究对象进行的试验。仿真试验可以在物理模型上进行，比如在风洞中对缩比飞机模型进行试验。本章仅考虑数学仿真试验，即以数学模型代替实际研究对象的仿真试验。随着应用需求的不断增长，仿真技术几乎在所有领域都得到应用，并且成为复杂系统论证、设计、试验、评估不可缺少的重要手段。与实物试验相比，仿真试验结果具有确定性且可以大量进行，因此为解决随机误差而建立的经典统计方法，不能直接用于仿真数据的分析，仿真试验数据的建模与分析逐渐经成为统计学的一个新的研究主题。

7.1 概　　述

仿真模型是现实世界或想象的系统、过程或实体的模型。仿真模型的代码实现可以看作一个黑箱，隐含了将输入（如因子水平设置、伪随机数种子）转换为输出。仿真分析人员希望通过仿真获得对仿真模型或系统的基本理解，找到稳健的决策或方案，以及对不同的决策或方案进行比较和寻优等。

7.1.1 仿真试验特点

试验可以分为物理试验和仿真试验。物理试验又称实际实验，是试验者在实验室、工厂或野外等物理环境下进行的试验。物理试验最明显的特点是存在随机误差，即相同的试验设置会得到不同的试验结果。

在仿真试验中，基础模型是确定的和已知的，但往往过于复杂，难以进行分析，并且需要考虑模型的输入误差。与物理试验最大的不同在于，在给定输入（包括随机数种子）的情况下，仿真试验的输出是确定的，不存在随机误差，因此仿真试验不需要针对给定的输入进行多次重复。由于仿真试验具有良好的可控性，因此仿真试验设计不需要考虑区组化、随机化等物理试验设计原则。在现代仿真技术支持下，仿真试验费用相对较低、试验速度比较快，可以大量进行、获得大量数据，因此仿真试验设计一般考虑空间填充方式，即希望试验点充满试验空间，以获得较多的试验数据。总结起来，与物理试验相比，仿真试验具有以下特点：

（1）与物理试验相比，仿真试验往往涉及更多的变量。

（2）仿真试验常常探索复杂的非线性函数，因此常常需要更大的试验域或试验空间。

（3）仿真试验具有确定性。也就是说，具有相同输入设置的样本将产生相同的输出。

需要注意，即使是仿真试验，也不能保证获得所有关心的因子水平组合对应的输出。因为仿真试验的因子数量相对较多，可达到 20~30 个，多的甚至达到上百个[4]，因此仿真试验设计仍旧是必要的。另外，在单次仿真运行花费很大的情况下，除了需要进行仿真试验设计，还经常需要对仿真试验数据建模，用一个计算便捷的数学模型[5]“代理”复杂的仿真系统，通过在该代理模型上进行试验，代替仿真系统的试验，以进一步降低计算资源要求。

7.1.2 仿真数据建模

与物理试验类似，仿真试验的终极目标也是探寻因子与响应关系。其中，仿真试验的一个主要目标是找到一个比仿真模型简单得多的近似模型，称为元模型（metamodel）。仿真数据建模就是要通过各种建模技术拟合高度适应性的元模型。

由于仿真试验可以大量进行，而且一般来说仿真对象非常复杂，因此在仿真数据建模时，很少考虑简单的固定效应模型或回归分析模型，一般要考虑复杂的非线性模型。由于仿真试验的输出是确定性的，即没有随机误差，因此元模型的输入变量和输出变量之间的关系用如下模型表示：

$$\text{输出变量}=g(\text{输入变量})$$

式中：g 为需要逼近的未知光滑函数。大多数元模型都可以表示为一个特定基函数集合的线性组合的形式。设$\{B_1(\boldsymbol{x}),B_2(\boldsymbol{x}),B_3(\boldsymbol{x}),\cdots\}$是试验域 T 上定义的一个基函数集合，元模型可以表示成下面的一般形式：

$$g(\boldsymbol{x})=\beta_1B_1(\boldsymbol{x})+\beta_2B_2(\boldsymbol{x})+\beta_3B_3(\boldsymbol{x})+\cdots$$

式中：β_j为待估的模型参数。

与统计学文献中非参数回归模型进行比较，元模型不包含随机误差项。即使在常用的克里金模型中，其随机项描述的也是拟合的局部偏差而非试验误差。在仿真试验数据建模中，有一些常用的元模型，如多项式模型（polynomial model）、克里金模型（Gaussian Kriging model）、多层感知机（multilayer perceptron network，MLP）、分类回归树（CART）、局部多项式回归（local polynomial regression）、贝叶斯插值（Bayesian interpolation）等。下面以多项式元模型[1]为例进行说明。

多项式模型使用多项式基函数 $x_1^{r_1},x_2^{r_2},\cdots,x_s^{r_s}$，其中 $r_1,r_2,\cdots,r_s$ 是整数。一般使用低阶多项式，比如二阶多项式：

$$g(\boldsymbol{x})=\beta_0+\sum_{i=1}^{s}\beta_i x_i+\sum_{i=1}^{s}\sum_{j=i}^{s}\beta_{ij}x_i x_j$$

这是仿真试验数据建模中最流行的多项式元模型，也称为响应面（response surface）模型。

为了数值计算稳定，通常使用中心化输入变量，从而得到中心化二阶多项式模型如下：

$$g(\boldsymbol{x})=\beta_0+\sum_{i=1}^{s}\beta_i(x_i-\bar{x}_i)+\sum_{i=1}^{s}\sum_{j=i}^{s}\beta_{ij}(x_i-\bar{x}_i)(x_j-\bar{x}_j)$$

式中：$\bar{x}_i$ 为第 i 个变量的均值。

对于存在很多局部极值的情况，逼近真实模型往往需要高阶多项式。如果出现高阶多项式，则多项式基函数容易造成比较严重的共线性，这时建议使用正交多项式模型（orthogonal polynomial models）来克服共线性困难。另一种克服共线性困难的方法是使用样条基函数。在单变量情形下，样条基具有下面一般的形式：

$$1,x,x^2,\cdots,x^p,(x-\kappa_1)_+^p,\cdots,(x-\kappa_K)_+^p$$

式中：$\kappa_1,\kappa_2,\cdots,\kappa_K$ 表选定的结；$a_+=aI(a>0)$ 为 a 的正数部分。

对于周期函数，通常可以使用 Fourier 基函数。多变量 Fourier 基函数可以使用张量积方法，由如下的单变量 Fourier 基函数得到，即

$$1,\cos(2\pi x),\sin(2\pi x),\cdots,\cos(2k\pi x),\sin(2k\pi x),\cdots$$

实际研究中经常使用如下的 Fourier 基函数构造元模型：

$$\begin{aligned}g(\boldsymbol{x})=\beta_0+\sum_{i=1}^{s}\{&[\alpha_i\cos(2\pi x_i)+\beta_i\cos(2\pi x_i)]+[\alpha_i^{(2)}\cos(4\pi x_i)\\&+\beta_i^{(2)}\cos(4\pi x_i)]+\cdots+[\alpha_i^{(m)}\cos(2m\pi x_i)+\beta_i^{(m)}\cos(2m\pi x_i)]\}\end{aligned}$$

由于仿真试验的空间具有填充性，因此要求元模型既能表现非线性，又能在未试验点提供良好的预测能力，这是非常重要的。由于高度自适应模型的复杂性，通常具有“无模型”的非参数回归形式（在模型构建过程中没有预先假定的刚性结构模型），直接地解释模型往往是困难的。这时，需要使用更复杂的类似方差分析的全局敏感性分析来解释元模型。

7.1.3 仿真试验数据分析

仿真试验数据的分析既有试验和观察数据分析的共性，也有大量特殊的内容。比如，仿真数据检索（仿真运行查找器）就是适用于仿真试验数据探索性分析的一种直接的和有效的方法，其搜索仿真日志文件，以获得符合条件（攻击达到某种程度时）的各样本各次运行对应时段数据、符合某些标准（如攻击达到某种程度时）的仿真试验过程，可以直观比较智能体行为、物理过程的影响。又如，利用数据耕耘得到的海量仿真试验数据，采取聚类分析等手段，发现小概率事件，探索战略意外，对于仿真试验是特别重要的内容。除了这些独特的数据分析，灵敏性和不确定性也是仿真数据分析的重点[7]。

一、灵敏性分析

灵敏性分析（sensitivity analysis，SA）是仿真数据分析中最重要的内容，其目的是洞察仿真模型输入变量与输出结果之间的关系。理解输入和输出之间的关系有几个原因。首先，处理包含大量输入变量的非常复杂的模型时，需要对模型进行完整性检查。通过量化灵敏性，可以交叉检查模型产生的结果，并将其与已知的物理定律进行比较。其次，特别是在工程设计中，人们希望知道哪些输入变量对输出影响最大，对变量的重要性进行排序，从而指导设计决策。通过敏感度分析，将一个模型的输出变化定量地分配给不同的来源，以及搞清楚模型如何依赖它的输入信息。此外，灵敏度分析还能够用来增加对模型及其预测的信心。

在灵敏性分析中，可以使用许多传统的统计思想和方法，即使这使试验结果没有随机误差。当用低阶多项式模型拟合仿真试验数据时，可以直接采用传统的平方和分解或方差分析方法，对变量及其相互作用的重要性进行排序，并且回归系数的大小也解释了各项的影响。比如，如果输入输出数据符合线性模型，仿真试验样本量为 n，则可以基于拟合的线性模型，定义以下灵敏性指标。

（一）单相关系数

单相关系数简称相关系数（correlation coefficient），定义为

$$r(X_j,Y)=\frac{\sum_{i=1}^{n}(X_{ji}-\overline{X_j})(Y_i-\overline{Y})}{\sqrt{\sum_{i=1}^{n}(X_{ji}-\overline{X_j})^2}\sqrt{\sum_{i=1}^{n}(Y_i-\overline{Y})^2}}$$

（二）标准化回归系数

标准化回归系数（standard regression coefficient，SRC）定义为

$$\mathrm{SRC}_j=\beta_j\sqrt{\frac{\mathrm{Var}(X_j)}{\mathrm{Var}(Y)}}$$

式中：β_j为回归模型中 X_j的回归系数；SRC_j^2为在线性关系成立的情况下 X_j的方差占响应 Y 的总方差的比例。

（三）偏相关系数

偏相关系数（partical correlation coefficient，PCC）定义为

$$\mathrm{PCC}_j = r(\boldsymbol{X}_j - \hat{\boldsymbol{X}}_{-j}, \boldsymbol{Y} - \hat{\boldsymbol{Y}}_{-j})$$

式中：$\hat{\boldsymbol{X}}_{-j}$为 X_j关于其他输入的线性模型的预测；$\hat{\boldsymbol{Y}}_{-j}$为在没有 X_j的情况下，线性模型的预测。PCC_j度量了其他输入的影响被取消时，$\boldsymbol{Y}$ 对 X_j的灵敏度。

进一步的敏感性分析一般基于元模型进行。然而，如果使用复杂的基函数，如克里金模型或神经网络，将很难对元模型有直观的理解。这时需要特别设计的灵敏性分析方法，以研究给定的元模型如何响应其输入的变化。这些方法包括：研究元模型是否反映系统或真实模型；确定哪些输入变量和交互对输出变化的贡献最大；是否可以删除元模型中一些项或者一些无关紧要的输入因子，以提高元模型性能；找到输入变量的某个水平组合，以便可以得到输出 y 的最大值或最小值。

现有文献中已经提出了很多不同的灵敏性分析方法，这些方法主要可以分为三类：

（1）筛选方法：即因子筛选，其目的是确定真实模型中的影响因素。在一些仿真试验中，模型非常复杂，计算成本高，且有大量的输入因子。通过因子筛选，可以在许多潜在的重要因子中确定哪些输入因子是真正重要的。

（2）局部灵敏性分析：强调输入变量对模型的局部影响。局部灵敏性有助于计算元模型相对于输入变量的偏导数。在局部灵敏性分析中，对于数值计算导数，输入参数允许在一个小的区间内变化。

（3）全局灵敏性分析：强调将输出的不确定性分配到输入变量的不确定性中。前面基于线性模型定义的灵敏性指标都是全局灵敏度指标，因为它们是定义在整个输入空间上的。通常对每个输入变量的分布采用抽样方法来获得全局灵敏性。

图 7–1 对一些典型的灵敏性分析方法进行了一个综合。可以从几个角度理解图中的描述，包括区分筛选方法（在大量数据中识别没有有影响的变量）和更精确的基于方差的定量方法，基于模型调用次数（这与大多数方法的输入变量数线性相关）花费来选择合适的方法，根据模型复杂性和规律性的假设来选择方法，区分每种方法所能提供的信息类型，识别哪些方法需要一些关于模型行为的先验知识等。

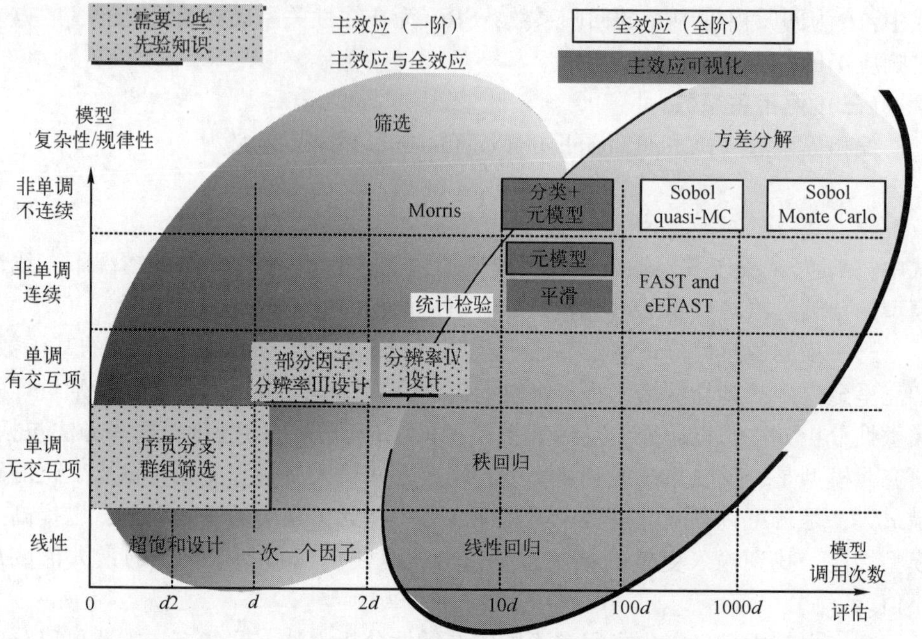

图 7-1　灵敏性分析方法[8]

二、不确定性分析

在仿真数据分析中，与灵敏度分析密切相关的是不确定性分析（uncertainty analysis，UA），而且将不确定分析与灵敏性分析混淆的事情经常发生。二者虽然都可分析模型的不确定性，但还是有明显区别的：UA 解决的问题主要是“输出不确定性的识别”，SA 则回答“输出不确定性如何分配到不同输入”。或者说，UA 根据包含在分析过程的输入中的不确定性，确定分析结果中的不确定性；SA，确定输入中的不确定性对分析结果的不确定性的贡献。这里的不确定性通常是指认知不确定性（epistemic uncertainty）。

认知不确定性属于主观不确定度，产生于人类对客观现象或某种规律在主观认识上的不充分（lack of knowledge），比如存在可替换的模型、试验数据不存在、稀疏、不完整或不一致、模型近似、遴选专家、缺乏关于系统行为的信息等。认知不确定性可以随着信息增加和认识水平的提高而逐步缩减甚至消除。认知不确定性一般用数值区间进行描述，在不确定性量化分析中用均匀分布进行处理，但是在最后的分析结果中一般应该抛弃概率信息，仅保留支撑集。认知不确定性也称可约不确定性、主观不确定性或知识缺乏。

与认知不确定性相对的是偶然不确定性。偶然不确定性（aleatory uncertainty）属于客观不确定度，对应于所研究系统的随机变化或称变异性（variability）。作为这种随机变化来源的一些例子包括：①生产设备总体的可变性；②老化过程影响的可变性；③由于某些特殊事故导致的状态和条件的可变性；④单个设备或设备的总体所处的环境条件随时间变化。偶然不确定性又称变异性、随机不确定性、无法缩减的不确定性。

目前，基于仿真试验的系统评估主要处理认知不确定性，偶然不确定性在模型求解过程中予以解决。基于抽样的不确定性传播方法是仿真试验中处理认知不确定性的主要方法。其基本原理描述如下。

假设分析如下形式的输入-输出关系：

$$y=F(\boldsymbol{x}),\boldsymbol{x}=(x_1,x_2,\cdots,x_p)$$

问题的不确定性结构取决于与 $\boldsymbol{x}$ 有关的不确定性结构。由于数值上的困难，根据 $\boldsymbol{x}$ 的不确定性准确地给出 y 的不确定性，在实际分析中通常是不可能的。可以基于抽样（比如拉丁超方抽样（latin hypercube sample，LHS）、均匀设计、D-最优设计等）或蒙特卡罗方法，获得关于 y 的不确定性结构。也就是说，使用来自 $\boldsymbol{x}$ 的可能取值的集合 $\boldsymbol{X}$ 的样本

$$\boldsymbol{x}_i=(x_{i1},x_{i2},\cdots,x_{ip})(i=1,2,\cdots,n)$$

来估计与 $y=F(\boldsymbol{x})$有关的不确定性结构。一般不需要特别规定样本的结构，但是样本应该“充分覆盖”集合 $\boldsymbol{X}$。“充分覆盖”的内涵依赖集合 $\boldsymbol{X}$ 以及函数 $F(\boldsymbol{x})$ 的性质。比如，用区间表示 $\boldsymbol{x}$ 的不确定性时，“覆盖”应能合理估计 $F(\boldsymbol{x})$的最小值和最大值；用概率表示不确定性时，所生成的样本应该与 $\boldsymbol{x}$ 的概率分布一致。

一旦生成了合适的样本，与 y 有关的不确定性的一种区间表示为

$$[y_{\min},y_{\max}]=[\inf(\boldsymbol{Y}),\max(\boldsymbol{Y})]\approx[\min\{y_i\},\max\{y_i\}]$$

其中，$\boldsymbol{Y}$ 是 y 的值域，$y_i=F(\boldsymbol{x}_i)(i=1,2,\cdots,n)$。

如果 $\boldsymbol{x}$ 的认知不确定性由概率空间表示，则对应于 y 的概率空间可由与其有关的累积分布函数（CDF）、补累积分布函数（CCDF）表示。

7.2　筛选方法

实践表明，往往只有少量输入对输出具有显著影响。运用筛选方法的目的是针对复杂的仿真模型，用少量的仿真试验识别不重要的输入变量，以便在建立元模型或进行其他灵敏性分析之前，得到简洁但有效的模型。针对具有大量输入的仿真情形，筛选方法基于离散化的输入因子水平，试验数据分析人员可以快速探索仿真系统的行为。筛选不是仿真试验独有的，在实物试验中也要进行因子筛选。只不过由于仿真试验可以大量进行，因此针对仿真试验的筛选是研究的

重点。

筛选试验是对输入变量进行筛选的主要途径，其依据是关于因子效应的假设。筛选试验一般通过主效应大小判断各输入变量的重要程度。最常用的工程筛选方法是"一次一个"（one at a time，OAT）设计。在OAT中，每次模型调用时的输入都不同，同时固定其他输入。当因子规模较小时，可以借助传统的析因设计或部分析因设计。如果因子规模较多，比如有几十个至上百个因子，这时就需要通过群组筛选方法进行，可以用小于输入变量数的试验次数完成筛选要求。其基本思想是，通过单次试验成组地筛选出重要和不重要的因子集合，然后只针对重要因子集合进一步试验，直至筛选出所有重要因子。典型的群组筛选方法如序贯分支法（sequential bifurcation，SB）。当因子规模较大时（成百个至上千个因子），可以进行迭代部分析因设计（iterated fractional factorial design，IFFD），不过这时设计矩阵构造非常复杂。除了通过筛选方法设计筛选外，实际上也可以利用任何仿真数据进行筛选，这时的筛选不是明确地基于主效应或交互效应，不考虑试验数据生成机制，而估计的各种效应也存在偏差，因此是探索性的。

7.2.1 方法

本节介绍筛选的Morris方法是最完整、成本最高的方法。通过Morris方法，可以将输入变量分为三组：可忽略影响的输入、没有交互且具有较大线性影响的输入，以及具有较大非线性和/或交互影响的输入。该方法离散化每个变量的输入空间，然后进行给定数量的OAT设计。在输入空间随机选择试验点，因子水平的变化方向也是随机的。重复这些试验步骤得到每个输入变量的基本效应（elementary effect），然后根据这些效应计算灵敏度指标。

以r表示OAT设计的数量（建议r取4~10）。将输入空间离散在一个n层的d维网格中。令$E_j^{(i)}$表示第i次重复得到的第j个变量的基本效应，定义为

$$E_j^{(i)}=\frac{f(X^{(i)}+\Delta\boldsymbol{e}_j)-f(X^{(i)})}{\Delta}$$

式中：Δ为预先给定的$\dfrac{1}{n-1}$的倍数；$\boldsymbol{e}_j$为标准基底向量。得到如下灵敏性指数μ_j^*和σ_j，联合使用这两个指数来区分因子的类型：

（1）基本效应绝对值的算术平均μ_j^*：

$$\mu_j^*=\frac{1}{r}\sum_{i=1}^{r}|E_j^{(i)}|$$

式中：μ_j^*为第j个输入对输出的影响。μ_j^*越大，第j个输入对输出散布的贡献越大。

（2）基本效应的标准差 σ_j：

$$\sigma_j = \sqrt{\frac{1}{r}\sum_{i=1}^{r}\left(E_j^{(i)} - \frac{1}{r}\sum_{i=1}^{r}E_j^{(i)}\right)^2}$$

式中：σ_j为第 j 个输入的非线性和/或交互效应的测量。如果 σ_j小，基本效应对输入的支持有低的变化。因此，扰动的影响在整个支撑上都是相同的，这表明研究的输入和输出之间存在线性关系。另外，σ_j越大，线性假设的可能性越小。因此，具有较大 σ_j值的变量将被认为具有非线性效应，或隐含在与至少一个其他变量的相互作用中。

7.2.2 案例分析

下面通过一个简单的模拟河流高度的模型说明筛选方法[8]。该模型基于均匀、恒定流量、大矩形截面假设下的 Saint Venant 一维流体动力学方程简化后得到，是以下描述河流展宽特征的方程：

$$S = Z_v + H - H_d - C_b, \quad H = \left(\frac{Q}{B \cdot K_s\sqrt{(Z_m - Z_v)/L}}\right)^{0.6}$$

式中：S 为年最大溢流（单位：m）；H 为年最大河流高度（单位：m）。其他变量（8个输入变量）的概率分布定义见表7-1。模型输入变量中的 H_d是一个设计参数，其范围对应于可行的设计域。其他输入变量的随机性是由于其时空变异性、真值未知，或者估计不准确。假设这些输入变量是独立的。

表7-1 案例中的概率分布

输 入	描 述	单 位	概率分布
Q	每年最大流量	m^3/s	[500,3000]区间上截断 gumbel 分布 $\mathcal{G}(1013,558)$
K_s	斯特里贝克系数	—	[15,+∞]区间上截断正态分布 $\mathcal{N}(30,8)$
Z_v	河流顺流而下水平	m	三角分布 $\mathcal{T}(49,50,51)$
Z_m	河流逆流而上水平	m	三角分布 $\mathcal{T}(54,55,56)$
H_d	堤坝高度	m	均匀分布 $\mathcal{U}[7,9]$
C_b	储水量水平	m	三角分布 $\mathcal{T}(55,55.5,56)$
L	河段长度	m	三角分布 $\mathcal{T}(4990,5000,5010)$
B	河流宽度	m	三角分布 $\mathcal{T}(295,300,305)$

另外，考虑大坝成本（单位：百万欧元）的模型，如下：

$$C_p = 1|_{S>0} + 0.8\left[\left(1-\exp^{-\frac{1000}{S^4}}\right)\right]1|_{S\leqslant 0} + \frac{1}{20}(H_d 1|_{H_d>8} + 81|_{H_d\leqslant 8})$$

式中：$1|_A(x)$为指示函数，表示当$x\in A$时等于1，否则等于0。上式等号左侧第一项为洪水造成的损失($S>0$)，第二项对应于堤防维修费用($S\leqslant 0$)，第三项为与堤坝建设有关的投资成本，假设堤防高度小于8m时成本是固定的，反之则相对于堤防高度成比例增长。

将Morris方法应用于该案例，进行$r=5$次重复，需要$n=r(d+1)=45$次仿真试验。图7-2将结果绘制在(μ_j^*,σ_j)图上。通过可视化结果可以得到以下结论。

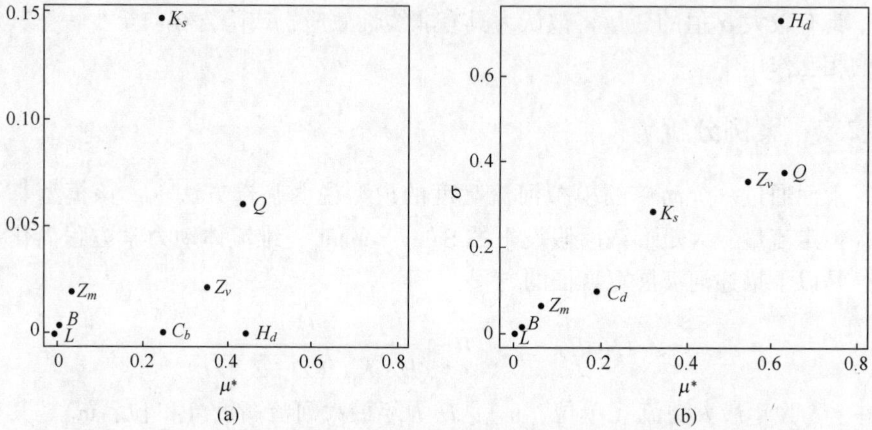

图7-2　Morris方法的结果（4水平，$r=5$）：S[(a)图]及C_p[(b)图]

对最大溢流S：输入K_s、Z_v、Q、C_b以及H_d有影响，其他输入没有影响。进一步地，模型输出先行依赖输入，并且输入之间没有交互效应（因为对每个j，都有$\sigma_j \ll \mu_j^*$）。

对大坝成本C_p：输入H_d、Q、Z_v以及K_s有强烈影响，具有非线性和/或交互效应（因为σ_j和μ_j^*具有相同数量级）。C_b的影响处于平均水平，其他输入则没有影响。

经过筛选，发现3个输入（L、B和Z_m）对两个模型的输出没有影响。因此，在接下来的仿真试验中，将这3个输入变量的取值固定在它们的标称值即可。

7.3　分类回归树模型

通过仿真试验获取的数据量一般很大，并且影响响应的因素会很多，此时可通过分类回归树方法来确定重要影响因素或者因子影响的类型。

7.3.1　分类回归树建模

分类回归树（classification and regression tree，CART）是由Loe Breiman等在

1984 年提出的决策树学习方法[11]，用于生成具有基于树的结构的分类和回归模型。CART 采用一种二分递归分割技术，将当前样本分成两个子样本集。CART 的非叶子节点有两个分支，因此是一棵二叉树。CART 的生成就是递归构建二叉树，但是针对分类和回归的策略不同：对回归树使用误差平方和准则，对分类树使用基尼指数。二者的应用对象也不一样，回归树针对连续数据，分类树针对离散数据。

一、回归树

假设 $\boldsymbol{x}$ 和 y 分别是 p 维输入和标量输出，$\boldsymbol{x}$ 和 y 是连续变量，样本数据为

$$D=\{(\boldsymbol{x}_1,y_1),(\boldsymbol{x}_2,y_2),\cdots,(\boldsymbol{x}_n,y_n)\}$$

一棵回归树对应于输入空间的一个划分以及在划分单元上的输出值。假设将输入空间划分为 $\boldsymbol{M}$ 个单元 $R_1,R_2,\cdots,R_M$，在每个单元 R_m 上有固定的输出值 C_m，则回归树模型表示为

$$f(\boldsymbol{x})=\sum_{m=1}^{M}C_m\cdot I(x\in R_m)$$

为了预测新样本点的输出，只需根据它所属的单元赋予对应的输出值。

输入空间划分确定后，可以用均方误差平方和来表示回归树对训练数据的误差，即

$$\text{MSE}=\sum_{\boldsymbol{x}_i\in R_m}(y_i-f(\boldsymbol{x}_i))^2=\sum_{\boldsymbol{x}_i\in R_m}(y_i-C_m)^2$$

于是，这个最优值应该是各单元上所有样本点对应输出的平均值，即

$$C_m=\text{ave}(y_i\mid y_i\in R_m)$$

因此对于回归树，问题就剩下如何划分输入空间。下面给出回归树生成算法：

（1）依次遍历每个变量（为叙述方面，记作 $\boldsymbol{x}^{(j)}$）以及该变量的每个取值 s，计算每个切分点(j,s)的损失函数，选择损失函数最小的切分点：

$$m(s)=\min_{j,s}\left[\min_{C_1}\sum_{\boldsymbol{x}_i\in R_1(j,s)}(y_i-C_1)^2+\min_{C_2}\sum_{\boldsymbol{x}_i\in R_2(j,s)}(y_i-C_2)^2\right]$$

其中，$R_1(j,s)=\{\boldsymbol{x}\mid x^{(j)}\leqslant s\}$，$R_2(j,s)=\{\boldsymbol{x}\mid x^{(j)}>s\}$，$C_1$、$C_2$分别为划分单元 R_1、R_2上的输出值。

（2）使用上步得到的切分点将当前的输入空间划分为两个部分：

$$R_1(j,s)=\{\boldsymbol{x}\mid x^{(j)}\leqslant s\},\quad R_2(j,s)=\{\boldsymbol{x}\mid x^{(j)}>s\}$$

（3）分别计算划分后的两个部分的切分点并再次划分；依次类推，直到不能继续划分为止。

（4）最后将输入空间划分为 M 个区域 R_1，R_2，$\cdots$，R_M，生成的回归树为

$$f(\boldsymbol{x})=\sum_{m=1}^{M}C_m\cdot I(x\in R_m)$$

式中：C_m为所在区域输出的平均值。

二、分类树

分类树用基尼指数选择重要因素，同时决定该因素的最优二值切分点。基尼指数表示在样本集合中一个随机选中的样本被分错的概率，用于度量样本集合的不确定性。

在分类过程中，假设针对输出 y 有 K 个类，样本点属于第 k 个类的概率为 p_k，则概率分布的基尼指数定义为

$$\text{Gini}(p)=\sum_{k=1}^{K}p_k(1-p_k)=1-\sum_{k=1}^{K}p_k^2$$

给定样本集合 D，设 D 有 K 个类 $C_1,C_2,\cdots,C_K$，则 D 的基尼指数为

$$\text{Gini}(D)=1-\sum_{k=1}^{K}\left(\frac{|C_k|}{|D|}\right)^2$$

式中：C_k为 D 中属于第 k 类的样本子集；K 为类的个数。

如果样本集合 D 根据变量 $\boldsymbol{x}^{(j)}$ 是否取某一可能值 a 被分割成 D_1 和 D_2 两部分，即

$$D_1=\{(x,y)\in D\,|\,\boldsymbol{x}^{(j)}=a\},\quad D_2=D-D_1$$

则在变量 $\boldsymbol{x}^{(j)}$ 的条件下，集合 D 的基尼指数（加权基尼指数）定义为

$$\text{Gini}(D,j)=\frac{|D_1|}{D}\text{Gini}(D_1)+\frac{|D_2|}{D}\text{Gini}(D_2)$$

其中，$\text{Gini}(D,j)$ 表示经 $\boldsymbol{x}^{(j)}=a$ 分割后集合 D 的不确定性。

分类树的生成算法与回归树的生成算法类似，都将寻找重要因素及切分点的准则由预测误差平方和最小改为基尼指数最小。

7.3.2 因子效应分析案例

下面通过陆军未来作战系统（FCS）中无人机（UAV）作战行动案例[9]，说明 CART 在确定重要因子中的作用。该案例以俄军为假想敌，考察在东北亚作战地区城市保卫行动中 UAV 的作用，研究的 UAV 包括以下几种类型：

（1）CL Ⅰ无人机：在排级提供侦察、监视、目标获取（RSTA）功能。

（2）CL Ⅱ无人机：在排级和连级提供 RSTA 和目标指定功能。

（3）CL Ⅲ无人机：在营级提供 RSTA、目标指定、通信中继、地雷探测功能。

（4）增程多用途无人机：Warrior 无人机，可携带 Hellfire 导弹、APKWS 导弹。

希望通过仿真试验解决如下问题：①为确保城市环境安全，FCS需要多少排级、连级、营级无人机？②在联合作战营（CAB）级，无人机如何增强FCS战斗力？③在CAB级，是加装Hellfire导弹的Warrior无人机好，还是加装APKWS导弹的CL Ⅲ无人机好？

FCS是一个由18个独立系统平台、网络和士兵构成的网络化体系，把士兵与有人和无人系统、地面和空中系统、平台和传感器等联系起来，如图7-3所示。FCS被分解为行动单元（UA），UA可以快速、灵活地机动，便于部队执行多种任务。每个UA有3个CAB，每个CAB包括多种型号的UAV、载人作战平台（MCS）等。

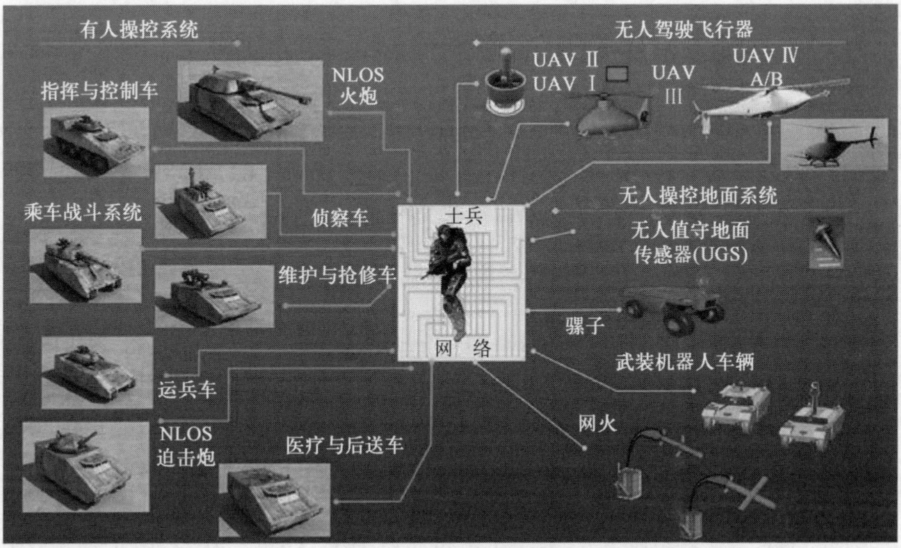

图7-3　未来作战系统[9]

采用基于智能体的仿真（ABS）方法进行仿真试验，所开发的ABS模型的输入包括：战场环境，红军、蓝军人员和武器配置、威胁级别、机动速度，设置单兵、班、无人装备的个性化反应，无人机飞行高度、扫描范围、通信功能等。建模工具是新西兰国防技术局开发的，名称为地图感知非统一自动机（map aware non-uniform automata，MANA）。笔者认为[9]，在探索性分析中使用ABS，可以快速发现并缩小因子、参数、变量的范围，以加快建立基于物理的高分辨率模型，节省仿真项目前端的时间和金钱。另外，将ABS与需要大量计算资源的物理模型结合，有助于分析人员在两个保真度模型之间切换，以便获得更高的场景洞察力。

仿真试验中蓝方采用1个CAB，分为4队。初始考虑的因子共20个，分为受控因子和噪声因子两类。受控因子是与无人机有关的，共 15 个，包括每队的各型 UAV 数量、Warrior 无人机和 CL Ⅲ无人机配备武器数量、UAV 传感器范围、UAV 飞行速度等；噪声因子描述环境条件、敌军规模等不受控制因素，包括敌军初始高价值目标数、城市覆盖和隐藏性、建筑内覆盖和隐藏性、恶劣天气下通信可靠度、UAV 隐藏性。由于全因子组合数太多，因此通过交叉的近似正交的拉定超方设计（crossed NOLH），共生成 258 个设计点，每个设计点重复运行 30 次。将上述过程重复 6 次以评估战斗中的不同时间补丁（time-hacks），最终获得 46440 次的仿真试验数据。

为了刻画军事行动的效果，定义如下两个效能指标（measure of effectiveness，MOE）：

（1）红方高收益目标（high pay-off targets，HPT）被摧毁比例：CAB 能够向红方 HPT 发射精确弹药的能力，直接影响 CAB 完成任务的能力。无人机为使用精确弹药提供技术援助，因此将红方 HPT 被摧毁比例作为一项 MOE。

（2）蓝方步兵生存率：CAB 的任务是保护达拉斯 OBJ 市区，无人机和精确弹药平台的作用是支持士兵作战，市区最终要靠步兵保护，因此将蓝方步兵生存率作为一项 MOE。

一、分类回归树分析

使用 258 个设计点的仿真数据，建立分类回归树如图 7-4 所示。初步的分析表明，被歼灭的敌方 HPT 比例的均值为 0. 90，生存的蓝军步兵比例的平均值为 0. 95，表明蓝军实现保存自己和歼灭敌人的目标。另外，可以看出噪声因子比无人机数量具有更大的重要性。具体地，可以看到，城市和建筑物的密度（即覆盖物和隐藏物的比例）及红方 HPT 初始数量是更重要的因子。在图 7-4 中，第一次分裂在“城市覆盖与隐蔽”因子上。“CL I UVA 数量”因子也出现了，表明它也是重要的，但是由于其只出现一次且发生在第三次分裂，因此其并不是特别重要。另外，“建筑物覆盖与隐蔽”因子存在大量分解，表明该因子可能存在非线性效应。

分类回归树上有多个延伸的路径，可以通过逐一考察这些路径来分析因子重要性。比如，图 7-4 中第一次分裂发生在“城市覆盖和隐蔽性”因子取值为 0. 92 处，且小于 0. 92 时有 236 次。在这 236 次中，只有 8 次发生在“建筑物覆盖与隐蔽性”因子取值超过 0. 97 时，这 8 次中的平均值为 0. 80，而因子小于 0. 97 即建筑物内环境不太密集时，平均值为 0. 92，表明这时情况有利于蓝军。进一步地，在 228 个观测值中，198 个发生在 HPT 初始值大于或等于 3 时，表明蓝军没有能力队伍更强大的红军，即使在较密集的城市中作战也不行。另外，还可以看出，在红方 HPT 数量小于 3 的结果中，在密度较小的城市和建筑环境中的战斗，蓝方更有利。

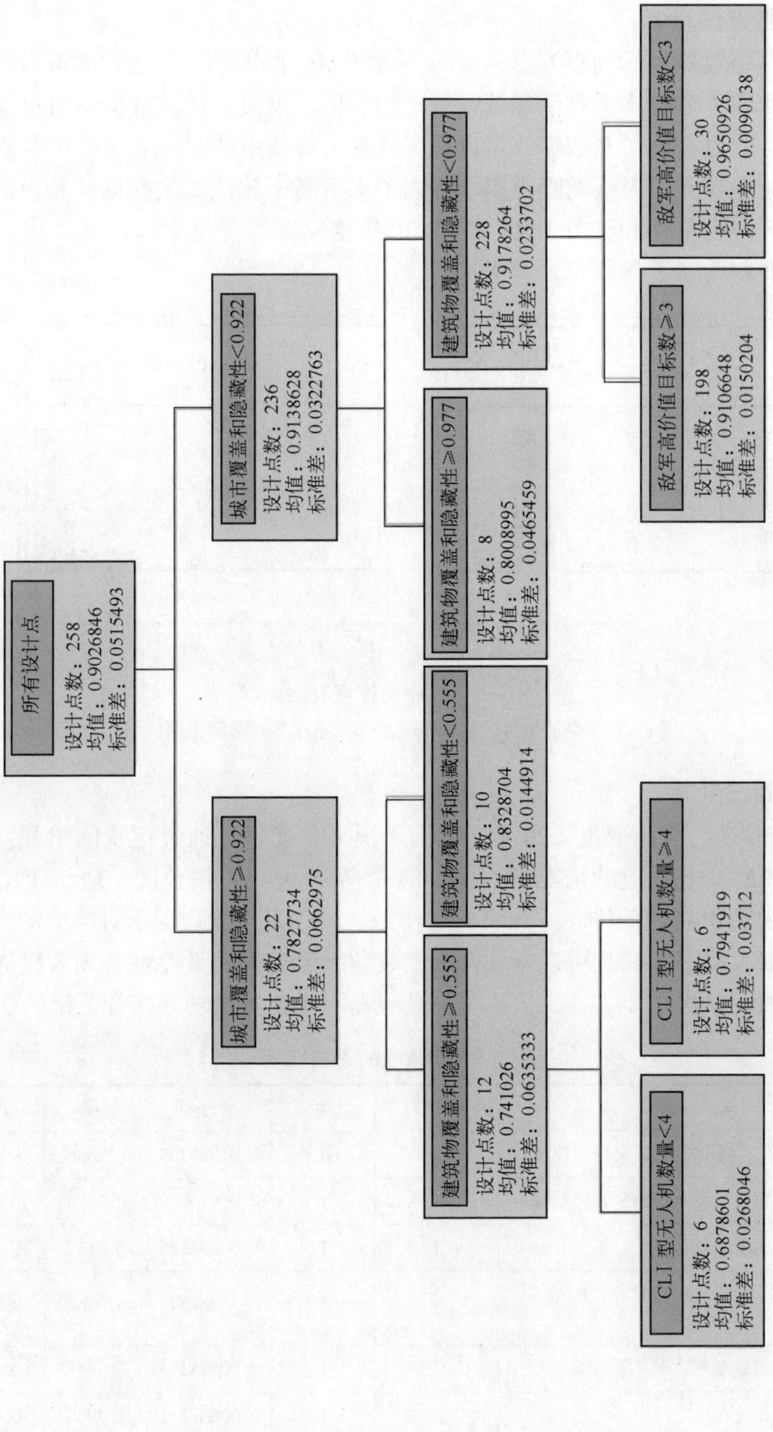

图 7-4　HPT 的分类回归树

二、直方图分析

绘制两个效能指标的直方图，如图 7-5 所示。两图的中位数都靠近右侧，说明较好地实现了蓝军步兵存活和摧毁敌军的目标。不过，试验数据分析更关注的是离群值。通过查询仿真数据，可以确定这些离群值中的每个异常值的特点。结果表明，这些异常值对应的噪声因子的因子水平高于其他试验数据，其中最主要的是城市环境密集性和红方 HPT 数；城市和建筑物的覆盖率均接近“1”，表明更多的障碍物为对手提供了更大保护。

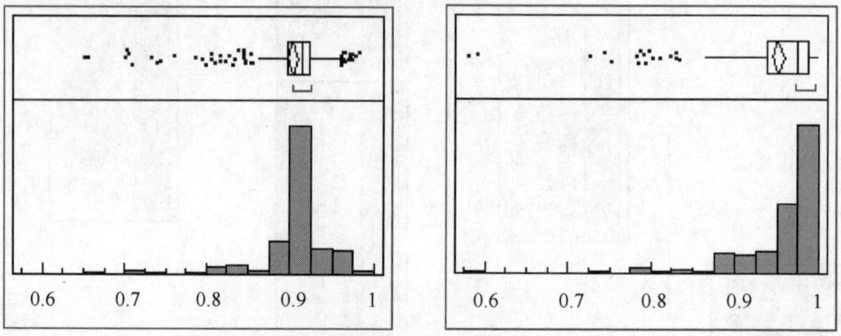

(a)　　　　　　　　　　(b)

图 7-5　效能指标直方图

(a) 红军高质量目标摧毁比例；(b) 蓝军步兵存活比例。

三、回归分析

将 MOE 视为响应变量、20 个影响因子视为自变量，通过逐步回归开发元模型。在不考虑交互效应的情况下，模型的 R^2 等于 0.42，拟合度一般。使用 F 检验法按照 F 值由高到低排序，如表 7-2 所示，可以发现噪声因子对响应的影响比其他因子要大得多，并且可以发现拥有武装营级无人机的重要性、无人机战术能力比无人机数量更重要，在无人机上加装武器对于任务成功是非常关键的。

表 7-2　效能试验的 F 检验表

来　源	因子个数/个	自由度	平方和	F 值	P 值
Warrior 无人机携带的地狱火导弹数量	1	1	0.01398357	6.2346	0.0132
CL Ⅲ无人机携带的 APKWS 导弹数量	1	1	0.00973069	4.3384	0.0383
CL Ⅲ无人机传感器范围	1	1	0.00608539	2.7132	0.1008
CL Ⅰ与 CL Ⅱ无人机追击敌人的战术飞行模式	1	1	0.00466474	2.0798	0.1505
CL Ⅰ无人机速度	1	1	0.00548193	2.4441	0.1192
CL Ⅱ无人机速度	1	1	0.00627712	2.7987	0.0956

续表

来　源	因子个数/个	自由度	平方和	F值	P值
红军高价值目标数	1	1	0.10503218	46.8286	<0.0001
城市覆盖和隐藏性	1	1	0.15357172	68.4699	<0.0001
建筑物覆盖和隐藏性	1	1	0.10478362	46.7177	<0.0001
通信可靠度	1	1	0.01102546	4.9157	0.0275

7.4　克里金模型

基于代理模型的试验评估是复杂产品性能评估的一种便捷的近似方法，其基本思路是对适当选择的试验点进行试验，然后通过这些试验数据建立代理模型来代替原始试验对象，并基于代理模型进行性能评估。目前的代理模型建模方法只需几十个数据点就可以建立较高精度的代理模型，因此可以利用较少的试验得到比较可信的性能评估结果。

传统的拟合或者插值技术大多采用参数化模型，如线性回归模型、响应曲面等。这时首先需要选择一个参数化的数学模型（如多项式模型），然后根据试验或观测数据确定模型的未知参数。当参数化模型不够合理或描述能力不足时，可能会导致模型存在较大的偏差。克里金（Kriging）模型是一种基于统计理论的半参数化的插值模型，即在样本点处的预测值等于观测值。使用克里金模型对某一点 $\boldsymbol{x}$ 的响应进行预测时，是借助该点周围的已知响应的信息，即通过对 $\boldsymbol{x}$ 的一定范围内的点的已知响应信息的加权组合进行估计，权重一般通过最小化估计得均方误差来确定。相对于参数化模型，克里金模型更灵活和更方便。而相比于其他插值模型，克里金模型具有很好的适应性，数据中是否包含噪声不影响克里金模型的有效程度。克里金模型兼具全局和局部统计特性：一方面能够分析试验数据的整体趋势性和动态性；另一方面在进行预测时只使用输入样本点附近的试验数据，考虑了样本点的空间相关性，而不是利用所有数据对未知样本点进行拟合。

7.4.1　克里金模型定义

克里金模型由一个参数化模型和一个非参数化模型联合构成，参数化模型部分为回归分析模型，非参数化模型部分是一个随机分布。克里金模型的具体形式如下：

$$y(\boldsymbol{x})=F(\boldsymbol{x},\boldsymbol{\beta})+\varepsilon(\boldsymbol{x})$$

式中：y 为响应变量；$\boldsymbol{x}=(x_1,x_2,\cdots,x_p)$ 为 p 维输入向量；$F(\boldsymbol{x},\boldsymbol{\beta})$ 为响应函数的

整体趋势，一般用已知形式的回归方程表示，即

$$F(\boldsymbol{x},\boldsymbol{\beta})=\boldsymbol{f}^{\mathrm{T}}(\boldsymbol{x})\boldsymbol{\beta}$$

其中，$\boldsymbol{f}^{\mathrm{T}}(\boldsymbol{x})=(f_1(\boldsymbol{x}),f_2(\boldsymbol{x}),\cdots,f_k(\boldsymbol{x}))$，诸分量$f_j(\boldsymbol{x})$通常为多项式，通常采用0阶、1阶或2阶多项式；$\boldsymbol{\beta}$为相应的待定回归参数。$\varepsilon(\boldsymbol{x})$为表示误差的随机项，用于提供拟合的局部偏差的近似，$\varepsilon(\boldsymbol{x})$具有如下的统计特性：

$$E(\varepsilon(\boldsymbol{x}))=0,\quad \mathrm{Var}(\varepsilon(\boldsymbol{x}))=\sigma^1$$

$$\mathrm{Cov}(\varepsilon(\boldsymbol{x}),\quad \varepsilon(\boldsymbol{x}'))=\sigma^1 R(\boldsymbol{x},\boldsymbol{x}';\phi)$$

式中：$\boldsymbol{x}$、$\boldsymbol{x}'$为任意两个样本点；$R(\boldsymbol{x},\boldsymbol{x}';\phi)$为相关函数，用来衡量两个样本点之间响应的空间相关性。$R(\boldsymbol{x},\boldsymbol{x}';\phi)$一般采用下面的形式：

$$R(\boldsymbol{x},\boldsymbol{x}';\phi)=\prod_{i=1}^{p}R_i(|x_i-x_i'|;\phi_i)=\prod_{i=1}^{p}R_i(d_i;\phi_i)$$

式中：p为试验因子维数；x_i和x_i'为各因子水平组合的第i个因子的水平；ϕ_i为相关参数ϕ的第i个分量。$R_i(d_i;\phi_i)$可取多种形式，见表7-3。部分相关函数与其参数之间的关系见图7-6。

表7-3 常用的相关函数

指数（EXP）	$R_i(d_i;\phi_i)=\exp(-\phi_i d_i)$
广义指数（EXPG）	$R_i(d_i;\phi_i)=\exp(-\phi_i d_i^{\delta})$ $(0<\delta<2)$
高斯核（GAUSS）	$R_i(d_i;\phi_i)=\exp(-\phi_i d_i^2)$
线性核函数（LIN）	$R_i(d_i;\phi_i)=\max\{0,1-\phi_i d_i\}$
球形（SPHERICAL）	$R_i(d_i;\phi_i)=1-1.5\xi_i+0.5\xi_i^3,\xi_i=\min\{1,\phi_i d_i\}$
三次型（CUBIC）	$R_i(d_i;\phi_i)=1-3\xi_i+2\xi_i^3,\xi_i=\min\{1,\phi_i d_i\}$
样条（SPLINE）	$R_i(d_i;\phi_i)=\begin{cases}1-15\xi_i+30\xi_i^3 & (0\leqslant\xi_i\leqslant0.2)\\1.25(1-\xi_i)^2 & (0.2<\xi_i<1)\\0 & (\xi_i\geqslant1)\end{cases}$ 其中 $\xi_i=\phi_i d_i$

一般来说，当两个样本点之间的距离较小时，EXP、LIN和SPHERICAL表现为线性行为，所以它们比较适用于线性对象的建模问题；而GAUSS、CUBIC和SPLINE表现为抛物线行为，所以适用于连续可微对象的建模问题。其中，计算效果最好、被广泛采用的相关函数是GAUSS相关函数。

对于多维问题，相关参数ϕ的数量与$\boldsymbol{x}$的维数是一致的。ϕ的分量选择有两种：一种是所有的分量都为相同的值，即相关函数各向同性，这就假定了$\boldsymbol{x}$的所有分量有相同的权重；另一种是假定所有分量各不相同，这就使相关函数是各向异性的。

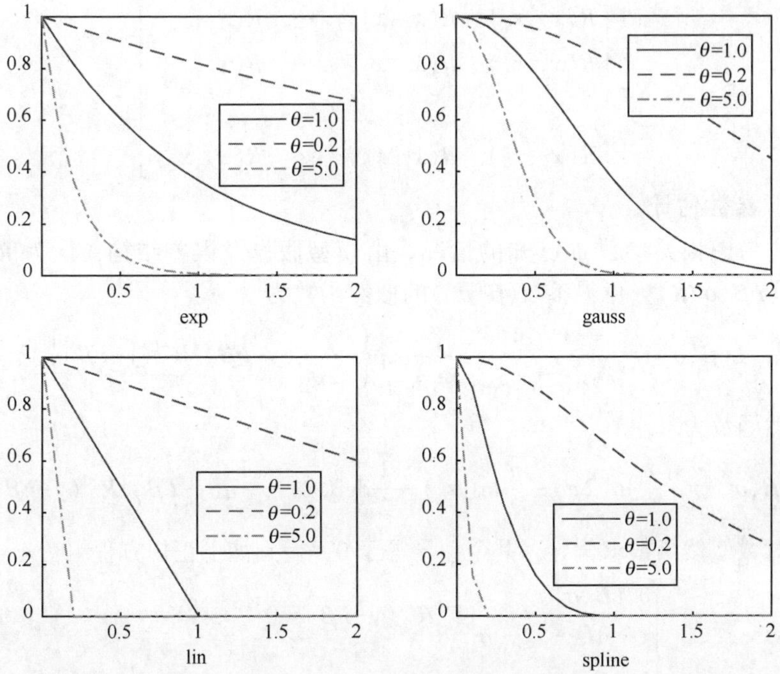

图 7-6　相关函数 R_i 与其参数的关系

上面的模型也称全局克里金（universal Kriging，UK）模型。如果去掉回归模型项，则得到的是简单克里金（simple Kriging，SK）模型；如果回归模型项是未知常数，则称为普通克里金（ordinary Kriging，OK）模型。克里金模型最早由南非地理学家 D. G. Krige 在 1951 年提出，随后得到其他学者的发展。其中，Matheron（1963）建立高斯克里金法，用来分析空间数据；Sacks 等则于 1989 年首次将克里金法引入仿真试验。

7.4.2　极大似然估计

对于给定的样本数据 $\boldsymbol{S}=\{\boldsymbol{x}_1,\boldsymbol{x}_2,\cdots,\boldsymbol{x}_n\}$ 和 $\boldsymbol{Y}=\{y_1,y_2,\cdots,y_n\}$，这里 $\boldsymbol{S}$ 和 $\boldsymbol{Y}$ 分别是仿真试验的输入和输出，下面给出克里金模型参数估计和预测方法。

首先，定义设计矩阵 $\boldsymbol{F}$ 和相关矩阵 $\boldsymbol{R}$ 如下：

$$\boldsymbol{F}=\begin{bmatrix} f_1(\boldsymbol{x}_1) & f_2(\boldsymbol{x}_1) & \cdots & f_k(\boldsymbol{x}_1) \\ f_1(\boldsymbol{x}_2) & f_2(\boldsymbol{x}_2) & \cdots & f_k(\boldsymbol{x}_2) \\ \vdots & \vdots & \ddots & \vdots \\ f_1(\boldsymbol{x}_n) & f_2(\boldsymbol{x}_n) & \cdots & f_k(\boldsymbol{x}_n) \end{bmatrix}$$

$$\boldsymbol{R}=\begin{bmatrix} R(\boldsymbol{x}_1,\boldsymbol{x}_1) & R(\boldsymbol{x}_1,\boldsymbol{x}_2) & \cdots & R(\boldsymbol{x}_1,\boldsymbol{x}_n) \\ R(\boldsymbol{x}_2,\boldsymbol{x}_1) & R(\boldsymbol{x}_2,\boldsymbol{x}_2) & \cdots & R(\boldsymbol{x}_2,\boldsymbol{x}_n) \\ \vdots & \vdots & \ddots & \vdots \\ R(\boldsymbol{x}_n,\boldsymbol{x}_1) & R(\boldsymbol{x}_n,\boldsymbol{x}_2) & \cdots & R(\boldsymbol{x}_n,\boldsymbol{x}_n) \end{bmatrix}$$

一、参数估计

首先考虑相关参数 ϕ 已知的情况。由模型假设及误差结构，认为 $\boldsymbol{R}$ 可逆，则 $\boldsymbol{y}\sim\mathcal{N}(\boldsymbol{F\beta},\sigma^2\boldsymbol{R})$，可得参数$(\boldsymbol{\beta},\sigma^2)$的似然函数为

$$L(\boldsymbol{\beta},\sigma^2)=\frac{1}{(2\pi\sigma^2)^{\frac{n}{2}}\det(\boldsymbol{R})^{\frac{1}{2}}}\exp\left\{-\frac{1}{2\sigma^2}(\boldsymbol{y}-\boldsymbol{F\beta})^{\mathrm{T}}\boldsymbol{R}^{-1}(\boldsymbol{y}-\boldsymbol{F\beta})\right\}$$

对数似然函数为

$$l(\boldsymbol{\beta},\sigma^2)=-\frac{n}{2}\ln(2\pi)-\frac{n}{2}\ln(\sigma^2)-\frac{1}{2}\det(\boldsymbol{R})-\frac{1}{2\sigma^2}(\boldsymbol{y}-\boldsymbol{F\beta})^{\mathrm{T}}\boldsymbol{R}^{-1}(\boldsymbol{y}-\boldsymbol{F\beta})$$

对对数似然函数求偏导，并令偏导等于 0，得到如下正规方程组：

$$\begin{cases} \dfrac{\partial l(\boldsymbol{\beta},\sigma^2)}{\partial\boldsymbol{\beta}}=-\dfrac{1}{\sigma^2}\boldsymbol{F}^{\mathrm{T}}\boldsymbol{R}^{-1}(\boldsymbol{y}-\boldsymbol{F\beta})=0 \\ \dfrac{\partial l(\boldsymbol{\beta},\sigma^2)}{\partial\sigma^2}=-\dfrac{n}{\sigma^2}+-\dfrac{1}{\sigma^4}(\boldsymbol{y}-\boldsymbol{F\beta})^{\mathrm{T}}\boldsymbol{R}^{-1}(\boldsymbol{y}-\boldsymbol{F\beta})=0 \end{cases}$$

由第一个方程得到回归参数 $\boldsymbol{\beta}$ 的估计为

$$\hat{\boldsymbol{\beta}}=(\boldsymbol{F}^{\mathrm{T}}\boldsymbol{R}^{-1}\boldsymbol{F})^{-1}\boldsymbol{F}^{\mathrm{T}}\boldsymbol{R}^{-1}\boldsymbol{Y}$$

实际上，上式也可以用广义最小二乘法得到。

将$\hat{\boldsymbol{\beta}}$表达式代入第二个方程，可得

$$\hat{\sigma}^2=\frac{1}{n}(\boldsymbol{Y}-\boldsymbol{F}^{\mathrm{T}}\hat{\boldsymbol{\beta}})^{\mathrm{T}}\boldsymbol{R}^{-1}(\boldsymbol{Y}-\boldsymbol{F}^{\mathrm{T}}\hat{\boldsymbol{\beta}})$$

如果相关参数 ϕ 是未知的，此时未知参数为$\boldsymbol{\beta}$、σ^2和 ϕ。可以采用剖面极大似然法，基于构建的对数似然函数 $l(\boldsymbol{\beta},\sigma^2,\phi)$ 求解$(\boldsymbol{\beta},\sigma^2,\phi)$的极大似然估计，即将 $\boldsymbol{\beta}$ 与 σ^2的极大似然估计表示为相关参数 ϕ 的函数，如上所述。然后将得到$\hat{\boldsymbol{\beta}}$和$\hat{\sigma}^2$的表达式代入似然函数 $l(\boldsymbol{\beta},\sigma^2,\boldsymbol{\phi})$，求解得到 ϕ 的极大似然估计，如下：

$$\hat{\phi}=\max_{\phi}\left\{-\frac{n}{2}\ln(\hat{\sigma}^2)-\frac{1}{2}\ln(\det(\boldsymbol{R}))\right\}=\min_{\phi}\{\sqrt[n]{\det(\boldsymbol{R})}\cdot\hat{\sigma}^2\}$$

二、模型预测

下面考虑基于克里金模型的预测问题。根据模型假设，待估点 $\boldsymbol{x}_0$的响应是试验数据的响应值 $\boldsymbol{Y}$ 的线性组合，即

$$\hat{y}(\boldsymbol{x}_0)=\boldsymbol{c}^{\mathrm{T}}\boldsymbol{Y}$$

预测误差为

$$\hat{y}(\boldsymbol{x}_0)-y(\boldsymbol{x}_0)=\boldsymbol{c}^{\mathrm{T}}\boldsymbol{Y}-y(\boldsymbol{x}_0)=\boldsymbol{c}^{\mathrm{T}}(\boldsymbol{F\beta}+\boldsymbol{Z})-(\boldsymbol{f}^{\mathrm{T}}\boldsymbol{\beta}+z)=\boldsymbol{c}^{\mathrm{T}}\boldsymbol{Z}-z+(\boldsymbol{F}^{\mathrm{T}}\boldsymbol{c}-\boldsymbol{f})^{\mathrm{T}}\boldsymbol{\beta}$$

式中：$\boldsymbol{Z}=(z_1,z_2,\cdots,z_n)^{\mathrm{T}}$为随机项。

为了保证预测的无偏性，误差均值应为0，即

$$E[\hat{y}(\boldsymbol{x}_0)-y(\boldsymbol{x}_0)]=E[(\boldsymbol{F}^{\mathrm{T}}\boldsymbol{c}-\boldsymbol{f})^{\mathrm{T}}\boldsymbol{\beta}]=0$$

由于上式对任何$\boldsymbol{\beta}$都成立，因此

$$\boldsymbol{F}^{\mathrm{T}}\boldsymbol{c}-\boldsymbol{f}=0$$

于是预测方差为

$$\begin{aligned}\sigma^2(\boldsymbol{x}_0)&=E[(\hat{y}(\boldsymbol{x}_0)-y(\boldsymbol{x}_0))^2]=E[(\boldsymbol{c}^{\mathrm{T}}\boldsymbol{Z}-z)^2]\\&=E[z^2+\boldsymbol{c}^{\mathrm{T}}\boldsymbol{Z}\boldsymbol{Z}^{\mathrm{T}}\boldsymbol{c}-2\boldsymbol{c}^{\mathrm{T}}\boldsymbol{Z}z]=\sigma^2(1+\boldsymbol{c}^{\mathrm{T}}\boldsymbol{R}\boldsymbol{c}-2\boldsymbol{c}^{\mathrm{T}}\boldsymbol{r})\end{aligned}$$

其中，$\boldsymbol{r}$为预测点$\boldsymbol{x}_0$与各样本点之间的相关性，即

$$\boldsymbol{r}=[R(\boldsymbol{x}_0,\boldsymbol{x}_1),R(\boldsymbol{x}_0,\boldsymbol{x}_2),\cdots,R(\boldsymbol{x}_0,\boldsymbol{x}_n)]^{\mathrm{T}}$$

通过最小化预测方差确定$\boldsymbol{c}$，即求解

$$\boldsymbol{c}=\arg\min_{\boldsymbol{c}}\{\sigma^2(\boldsymbol{x}_0)\}$$

$$\text{s. t. } \boldsymbol{F}^{\mathrm{T}}\boldsymbol{c}-\boldsymbol{f}=0$$

采用拉格朗日乘子法求解，得到

$$\boldsymbol{c}=\boldsymbol{R}^{-1}(\boldsymbol{r}-\boldsymbol{F}(\boldsymbol{F}^{\mathrm{T}}\boldsymbol{R}^{-1}\boldsymbol{F})^{-1}(\boldsymbol{F}^{\mathrm{T}}\boldsymbol{R}^{-1}\boldsymbol{r}-\boldsymbol{f}))$$

待测点$\boldsymbol{x}_0$的预测值及其方差为

$$\hat{y}(\boldsymbol{x}_0)=\boldsymbol{r}^{\mathrm{T}}\boldsymbol{R}^{-1}\boldsymbol{Y}-(\boldsymbol{F}^{\mathrm{T}}\boldsymbol{R}^{-1}\boldsymbol{r}-\boldsymbol{f})^{\mathrm{T}}\hat{\boldsymbol{\beta}}$$

$$\sigma^2(\boldsymbol{x}_0)=\sigma^2(1+(\boldsymbol{F}^{\mathrm{T}}\boldsymbol{R}^{-1}\boldsymbol{r}-\boldsymbol{f})^{\mathrm{T}}(\boldsymbol{F}^{\mathrm{T}}\boldsymbol{R}^{-1}\boldsymbol{F})^{-1}(\boldsymbol{F}^{\mathrm{T}}\boldsymbol{R}^{-1}\boldsymbol{r}-\boldsymbol{f})-\boldsymbol{r}^{\mathrm{T}}\boldsymbol{R}^{-1}\boldsymbol{r})$$

可见，式中只有向量$\boldsymbol{f}(\boldsymbol{x}_0)$和$\boldsymbol{r}(\boldsymbol{x}_0)$与$\boldsymbol{x}_0$有关。也就是说，对于任一待预测点$\boldsymbol{x}_0$，只要求出$\boldsymbol{f}(\boldsymbol{x}_0)$和$\boldsymbol{r}(\boldsymbol{x}_0)$，就可以得到这一点的响应预测值。

特别地，对于已知响应值的待测点，比如取$\boldsymbol{x}_0=\boldsymbol{x}_i$，可以证明

$$\hat{y}(\boldsymbol{x}_i)=y(\boldsymbol{x}_i),\sigma^2(\boldsymbol{x}_i)=0$$

即克里金模型是一种插值模型。

克里金模型精度检验需要通过额外的测试样本。只有满足精度要求的模型才能用于进一步地预测。设测试样本数量为m，通常的误差检验方法包括经验累积方差、平均相对误差等，定义如下：

（1）经验累积方差：

$$\mathrm{EISE}=\frac{1}{m}\sum_{j=1}^{m}(\hat{y}(\boldsymbol{x}_j)-y(\boldsymbol{x}_j))^2$$

（2）平均相对误差：

$$\mathrm{Err}=\frac{1}{m}\sum_{j=1}^{m}\left|\frac{\hat{y}(\boldsymbol{x}_j)-y(\boldsymbol{x}_j)}{y(\boldsymbol{x}_j)+\varepsilon(\boldsymbol{x}_j)}\right|$$

$$\varepsilon(\boldsymbol{x})=\begin{cases}0, & |y(\boldsymbol{x})|\neq 0\\ 0.01 & |y(\boldsymbol{x})|=0\end{cases}$$

7.4.3 贝叶斯估计

设回归参数$\boldsymbol{\beta}$、方差参数σ^2、相关参数$\boldsymbol{\phi}$的验前分布具有下面的结构：

$$p(\boldsymbol{\beta},\sigma^2,\boldsymbol{\phi})=p(\boldsymbol{\beta}\mid\sigma^2)p(\sigma^2)p(\boldsymbol{\phi})$$

其中

$$p(\sigma^2)\sim\mathcal{IG}(\alpha,\gamma),p(\boldsymbol{\beta}\mid\sigma^2)\sim\mathcal{N}(\boldsymbol{u},\sigma^2\boldsymbol{V}),p(\phi_i)=\mathcal{G}(a,b),i=1,2,\cdots,k$$

采用贝叶斯公式得到参数的验后分布，然后采用 MCMC 方法得到参数估计。

根据文献［5］，给定相关参数$\boldsymbol{\phi}$的情况下，对于给定的输入x_0，预测值$\hat{y}(x_0)$服从以下非中心t分布：

$$\hat{y}(\boldsymbol{x}_0)\mid\boldsymbol{S},\boldsymbol{Y}\sim\mathcal{T}_1(n+\nu_0,\mu_1,\sigma_1^2)$$

其中，$\nu_0=2\alpha$，$\nu_1=n+2\alpha$，$c_0=\sqrt{\lambda/\alpha}$，$\hat{\boldsymbol{\beta}}=(\boldsymbol{F}^{\mathrm{T}}\boldsymbol{R}^{-1}\boldsymbol{F})^{-1}\boldsymbol{F}^{\mathrm{T}}\boldsymbol{R}^{-1}\boldsymbol{Y}$，$\boldsymbol{\mu}_{\beta\mid n}=(\boldsymbol{F}^{\mathrm{T}}\boldsymbol{R}^{-1}\boldsymbol{F}+\boldsymbol{V}^{-1})^{-1}(\boldsymbol{F}^{\mathrm{T}}\boldsymbol{R}^{-1}\boldsymbol{F}+\boldsymbol{V}^{-1}\boldsymbol{u})$，$\mu_1=\boldsymbol{f}^{\mathrm{T}}\boldsymbol{\mu}_{\beta\mid n}+\boldsymbol{r}^{\mathrm{T}}\boldsymbol{R}^{-1}(\boldsymbol{y}-\boldsymbol{F}\boldsymbol{\mu}_{\beta\mid n})$，$\sigma_1^2=\dfrac{Q_1^2}{\boldsymbol{\nu}_1}\left\{1-(\boldsymbol{f}^{\mathrm{T}},\boldsymbol{r}^{\mathrm{T}})\begin{bmatrix}\boldsymbol{V}^{-1} & \boldsymbol{F}^{\mathrm{T}}\\ \boldsymbol{F}^{\mathrm{T}} & \boldsymbol{F}^{\mathrm{T}}\end{bmatrix}^{-1}\begin{pmatrix}f\\ r\end{pmatrix}\right\}$，$Q_1^2=c_0+\boldsymbol{y}^{\mathrm{T}}[\boldsymbol{R}^{-1}-\boldsymbol{R}^{-1}\boldsymbol{F}(\boldsymbol{F}^{\mathrm{T}}\boldsymbol{R}^{-1}\boldsymbol{F})^{-1}\boldsymbol{F}^{\mathrm{T}}\boldsymbol{R}^{-1}]\boldsymbol{y}+(\boldsymbol{u}-\hat{\boldsymbol{\beta}})^{\mathrm{T}}[\boldsymbol{V}+(\boldsymbol{F}^{\mathrm{T}}\boldsymbol{R}^{-1}\boldsymbol{F})^{-1}]^{-1}(\boldsymbol{u}-\hat{\boldsymbol{\beta}})$。

非中心t分布的概率密度函数为

$$p(z)=\frac{\Gamma((n+v_0+1)/2)}{\sigma_1\sqrt{(n+v_0)\pi}\cdot\Gamma((n+v_0)/2)}\left[1+\frac{1}{n+v_0}\frac{(z-\mu_1)^2}{\sigma_1^2}\right]^{-(n+v_0+1)/2}$$

克里金模型具有很高的灵活性，如果对数据的规律没有验前知识，常常可以考虑使用克里金模型。克里金模型的一个特殊用途是可以用来建立不同精度（更一般的保真度）试验数据之间的关系，从而建立多精度仿真数据的联合模型。下面讨论这个建模问题。

对于复杂的高精度（high fidelity）模型，或者受到技术条件和费用限制而难以实施的实物试验，获得足够的数据来建立具有合理精度的代理模型仍然是比较困难的。多精度代理（multi-fidelity surrogate，MFS）模型的基本原理是[12]：以大量的低精度仿真数据和少量的高精度仿真数据综合，使用低精度数据弥补高精度数据的不足，构造具有较高精度的代理模型。

一、多精度代理模型定义

首先定义如下符号：

$D_l=\{\boldsymbol{x}_1,\boldsymbol{x}_2,\cdots,\boldsymbol{x}_n\}$：低精度试验试验的试点，$n$为试验点数；

$\boldsymbol{x}_j=\{x_{1j},x_{2j},\cdots,x_{pj}\}$：第 j 个试验点，x_{ij} 表示在第 j 个取值组合中分量 x_i 的取值；

$\boldsymbol{y}_l=\{y_l(\boldsymbol{x}_j):\boldsymbol{x}_j\in D_l\}$：低精度数据；

$D_h=\{\boldsymbol{x}_1,\boldsymbol{x}_2,\cdots,\boldsymbol{x}_{n_1}\}\subseteq D_l$：高精度试验的试验点；

$\boldsymbol{y}_h=\{y_h(\boldsymbol{x}_j):\boldsymbol{x}_j\in D_h\}$：高精度数据；

$\mathcal{N}(\mu,\sigma^2)$：均值为 μ、方差为 σ^2 的一元正态分布；

$\mathcal{GP}(\mu,\sigma^2,\phi)$：均值为 μ、方差为 σ^2、尺度相关参数向量为 ϕ 的高斯过程；

多精度代理模型定义如下。首先，基于低精度数据 $\boldsymbol{y}_l$ 建立基础克里金模型 LE：

$$\mathrm{LE}:y_l(\boldsymbol{x})=\boldsymbol{f}_l^{\mathrm{T}}(\boldsymbol{x})\boldsymbol{\beta}_l+\varepsilon_l(\boldsymbol{x})$$

其中，$\varepsilon_l(\boldsymbol{x})\sim\mathcal{GP}(0,\sigma_l^2,\phi_l)$。

其次，通过对低精度模型 LE 修正，定义高精度模型 HE 如下：

$$\mathrm{HE}:y_h(\boldsymbol{x})=\rho_{lh}(\boldsymbol{x})y_l(\boldsymbol{x})+\delta_{lh}(\boldsymbol{x})+\varepsilon_h(\boldsymbol{x})$$

其中，$\rho_{lh}(\boldsymbol{x})\sim\mathcal{GP}(\rho_0,\sigma_\rho^2,\phi_\rho)$ 为尺度修正模型；$\delta_{lh}(\boldsymbol{x})\sim\mathcal{GP}(\rho_0,\sigma_\delta^2,\phi_\delta)$ 为位置修正模型，ε_h 为误差项，符合白噪声模型，即 $\varepsilon_h(\boldsymbol{x})\sim\mathcal{N}(0,\sigma_h^2)$。

综合不同精度仿真数据，建立尺度修正模型 $\rho_{lh}(\boldsymbol{x})$ 和位置修正模型 $\delta_{lh}(\boldsymbol{x})$。下面给出多层贝叶斯估计方法。

二、多层贝叶斯估计

定义参数向量 $(\boldsymbol{\theta}_1,\boldsymbol{\theta}_2,\boldsymbol{\theta}_3)$ 如下：

$$\boldsymbol{\theta}_1=(\beta_l,\rho_0,\delta_0),\quad \boldsymbol{\theta}_2=(\sigma_l^2,\sigma_\rho^2,\sigma_\delta^2,\sigma_\varepsilon^2),\quad \boldsymbol{\theta}_3=(\phi_l,\phi_\rho,\phi_\delta)$$

其中

$$\boldsymbol{\beta}_l=(\beta_{l_0},\beta_{l_1},\cdots,\beta_{l_k})^{\mathrm{T}},\quad \phi_l=(\phi_{l_1},\phi_{l_2},\cdots,\phi_{l_k})^{\mathrm{T}},$$
$$\phi_\rho=(\phi_{\rho_1},\phi_{\rho_2},\cdots,\phi_{\rho_k})^{\mathrm{T}},\quad \phi_\delta=(\phi_{\delta_1},\phi_{\delta_2},\cdots,\phi_{\delta_k})^{\mathrm{T}}$$

定义参数

$$\tau_1=\frac{\sigma_\delta^2}{\sigma_\rho^2},\quad \tau_2=\frac{\sigma_\varepsilon^2}{\sigma_\rho^2}$$

采用多层贝叶斯方法估计模型 HE 的未知参数。首先确定参数的验前分布，这里采用共轭验前分布进行构造，具体如下：

$$p(\sigma_l^2)\sim\mathcal{IG}(\alpha_l,\gamma_l),$$
$$p(\sigma_\rho^2)\sim\mathcal{IG}(\alpha_\rho,\gamma_\rho),$$
$$p(\sigma_\delta^2)\sim\mathcal{IG}(\alpha_\delta,\gamma_\delta),$$
$$p(\sigma_\varepsilon^2)\sim\mathcal{IG}(\alpha_\varepsilon,\gamma_\varepsilon),$$

$$p(\beta_l|\sigma_l^2)\sim\mathcal{N}(\boldsymbol{u}_l,v_l\boldsymbol{I}_{(k+1)\times(k+1)}\sigma_l^2),$$
$$p(\rho_0|\sigma_\rho^2)\sim\mathcal{N}(u_\rho,v_\rho\sigma_\rho^2),$$
$$p(\delta_0|\sigma_\delta^2)\sim\mathcal{N}(u_\delta,v_\delta\sigma_\delta^2),$$
$$p(\phi_{l_i})\sim\mathcal{G}(a_l,b_l),$$
$$p(\phi_{\rho_i})\sim\mathcal{G}(a_\rho,b_\rho),$$
$$p(\phi_{\delta_i})\sim\mathcal{G}(a_\delta,b_\delta)(i=1,2,\cdots,k)$$

参数估计算法如下：

(1) 采用拟牛顿法求解如下最优化问题，得到 ϕ_l 的估计：

$$\max_{\phi_l} p(\phi_l)|\boldsymbol{R}_l|^{-\frac{1}{2}}|\boldsymbol{a}_1|^{-\frac{1}{2}}\left(\gamma_l+\frac{4c_1-\boldsymbol{b}_1^t\boldsymbol{a}_1^{-1}\boldsymbol{b}_1}{8}\right)^{-\left(\alpha_l+\frac{n}{2}\right)}$$

其中，$p(\phi_l)$ 为 ϕ_l 的分布，$|\boldsymbol{R}_l|$ 为矩阵 $\boldsymbol{R}_l$ 的行列式，$|\boldsymbol{a}_1|$ 为 $\boldsymbol{a}_1$ 的行列式，$\boldsymbol{a}_1$、$\boldsymbol{b}_1$、c_1 定义如下：

$$\boldsymbol{a}_1=v_l^{-1}\boldsymbol{I}_{(k+1)\times(k+1)}+\boldsymbol{F}_l^{\mathrm{T}}\boldsymbol{R}_l^{-1}\boldsymbol{F}_l,$$
$$\boldsymbol{b}_1=-2v_l^{-1}\boldsymbol{u}_l-2\boldsymbol{F}_l^{\mathrm{T}}\boldsymbol{R}_l^{-1}\boldsymbol{y}_l,$$
$$c_1=v_l^{-1}(\boldsymbol{u}_l^{\mathrm{T}}\boldsymbol{u}_l)+(\boldsymbol{y}_l)^{\mathrm{T}}\boldsymbol{R}_l^{-1}\boldsymbol{y}_l$$

其中，$\boldsymbol{I}_{p\times p}$ 为 p 阶单位矩阵。

(2) 采用随机规划法求解以下最优化问题，得到 ϕ_ρ 和 ϕ_δ 的估计：

$$\max_{\phi_\rho,\phi_\delta}\{E_{\tau_1,\tau_2}[f(\tau_1,\tau_2)]\}$$

$$f(\tau_1,\tau_2)=\frac{p(\phi_\rho)p(\phi_\delta)\exp\left(\frac{2}{\tau_1}\right)\exp\left(\frac{2}{\tau_2}\right)}{|\boldsymbol{M}|^{\frac{1}{2}}(a_2a_3)^{\frac{1}{2}}\left(\gamma_\rho+\frac{\gamma_\delta}{\tau_1}+\frac{\gamma_\varepsilon}{\tau_2}+\frac{4a_3c_3-b_3^2}{8a_3}\right)^{\alpha_\rho+\alpha_\delta+\alpha_\varepsilon+\frac{n_1}{2}}},$$

$$p(\tau_1)\sim\mathcal{IG}\left(\alpha_\delta+\frac{1}{2},2\right),\quad p(\tau_2)\sim\mathcal{IG}(\alpha_\varepsilon,2),$$

其中，$|\boldsymbol{M}|$ 为矩阵 $\boldsymbol{M}$ 的行列式，

$$a_2=v_\rho^{-1}+(\boldsymbol{y}_l)^{\mathrm{T}}\boldsymbol{M}^{-1}\boldsymbol{y}_l,$$
$$b_2=-2u_\rho v_\rho^{-1}-2(\boldsymbol{y}_l)^{\mathrm{T}}\boldsymbol{M}^{-1}(\boldsymbol{y}_h-\delta_0\boldsymbol{1}_n),$$
$$c_2=u_\rho^2v_\rho^{-1}+(\boldsymbol{y}_h-\delta_0\boldsymbol{1}_n)\boldsymbol{M}^{-1}(\gamma_h-\delta_0\boldsymbol{1}_n),$$
$$t_1=a_2(\boldsymbol{1}_n^{\mathrm{T}}\boldsymbol{M}^{-1}\boldsymbol{1}_n)-((\boldsymbol{y}_l)^{\mathrm{T}}\boldsymbol{M}^{-1}\boldsymbol{1}_n)^2,$$
$$t_2=-2[a_2(\boldsymbol{1}_n^{\mathrm{T}}\boldsymbol{M}^{-1}\boldsymbol{y}_l)-(u_\rho v_\rho^{-1}+(\boldsymbol{y}_h)^{\mathrm{T}}\boldsymbol{M}^{-1}\boldsymbol{y}_l)((\boldsymbol{y}_h)^{\mathrm{T}}\boldsymbol{M}^{-1}\boldsymbol{1}_n)],$$
$$t_3=a_2(u_\rho^2v_\rho^{-1}+\boldsymbol{y}_l^{\mathrm{T}}\boldsymbol{M}^{-1}\boldsymbol{y}_l)-(u_\rho v_\rho^{-1}+(\boldsymbol{y}_h)^{\mathrm{T}}\boldsymbol{M}^{-1}\boldsymbol{y}_l),$$

$$a_3=(v_\delta\tau_1)^{-1}+t_1a_2^{-1},$$
$$b_3=-2u_\delta(v_\delta\tau_1)^{-1}+t_2a_2^{-1},$$
$$c_3=u_\delta^2(v_\delta\tau_1)^{-1}+t_3a_2^{-1}$$

式中：$\boldsymbol{1}_n$为元素全为 1 的 n 维列向量。

（3）给定[①] $\boldsymbol{\theta}_3$，采用 Gibbs 抽样估计回归参数、尺度效应和位置效应参数：

$$(\boldsymbol{\theta}_1,\boldsymbol{\theta}_2)=(\beta_l,\rho_0,\delta_0,\sigma_l^2,\sigma_\rho^2,\tau_1,\tau_2)$$

设样本量为 B，仿真样本为

$$(\boldsymbol{\theta}_{1b},\boldsymbol{\theta}_{2b})=(\beta_{l,b},\rho_{0,b},\delta_{0,b},\sigma_{l,b}^2,\sigma_{\rho,b}^2,\tau_{1,b},\tau_{2,b})\,(b=1,2,\cdots,B)$$

则参数$(\boldsymbol{\theta}_1,\boldsymbol{\theta}_2)$的估计及估计量方差，分别为仿真样本的均值和方差。

Gibbs 抽样所需的模型参数的验后条件分布如下：

$$p(\beta_l\,|\,\boldsymbol{y}_h,\boldsymbol{y}_l,\bar{\beta}_l)\sim\mathcal{N}\left(\left[\frac{1}{v_l}\boldsymbol{I}_{(k+1)\times(k+1)}+\boldsymbol{F}_l^{\mathrm{T}}\boldsymbol{R}_l^{-1}\boldsymbol{F}_l\right]^{-1}\left(\frac{\boldsymbol{u}_l}{v_l}+\boldsymbol{F}_l^{\mathrm{T}}\boldsymbol{R}_l^{-1}\boldsymbol{y}_l\right),\left[\frac{1}{v_l}\boldsymbol{I}_{(k+1)\times(k+1)}+\boldsymbol{F}_l^{\mathrm{T}}\boldsymbol{R}_l^{-1}\boldsymbol{F}_l\right]^{-1}\sigma_l^2\right),$$

$$p(\sigma_l^2\,|\,\boldsymbol{y}_h,\boldsymbol{y}_l,\overline{\sigma_l^2})\sim\mathcal{IG}\left(\frac{n}{2}+\frac{k+1}{2}+\alpha_l,\frac{1}{2}\frac{(\beta_l-\boldsymbol{u}_l)^{\mathrm{T}}(\beta_l-\boldsymbol{u}_l)}{v_l}+\frac{1}{2}(\boldsymbol{y}_h-\boldsymbol{F}_l\beta_l)^{\mathrm{T}}\boldsymbol{R}_l^{-1}(\boldsymbol{y}_h-\boldsymbol{F}_l\beta_l)+\gamma_l\right),$$

$$p(\rho_0\,|\,\boldsymbol{y}_h,\boldsymbol{y}_l,\bar{\rho}_0)\sim\mathcal{N}\left(\frac{\dfrac{u_\rho}{v_\rho}+(\boldsymbol{y}_h)^{\mathrm{T}}\boldsymbol{M}^{-1}(\boldsymbol{y}_l-\delta_0\boldsymbol{1}_n)}{\dfrac{1}{v_\rho}+(\boldsymbol{y}_h)^{\mathrm{T}}\boldsymbol{M}^{-1}\boldsymbol{y}_h},\frac{\sigma_\rho^2}{\dfrac{1}{v_\rho}+(\boldsymbol{y}_h)^{\mathrm{T}}\boldsymbol{M}^{-1}\boldsymbol{y}_h}\right),$$

$$p(\sigma_\rho^2\,|\,\boldsymbol{y}_h,\boldsymbol{y}_l,\overline{\sigma_\rho^2})\sim\mathcal{IG}\left(\frac{n}{2}+\frac{1}{2}+\alpha_\rho+\alpha_\delta+\alpha_\varepsilon,\frac{(\rho_0-u_\rho)^2}{2v_\rho}+\gamma_\rho+\frac{\gamma_\delta}{\tau_1}+\frac{\gamma_\varepsilon}{\tau_2}\right.$$
$$\left.+\frac{(\boldsymbol{y}_l-\rho_0\boldsymbol{y}_h-\delta_0\boldsymbol{1}_n)^{\mathrm{T}}\boldsymbol{M}^{-1}(\boldsymbol{y}_l-\rho_0\boldsymbol{y}_h-\delta_0\boldsymbol{1}_n)}{2}\right),$$

$$p(\delta_0\,|\,\boldsymbol{y}_h,\boldsymbol{y}_l,\bar{\delta}_0)\sim\mathcal{N}\left(\frac{\dfrac{u_\delta}{v_\delta\tau_1}+\boldsymbol{1}_n^{\mathrm{T}}\boldsymbol{M}^{-1}(\boldsymbol{y}_l-\rho_0\boldsymbol{y}_h)}{\dfrac{1}{v_\delta\tau_1}+\boldsymbol{1}_n^{\mathrm{T}}\boldsymbol{M}^{-1}\boldsymbol{1}_n},\frac{\sigma_\rho^2}{\dfrac{1}{v_\delta\tau_1}+\boldsymbol{1}_n^{\mathrm{T}}\boldsymbol{M}^{-1}\boldsymbol{1}_n}\right),$$

$$p(\tau_1,\tau_2\,|\,\boldsymbol{y}_h,\boldsymbol{y}_l,\overline{\tau_1,\tau_2})\propto\frac{1}{\tau_1^{\alpha_\delta+\frac{3}{2}}}\frac{1}{\tau_2^{\alpha_\varepsilon+1}}\exp\left\{-\frac{1}{\tau_1}\left(\frac{\gamma_\delta}{\sigma_\rho^2}+\frac{(\delta_0-u_\delta)^2}{2v_\delta\sigma_\rho^2}\right)-\frac{\gamma_\varepsilon}{\tau_2\sigma_\rho^2}\right\}\frac{1}{|\boldsymbol{M}|^{\frac{1}{2}}}$$
$$\cdot\exp\left\{-\frac{(\boldsymbol{y}_l-\rho_0\boldsymbol{y}_h-\delta_0\boldsymbol{1}_n)^{\mathrm{T}}\boldsymbol{M}^{-1}(\boldsymbol{y}_l-\rho_0\boldsymbol{y}_h-\delta_0\boldsymbol{1}_n)}{2\sigma_\rho^2}\right\}$$

---

① 这里的参数估计以及随后的响应和交互效应估计，都是给定相关参数 $\boldsymbol{\theta}_3$，未考虑 $\boldsymbol{\theta}_3$的不确定性。

其中，$\overline{\omega}$表示$(\boldsymbol{\theta}_1,\boldsymbol{\theta}_2)$中除 ω 以外的元素；$\boldsymbol{M}=\boldsymbol{W}_\rho+\tau_1\boldsymbol{R}_\delta+\tau_2\boldsymbol{I}_{n\times n}$依赖$\boldsymbol{\phi}_\rho,\boldsymbol{\phi}_\delta$以及$\tau_1,\tau_2$；$\boldsymbol{W}_\rho=\boldsymbol{A}_1\boldsymbol{R}_\rho\boldsymbol{A}_1$；$\boldsymbol{A}_1=\mathrm{diag}(y_l(\boldsymbol{x}_1),\boldsymbol{y}_l(\boldsymbol{x}_2),\cdots,y_l(\boldsymbol{x}_n))$；$\boldsymbol{R}_\rho$和$\boldsymbol{R}_\delta$是$\rho(\boldsymbol{x})$和$\delta(\boldsymbol{x})$在$D_l$上的相关矩阵。

7.4.4 涂层性能评估案例

碳纤维增强树脂类复合材料（CFRP）具有高强度、高刚性以及良好的耐热性，抗环境性能及抗疲劳性能等一系列优点，在航空航天领域获得了成功的运用。美国“奋进号”航天飞机在机体、机翼尖端、尾舵及发动机喷管等关键部位均大量采用 CFRP 材料及其他高性能复合材料，来满足航天飞机在大气内外高速飞行下的极端条件需求。航天器在外太空工作时，CFRP 材料作为外层蒙皮材料，在设计使用上要考虑高速冲击、各种高能射线辐照下的动载荷响应问题。

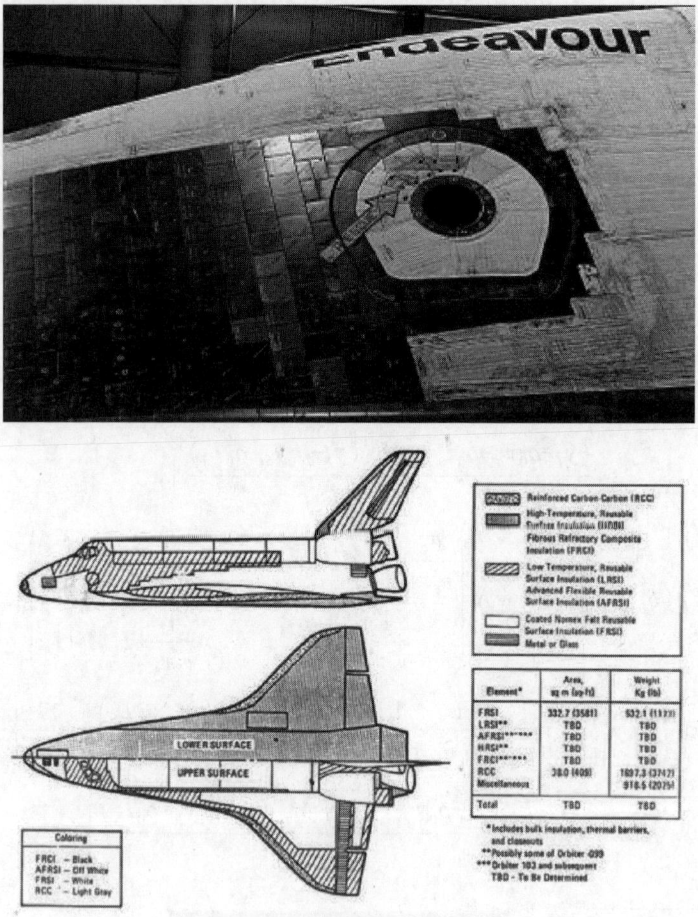

图 7-7　航天飞机上 CFRP 材料的使用

本节对正交各向异性 CFRP 材料在脉冲 X 射线辐照下的动力学响应进行数值模拟仿真，在此基础上验证不同精度辐射实验数据综合建模方法以及多种辐射环境协同效应评估方法，然后基于不同精度数值模拟数据，对 CFRP 材料抗 X 射线辐照性能进行评估。CFRP 材料辐照性能数值模拟采用国防科技大学理学院自行编写了显式拉格朗日有限元程序 TSHOCK3D（软件著作权编号：2016SR110024，开源代码：https://github.com/nudtzk/TSHOCK3D）。通过控制 FEM 网格大小控制模型精度。理论上网格尺寸越小，其计算结果越逼近真实值。因此通过在 x、y、z 三个方向上的网格划分参数 dx、dy、dz 的控制，模拟不同精度的模型。选择 1keV 入射能通量和 3keV 入射能通量作为试验因子，对 1keV 入射能通量和 3keV 入射能通量联合作用进行仿真。仿真试验数据如图 7-8 所示。

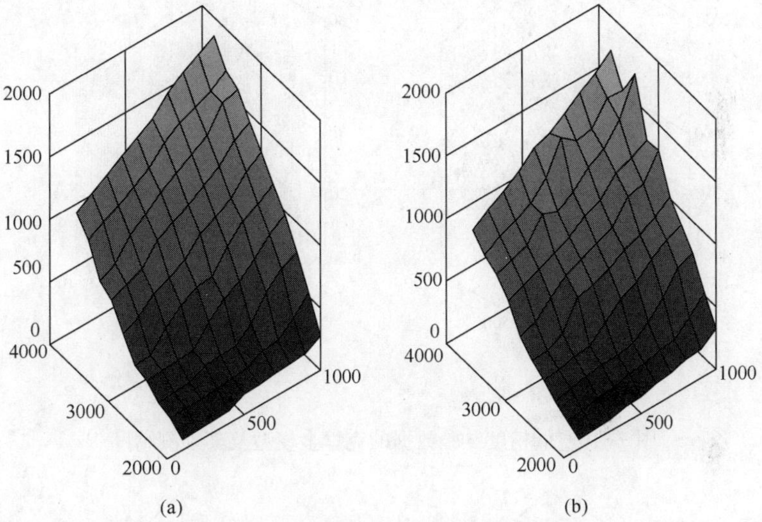

图 7-8　两因素综合作用的仿真试验数据

（a）低精度；（b）高精度。

一、经典克里金模型

如图 7-9 所示为采用线性回归分析方法拟合试验数据的结果（残差），可以看出，参数化模型很难对如此复杂的数据进行合理建模；并且相对单因素叠加情形的拟合结果，多因素综合试验数据的拟合结果更差一些。究其原因，应与多因素综合试验数据的规律更复杂有关。

为此，考虑 Kriging 代理模型。首先考虑采用经典克里金模型拟合不同精度试验数据的效果，如图 7-10 和图 7-11 所示。与线性回归模型相比，半参数的克里金模型具有更好的精度（虽然仍显不足）。

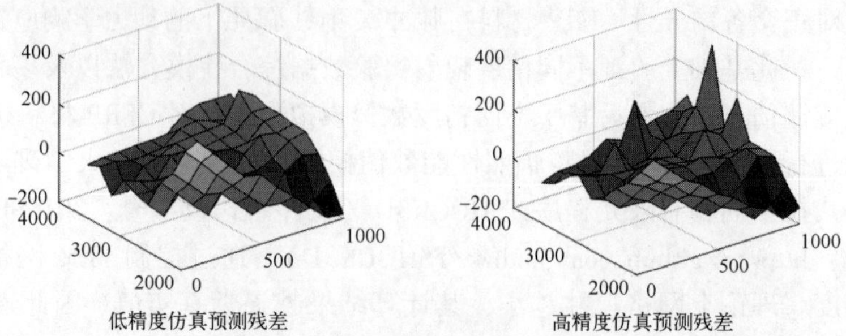

图 7-9　线性回归模型拟合残差

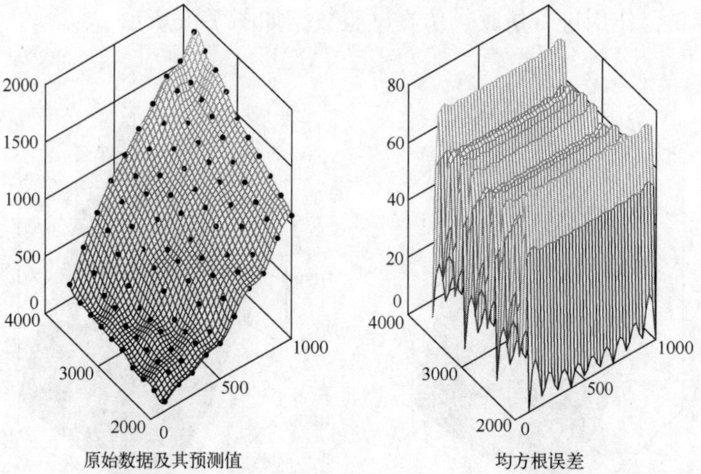

图 7-10　低精度试验数据的克里金模型及其预测精度

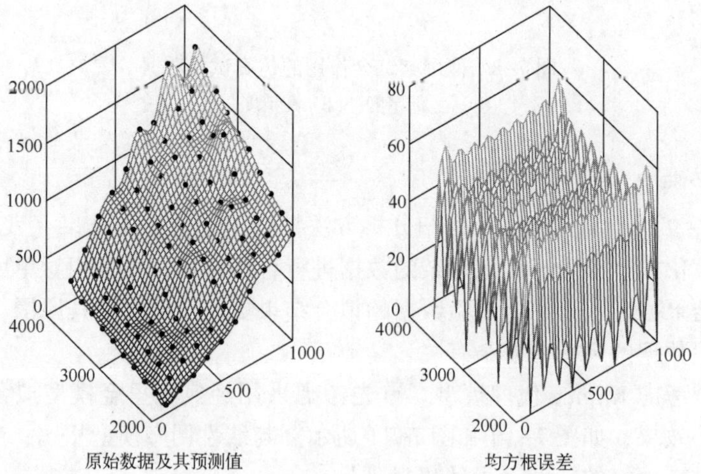

图 7-11　高精度试验数据的克里金模型及其预测精度

二、多精度模型

下面综合高低精度仿真试验数据，对不同精度辐射试验数据进行综合。对低精度和高精度试验，选择试验点以比较增加低精度试验数据对高精度试验预测的效果。对于图 7-8 所示试验数据，试验点数量为 100 个。选择 50 个低精度试验点并与 25 个高精度试验数据联合建立模型。对高精度试验进行预测，结果如图 7-12 和图 7-13 所示。

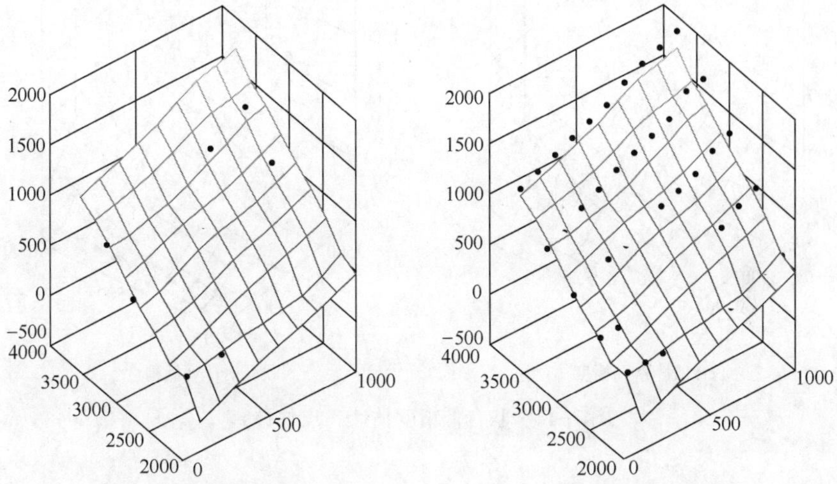

图 7-12　联合高精度估计（点估计）

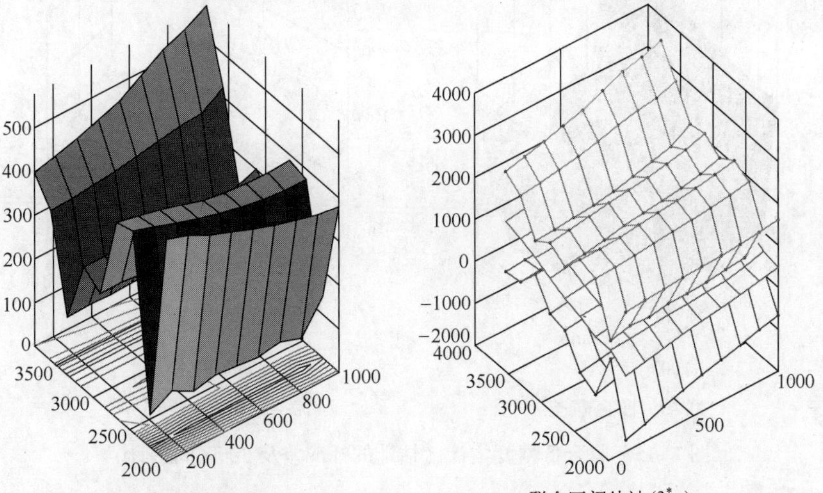

图 7-13　联合高精度估计（估计的标准差及 3σ 区间估计）

扩大低精度试验数据样本量，即选取全部低精度试验数据，保留高精度试验点数不变，得到如图 7-14 和图 7-15 所示结果。可以看出，更多低精度试验数据有助于降低预测的标准差，提高预测精度。

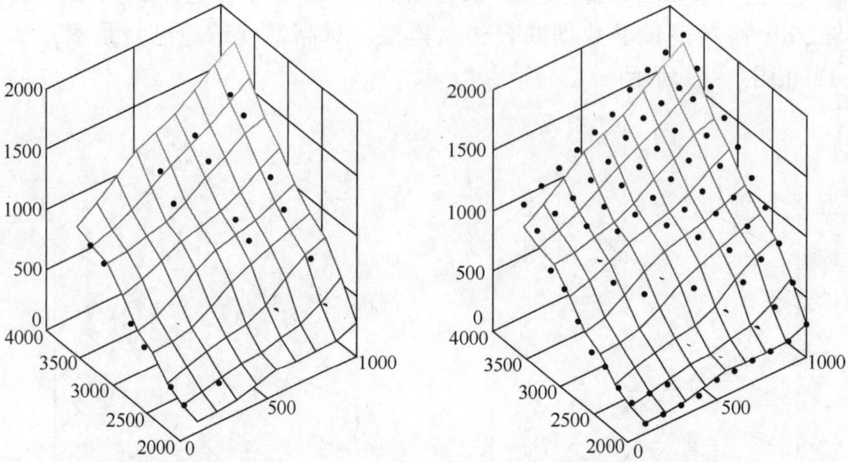

联合估计vs高精度　　　　联合估计vs低精度

图 7-14　联合低精度估计（点估计）

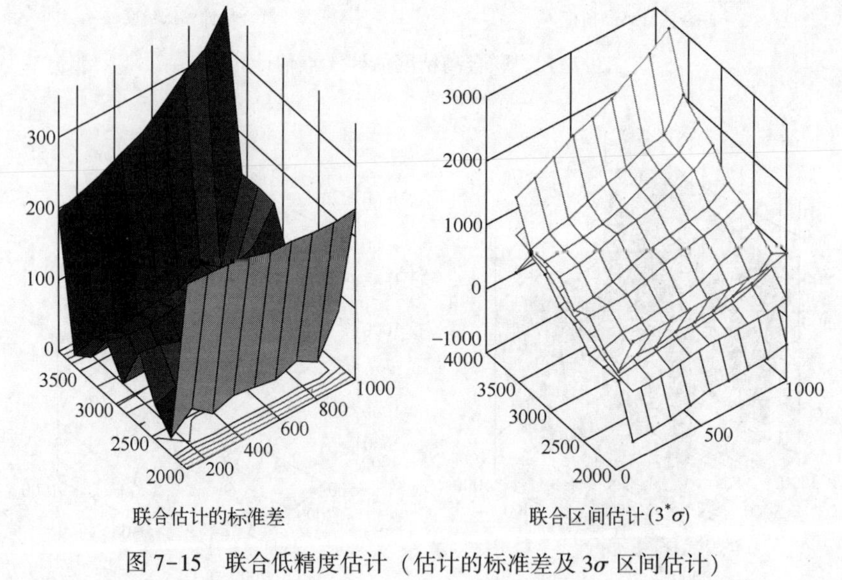

联合估计的标准差　　　　联合区间估计（$3^*\sigma$）

图 7-15　联合低精度估计（估计的标准差及 3σ 区间估计）

7.5　索伯尔指数法

索伯尔（Sobol）指数是俄罗斯学者 I. M. Sobol 在 20 世纪 90 年代提出的[13]，其核心思想是方差分解，即把模型输出的总方差分解为单个输入参数或参数集的方差的和。在全局敏感性分析（global sensitivity analysis method）中，Sobol 指数法分析应用较为广泛。

7.5.1　索伯尔指数定义

假设模型为 $Y=f(\boldsymbol{X})$，其中 $\boldsymbol{X}=(x_1,x_2,\cdots,x_n)$，$x_i(i=1,2,\cdots,n)$ 服从 $[0,1]$ 上的均匀分布，$f(\boldsymbol{X})$ 平方可积。把模型 $f(\boldsymbol{X})$ 分解为以下形式：

$$f(\boldsymbol{X})=f_0+\sum_i f_i(x_i)+\sum_{i<j} f_{i,j}(x_i,x_j)+\cdots+f_{1,2,\cdots,n}(x_1,x_2,\cdots,x_n)$$

如果要求上式满足

$$\int f_{i_1,i_2,\cdots,i_s}\mathrm{d}x_{i_p}=0,1\leqslant i_1\leqslant i_2\leqslant\cdots\leqslant i_s\leqslant n,1\leqslant s\leqslant n,1\leqslant p\leqslant s$$

则可以证明，模型 $f(\boldsymbol{X})$ 分解形式是唯一的，称为方差分解。具体地，其分解形式如下所示：

$$f_0=\mathrm{E}(Y)$$

$$f_i=\mathrm{E}(Y|x_i)-f_0$$

$$f_{i,j}=\mathrm{E}(Y|x_i,x_j)-f_i-f_j-f_0$$

$$\cdots$$

索伯尔指数法用以下的总方差表示所有输入参数 $\boldsymbol{X}$ 对模型输出的影响：

$$V=\int f^2(\boldsymbol{X})\mathrm{d}\boldsymbol{X}-f_0^2$$

用偏方差表示单个输入参数 x_i 对模型输出的影响：

$$V_i=\int f_i^2(x_i)\mathrm{d}x_i$$

用偏方差表示多个输入参数 $x_{i_1},x_{i_2},\cdots,x_{i_s}$ 之间的交互效应对模型输出的影响程度：

$$V_{i_1,i_2,\cdots,i_s}=\int f_{i_1,i_2,\cdots,i_s}^2(x_{i_1},x_{i_2},\cdots,x_{i_s})\mathrm{d}x_{i_1}\mathrm{d}x_{i_2}\cdots\mathrm{d}x_{i_s}$$

定义方差的比例作为衡量输入参数作用的全局敏感性指数，如下所示：

$$S_{i_1,i_2,\cdots,i_s}=V_{i_1,i_2,\cdots,i_s}/V$$

易证

$$\sum_{s=1}^{n} \sum_{i_1 \leqslant i_2 \leqslant \cdots \leqslant i_s} S_{i_1,i_2,\cdots,i_s} = 1$$

下面用概率论的语言描述索伯尔指数对于分析全局敏感性的合理性。设模型 $Y=f(\boldsymbol{X})$，输入为随机向量 $\boldsymbol{X}=(X_1,X_2,\cdots,X_n)$，其中 $X_i, i=1,2,\cdots,n$ 相互独立。当 $X_i=x_i$ 时，Y 的条件方差记为 $\mathrm{V}(Y|x_i)$，则 Y 的无条件方差 $\mathrm{V}(Y)$ 与 $\mathrm{V}(Y|x_i)$ 的差异反映了 X_i 对 Y 的影响。在模型为非线性的条件下，X_i 取某些值 x_i 时，条件方差 $\mathrm{V}(Y|x_i)$ 可能比无条件方差 $\mathrm{V}(Y)$ 大。为处理这种情况，在 X_i 的变化范围内对条件方差取均值，得到 $\mathrm{E}_{X_i}[\mathrm{V}(Y|X_i)]$。若 $\mathrm{E}_{X_i}[\mathrm{V}(Y|X_i)]$ 很小，表明当 X_i 取特定值后，Y 的（条件）不确定性倾向于很小，意味着 Y 的不确定性主要由 X_i 的不确定性决定，因此 X_i 对 Y 的影响会很大。

将输入因素 $X_1,X_2,\cdots,X_n$ 分为 X_i 和 $\boldsymbol{X}_{-i}$（不包括 X_i 的其余因素）两组。根据无条件方差的分解公式，有

$$\mathrm{V}(Y)=E_{X_i}[\mathrm{V}_{\boldsymbol{X}_{-i}}(Y|X_i)]+\mathrm{V}_{X_i}[E_{\boldsymbol{X}_{-i}}(Y|X_i)]$$

可知，$V_{X_i}[\mathrm{E}_{\boldsymbol{X}_{-i}}(Y|X_i)]$ 越大，则 X_i 对 Y 的影响越大。据此定义 X_i 的一种指数如下[10]：

$$S_{X_i}=\frac{\mathrm{V}_{X_i}[E_{\boldsymbol{X}_{-i}}(Y|X_i)]}{\mathrm{V}(Y)}$$

S_{X_i} 称为 X_i 的“主效应”（main effect）指数或一阶敏感性指数，它描述了 X_i“独自”对 Y 的方差的贡献。主效应指数越大，表明该因素对输出变化的影响越大。可以根据主效应指数大小对模型输入进行排序。

类似地，还可以得到下面的分解公式：

$$\mathrm{V}(Y)=E_{\boldsymbol{X}_{-i}}[\mathrm{V}_{X_i}(Y|X_i)]+\mathrm{V}_{\boldsymbol{X}_{-i}}[E_{X_i}(Y|X_i)]$$

按照同样的道理，$\mathrm{V}_{\boldsymbol{X}_{-i}}[E_{X_i}(Y|X_i)]$ 描述了除 X_i 外所有因素“独自”对 Y 的方差的影响，则 $\mathrm{V}(Y)-\mathrm{V}_{\boldsymbol{X}_{-i}}[E_{X_i}(Y|X_i)]$ 描述所有与 X_i 有关的效应称为 X_i 的“全效应”，这包括 X_i 的主效应以及 X_i 与其他因素的交互效应的影响。据此，可以定义输入 X_i 的第二种指数如下：

$$S_{X_i}^{\mathrm{T}}=\frac{\mathrm{V}(Y)-V_{\boldsymbol{X}_{-i}}[E_{X_i}(Y|X_i)]}{\mathrm{V}(Y)}$$

$S_{X_i}^{\mathrm{T}}$ 称为 X_i 的“全效应”（total effect）指数，它描述了 X_i 的主效应及 X_i 与其他因素的交互效应对 Y 的方差的贡献。全效应指数中包含了变量之间的交互效应，若一个输入的全效应指数很小，表明该因素不仅自身的变动对输出影响小，该因素与其他因素之间的交互效应也很小。因此，在后续试验或建模过程中，可以考虑对全效应指数小的输入取固定值，减少试验次数和模型变量数，使模型得到简化。

由 $S_{X_i}^{\mathrm{T}}$ 和 S_{X_i} 的意义进一步可知，二者的差值能够描述 X_i 与其他因素的交互效应对模型输出的方差的贡献。为进一步说明因素 X_i 与哪些因素有强交互效应，可以通过交互效应指数来判断。

当分析两个因素的交互效应时，$V_{X_iX_j}[E_{\boldsymbol{X}_{-\{i,j\}}}(Y|X_iX_j)]$ 描述了 X_i 和 X_j 作为一个整体的主效应对模型输出的方差的影响。这个主效应包括了 X_i 和 X_j 各自的主效应及二者的交互效应。因此，$V_{X_iX_j}[E_{\boldsymbol{X}_{-\{i,j\}}}(Y|X_iX_j)]-V_{X_i}[E_{\boldsymbol{X}_{-i}}(Y|X_i)]-V_{X_j}[E_{\boldsymbol{X}_{-j}}(Y|X_j)]$ 描述了二者的交互效应对模型输出的影响。由此可定义如下交互效应指标：

$$S_{X_iX_j}=\frac{V_{X_iX_j}[E_{\boldsymbol{X}_{-\{i,j\}}}(Y|X_iX_j)]-V_{X_i}[E_{\boldsymbol{X}_{-i}}(Y|X_i)]-V_{X_j}[E_{\boldsymbol{X}_{-j}}(Y|X_j)]}{V(Y)}$$

$$=\frac{V_{X_iX_j}[E_{\boldsymbol{X}_{-\{i,j\}}}(Y|X_iX_j)]}{V(Y)}-S_{X_i}-S_{X_j}$$

$S_{X_iX_j}$ 称为 X_i 和 X_j 的二阶交互效应指数。同理定义三阶交互效应指数 $S_{X_iX_jX_k}$ 如下：

$$S_{X_iX_jX_k}=\frac{V_{X_iX_jX_k}[E_{\boldsymbol{X}_{-\{i,j,k\}}}(Y|X_iX_jX_k)]}{V(Y)}$$

$$-S_{X_i}-S_{X_j}-S_{X_k}-S_{X_iX_j}-S_{X_iX_k}-S_{X_jX_k}$$

关于实际应用如何应用 S_{X_i}、$S_{X_i}^{\mathrm{T}}$ 和 $S_{X_iX_j}$，有如下一些定性的指导。首先，由于 $S_{X_i}^{\mathrm{T}}$ 描述了所有与 X_i 有关的效应对模型输出方差的贡献，因此在确定所有因素的重要影响因素时，应以 $S_{X_i}^{\mathrm{T}}$ 为准；其次，$S_{X_i}^{\mathrm{T}}$ 与 S_{X_i} 的差异描述了 X_i 与其他因素的交互效应对模型输出方差的贡献，因此在分析因素间交互效应时，应根据 $S_{X_i}^{\mathrm{T}}-S_{X_i}$ 的大小进行分析；再次 $S_{X_iX_j}$ 描述了 X_i 和 X_j 的交互效应的贡献，$S_{X_iX_j}$ 大说明 X_i 和 X_j 间有较强的交互效应，两者的组合会对模型输出方差有较大影响；最后，若 $S_{X_iX_j}$、$S_{X_iX_k}$、$S_{X_iX_l}$ 都较大，则说明因素 X_i 是关键的，它对其他多种因素的作用发挥都有影响。总的来说，使用 S_{X_i}、$S_{X_i}^{\mathrm{T}}$ 和 $S_{X_iX_j}$ 不仅可以确定模型输入中的关键因素，而且可以定量描述各因素间交互效应的强弱。

7.5.2 索伯尔指数计算

已知模型 $Y=f(X)$ 的具体形式以及各个输入变量的分布，可以通过解析计算获得各输入变量的 Sobol 指数。例如，对于以下模型：

$$Y=f(x_1,x_2)=4x_1^2+3x_2,\quad x_1,x_2\sim\mathcal{U}[-1/2,1/2]$$

按照定义计算 Sobol 指数，如下：

$$f_0=E(Y)=\int_{-1/2}^{1/2}\int_{-1/2}^{1/2}(4x_1^2+3x_2)\,\mathrm{d}x_1\mathrm{d}x_2=\frac{1}{3}$$

$$f_1(x_1)=E(Y|x_1)-f_0=\int_{-1/2}^{1/2}(4x_1^2+3x_2)\,\mathrm{d}x_2-f_0=4x_1^2-\frac{1}{3}$$

$$f_2(x_2)=E(Y|x_2)-f_0=3x_2$$

$$f_{i,j}=E(Y|x_i,x_j)-f_i-f_j-f_0=0$$

进而通过计算，容易得到

$$S_{X_1}\approx 0.106,S_{X_2}\approx 0.894$$

仿真模型往往非常复杂，并且有大量的输入变量，解析计算是不可能的，一般通过仿真试验获取试验数据，再通过试验数据完成计算。下面介绍两种计算方法。

一、直接估计法

假定其模型的具体形式未知，只能设定模型输入，通过模型运行来获取样本。主效应公式中，$V(Y)$的估计通过样本容易获取，关键在于如何获得条件期望的方差。最直接的方法，是令X_i取多个不同值，在每个不同取值处对其他变量进行多次抽样，以便计算条件期望$E_{X_{-i}}(Y|X_i)$，进而通过条件期望的样本数据估计方差$V_{X_i}[E_{X_{-i}}(Y|X_i)]$。

以$Y=4x_1^2+3x_2$为例，计算S_{X_1}，对X_1在其取值范围内均匀取r个点，再在每个点对X_2随机抽取N个样本计算输出Y。$r=10,N=50$时的数据点如图7-16所示。

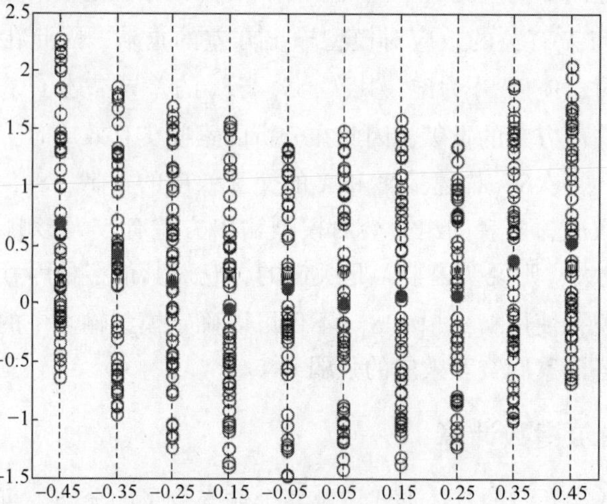

图7-16 计算S_{X_1}的输入样本点

总的抽样次数为$r\times N=500$次，计算得到$\hat{S}_{X_1}\approx 0.079$。同理可以计算$S_{X_2}\approx 0.993$。对比解析解可以发现，这种直接计算方法，即使采用很大的抽样计算次数，仍有较大的误差。因此，应该考虑寻求更好的计算方法。

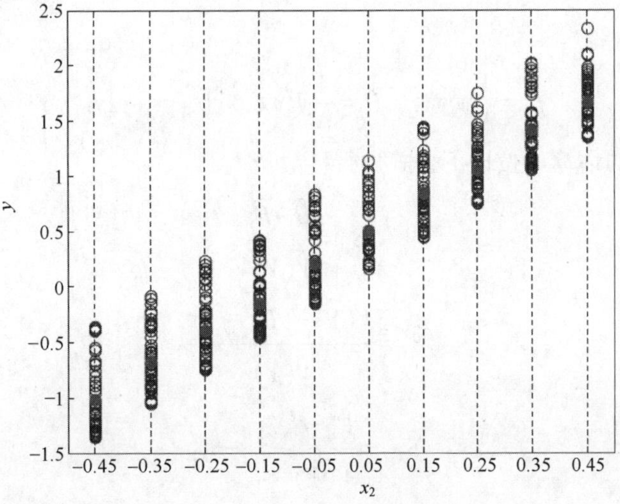

图 7-17　计算S_{X_2}的抽样计算点

二、蒙特卡罗计算法

文献［6］给出一种基于蒙特卡罗的敏感性指数计算方法，描述如下。首先，采用随机抽样的方法生成两个输入矩阵 $\boldsymbol{A}$、$\boldsymbol{B}$，两个矩阵中的每行都是模型的一组具体的输入组合。

$$\boldsymbol{A}=\begin{bmatrix} x_{11} & x_{12} & \cdots & x_{1n} \\ x_{21} & x_{22} & \cdots & x_{2n} \\ \vdots & \vdots & \ddots & \vdots \\ x_{N1} & x_{N2} & \cdots & x_{Nn} \end{bmatrix},\quad \boldsymbol{B}=\begin{bmatrix} x'_{11} & x'_{12} & \cdots & x'_{1n} \\ x'_{21} & x'_{22} & \cdots & x'_{2n} \\ \vdots & \vdots & \ddots & \vdots \\ x'_{N1} & x'_{N2} & \cdots & x'_{Nn} \end{bmatrix}$$

记 $\boldsymbol{C}_i$为将矩阵 $\boldsymbol{B}$ 的第 i 列换成矩阵 $\boldsymbol{A}$ 的第 i 列所得的矩阵，$\boldsymbol{C}_{-i}$为将矩阵 $\boldsymbol{A}$ 的第 i 列换成矩阵 $\boldsymbol{B}$ 的第 i 列所得的矩阵，如下所示：

$$\boldsymbol{C}_i=\begin{bmatrix} x'_{11} & x'_{12} & \cdots & x_{1i} & \cdots & x'_{1n} \\ x'_{21} & x'_{22} & \cdots & x_{2i} & \cdots & x'_{2n} \\ \vdots & \vdots & \ddots & \vdots & \ddots & \vdots \\ x'_{N1} & x'_{N2} & \cdots & x_{Ni} & \cdots & x'_{Nn} \end{bmatrix},\quad \boldsymbol{C}_{-i}=\begin{bmatrix} x_{11} & x_{12} & \cdots & x'_{1i} & \cdots & x_{1n} \\ x_{21} & x_{22} & \cdots & x'_{2i} & \cdots & x_{2n} \\ \vdots & \vdots & \ddots & \vdots & \ddots & \vdots \\ x_{N1} & x_{N2} & \cdots & x'_{Ni} & \cdots & x_{Nn} \end{bmatrix}$$

同理可定义 $\boldsymbol{C}_{i,j}$、$\boldsymbol{C}_{-i,-j}$。将这些输入矩阵代入模型，获得模型的输出向量，记为 $\boldsymbol{y}_A, \boldsymbol{y}_B, \boldsymbol{y}_C$。

由蒙特卡罗算法可得以下估计量：

$$\hat{V}(Y)=\frac{1}{N}\boldsymbol{y}_A^{\mathrm{T}}(\boldsymbol{y}_A-\boldsymbol{y}_B)$$

$$\hat{V}(E(Y|X_i))=\frac{1}{N}\boldsymbol{y}_A^{\mathrm{T}}(\boldsymbol{y}_{C_i}-\boldsymbol{y}_B)$$

记

$$\hat{f}_0^2=\frac{1}{N}\boldsymbol{y}_A^{\mathrm{T}}\boldsymbol{y}_B,\quad \hat{U}_i=\frac{1}{N}\boldsymbol{y}_A^{\mathrm{T}}\boldsymbol{y}_{C_i},\quad \hat{U}_{-i}=\frac{1}{N}\boldsymbol{y}_A^{\mathrm{T}}\boldsymbol{y}_{C_{-i}}$$

各 Sobol 指数的估算可按以下公式进行：

$$\hat{S}_{X_i}=\frac{\hat{U}_i-\hat{f}_0^2}{\hat{V}(Y)}$$

$$\hat{S}_{X_i}^{\mathrm{T}}=\frac{\hat{V}(Y)-(\hat{U}_{-i}-\hat{f}_0^2)}{\hat{V}(Y)}$$

$$\hat{S}_{X_iX_j}=\frac{\hat{U}_{ij}-\hat{f}_0^2}{\hat{V}(Y)}-\hat{S}_{X_i}-\hat{S}_{X_j}$$

$$\cdots$$

采用这种方法，仅计算主效应和全效应时，所需输入为 A、B、C_i、C_{-i}，抽样计算次数为 $N\times(n+2)$ 次。采用这种方法对前面的示例进行计算。取 $N=500$，总抽样次数为 500×4=2000（次）。计算结果 $\hat{S}_{X_1}=0.105$，$\hat{S}_{X_2}=0.897$，与真实值已经非常接近，有较好的精度。

与直接计算相比，采用蒙特卡罗方法的精度得到了提高，计算量也得到了一定的减少。不过在实际应用中，复杂仿真系统的运行对运算资源要求很高，不能为计算 Sobol 指数而反复运行。此时一般根据一定次数的仿真数据进行估计，不能多次随机抽样和调用模型。为了解决这个问题，一种方法是利用已有的样本数据拟合代理模型，并基于代理模型对未试验的输入估计其输出，然后利用代理模型的输出采用蒙特卡罗方法计算 Sobol 指数。在实际应用中，经常采用克里金模型，因为其具有较好的适应性。

7.5.3 体系效能评估案例

体系作战效能受作战环境、武器装备的种类、数量和作战使用方法等多种不确定因素影响，其分析非常复杂，不可能考虑所有因素，只能重点考察一部分重要因素的影响。下面看一个体系效能评估中全局重要新分析的例子。

一、仿真模型和输入参数设置

考虑一个简化的防空反导武器装备体系[13]。该体系由一个指控中心和 5 个火力单元组成。指控中心包括 1 辆指挥车、1 部全向扫描雷达。每个火力单元包括 1 部制导跟踪雷达和 12 辆导弹发射车，其中每辆导弹发射车上有 2 枚导弹。

模型输入主要考虑武器系统性能，对作战环境和作战运用等因素简化处理。根据防空反导体系的作战任务和代价，选取对敌机拦截概率作为体系效能指标。

假设敌方的进攻方式是来袭机群，敌机的目标流强度为10架次/min，持续时间为8min，即来袭敌机共有80架次，如图7-18所示。

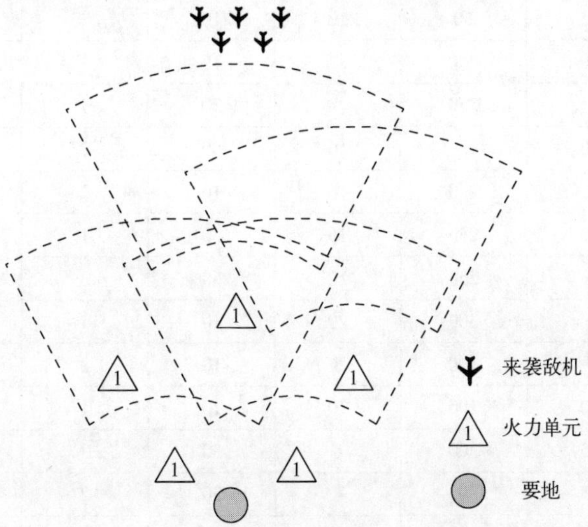

图7-18　作战想定示意图

选取若干个装备关键性能参数作为可变输入，其他参数设为定值。为了探明防空反导装备性能指标（不确定输入因素）的变化对体系作战效能（目标拦截概率）的影响，对初步考虑的输入参数，设各个输入参数的变动范围以及可能的水平，如表7-4所示。

表7-4　各输入参数变动范围

变量名	变 量 描 述	取 值 水 平	取值范围
X_1	雷达最大探测距离 R_{max}	100、200、300、400、500	100~500km
X_2	雷达最小探测距离 R_{min}	5、10、15、20、25	5~25km
X_3	系统反应时间 T	50、100、150、200、250、300	40s~5min
X_4	制导精度 R_G	4、8、12、16、20	2~20m
X_5	导弹杀伤半径 R_K	10、30、50	10~50m
X_6	发射导弹枚数	1、2、3	1枚、2枚、3枚

二、全局敏感性分析

假设各个输入因素之间相互独立，采用均匀抽样获取100组输入数据，获得

目标拦截概率 Y，部分数据如表 7-5 所示。

表 7-5　效能评估数据（30 组）

X_1	X_2	X_3	X_4	X_5	X_6	Y
200	15	150	12	30	2	0.6381
300	15	50	12	10	2	0.6966
500	10	200	4	10	1	0.6683
200	15	250	4	30	1	0.5639
400	10	300	16	50	2	0.6371
100	25	200	16	10	2	0.3675
500	20	250	16	30	1	0.5158
100	5	250	12	50	3	0.7127
500	5	300	20	10	1	0.4559
300	5	100	8	10	3	0.8186
200	10	100	20	10	1	0.4849
200	25	300	8	50	3	0.6437
400	25	300	4	30	2	0.6105
300	20	150	20	30	1	0.4791
400	20	150	8	50	3	0.9169
500	15	300	12	30	3	0.6947
300	20	300	12	10	2	0.4170
400	20	300	8	30	3	0.6709
400	25	250	4	50	1	0.6991
500	15	50	8	50	3	0.9471
200	10	200	4	50	2	0.8229
100	5	150	4	30	1	0.6740
100	25	250	20	10	2	0.2806
300	25	50	16	30	2	0.6762
300	25	300	12	50	1	0.4817
200	25	50	12	30	1	0.6021
100	5	200	20	30	1	0.4369
100	15	50	16	10	3	0.6524
100	20	300	8	30	1	0.3908
400	5	50	8	10	2	0.8399

选择二次多项式作为克里金模型趋势部分，选择高斯函数相关函数，考虑各向异性的作用，对各个输入变量选择不同的方向性参数。运用70组数据拟合出代理模型，运用30组数据进行模型精度检验。计算经验累积方差得 EISE = 0.00182，模型精度满足分析要求。

重新生成新的试验点，采用均匀抽样方法再生成2000组输入，利用所建立的克里金模型进行计算，进而在2000组样本基础上计算 Sobol 指数，主效应、全效应的计算结果分别如表7-6和表7-7所示。主效应指数衡量了单个因素在不考虑交互效应时的影响，由表7-6可知，系统反应时间（X_3）对作战效能的不确定性影响最大。全效应指数衡量单个因素及其与其他因素之间的交互效应对输出的影响，由表7-7可知雷达的最小探测距离（X_2）的全效应最小，在进一步分析时可将其取为定值。

表7-6　主效应指数

X_1	X_2	X_3	X_4	X_5	X_6
0.140	0.064	0.298	0.113	0.110	0.092

表7-7　全效应指数

X_1	X_2	X_3	X_4	X_5	X_6
0.281	0.111	0.461	0.322	0.292	0.157

各变量的二阶交互效应计算结果如表7-8所示，雷达的最大探测距离（X_1）与系统的反应时间（X_3）之间以及导弹的制导精度（X_4）与导弹的杀伤半径（X_5）之间存在明显的交互效应，因此在体系构建过程中，应该关注相关装备之间的配套使用。

表7-8　二阶交互效应

数　据	X_1	X_2	X_3	X_4	X_5	X_6
X_1	—	0.0086	0.1206	0.0049	0.0033	0.0006
X_2	0.0083	—	0.0052	0.0363	0.0028	0.0105
X_3	0.1206	0.0052	—	0.0112	0.0058	0.0273
X_4	0.0049	0.0363	0.0112	—	0.1477	0.0033
X_5	0.0033	0.0028	0.0058	0.1477	—	0.0132
X_6	0.0006	0.0105	0.0273	0.0033	0.0132	—

7.6 本章小结

本章所述仿真数据，主要指利用数学模型代表实际物理对象，通过仿真试验获得的数据，不考虑实际工程的半实物仿真、实装-模拟器-数学模型联合仿真等包含实物的仿真试验。与实物试验相比，仿真试验强调大样本和探索性，即利用仿真试验相对便宜、安全的特点，对试验空间进行充分探索，获得大量、高维的仿真数据。另外，由于仿真试验是全过程受控的，因此可以根据需要采集尽可能详尽的数据，这是实物试验或观察所不具备的，也为数据分析带来了新的需求。仿真模型是对研究对象运行机理的形式化描述，其本身描述的是输入、输出之间的因果关系。因此，仿真数据分析与建模，不需要关心输入输出是因果还是相关，而应聚焦于对因果效应的量化和“后果-原因”机理的准确识别，前者针对的是研究对象的一般规律性，后者主要关注特定样本，比如不符合预期的意外情况。因此，仿真数据的建模与分析，一般综合运用差异较大的多种数据分析手段，比如数据建模和数据检索。前者服务于因果效应的量化，通过仿真试验样本建立因果效应的代理模型。后者识别特定样本中出现特定结果的原因，比如在装备体系效能评估中，需要识别导致效能指标特别不理想的特定样本，并对其中的原因进行分析识别，这种类型的数据分析通常采用数据检索的方式，从仿真日志文件中搜索造成意外的原因，已经不属于传统的数据分析技术了。

参考文献

[1] FANG K T, LI R, SUDJIANTO A. Computer Science and Data Analysis Series [M]. Taylor & Francis Group, Boca Raton London New York: Chapman and Hall/CRC, 2006.

[2] DAN G. Cacuci, Mihaela Ionescu-Bujor, Ionel Michael Navon. Sensitivity and Uncertainty Analysis, Volume Ⅱ: Applications to Large-Scale Systems [M]. Taylor & Francis Group, Boca Raton London New York Singapore: CRC Press, 2005.

[3] SALTELLI A, RATTO M, ANDRES T, et al. Global Sensitivity Analysis [M]. NewYork: Springer, 2008.

[4] BETTONVIL B, KLEIJNEN J P C. Searching for important factors in simulation models with many factors: Sequential bifurcation [J]. European Journal of Operational Research, 1997, 96 (1): 180-194.

[5] SANTNER T J, WILLIAMS B J, NOTZ W I. The Design and Analysis of Computer Experiments (2nd Edition) [M]. New York: Springer, 2018.

[6] SALTELLI A, ALEKSANKINA K, BECKER W, et al. Why so many published sensitivity analyses are false: A systematic review of sensitivity analysis practices [J]. Environmental Modelling and Software, 2019, 114: 29-39.

[7] DOUGLAS-SMITH D, IWANAGA T, CROKE B F W, et al. Certain trends in uncertainty and sensitivity analysis: An overview of software tools and techniques [J]. Environmental Modeling and Software, 2020, 124: 104588.
[8] DELLINO G, MELONI C. Uncertainty Management in Simulation－Optimization [M]. New York: Springer, 2015.
[9] SULEWSKI C A. An Exploration of Unmanned Aerial Vehicles in the Army's Future Combat Systems Family of Sysems [R]. ADA443500. 2005-12.
[10] SALTELLI A, TARANTOLS S, CAMPOLONGO F, et al. Sensitivity Analysis in Pratice: A Guide to Assessing Scientific Models [M]. Chichester: John Wiley and Sons, 2008.
[11] BREIMAN L, FRIEDMAN J H, OLSHEN R A, et al. Classification and Regression Trees [M]. New York: Routledge, 1984.
[12] PARK C, HAFTKA R T, KIM N H. Experience with Several Multi－fidelity Surrogate Frameworks [C]. Sydney Australia: 11th World Congress on Structural and Multidisciplinary Optimization, 2015.
[13] 罗鹏程，周经伦，金光．武器装备体系作战效能与作战能力评估分析方法［M］．北京：国防工业出版社，2014.

第8章 机器学习与预测分析

传统预测主要采用回归分析、时间序列分析等方法。比如在时间序列分析预测中，通过分析历史数据的季节性和趋势等规律来预测未来。这些预测模型（prognostic model）相对比较简单，考虑的因子数量较少。现代的预测分析（predictive analytics）涉及庞大的数据量、大量的因素、复杂的模型，综合运用描述性分析、高级统计建模、大容量数据挖掘等多种技术和算法。为了快速、有效地分析大量数据，常常需要机器学习。因此，机器学习与预测分析携手并进，以满足多样化需求。

8.1 基本概念

8.1.1 机器学习类型

机器学习是人工智能的一个分支，目的是使用计算机设计一个系统即学习器（leaner），该系统能够根据训练数据，按照一定的方式学习和优化模型，并预测问题输出。机器学习的一个主要特点是能够随着训练数据的增加，不断学习和改进，获得更高的预测性能。

机器学习的分类有多种方式。根据学习过程中训练数据的输入方式，机器学习可以分为批量学习和在线学习；根据学习模型的类型，机器学习可以分为回归、分类、排序等；根据学习器泛化的方式，机器学习可以分为基于实例的学习和基于模型的学习；根据学习过程中所使用的数据是否标签化，机器学习可以分为有监督学习、无监督学习、半监督学习和强化学习四种类型；等等。

在有监督学习（supervised learning）中，所有输入数据都是有标签（label）的，即训练数据有明确的标识。在建模过程中，有监督学习将模型预测结果与训练数据的实际结果进行比较，在此基础上调整模型。*K* 最近邻算法、线性回归、logistic 回归、支持向量机、决策树和随机森林、神经网络等，都是典型的有监督学习算法。实现有监督学习一般要求数据标签化的成本比较低。

在无监督学习（unsupervised learning）中，输入数据并不需要特别标识，建模是根据数据的内在结构进行的，即使对于没有标签的数据，也可以通过一定的途径实现。*K* 均值算法是典型的无监督学习算法，此外基于密度的聚类（DBSCAN）、EM 算法、主成分分析、Apriori 关联规则学习等，也是典型的无监督学习。无监督学习主要用于解决聚类、降维、异常检测等机器学习任务。

半监督学习（semi-supervised learning）是介于有监督学习与无监督学习之间一种学习方式，其训练数据只有一部分是带标签的。半监督学习解决存在少量标注数据和大量未标注数据情况的学习问题。半监督学习一般通过将有监督和无监督学习算法结合而得到，例如，深度信念网络（DBN）就是一种相互堆叠的半监督学习。

强化学习（reinforced learning）中训练数据也是没有标签的，但是对于学习中的每种行为，可以给予一定的报酬或惩罚，即根据学习动作的影响，学习器获得一定的反馈并据此做出判断，使学习器自行选择什么是好的策略，并且随着学习的进行最终得到最好的策略。AlphaGo 是强化学习的最知名的例子，此外在机器人控制领域也大量研究和应用强化学习。在强化学习中，输入数据直接反馈到模型，模型对反馈结果立刻做出调整。

8.1.2　机器学习策略

在解决实际问题时，往往有多种学习算法可供选择，甚至对同一种学习算法，使用不同参数配置时也会产生不同模型。除了选择学习算法外，还要设定算法参数，即通常所说的参数调节或调参。机器学习的目的是得到泛化能力强的学习器，即在未知数据上有好的预测效果。但是在实际学习过程中，只能得到学习器在训练数据上的性能。很多情况下，能够得到一个经验误差很小、在训练集上表现优秀的学习器，但是不能保证在未来数据上也能有好的效果；相反，实际上这样训练出来的学习器经常发生“过拟合”，即在训练集上效果好，但是在测试集上的效果反而不够理想。

有多种因素可导致过拟合，其中最常见的是学习能力过于强大，以至于把训练数据中不太一般的特性都学到了。通常来说，由于学习能力低下而造成的欠拟合比较容易克服，比如，可以在决策树中扩展分支、在神经网络多训练几次，而过拟合则比较麻烦。可以说，过拟合是机器学习的主要困难，各类学习算法都需要一些措施来解决过拟合问题。不过，过拟合也是无法避免的，只是缓解或减小过拟合的风险。

一、偏差-方差权衡

“偏差-方差分解”（bias-variance decomposition）是理解机器学习泛化性能的重要途径。由于训练数据的随机性，学习算法在不同训练集上可能有不同的结果，即使训练数据服从机器学习的独立同分布假设。对测试样本 x，令 y_D 为 x 在数据集中的标记，y 为 x 的真实标记，$f(x;D)$ 为通过训练集 D 上学习得到的模型。

定义

$$\varepsilon^2=E_D[(y_D-y)^2] \tag{8.1.1}$$

为数据的噪声，比如测量误差。噪声表达了在当前任务上，任何学习算法所能达到的泛化误差（期望）的下界，即刻画了学习问题的难度。

以回归分析为例，记预测值为

$$\bar{f}(x)=E_D[f(x;D)] \tag{8.1.2}$$

使用相同样本量的不同训练集 D 对测试样本 x 进行预测，可以得到多个可能是不同的预测结果，由此可以计算预测的方差为

$$\mathrm{Var}(x)=E_D[(f(x;D)-\bar{f}(x))^2] \tag{8.1.3}$$

该方差度量了训练集的变动所导致的学习器性能的变化，即数据扰动所造成的影响。

预测值与真实标记的差异称为偏差（bias）。偏差度量了预测结果与真实结果的偏离程度，刻画的是机器学习算法本身的拟合能力。定义为

$$\mathrm{Bias}^2(x)=(\bar{f}(x)-y)^2 \tag{8.1.4}$$

可以通过训练集上模型输出的平均值与真实值的差异来估计偏差。

假设 y_D 是无偏的，即 $E_D(y_D-y)=0$，对学习器的泛化误差即预测值与观测值的差异进行分解，可以得到

$$\begin{aligned}E(f;D)&=E_D[(f(x;D)-y_D)^2]\\&=E_D[(f(x;D)-\bar{f}(x))^2]+E_D[(\bar{f}(x)-y)^2]+E_D[(y-y_D)^2]\end{aligned} \tag{8.1.5}$$

即泛化误差是偏差、方差以及噪声的和，如下所示

$$E(f;D)=\mathrm{Bias}^2(x)+\mathrm{Var}(x)+\varepsilon^2 \tag{8.1.6}$$

根据偏差、方差、噪声定义，可知学习器的泛化性能是由学习算法的能力、数据的充分性和学习任务本身的难度共同决定的。给定学习任务，为了获得好的泛化性能，需要使偏差尽可能小，即模型能够充分拟合数据，另外应该使方差也比较小，即数据扰动产生的影响小。

偏差与方差是有冲突的，即存在所谓的“偏差-方差困境”（bias-variance

dilemma)。如图 8-1 所示为学习任务中泛化能力与偏差和方差的关系示意图。在训练不足时，学习器的拟合能力不够，训练数据的扰动不足以使学习器产生显著变化，此时偏差主导泛化性能。随着训练程度提高，学习器拟合能力增强，训练数据的扰动逐渐能够被学习器学习得到，这时虽然偏差降低，但是方差逐渐增大，并主导学习器的泛化能力。在充分训练、学习器拟合能力非常强，使得训练数据的轻微扰动都会导致学习器发生显著变化的情况下，即当前训练数据特有的、非全局特性被学习器学到了，就会发生过拟合。因此，在机器学习中，重要的是在方差和偏差之间取得折中，以获得理想的泛化性能。

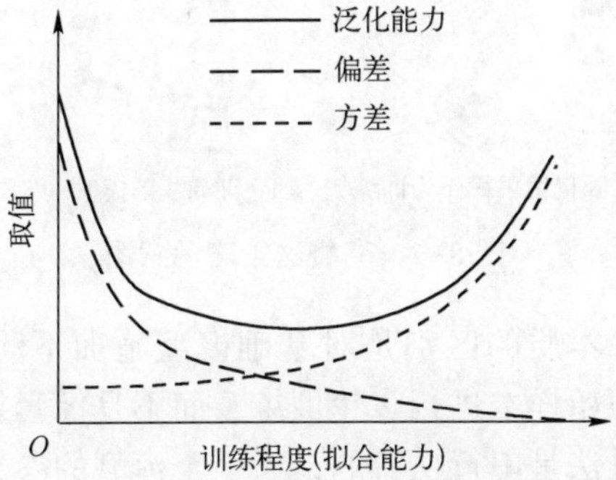

图 8-1　泛化能力与偏差和方差的关系示意图

对于经典的数据建模问题，比如多项式拟合问题，常用的实现偏差和方差折中的策略是将一个全局拟合问题分解为多个局部拟合问题。比如，由于高阶多项式拟合复杂数据的效果比较差，这时可以用分段的低阶多项式拟合每个局部，即将一个复杂的问题分解为多个简单问题，如全局拟合不好，可以进行分段后拟合每个局部。在机器学习中，则有更灵活的处理偏差和方差的策略。

二、集成学习

机器学习在未知空间搜寻具有强泛化能力和高稳健性学习器，因此找到好的单个学习器是比较困难的。组合多个简单模型以获得性能优越的组合模型，是目前机器学习中一种较通用的训练策略，也是实际业务场景中经常使用的策略。这称为集成学习，其集成存在差异性（diversity）的基础模型，甚至是完全不同类型的基础模型，获得进一步的性能提升。主要有两种集成策略，即套袋法（bagging，bootstrap aggregating）策略和提升法（boosting）策略，二者在样本选择、样例权重、预测函数、可并行性等方面存在差异。

套袋法策略如图 8-2 所示，其基本过程如下：首先采用自助抽样法获得原始数据的自助训练样本，然后对每个自助样本进行训练得到一个基础模型，如此得到多个基础模型（因为可以生成多个自助样本）。在基于多个基础模型进行预测时，同等开展每个基础模型的输出，即所有基础模型具有相同权重，以大多数基础模型的输出作为集成模型的输出。具体地，对于分类问题，就是将大多数基础模型支持的分类结果作为最终结果；对于回归问题，则以所有基础模型输出的均值作为最终结果。大多数情况下，经过套袋法集成的模型，具有更小的预测方差。在套袋法集成中，最广为人知的就是随机森林，它是通过对决策树模型实施套袋法得到的。

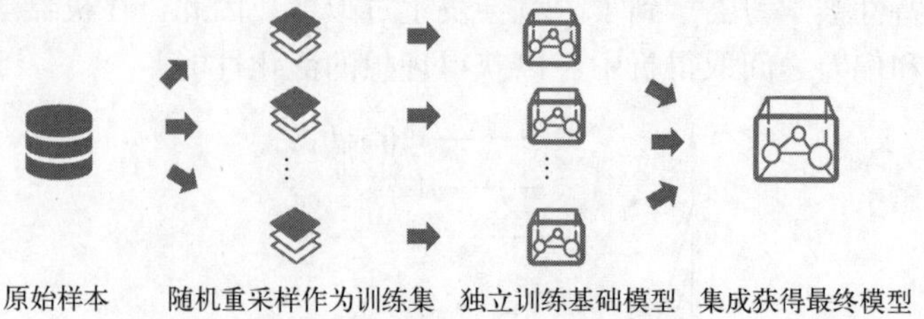

图 8-2　套袋法策略示意图

提升法和套袋法最本质的区别是对基础模型施加不同的权重。如图 8-3 所示，提升法策略针对原始样本进行多轮训练，而不是像套袋法针对多个自助样本进行一轮训练，即提升法是串行执行的，后一个模型的参数用到前一个模型的结果，而套袋法可以并行训练多个基础模型。具体策略是：每轮训练增大错误率小的基础模型的权重，减小错误率高的模型权重；每轮训练后提高被错分的样例的权值，减小分类正确的样例的权值。在提升法策略下，性能优良的基础模型具有更大权重，性能较差的基础模型权重较小。通过对多个基础模型输出结果的线性组合，得到最终结果。大部分情况下，经过提升得到的集成模型具有更小的偏差。提升法策略下比较典型的算法是 AdaBoost 和 GBDT。

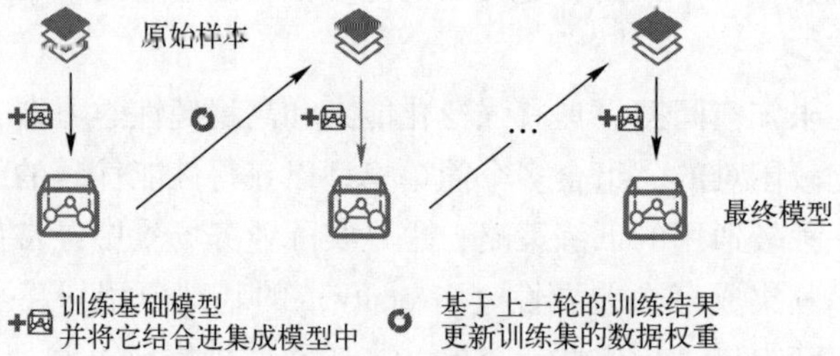

图 8-3　提升法策略示意图

如前所述，偏差和方差是度量模型性能的相互制约的指标。集成学习的特点在于，能够从降低偏差或方差的角度，“神奇”地提升弱分类器的性能。具体来说[12]，套袋法能够降低方差，而提升法则降低偏差。对此进一步说明如下。

假设有 n 个方差为 σ^2、相关系数为 ρ 的随机变量，可以证明这 n 个随机变量

的均值的方差为 $\rho\sigma^2+(1-\rho)\sigma^2/n$，因此如果这些随机变量相互独立即 $\rho=0$，则它们的均值的方差减小为单个随机变量的 $1/n$。现在考虑对 n 个模型的输出取平均值。如果这些模型的输出独立且具有相同的方差，则这些模型预测结果的方差是单个模型的 $1/n$。如果模型不完全独立，虽然不能达到如此理想的结果，但是可以通过适当的策略尽可能降低模型输出的相关性，从而得到比单个模型方差小得多的集成模型。比如，在随机森林模型中，每次选取分裂节点的属性时，随机抽取一个属性子集而不是从所有属性中选取最优属性，就可以避免弱分类器之间过强的相关性。基于训练集上重采样获得的弱分类器，也具有较低的相关性，从而可以降低套袋后模型的方差。对于提升法来说，需要对每个弱分类器计算错误或者残差，作为下一个分类器的输入，这个过程就是减小损失函数、降低偏差的过程。但是在提升过程中，各弱分类器之间具有较强的相关性，因此难以达到降低方差的目的。

8.2　支持向量机

支持向量机（supporting vector machine，SVM）是一种经典的通用机器学习方法，能用有限数据达到较高的泛化能力。其理论基础是统计学习理论，该理论为解决有限样本的机器学习问题提供了一个统一框架。

8.2.1　结构风险最小化

第 4 章介绍的 VC 不等式描述了经验风险与实际风险的关系，即

$$R_{\mathrm{exp}}(f)\leqslant R_{\mathrm{emp}}(f)+\phi(h/n)$$

式中：n 为样本量；h 为函数空间的 VC 维。VC 不等式的重要意义在于，不等式的右边与样本分布无关，即无须假设样本分布。如果 n/h 较大，则实际风险主要由经验风险决定，这就是大样本在经验风险最小化原则下能给出好结果的原因。如果 n/h 较小，比如 $n/h<20$，则小的经验风险 $R_{\mathrm{emp}}(f)$ 并不能保证实际风险也小，此时就认为样本集是小样本。

为构造针对小样本的方法，需要根据问题类型，同时考虑 VC 不等式中的经验风险与置信范围，以降低实际风险。结构风险最小化原则定义了在给定数据逼近的精度和逼近函数的复杂性之间的一种折中，通过选择函数集合 Γ 的容许结构，即 Γ 的具有特定性质的嵌套子集 $\{\Gamma_i\subseteq\Gamma\}$，$\Gamma_i\subseteq\Gamma_{i+1}$ 中合适子集 Γ_k，兼顾经验风险和置信范围，使实际风险最小。也就是说，在结构风险最小化原则下，学习器的构造分两步：首先选择 f 的模型，使其 VC 维 h 较小；然后对模型进行参数估计，使其经验风险最小。

有两种最小化 VC 不等式右边的构造性方法。第一种方法是在设计学习器时，确定一个 VC 维为h^*的（容许）函数集，即对给定样本量 n 的训练数据，先确定学习器的置信范围，然后在学习过程中最小化经验风险。显然，这就是传统的经验风险最小化，神经网络是这种方法的典型代表。其缺点在于，如果对给定样本量的训练数据，理论上可以通过增加算法或模型的复杂性，比如在增加神经网络节点数、增大回归模型阶数，满足对训练数据的最佳拟合，甚至把经验风险最小化为零。但是，由于置信范围很大，因此实际风险增加，从而导致过拟合（过学习、过适应）问题，如图 8-4 所示。

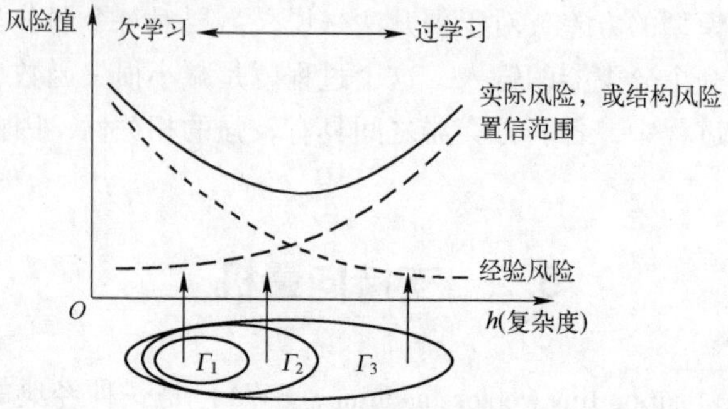

图 8-4　结构风险最小化

为避免过学习，即得到小的置信范围，必须构造 VC 维小的学习器。但是 VC 维小，就难以较好地逼近训练数据的规律性，即模型有小的偏差。要在偏差小的同时保持小的置信范围，就必须选择合适的学习器，使之反映待求解问题的先验知识。这种方法实际上是保持经验风险固定并最小化置信范围，SVM 是实现这种方法的代表。

8.2.2 支持向量机分类

SVM 分类的本质是找到一个超平面，它不仅能够将两类数据点正确分开，而且使分类之间的间隔最远。下面分别对线性可分、近似线性可分和非线性可分三种情形进行介绍。

一、线性可分情形

给定训练样本集 $D=\{(\boldsymbol{x}_i,y_i),i=1,2,\cdots,k\}$，$y_i\in\{-1,+1\}$，$\boldsymbol{x}_i$维数为 d'。如图 8-5 所示为 $d=2$ 情形的示意图，其中空心圆点表示 $y_i=-1$，实心圆点表示 $y_i=1$。显然，可以有多个超平面（在二维平面划分超平面即直线）将不同类型的样本点分开，需要寻找的是最优划分的超平面。

直观上看，中间的超平面即图 8-6 中虚线是最好的，因为该超平面对样本的划分是最稳健的——样本点有少量干扰不会显著影响分类结果，因此也可以猜想

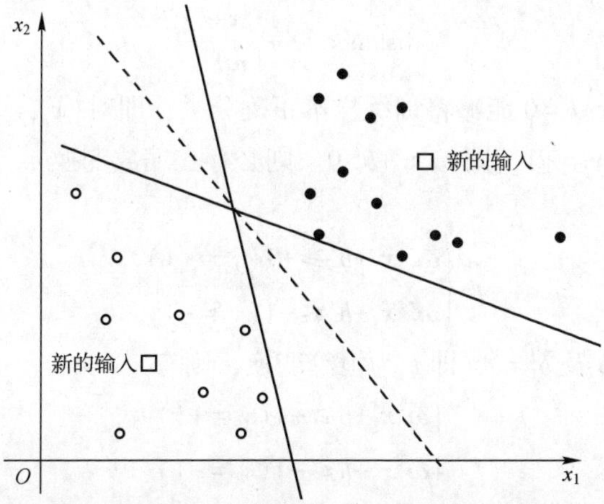

图 8-5　在二维平面中存在多个划分超平面将两类训练样本分开

其对未知样本具有更好的泛化能力。相对于两外两条直线，中间的直线使两类训练样本的间隔最大，误判的风险最小。因此，获得最大间隔的超平面，应该是构造分类器的目标。

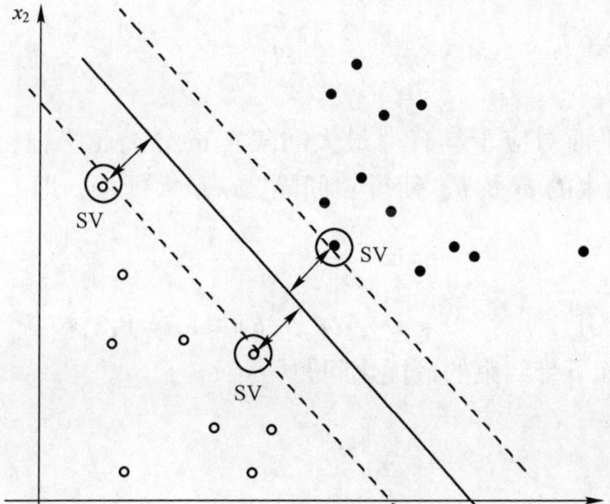

图 8-6　支持向量示例

在任意维数的样本空间中，分类超平面用以下线性方程描述：

$$\boldsymbol{\omega}^{\mathrm{T}}\boldsymbol{x}+b=0$$

式中：$\boldsymbol{\omega}=(\omega_1,\omega_{2,},\cdots,\omega_d)^{\mathrm{T}}$为法向量，决定超平面方向；$b$ 为位移项，决定超平面与原点的距离。样本空间中任意一点 $\boldsymbol{x}$ 到超平面 $\boldsymbol{\omega}^{\mathrm{T}}\boldsymbol{x}+b=0$ 的距离为

$$\text{distance}=\frac{|\boldsymbol{\omega}^{\mathrm{T}}\boldsymbol{x}+b|}{\|\boldsymbol{\omega}\|}$$

设超平面 $\boldsymbol{\omega}^{\mathrm{T}}\boldsymbol{x}+b=0$ 能够将训练样本正确分类，即对$(\boldsymbol{x}_i,y_i)\in D$，若 $y_i=-1$，则 $\boldsymbol{\omega}^{\mathrm{T}}\boldsymbol{x}_i+b<0$；若 $y_i=+1$，则 $\boldsymbol{\omega}^{\mathrm{T}}\boldsymbol{x}_i+\boldsymbol{b}>0$。则必存在缩放变换 n，$\boldsymbol{\omega}'=n\boldsymbol{\omega}$ 及 $b'=nb$，如下表达式成立：

$$\begin{cases}\boldsymbol{\omega}'^{\mathrm{T}}\boldsymbol{x}_i+b'\geqslant+1(y_i=+1)\\ \boldsymbol{\omega}'^{\mathrm{T}}\boldsymbol{x}_i+b'\leqslant-1(y_i=-1)\end{cases}\tag{8.2.1}$$

不妨设 $\boldsymbol{\omega}'=\boldsymbol{\omega}$ 及 $b'=b$，即 k 为恒等变换，则有

$$\begin{cases}\boldsymbol{\omega}^{\mathrm{T}}\boldsymbol{x}_i+b\geqslant+1(y_i=+1)\\ \boldsymbol{\omega}^{\mathrm{T}}\boldsymbol{x}_i+b\leqslant-1(y_i=-1)\end{cases}\tag{8.2.2}$$

式（8.2.2）等价于 $y_i(\boldsymbol{\omega}^{\mathrm{T}}\boldsymbol{x}_i+b)\geqslant1(i=1,2,\cdots,k)$。

如图 8-6 所示，与分类超平面距离最近的几个样本点使式（8.2.2）的等号成立，这些点称为支持向量（support vector，SV）。显然，同类的支持向量（同为+1 或同为-1）处在同一直线上，且+1 类的支持向量所处直线与-1 类的支持向量所处直线的间距为

$$\gamma=\frac{2}{\|\boldsymbol{\omega}\|}\tag{8.2.3}$$

该距离称为“间隔”。

最优分类超平面对应于具有“最大间隔”的分类超平面，因此只要找到满足式（8.2.2）约束的 $\boldsymbol{\omega}$ 及 b，使得“间隔” γ 最大即可，即

$$\max_{\boldsymbol{\omega},b}\frac{2}{\|\boldsymbol{\omega}\|}\tag{8.2.4}$$

$$\text{s. t. } y_i(\boldsymbol{\omega}^{\mathrm{T}}\boldsymbol{x}_i+b)\geqslant1,i=1,2,\cdots,k$$

上式等价于如下带约束的最优化问题：

$$\min_{\boldsymbol{\omega},b}\frac{1}{2}\|\boldsymbol{\omega}\|^2\tag{8.2.5}$$

$$\text{s. t. } y_i(\boldsymbol{\omega}^{\mathrm{T}}\boldsymbol{x}_i+b)\geqslant1,i=1,2,\cdots,k$$

式（8.2.5）称为 SVM 的基本型。求解最优化问题，就得到最大间隔分类超平面。

上述最优化问题式（8.2.5）可使用拉格朗日乘子法求解。具体地，将式（8.2.5）的每个约束条件乘以相应的拉格朗日乘子 $\alpha_i\geqslant0$ 并加入目标函数，得到该问题的拉格朗日函数如下：

$$L(\boldsymbol{\omega},b,\boldsymbol{\alpha})=\frac{1}{2}\|\boldsymbol{\omega}\|^2+\sum_{i=1}^{k}\alpha_i(1-y_i(\boldsymbol{\omega}^{\mathrm{T}}\boldsymbol{x}_i+b))\tag{8.2.6}$$

这里$\boldsymbol{\alpha}=(\alpha_1,\alpha_2,\cdots,\alpha_k)^{\mathrm{T}}$。将$L(\boldsymbol{\omega},b,\boldsymbol{\alpha})$对$\boldsymbol{\omega}$和$b$求偏导并令其等于0，得到以下方程：

$$\frac{\partial L}{\partial \boldsymbol{\omega}}=\boldsymbol{\omega}-\sum_{i=1}^{k}\alpha_i y_i \boldsymbol{x}_i=0 \tag{8.2.7}$$

$$\frac{\partial L}{\partial b}=-\sum_{i=1}^{k}\alpha_i y_i=0 \tag{8.2.8}$$

即

$$\sum_{i=1}^{k}\alpha_i y_i \boldsymbol{x}_i=\boldsymbol{\omega} \tag{8.2.9}$$

$$\sum_{i=1}^{k}\alpha_i y_i=0 \tag{8.2.10}$$

将式（8.2.9）和式（8.2.10）代入式（8.2.6），消去$\boldsymbol{\omega}$和b，再考虑式（8.2.10）及所有拉格朗日乘子都大于0的约束，就得到原最优化问题式（8.2.5）的对偶问题：

$$\max_{\alpha}\sum_{i=1}^{k}\alpha_i-\frac{1}{2}\sum_{i=1}^{k}\sum_{j=1}^{k}\alpha_i\alpha_j y_i y_j \boldsymbol{x}_i^{\mathrm{T}}\boldsymbol{x}_j \tag{8.2.11}$$

$$\text{s.t.}\ \sum_{i=1}^{k}\alpha_i y_i=0\ 且\ \alpha_i\geqslant 0,\quad i=1,2,\cdots,k$$

这是一个典型的凸二次规划问题，有唯一最优解，可通过序贯极小优化（sequential minimal optimization，SMO）等二次规划算法求解。得到拉格朗日乘子$\boldsymbol{\alpha}$后，即可求出$\boldsymbol{\omega}$与b，并得到如下分类超平面：

$$f(\boldsymbol{x})=\boldsymbol{\omega}^{\mathrm{T}}\boldsymbol{x}+b=\sum_{i=1}^{k}\alpha_i y_i \boldsymbol{x}_i^{\mathrm{T}}\boldsymbol{x}+b \tag{8.2.12}$$

由于受式（8.2.5）的约束，因此$\boldsymbol{\alpha}$满足KKT（Karush-Kuhn-Tucker）条件，即

$$\begin{cases}\alpha_i\geqslant 0\\ y_i f(\boldsymbol{x}_i)-1\geqslant 0\\ \alpha_i(1-y_i f(\boldsymbol{x}_i))=0\end{cases} \tag{8.2.13}$$

也就是说，对任意训练样本$(\boldsymbol{x}_i,y_i)$，$\alpha_i=0$与$y_i f(\boldsymbol{x}_i)=1$至少有一项成立。若$\alpha_i=0$，则该训练样本不在超平面上，对法向量$\boldsymbol{\omega}=\sum_{i=1}^{k}\alpha_i y_i \boldsymbol{x}_i$没有影响，也就不对$f(\boldsymbol{x})$产生影响。若$\alpha_i>0$，则必有$y_i f(\boldsymbol{x}_i)=1$；由于$y_i\in\{-1,+1\}$，则$f(\boldsymbol{x}_i)=1$或$f(\boldsymbol{x}_i)=-1$，因此对应的样本点$(\boldsymbol{x}_i,y_i)$处在最大间隔的边界上，是支持向量。由此可以发现，SVM训练完成后，只有支持向量参与了最终模型的构建，即仅支持向量的系数$\alpha_i>0$，对非支持向量则系数$\alpha_i=0$。这称为样本稀疏化[1]，对应地，通过正则化进行的特征选择称为特征稀疏化。

由于对任意支持向量$(\boldsymbol{x}_j,y_j)$，都有$y_j f(\boldsymbol{x}_j)=1$，故

$$b=y_j-\sum_{i\in S}\alpha_i y_i \boldsymbol{x}_i^{\mathrm{T}}\boldsymbol{x}_j \tag{8.2.14}$$

其中$S=\{i\,|\,\alpha_i>0,i=1,2,\cdots,k\}$为所有支持向量下标的集合。由式（8.2.14）可知，理论上可以选择任意一个支持向量计算得到偏置项b。实际上一般对所有支持向量计算的结果求平均，可以获得更稳健的结果，即偏置为

$$b=\frac{1}{|S|}\sum_{j\in S}\left(y_j-\sum_{i\in S}\alpha_i y_i \boldsymbol{x}_i^{\mathrm{T}}\boldsymbol{x}_j\right) \tag{8.2.15}$$

这里$|S|$为支持向量的个数。

二、近似线性可分情形

线性可分认为存在一个超平面能够将不同类的样本完全划分开。但是在现实情况下往往很难完全线性可分，但是近似线性可分。这时，不存在使训练集关于该超平面的几何间隔取正值的分类超平面，于是使用超平面划分样本类型就难以避免有错分的情况。对于近似线性可分情形，SVM 引入软间隔思想，即容许存在不满足线性可分约束条件的样本点。

引入松弛变量$\xi_i\geqslant 0,i=1,2,\cdots,k$，将约束条件放宽为$y_i(\boldsymbol{\omega}^{\mathrm{T}}\boldsymbol{x}_i+b)\geqslant 1-\xi_i,i=1,2,\cdots,k$。$\xi=(\xi_1,\xi_2,\cdots,\xi_l)^{\mathrm{T}}$描述了训练集被错分的情况，可以使用$\sum_{i=1}^{k}\xi_i$度量错分的程度。显然，当允许$\xi_i$充分大时，样本点$(\boldsymbol{x}_i,y_i)$总可满足放宽后的约束条件。为了避免$\xi_i$太大，可以在目标函数中对$\xi_i$进行惩罚。于是，分类问题的优化目标成为：使分类间隔$2/\|\boldsymbol{\omega}\|$尽可能大，同时使错分程度$\sum_{i=1}^{k}\xi_i$尽可能小。通过在目标函数加入惩罚参数$C$，得到以下优化问题：

$$\min_{\omega,b,\xi_i}\frac{1}{2}\|\boldsymbol{\omega}\|^2+C\sum_{i=1}^{k}\xi_i \tag{8.2.16}$$

$$\text{s.t. } y_i(\boldsymbol{\omega}^{\mathrm{T}}\boldsymbol{x}_i+b)\geqslant 1-\xi_i$$

$$\xi_i\geqslant 0,i=1,2,\cdots,k$$

其中，惩罚参数C越大，表明对错分容忍程度越低。由此得到的就是“软间隔支持向量机”。这仍然是一个二次规划问题，可以通过拉格朗日乘子法求解。首先，得到如下拉格朗日函数：

$$L(\boldsymbol{\omega},b,\boldsymbol{\alpha},\boldsymbol{\xi},\boldsymbol{\mu})=\frac{1}{2}\|\boldsymbol{\omega}\|^2+C\sum_{i=1}^{k}\xi_i + \sum_{i=1}^{k}\alpha_i(1-\xi_i-y_i(\boldsymbol{\omega}^{\mathrm{T}}\boldsymbol{x}_i+b))-\sum_{i=1}^{k}\mu_i\xi_i \tag{8.2.17}$$

其中，$\alpha_i\geqslant 0$，$\mu_i\geqslant 0$是拉格朗日乘子。

令$L(\boldsymbol{\omega},b,\boldsymbol{\alpha},\boldsymbol{\xi},\boldsymbol{\mu})$对$\boldsymbol{\omega}$、$b$和$\xi_i$分别求偏导并使其等于0，得到

$$\frac{\partial L}{\partial \boldsymbol{\omega}}=\boldsymbol{\omega}-\sum_{i=1}^{k}\boldsymbol{\alpha}_i y_i \boldsymbol{x}_i=0 \tag{8.2.18}$$

$$\frac{\partial L}{\partial b}=-\sum_{i=1}^{k}\alpha_i y_i=0 \tag{8.2.19}$$

$$\frac{\partial L}{\partial \xi_i}=C-\alpha_i-\mu_i=0 \tag{8.2.20}$$

式（8.7.21）即

$$\sum_{i=1}^{k}\alpha_i y_i \boldsymbol{x}_i=\boldsymbol{\omega} \tag{8.2.21}$$

$$\sum_{i=1}^{k}\alpha_i y_i=0 \tag{8.2.22}$$

$$\alpha_i+\mu_i=C \tag{8.2.23}$$

将式（8.2.21）~式（8.2.23）代入式（8.2.17），消去$\boldsymbol{\omega}$、b和ξ_i，再考虑式（8.2.10）及所有拉格朗日乘子都大于0的约束，得到式（8.2.16）的对偶问题：

$$\max_{\boldsymbol{\alpha}}\sum_{i=1}^{k}\alpha_i-\frac{1}{2}\sum_{i=1}^{k}\sum_{j=1}^{k}\boldsymbol{\alpha}_i\boldsymbol{\alpha}_j y_i y_j \boldsymbol{x}_i^{\mathrm{T}}\boldsymbol{x}_j \tag{8.2.24}$$

$$\text{s.t.}\ \sum_{i=1}^{k}\alpha_i y_i=0\ \text{且}\ 0\leqslant\alpha_i\leqslant C, i=1,2,\cdots,k$$

将式（8.2.24）与式（8.2.11）比较，可以发现软间隔下的对偶问题与硬间隔下的对偶问题，只在拉格朗日乘子的约束不同，前者是$0\leqslant\alpha_i\leqslant C$，后者是$0\leqslant\alpha_i$，因此都是凸二次规划问题，可采用与式（8.2.11）相同的方法求解。

对于软间隔SVM，KKT条件要求为

$$\begin{cases}\alpha_i\geqslant 0,\mu_i\geqslant 0\\ y_i f(\boldsymbol{x}_i)-1+\xi_i\geqslant 0\\ \alpha_i(1-y_i f(\boldsymbol{x}_i)-\xi_i)=0\\ \xi_i\geqslant 0,\mu_i\xi_i=0\end{cases} \tag{8.2.25}$$

于是，对任意训练样本$(\boldsymbol{x}_i,y_i)$，$\alpha_i=0$与$y_i f(\boldsymbol{x}_i)+\xi_i=1$至少有一项成立。若$\alpha_i=0$，则该训练样本不对$f(\boldsymbol{x})$产生影响；若$\alpha_i>0$，则必有$y_i f(\boldsymbol{x}_i)+\xi_i=1$，即所对应的样本点$(\boldsymbol{x}_i,y_i)$为支持向量。$\alpha_i>0$的情况还可以分为两类：$C>\alpha_i>0$以及$\alpha_i=C$，由式（8.2.23）可知，若$C>\alpha_i>0$，则$\mu_i>0$，再由式（8.2.25）最后一个条件可得$\xi_i=0$，即此时训练样本落在最大间隔边界上；若$\alpha_i=C$，则有$\mu_i=0$，此时若$\xi_i\leqslant 1$则该样本落在最大间隔边界内部，若$\xi_i>1$则该训练样本被错分。由此可见，软间隔SVM也具有SVM的重要性质，即训练结束后，只有支持向量参与

了分类超平面的构建。

三、非线性可分情形

线性可分和近似线性可分在现实任务中都是极少发生的情况。经常出现的情况是原始样本空间中完全不存在能合理划分两类样本的超平面，此即非线性可分情形。例如，图 8-7 中的两类样本，在原始的二维空间不可能存在一条直线进行分类。

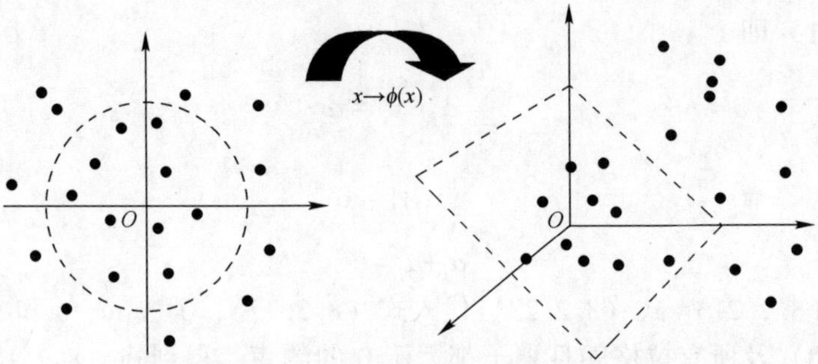

图 8-7　解决非线性可分情形的基本思想

对于非线性可分情形，一种解决思路是选择一个映射 $\phi(\boldsymbol{x})$，将原始空间变换到更高维的特征空间，使在该特征空间内的样本是线性可分的，然后在特征空间内构造最优分离超平面，即在特征空间内应用线性可分的 SVM 构造分类超平面。如图 8-8 所示，将原始二维空间映射到一个合适的三维空间中，就能找到合适的超平面，将映射到三维空间内的样本量分隔开。实际上，只要原始空间是有限维的，则一定存在一个高维特征空间，使得在该空间内的样本点的映射是线性可分的。

以 $\phi(\boldsymbol{x})$ 表示 $\boldsymbol{x}$ 映射至高维空间后的特征向量，则在特征空间中的分类超平面为

$$f(\boldsymbol{x})=\boldsymbol{\omega}^{\mathrm{T}}\phi(\boldsymbol{x})+b \tag{8.2.26}$$

这里 $\boldsymbol{\omega}$ 与 b 是模型参数。类似式（8.2.16），有

$$\min_{\boldsymbol{\omega},b,\xi_i} \frac{1}{2}\|\boldsymbol{\omega}\|^2+C\sum_{i=1}^{k}\xi_i \tag{8.2.27}$$

$$\text{s.t. } y_i(\boldsymbol{\omega}^{\mathrm{T}}\phi(\boldsymbol{x}_i)+b)\geqslant 1-\xi_i$$

$$\xi_i\geqslant 0, i=1,2,\cdots,k$$

其对偶问题为

$$\max_{\boldsymbol{\alpha}} \sum_{i=1}^{k}\alpha_i-\frac{1}{2}\sum_{i=1}^{k}\sum_{j=1}^{k}\alpha_i\alpha_j y_i y_j\,\phi(\boldsymbol{x}_i)^{\mathrm{T}}\phi(\boldsymbol{x}_j) \tag{8.2.28}$$

$$\text{s.t.} \sum_{i=1}^{k} \alpha_i y_i = 0 \text{ 且 } 0 \leqslant \alpha_i \leqslant C, i = 1,2,\cdots,k$$

求解式（8.2.28）涉及计算$\phi(\boldsymbol{x}_i)^{\mathrm{T}} \cdot \phi(\boldsymbol{x}_j)$，这是样本$\boldsymbol{x}_i$与$\boldsymbol{x}_j$映射到特征空间之后的内积。由于特征空间通常都是高维的，因此直接计算$\phi(\boldsymbol{x}_i)^{\mathrm{T}}\phi(\boldsymbol{x}_j)$通常是困难的。为了克服这种困难，可以通过定义特征空间的内积函数——核函数$K(\boldsymbol{x}_i,\boldsymbol{x}_j)$来实现这种映射变换：

$$K(\boldsymbol{x}_i,\boldsymbol{x}_j) = \langle \phi(\boldsymbol{x}_i), \phi(\boldsymbol{x}_j) \rangle = \phi(\boldsymbol{x}_i)^{\mathrm{T}}\phi(\boldsymbol{x}_j) \tag{8.2.29}$$

即$\boldsymbol{x}_i$与$\boldsymbol{x}_j$在特征空间的内积等于它们在原始样本空间中通过核函数$K(\cdot,\cdot)$计算的结果。于是式（8.2.28）可重写为

$$\max_{\boldsymbol{\alpha}} \sum_{i=1}^{k} \alpha_i - \frac{1}{2}\sum_{i=1}^{k}\sum_{j=1}^{k} \alpha_i\alpha_j y_i y_j K(\boldsymbol{x}_i,\boldsymbol{x}_j) \tag{8.2.30}$$

$$\text{s.t.} \sum_{i=1}^{k} \alpha_i y_i = 0 \text{ 且 } 0 \leqslant \alpha_i \leqslant C, i = 1,2,\cdots,k$$

求解后可得

$$f(\boldsymbol{x}) = \boldsymbol{\omega}^{\mathrm{T}}\phi(\boldsymbol{x}) + b = \sum_{i=1}^{k} \alpha_i y_i \phi(\boldsymbol{x}_i)^{\mathrm{T}}\phi(\boldsymbol{x}) + b = \sum_{i=1}^{k} \alpha_i y_i K(\boldsymbol{x}_i,\boldsymbol{x}) + b \tag{8.2.31}$$

核函数$K(\cdot,\cdot)$隐式地定义了特征空间，也就决定了分类超平面的优劣。因此核函数的选择至关重要。常用的核函数有多项式核函数、高斯核函数、Sigmoid核函数等，如下所示：

（1）多项式核函数：

$$K(\boldsymbol{x}_i,\boldsymbol{x}_j) = (\boldsymbol{x}_i^{\mathrm{T}}\boldsymbol{x}_j + c)^q$$

式中：c为某常数；$q \geqslant 1$为多项式次数。

（2）高斯核函数：

$$K(\boldsymbol{x}_i,\boldsymbol{x}_j) = \exp\left(-\frac{\|\boldsymbol{x}_i - \boldsymbol{x}_j\|^2}{2\sigma^2}\right)$$

式中：σ为高斯核的带宽。

（3）Sigmoid核函数：

$$K(\boldsymbol{x}_i,\boldsymbol{x}_j) = \tanh(\beta \boldsymbol{x}_i^{\mathrm{T}}\boldsymbol{x}_j + \theta)$$

式中：tanh为双曲正切函数；$\beta>0$，$\theta<0$。

四、遥测数据变化模式分类

以某卫星的温度参数遥测数据为例，采用SVM建立遥测数据日变化模式的分类模型。该遥测参数受卫星和太阳位置的影响，呈现日变化规律。按照分段长度为1d对遥测数据进行分段，如图8-8所示为标准化之后的分段数据，其中，时间维归一化到［0,1］上，遥测参数值根据其均值和标准差进行正态标准化。

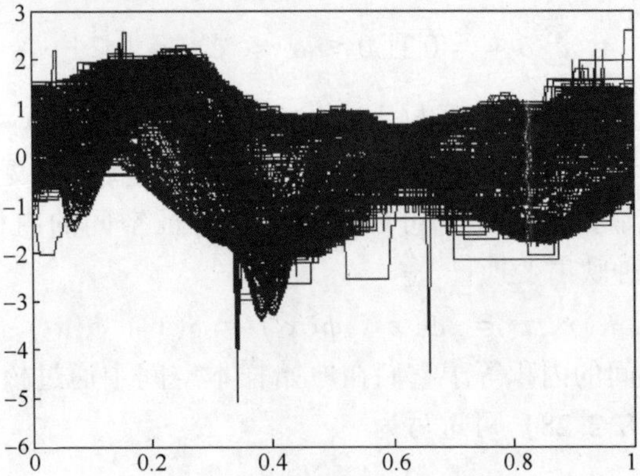

图 8-8　分段后标准化数据

对标准化之后的子序列进行模式聚类，使用皮尔逊相关系数法作为相似性度量，可以得到 8 种不同的变化模式 $M=\{M1,M2,\cdots,M8\}$，以及每个模式所包含的子序列的集合，如图 8-9 所示。采用 3.5.2 节的整体形态特征，计算各子序列的形态特征量数据，替代原始子序列，作为 SVM 分类模型的输入。下面采用 Matlab 的 SVM 工具箱建立分类模型。

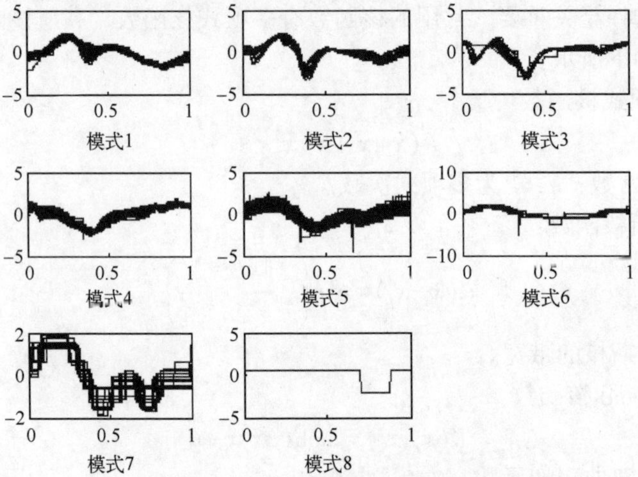

图 8-9　聚类得到的 8 种模式

（1）选定训练集和测试集。将每种模式定义为一个类别，每个类别的子序列分成两组，任意取其中的 5 个子序列作为测试集，其余作为训练集。需要特别说明的是，由于第 8 种模式只包含 1 个子序列，不能满足训练集的条件，因此 $M8$ 的子序列不参与分类试验。

（2）预处理效果对比。对特征向量使用不同的归一化预处理以及不使用归一化预处理，建立 SVM 后进行分类，在测试集上的分类准确率如表 8-1 所列。可以看出，归一化预处理是提高分类准确率的关键，而且不同的归一化方式对最后的准确率影响较大。

表 8-1　采用不同归一化方式对比

归一化方式	准　确　率	svmtrain 的参数选项
不进行归一化处理	47.5%（17/35）	'-c 2 -g 2'
[-1,1] 归一化	97.14%（34/35）	'-c 2 -g 2'
[0,1] 归一化	73.75%（26/35）	'-c 2 -g 2'

（3）不同核函数对比。对于 SVM 中不同的核函数，测试集预测分类准确率的对比（统一采用[-1,1] 归一化）如表 8-2 所列。可以看出对于当前数据采用多项式（polynomial）作为核函数，最终的分类准确率最高。

表 8-2　采用不同核函数对比

采用的核函数	准　确　率	svmtrain 的参数选项
linear	68.57%（24/35）	'-c 2 -g 1 -t 0'
polynomial	97.14%（34/35）	'-c 2 -g 1 -t 1'
radial basis function	80.00%（28/35）	'-c 2 -g 1 -t 2'
Sigmoid	11.43%（4/35）	'-c 2 -g 1 -t 3'

（4）分类预测结果。用训练集对 SVM 分类器进行训练，用得到的模型对测试集进行标签预测，最后得到分类的准确率为 97.14%（34/35），如图 8-10 所示。可以看出，仅第二种模式中的一个子序列被错误分类，其他均分类正确。

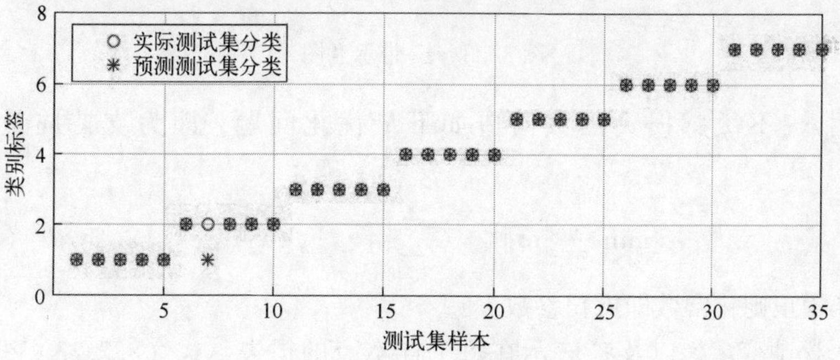

图 8-10　分类结果

8.2.3 支持向量机回归

在机器学习的分类问题中，样本的标签是离散的类别。如果样本的标签是连续的数值，则需要建立回归模型。这时，训练样本为 $D=\{(\boldsymbol{x}_i,y_i),i=1,2,\cdots,k\}$，$y_i\in\boldsymbol{R}$，目的是学习得到回归模型 $f(\boldsymbol{x})=\boldsymbol{\omega}^{\mathrm{T}}\boldsymbol{x}+b$，使 $f(\boldsymbol{x})$ 与输出 $\boldsymbol{y}$ 的差异尽可能地小。

一、支持向量机回归原理

经典的线性回归和最小二乘法是基于经验风险最小化原则估计模型参数 $\boldsymbol{\omega}$ 与 b 的。为基于结构风险最小化原则估计模参数，在回归分析问题中引入结构风险，并保持 SVM 的稀疏性质，Vapnik 引入 ε-不敏感损失函数，如下：

$$|y-f(\boldsymbol{x})|_{\varepsilon}=\begin{cases}0, & |y-f(\boldsymbol{x})|<\varepsilon \\ |y-f(\boldsymbol{x})|-\varepsilon, & |y-f(\boldsymbol{x})|\geqslant\varepsilon\end{cases} \tag{8.2.32}$$

该损失函数容忍预测值 $f(\boldsymbol{x})$ 与观测值 y 之间最多有 ε 的偏差，即此时认为模型 $f(\boldsymbol{x})$ 对样本点的拟合没有损失。这相当于以 $f(\boldsymbol{x})$ 为中心，构造一个宽度为 2ε 的间隔带，当样本点落入这个间隔中时，认为被正确预测，损失为 0。称此间隔带为 ε-带，如图 8-11 所示。

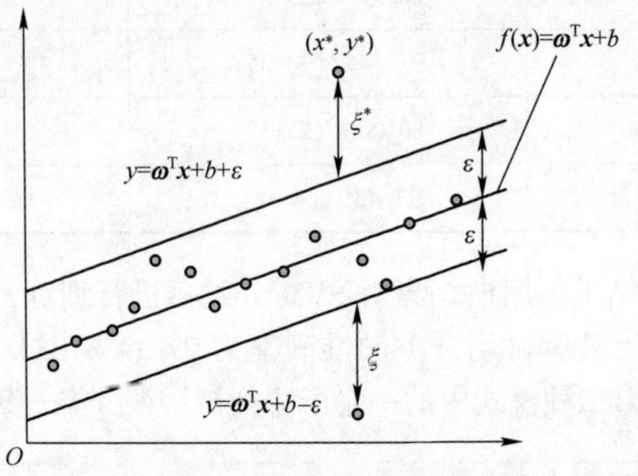

图 8-11　ε-带示意图

采用 ε-不敏感损失函数构造如下最优化问题，即为支持向量机回归（SVR）：

$$\min_{\omega,b}\frac{1}{2}\|\boldsymbol{\omega}\|^2+C\sum_{i=1}^{k}|y_i-f(\boldsymbol{x}_i)|_{\varepsilon} \tag{8.2.33}$$

式中：C 为正则化常数即惩罚参数。

引入松弛变量 ξ_i 以及 ξ_i^* 表示在每个样本点的损失，式（8.2.33）变成下面的形式：

$$\min_{\omega,b,\xi,\xi_i^*,}\ \frac{1}{2}\|\boldsymbol{\omega}\|^2 + C\sum_{i=1}^{k}(\xi_i+\xi_i^*) \tag{8.2.34}$$

$$\begin{aligned}\text{s.t.}\ & y_i - f(\boldsymbol{x}_i) \leqslant \varepsilon + \xi_i^*,\\ & f(\boldsymbol{x}_i) - y_i \leqslant \varepsilon + \xi_i,\\ & \xi_i^* \geqslant 0, \xi_i \geqslant 0, i = 1,2,\cdots,k\end{aligned}$$

类似式（8.2.16），通过拉格朗日乘子法得到式（8.2.34）的拉格朗日函数如下：

$$\begin{aligned}&L(\boldsymbol{\omega},b,\xi_i,\xi_i^*,\alpha_i,\alpha_i^*,\mu_i,\mu_i^*) \qquad (8.2.35)\\ &= \frac{1}{2}\|\boldsymbol{\omega}\|^2 + C\sum_{i=1}^{k}(\xi_i+\xi_i^*) + \sum_{i=1}^{k}\alpha_i(f(\boldsymbol{x}_i) - y_i - \varepsilon - \xi_i)\\ &+ \sum_{i=1}^{k}\alpha_i^*(y_i - f(\boldsymbol{x}_i) - \varepsilon - \xi_i^*) - \mu_i\xi_i - \mu_i^*\xi_i^*\end{aligned}$$

将回归模型 $f(\boldsymbol{x}) = \boldsymbol{\omega}^{\mathrm{T}}\boldsymbol{x} + b$ 代入式（8.2.35），分别对 $\boldsymbol{\omega}$，b，ξ_i 和 ξ_i^* 求偏导并令其为零，得到

$$\boldsymbol{\omega} = \sum_{i=1}^{k}(\alpha_i^* - \alpha_i)\boldsymbol{x}_i \tag{8.2.36}$$

$$0 = \sum_{i=1}^{k}(\alpha_i^* - \alpha_i) \tag{8.2.37}$$

$$C = \alpha_i + \mu_i \tag{8.2.38}$$

$$C = \alpha_i^* + \mu_i^* \tag{8.2.39}$$

将式（8.2.36）~式（8.2.39）代入式（8.2.35），即可得到 SVR 的对偶问题：

$$\begin{aligned}&\max_{\alpha,\alpha_i^*}\sum_{i=1}^{k}y_i(\alpha_i^* - \alpha_i) - \varepsilon(\alpha_i^* + \alpha_i) \qquad (8.2.40)\\ &-\frac{1}{2}\sum_{i=1}^{k}\sum_{j=1}^{k}\alpha_i\alpha_j y_i y_j \boldsymbol{x}_i^{\mathrm{T}}\boldsymbol{x}_j\\ &\text{s.t.}\sum_{i=1}^{k}(\alpha_i^* - \alpha_i) = 0\\ &\text{且 } 0 \leqslant \alpha_i, \alpha_i^* \leqslant C,\quad i = 1,2,\cdots,k\end{aligned}$$

上述过程需满足 KKT 条件，即

$$\begin{cases}\alpha_i(f(\boldsymbol{x}_i) - y_i - \varepsilon - \xi_i) = 0\\ \alpha_i^*(y_i - f(\boldsymbol{x}_i) - \varepsilon - \xi_i^*) = 0\\ \alpha_i\alpha_i^* = 0, \xi_i\xi_i^* = 0\\ (C - \alpha_i)\xi_i = 0, (C - \alpha_i^*)\xi_i^* = 0\end{cases} \tag{8.2.41}$$

可以看出，当且仅当$f(\boldsymbol{x}_i)-y_i-\varepsilon-\xi_i=0$时，$\alpha_i$取非零值；当且仅当$y_i-f(\boldsymbol{x}_i)-\varepsilon-\xi_i^*=0$时，$\alpha_i^*$取非零值。也就是说，当且仅当样本点$(\boldsymbol{x}_i,y_i)$不落入$\varepsilon$-带中时，相应的$\alpha_i$与$\alpha_i^*$才取非零值。注意到$f(\boldsymbol{x}_i)-y_i-\varepsilon-\xi_i=0$与$y_i-f(\boldsymbol{x}_i)-\varepsilon-\xi_i^*=0$不能同时成立，因此$\alpha_i$与$\alpha_i^*$中至少有一个为零。

将式（8.2.36）代入$f(\boldsymbol{x})=\boldsymbol{\omega}^{\mathrm{T}}\boldsymbol{x}+b$，则得到SVR模型为

$$f(x)=\sum_{i=1}^{k}(\alpha_i^*-\alpha_i)\,\boldsymbol{x}_i^{\mathrm{T}}\boldsymbol{x}+b \tag{8.2.42}$$

在SVR中，使式（8.2.42）中$(\alpha_i^*-\alpha_i)\neq 0$的样本为相应的支持向量，它们必然落在$\varepsilon$-带之外。

下面看b的求解。根据KKT条件及式（8.2.42），若$0<\alpha_i<C$，则

$$b=y_i+\varepsilon-f(\boldsymbol{x})\sum_{j=1}^{k}(\alpha_i^*-\alpha_i)\,\boldsymbol{x}_j^{\mathrm{T}}\boldsymbol{x}_i$$

若$0<\alpha_i^*<C$，则

$$b=y_i-\varepsilon-f(\boldsymbol{x})\sum_{j=1}^{k}(\alpha_i^*-\alpha_i)\,\boldsymbol{x}_j^{\mathrm{T}}\boldsymbol{x}_i$$

因此，通过所有满足$0<\alpha_i<C$或$0<\alpha_i^*<C$的样本求解b再取平均，就得到稳健的b值。

如果样本点之间的关系是非线性的，类似于非线性可分情形，引入核函数$K(\cdot,\cdot)$来解决非线性回归问题。这时，SVR的解为

$$f(\boldsymbol{x})=\sum_{i=1}^{k}(\alpha_i^*-\alpha_i)K(\boldsymbol{x}_i,\boldsymbol{x})+b \tag{8.2.43}$$

二、动量轮轴温建模与预测

下面通过动量轮寿命预测问题，了解支持向量回归。动量轮是三轴卫星姿态控制系统的关键执行部件，轴温是反映该部件性能的主要参数。随着时间推移，轴温逐渐增大，导致润滑系统无法正常运行，当轴温达到规定门限值时，认为动量轮失效。这里研究利用轴温遥测数据预测轴温变化规律，进而预测动量轮润滑失效。

如图8-12是某型号动量轮轴温的实测数据$T_1,T_2,T_3,\cdots$。对此时间序列数据构造模型输入和输出数据$(\boldsymbol{x}_i,y_i)$，共得到1340个训练数据。将构造后的数据分为两组，前1231个数据作为训练数据，其余作为测试数据。

$$\boldsymbol{x}_i=(T_i,T_{i+1},\cdots,T_{i+p-1})$$
$$y_i=T_{i+p}$$

首先考虑直接应用SVM建模，采用高斯核函数。其预测结果示意图如图8-13所示。可以看到，外推预测结果与原始数据走势相反。分析其原因，SVM实际

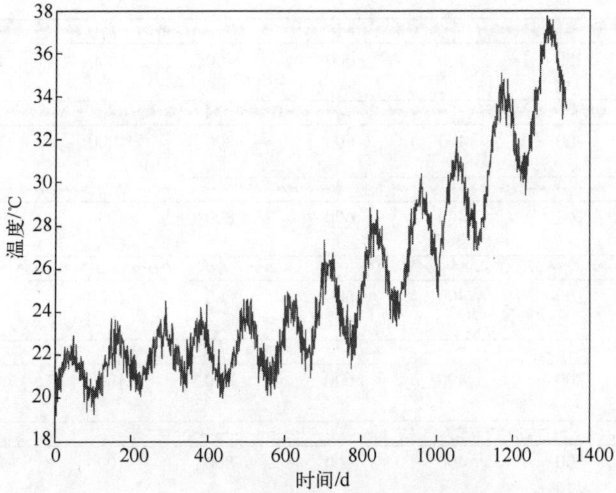

图 8-12　动量轮轴温原始数据

上是一种机器学习方法，它通过对训练数据进行训练、学习来预测后面的数据。当原始数据存在明显的趋势项且数据非平稳时，直接用 SVM 进行外推预测存在很大的问题。

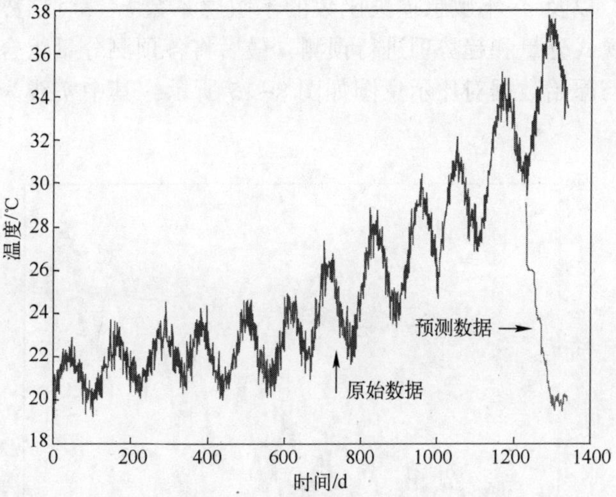

图 8-13　预测结果示意图

为解决非平稳数据的建模问题，先对原始数据进行分解，提取出趋势项再应用 SVM 进行外推预测。针对上述轴温遥测数据，利用 EMD 分解与 SVR 相结合，进行建模和预测。EMD 分解后的到 6 个本征模式分量和 1 个趋势项如图 8-14 所示。

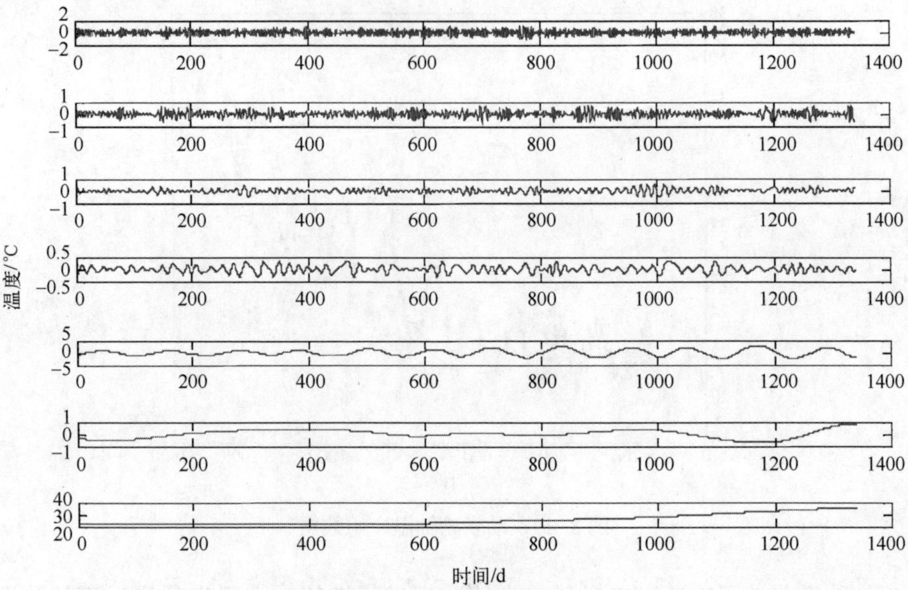

图 8-14　EMD 分量示意图

利用交叉验证的网格搜索法，分别对各个模式分量确定 SVR 的核函数参数 γ^2，惩罚因子 C 以及 ε-不敏感损失函数的不敏感系数 ε 。对趋势项采用二次拟合，然后对各模式分量和趋势项进行预测，最后将各预测分量组合得到最终预测值。预测结果与原始数据对比示意图如图 8-15 所示，其中实线为原始数据，点线为预测值。

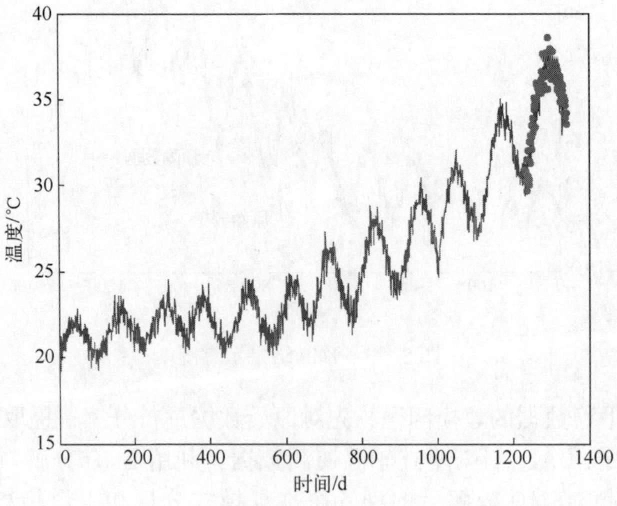

图 8-15　预测结果与原始数据对比示意图

8.3 神经网络

神经网络（neural network）是另一种常用的机器学习方法，作为人工智能的神经网络研究是在 20 世纪 50 年代末 60 年代初开始的。神经网络理论以非线性处理为基础，通过模拟人脑的结构和机理，解决复杂系统的建模问题。神经网络理论的发展历经起伏，深度学习使神经网络研究再次得到广泛关注。目前，神经网络在时间序列预测、图像和文本数据分类等领域，都取得了有巨大成功，在智能控制、最优化问题求解等方面也有大量应用。

本节介绍神经网络的基本概念、经典模型和算法，8.4 节介绍针对典型数据和建模问题的几种深度神经网络。

8.3.1 神经元模型

神经网络是由神经元组成的网络。神经元是生物神经网络最基本的组成部分。1943 年，心理学家 W. S. McCulloch 和数学家 Walter Pitts 将关于大脑神经元的知识①抽象为图 8-16 所示的简单模型，这也是一直沿用至今的神经元模型[13]。在这个模型中，神经元接收其他神经元传递的信号作为输入，加权求和后与神经元的阈值进行比较，再通过激活函数的处理产生输出。

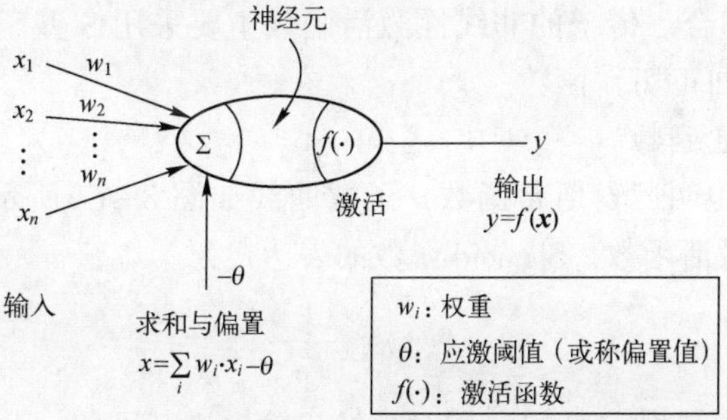

图 8-16　神经元模型

每个神经元包括加法器Σ和激活函数（activation function）f两个单元。加法器单元将输入信号乘以权重后相加再减去偏置，得到加法器的输出信号 $\boldsymbol{x}$ 作为激

① 关于大脑神经元有以下生物学的知识：①多个神经元形成生物神经网络；②对于从其他多个神经元传递过来的信号，如果它们的和不超过某个阈值，则神经元不做任何反应；③对于从其他多个神经元传递过来的信号，如果它们的和超过某个阈值，则神经元会做出反应（称为点火），向另外的神经元传递固定强度的信号。

活函数单元的输入；激活函数单元实现非线性函数 $f(\cdot)$，称为激活函数，$y=f(\boldsymbol{x})$ 是该非线性单元的输出信号，也是神经元的输出信号。

8.3.2 传统神经网络的结构

将多个神经元以适当的方式连接起来，就构成了神经网络。在深度学习技术之前，关于神经网络结构的研究并没有得到过多关注，主要成果集中在神经网络的描述能力（学习网络）和动力学特性（反馈网络）等的理论研究方面。

一、激活函数

由神经元输入端可以看出，缺乏激活函数的神经元只能表达线性变换。线性组合不能解决复杂的分类和回归问题。为了学习数据中的复杂模式，对神经元添加激活函数。激活函数通常是非线性、连续可导（允许小数点处不可导）的，前者是为了增强网络的表示能力和学习能力，后者是为了对网络参数进行学习优化。但是激活函数及其导数不能太复杂，太复杂不利于网络计算效率。此外，激活函数的导数应该在一个合适的区间内，不能太大也不能太小，否则会影响训练的效率和稳定性。

传统神经网络中常用的激活函数可以分为线性和非线性两大类，或者分为阈值型（阶跃型）、线型或分段线型以及 S 型三类。大多数激活函数是非线性的，非线性激活函数的图形不是一条直线，可以是一个复杂的曲线，也可以是两个或多个线性函数的组合。传统的非线性激活函数主要采用 S 型函数，包括 Sigmoid 函数和 Tanh（双曲正切）函数。

（一）Sigmoid 函数

Sigmoid 函数也叫逻辑斯蒂函数，函数曲线如图 8-17 所示，是一个 S 形曲线，故称为 S 型激活函数。Sigmoid 函数的表达式为

$$f(x)=\frac{1}{1+e^{-x}}$$

Sigmoid 函数的取值在 0~1，即对神经元输出进行了归一化。可以将 Sigmoid 函数的输出视作概率来实现二分类。回忆逻辑斯蒂回归，容易看出单个神经元的模型实际上就是一个逻辑斯蒂回归模型。

Sigmoid 函数是光滑函数，函数值接近 0 和 1 时非常平坦、梯度接近 0。梯度接近 0 的神经元称为饱和神经元，在基于梯度下降法训练时，自身权重不再更新，与其相连的神经元的权重的更新也很慢，即发生梯度消失问题。Sigmoid 函数的输出值的中心不是零，这会使其输出神经元的输入发生偏置偏移（bias shift），导致优化过程困难。另外，由于 Sigmoid 函数包括指数运算，因此模型运行速度慢。

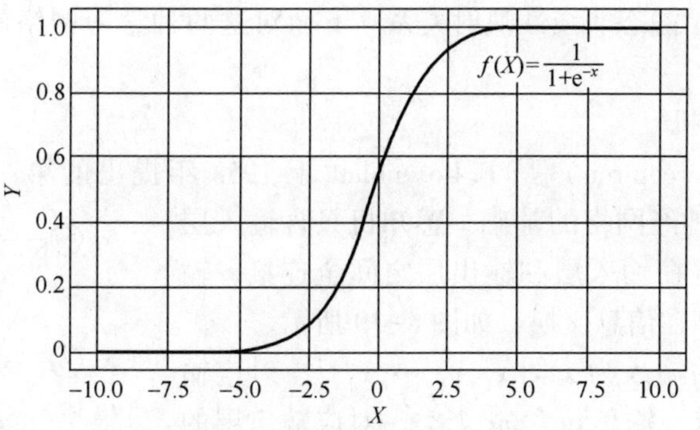

图 8-17　Sigmoid 函数

（二）Tanh 函数

Tanh 函数又称双曲正切激活函数（hyperbolic tangent activation function），其取值在-1~1，其曲线也是 S 形的，如图 8-18 所示，其函数表达式如下：

$$f(x)=\tanh(x)=\frac{e^{x}-e^{-x}}{e^{x}+e^{-x}}=\frac{2}{1+e^{-2x}}-1$$

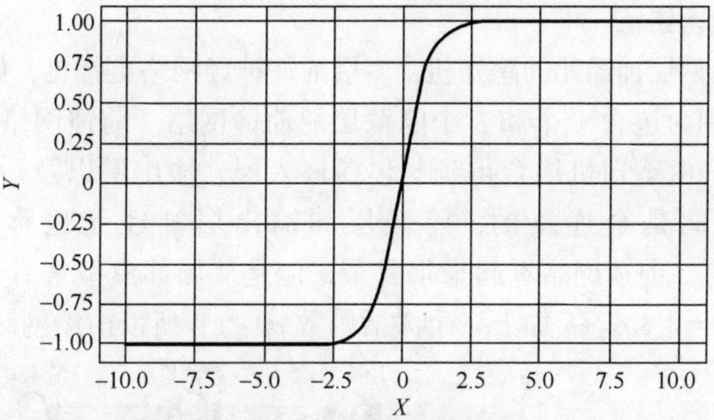

图 8-18　Tanh 函数

Tanh 函数可以看作执行放大和平移的 Sigmoid 函数，如下：

$$\tanh(x)=2\text{sigmoid}(2x)-1$$

Tanh 函数和 Sigmoid 函数的性质相似，但是输出以零为中心，因此与 Sigmoid 函数相比有一些优势；在应用中的优先性高于 Sigmoid 函数。与 Sigmoid 函数类似，Tanh 函数也有梯度消失问题。在二元分类问题中，一般将 Tanh 函数用于隐藏层，Sigmoid 函数用于输出层。

二、网络结构

传统神经网络中，作为学习系统的网络结构主要有感知机和前馈网络两种[10]，描述的是静态非线性映射关系。下面对这两种学习网络的结构进行简单介绍。

（一）感知机

感知机（perceptron）是 F. Rosenblatt 于 1958 年提出的第一个神经网络模型[14]，是所有神经网络的基础。感知机只含输入层和输出层，并且在输入层和输出层之间全连接，输入层节点间不存在信息交换，如图 8-19 所示。

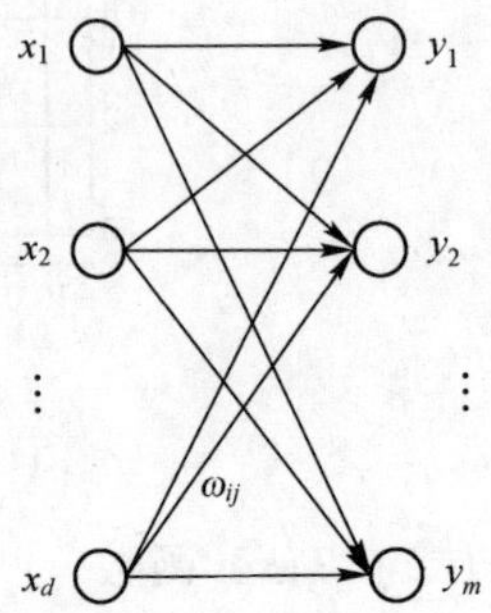

图 8-19　感知机示意图

设感知机的输入为 $\boldsymbol{x}=[x_1,x_2,\cdots,x_d]^{\mathrm{T}}$，对应输入层的 d 个节点。输出包含 m 个类，对应输出层的 m 个节点。输入节点 i 和输出节点 j 的连接权为ω_{ij}，输出节点 j 的激活函数为 σ，则输出节点 j 的输出为

$$y_j=\sigma\left(\sum_{i=1}^{d}\omega_{ij}x_i-\theta_j\right) \tag{8.3.1}$$

为了方便书写求导运算的表达式，后续将所有感知机输出记为 $y_j=\sigma\left(\sum_{i=1}^{d}\omega_{ij}x_i+b_j\right)$，其中 $b_j=-\theta_j$称为偏置项。

（二）前馈网络

相对于只有两层神经元的感知机，多层前馈神经网络更常见，如图 8-20（a）、（b）所示，分别为包含 1 个和 3 个隐藏层的前馈网络。前馈网络（feed-forward network，FNN）由感知机组合得到，包括输入层、输出层以及一个或多个隐藏层，层与层之间是全连接的，隐藏层和输出层神经元也称“功能单元”（functional unit）。前馈网络看起来很复杂，但是从局部模型来看与感知机相同，都是线性关系 $z=\sum\omega_i x_i+b$ 加上一个激活函数 $\sigma(z)$，所以前馈网络又称为多层感

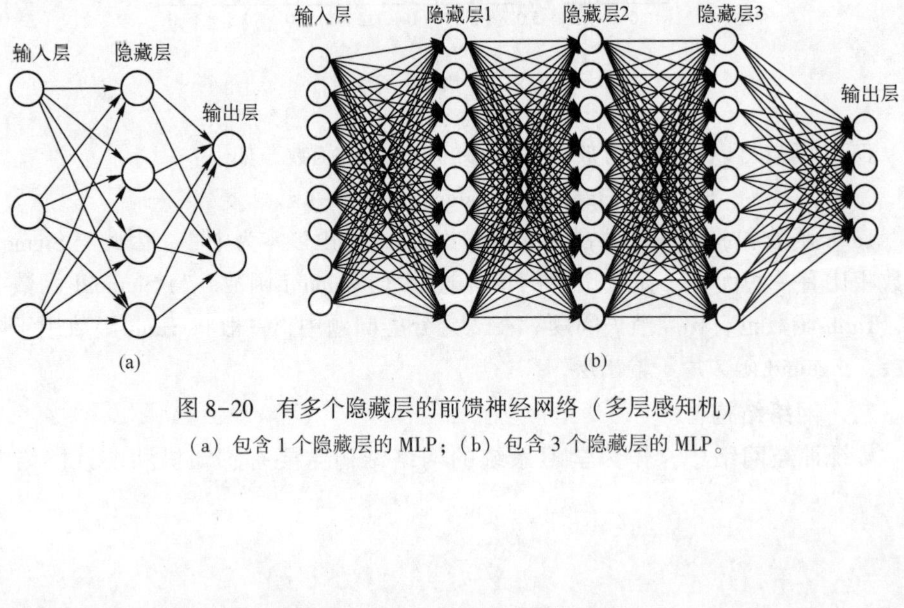

图 8-20　有多个隐藏层的前馈神经网络（多层感知机）

（a）包含 1 个隐藏层的 MLP；（b）包含 3 个隐藏层的 MLP。

知机（MLP）。MLP 具有强大的表示能力——只需一个包含足够多神经元的隐藏层，理论上前馈网络能以任意精度逼近复杂的连续函数。MLP 可以说是深度神经网络（DNN）的前身，相比于 MLP，（狭义的）DNN 原理上没有变化，只是层数增加、优化方法丰富了。目前，MLP 和 DNN 已经没有区别，两个词语经常交替使用。另外，广义概念的 DNN 包括 CNN、RNN 等。

一般的前馈神经网络层数较多，涉及的参数也多，因此一般采用矩阵形式。设第 $l-1$ 层到第 l 层的连接权组成一个矩阵为 $\boldsymbol{W}^l$，$\boldsymbol{W}^l$ 为 $n\times m$ 的矩阵（第 $l-1$ 层有 m 个神经元，第 l 层有 n 个神经元），定义为

$$\boldsymbol{W}^l=\begin{bmatrix}\omega_{11}^l & \omega_{12}^l & \cdots & \omega_{1m}^l\\ \omega_{21}^l & \omega_{22}^l & \cdots & \omega_{2m}^l\\ \vdots & \vdots & \ddots & \vdots\\ \omega_{n1}^l & \omega_{n2}^l & \cdots & \omega_{nm}^l\end{bmatrix} \tag{8.3.2}$$

第 l 层的所有偏置组成一个 $n\times 1$ 的列向量 $\boldsymbol{b}^l$，如下：

$$\boldsymbol{b}^l=\begin{bmatrix}b_1^l\\ b_2^l\\ \vdots\\ b_n^l\end{bmatrix} \tag{8.3.3}$$

第 $l-1$ 层的所有输出组成一个 $m\times 1$ 的列向量 $\boldsymbol{a}^{l-1}$，第 l 层的所有输出组成了一个 $n\times 1$ 的列向量 $\boldsymbol{a}^l$，第 l 层的所有未激活输出组成了一个 $n\times 1$ 的列向量 $\boldsymbol{z}^l$：

$$\boldsymbol{a}^{l-1}=\begin{bmatrix}a_1^{l-1}\\ a_2^{l-1}\\ \vdots\\ a_m^{l-1}\end{bmatrix},\quad \boldsymbol{a}^l=\begin{bmatrix}a_1^l\\ a_2^l\\ \vdots\\ a_n^l\end{bmatrix},\quad \boldsymbol{z}^l=\begin{bmatrix}z_1^l\\ z_2^l\\ \vdots\\ z_n^l\end{bmatrix} \tag{8.3.4}$$

则对于第 l 层的输出列向量 $\boldsymbol{a}^l$，有

$$\boldsymbol{a}^l=\sigma(\boldsymbol{z}^l)=\sigma(\boldsymbol{W}^l\boldsymbol{a}^{l-1}+\boldsymbol{b}^l) \tag{8.3.5}$$

其中，当 $l=2$ 时，$\boldsymbol{a}^{l-1}$ 为输入层列向量 $\boldsymbol{x}$。注意这里的函数向量化过程，即 $\sigma(\boldsymbol{z}^l)$ 表示对列向量 $\boldsymbol{z}^l$ 的每个元素都调用激活函数 σ，并将结果表示为列向量的形式。

8.3.3　前馈神经网络建模

神经网络建模通过求解诸连接权和偏置，使其在训练集上的误差最小化。因此，神经网络建模是一个最优化过程，即在参数空间中，寻找一组最优参数使训

练误差最小。由于神经网络模型参数数目巨大，并且激活函数是非线性的，因此神经网络参数估计的损失函数很复杂。目前，神经网络训练主要采用梯度下降法(包括各种变体)，其核心是通过误差反向传播（back propagation，BP）计算损失函数对各层的权重和偏置的偏导数。

反向传播是 D. E. Rumelhart 等在 20 世纪 80 年提出的[15]，至今仍在不断演化，也是机器学习跨入深度学习的关键。反向传播常被误解为神经网络学习的整个算法，实际上它只是梯度计算过程，是复合函数求导的链式法则的运用。不过在实际运算中，BP 算法的意义比链式法要大得多，因此也常将其称为神经网络的学习算法。

一、前向传播

设 MLP 的权重矩阵为 $\boldsymbol{W}$、偏置向量为 $\boldsymbol{b}$，前向传播就是对输入 $\boldsymbol{x}$，通过一系列线性运算和激活运算，从输入层开始顺着网络各层节点的输出方向，向前计算直到获得输出结果的过程。设 MLP 的层数为 L，第 l 层权重系数矩阵和偏置向量分别为 $\boldsymbol{W}^l$、$\boldsymbol{b}^l$，输入向量为 $\boldsymbol{x}$。这里假设各层激活函数都为 σ。MLP 按以下步骤向前传播：

（1）初始化 $\boldsymbol{a}^1=\boldsymbol{x}$。

（2）l 为 $2\sim L$，计算

$$\boldsymbol{a}^l=\sigma(\boldsymbol{W}^l\boldsymbol{a}^{l-1}+\boldsymbol{b}^l)$$

（3）输出 $\boldsymbol{a}^L$。

二、反向传播

反向传播在前向传播计算得到的输出层误差基础上进行。

首先给出复合函数求导的链式法则。设 x 是实数，f 和 g 是两个实值函数，$y=g(x)$，$z=f(g(x))=f(y)$，求 z 对 x 的导数的链式法则为

$$\frac{\mathrm{d}z}{\mathrm{d}x}=\frac{\mathrm{d}z}{\mathrm{d}y}\cdot\frac{\mathrm{d}y}{\mathrm{d}x}=f'(g(x))g'(x)$$

给定训练集 $D=\{(\boldsymbol{x}_i,\boldsymbol{y}_i),i=1,2,\cdots,k\}$，$\boldsymbol{y}_i$ 为 m_{out} 维输出向量，$\boldsymbol{x}_i$ 为 n_{in} 维输入向量。采用 L 层前馈神经网络，设输入层有 n_{in} 个神经元，输出层有 m_{out} 个神经元。损失函数采用均方误差（MSE）损失，即希望最小化式（8.3.13）：

$$J(\boldsymbol{W},\boldsymbol{b},\boldsymbol{x},\boldsymbol{y})=\frac{1}{2}\|\boldsymbol{a}^L-\boldsymbol{y}\|_2^2 \tag{8.3.6}$$

对于输出层（第 L 层）。注意其权重和偏置满足

$$\boldsymbol{a}^L=\sigma(\boldsymbol{z}^L)=\sigma(\boldsymbol{W}^L\boldsymbol{a}^{L-1}+\boldsymbol{b}^L) \tag{8.3.7}$$

这样，对输出层参数，损失函数为

$$J(\boldsymbol{W},\boldsymbol{b},\boldsymbol{x},\boldsymbol{y})=\frac{1}{2}\|\boldsymbol{a}^L-\boldsymbol{y}\|_2^2=\frac{1}{2}\|\sigma(\boldsymbol{W}^L\boldsymbol{a}^{L-1}+\boldsymbol{b}^L)-\boldsymbol{y}\|_2^2 \tag{8.3.8}$$

通过链式法则求解损失函数对权重 $\boldsymbol{W}^L$ 和偏置 $\boldsymbol{b}^L$ 的梯度，有

$$\frac{\partial J}{\partial \boldsymbol{W}^L}=\frac{\partial J}{\partial \boldsymbol{z}^L}(\boldsymbol{a}^{L-1})^{\mathrm{T}}=[(\boldsymbol{a}^L-\boldsymbol{y})\odot\boldsymbol{\sigma}'(\boldsymbol{z}^L)](\boldsymbol{a}^{L-1})^{\mathrm{T}} \tag{8.3.9}$$

$$\frac{\partial J}{\partial \boldsymbol{b}^L}=\frac{\partial J}{\partial \boldsymbol{z}^L}=[(\boldsymbol{a}^L-\boldsymbol{y})\odot\boldsymbol{\sigma}'(\boldsymbol{z}^L)] \tag{8.3.10}$$

式中：⊙为向量的 Hadamard 乘积。对两个维数相同的向量 $\boldsymbol{x}=(x_1,x_2,\cdots,x_n)^{\mathrm{T}}$ 和 $\boldsymbol{y}=(y_1,y_2,\cdots,y_n)^{\mathrm{T}}$，Hadamard 乘积定义为

$$\boldsymbol{x}\odot\boldsymbol{y}=(x_1y_1,x_2y_2,\cdots,x_ny_n)^{\mathrm{T}}$$

注意到对输出层求解 $\boldsymbol{W}^L$ 和 $\boldsymbol{b}^L$ 的梯度，都需要用到 $\frac{\partial J}{\partial \boldsymbol{z}^L}$，称其为输出层未激活输出 $\boldsymbol{z}^L$ 的梯度 $\boldsymbol{\delta}^L$，且有

$$\boldsymbol{\delta}^L=\frac{\partial J}{\partial \boldsymbol{z}^L}=\left[\frac{\partial J}{\partial \boldsymbol{a}^L}\odot\boldsymbol{\sigma}'(\boldsymbol{z}^L)\right]=[(\boldsymbol{a}^L-\boldsymbol{y})\odot\boldsymbol{\sigma}'(\boldsymbol{z}^L)] \tag{8.3.11}$$

现在已经得到输出层梯度。为了得到 $L-1$、$L-2$ 等层次的梯度，执行从后往前的递推过程。注意对于第 l 层的未激活输出 $\boldsymbol{z}^l$，它的梯度 $\boldsymbol{\delta}^l$ 可以表示为

$$\boldsymbol{\delta}^l=\frac{\partial J}{\partial \boldsymbol{z}^l}=\left(\frac{\partial \boldsymbol{z}^L}{\partial \boldsymbol{z}^{L-1}}\frac{\partial \boldsymbol{z}^{L-1}}{\partial \boldsymbol{z}^{L-2}}\cdots\frac{\partial \boldsymbol{z}^{l+1}}{\partial \boldsymbol{z}^l}\right)^{\mathrm{T}}\frac{\partial J}{\partial \boldsymbol{z}^L} \tag{8.3.12}$$

由式（8.3.19）依次计算出第 l 层的 $\boldsymbol{\delta}^l$。根据前向传播算法有 $\boldsymbol{z}^l=\boldsymbol{W}^l\boldsymbol{a}^{l-1}+\boldsymbol{b}^l$，由此可以得到第 l 层 $\boldsymbol{W}^l$ 和 $\boldsymbol{b}^l$ 的梯度如下：

$$\frac{\partial J}{\partial \boldsymbol{W}^l}=\frac{\partial J}{\partial \boldsymbol{z}^l}(\boldsymbol{a}^{l-1})^{\mathrm{T}}=\boldsymbol{\delta}^l(\boldsymbol{a}^{l-1})^{\mathrm{T}} \tag{8.3.13}$$

$$\frac{\partial J}{\partial \boldsymbol{b}^l}=\frac{\partial J}{\partial \boldsymbol{z}^l}=\boldsymbol{\delta}^l \tag{8.3.14}$$

因此，问题的关键是求出 $\boldsymbol{\delta}^l$，这采用数学归纳法求解。由于第 L 层的 $\boldsymbol{\delta}^L$ 已经求出，假设第 $l+1$ 层的 $\boldsymbol{\delta}^{l+1}$ 已经得到，下面用 $\boldsymbol{\delta}^{l+1}$ 获得第 l 层的 $\boldsymbol{\delta}^l$。注意到

$$\boldsymbol{\delta}^l=\frac{\partial J}{\partial \boldsymbol{z}^l}=\left(\frac{\partial \boldsymbol{z}^{l+1}}{\partial \boldsymbol{z}^l}\right)^{\mathrm{T}}\frac{\partial J}{\partial \boldsymbol{z}^{l+1}}=\left(\frac{\partial \boldsymbol{z}^{l+1}}{\partial \boldsymbol{z}^l}\right)^{\mathrm{T}}\boldsymbol{\delta}^{l+1} \tag{8.3.15}$$

可见，由 $\boldsymbol{\delta}^{l+1}$ 递推 $\boldsymbol{\delta}^l$ 的关键在于求解 $\partial\boldsymbol{z}^{l+1}/\partial\boldsymbol{z}^l$。由于 $\boldsymbol{z}^{l+1}$ 与 $\boldsymbol{z}^l$ 存在如下关系：

$$\boldsymbol{z}^{l+1}=\boldsymbol{W}^{l+1}\boldsymbol{a}^l+\boldsymbol{b}^{l+1}=\boldsymbol{W}^{l+1}\sigma(\boldsymbol{z}^l)+\boldsymbol{b}^{l+1} \tag{8.3.16}$$

因此可以得到

$$\frac{\partial \boldsymbol{z}^{l+1}}{\partial \boldsymbol{z}^l}=\boldsymbol{W}^{l+1}\mathrm{diag}(\sigma'(\boldsymbol{z}^l)) \tag{8.3.17}$$

将式（8.3.24）代入上面$\boldsymbol{\delta}^{l+1}$和$\boldsymbol{\delta}^{l}$关系式，可以得到

$$\boldsymbol{\delta}^{l}=\left(\frac{\partial z^{l+1}}{\partial z^{l}}\right)^{\mathrm{T}}\boldsymbol{\delta}^{l+1}=\mathrm{diag}(\sigma'(z^{l}))(\boldsymbol{W}^{l+1})^{\mathrm{T}}\boldsymbol{\delta}^{l+1}=(\boldsymbol{W}^{l+1})^{\mathrm{T}}\boldsymbol{\delta}^{l+1}\odot\sigma'(z^{l}) \tag{8.3.18}$$

利用上述关于$\boldsymbol{\delta}^{l}$的递推公式，只要求出了某一层的$\boldsymbol{\delta}^{l}$，就可以应用式（8.3.13）及式（8.3.14）求解该层$\boldsymbol{W}^{l}$和$\boldsymbol{b}^{l}$对应梯度。

三、参数优化

将反向传播与最优化方法（如梯度下降法）结合使用，实现对网络权重的更新。先初始化各隐藏层与输出层的连接权系数矩阵$\boldsymbol{W}$和偏置向量$\boldsymbol{b}$的值为随机值，然后通过反向传播算法计算第l层的权系数矩阵$\boldsymbol{W}^{l}$和偏置向量$\boldsymbol{b}^{l}$，并采用梯度下降算法修正参数值，如下：

$$\boldsymbol{W}^{l}=\boldsymbol{W}^{l}-\alpha\sum_{i=1}^{k}\boldsymbol{\delta}^{i,l}(\boldsymbol{a}^{i,l-1})^{\mathrm{T}},\quad \boldsymbol{b}^{l}=\boldsymbol{b}^{l}-\alpha\sum_{i=1}^{k}\boldsymbol{\delta}^{i,l}$$

式中：i为样本编号；$\boldsymbol{\alpha}$为学习步长。当所有$\boldsymbol{W}$和$\boldsymbol{b}$的变化值都小于阈值ε时，学习过程结束，输出各隐藏层与输出层的权系数矩阵和偏置向量。

在实际优化求解过程中，由于误差函数可能具有多个局部极小的情况，因此难以搜索到全局最小点，如图8-21所示。为此，需要一些“跳出”局部极小的策略，这主要通过选择不同初始参数多次迭代、模拟退火、随机扰动、遗传算法等途径实现。

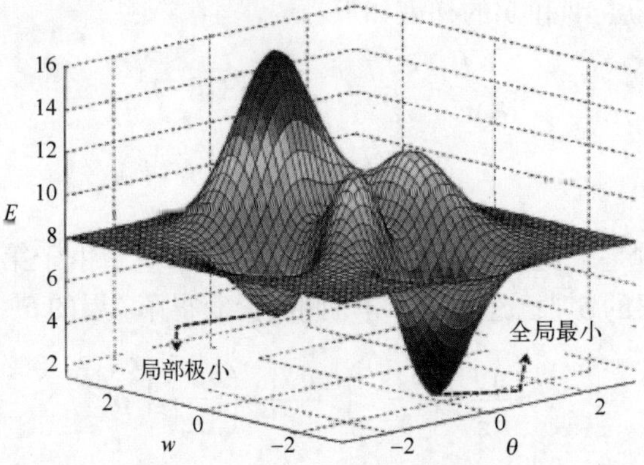

图8-21　全局最小与局部极小

8.3.4 神经网络分类

下面使用Matlab的神经网络工具箱，以鸢尾花数据集和前馈网络为例，说明

基于神经网络的分类模型。

植物分类与识别是植物学研究的重要基础工作。植物种类鉴别的常用方法是利用分类检索表鉴定。由于叶片和花都是植物的重要组成部分，因此提取叶子和花的形态特征，并利用计算机建立分类模型，可以为植物分类问题提供一种基于机器学习的解决途径。设采集到 150 组不同类型鸢尾花（setosa、versicolour 和 virginica）的四种属性：萼片长度、萼片宽度、花瓣长度和花瓣宽度。样本编号与 4 种属性的关系示意图如图 8-22 所示。

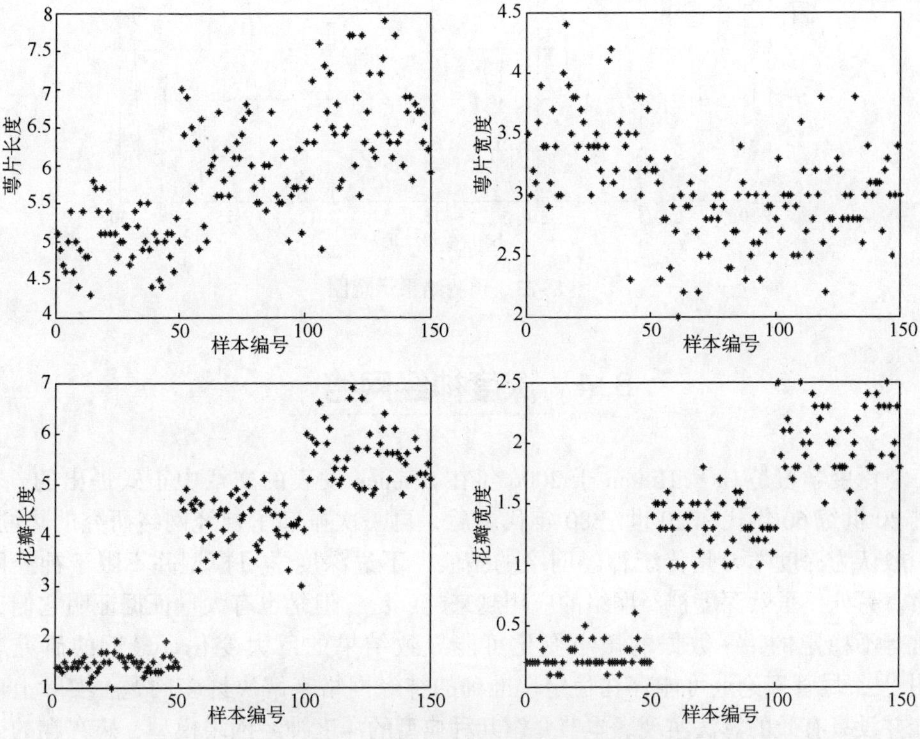

图 8-22　样本编号与 4 种属性的关系示意图

从 150 个样本中随机选取 120 个样本作为训练集，剩余 30 个样本作为测试集用来对模型的性能进行评价。利用 MATLAB 神经网络自带工具箱的函数设置训练次数、最小误差、学习率等。模型建立及仿真测试后，通过计算测试集的预测正确率，可对模型的性能进行评价。图 8-23 为预测结果示意图，模型在测试集上的预测正确率达到 100%。

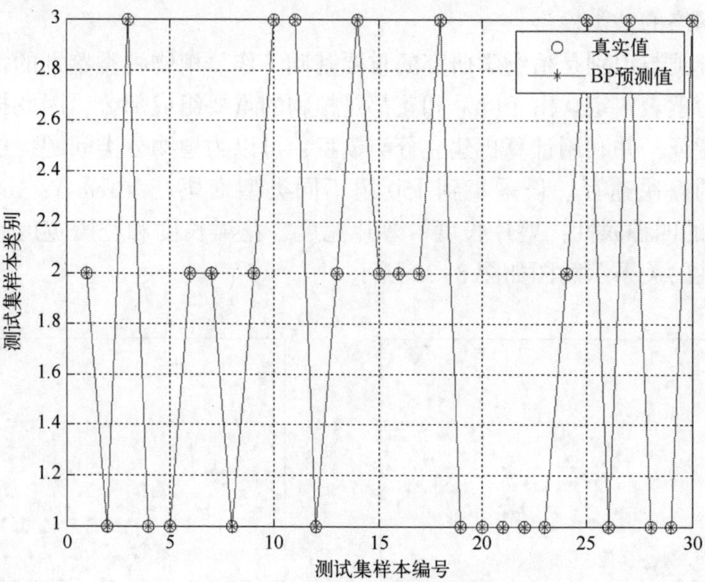

图 8-23　预测结果示意图

8.4　深度神经网络

深度学习是 G. E. Hinton 于 2006 年在 Science 发表的文章中正式提出的[16]，继 20 世纪 60 年代和 20 世纪 80 年代之后，再一次掀起了神经网络研究的热潮。一般认为深度学习是传统神经网络的拓展，不过深度学习模型并不限于神经网络。另外，虽然深度神经网络的应用越来越广泛，但是也有大量证据证明它们通常是不稳定的——数据的微小变化可能导致结果的巨大变化。最近的研究表明[11]，尽管理论上可能存在稳定、准确的神经网络来解决许多问题，实际上可能并没有有效的算法实现。本节介绍几种典型的深度神经网络模型，感兴趣的读者可以阅读其他有关的文献。

8.4.1　深度神经网络的结构

当网络变得更深时，梯度消失问题变得非常重要。为此，在网络设计上，通过激活函数、连接关系等的设计，解决梯度消失问题就成为深度神经网络研究中的关键。

一、激活函数

在深度神经网络中，希望激活函数的梯度在其定义域内尽可能不受输入的影响。为此，基于线性表示的激活函数就成为首选。深度神经网络中的很多激活函数，都是在对线性函数进行一定修正的基础上定义的，比如 ReLU 函数、ELU 函数、Softmax 函数、Swish 函数、Maxout 函数、Softplus 函数等。

（一）ReLU 函数

ReLU 函数又称修正线性单元（rectified linear unit），是一种分段线性函数，能够弥补 Sigmoid 函数和 Tanh 函数的梯度消失问题，在深度神经网络中被广泛使用。ReLU 函数本质上是一个斜坡函数，其表达式如下：

$$f(x)=\begin{cases}x & (x\geqslant 0)\\0 & (x<0)\end{cases}$$
$$=\max(0,x)$$

输入为正时 ReLU 函数的导数为 1，因此在一定程度上改善了梯度消失问题。不过输入为负数时 ReLU 函数的导数为零，因此输入为负则学习过程完全失败，这称为死亡 ReLU。另外，ReLU 函数不以零为中心，因此会给后一层网络引入偏置偏移，影响学习效率。由于 ReLU 函数只存在线性关系，因此计算速度比 Sigmoid 函数和 Tanh 函数快。ReLU 函数还具有生物学合理性，比如反映单侧抑制、宽兴奋边界（兴奋程度可以非常高）等。

为解决 ReLU 函数的梯度消失问题，引入了 Leaky ReLU 函数，如下所示：

$$\text{Leaky ReLU}(x)=\begin{cases}x & (x>0)\\\gamma & (x\leqslant 0)\end{cases}$$
$$=\max(0,x)+\gamma\min(0,x)$$

其中，γ 是一个很小的数，如 0.1、0.01 等。图 8-24 是取 $\gamma=0.1$ 的函数曲线，即把 x 的非常小的线性分量（$0.1x$）给予负的输入。当 $x<0$ 时，得到正梯度 0.1，从而实现对负值情形零梯度的调整，一定程度上缓解 ReLU 死亡（神经元死亡）问题。不过，在实际应用中没有充分证据表明 Leaky ReLU 总是比 ReLU 好。

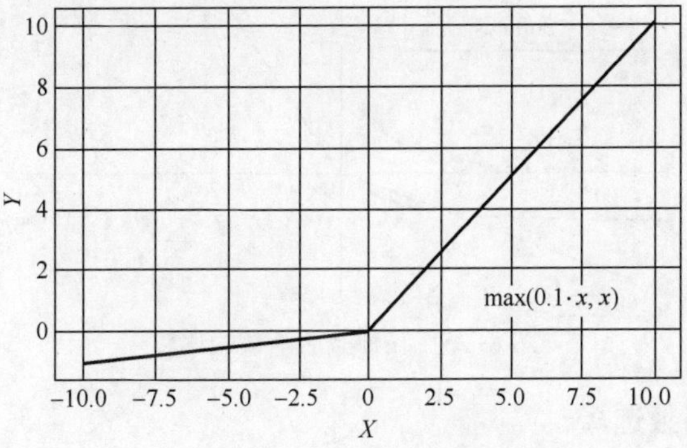

图 8-24　Leaky ReLU 函数

(二) ELU 函数

ELU (exponential linear unit) 函数也是针对 ReLU 函数的问题而提出的，其表达式为

$$\mathrm{ELU}(x)=\begin{cases}x & (x>0)\\ \alpha(\mathrm{e}^x-1) & (x\leqslant 0)\end{cases}$$

ELU 函数具有 ReLU 函数的所有优点，有较高的耐噪性，并且没有 ReLU 函数死亡问题。ELU 函数的输出以零为中心，即平均值接近零，可以减少偏置偏移的影响，使正常梯度更接近单位自然梯度，有助于更快学习。ELU 函数在较小的输入下会饱和至负值，从而减少前向传播的变异性和信息。ELU 函数的不足在于计算量比较大。与 Leaky ReLU 函数类似，尽管 ELU 函数理论上比 ReLU 函数要好，但实践中也还没有找到充分的证据表明 ELU 函数总是比 ReLU 函数好。

(三) Softplus 函数

Softplus 函数是 Sigmoid 函数的原函数，其导数是 Sigmoid 函数，表达式如下：

$$\mathrm{Softplus}(x)=f(x)=\log(1+\mathrm{e}^x)$$

其中，加“1”是为了保证非负性。易知

$$f'(x)=\frac{\mathrm{e}^x}{1+\mathrm{e}^x}=\frac{1}{1+\mathrm{e}^{-x}}=\mathrm{Sigmoid}(x)$$

Softplus 函数具有单侧抑制、宽兴奋边界的特性，却没有稀疏激活性。

图 8-25 是几种激活函数的比较。

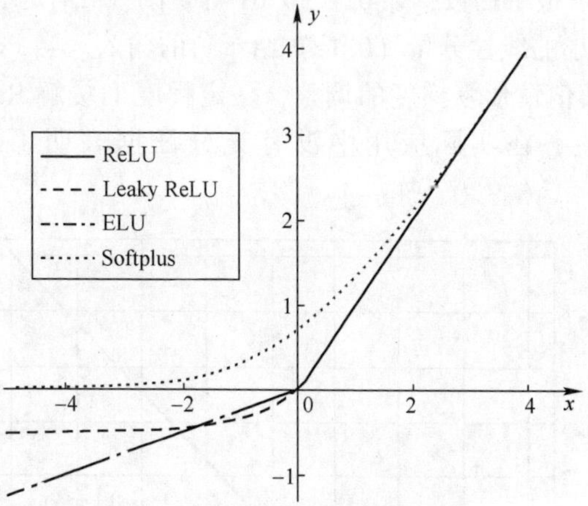

图 8-25　几种激活函数的比较

(四) 激活函数选择

无论何种神经网络，通常都包括三种类型的层，即输入层、隐藏层和输出层。输入层保存输入数据，不执行任何计算，因此不使用激活函数。隐藏层使用

非线性激活函数，是为了保证网络能够学习复杂模式；不使用非线性激活函数，则无论有多少隐藏层，神经网络实际上只是一个线性回归模型。隐藏层使用激活函数的类型对神经网络的性能有很大影响。神经网络的输出层使用的激活函数取决于所要解决问题的类型。表8-3给出的是不同激活函数的使用情况。

表8-3　激活函数的选择

激活函数	隐藏层	输出层
Sigmoid 函数	RNN 使用，MLP、CNN 不使用	二分类问题必须使用
Tanh 函数	RNN 使用，不推荐在 MLP、CNN 使用	从不在输出层使用
ReLU 函数	RNN 不使用，MLP、CNN 默认使用	从不在输出层使用
Leaky ReLU 函数	RNN 不使用，MLP、CNN 默认使用	从不在输出层使用
Softplus 函数	与 ReLU 函数类似，但不够常见	不在输出层使用
SoftMax 函数	不在隐藏层中使用	多分类问题必须使用
恒等函数	不在隐藏层使用	仅用于解决回归问题
Swish/H-Swish 函数	仅在隐藏层使用	不在输出层使用
阶跃函数	不会在现代神经网络模型中使用，但在理论上很重要	

二、网络结构

深度学习发展诱发海量的不同结构的深度神经网络结构，如残差网络、递归神经网络、卷积神经网络、生成性对抗网络、长短期记忆网络等。下面介绍几种典型的网络结构，更多的网络结构可以参考有关文献。

（一）残差网络

在深度神经网络中，最大的问题是网络深度达到一定程度时的消失梯度现象，导致模型训练效果不佳。为缓解该问题而设计的残差网络（residual networks，ResNet），通过“跳跃”层传播信息号，从而缓解梯度消失问题（图8-26）。

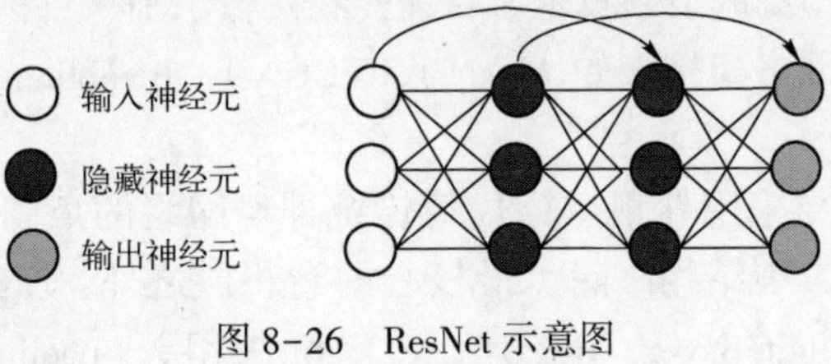

图8-26　ResNet示意图

（二）递归神经网络

递归神经网络（recurrent neural network，RNN）主要用于处理时间序列数据，是具有时间联结的前馈神经网络，包含循环和对自身状态的递归，图8-27（a）为

RNN 的基础结构，图 8-27（b）为其展开形式。RNN 可视作同一个网络的多个副本，每个副本都向后者传递一条消息，信息从网络的上一个步骤传递到下一个步骤。RNN 允许将信息存储在网络中，通道与通道之间有时间上的联系，神经元的输入不仅包括前一层的输出，还包括自身的先前状态。在 RNN 中，输入的顺序会影响神经网络的训练结果。

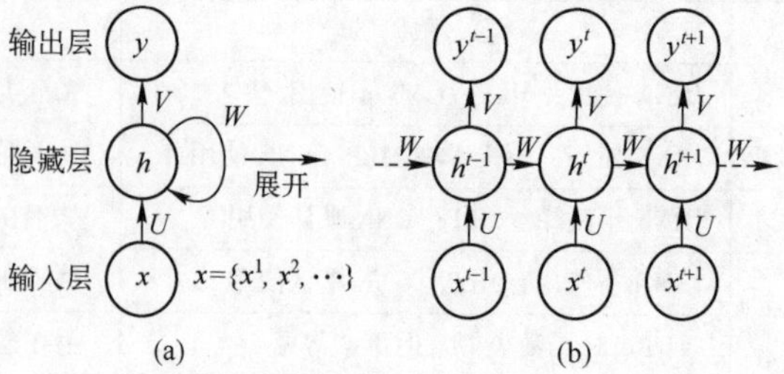

图 8-27　RNN 示意图

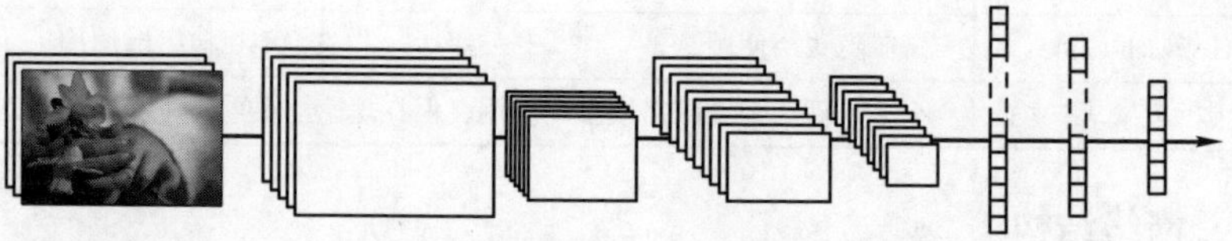

图 8-28　CNN 示意图

（三）卷积神经网络

卷积神经网络（convolutional neural networks，CNN）或深度卷积神经网络（deep convolutional neural networks，DCNN）主要用于处理图像数据，对图像进行分类；也可用于处理其他形式的数据，如语音数据。与其他深度学习结构相比，卷积神经网络在图像和语音识别方面表现突出。20 世纪 80 年代，CNN 就是当时图像识别、分类和检测的引领技术。目前，在图像识别、目标检测等领域，又提出了多种卷积神经网络架构，如 AlexNet、VGGNet、Inception、R-CNN 以及上述残差网络等。

CNN 至少有一层采用卷积运算代替传统神经网络的矩阵乘法，从而使其能够利用输入数据的二维结构。除了最核心的卷积层之外，CNN 还包括线性整流层（rectified linear units layer，ReLU Layer）和池化层（pooling Layer）等。一种常见的CNN 示意图如图 8-28 所示。这是一个用于图像识别的 CNN，在最左边的图像输入层，计算机将其理解为输入矩阵。接着是卷积层（convolution layer）和随后的池化层（pooling layer），它们是 CNN 特有的层。卷积层有激活函数，而池化层没有。卷积层+池化层的组合可以在隐藏层多次出现，并且根据模型需要来确定层数。若干卷积层+池化层后面是全连接层（fully connected layer，FCL），全连接层其实就是 MLP 或 DNN 的结构，只是在输出层使用了 Softmax 激活函数做图像分类。

在 CNN 中，可以灵活地使用卷积层+卷积层，或者卷积层+卷积层+池化层的组合，这在建模时没有限制。不过，最常见的还是采用卷积层+池化层的组合。

（四）生成性对抗网络

生成性对抗网络（generative adversarial network，GAN）是 Goodfellow 等受零和博弈启发，在 2014 年提出的一种专门设计用来生成图像的网络。GAN 由生成器网络和判别器网络组成（图 8-29）。判别器的任务是区分图像是从数据集中提取的还是由生成器生成的，它的输入是需要判别的数据 x，输出概率 $D(x)$ 并据此判断 x 是否真实值，即是真实的还是生成的。生成器的任务是生成虚假的图像，即接受随机噪声 z 生成数据 $x'=G(z)$。生成器尽可能生成使判别器无法区分的图像，理想状态下生成器生成接近真实的数据，导致判别器难以判断 $G(z)$ 是否是真实数据，得到的 $D(x)\approx 0.5$，$D(G(z))\approx 0.5$。

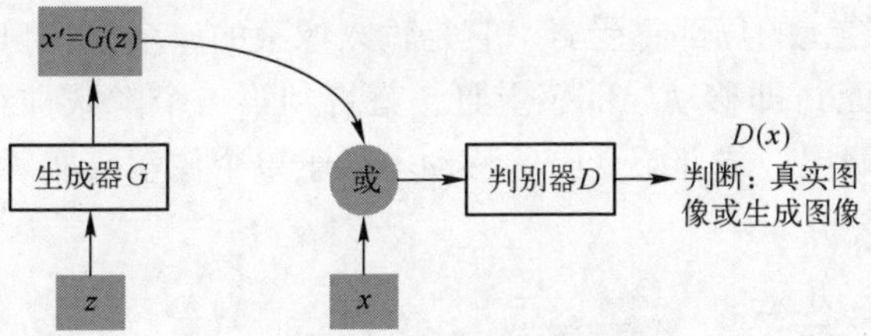

图 8-29　GAN 结构示意图

8.4.2　卷积神经网络与图像识别

卷积神经网络（convolutional neural networks，CNN）在图像识别领域取得了巨大的成功。图像数据有着非常高的维度，训练一个标准网络（如 MLP）需要数十万个输入神经元，除了明显的高计算开销外，还会导致许多与神经网络维数灾难相关的问题。CNN 利用卷积层来帮助降低图像的维数，不仅大大降低了训练的参数，而且在效果上取得了巨大的提升。本小节主要介绍 CNN 结构和建模算法。

一、CNN 结构

相对于 DNN，CNN 的特殊之处在于卷积层和池化层。理解了卷积层和池化层，就比较容易地理解 CNN 了。本节在图 8-29 所示 CNN 结构的基础上，进一步介绍卷积运算和池化运算。

（一）卷积层

卷积层，顾名思义，在该层中主要运用卷积运算，其卷积公式和严格意义数学中的定义稍有不同，即这里实际上执行的是“相关”操作。对于二维卷积，定义为

$$a_{ij} = (\boldsymbol{X} * \boldsymbol{\omega})_{i,j} = \sum_{m} \sum_{n} x_{i+m,j+n} \omega_{m,n} \tag{8.4.1}$$

式中：* 为卷积运算；$\boldsymbol{\omega}$ 为卷积核；$\boldsymbol{X}$ 为输入。如果 $\boldsymbol{X}$ 是一个二维输入矩阵，则 $\boldsymbol{\omega}$ 也是一个二维矩阵。

CNN 的卷积层采用了两个重要概念：局部感受野（local receptive fields）以及共享权重（shared weights）和偏置。下面逐个介绍。

局部感受野：在 MLP 中，输入是纵向排列的神经元（向量）。在 CNN 中，输入采用二维排列的神经元（矩阵）。将输入层的输入记为矩阵 $\boldsymbol{X}$，则 $\boldsymbol{X}$ 的第 i 行、第 j 列的元素对应着位置为 (i,j) 的输入神经元的输入激活值。在 CNN 中，不会把每个输入像素连接到每个下层的神经元，而是进行局部连接，即将隐藏层中的每个神经元连接到输入的一个小区域内的神经元，如图 8-30 所示。这个小区域称为隐藏神经元的局部感受野，它是输入像素的一个小窗口。向右移动一个像素（一个神经元）即移动局部感受野，就得到第二个隐藏神经元。如此重复，就构建了一个隐藏层。局部感受野的移动不限于单个像素，实际上可以使用不同的跨距。

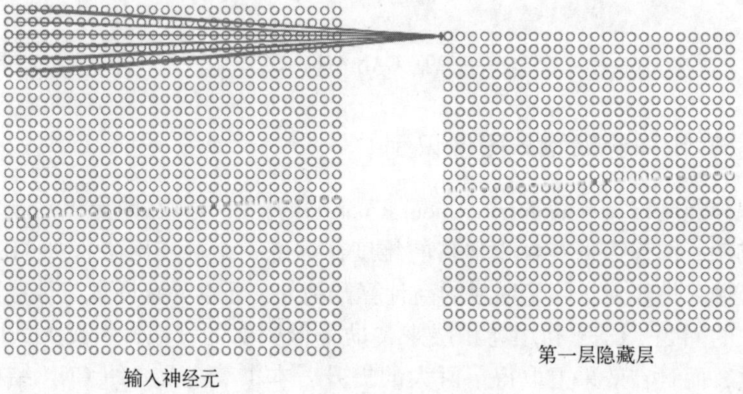

图 8-30　局部感受野示意图

共享权重和偏置：理论上每个隐藏层神经元具有一个偏置以及连接到它的局部感受野的权重矩阵，但在 CNN 中，实际上对某个隐藏层的每个神经元，使用的都是相同的权重和偏置，这就是共享权重和偏置的概念。设局部感受野大小为 p，权重矩阵为 $\boldsymbol{\omega}$，则 $\boldsymbol{\omega}$ 是一个 $p \times p$ 矩阵，如下所示：

$$\boldsymbol{\omega}=\begin{bmatrix}\omega_{0,0} & \cdots & \omega_{0,p}\\ \vdots & \ddots & \vdots\\ \omega_{p,0} & \cdots & \omega_{p,p}\end{bmatrix}$$

注意 $\boldsymbol{\omega}$ 中元素行、列的下标从 0 到 $\boldsymbol{p}$。对于该隐藏层的第(i,j)个神经元，其输出为

$$a_{ij}=\sigma\left(\sum_{k=0}^{p}\sum_{l=0}^{p}\omega_{k,l}x_{i+k,j+l}+b\right) \tag{8.4.2}$$

式中：σ 为神经元的激活函数；b 为偏置的共享值；$\omega_{k,l}$ 为共享权重；$x_{i+k,j+l}$ 为输入层位置为$(i+k,j+l)$的神经元的输入激活值。式（8.3.27）意味着隐藏层的所有神经元检测完全相同的特征。因此，从输入层到隐藏层的映射可称为特征映射，定义特征映射的权重称为共享权重，定义特征映射的偏置称为共享偏置。共享权重和偏置称为一个卷积核。

采用上述方式的 CNN 只能检测一种局部特征。为了识别图像的多个特征，需要多个特征映射，因此一个完整的卷积层可以由几个不同的特征映射组成，每个特征映射对应着一个卷积核（一个共享权重和共享偏置），如图 8-31 所示。

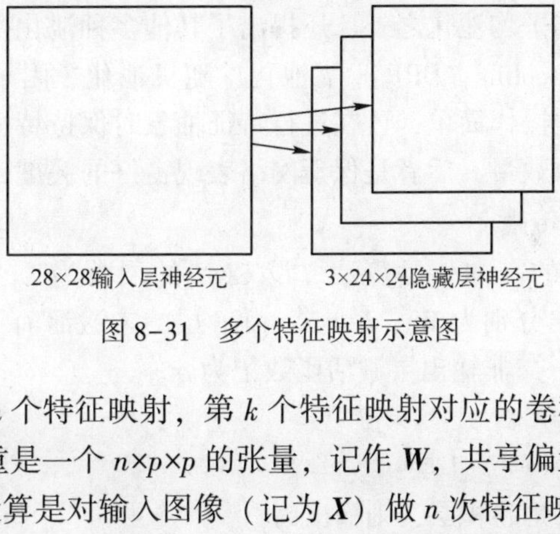

图 8-31　多个特征映射示意图

假设卷积层有 n 个特征映射，第 k 个特征映射对应的卷积核为$(\boldsymbol{\omega}_k, b_k)$，则该卷积层的共享权重是一个 $n\times p\times p$ 的张量，记作 $\boldsymbol{W}$，共享偏置是一个 $n\times1$ 向量，记作 $\boldsymbol{b}$。卷积层的运算是对输入图像（记为 $\boldsymbol{X}$）做 n 次特征映射（即卷积运算），生成 n 个输出。输出是一个张量，记为 $\boldsymbol{a}$。整个卷积操作过程用数学方式表达为

$$\boldsymbol{a}=\sigma(\boldsymbol{Z})=\sigma(\boldsymbol{X}*\boldsymbol{W}+\boldsymbol{b}) \tag{8.4.3}$$

式中：$\boldsymbol{Z}=\boldsymbol{X}*\boldsymbol{W}+\boldsymbol{b}$ 为卷积层未激活前的输出张量；σ 为激活函数。需要注意的是，这里有一个函数张量化的过程，即对张量 $\boldsymbol{Z}$ 的每个元素都调用激活函数 σ。

（二）池化层

相比于卷积层，池化层简单得多。池化层通常紧接在卷积层之后。池化是简化从卷积层输出信息的运算，一个 $q\times q$ 池化将输入的 $q\times q$ 个元素变成一个元素。有两种主要的池化操作：最大值（max）池化和平均值（average）池化。在最大

值池化中，池化单元输出的是 $q\times q$ 输入区域的最大值，如图 8-32 所示；而平均值池化则输出 $q\times q$ 输入区域的平均值。由于卷积层通常包含多个特征映射，因此池化也分别应用于每个特征映射。

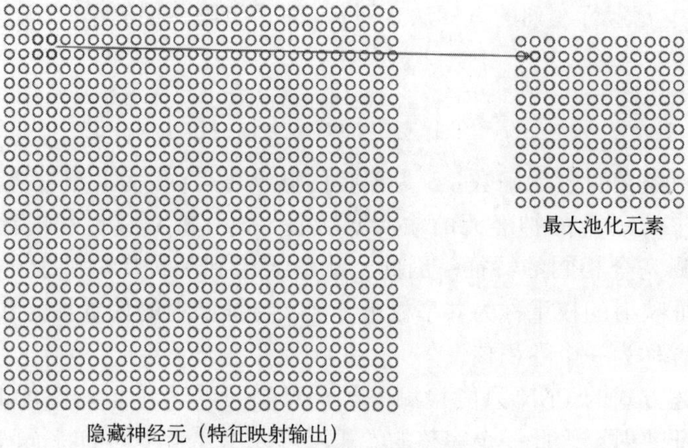

图 8-32　最大值池化示意图

除了最大池化和平均池化之外，还提出了其他多种池化操作，如保留细节池化（detail preservin pooling，DPP）、l_p 池化、随机池化、因子最大池化、混合池化、谱池化等。池化操作简单，可在进行特征抽象时保持特征局部不变性，降低维数以减少网络参数数量，后者是保证网络表现良好的关键。

二、CNN 前向传播

这里总结 CNN 的前向传播算法。设 CNN 的层数为 L，第 l 层的权重矩阵（张量）、偏置和输出分别为 $\boldsymbol{W}^l$、$\boldsymbol{b}^l$、$\boldsymbol{a}^l$，第 l 层的未激活前输出用 $\boldsymbol{z}^l$ 表示。输出层激活函数为 softmax，非输出层激活函数记为 σ。

（1）初始化 $\boldsymbol{a}^1 - \boldsymbol{X}$。

（2）对 $l=2$ 层到 $l=L-1$ 层：

（a）如果第 l 层是卷积层，则输出为

$$\boldsymbol{a}^l=\sigma(\boldsymbol{z}^l)=\sigma(\boldsymbol{a}^{l-1} * \boldsymbol{W}^l+\boldsymbol{b}^l) \tag{8.4.4}$$

（b）如果第 l 层是池化层，则输出为

$$\boldsymbol{a}^l=\mathrm{pool}(\boldsymbol{a}^{l-1})$$

这里的 pool 指按照池化区域大小和池化标准将输入张量池化的过程。

（c）如果第 l 层是全连接层，则输出为

$$\boldsymbol{a}^l=\sigma(\boldsymbol{z}^l)=\sigma(\boldsymbol{W}^l\boldsymbol{a}^{l-1}+\boldsymbol{b}^l)$$

（3）对输出层（第 L 层）：

$$\boldsymbol{a}^L=\mathrm{softmax}(\boldsymbol{z}^L)=\mathrm{softmax}(\boldsymbol{W}^L\boldsymbol{a}^{L-1}+\boldsymbol{b}^L)$$

三、CNN 反向传播

本节在 MLP（DNN）反向传播算法基础上，介绍 CNN 反向传播算法。显然，由于 CNN 结构的特殊性，套用 DNN 的反向传播公式需要解决池化层没有激活函数以及池化层对输入的压缩操作、卷积层的张量卷积操作问题。池化层激活函数问题容易解决，即设置池化层的激活函数为 $\sigma(z)=z$，使其激活前后相等，池化层激活函数的导数为 1。池化和卷积操作将导致由 $\boldsymbol{\delta}^{l+1}$ 递推 $\boldsymbol{\delta}^{l}$ 的算法，以及由 $\boldsymbol{\delta}^{l}$ 得到卷积核 $\boldsymbol{W}$ 和 $\boldsymbol{b}$ 的梯度，这与 DNN 有所不同。

（一）由池化层的 $\boldsymbol{\delta}^{l+1}$ 计算其输入隐藏层的 $\boldsymbol{\delta}^{l}$

为了从池化后的误差 $\boldsymbol{\delta}^{l+1}$ 还原其输入层对应的的一个较大区域内的误差 $\boldsymbol{\delta}^{l}$，采用上采样（upsample）方法。如果采用的是最大值池化，则把 $\boldsymbol{\delta}^{l+1}$ 的所有子矩阵的各个池化局域的值放在之前做前向传播算法得到最大值的位置，这要求在前向传播时记录最大值位置。如果是平均值池化，则把 $\boldsymbol{\delta}^{l+1}$ 的所有子矩阵的各个池化局域的值取平均，然后放在还原后的子矩阵位置。对整个张量 $\boldsymbol{\delta}^{l}$，该计算过程记为

$$\boldsymbol{\delta}^{l}=\mathrm{upsample}(\boldsymbol{\delta}^{l+1})\odot\sigma'(z^{l}) \tag{8.4.5}$$

（二）由卷积层的 $\boldsymbol{\delta}^{l+1}$ 计算其输入隐藏层的 $\boldsymbol{\delta}^{l}$

根据卷积层的前向传播式（8.4.4）以及 DNN 的递推式（8.3.15）可知，关键在于计算 $\dfrac{\partial z^{l+1}}{\partial z^{l}}$。由 z^{l+1} 与 z^{l} 的关系

$$z^{l+1}=\boldsymbol{a}^{l} * \boldsymbol{W}^{l+1}+\boldsymbol{b}^{l+1}=\sigma(z^{l}) * \boldsymbol{W}^{l+1}+\boldsymbol{b}^{l+1}$$

可以得到

$$\boldsymbol{\delta}^{l}=\left(\frac{\partial z^{l+1}}{\partial z^{l}}\right)^{\mathrm{T}}\boldsymbol{\delta}^{l+1}=\boldsymbol{\delta}^{l+1} * \mathrm{rot180}(\boldsymbol{W}^{l+1})\odot\sigma'(z^{l})$$

式中：rot180 为翻转 180°，相当于上下翻转一次，再接着左右翻转一次。在 DNN 中，这相当于矩阵的转置操作。显然，上式与 DNN 是类似的，区别只在于对含有卷积的式子求导时，卷积核要旋转 180°。

（三）由卷积层的 $\boldsymbol{\delta}^{l}$ 计算该层权重 $\boldsymbol{W}$ 和偏置 $\boldsymbol{b}$ 的梯度

一旦获得了每层的梯度误差 $\boldsymbol{\delta}^{l}$，就可以获得该层对应的权重和偏置 $\boldsymbol{W}$ 和 $\boldsymbol{b}$ 的梯度。对于全连接层，按 DNN 的反向传播算法求梯度；池化层没有权重和偏置，因此不需要求梯度。对卷积层，注意到未激活输出 z 和 $\boldsymbol{W}$、$\boldsymbol{b}$ 的关系为

$$z^{l}=\boldsymbol{a}^{l-1} * \boldsymbol{W}^{l}+\boldsymbol{b}^{l}$$

因此

$$\frac{\partial J}{\partial \boldsymbol{W}^{l}}=\boldsymbol{a}^{l-1} * \boldsymbol{\delta}^{l}$$

对于偏置 $\boldsymbol{b}$，因为 $\boldsymbol{\delta}^l$ 是高维张量，而 $\boldsymbol{b}$ 是一个向量，因此不能直接与 $\boldsymbol{\delta}^l$ 比较。通常做法是将 $\boldsymbol{\delta}^l$ 的各子矩阵的项分别求和，得到一个误差向量，作为 $\boldsymbol{b}$ 的梯度，即

$$\frac{\partial J}{\partial \boldsymbol{b}^l} = \sum_{u,v} (\boldsymbol{\delta}^l)_{u,v}$$

一旦获得了梯度，就可以采用梯度下降法学习得到 CNN 的参数，具体算法略。

四、手写字体识别示例

这里使用 Matlab 的深度学习工具包 deepLearnToolbox① 说明卷积神经网络。当然，有很多更好的工具可用于深度学习，使用这个工具箱只是因其简单、便于理解。所采用的训练样本为 mnist 的数字 mnist_uint8. mat，共有 70000 个手写数字，如图 8-33 所示。手写字体识别的 CNN 模型结构如图 8-34 所示，该 CNN 有两个卷积层和两个降采样层。第一层卷积有 1×6=6(个) 卷积核，第二层卷积一共有 6×12=72（个）卷积核。卷积核大小为 5×5，降采样的降幅为 2。最后的单层感知机以全连接层作为输入。

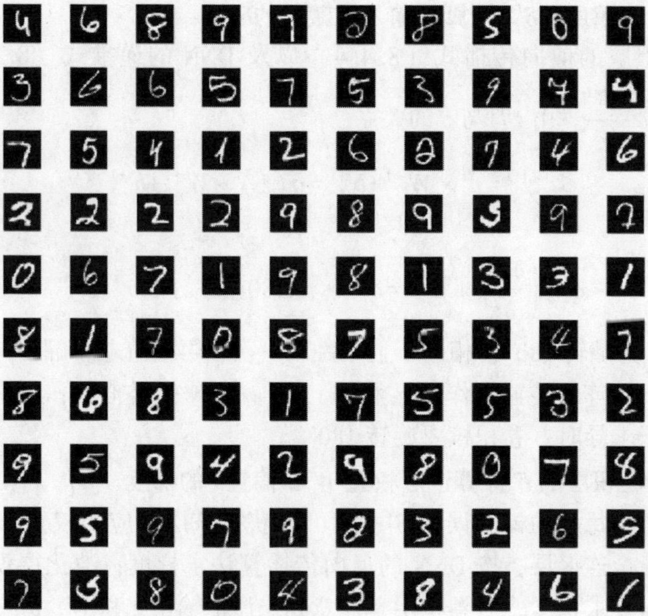

图 8-33　手写字体

① https://github. com/rasmusbergpalm/deepLearnToolbox. deepLearnToolbox 有很多机器学习算法，如卷积神经网络 CNN，深度信念网络 DBN，自动编码 AutoEncoder（堆栈 SAE、卷积 CAE）。不过根据 Git 上面的说明，该工具箱已经停止更新了，而且有很多功能不能支持。

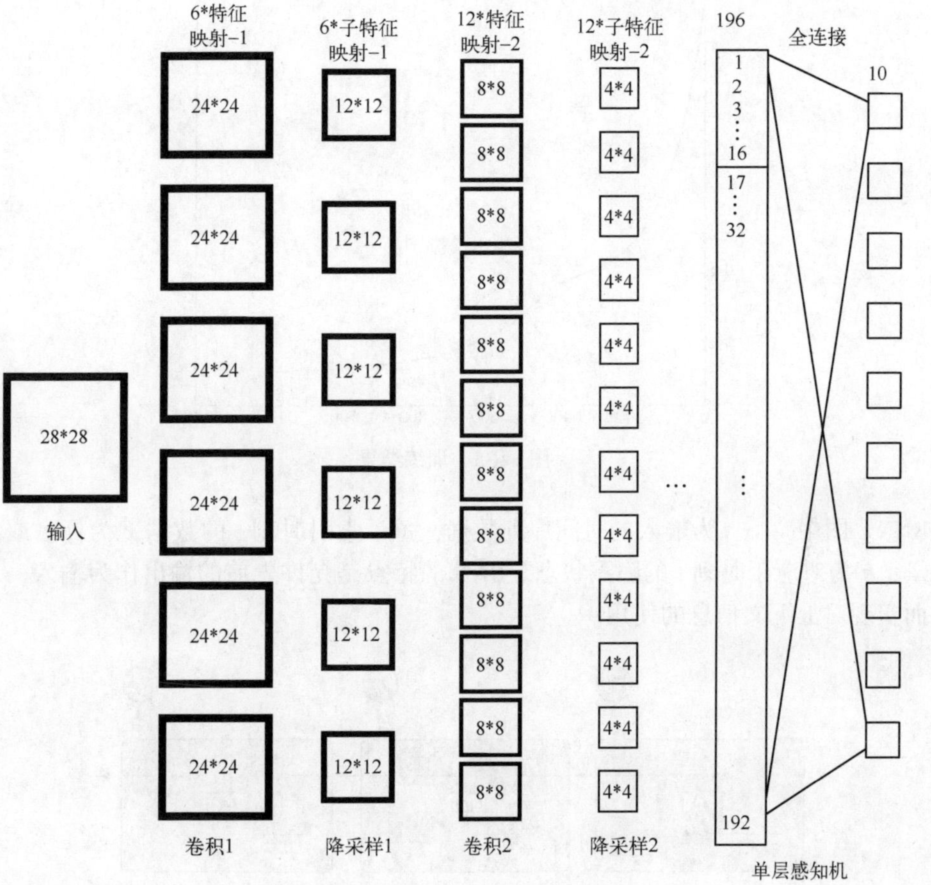

图 8-34　手写字体识别的 CNN 模型结构

取其中 60000 个手写数字作为训练样本，10000 作为测试样本。每次选取一个 *batch*=50 个样本进行训练。训练结果如图 8-35 所示。

8.4.3　长短期记忆网络与状态监测

对时间序列数据建模来说，目前比较流行的是循环神经网络（recurrent neural networks，RNN）。在时间序列预测中，需要更多的上下文信息，RNN 通过重复模块链使用上下文信息。理论上 RNN 有能力处理“长期依赖”，但是随着序列长度增大，RNN 的效果会明显变差。长短期记忆网络（long short term memory network，LSTM）是一种特殊的 RNN，能够学习长期依赖关系。

一、LSTM 网络结构

标准 RNN 的重复模块链结构简单，如图 8-36 所示为一个采用单个 tanh 层的

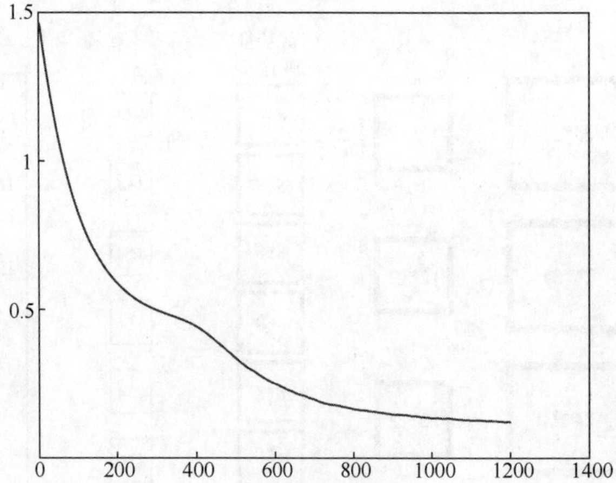

图 8-35 训练结果

RNN。图中，$\{x^t\}$ 为输入的时间序列数据，每个索引时刻 t 的数据 $\boldsymbol{x}^t$ 为标量或向量；$\boldsymbol{h}^t$ 为对应于时刻 t 的隐藏状态。RNN 的特点是允许先前的输出作为输入，从而实现对上下文信息的使用。

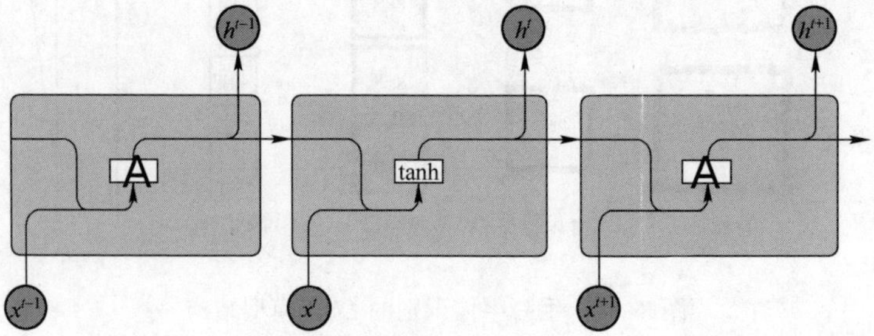

图 8-36 RNN 重复结构

LSTM 的链状结构与图 8-36 相似，但是有不同的重复模块，如图 8-37 所示。该重复模块有 4 个以一种特殊的方式进行交互的网络层，每层都有一个完整向量，从一个节点的输出流向其他节点的输入。橙色圆圈代表逐点运算，如向量加法；黄色方框代表学习到的神经网络层。行合并表示连接，行分叉表示其内容被复制，并且副本去往不同的位置。

对于图 8-38 所示的 LSTM，下面给出每个序列索引位置 t 时刻的结构。可以看出，每个时刻 t 向前传播的除了和 RNN 一样的隐藏状态 $\boldsymbol{h}^t$，还增加了一个隐藏状态，如图 8-38 上部长横线所示。这个隐藏状态称为细胞状态（cell state），记为 $\boldsymbol{C}^t$。

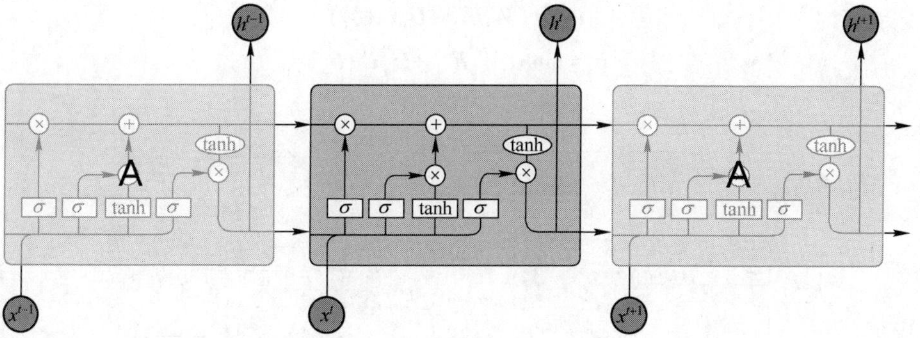

图 8-37　LSTM 的链状结构

LSTM 删除或添加信息到细胞状态通过称为门控的机制实现。门可以选择性地让信息通过。LSTM 在每个索引 t 有三种门，包括遗忘门（forget gate）、输入门（input gate）和输出门（output gate）。细胞状态和门是理解 LSTM 的关键。

细胞状态：从细胞状态 $\boldsymbol{C}^{t-1}$得到 $\boldsymbol{C}^t$的过程如图 8-39 所示。细胞状态 $\boldsymbol{C}^t$由两部分组成：第一部分是 $\boldsymbol{C}^{t-1}$和遗忘门输出 $\boldsymbol{f}^t$的 Hadamard 乘积，第二部分是输入门的两个输出 $\boldsymbol{i}^t$和 $\boldsymbol{a}^t$的 Hadamard 乘积，即

$$\boldsymbol{C}^t=\boldsymbol{C}^{t-1}\odot\boldsymbol{f}^t+\boldsymbol{i}^t\odot\boldsymbol{a}^t$$

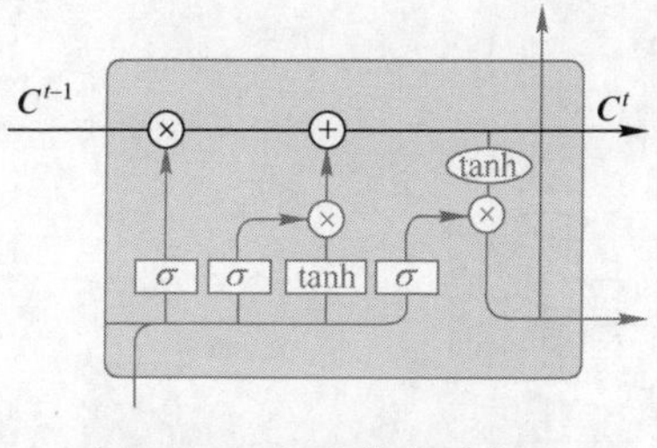

图 8-38　细胞状态示意图

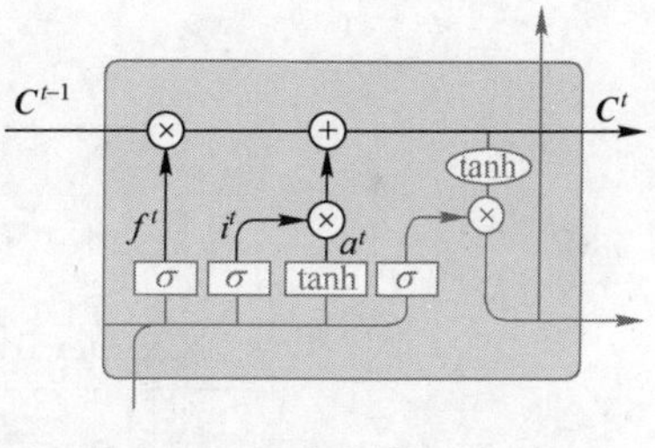

图 8-39　细胞状态更新过程

遗忘门：遗忘门控制遗忘或通过的数量，其子结构如图 8-40 所示。其输入包括上一个隐藏状态 $\boldsymbol{h}^{t-1}$和当前数据 $\boldsymbol{x}^t$，通过激活函数得到输出 $\boldsymbol{f}^t$。激活函数一般是 Sigmoid 函数，其值在［0,1］，因此 $\boldsymbol{f}^t$代表了遗忘上一层隐藏细胞状态的概率。设 $\boldsymbol{W}_f$、$\boldsymbol{U}_f$和 $\boldsymbol{b}_f$为权重和偏置，$\boldsymbol{\sigma}$ 为激活函数，则遗忘门的输出为

$$\boldsymbol{f}^t=\sigma(\boldsymbol{W}_f\boldsymbol{h}^{t-1}+\boldsymbol{U}_f\boldsymbol{x}^t+\boldsymbol{b}_f)$$

输入门：输入门负责处理当前序列位置处的输入，其子结构如图 8-41 所示。输入门由两部分构成：第一部分使用 Sigmoid 激活函数并输出 $\boldsymbol{i}^t$；第二部分使用 tanh 激活函数，输出为 $\boldsymbol{a}^t$。设 $\boldsymbol{W}_i$、$\boldsymbol{U}_i$和 $\boldsymbol{W}_a$、$\boldsymbol{U}_a$为权重，$\boldsymbol{b}_i$和 $\boldsymbol{b}_a$为偏置，$\boldsymbol{\sigma}$ 为 Sigmoid 激活函数。输入门的两个输出如下：

$$\boldsymbol{i}^t=\sigma(\boldsymbol{W}_i\boldsymbol{h}^{t-1}+\boldsymbol{U}_i\boldsymbol{x}^t+\boldsymbol{b}_i)$$

$$\boldsymbol{a}^t=\tanh(\boldsymbol{W}_a\boldsymbol{h}^{t-1}+\boldsymbol{U}_a\boldsymbol{x}^t+\boldsymbol{b}_a)$$

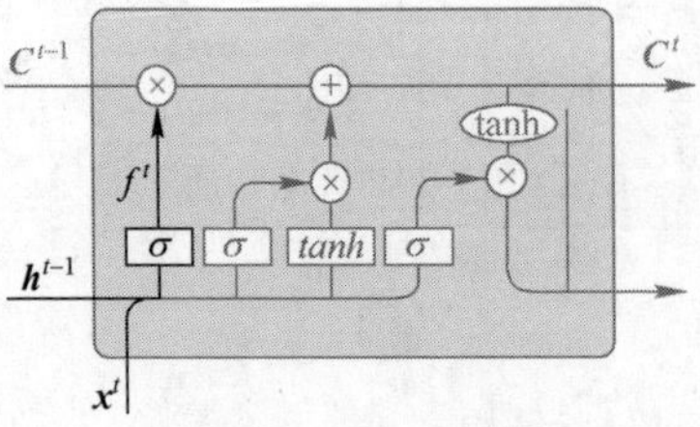

图 8-40　遗忘门子结构

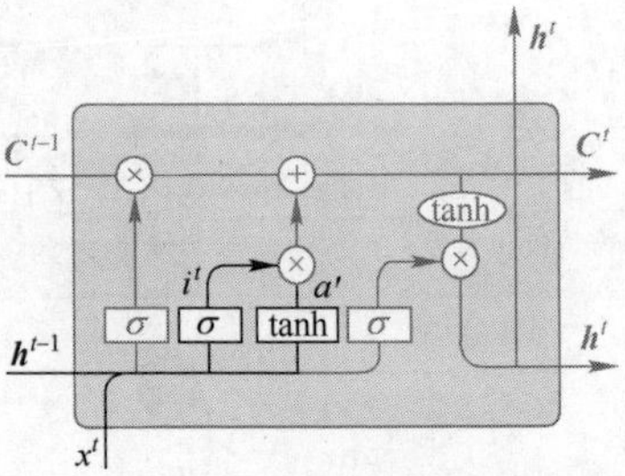

图 8-41　输入门子结构

输出门：输出门子结构如图 8-42 所示，其输出为当前序列索引处的隐藏状态 $\boldsymbol{h}^t$。$\boldsymbol{h}^t$ 包括两部分：第一部分 $\boldsymbol{o}^t$ 由上一个隐藏状态 $\boldsymbol{h}^{t-1}$ 和当前数据 $\boldsymbol{x}^t$ 以及 Sigmoid 激活函数得到；第二部分由隐藏状态 $\boldsymbol{C}^t$ 和 tanh 激活函数组成。如下所示：

$$\boldsymbol{o}^t=\sigma(\boldsymbol{W}_o\boldsymbol{h}^{t-1}+\boldsymbol{U}_o\boldsymbol{x}^t+\boldsymbol{b}_o)$$

$$\boldsymbol{h}^t=\boldsymbol{o}^t\odot\tanh(\boldsymbol{C}^t)$$

式中：$\boldsymbol{W}_o$、$\boldsymbol{U}_o$ 和 $\boldsymbol{b}_o$ 为线性关系系数和偏置；σ 为 Sigmoid 激活函数。

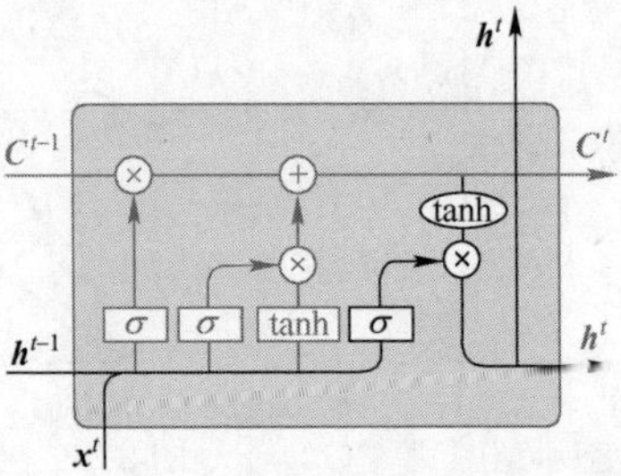

图 8-42　输出门子结构

二、LSTM 前向传播

基于 LSTM 在每个时刻（或更一般的，索引位置）t 的内部结构，设细胞状态、输入门、遗忘门、输出门的权重和偏置分别为 $\boldsymbol{W}_f,\boldsymbol{U}_f,\boldsymbol{W}_i,\boldsymbol{U}_i,\boldsymbol{W}_a,\boldsymbol{U}_a,\boldsymbol{W}_o,\boldsymbol{U}_o,\boldsymbol{V}$ 和 $\boldsymbol{b}_f,\boldsymbol{b}_i,\boldsymbol{b}_a,\boldsymbol{b}_o,c$，并且这些参数对序列的索引位置是共享的。设输入序列为 $\boldsymbol{x}^t(t=1,2,\cdots,k)$，输出为 $\hat{y}^t(t=1,2,\cdots,k)$，此处 $\boldsymbol{x}^t$ 为向量，$\hat{y}^t$ 为标量，LSTM 的前向传播算法如下。

对序列索引 $t=1,2,\cdots,k$，依次执行如下运算：

（1）更新遗忘门输出：

$$f^t=\sigma(W_f h^{t-1}+U_f x^t+b_f)$$

（2）更新输入门的两部分输出：

$$i^t=\sigma(W_i h^{t-1}+U_i x^t+b_i)$$

$$a^t=\tanh(W_a h^{t-1}+U_a x^t+b_a)$$

（3）更新细胞状态：

$$C^t=C^{t-1}\odot f^t+i^t\odot a^t$$

（4）更新输出门输出：

$$o^t=\sigma(W_o h^{t-1}+U_o x^t+b_o)$$

$$h^t=o^t\odot\tanh(C^t)$$

（5）更新当前序列索引位置 t 的预测输出：

$$\hat{y}^t=\sigma(Vh^t+c)$$

三、LSTM 反向传播

LSTM 反向传播中包含了时间，因此有时也称通过时间的反向传播（back-propagation through time，BPTT）。由于 LSTM 的所有参数 $W_f,U_f,W_i,U_i,W_a,U_a,W_o,U_o,V$ 及 b_f,b_i,b_a,b_o,c 对序列的各个索引位置是相同（共享）的，因此更新是对相同参数进行的。假设采用交叉熵损失，输出层的激活函数为 Softmax 函数。

设在每个序列索引 t 处的损失为 $j^t(t=1,2,\cdots,k)$，则总的损失 J 为

$$J=\sum_{t=1}^{k}j^t$$

LSTM 所有模型参数中，V,c 的梯度计算相对简单，如下：

$$\frac{\partial J}{\partial V}=\sum_{t=1}^{k}\frac{\partial j^t}{\partial V}=\sum_{t=1}^{k}(\hat{y}^t-y^t)(h^t)^{\mathrm{T}}$$

$$\frac{\partial J}{\partial c}=\sum_{t=1}^{k}\frac{\partial j^t}{\partial c}=\sum_{t=1}^{k}(\hat{y}^t-y^t)$$

式中：$\hat{y}^t$为序列索引位置 t 的预测输出；y^t为序列索引位置 t 的真实输出。

计算参数 $W_f,U_f,W_i,U_i,W_a,U_a,W_o,U_o$ 及 b_f,b_i,b_a,b_o 的梯度比较复杂。从 LSTM 的结构可以看出，反向传播时在索引 t 的梯度损失由当前索引处的输出所对应的梯度损失和索引 $t+1$ 的梯度损失共同决定。这里定义索引 t 的隐藏状态 h^t 和 C^t的梯度为

$$\delta_h^t=\frac{\partial J}{\partial h^t},\quad \delta_C^t=\frac{\partial J}{\partial C^t}$$

定义索引 t 到 k 的损失函数为 J^t，它由两部分构成，一部分是索引 t 的损失 j^t，另一部分是索引 $t+1$ 到 k 的损失 J^{t+1}，即

$$J^t=\begin{cases}j^t+J^{t+1} & (t<k)\\ J^t & (t=k)\end{cases}$$

而索引 k 处的 $\boldsymbol{\delta}_h^k$ 和 $\boldsymbol{\delta}_C^k$ 为

$$\boldsymbol{\delta}_h^k=\left(\frac{\partial \boldsymbol{o}^k}{\partial \boldsymbol{h}^k}\right)^{\mathrm{T}}\frac{\partial J^k}{\partial \boldsymbol{o}^k}=\boldsymbol{V}^{\mathrm{T}}(\hat{y}^k-y^k)$$

$$\boldsymbol{\delta}_C^k=\left(\frac{\partial \boldsymbol{o}^k}{\partial \boldsymbol{C}^k}\right)^{\mathrm{T}}\frac{\partial J^k}{\partial \boldsymbol{h}^k}=\boldsymbol{\delta}_h^k\odot\boldsymbol{o}^k\odot(1-\tanh^2(\boldsymbol{C}^k))$$

因此，下面需要给出的是由 $\boldsymbol{\delta}_h^{t+1}$ 和 $\boldsymbol{\delta}_C^{t+1}$ 反向推导的 $\boldsymbol{\delta}_h^t$ 和 $\boldsymbol{\delta}_C^t$ 的公式。

梯度损失 $\boldsymbol{\delta}_h^t$ 由本层的索引 t 处的输出梯度误差和大于 t 时刻的误差两部分决定，即

$$\boldsymbol{\delta}_h^t=\frac{\partial J}{\partial \boldsymbol{h}^t}=\frac{\partial J^t}{\partial \boldsymbol{h}^t}=\frac{\partial j^t}{\partial \boldsymbol{h}^t}+\left(\frac{\partial \boldsymbol{h}^{t+1}}{\partial \boldsymbol{h}^t}\right)^{\mathrm{T}}\frac{\partial J^{t+1}}{\partial \boldsymbol{h}^{t+1}}=\boldsymbol{V}^{\mathrm{T}}(\hat{y}^t-y^t)+\left(\frac{\partial \boldsymbol{h}^{t+1}}{\partial \boldsymbol{h}^t}\right)^{\mathrm{T}}\boldsymbol{\delta}_h^{t+1}$$

因此 $\partial \boldsymbol{h}^{t+1}/\partial \boldsymbol{h}^t$ 的计算是关键。由于

$$\boldsymbol{h}^{t+1}=\boldsymbol{o}^{t+1}\odot\tanh(\boldsymbol{C}^{t+1})$$

$$\boldsymbol{o}^{t+1}=\sigma(\boldsymbol{W}_o\boldsymbol{h}^t+\boldsymbol{U}_o\boldsymbol{x}^{t+1}+\boldsymbol{b}_o)$$

$\tanh(\boldsymbol{C}^{t+1})$ 项比较复杂，其输入为索引 $t+1$ 的细胞状态 $\boldsymbol{C}^{t+1}$：

$$\boldsymbol{C}^{t+1}=\boldsymbol{C}^t\odot\boldsymbol{f}^{t+1}+\boldsymbol{i}^{t+1}\odot\boldsymbol{a}^{t+1}$$

其中，$\boldsymbol{f}^{t+1}$、$\boldsymbol{i}^{t+1}$、$\boldsymbol{a}^{t+1}$ 与隐藏状态 $\boldsymbol{h}^t$ 有关，即

$$\boldsymbol{f}^{t+1}=\sigma(\boldsymbol{W}_f\boldsymbol{h}^t+\boldsymbol{U}_f\boldsymbol{x}^{t+1}+\boldsymbol{b}_f)$$

$$\boldsymbol{i}^{t+1}=\sigma(\boldsymbol{W}_i\boldsymbol{h}^t+\boldsymbol{U}_i\boldsymbol{x}^{t+1}+\boldsymbol{b}_i)$$

$$\boldsymbol{a}^{t+1}=\tanh(\boldsymbol{W}_a\boldsymbol{h}^t+\boldsymbol{U}_a\boldsymbol{x}^{t+1}+\boldsymbol{b}_a)$$

因此，$\partial \boldsymbol{h}^{t+1}/\partial \boldsymbol{h}^t$ 包括 4 个部分，即

$$\frac{\partial \boldsymbol{h}^{t+1}}{\partial \boldsymbol{h}^t}=\mathrm{diag}[\boldsymbol{o}^{t+1}\odot(1-\boldsymbol{o}^{t+1})\odot\tanh(\boldsymbol{C}^{t+1})]\boldsymbol{W}_o+\mathrm{diag}[\Delta C\odot\boldsymbol{f}^{t+1}\odot(1-\boldsymbol{f}^{t+1})\odot\boldsymbol{C}^t]\boldsymbol{W}_f$$
$$+\mathrm{diag}[\Delta\boldsymbol{C}\odot\boldsymbol{i}^{t+1}\odot(1-(\boldsymbol{a}^{t+1})^2)]\boldsymbol{W}_a+\mathrm{diag}[\Delta\boldsymbol{C}\odot\boldsymbol{a}^{t+1}\odot\boldsymbol{i}^{t+1}\odot(1-\boldsymbol{i}^{t+1})]\boldsymbol{W}_i$$

其中，$\Delta\boldsymbol{C}=\boldsymbol{o}^{t+1}\odot[1-\tanh^2(\boldsymbol{C}^{t+1})]$。

$\boldsymbol{\delta}_C^t$ 的反向梯度误差由前一层 $\boldsymbol{\delta}_C^{t+1}$ 的梯度误差和本层的从 $\boldsymbol{h}^t$ 传回来的梯度误差两部分组成，即

$$\boldsymbol{\delta}_C^t=\left(\frac{\partial \boldsymbol{C}^{t+1}}{\partial \boldsymbol{C}^t}\right)^{\mathrm{T}}\frac{\partial J}{\partial \boldsymbol{C}^{t+1}}+\left(\frac{\partial \boldsymbol{h}^t}{\partial \boldsymbol{C}^t}\right)^{\mathrm{T}}\frac{\partial J}{\partial \boldsymbol{h}^t}=\boldsymbol{\delta}_C^{t+1}\odot\boldsymbol{f}^{t+1}+\boldsymbol{\delta}_h^t\odot\boldsymbol{o}^t\odot[1-\tanh^2(\boldsymbol{C}^t)]$$

利用 $\boldsymbol{\delta}_h^t$ 和 $\boldsymbol{\delta}_C^t$ 计算 $\boldsymbol{W}_f,\boldsymbol{U}_f,\boldsymbol{W}_i,\boldsymbol{U}_i,\boldsymbol{W}_a,\boldsymbol{U}_a,\boldsymbol{W}_o,\boldsymbol{U}_o$ 及 $\boldsymbol{b}_f,\boldsymbol{b}_i,\boldsymbol{b}_a,\boldsymbol{b}_o$ 的梯度如下：

$$\frac{\partial J}{\partial \boldsymbol{W}_f}=\sum_{t=1}^{k}[\boldsymbol{\delta}_C^t\odot\boldsymbol{C}^{t-1}\odot\boldsymbol{f}^t\odot(1-\boldsymbol{f}^t)](\boldsymbol{h}^{t-1})^{\mathrm{T}}$$

$$\frac{\partial J}{\partial \boldsymbol{U}_f}=\sum_{t=1}^{k}[\boldsymbol{\delta}_C^t\odot\boldsymbol{C}^{t-1}\odot\boldsymbol{f}^t\odot(1-\boldsymbol{f}^t)](\boldsymbol{x}^t)^{\mathrm{T}}$$

$$\frac{\partial J}{\partial \boldsymbol{b}_f}=\sum_{t=1}^{k}[\boldsymbol{\delta}_C^t \odot \boldsymbol{C}^{t-1} \odot \boldsymbol{f}^t \odot (1-\boldsymbol{f}^t)]$$

$$\frac{\partial J}{\partial \boldsymbol{W}_i}=\sum_{t=1}^{k}[\boldsymbol{\delta}_C^t \odot \boldsymbol{a}^t \odot \boldsymbol{i}^t \odot (1-\boldsymbol{i}^t)](\boldsymbol{h}^{t-1})^{\mathrm{T}}$$

$$\frac{\partial J}{\partial \boldsymbol{U}_i}=\sum_{t=1}^{k}[\boldsymbol{\delta}_C^t \odot \boldsymbol{a}^t \odot \boldsymbol{i}^t \odot (1-\boldsymbol{i}^t)](\boldsymbol{x}^t)^{\mathrm{T}}$$

$$\frac{\partial J}{\partial \boldsymbol{b}_i}=\sum_{t=1}^{k}[\boldsymbol{\delta}_C^t \odot \boldsymbol{a}^t \odot \boldsymbol{i}^t \odot (1-\boldsymbol{i}^t)]$$

$$\frac{\partial J}{\partial \boldsymbol{W}_a}=\sum_{t=1}^{k}[\boldsymbol{\delta}_C^t \odot \boldsymbol{i}^t \odot (1-(\boldsymbol{a}^t)^2)](\boldsymbol{h}^{t-1})^{\mathrm{T}}$$

$$\frac{\partial J}{\partial \boldsymbol{U}_a}=\sum_{t=1}^{k}[\boldsymbol{\delta}_C^t \odot \boldsymbol{i}^t \odot (1-(\boldsymbol{a}^t)^2)](\boldsymbol{x}^t)^{\mathrm{T}}$$

$$\frac{\partial J}{\partial \boldsymbol{b}_a}=\sum_{t=1}^{k}[\boldsymbol{\delta}_C^t \odot \boldsymbol{i}^t \odot (1-(\boldsymbol{a}^t)^2)]$$

$$\frac{\partial J}{\partial \boldsymbol{W}_o}=\sum_{t=1}^{k}[\boldsymbol{\delta}_h^t \odot \tanh(\boldsymbol{C}^t) \odot \boldsymbol{o}^t \odot (1-\boldsymbol{o}^t)](\boldsymbol{h}^{t-1})^{\mathrm{T}}$$

$$\frac{\partial J}{\partial \boldsymbol{U}_o}=\sum_{t=1}^{k}[\boldsymbol{\delta}_h^t \odot \tanh(\boldsymbol{C}^t) \odot \boldsymbol{o}^t \odot (1-\boldsymbol{o}^t)](\boldsymbol{x}^t)^{\mathrm{T}}$$

$$\frac{\partial J}{\partial \boldsymbol{b}_o}=\sum_{t=1}^{k}[\boldsymbol{\delta}_h^t \odot \tanh(\boldsymbol{C}^t) \odot \boldsymbol{o}^t \odot (1-\boldsymbol{o}^t)]$$

下面给出 LSTM 的反向传播算法。设训练集为 $D=\{(\boldsymbol{x}_i,y_i),i=1,2,\cdots,k\}$，学习率为 α，最大迭代次数为 MAX，停止迭代阈值为 ε。

（1）初始化模型参数 $\boldsymbol{W}_f,\boldsymbol{U}_f,\boldsymbol{W}_i,\boldsymbol{U}_i,\boldsymbol{W}_a,\boldsymbol{U}_a,\boldsymbol{W}_o,\boldsymbol{U}_o,V$ 及 $\boldsymbol{b}_f,\boldsymbol{b}_i,\boldsymbol{b}_a,\boldsymbol{b}_o,c$。

（2）对迭代次数 iter $=1,2,\cdots,$ MAX

（2-1）for $j=1,2,\cdots,k$

（a）采用前向传播算法，对第 j 个训练样本计算隐藏状态、细胞状态合损失函数，如下：

$$\boldsymbol{h}_j^t,\boldsymbol{C}_j^t,J_j$$

（b）采用反向传播算法，计算各样本损失的梯度：

$$\frac{\partial J_j}{\partial \boldsymbol{W}_f},\frac{\partial J_j}{\partial \boldsymbol{U}_f},\frac{\partial J_j}{\partial \boldsymbol{b}_f},\frac{\partial J_j}{\partial \boldsymbol{W}_i},\frac{\partial J_j}{\partial \boldsymbol{U}_i},\frac{\partial J_j}{\partial \boldsymbol{b}_i},\frac{\partial J_j}{\partial \boldsymbol{W}_a},\frac{\partial J_j}{\partial \boldsymbol{U}_a},\frac{\partial J_j}{\partial \boldsymbol{b}_a},\frac{\partial J_j}{\partial \boldsymbol{W}_o},\frac{\partial J_j}{\partial \boldsymbol{U}_o},\frac{\partial J_j}{\partial \boldsymbol{b}_o},\frac{\partial J_j}{\partial \boldsymbol{V}},\frac{\partial J_j}{\partial c}$$

（2-2）采用梯度下降法更新参数，如下：

$$\boldsymbol{W}_f = \boldsymbol{W}_f - \alpha \sum_{j=1}^{k} \frac{\partial J_j}{\partial \boldsymbol{W}_f}, \quad \boldsymbol{U}_f = \boldsymbol{U}_f - \alpha \sum_{j=1}^{k} \frac{\partial J_j}{\partial \boldsymbol{U}_f}, \quad \boldsymbol{b}_f = \boldsymbol{b}_f - \alpha \sum_{j=1}^{k} \frac{\partial J_j}{\partial \boldsymbol{b}_f}$$

$$\boldsymbol{W}_i = \boldsymbol{W}_i - \alpha \sum_{j=1}^{k} \frac{\partial J_j}{\partial \boldsymbol{W}_i}, \quad \boldsymbol{U}_i = \boldsymbol{U}_i - \alpha \sum_{j=1}^{k} \frac{\partial J_j}{\partial \boldsymbol{U}_i}, \quad \boldsymbol{b}_i = \boldsymbol{b}_i - \alpha \sum_{j=1}^{k} \frac{\partial J_j}{\partial \boldsymbol{b}_i}$$

$$\boldsymbol{W}_a = \boldsymbol{W}_a - \alpha \sum_{j=1}^{k} \frac{\partial J_j}{\partial \boldsymbol{W}_a}, \quad \boldsymbol{U}_a = \boldsymbol{U}_a - \alpha \sum_{j=1}^{k} \frac{\partial J_j}{\partial \boldsymbol{U}_a}, \quad \boldsymbol{b}_a = \boldsymbol{b}_a - \alpha \sum_{j=1}^{k} \frac{\partial J_j}{\partial \boldsymbol{b}_a}$$

$$\boldsymbol{W}_o = \boldsymbol{W}_o - \alpha \sum_{j=1}^{k} \frac{\partial J_j}{\partial \boldsymbol{W}_o}, \quad \boldsymbol{U}_o = \boldsymbol{U}_o - \alpha \sum_{j=1}^{k} \frac{\partial J_j}{\partial \boldsymbol{U}_o}, \quad \boldsymbol{b}_o = \boldsymbol{b}_o - \alpha \sum_{j=1}^{k} \frac{\partial J_j}{\partial \boldsymbol{b}_o}$$

$$\boldsymbol{V} = \boldsymbol{V} - \alpha \sum_{j=1}^{k} \frac{\partial J_j}{\partial \boldsymbol{V}}, \quad c = c - \alpha \sum_{j=1}^{k} \frac{\partial J_j}{\partial c}$$

（2-3）若所有参数的变化值都小于阈值 ε，则停止代循环，转步骤（3）。

（3）输出 $\boldsymbol{W}_f,\boldsymbol{U}_f,\boldsymbol{W}_i,\boldsymbol{U}_i,\boldsymbol{W}_a,\boldsymbol{U}_a,\boldsymbol{W}_o,\boldsymbol{U}_o,\boldsymbol{V}$ 及 $\boldsymbol{b}_f,\boldsymbol{b}_i,\boldsymbol{b}_a,\boldsymbol{b}_o,c$ 等模型参数的估计值。

四、遥测数据建模与异常检测示例

在时间序列预测中，通常采用 LSTM 对每个参数分别建立预测模型。然而，多元时间序列的多元参数之间常常是不独立的，而是存在相关甚至因果关系，典型的比如卫星遥测数据。一颗卫星常常有数百个甚至上千个的遥测参数，这些参数之间有的存在因果关系。如果在预测某个遥测参数时，既能够使用历史数据，还能够使用原因参数的数据，则与经典 LSTM 模型相比，有可能提高预测精度。特别地，在某些问题中，对于预测模型有比较特殊的需求，比如，在状态监测问题中，希望预测模型能够按照正常规律预测状态变化，从而在发生状态异常时，能够凸显异常状态与正常状态的差异，而不受或少受监测数据的影响。

将传统的单参数 LSTM 模型和多参数联合 LSTM 模型分别称为单通道 LSTM 模型和多通道 LSTM 模型，基于因果的 LSTM 模型记为 CF-LSTM，其输入不仅包括参数（为叙述清楚，这里称为结果参数）自身的历史数据，还包括其原因参数的数据，原因参数可以依据专家经验，或者采用第 2 章的传递熵等方法确定。CF-LSTM 的结构如图 8-43 所示，其中，z_i 是原因参数，x 是结果参数，l 是预测时所使用的历史信息的长度。每个单通道模型的输入为原因参数和结果参数，输出为结果参数下一时刻预测值 $\hat{x}_{t+1}$。

下面看 CF-LSTM 在卫星遥测数据异常检测中的一个应用。由于遥测数据量大且规律复杂，很难采用一般的方法对其建模。利用 3.5.4 节建立的因果关系，建立遥测参数的 CF-LSTM 模型并进行预测，并与单通道 LSTM 和多通道 LSTM 模型进行对比，结果如表 8-4 和表 8-5 所列。遥测参数 VN2 的预测对比图如图 8-45 所示。

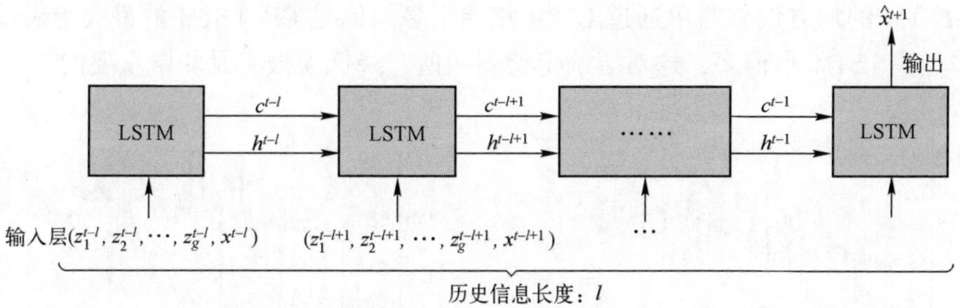

图 8-43　CF-LSTM 结构

表 8-4　CF-LSTM 与经典 LSTM 模型预测的均方误差对比

预 测 参 数	CF-LSTM （均方误差）	单通道 LSTM （均方误差）	多通道 LSTM （均方误差）
VN2	0. 00017	0. 00050	0. 09295
VN10	0. 00025	0. 00095	0. 07493
TN9	0. 00419	0. 00424	0. 06323
TN10	0. 01737	0. 01747	0. 13689
TK9	0. 00026	0. 00028	0. 02087
TK26	0. 00771	0. 00780	0. 05758

表 8-5　CF-LSTM 与经典 LSTM 模型预测的最大绝对误差对比

预 测 参 数	CF-LSTM （最大绝对误差）	单通道 LSTM （最大绝对误差）	多通道 LSTM （最大绝对误差）
VN2	0. 53821	0. 56808	3. 90218
VN10	0. 10456	0. 11668	1. 14770
TN9	0. 88484	1. 19537	8. 60186
TN10	0. 63035	1. 52975	9. 59183
TK9	0. 04734	0. 09229	1. 65255
TK26	2. 35386	2. 77807	4. 226448

由表 8-4 和表 8-5 看出，CF-LSTM 的预测效果要比多通道 LSTM 模型好得多。从均方误差的角度，CF-LSTM 的预测效果与单通道 LSTM 相当，但是从最大绝对误差的角度来说，CF-LSTM 的预测效果要比单通道 LSTM 好得多。对于异常检测问题来说，需要根据模型预测误差分布的尾部确定检测阈值、进行异常检测。因此，预测模型更关注预测误差较大的部分，即最大绝对误差附近。最大绝对误差越小，误报率就会越低，异常检测的效果也会越好。

由图 8-44 可知，CF-LSTM 模型的预测性能明显优于多通道 LSTM 模型。

CF-LSTM 的均方误差与单通道 LSTM 相差不多，但是 CF-LSTM 的最大绝对误差比单通道 LSTM 小得多，这对于确定检测阈值、降低误报率是非常重要的。

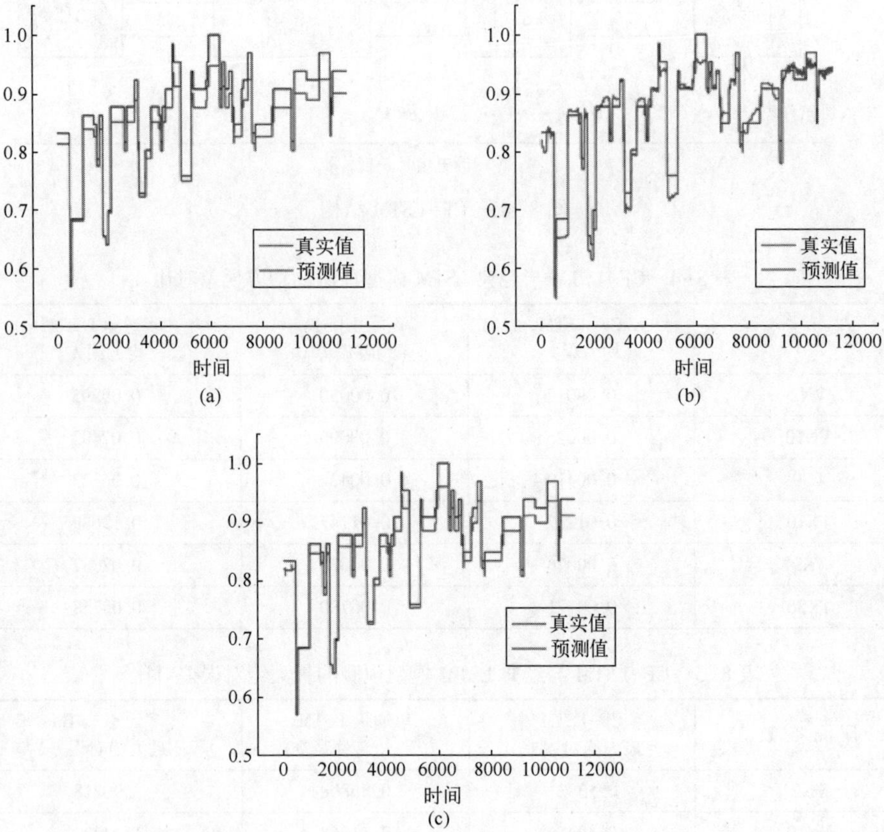

图 8-44　预测对比图：（a）图为使用单通道 LSTM 进行预测参数 VN2 的结果，
（b）图为使用多通道 LSTM 预测参数 VN2 的结果，
（c）图为使用 CF-LSTM 预测参数 VN2 的结果
（a）单通道 LSIM；（b）多通道 STM；（c）CF-LSTM。

为了及时检测出异常的发生，模型对异常的敏感程度是十分重要的。在异常情况下，如图 8-45 所示为 TN10 发生异常时，单通道 LSTM 与 CF-LSTM 的预测效果比较。可以看出，当有异常情况发生时，CF-LSTM 的预测更敏感，即当发生异常时，使用 CF-LSTM 预测能够更好地按照正常规律进行预测，从而凸显状态异常。相比较而言，单通道 LSTM 模型则不能很好地保持按照正常遥测数据的变化规律进行预测。

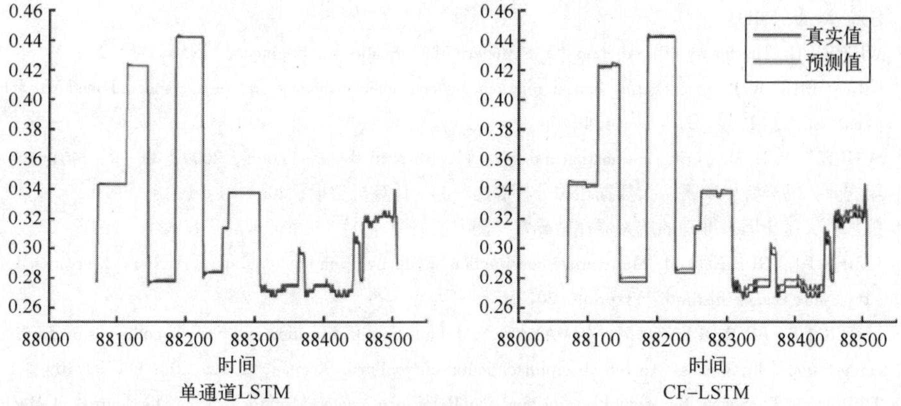

图 8-45 异常情况下单通道 LSTM 与 CF-LSTM 预测效果比较

8.5 本章小结

无论是数据挖掘还是预测分析，都强调数据集的大规模，而很少考虑数据是如何获得的。由于几乎不考虑数据生成机制（除了要求样本是独立同分布的），因此解决预测分析问题更适合采用基于算法的建模策略，包括各种统计模型[12]和机器学习模型（实际上并没有严格区分），比如决策树、贝叶斯网络、支持向量机、神经网络等，采用的建模方法既有统计推断也有最优化方法。但是，与基于数据的模型不同，预测分析更关心模型的预测效果而非推断或预测结果的置信度，关心的是设计模型和目标函数，以及训练算法、提高算法效率等与提高预测效果直接相关的问题，而且数据量越大，对算法的要求越高。实际上，统计置信度的概念不再适用于大数据，或者很多应用领域也不关心置信度。不过，这并不意味着预测分析是容易的，即使有强大的模型和海量的数据，盲目地开展工作也可能得到错误的结论；成功的预测分析要求对基本算法和模型结构有足够的了解。当然，不少领域样本量非常有限，这时仍然需要传统的统计方法，需要对数据充分利用以提高模型置信度。重要的是，不能盲目强调模型和算法的复杂性，需要根据实际问题和数据的特点，选择适当的方法，提出合理的假设，建立优良的模型，才能支持有效的预测或决策。

参考文献

[1] YANG H. Sparse Learning Under Regularization Framework [D]. Hong Kong: The Chinese University of

Hong Kong, 2011.

[2] WIENER N. The theory of prediction [J]. Modern Mathermatics for Engineers, 1956, 1: 125-139.

[3] GRANGER C W J. Investigating causal relations by econometric models and cross-spectral methods [J]. Econometrica, 1969, 37 (3): 424-438.

[4] SCHREIBER T. Measuring information transfer [J]. Physical Review Letters, 2000, 85 (2): 461-464.

[5] 梁吉业, 冯晨娇, 宋鹏. 大数据相关分析综述 [J]. 计算机学报, 2016, 1: 1-18.

[6] 陈思雅. 基于因果推理的航天器在轨异常检测方法研究 [D]. 长沙: 国防科技大学, 2021.

[7] LIZIER J T, RUBINOV M. Multivariate construction of effective computational networks from observational data [R]. Max Planck Institute: Preprint, 2012.

[8] LIZIER J T, PROKOPENKO M, ZOMAYA A Y. Information modification and particle collisions in distributed computation [J]. Chaos: An Interdisciplinary Joural of Nonlinear Science, 2010, 20 (3), 037109.

[9] TIPPING M E. Sparse Bayesian Learning and the Relevance Vector Machine [J]. The Journal of Machine Learning Research, 2001, 1: 211-244.

[10] 焦李成. 神经网络系统理论 [M]. 西安: 西安电子科技大学出版社, 1992.

[11] COLBROOKA M J, ANTUNB V, HANSENA A C. The difficulty of computing stable and accurate neural networks: On the barriers of deep learning and Smale's 18th problem [J]. Proceedings of the National Academy of Sciences, 2022, 119 (12): e2107151119.

[12] LAROSE D T, LAROSE C D. 数据挖掘与预测分析 [M]. 2版. 王念滨, 宋敏, 裴大茗, 译. 北京: 清华大学出版社, 2017.

[13] MCCULLOCH W S, PITTS W. A logical calculus of the ideas immanent in nervous activity [J]. The Bulletin of Mathematical Biophysics, 1943, 5 (4): 115-133.

[14] ROSENBLATT F. The Perceptron: A Probabilistic Model for Information Storage and Organization in the Brain [J]. Psychological Review, 1958, 65 (6): 386-408.

[15] RUMELHART D E, HINTON G E, WILLIAMS R J. Learning representations by back-propagating errors [J]. Nature, 1986, 323 (6088): 533-536.

[16] HINTON G E, SALAKHUTDINOV R R. Reducing the dimensionality of data with neural networks [J]. Science, 2006, 313 (5786): 504-507.

[17] KELLEHER J D, NAMEE B M, D'ARCY A. Fundamentals of Machine Learning for Predictive Data Analytics: Algorithms, Worked Fxamples, and Caoc Studies (2nd Edition) [M]. Cambridge: The MIT Press, 2020.